Graf · Henning · Stange · Wilrich

Formeln und Tabellen der angewandten mathematischen Statistik

Dritte, völlig neu bearbeitete Auflage von
P.-Th. Wilrich und H.-J. Henning

Mit 109 Abbildungen

Springer-Verlag Berlin Heidelberg New York
London Paris Tokyo 1987

Prof. Dr.-Ing. Peter-Theodor Wilrich

Institut für Quantitative Ökonomik und Statistik
Freie Universität Berlin
Garystraße 21, 1000 Berlin 33

Prof. Dr. phil. Hans-Joachim Henning

ehemals Deutsches Wollforschungsinstitut an der RWTH Aachen
Lousbergstraße 22, 5100 Aachen

Die zweite Auflage erschien 1966 unter dem Titel
'Graf/Henning/Stange: Formeln und Tabellen der mathematischen Statistik'

ISBN 3-540-16901-6 3. Aufl. Springer-Verlag Berlin Heidelberg NewYork
ISBN 0-387-16901-6 3rd ed. Springer-Verlag NewYork Heidelberg Berlin

ISBN 3-540-03514-1 2. Aufl. Springer-Verlag Berlin Heidelberg NewYork
ISBN 0-387-03514-1 2nd ed. Springer-Verlag NewYork Heidelberg Berlin

CIP-Kurztitelaufnahme der Deutschen Bibliothek
Wilrich, Peter-Theodor:
Formeln und Tabellen der angewandten mathematischen Statistik /
von P.-Th. Wilrich u. H.-J. Henning. Graf ... – 3., völlig neu bearb. Aufl. –
Berlin ; Heidelberg ; NewYork ; London ; Paris ; Tokyo : Springer, 1987.
2. Aufl. u. d. T.: Stange, Kurt: Formeln und Tabellen der mathematischen Statistik
ISBN 3-540-16901-6 (Berlin ...)
ISBN 0-387-16901-6 (NewYork ...)

NE: Henning, Hans-Joachim:; Graf, Ulrich [Begr.]

Dieses Werk ist urheberrechtlich geschützt. Die dadurch begründeten Rechte, insbesondere die der Übersetzung, des Nachdrucks, des Vortrags, der Entnahme von Abbildungen und Tabellen, der Funksendung, der Mikroverfilmung oder der Vervielfältigung auf anderen Wegen und der Speicherung in Datenverarbeitungsanlagen, bleiben, auch bei nur auszugsweiser Verwertung, vorbehalten. Eine Vervielfältigung dieses Werkes oder von Teilen dieses Werkes ist auch im Einzelfall nur in den Grenzen der gesetzlichen Bestimmungen des Urheberrechtsgesetzes der Bundesrepublik Deutschland vom 9. September 1965 in der Fassung vom 24. Juni 1985 zulässig. Sie ist grundsätzlich vergütungspflichtig. Zuwiderhandlungen unterliegen den Strafbestimmungen des Urheberrechtsgesetzes.

© Springer-Verlag Berlin, Heidelberg 1966 and 1987
Printed in Germany

Die Wiedergabe von Gebrauchsnamen, Handelsnamen, Warenbezeichnungen usw. in diesem Werk berechtigt auch ohne besondere Kennzeichnung nicht zu der Annahme, daß solche Namen im Sinne der Warenzeichen- und Markenschutz-Gesetzgebung als frei zu betrachten wären und daher von jedermann benutzt werden dürften.

Sollte in diesem Werk direkt oder indirekt auf Gesetze, Vorschriften oder Richtlinien (z. B. DIN, VDI, VDE) Bezug genommen oder aus ihnen zitiert worden sein, so kann der Verlag keine Gewähr für Richtigkeit, Vollständigkeit oder Aktualität übernehmen. Es empfiehlt sich, gegebenenfalls für die eigenen Arbeiten die vollständigen Vorschriften oder Richtlinien in der jeweils gültigen Fassung hinzuzuziehen.

Druck: Ruksaldruck Berlin; Bindearbeiten: Lüderitz & Bauer, Berlin
2068/3020-543210

Vorwort zur dritten Auflage

Seit dem Erscheinen der 2. Auflage des Formel- und Tabellenwerkes sind zwanzig Jahre vergangen. Wenn es damals vielleicht noch Vorbehalte gegenüber der statistisch begründeten Datenanalyse gegeben hat, so sind sie eher einem unerschütterlichen Glauben in die Leistungsfähigkeit statistischer Methoden gewichen. Grund dafür ist nicht nur die rasche Entwicklung neuer und leistungsfähiger statistischer Verfahren, sondern vor allem der leichte Zugang zur EDV und insbesondere zu Software zur statistischen Auswertung von Daten. Nur geringe EDV-Kenntnisse sind erforderlich, um diese Programmpakete zu beinahe jedem Datensatz ein Auswertungsergebnis erzeugen zu lassen. Dagegen wird der Benutzer bei einer viel wichtigeren Entscheidung nicht unterstützt: Er bekommt keine Hilfe bei der Auswahl der zu verwendenden statistischen Verfahren unter Berücksichtigung der gestellten Fragen und der vorliegenden Daten. Es ist müßig, darüber zu spekulieren, ob es in Zukunft Expertensysteme geben wird, welche die Methodenauswahl unterstützen. Vorhanden sind sie jedenfalls zur Zeit nicht. Das bedeutet aber, daß die Kenntnis statistischer Methoden gerade für den Anwender der Statistik-Software unabdingbar ist, der nicht sinnlos rechnen, sondern die Daten planvoll analysieren und die Ergebnisse der Analyse angemessen interpretieren will.

Hierbei soll das Formel- und Tabellenwerk Hilfestellung geben. Es ist als ein Compendium der grundlegenden statistischen Methoden gedacht und kann gerade auch mit seinen Beispielen dazu dienen, herauszufinden, welche Auswertungsergebnisse ein Programmpaket liefert.

Mit nur einer Ausnahme, nämlich dem WAGR-Test (Abschnitt 11.6.7), sind die statistischen Methoden so präsentiert, daß sie angewendet werden können, ohne daß Algorithmen oder Tabellen aus anderen Werken herangezogen werden müssen. Das bedeutet umgekehrt, daß solche Methoden keine Berücksichtigung finden konnten, die durch die Länge ihrer Algorithmen oder der erforderlichen Tabellen den Rahmen des Buches gesprengt hätten. Den meisten Kapiteln bzw. Abschnitten des Buches wurden knappe Einführungen vorangestellt, in denen die begrifflichen Grundlagen geschaffen und das Anwendungsgebiet der Methoden abgesteckt werden.

Obwohl der Umfang des Werkes gegenüber der 2. Auflage nochmals vergrößert werden konnte, mußten mehrere Gebiete der angewandten Statistik unberücksichtigt bleiben: die Analyse von Lebensdauerdaten (abgesehen von der graphischen Auswertung im Weibull-Netz), multivariate Verfahren wie Faktorenanalyse, Diskriminanzanalyse und Cluster-Analyse und schließlich die statistische Versuchsplanung.

Während das Literaturverzeichnis in der 2. Auflage noch nach vollständiger Wiedergabe aller einschlägigen Werke strebte, konnte jetzt nur noch ausgewählt werden. Dabei wurden die Gebiete verstärkt berücksichtigt, die nicht angesprochen werden konnten.

Wir haben Herrn Prof. Dr. H. Büning und Herrn Dr. K.-H. Waldmann für die Durchsicht einiger Teile des Manuskripts und für wertvolle Anregungen zu danken, ebenfalls den Herren Dipl.-Vw. H. Kulmann und Dipl.-Math. G. Werner für die Unterstützung beim Lesen der Korrekturen. Unser besonderer Dank gilt Frau B. Kessel, die die Entwürfe und das endgültige Manuskript hervorragend geschrieben hat.

Wir sind für jeden Hinweis auf Fehler oder Lücken dankbar.

Aachen und Berlin, im Juni 1987 **H.-J. Henning · P.-Th. Wilrich**

Aus dem Vorwort zur zweiten Auflage

Die erste Auflage des Formel- und Tabellenwerks erschien 1952. Damals konnten die Verfasser U. Graf und H.-J. Henning nur einen verhältnismäßig kleinen Kreis ansprechen, da die mathematisch-statistischen Verfahren in Deutschland noch wenig verbreitet waren. Dieser Zustand hat sich in der Zwischenzeit grundlegend geändert — nicht zuletzt infolge des unermüdlichen Wirkens von U. Graf, der im Jahre 1954 starb, als die Erfolge seiner rastlosen Pionierarbeit deutlich sichtbar wurden.

In den vergangenen Jahren ist nicht nur die Zahl der Benutzer statistischer Methoden sprunghaft angestiegen, sondern es hat sich auch eine Strukturwandlung dieses Kreises vollzogen, die mit dem Ausbau der mathematischen und angewandten Statistik an den deutschen Hochschulen zusammenhängt und die bei der neuen Auflage des Buches berücksichtigt wurde. Infolgedessen wird das Formel- und Tabellenwerk dem Benutzer jetzt in völlig neuer Gestalt vorgelegt. Es soll zunächst (ebenso wie früher) dem Naturwissenschaftler, dem Ingenieur, dem Volks- und Betriebswirt, dem Mediziner und Psychologen u. a. ein verläßliches Hilfsmittel sein, wenn er statistische Methoden zur Lösung praktischer Fragen heranziehen muß. Darüber hinaus soll es aber auch dem angewandten Mathematiker und dem Fachstatistiker gelegentlich als nützliches Nachschlagewerk dienen. Dank des Entgegenkommens des Springer-Verlages konnte der Umfang der jetzigen Auflage wesentlich erweitert werden, wobei natürlich immer eine offene Frage bleibt, wo man die Abgrenzung vornehmen soll. Wir haben jedoch nicht nur zahlreiche neue Verfahren einbezogen, sondern auch die erforderlichen Zahlentafeln dazu bereitgestellt, welche die Verwendung der Methoden bei der praktischen Arbeit erst ermöglichen. ...

Die von U. Graf in der ersten Auflage gewählte zweckmäßige Anordnung der Stichworte ließ sich bei dem erweiterten Umfang des Werkes leider nicht mehr verwirklichen. Dagegen haben wir, ebenso wie früher, die wichtigsten Formeln durch eine Reihe kurzer Beispiele erläutert. Man kann darüber streiten, ob Beispiele in ein Tafelwerk gehören. Die freundliche Aufnahme dieses Teils in den früheren Besprechungen hat uns jedoch ermutigt, die Zahl der Beispiele sogar noch etwas zu vermehren. ...

Aachen, im April 1966 **H.-J. Henning · K. Stange**

Inhaltsverzeichnis

A Formeln ... 1

1 Formeln zur Berechnung von Wahrscheinlichkeiten ... 3
- 1.1. Zufallsexperiment, Ergebnisse und Ereignisse ... 3
- 1.2 Wahrscheinlichkeit ... 6
- 1.3 Satz von der totalen Wahrscheinlichkeit und Satz von Bayes ... 9
- 1.4 Zufallsvariable ... 9

2 Eindimensionale diskrete Verteilungen ... 10
- 2.1 Allgemeines ... 10
- 2.2 Hypergeometrische Verteilung ... 16
- 2.3 Binomialverteilung ... 18
- 2.4 Poisson-Verteilung ... 21
- 2.5 Negative Binomialverteilung ... 24

3 Eindimensionale stetige Verteilungen ... 27
- 3.1 Allgemeines ... 27
- 3.2 Normalverteilung (Gauß-Verteilung) ... 32
- 3.3 Logarithmische Normalverteilung (Lognormalverteilung) ... 37
- 3.4 χ^2-Verteilung (Helmert-Pearson-Verteilung) ... 38
- 3.5 t-Verteilung (Student-Verteilung) ... 40
- 3.6 F-Verteilung (Fisher-Verteilung) ... 42
- 3.7 Gamma-Verteilung ... 44
- 3.8 Beta-Verteilung ... 46
- 3.9 Weibull-Verteilung (Typ III-Extremwertverteilung) ... 49
- 3.10 Gumbel-Verteilung (Typ I-Extremwertverteilung) ... 50
- 3.11 Ungleichungen von Tschebyscheff und Camp-Meidell ... 52
- 3.12 Übersicht über die wichtigsten eindimensionalen Verteilungen ... 54

4 Mehrdimensionale Verteilungen ... 55
- 4.1 Zweidimensionale diskrete Verteilungen ... 55

4.2	Zweidimensionale stetige Verteilungen	57
4.3	Beziehungen über Funktionalparameter (Kenngrößen) zweidimensionaler Verteilungen	58
4.4	p-dimensionale Verteilungen	59
4.5	Spezielle mehrdimensionale Verteilungen	61
	4.5.1 Zweidimensionale Normalverteilung	62
	4.5.2 p-dimensionale Normalverteilung	64
	4.5.3 Multinomialverteilung	66
	4.5.4 Verallgemeinerte hypergeometrische Verteilung	68

5 (Eindimensionale) Häufigkeitsverteilungen, Stichprobenfunktionen, Zufallsstreubereiche, Schätzwerte, Vertrauensbereiche, Statistische Anteilsbereiche . . . 70

5.1	Häufigkeitsverteilung eines stetigen Merkmals	72
	5.1.1 Stichprobe ohne Klasseneinteilung	73
	5.1.2 Stichprobe mit Klasseneinteilung	74
	5.1.3 Kennwerte der Stichprobe	77
5.2	Häufigkeitsverteilung eines diskreten Merkmals	80
5.3	Schluß von einer bekannten Grundgesamtheit auf die Stichprobe. Verteilungen und Zufallsstreubereiche von Stichprobenfunktionen	83
	5.3.1 Verteilungen und Zufallsstreubereiche von Stichprobenfunktionen bei beliebiger Verteilung	83
	5.3.2 Verteilungen und Zufallsstreubereiche von Stichprobenfunktionen bei Normalverteilung	87
	5.3.3 Zufallsstreubereich für X bei logarithmischer Normalverteilung	91
	5.3.4 Zufallsstreubereiche bei Binomialverteilung	91
	5.3.5 Zufallsstreubereiche bei Poisson-Verteilung	93
5.4	Schluß von der Stichprobe auf die Grundgesamtheit. Schätzwerte für die Parameter von Wahrscheinlichkeitsverteilungen	95
	5.4.1 Schätzwerte für Parameter beliebiger Verteilungen	96
	5.4.2 Schätzwerte bei Normalverteilung	96
	5.4.3 Schätzwerte bei logarithmischer Normalverteilung	98
	5.4.4 Schätzwerte bei Gamma-Verteilung	99
	5.4.5 Schätzwerte bei Beta-Verteilung	99
	5.4.6 Schätzwerte bei Weibull-Verteilung	99
	5.4.7 Schätzwerte bei Gumbel-Verteilung	100
	5.4.8 Schätzwerte bei hypergeometrischer Verteilung und Binomialverteilung	101
	5.4.9 Schätzwerte bei Poisson-Verteilung	101
	5.4.10 Schätzwerte bei negativer Binomialverteilung	101
5.5	Schluß von der Stichprobe auf die Grundgesamtheit. Vertrauensbereiche (Konfidenzintervalle) für die Parameter von Wahrscheinlichkeitsverteilungen	101
	5.5.1 Vertrauensbereiche bei Normalverteilung	102

5.5.2	Vertrauensbereiche bei Binomialverteilung	107
5.5.3	Vertrauensbereiche bei Poisson-Verteilung	110
5.5.4	Vertrauensbereiche bei beliebiger stetiger Verteilung	112

5.6 Schluß von der Stichprobe auf die Grundgesamtheit. Statistische Anteilsbereiche 115
    5.6.1 Statistische Anteilsbereiche bei Normalverteilung 116
    5.6.2 Statistische Anteilsbereiche bei beliebiger stetiger Verteilung . . 117

6 Testverfahren 120

6.1 Allgemeines 120
6.2 Tests auf Zufälligkeit 123
6.3 Anpassungstests 130
6.4 Ausreißertests bei Normalverteilung 142
6.5 Vergleich des Erwartungswertes mit einem vorgegebenen Wert bei Normalverteilung 148
6.6 Vergleich der Varianz mit einem vorgegebenen Wert bei Normalverteilung 154
6.7 Vergleich der Erwartungswerte von Normalverteilungen 160
    6.7.1 Erwartungswertvergleich bei zwei Normalverteilungen (unabhängige Stichproben) 160
    6.7.2 Erwartungswertvergleich bei zwei abhängigen (verbundenen) Stichproben und Normalverteilung der Paardifferenzen (paarweiser Vergleich) 168
    6.7.3 Testen der Erwartungswerte μ_i von mehreren Normalverteilungen (mit unbekannten, aber als gleich vorausgesetzten Varianzen σ^2) auf Gleichheit 170
6.8 Vergleich der Varianzen bzw. Standardabweichungen von Normalverteilungen 171
    6.8.1 Varianzvergleich bzw. Vergleich der Standardabweichungen von zwei Normalverteilungen 171
    6.8.2 Varianzvergleich bzw. Vergleich der Standardabweichungen von mehreren Normalverteilungen 175
6.9 Vergleich der Grundwahrscheinlichkeit einer Binomialverteilung mit einem vorgegebenen Wert 179
6.10 Vergleich der Grundwahrscheinlichkeiten von Binomialverteilungen . . 182
    6.10.1 Vergleich der Grundwahrscheinlichkeiten von zwei Binomialverteilungen 182
    6.10.2 Vergleich der Grundwahrscheinlichkeiten von k Binomialverteilungen 187
6.11 Vergleich der Parameter von l Multinomialverteilungen 188
6.12 Vergleich des Erwartungswertes einer Poisson-Verteilung mit einem vorgegebenen Wert 189
6.13 Vergleich der Erwartungswerte von Poisson-Verteilungen 190

6.13.1 Vergleich der Erwartungswerte μ_1 und μ_2 von zwei Poisson-Verteilungen bei gleicher Zählabschnittgröße $b_1 = b_2$ 190

6.13.2 Vergleich der Erwartungswerte λ_1 und λ_2 von zwei Poisson-Verteilungen bei ungleichen Zählabschnittsgrößen b_1 und b_2 .. 192

6.13.3 Vergleich der Erwartungswerte μ_i von k Poisson-Verteilungen bei gleicher Zählabschnittsgröße $b_1 = b_2 = \ldots = b_k = b$ 193

6.14 Vergleich des Medians mit einem vorgegebenen Wert bei beliebiger stetiger Verteilung 193

6.15 Vergleich zweier beliebiger Verteilungen 195

6.16 Vergleich der Lage von zwei beliebigen stetigen Verteilungen 197

    6.16.1 Unabhängige Stichproben 197

    6.16.2 Abhängige (verbundene) Stichproben 200

6.17 Vergleich der Streuung von zwei beliebigen stetigen Verteilungen . . 201

7 Varianzanalyse 203

7.1 Allgemeines 203

7.2 Balancierte einfache Varianzanalyse 205

7.3 Unbalancierte einfache Varianzanalyse 213

7.4 Balancierte zweifache Varianzanalyse mit n-facher Versuchsdurchführung; Kreuzklassifikation 220

7.5 Balancierte zweifache Varianzanalyse; Kreuzklassifikation; Sonderfall $n = 1$ 230

7.6 Unbalancierte zweifache Varianzanalyse; Kreuzklassifikation 231

7.7 Balancierte dreifache Varianzanalyse mit n-facher Versuchsdurchführung; Kreuzklassifikation 232

7.8 Balanciertes Schachtelmodell (balanciertes hierarchisches Modell) mit zwei (oder mehr) Stufen 241

7.9 Simultaner Vergleich der Erwartungswerte für die Stufen systematischer Faktoren bei balancierten Varianzanalysen; Newman-Keuls-Test . . . 250

    7.9.1 Modell mit systematischen Komponenten der balancierten einfachen Varianzanalyse 250

    7.9.2 Modell mit systematischen Komponenten der balancierten zweifachen Varianzanalyse; Kreuzklassifikation 251

7.10 Verteilungsfreie Varianzanalyse 251

    7.10.1 Verteilungsfreie einfache Varianzanalyse 252

    7.10.2 Verteilungsfreie balancierte zweifache Varianzanalyse mit $n = 1$; Kreuzklassifikation; Friedman-Test 256

8 Korrelations- und Kontingenzanalyse 259

8.1 Allgemeines 259

8.2 Kovarianz und Korrelationskoeffizient der Stichprobe 259

	8.2.1	Kovarianz und Korrelationskoeffizient der Stichprobe bei Vorliegen von n Wertepaaren	259
	8.2.2	Berechnung von Kovarianz und Korrelationskoeffizient aus n Wertepaaren	260
	8.2.3	Kovarianz und Korrelationskoeffizient der Stichprobe bei Vorliegen einer Korrelationstabelle	261
	8.2.4	Berechnung von Kovarianz und Korrelationskoeffizient aus einer Korrelationstabelle	262
8.3		Testverfahren und Vertrauensbereiche für den Korrelationskoeffizienten der Grundgesamtheit bei zweidimensionaler Normalverteilung	263
8.4		Schätz- und Testverfahren für die partiellen und multiplen Korrelationskoeffizienten bei p-dimensionaler Normalverteilung	266
	8.4.1	Partielle Korrelation	266
	8.4.2	Multiple Korrelation	269
8.5		Zweidimensionale Rangkorrelationsanalyse	270
	8.5.1	Spearmansche Rangkorrelation	271
	8.5.2	Kendallsche Rangkorrelation	272
8.6		Mehrdimensionale Rangkorrelationsanalyse	274
8.7		Zweidimensionale Kontingenzanalyse	277
	8.7.1	Unabhängigkeitstest	277
	8.7.2	Kontingenzmaße (Assoziationsmaße)	278
	8.7.3	Sonderfall $k = m = 2$ (Vierfeldertafel)	279

9 Regressionsanalyse 280

9.1		Allgemeines	280
9.2		Einfache lineare Regression	280
	9.2.1	Modelle	280
	9.2.2	Auswertung der Stichprobe	282
	9.2.3	Testverfahren	284
	9.2.4	Vergleich zweier Regressionsgeraden	287
	9.2.5	Vertrauensbereiche (zweiseitig, Vertrauensniveau $1 - \alpha$)	289
	9.2.6	Vorhersagebereich für Y (zweiseitig, Vertrauensniveau $1 - \alpha$)	290
	9.2.7	Statistische Anteilsbereiche	291
	9.2.8	Einfache lineare Regressionsanalyse bei Varianzungleichheit	291
9.3		Mehrfache lineare Regression	292
	9.3.1	Modelle	292
	9.3.2	Auswertung der Stichprobe	294
	9.3.3	Testverfahren	301
	9.3.4	Vergleich zweier Residualvarianzen und zweier Regressionskoeffizienten	304
	9.3.5	Vertrauensbereiche (zweiseitig, Vertrauensniveau $1-\alpha$)	305
	9.3.6	Vorhersagebereich für Y (zweiseitig, Vertrauensniveau $1-\alpha$)	305
	9.3.7	Statistische Anteilsbereiche	306
9.4		Die Behandlung qualitativer Einflußgrößen bei der Regressionsanalyse	306

10 Qualitätsregelkarten ... 308

10.1 Allgemeines ... 308
10.2 Qualitätsregelkarten für ein quantitatives Merkmal ... 309
    10.2.1 Voraussetzungen ... 309
    10.2.2 Sollwerte, Erfahrungswerte und Vorlaufwerte für Erwartungswert μ und Standardabweichung σ bei ungestörtem Prozeß ... 310
    10.2.3 Qualitätsregelkarten ohne Berücksichtigung von vorgegebenen Grenzwerten ... 311
    10.2.4 Qualitätsregelkarten mit erweiterten Grenzen zur Überwachung der Lage ... 320
    10.2.5 Qualitätsregelkarten zur Überwachung der Lage mit Berücksichtigung von vorgegebenen Grenzwerten ... 321
10.3 Qualitätsregelkarten für die Anzahl oder den Anteil fehlerhafter Einheiten ... 324
10.4 Qualitätsregelkarten für die Fehlerzahl ... 325

11 Stichprobenpläne ... 327

11.1 Annahmestichprobenprüfung ... 327
11.2 Einfach-Stichprobenanweisungen für Attributprüfung ... 328
    11.2.1 Ablaufschema ... 328
    11.2.2 Prüfung auf fehlerhafte Einheiten ... 328
    11.2.3 Prüfung auf Fehler ... 330
    11.2.4 Operations-Charakteristik, Durchschlupf und mittlerer Prüfaufwand ... 330
    11.2.5 Bestimmung von (n, c) zu zwei vorgegebenen Punkten der Operations-Charakteristik ... 331
11.3 Doppel- und Mehrfachstichprobenanweisungen für Attributprüfung ... 333
    11.3.1 Ablaufschema ... 333
    11.3.2 Operations-Charakteristik, Durchschlupf und mittlerer Prüfaufwand von Doppel-Stichprobenanweisungen ... 334
11.4 Einfach-Stichprobenanweisungen für Variablenprüfung ... 335
    11.4.1 Voraussetzungen ... 335
    11.4.2 Ablaufschema bei *einem* vorgegebenen Grenzwert ... 336
    11.4.3 Operations-Charakteristik, Durchschlupf und mittlerer Prüfaufwand bei *einem* vorgegebenen Grenzwert ... 339
    11.4.4 Bestimmung von (n, k) zu zwei vorgegebenen Punkten der Operations-Charakteristik bei *einem* vorgegebenen Grenzwert ... 339
    11.4.5 Einfach-Stichprobenanweisungen für Variablenprüfung bei *zwei* vorgegebenen Grenzwerten ... 342
11.5 Sequentielle Stichprobenanweisungen für Attributprüfung ... 343
    11.5.1 Prüfung auf fehlerhafte Einheiten (basierend auf der Binomialverteilung) ... 343
    11.5.2 Prüfung auf Fehler (basierend auf der Poisson-Verteilung) ... 345

11.6 Sequentielle Stichprobenanweisungen für Variablenprüfung 346
    11.6.1 Prüfung des Erwartungswertes μ auf Überschreitung von μ_1 bei bekannter Varianz σ^2 348
    11.6.2 Prüfung des Schlechtanteils p oberhalb T_O (unterhalb T_U) auf Überschreitung von p_1 bei bekannter Varianz σ^2 349
    11.6.3 Prüfung des Erwartungswertes μ auf Überschreitung von μ_1 bei unbekannter, jedoch von Prüflos zu Prüflos konstanter Varianz σ^2 (Barnard-Test) 350
    11.6.4 Prüfung der Varianz σ^2 auf Überschreitung von σ_1^2 bei bekanntem Erwartungswert μ 350
    11.6.5 Prüfung des Schlechtanteils p oberhalb T_O (unterhalb T_U) auf Überschreitung von p_1 bei bekanntem Erwartungswert μ ... 352
    11.6.6 Prüfung der Varianz σ^2 auf Überschreitung von σ_1^2 bei unbekanntem Erwartungswert μ 353
    11.6.7 Prüfung des Schlechtanteils p oberhalb T_O (unterhalb T_U) auf Überschreitung von p_1 bei unbekanntem μ und σ^2 (WAGR-Test) 354
11.7 Kontinuierliche Stichprobenprüfung 355
    11.7.1 Einstufiger Dodge-Plan CSP-1 356
    11.7.2 Plan CSP-2 von Dodge und Torrey 357
    11.7.3 Mehrstufige Pläne CSP-k 357
11.8 Stichprobensysteme 362
    11.8.1 Military Standard 105 D 363
    11.8.2 Stichprobensystem von ISO für sequentielle Attributprüfung .. 367
    11.8.3 LQL-Stichprobensystem von ISO 367
    11.8.4 Dodge-Romig-Stichprobensystem 367
    11.8.5 Philips-Standard-Stichprobensystem 367
    11.8.6 Military Standard 414 368
    11.8.7 Stichprobensystem von ISO für sequentielle Variablenprüfung . 368
    11.8.8 Stichprobensysteme für Lebensdauerprüfungen 368
    11.8.9 Stichprobensysteme für kontinuierliche Stichprobenprüfung .. 369

12 Funktionen von Zufallsvariablen 370

12.1 Transformationen einer Zufallsvariablen; Merkmalstransformation .. 370
12.2 Transformation mehrerer Zufallsvariablen; Streuungsfortpflanzung .. 373

B Beispiele 377

1 Berechnung von Mittelwert, Median, Varianz, Standardabweichung und Variationskoeffizient bei kleinem Stichprobenumfang 379
2 Berechnung von Mittelwert, Median, Varianz, Standardabweichung und Schiefe bei großem Stichprobenumfang (gleichabständige Klasseneinteilung) 380

3	Graphische Ermittlung von Mittelwert und Standardabweichung im Wahrscheinlichkeitsnetz	382
4	Zufallsstreubereiche	383
5	Vertrauensbereiche	386
6	Statistische Anteilsbereiche	389
7	Anwendung des Binomialpapiers	389
8	Tests auf Zufälligkeit, Ausreißer und Normalverteilung	391
9	Vergleich eines Parameters mit einem vorgegebenen Wert	395
10	Vergleich der Erwartungswerte bzw. der Mediane bei zwei unabhängigen Stichproben (Zweistichproben-t-Test, Spannweitenverfahren von Lord, Mann-Whitney-Wilcoxon-Test)	397
11	Vergleich der Erwartungswerte bei zwei verbundenen Stichproben (paarweiser t-Test, Zweistichproben-Vorzeichen-Rangtest von Wilcoxon)	399
12	Vergleich der Varianzen von Normalverteilungen (F-Test, Cochran-Test, Hartley-Test)	401
13	Vergleich der Grundwahrscheinlichkeiten von Binomialverteilungen	402
14	Test auf Normalverteilung mit dem χ^2-Anpassungstest	403
15	Einfache Varianzanalyse	404
16	Balancierte zweifache Varianzanalyse mit dreifacher Versuchsdurchführung; Kreuzklassifikation	406
17	Zweifache Varianzanalyse; eine Beobachtung je Zelle	410
18	Balanciertes zweistufiges Schachtelmodell (balanciertes zweistufiges hierarchisches Modell) der Varianzanalyse	413
19	Korrelationsanalyse bei zweidimensionaler Normalverteilung	417
20	Zweidimensionale Rangkorrelationsanalyse	418
21	Einfache Regressionsanalyse	421
22	Mehrfache Regressionsanalyse	425
23	Qualitätsregelkarten für ein quantitatives Merkmal ohne Berücksichtigung von vorgegebenen Grenzwerten	428
24	Qualitätsregelkarte für ein quantitatives Merkmal mit Berücksichtigung von Grenzwerten	430
25	Qualitätsregelkarte für die Anzahl fehlerhafter Einheiten (Stücke)	432
26	Qualitätsregelkarte für die Fehlerzahl	433
27	Einfach-Stichprobenanweisung für Attributprüfung	435
28	Einfach-Stichprobenanweisung für Variablenprüfung	438
29	Sequentielle Stichprobenanweisung für Attributprüfung	442
30	Auswertung einer Stichprobe im logarithmischen Wahrscheinlichkeitsnetz	445
31	Auswertung einer Stichprobe im Weibull-Netz	448

C Tabellen 451

C 1 Wahrscheinlichkeitsdichtefunktion $\varphi(u)$ der standardisierten Normalverteilung 454
C 2 Verteilungsfunktion $\Phi(u)$ der standardisierten Normalverteilung . . . 456
C 3 Quantile u_p der standardisierten Normalverteilung 458
C 4 Quantile $t_{f;p}$ der t-Verteilung 459
C 5 Quantile $\chi^2_{f;p}$ der χ^2-Verteilung 460
C 6 95 %-Quantile $F_{f_1,f_2;95\%}$ der F-Verteilung 462
C 7 97,5 %-Quantile $F_{f_1,f_2;97,5\%}$ der F-Verteilung 464
C 8 99 %-Quantile $F_{f_1,f_2;99\%}$ der F-Verteilung 466
C 9 99,5 %-Quantile $F_{f_1,f_2;99,5\%}$ der F-Verteilung 468
C 10 Häufigkeitssummen $F_{(i)}(n)$ (in Prozent) zum Eintragen der Punkte $[x_{(i)}; F_{(i)}(n)]$ von geordneten Stichproben in das Wahrscheinlichkeitsnetz beim Stichprobenumfang $n = 6, 7, ..., 30$ 470
C 11 Erwartungswert, Standardabweichung und Quantile der Verteilung der Extremwerte bei Normalverteilung 471
C 12 Quantile $w_{n;p}$ der Verteilung der auf σ bezogenen Spannweite $W_n = R/\sigma = (X_{(n)} - X_{(1)})/\sigma = U_{(n)} - U_{(1)}$ in Stichproben vom Umfang n bei Normalverteilung 472
C 13 95 %-Quantile $q_{m,f;95\%}$ der Verteilung der studentisierten Spannweite $Q_{m,f} = (X_{(m)} - X_{(1)})/S_f$ 474
C 14 99 %-Quantile $q_{m,f;99\%}$ der Verteilung der studentisierten Spannweite $Q_{m,f} = (X_{(m)} - X_{(1)})/S_f$ 476
C 15 Abgrenzungsfaktoren $\varkappa_U$ und $\varkappa_O$ zur Abgrenzung des Vertrauensbereiches für σ bzw. des Zufallsstreubereiches für s 478
C 16 Werte für $z = \arcsin\sqrt{p}$ (z in Radiant) 479
C 17 Werte für $p = \sin^2 z$ (z in Radiant) 479
C 18 Vertrauensgrenzen μ_U und μ_O für den Erwartungswert μ der Poisson-Verteilung 480
C 19 Zahlenwerte $k_{n;\alpha}$ zur Abgrenzung des Vertrauensbereiches für den Median 481
C 20 Faktoren $k_{1b}(n; 1-\gamma; 1-\alpha)$ zur Berechnung des einseitig abgegrenzten statistischen Anteilsbereiches bei Normalverteilung (Varianz σ^2 bekannt) . 482
C 21 Faktoren $k_{2b}(n; 1-\gamma; 1-\alpha)$ zur Berechnung des zweiseitig abgegrenzten statistischen Anteilsbereiches bei Normalverteilung (Varianz σ^2 bekannt) . 483
C 22 Faktoren $k_{1u}(n; 1-\gamma; 1-\alpha)$ zur Berechnung des einseitig abgegrenzten statistischen Anteilsbereiches bei Normalverteilung (Varianz σ^2 unbekannt) 484
C 23 Faktoren $r(n; 1-\gamma)$ und $v(f; 1-\alpha)$ zur Berechnung des zweiseitigen statistischen Anteilsbereiches bei Normalverteilung (Varianz σ^2 unbekannt) 485

C 24 Abgrenzungsfaktoren zur Berechnung der Warngrenzen ($P = 95\%$ zweiseitig) und Eingriffsgrenzen ($P = 99\%$ zweiseitig) von Mittelwertkarten ($\bar{x}$-Karten), Mediankarten ($\tilde{x}$-Karten) und Urwertkarten (Extremwertkarten) 486

C 25 Abgrenzungsfaktoren zur Berechnung der Warngrenzen ($P = 95\%$ zweiseitig) und Eingriffsgrenzen ($P = 99\%$ zweiseitig) von Standardabweichungskarten (s-Karten) und Spannweitenkarten (R-Karten) 487

C 26 Gleichverteilte Zufallszahlen 488

D Nomogramme 491

D 1 Verteilungsfunktion $G(x; n, p)$ der Binomialverteilung 493

D 2 Verteilungsfunktion $G(x; \mu)$ der Poisson-Verteilung 494

D 3 Relativer Abstand q_r der Vertrauensgrenzen von $\bar{x}$ bei zweiseitiger Abgrenzung des Vertrauensbereiches für den Erwartungswert μ der Normalverteilung 495

D 4 Zweiseitiger Vertrauensbereich für p bei Binomialverteilung zum Vertrauensniveau $1 - \alpha = 95\%$ 496

D 5 Zweiseitiger Vertrauensbereich für p bei Binomialverteilung zum Vertrauensniveau $1 - \alpha = 99\%$ 497

D 6 Kriterien für Näherungen der Binomialverteilung 498

D 7 Kritische Werte $r_{n;p}$ zum Test der Hypothese $\varrho = 0$ bei zweidimensionaler Normalverteilung 498

D 8 Zweiseitiger Vertrauensbereich für den Korrelationskoeffizienten ϱ bei zweidimensionaler Normalverteilung zum Vertrauensniveau $1 - \alpha = 95\%$ 499

D 9 Zweiseitiger Vertrauensbereich für den Korrelationskoeffizienten ϱ bei zweidimensionaler Normalverteilung zum Vertrauensniveau $1 - \alpha = 99\%$ 500

E Literatur 501

Sachverzeichnis 519

A Formeln

1 Formeln zur Berechnung von Wahrscheinlichkeiten

1.1 Zufallsexperiment, Ergebnisse und Ereignisse

Die möglichen Ergebnisse eines Zufallsexperiments (Zufallsvorgangs) werden mit ω_1, ω_2, ... bezeichnet. Die Menge $\Omega = \{\omega \mid \omega \text{ ist Ergebnis des Zufallsexperiments}\}$ aller möglichen Ergebnisse des Zufallsexperiments heißt *Ergebnismenge*. Zufällige *Ereignisse* $A, B, C, \ldots$ sind bestimmte Mengen von Ergebnissen, also Teilmengen von Ω. Das *sichere Ereignis* ist die Ergebnismenge Ω. Das *unmögliche Ereignis* ist die leere Menge $\emptyset$.

Das Ereignis E tritt ein, wenn das Zufallsexperiment zu einem der Ergebnisse in E führt.

In Tab. 1.1 und Abb. 1.1 sind Operationen mit Ereignissen zusammengestellt. Bei diesen Operationen gelten die in Tab. 1.2 zusammengestellten Gesetze.

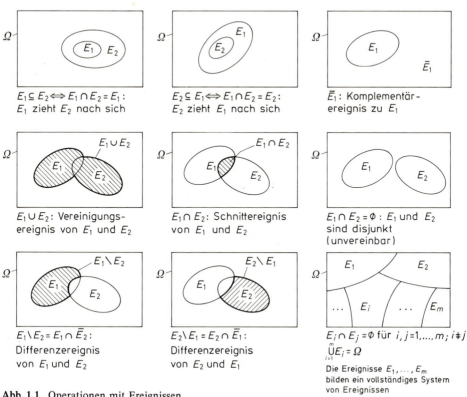

Abb. 1.1. Operationen mit Ereignissen

Tab. 1.1. Operationen mit Ereignissen

1	$\omega \in E$ $\omega \notin E$		ω ist ein Ergebnis, das zum Ereignis E gehört ω ist ein Ergebnis, das nicht zum Ereignis E gehört
2	$E_2 \subseteq E_1$		E_2 ist *Teilereignis* von E_1 (E_2 zieht E_1 nach sich)
3	$\overline{E}$ (lies: nicht E)	$\{\omega \mid \omega \notin E\}$	*Komplementärereignis* zum Ereignis E (das Ereignis, das aus allen Ergebnissen von Ω besteht, die nicht zu E gehören)
4	$E_1 \cup E_2$ (lies: E_1 vereinigt mit E_2)	$\{\omega \mid \omega \in E_1 \vee \omega \in E_2\}$	*Vereinigungsereignis* der Ereignisse E_1 und E_2 (das Ereignis, das aus allen Ergebnissen besteht, die zu E_1 oder E_2 – oder beiden – gehören)
	$E_1 \cup E_2 \cup \ldots \cup E_m = \bigcup_{j=1}^{m} E_j$ (lies: E_1 vereinigt mit E_2 vereinigt mit … vereinigt mit E_m)	$\{\omega \mid \omega \in E_1 \vee \omega \in E_2 \vee \ldots \vee \omega \in E_m\}$	*Vereinigungsereignis* der Ereignisse E_1 bis E_m (das Ereignis, das aus allen Ergebnissen besteht, die zu E_1 oder E_2 oder … oder E_m – oder zu mehreren dieser Ereignisse – gehören)
5	$E_1 \cap E_2$ (lies: E_1 geschnitten mit E_2)	$\{\omega \mid \omega \in E_1 \wedge \omega \in E_2\}$	*Schnittereignis* (Durchschnitt) von E_1 und E_2 (das Ereignis, das aus allen Ergebnissen besteht, die sowohl zu E_1 als auch zu E_2 gehören)
		$E_1 \cap E_2 = \emptyset$	Die Ereignisse E_1 und E_2 sind *disjunkt* (schließen einander aus)
	$E_1 \cap E_2 \cap \ldots \cap E_m = \bigcap_{j=1}^{m} E_j$ (lies: E_1 geschnitten mit E_2 geschnitten mit … geschnitten mit E_m)	$\{\omega \mid \omega \in E_1 \wedge \omega \in E_2 \wedge \ldots \wedge \omega \in E_m\}$	*Schnittereignis* (Durchschnitt) der Ereignisse E_1 bis E_m (das Ereignis, das aus allen Ergebnissen besteht, die sowohl zu E_1 als auch zu E_2 als auch … als auch zu E_m gehören)
		$E_i \cap E_j = \emptyset$ für $i \neq j$; $i,j = 1, \ldots, m$	Die Ereignisse $E_1, \ldots, E_m$ sind *paarweise disjunkt* (schließen paarweise einander aus)
6	$E_1 \setminus E_2$ (lies: E_1 ohne E_2)	$\{\omega \mid \omega \in E_1 \wedge \omega \notin E_2\} = E_1 \cap \overline{E_2}$	*Differenzereignis* der Ereignisse E_1 und E_2 (das Ereignis, das aus allen Ergebnissen besteht, die zu E_1, aber nicht zu E_2 gehören)
7	$E_1 \cup E_2 \cup \ldots \cup E_m = \Omega$ und $E_i \cap E_j = \emptyset$ für $i \neq j$; $i,j = 1, \ldots, m$		Die Ereignisse $E_1, \ldots, E_m$ bilden eine *vollständige Zerlegung* der Ergebnismenge Ω (ein vollständiges System von Ereignissen)

1.1 Zufallsexperiment, Ergebnisse und Ereignisse

Tab. 1.2. Gesetze für Operationen mit Ereignissen

	Vereinigung	Schnitt	
1	$E_1 \cup E_2 = E_2 \cup E_1$	$E_1 \cap E_2 = E_2 \cap E_1$	Kommutativgesetz
2	$E_1 \cup (E_2 \cup E_3) = (E_1 \cup E_2) \cup E_3$ $E_k \cup \left(\bigcup_{j \neq k} E_j\right) = \bigcup_j E_j$	$E_1 \cap (E_2 \cap E_3) = (E_1 \cap E_2) \cap E_3$ $E_k \cap \left(\bigcap_{j \neq k} E_j\right) = \bigcap_j E_j$	Assoziativgesetz
3	$E_1 \cup (E_2 \cap E_3) = (E_1 \cup E_2) \cap (E_1 \cup E_3)$ $E_k \cup \left(\bigcap_{j \neq k} E_j\right) = \bigcap_{j \neq k} (E_k \cup E_j)$	$E_1 \cap (E_2 \cup E_3) = (E_1 \cap E_2) \cup (E_1 \cap E_3)$ $E_k \cap \left(\bigcup_{j \neq k} E_j\right) = \bigcup_{j \neq k} (E_k \cap E_j)$	Distributivgesetz
4	$E \cup \emptyset = E$ $E \cup \Omega = \Omega$ $E \cup E = E$	$E \cap \Omega = E$ $E \cap \emptyset = \emptyset$ $E \cap E = E$	
5	$E \cup \bar{E} = \Omega$	$E \cap \bar{E} = \emptyset$	
6	$\overline{E_1 \cup E_2} = \bar{E}_1 \cap \bar{E}_2$ $\overline{\bigcup_j E_j} = \bigcap_j \bar{E}_j$	$\overline{E_1 \cap E_2} = \bar{E}_1 \cup \bar{E}_2$ $\overline{\bigcap_j E_j} = \bigcup_j \bar{E}_j$	de Morgan'sche Formeln
7	$E_1 \subseteq E_2 \Leftrightarrow E_1 \cup E_2 = E_2$ $E_1 \subseteq E_2 \Leftrightarrow \bar{E}_1 \cup E_2 = \Omega$	$E_1 \subseteq E_2 \Leftrightarrow E_1 \cap E_2 = E_1$ $E_1 \subseteq E_2 \Leftrightarrow E_1 \cap \bar{E}_2 = \emptyset$	Äquivalenzen ($\Leftrightarrow$ bedeutet 'ist äquivalent mit')

1.2 Wahrscheinlichkeit

Jedem (zufälligen) Ereignis E wird eine bestimmte Zahl $P(E)$ zwischen 0 und 1 zugeordnet — seine *Wahrscheinlichkeit* $P(E)$. Dem sicheren Ereignis ist $P(\Omega) = 1$, dem unmöglichen Ereignis $P(\emptyset) = 0$ zugeordnet (die Umkehrung gilt nicht).

Additionssatz

Für zwei Ereignisse E_1, E_2 gilt

$$P(E_1 \cup E_2) = P(E_1) + P(E_2) - P(E_1 \cap E_2). \tag{1.2.1}$$

Für drei Ereignisse E_1, E_2, E_3 gilt

$$\begin{aligned} P(E_1 \cup E_2 \cup E_3) = &\, P(E_1) + P(E_2) + P(E_3) \\ &- P(E_1 \cap E_2) - P(E_2 \cap E_3) - P(E_3 \cap E_1) \\ &+ P(E_1 \cap E_2 \cap E_3). \end{aligned} \tag{1.2.2}$$

Für endlich viele Ereignisse E_1, E_2, ..., E_m gilt

$$P(E_1 \cup E_2 \cup \ldots \cup E_m) = \sum_{k=1}^{m} P(E_k) - \sum_{\substack{k_1, k_2 = 1 \\ k_1 < k_2}}^{m} P(E_{k_1} \cap E_{k_2}) + \sum_{\substack{k_1, k_2, k_3 = 1 \\ k_1 < k_2 < k_3}}^{m} P(E_{k_1} \cap E_{k_2} \cap E_{k_3})$$

$$+ \ldots + (-1)^{m+1} P(E_1 \cap E_2 \cap \ldots \cap E_m). \tag{1.2.3}$$

Einander ausschließende Ereignisse

Für zwei einander ausschließende Ereignisse E_1, E_2, d.h. E_1 und E_2 können nicht gemeinsam eintreten, ist $P(E_1 \cap E_2) = 0$, und es gilt

$$P(E_1 \cup E_2) = P(E_1) + P(E_2). \tag{1.2.4}$$

Für m Ereignisse E_1, E_2, ..., E_m, die sich paarweise gegenseitig ausschließen, d.h. E_i und E_j ($i, j = 1, ..., m$; $i \neq j$) können nicht gemeinsam eintreten, ist $P(E_i \cap E_j) = 0$, und es gilt

$$P(E_1 \cup E_2 \cup \ldots \cup E_m) = P(E_1) + P(E_2) + \ldots + P(E_m). \tag{1.2.5}$$

Ist insbesondere $E_1 \cup E_2 \cup \ldots \cup E_m$ das sichere Ereignis, also $P(E_1 \cup E_2 \cup \ldots \cup E_m) = 1$, sind außerdem E_1, E_2, ..., E_m gleichwahrscheinlich, d.h.

$$P(E_1) = P(E_2) = \ldots = P(E_m), \tag{1.2.6}$$

und ordnet man die E_i derart, daß die ersten k Ereignisse 'günstig' sind, so gilt

$$P(E_1 \cup E_2 \cup \ldots \cup E_k) = \frac{k}{m} = \frac{\text{Zahl der günstigen Fälle}}{\text{Zahl der möglichen Fälle}}. \tag{1.2.7}$$

Aus dem Additionssatz folgt, da $E \cap \bar{E}$ das unmögliche Ereignis ist,

$$P(E \cup \bar{E}) = P(E) + P(\bar{E}) = 1. \tag{1.2.8}$$

Multiplikationssatz

Für zwei Ereignisse E_1, E_2 gilt

$$P(E_1 \cap E_2) = P(E_1)P(E_2|E_1) = P(E_2)P(E_1|E_2). \tag{1.2.9}$$

Dabei bezeichnet $P(E_2|E_1)$ die *bedingte Wahrscheinlichkeit* von E_2 unter der Bedingung E_1, d.h. die Wahrscheinlichkeit des Eintretens von E_2 unter der Bedingung, daß E_1 eingetreten ist. Entsprechendes gilt für $P(E_1|E_2)$.

Für drei Ereignisse E_1, E_2, E_3 gilt

$$P(E_1 \cap E_2 \cap E_3) = P(E_1)P(E_2|E_1)P(E_3|E_1 \cap E_2); \tag{1.2.10}$$

dabei ist $P(E_3|E_1 \cap E_2)$ die Wahrscheinlichkeit für E_3 unter der Bedingung, daß beide Ereignisse E_1 und E_2 eingetreten sind.

Für endlich viele Ereignisse $E_1, E_2, ..., E_m$ gilt

$$P(E_1 \cap E_2 \cap ... \cap E_m) = P(E_1)P(E_2|E_1)P(E_3|E_1 \cap E_2) \times ...$$
$$\times P(E_m|E_1 \cap E_2 \cap ... \cap E_{m-1}). \tag{1.2.11}$$

Beziehungen für Vereinigung und Durchschnitt von zwei Ereignissen

Die für die Vereinigung und den Durchschnitt von zwei Ereignissen E_1 und E_2 sowie ihre Komplementärereignisse $\bar{E}_1$ und $\bar{E}_2$ gültigen Beziehungen sind in Tab. 1.3 dargestellt.

Unabhängige Ereignisse

Zwei Ereignisse E_1, E_2 heißen unabhängig voneinander, wenn die Gleichung

$$P(E_1 \cap E_2) = P(E_1)P(E_2) \tag{1.2.12}$$

gilt. Die Gleichung (1.2.12) ist den Gleichungen

$$P(E_1|E_2) = P(E_1 \setminus \bar{E}_2) = P(E_1), \quad P(E_2|E_1) = P(E_2 \setminus \bar{E}_1) = P(E_2) \tag{1.2.13}$$

äquivalent. Die Gleichungen (1.2.13) besagen, daß die Wahrscheinlichkeit des einen Ereignisses nicht davon abhängt, ob das andere Ereignis eingetreten ist oder nicht.

Die m Ereignisse $E_1, E_2, ..., E_m$ sind vollständig unabhängig voneinander, wenn für jedes $i = 2, ..., m$ und beliebige verschiedene ganzzahlige $k_1, k_2, ..., k_i \leq m$ gilt

$$P(E_{k_1} \cap E_{k_2} \cap ... \cap E_{k_i}) = P(E_{k_1})P(E_{k_2})...P(E_{k_i}). \tag{1.2.14}$$

Diese Definition ist der folgenden gleichwertig: Für jedes E_j ($j = 1, ..., m$) und für beliebige Ereignisse $E_{k_1}, E_{k_2}, ..., E_{k_i}$ ($k_1, k_2, ..., k_i \neq j$) aus den Ereignissen $E_1, E_2, ..., E_m$ gilt

$$P(E_j|E_{k_1} \cap E_{k_2} \cap ... \cap E_{k_i}) = P(E_j). \tag{1.2.15}$$

Aus (1.2.11) wird dann

$$P(E_1 \cap E_2 \cap ... \cap E_m) = P(E_1)P(E_2)...P(E_m). \tag{1.2.16}$$

Tab. 1.3. Die für die Vereinigung und den Durchschnitt von zwei Ereignissen E_1 und E_2 sowie ihrer Komplementärereignisse $\bar{E}_1$ und $\bar{E}_2$ gültigen Beziehungen

	E_2	$\bar{E}_2$	
E_1	$E_1 \cap E_2 : P(E_1 \cap E_2) = P(E_2\|E_1)P(E_1)$ $= P(E_1\|E_2)P(E_2)$	$E_1 \cap \bar{E}_2 : P(E_1 \cap \bar{E}_2) = P(\bar{E}_2\|E_1)P(E_1)$ $= P(E_1\|\bar{E}_2)P(\bar{E}_2)$	$P(E_1) = P(E_1 \cap E_2) + P(E_1 \cap \bar{E}_2)$ $= P(E_1\|E_2)P(E_2) + P(E_1\|\bar{E}_2)P(\bar{E}_2)$ $= 1 - P(\bar{E}_1)$
$\bar{E}_1$	$\bar{E}_1 \cap E_2 : P(\bar{E}_1 \cap E_2) = P(E_2\|\bar{E}_1)P(\bar{E}_1)$ $= P(\bar{E}_1\|E_2)P(E_2)$	$\bar{E}_1 \cap \bar{E}_2 : P(\bar{E}_1 \cap \bar{E}_2) = P(\bar{E}_2\|\bar{E}_1)P(\bar{E}_1)$ $= P(\bar{E}_1\|\bar{E}_2)P(\bar{E}_2)$	$P(\bar{E}_1) = P(\bar{E}_1 \cap E_2) + P(\bar{E}_1 \cap \bar{E}_2)$ $= P(\bar{E}_1\|E_2)P(E_2) + P(\bar{E}_1\|\bar{E}_2)P(\bar{E}_2)$ $= 1 - P(E_1)$
	$P(E_2) = P(E_1 \cap E_2) + P(\bar{E}_1 \cap E_2)$ $= P(E_2\|E_1)P(E_1) + P(E_2\|\bar{E}_1)P(\bar{E}_1)$ $= 1 - P(\bar{E}_2)$	$P(\bar{E}_2) = P(E_1 \cap \bar{E}_2) + P(\bar{E}_1 \cap \bar{E}_2)$ $= P(\bar{E}_2\|E_1)P(E_1) + P(\bar{E}_2\|\bar{E}_1)P(\bar{E}_1)$ $= 1 - P(E_2)$	$1 = P(E_1 \cap E_2) + P(E_1 \cap \bar{E}_2)$ $+ P(\bar{E}_1 \cap E_2) + P(\bar{E}_1 \cap \bar{E}_2)$

Die Wahrscheinlichkeit $P(E_1 \cup E_2)$ für das Ereignis $E_1 \cup E_2$ ist die Summe der im dick eingerahmten Teil der Tabelle stehenden Wahrscheinlichkeiten $P(E_1 \cap E_2)$, $P(E_1 \cap \bar{E}_2)$ und $P(\bar{E}_1 \cap \bar{E}_2)$: $P(E_1 \cup E_2) = P(E_1 \cap E_2) + P(E_1 \cap \bar{E}_2) + P(\bar{E}_1 \cap E_2) = 1 - P(\bar{E}_1 \cap \bar{E}_2) = P(E_1) + P(E_2) - P(E_1 \cap E_2)$. Entsprechende Gleichungen gelten für $P(E_1 \cup \bar{E}_2)$, $P(\bar{E}_1 \cup E_2)$, $P(\bar{E}_1 \cup \bar{E}_2)$.

1.3 Satz von der totalen Wahrscheinlichkeit und Satz von Bayes

$E_1, E_2, \ldots, E_m$ seien m sich paarweise gegenseitig ausschließende Ereignisse und B sei ein Ereignis, das nur eintreten kann, wenn eines der Ereignisse $E_1, E_2, \ldots, E_m$ eingetreten ist.

Satz von der totalen Wahrscheinlichkeit

$$P(B) = \sum_{i=1}^{m} P(B|E_i)P(E_i). \qquad (1.3.1)$$

Satz von Bayes

$$P(E_k|B) = \frac{P(B|E_k)P(E_k)}{\sum_{i=1}^{m} P(B|E_i)P(E_i)}; \quad k = 1, \ldots, m. \qquad (1.3.2)$$

Die $P(E_k)$ heißen a priori-Wahrscheinlichkeiten, die $P(E_k|B)$ a posteriori-Wahrscheinlichkeiten.

1.4 Zufallsvariable

In vielen Fällen ist man weniger an den Ergebnissen ω des Zufallsexperiments interessiert als an bestimmten Zahlenwerten, die den Ergebnissen zugeordnet sind.

Durch eine Vorschrift, die jedem Ergebnis $\omega \in \Omega$ des Zufallsexperiments genau eine reelle Zahl $X(\omega)$ zuordnet, ist eine (eindimensionale reellwertige) *Zufallsvariable* X definiert, d.h. eine Abbildung $X: \Omega \to \mathbb{R}$ der Ergebnismenge Ω eines Zufallsexperiments in die reellen Zahlen $\mathbb{R}$ heißt (eindimensionale reellwertige) Zufallsvariable. Dabei ist Ω der Definitionsbereich und $\mathbb{R}$ der Wertebereich der Abbildung.

Entsprechend ist durch eine Vorschrift, die jedem Ergebnis $\omega \in \Omega$ des Zufallsexperiments genau ein Paar $(X(\omega), Y(\omega))$ von reellen Zahlen zuordnet, eine zweidimensionale (reellwertige) Zufallsvariable (X, Y) definiert; (X, Y) heißt auch zweidimensionaler *Zufallsvektor*. Die zweidimensionale Zufallsvariable (X, Y) hat die beiden (eindimensionalen) Zufallsvariablen X und Y als Komponenten.

Zufallsvariablen werden nach der Mächtigkeit ihres Wertebereichs unterschieden: Kann die Zufallsvariable abzählbar viele (endlich viele oder abzählbar unendlich viele) Werte annehmen, dann heißt sie *diskret*. Kann sie überabzählbar viele Werte annehmen, dann heißt sie *kontinuierlich*. Ist die Verteilungsfunktion (3.1.4) einer kontinuierlichen Zufallsvariablen absolut stetig, dann heißt die Zufallsvariable *stetig*.

Wenn die Werte einer Zufallsvariablen die Werte einer Größe sind, d.h. sich als Produkt aus Zahlenwert und Einheit ausdrücken lassen, dann wird die Zufallsvariable auch als *Zufallsgröße* bezeichnet.

Eindimensionale diskrete Zufallsvariable werden in Kap. 2, eindimensionale stetige in Kap. 3, mehrdimensionale in Kap. 4 behandelt.

2 Eindimensionale diskrete Verteilungen

2.1 Allgemeines

Eine *diskrete Zufallsvariable* X kann nur abzählbar viele (endlich viele oder abzählbar unendlich viele) Werte $x_A = x_1 < x_2 < ... < x_E$ annehmen, die oft gleichabständig und ganzzahlig sind. $x_1 = x_A$ ist der kleinste mögliche und x_E der größte mögliche Wert von X, d. h. es gilt $x_A \leq X \leq x_E$. in vielen Fällen gilt $x_A \to -\infty$ oder $x_A = 0$ oder $x_E \to \infty$.

Die Wahrscheinlichkeitsverteilung von X wird dargestellt durch die Wahrscheinlichkeitsfunktion (Bezeichnung: $f_X(x)$, $f(x)$, $g_X(x)$, $g(x)$) oder die Verteilungsfunktion (Bezeichnung: $F_X(x)$, $F(x)$, $G_X(x)$, $G(x)$).

Wahrscheinlichkeitsfunktion $f(x)$

Die Funktion $f(x)$, die jedem Wert, den eine diskrete Zufallsvariable X annehmen kann, eine Wahrscheinlichkeit zuordnet, ist in der Form

$$f(x) = P(X = x_i); \quad i = 1, 2, ... \tag{2.1.1}$$

gegeben, wobei $P(X = x_i)$ die Wahrscheinlichkeit für das Auftreten des Wertes x_i von X ist, so daß

$$\sum_x f(x) = \sum_{x_i = x_A}^{x_E} P(X = x_i) = 1. \tag{2.1.2}$$

Graphische Darstellung als *Stabdiagramm* in Abb. 2.1.

Verteilungsfunktion $F(x)$

Die Funktion $F(x)$, die für jeden Wert x die Wahrscheinlichkeit angibt, mit der die Zufallsvariable X kleiner oder gleich x ist, hat die Form

$$F(x) = P(X \leq x) = \begin{cases} 0 & \text{für } x < x_1, \\ \sum_{j=1}^{i} f(x_j) & \text{für } x_i \leq x < x_{i+1}; \quad i = 1, ..., E-1, \\ 1 & \text{für } x_E \leq x. \end{cases} \tag{2.1.3}$$

Graphische Darstellung als *Summentreppe* in Abb. 2.2.

p-Quantil (p-Fraktil)

Das p-Quantil x_p ist der Wert x, für den die Verteilungsfunktion $F(x)$ nach (2.1.3) den vorgegebenen Wert p annimmt oder bei dem sie von einem Wert unter p auf einen

2.1 Allgemeines

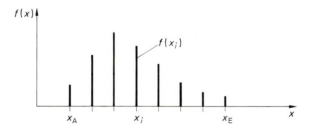

Abb. 2.1. Das Stabdiagramm der Wahrscheinlichkeitsfunktion $f(x)$ einer diskreten Zufallsvariablen X

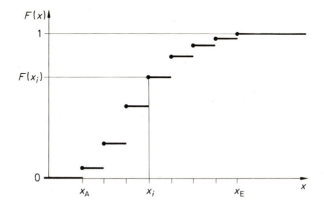

Abb. 2.2. Die Summentreppe der Verteilungsfunktion $F(x)$ zu Abb. 2.1

Wert über p springt. Nimmt die Verteilungsfunktion überall im Bereich zwischen zwei Werten den Wert p an, dann kann jeder Wert x in diesem Bereich als p-Quantil betrachtet werden:

$$P(X \leq x_p) = F(x_p) = p. \tag{2.1.4}$$

Median

$\zeta = x_{50\%}$, d. h. das 50%-Quantil von X.

Quartile

Unteres Quartil $x_{25\%}$; oberes Quartil $x_{75\%}$.

Perzentile

Quantile, bei denen $100\,p$ eine ganze Zahl ist, d. h. $x_{1\%}, x_{2\%}, \ldots, x_{99\%}$.

Bereichsabgrenzungen mit Hilfe der Tschebyscheff-Ungleichung

Die Wahrscheinlichkeit P, mit der der Wert x einer Zufallsvariablen X bei ganz beliebiger Verteilung in einem bestimmten Bereich auftritt, läßt sich mit der Tschebyscheff-Ungleichung abschätzen; vgl. Abschn. 3.11.

Zufallsstreubereich

Der Zufallsstreubereich zur Wahrscheinlichkeit $P = 1 - \alpha$ für eine diskrete Zufallsvariable X ist der Bereich, in dem X mit (mindestens) der vorgegebenen Wahrscheinlichkeit $P = 1 - \alpha$ auftritt. Mit (höchstens) der Wahrscheinlichkeit $\alpha = 1 - P$ (Irrtumswahrscheinlichkeit) tritt X außerhalb des Zufallsstreubereiches auf. Die Zufallsgrenzen (*untere Zufallsgrenze* x_U, *obere Zufallsgrenze* x_O) sind Quantile: $x_U = x_{\alpha'}$ und $x_O = x_{1-\alpha''}$ mit $\alpha' + \alpha'' = \alpha$.

Einseitige Abgrenzung nach oben

Die obere Zufallsgrenze x_O zur Wahrscheinlichkeit $P = 1 - \alpha$ ist gegeben durch

$$P(x_A \leqq X \leqq x_O) = \sum_{x_i = x_A}^{x_O} f(x_i) = F(x_O) \geqq P = 1 - \alpha \qquad (2.1.5)$$

mit $F(x_{O-1}) < P = 1 - \alpha$; x_{O-1} ist der zu x_O nächstkleinere Wert von X.

Einseitige Abgrenzung nach unten

Die untere Zufallsgrenze x_U zur Wahrscheinlichkeit $P = 1 - \alpha$ ist gegeben durch

$$P(x_U \leqq X \leqq x_E) = \sum_{x_i = x_U}^{x_E} f(x_i) = 1 - F(x_{U-1}) \geqq P = 1 - \alpha \qquad (2.1.6)$$

mit $F(x_U) > \alpha$; x_{U-1} ist der zu x_U nächstkleinere Wert von X.

Zweiseitige (symmetrische) Abgrenzung

Die Zufallsgrenzen x_U und x_O zur Wahrscheinlichkeit $P = 1 - \alpha$ bei zweiseitiger symmetrischer Abgrenzung sind gegeben durch

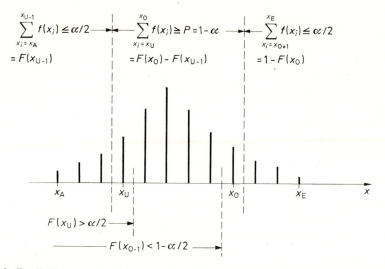

Abb. 2.3. Zur Erläuterung der Abgrenzung des Zufallsstreubereichs für X bei zweiseitiger (symmetrischer) Abgrenzung

2.1 Allgemeines

$$P(x_U \leq X \leq x_O) = \sum_{x_i = x_U}^{x_O} f(x_i) = F(x_O) - F(x_{U-1}) \geq P = 1 - \alpha \tag{2.1.7}$$

mit $F(x_U) > \alpha/2$ und $F(x_{O-1}) < 1 - \alpha/2$; vgl. Abb. 2.3.

Die untere (obere) Zufallsgrenze bei zweiseitiger symmetrischer Abgrenzung zur vorgegebenen Wahrscheinlichkeit $1 - \alpha$ ist gleich der unteren (oberen) Zufallsgrenze bei einseitiger Abgrenzung zur vorgegebenen Wahrscheinlichkeit $1 - \alpha/2$.

Momente

Moment der Ordnung r bezogen auf den beliebigen reellen Wert a

$$\mu_r(a) = E((X - a)^r) = \sum_{x_i = x_A}^{x_E} (x_i - a)^r f(x_i); \tag{2.1.8}$$

vgl. (2.1.11). Sonderfall: $r = 0$ gibt (2.1.2).

Moment der Ordnung r bezogen auf Null

$$\mu'_r = \mu_r(0) = E(X^r) = \sum_{x_i = x_A}^{x_E} x_i^r f(x_i); \tag{2.1.9}$$

vgl. (2.1.11). Sonderfälle: $r = 0: \mu'_0 = 1$ gibt (2.1.2)
$r = 1: \mu'_1 = \mu$ nach (2.1.11)

Zentrales Moment der Ordnung r

$$\mu_r = \mu_r(\mu) = E((X - \mu)^r) = \sum_{x_i = x_A}^{x_E} (x_i - \mu)^r f(x_i) \tag{2.1.10}$$

mit $\mu = \mu'_1$; vgl. (2.1.9) und (2.1.11).
Sonderfälle: $r = 0: \mu_0 = 1$ gibt (2.1.2).
$r = 1: \mu_1 = 0$.
$r = 2: \mu_2 = \sigma^2$ nach (2.1.13).

Parameter

Diese sind Größen zur Kennzeichnung von Wahrscheinlichkeitsverteilungen. *Scharparameter* sind Größen in der Formel der Wahrscheinlichkeitsfunktion (2.1.1) oder Verteilungsfunktion (2.1.3).

Funktionalparameter (Kenngrößen) sind Größen, die bestimmte Eigenschaften der Wahrscheinlichkeitsverteilung kennzeichnen, wie Lageparameter, Streuungsparameter und Formparameter.

Lageparameter

Erwartungswert

$$E(X) = \mu = \sum_{x_i = x_A}^{x_E} x_i f(x_i). \tag{2.1.11}$$

Median (Zentralwert)

$$\zeta = x_{0,5}, \tag{2.1.12}$$

d. h. das 50%-Quantil von X gemäß (2.1.4). Bei symmetrischen Verteilungen ist $\zeta = \mu$.

Streuungsparameter

Varianz

$$V(X) = \sigma^2 = \sum_{x_i = x_A}^{x_E} (x_i - \mu)^2 f(x_i). \qquad (2.1.13)$$

Standardabweichung

$$\sigma = \sqrt{V(X)}. \qquad (2.1.14)$$

Variationskoeffizient

$$\gamma = \sigma / |\mu|; \quad \mu \neq 0. \qquad (2.1.15)$$

Verschiebungssatz für Momente zweiter Ordnung

$$\sigma^2 = \mu_2(a) - (\mu - a)^2 = \mu_2' - \mu^2 \qquad (2.1.16)$$

mit $\mu_2(a)$ nach (2.1.8) und μ_2' nach (2.1.9).

Formparameter

Schiefe

$$\gamma_1 = \sqrt{\beta_1} = \sum_{x_i = x_A}^{x_E} \left(\frac{x_i - \mu}{\sigma} \right)^3 f(x_i) = \mu_3 / \mu_2^{3/2} = \mu_3 / \sigma^3. \qquad (2.1.17)$$

Kurtosis

$$\beta_2 = \sum_{x_i = x_A}^{x_E} \left(\frac{x_i - \mu}{\sigma} \right)^4 f(x_i) = \mu_4 / \mu_2^2 = \mu_4 / \sigma^4. \qquad (2.1.18)$$

Exzeß

$$\gamma_2 = \beta_2 - 3. \qquad (2.1.19)$$

Literatur

Johnson, N.L., Kotz, S.: Distributions in statistics. Discrete distributions. Boston: Houghton Mifflin 1969.

Patel, J.K.; Kapadia, C.H.; Owen, D.B.; Handbook of statistical distributions. New York and Basel: Marcel Dekker 1976.

Hilfsfunktionen

Fakultät

$$n! = 1 \cdot 2 \cdot 3 \cdot \ldots \cdot (n-1)n; \quad n = 1, 2, \ldots; \quad 0! = 1. \qquad (2.1.20)$$

Gammafunktion (Γ-Funktion)

$$\Gamma(x) = \int_0^\infty t^{x-1} e^{-t} dt; \quad x > 0. \qquad (2.1.21)$$

2.1 Allgemeines

Für ganzzahlige x gilt

$$\Gamma(x+1) = x!. \tag{2.1.22}$$

Stirlingsche Formel

$$\Gamma(x+1) \approx x^x e^{-x} \sqrt{2\pi x} \left(1 + \frac{1}{12x}\right)$$

mit einem relativen Fehler $\leq 0{,}1\,\%$ für ganzzahliges $x \geq 1$. \hfill (2.1.23)

Spezielle Werte der Γ-Funktion

$$\Gamma(\tfrac{1}{2}) = \sqrt{\pi}, \quad \Gamma(\tfrac{3}{2}) = \tfrac{1}{2}\sqrt{\pi}, \quad \Gamma(\tfrac{5}{2}) = \tfrac{3}{4}\sqrt{\pi}, \ldots$$

$$\Gamma(n+0{,}5) = \frac{1 \cdot 3 \cdot 5 \cdot \ldots \cdot (2n-1)}{2^n} \sqrt{\pi}\,; \quad n = 1, 2, \ldots. \tag{2.1.24}$$

Rekursionsformel für $\Gamma(x)$

$$\Gamma(x+1) = x\,\Gamma(x). \tag{2.1.25}$$

Verdoppelungsformel für $\Gamma(x)$

$$\Gamma(2x) = \frac{2^{2x-1}}{\sqrt{\pi}} \Gamma(x)\,\Gamma(x+\tfrac{1}{2}). \tag{2.1.26}$$

Näherung für $\Gamma(x+a)$

$$\Gamma(x+a) \approx \Gamma(x)x^a \left[1 + \frac{a(a-1)}{2x}\right] \quad \text{für } x \gg 1. \tag{2.1.27}$$

Binomialkoeffizient

Für $n = 1, 2, 3, \ldots$ und $x = 0, 1, \ldots, n$ gilt

$$\binom{n}{x} = \frac{n!}{x!(n-x)!} = \frac{n(n-1)\ldots(n-x+1)}{1 \cdot 2 \cdot \ldots \cdot x}, \tag{2.1.28}$$

$$\binom{n}{0} = \binom{n}{n} = 1, \quad \binom{n}{x} = \binom{n}{n-x}, \tag{2.1.29}$$

$$\sum_{x=0}^{n} \binom{n}{x} = 2^n, \quad \sum_{x=0}^{n} \binom{n}{x}^2 = \binom{2n}{n}. \tag{2.1.30}$$

Tafelwerke

Pearson, E.S.: Table of the logarithms of the complete Γ-function (for arguments 2 to 1200). Tracts for computers VIII. Cambridge: University Press 1922.

Brownlee, J.: Log $\Gamma(x)$ from $x = 1$ to 50.9 by intervals of 0.01. Tracts for computers IX. Cambridge: University Press 1923.

Miller, J.C.P.: Table of binomial coefficients. Roy. Soc. Math. Tables Vol. 3. Cambridge: University Press 1954.

2.2 Hypergeometrische Verteilung

Eine Grundgesamtheit vom Umfang N enthält N_1 Einheiten mit der Eigenschaft A (Einheiten A) und N_2 Einheiten mit der Eigenschaft $\bar{A}$ = Nicht-A (Einheiten $\bar{A}$). Es ist $N = N_1 + N_2$.

Der relative Anteil von Einheiten A in der Grundgesamtheit ist $p = N_1/N$, der von $\bar{A}$ in der Grundgesamtheit ist $q = N_2/N = 1 - p$.

Bei einmaliger zufälliger Entnahme einer Einheit aus der Grundgesamtheit findet man mit der Wahrscheinlichkeit $p = N_1/N$ (Grundwahrscheinlichkeit) eine Einheit A, mit der Wahrscheinlichkeit $q = N_2/N$ (Gegenwahrscheinlichkeit) eine Einheit $\bar{A}$.

Die Zufallsvariable X ist die Anzahl von Einheiten A in einer *ohne* Zurücklegen entnommenen Zufallsstichprobe vom Umfang n. Die gefundene Anzahl von Einheiten A sei x. Es ist

$$x + y = n \quad \text{und} \quad x/n = \hat{p}; \quad y/n = \hat{q} = 1 - \hat{p}. \tag{2.2.1}$$

Parameter

N, N_1, n mit $N = 1, 2, \ldots$; $N_1 = 0, 1, \ldots, N$; $n = 1, 2, \ldots, N$.

Wahrscheinlichkeitsfunktion (vgl. Abb. 2.4 und 2.5)

$$g(x) = g(x; N_1, n, N) = \frac{\binom{N_1}{x}\binom{N_2}{y}}{\binom{N}{n}} = \frac{\binom{n}{x}\binom{N-n}{N_1-x}}{\binom{N}{N_1}}; \tag{2.2.2}$$

$$\max[0, n + N_1 - N] \leq x \leq \min[n, N_1].$$

Dabei ist

$$\min[a, b] = \begin{cases} a & \text{für } a \leq b, \\ b & \text{für } b \leq a; \end{cases}$$

$$\max[a, b] = \begin{cases} a & \text{für } a \geq b, \\ b & \text{für } b \geq a. \end{cases} \tag{2.2.3}$$

Rekursionsformel

$$g(x+1) = \frac{n-x}{x+1} \frac{N_1-x}{(N-n)-(N_1-x)+1} g(x). \tag{2.2.4}$$

Zweckmäßigerweise beginnt man die Berechnung von $g(x)$, falls $n + N_1 - N \leq 0$ ist, bei $x = 0$ mit

$$g(0) = \frac{(N-N_1)(N-N_1-1)\ldots(N-N_1-n+1)}{N(N-1)\ldots(N-n+1)}$$

$$= \frac{(N-n)(N-n-1)\ldots(N-n-N_1+1)}{N(N-1)\ldots(N-N_1+1)}, \tag{2.2.5}$$

falls $n + N_1 - N > 0$ ist, bei $x = n + N_1 - N$ mit

2.2. Hypergeometrische Verteilung

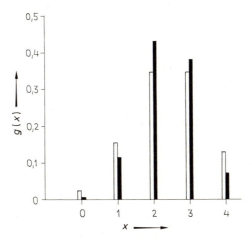

Abb. 2.4. Die hypergeometrische Verteilung für $N = 10$, $N_1 = 6$, $n = 4$ (*schwarze Stäbe*) und die Binomialverteilung für $p = 0{,}6$, $n = 4$ (*weiße Stäbe*)

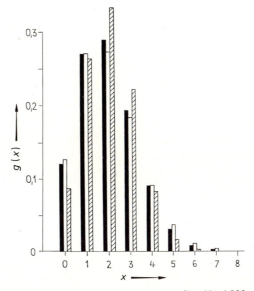

Abb. 2.5. Die hypergeometrische Verteilung für $N = 1000$, $n = 100$, $p = 2\%$ (*schwarze Stäbe*) und $N = 300$, $n = 100$, $p = 2\%$ (*schraffierte Stäbe*) sowie die Binomialverteilung für $n = 100$, $p = 2\%$ (*weiße Stäbe*)

$$g(n + N_1 - N) = \frac{n(n-1)\ldots(n+N_1-N+1)}{N(N-1)\ldots(N_1+1)} = \frac{N_1(N_1-1)\ldots(N_1+n-N+1)}{N(N-1)\ldots(n+1)} \tag{2.2.6}$$

oder bei einer zu $\mu = np$ benachbarten ganzen Zahl.

Verteilungsfunktion

$$G(x) = G(x; N_1, n, N) = \sum_{i=\max[0,\, n+N_1-N]}^{x} g(i). \tag{2.2.7}$$

Symmetrieeigenschaften

$$g(x; N_1, n, N) = g(x; n, N_1, N), \tag{2.2.8}$$

$$G(x; N_1, n, N) = G(x; n, N_1, N); \tag{2.2.9}$$

n und N_1 sind vertauschbar, was bei der Benutzung von Tafelwerken nützlich ist.

Zusammenhang mit anderen Verteilungen

Falls der Auswahlsatz $n/N < 0{,}1$ ist, ist X näherungsweise binomialverteilt mit $p = N_1/N$; vgl. Abschn. 2.3.

Funktionalparameter (Kenngrößen)

Erwartungswert

$$E(X) = \mu = np. \tag{2.2.10}$$

Varianz

$$V(X) = \sigma^2 = npq \frac{N-n}{N-1} \approx npq\left(1 - \frac{n}{N}\right) \quad \text{für } N \gg 1. \tag{2.2.11}$$

Schiefe

$$\gamma_1 = \frac{(N - 2N_1)(N - 2n)(N-1)^{1/2}}{(N-2)[nN_1(N-N_1)(N-n)]^{1/2}}. \tag{2.2.12}$$

Exzeß

$$\gamma_2 = \frac{N^2(N-1)\left\{\begin{array}{l} N(N+1) - 6n(N-n) \\ + 3\dfrac{N_1}{N^2}(N-N_1)[N^2(n-2) - Nn^2 + 6n(N-n)] \end{array}\right\}}{(N-2)(N-3)nN_1(N-N_1)(N-n)} - 3. \tag{2.2.13}$$

Tafelwerk

Lieberman, G.J.; Owen, D.B.: Tables of the hypergeometric probability distribution. Stanford/CA: Stanford University Press 1961.

2.3 Binomialverteilung

Ein Einzelversuch habe zwei mögliche Ergebnisse A und $\bar{A}$. Das Ergebnis A tritt mit der Wahrscheinlichkeit p, das Ergebnis $\bar{A}$ mit der Wahrscheinlichkeit $q = 1 - p$ auf. Die Anzahl der Fälle, in denen bei n unabhängigen Einzelversuchen das Ergebnis A auftritt, ist eine Zufallsvariable X, welche die Werte $x = 0, 1, \ldots, n$ annehmen kann. Die Wahrscheinlichkeitsverteilung von X heißt Binomialverteilung.

p	Grundwahrscheinlichkeit (Wahrscheinlichkeit für das Ergebnis A bei einem Einzelversuch).
$q = 1 - p$	Gegenwahrscheinlichkeit (Wahrscheinlichkeit für das Ergebnis $\bar{A}$ bei einem Einzelversuch).

n	Anzahl der unabhängigen Einzelversuche (Stichprobenumfang).
x	Anzahl der Ergebnisse A unter den n unabhängigen Einzelversuchen.
$\hat{p} = x/n$	Relative Häufigkeit der Ergebnisse A unter den n unabhängigen Einzelversuchen.
$y = n - x$	Anzahl der Ergebnisse $\bar{A}$ unter den n unabhängigen Einzelversuchen.
$\hat{q} = y/n = 1 - \hat{p}$	Relative Häufigkeit der Ergebnisse $\bar{A}$ unter den n unabhängigen Einzelversuchen.

Anwendung bei der Probenahme

Unter den N Einheiten einer Grundgesamtheit haben N_1 die Eigenschaft A (Einheiten A) und N_2 nicht die Eigenschaft A (Einheiten $\bar{A}$). Der Einzelversuch besteht in der zufälligen Entnahme einer Einheit aus der Grundgesamtheit. Bei Ziehung einer Zufallsstichprobe vom Umfang n wird die Unabhängigkeit der n Einzelversuche durch Probenahme *mit* Zurücklegen hergestellt, d.h. jede entnommene Einheit wird nach der Feststellung, ob sie eine Einheit A oder $\bar{A}$ ist, wieder in die Grundgesamtheit zurückgelegt. Das Ergebnis A ist die Entnahme einer Einheit A, das Ergebnis $\bar{A}$ ist die Entnahme einer Einheit $\bar{A}$; $p = N_1/N$, $q = (N - N_1)/N$.

Bei Probenahme *ohne* Zurücklegen, bei der jede entnommene Einheit nach der Feststellung, ob sie eine Einheit A oder $\bar{A}$ ist, nicht in die Grundgesamtheit zurückgelegt wird, ändert sich die Zusammensetzung der Grundgesamtheit nach jeder Entnahme einer Einheit, so daß keine Unabhängigkeit der n Einzelversuche besteht. Die Zufallsvariable X ist dann hypergeometrisch verteilt; vgl. Abschn. 2.2. Falls der Auswahlsatz $n/N < 0,1$ ist, ist die Veränderung der Grundgesamtheit nach der Entnahme einer Einheit so geringfügig, daß X näherungsweise binomialverteilt ist.

Parameter

n, p mit $n = 1, 2, \ldots;\ 0 \leq p \leq 1$.

Wahrscheinlichkeitsfunktion (vgl. Abb. 2.4 und 2.5)

$$g(x) = g(x; p, n) = \binom{n}{x} p^x (1-p)^{n-x} = \frac{n!}{x!\,y!} p^x q^y; \quad x = 0, 1, \ldots, n. \qquad (2.3.1)$$

Rekursionsformel

$$g(x+1) = \frac{n-x}{x+1} \frac{p}{q} g(x). \qquad (2.3.2)$$

Zweckmäßigerweise beginnt man die Berechnung von $g(x)$ bei $x = 0$ mit $g(0) = q^n$ oder bei einer zu $\mu = np$ benachbarten ganzen Zahl.

Verteilungsfunktion

$$G(x) = G(x; p, n) = \sum_{i=0}^{x} g(i). \qquad (2.3.3)$$

Zu gegebenen Werten x, p und n läßt sich $G(x)$ aus Nomogramm D 1 entnehmen;

dazu zeichnet man durch den Punkt p auf der linken Skala und durch den Punkt $(n; x)$ im Netz eine Gerade, an der man auf der rechten Skala $G(x)$ abliest.

Symmetrieeigenschaften

$$g(x; p, n) = g(n - x; q, n), \tag{2.3.4}$$

$$G(x; p, n) = 1 - G(n - x - 1; q, n). \tag{2.3.5}$$

Zusammenhang mit anderen Verteilungen

Zusammenhang mit der reduzierten Beta-Verteilung

$$G_{\text{Binomial}}(x; p, n) = 1 - G_{\text{Beta, red}}(p; a, b) \tag{2.3.6}$$

mit $a = x + 1$ und $b = n - x$; vgl. Abschn. 3.8.

Zusammenhang mit der F-Verteilung

$$G_{\text{Binomial}}(x; p, n) = 1 - G_{F\text{-Vert.}}(F; f_1, f_2) \tag{2.3.7}$$

mit $F = \dfrac{n-x}{x+1} \dfrac{p}{1-p}$, $f_1 = 2(x+1)$, $f_2 = 2(n-x)$; vgl. Abschn. 3.6.

Näherung durch die Poisson-Verteilung

Für kleine p und große n (vgl. Nomogramm D 6) ist näherungsweise

$$G_{\text{Binomial}}(x; p, n) \approx G_{\text{Poisson}}(x; \mu) \tag{2.3.8}$$

mit $\mu = np$; vgl. Abschn. 2.4.

Näherung durch die Normalverteilung

für $np \geq 10$ (vgl. Nomogramm D 6) ist näherungsweise

$$G_{\text{Binomial}}(x; p, n) \approx \Phi\left(\frac{x + \frac{1}{2} - np}{\sqrt{npq}}\right); \tag{2.3.9}$$

vgl. Abschn. 3.2. Zahlenwerte für $\Phi(\cdot)$ s. Tab. C 2.

arcsin-*Transformation*

Für $np \geq 5$ (vgl. Nomogramm D 6) ist

$$Z = \arcsin \sqrt{\hat{p}} = \arcsin \sqrt{X/n} \tag{2.3.10}$$

näherungsweise normalverteilt mit

$$E(Z) = \zeta \approx \arcsin \sqrt{p} - \frac{1}{8n} \frac{q-p}{\sqrt{pq}} \approx \arcsin \sqrt{p}$$

und $\tag{2.3.11}$

$$V(Z) = \sigma_z^2 \approx \frac{1}{4n}.$$

2.3 Binomialverteilung

$$G_{\text{Binomial}}(x; p, n) \approx \Phi\left(\frac{z - \zeta}{\sigma_z}\right). \tag{2.3.12}$$

Zahlenwerte für $z = \arcsin\sqrt{p}$ und $p = \sin^2 z$ s. Tab. C 16 und C 17, und für $\Phi(\cdot)$ s. Tab. C 2.

Die arcsin-Transformation liegt dem Binomialnetz (Mosteller-Tukey-Netz) zugrunde; vgl. Beispiel 7.

Funktionalparameter (Kenngrößen)

Erwartungswert

$$E(X) = \mu = np. \tag{2.3.13}$$

Varianz

$$V(X) = \sigma^2 = npq. \tag{2.3.14}$$

Schiefe

$$\gamma_1 = \frac{q - p}{\sqrt{npq}} = \frac{q - p}{\sigma}. \tag{2.3.15}$$

Exzeß

$$\gamma_2 = \frac{1 - 6pq}{npq} = \frac{1 - 6pq}{\sigma^2}. \tag{2.3.16}$$

Additionssatz

Sind $X_1, X_2, \ldots, X_k$ unabhängig und binomialverteilt mit der gleichen Grundwahrscheinlichkeit p und den Stichprobenumfängen $n_1, n_2, \ldots, n_k$, dann ist die Summe

$$X = X_1 + X_2 + \ldots + X_k \tag{2.3.17}$$

binomialverteilt mit der Grundwahrscheinlichkeit p und dem Stichprobenumfang

$$n = n_1 + n_2 + \ldots + n_k. \tag{2.3.18}$$

Tafelwerke

Tables of the binomial probability distribution. Washington: National Bureau of Standards; Appl. Math. Ser. 6 (1952).
Romig, H.G.: 50-100 binomial tables. New York: Wiley 1953.
Tables of the cumulative binomial probability distribution. Cambridge/MA: Harvard University Press 1955.
Weintraub, S.: Tables of the cumulative binomial probability distribution for small values of p. London: The Free Press of Glencoe 1963.

2.4 Poisson-Verteilung

X Anzahl der Vorkommnisse in einem Zählabschnitt (z. B. Anzahl der Fehler je Längen-, Flächen- oder Zeiteinheit; Anzahl der Unfälle je Zeiteinheit, ...)
μ Erwartungswert von X

Parameter

μ mit $0 \leq \mu < \infty$.

Wahrscheinlichkeitsfunktion (vgl. Abb. 2.6)

$$g(x) = g(x; \mu) = \frac{\mu^x}{x!} e^{-\mu}; \quad x = 0, 1, 2, \ldots \qquad (2.4.1)$$

Rekursionsformel

$$g(x+1) = \frac{\mu}{x+1} g(x). \qquad (2.4.2)$$

Zweckmäßigerweise beginnt man die Berechnung von $g(x)$ bei $x = 0$ mit $g(0) = e^{-\mu}$ oder bei einer zu μ benachbarten ganzen Zahl.

Verteilungsfunktion

$$G(x) = G(x; \mu) = \sum_{i=0}^{x} g(i). \qquad (2.4.3)$$

Zu gegebenen Werten x und μ läßt sich $G(x)$ dem Nomogramm D 2 entnehmen.

Zusammenhang mit anderen Verteilungen

Zusammenhang mit der Gammaverteilung

$$G_{\text{Poisson}}(x; \mu) = 1 - G_{\text{Gamma}}(\mu; \lambda, \beta) \qquad (2.4.4)$$

mit $\lambda = 1$ und $\beta = x + 1$; vgl. Abschn. 3.7.

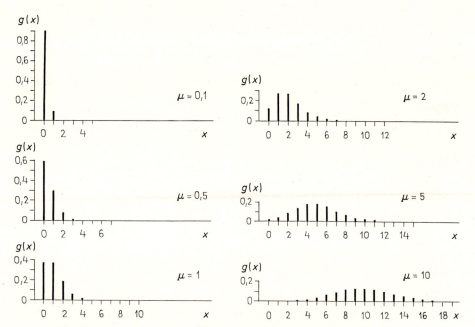

Abb. 2.6. Formen der Poisson-Verteilung für verschiedene Erwartungswerte μ

2.4 Poisson-Verteilung

Zusammenhang mit der χ^2-Verteilung

$$G_{\text{Poisson}}(x;\mu) = 1 - G_{\chi^2\text{-Vert.}}(\chi^2;f) \tag{2.4.5}$$

mit $\chi^2 = 2\mu$ und $f = 2(x+1)$; vgl. Abschn. 3.4.

Näherung durch die Normalverteilung

Für $\mu > 9$ ist näherungsweise

$$G_{\text{Poisson}}(x;\mu) \approx \Phi\left(\frac{x + \tfrac{1}{2} - \mu}{\sqrt{\mu}}\right); \tag{2.4.6}$$

vgl. Abschn. 3.2. Zahlenwerte für $\Phi(\cdot)$ s. Tab. C 2.

Wurzeltransformation

Für $\mu > 2$ ist

$$Z = \sqrt{X} \tag{2.4.7}$$

näherungsweise normalverteilt mit

$$E(Z) = \zeta \approx \sqrt{\mu}\left[1 - \frac{1}{8\mu}\right] \approx \sqrt{\mu} \quad \text{und} \quad V(Z) = \sigma_z^2 \approx \tfrac{1}{4}. \tag{2.4.8}$$

$$G_{\text{Poisson}}(x;\mu) \approx \Phi\left(\frac{z-\zeta}{\sigma_z}\right); \tag{2.4.9}$$

vgl. Abschn. 3.2. Zahlenwerte für $\Phi(\cdot)$ s. Tab. C 2.

Funktionalparameter (Kenngrößen)

Erwartungswert

$$E(X) = \mu. \tag{2.4.10}$$

Varianz

$$V(X) = \sigma^2 = \mu. \tag{2.4.11}$$

Schiefe

$$\gamma_1 = 1/\sqrt{\mu}. \tag{2.4.12}$$

Exzeß

$$\gamma_2 = 1/\mu. \tag{2.4.13}$$

Übergang auf einen anderen Zählabschnitt

Wird auf das t-fache des Zählabschnitts übergegangen, dann geht der Erwartungswert μ über in $\mu' = t\mu$, die Standardabweichung $\sigma = \sqrt{\mu}$ in $\sigma' = \sqrt{t\mu} = \sqrt{\mu'}$, die Schiefe γ_1 in $\gamma_1' = 1/\sqrt{t\mu}$ und der Exzeß γ_2 in $\gamma_2' = 1/(t\mu)$.

Additionssatz

Sind $X_1, X_2, \ldots, X_k$ unabhängig und Poisson-verteilt mit den Erwartungswerten $\mu_1, \mu_2, \ldots, \mu_k$, dann ist die Summe

$$X = X_1 + X_2 + \ldots + X_k \qquad (2.4.14)$$

Poisson-verteilt mit dem Erwartungswert

$$\mu = \mu_1 + \mu_2 + \ldots + \mu_k. \qquad (2.4.15)$$

Tafelwerke

Molina, E.C.: Poisson's exponential binomial limit. Princeton/NJ: van Nostrand 1942; Tables of the individual and cumulative terms of Poisson distribution. Princeton/NJ: van Nostrand 1962.

Haight, F.A.: Handbook of the Poisson distribution. New York: Wiley 1967.

2.5 Negative Binomialverteilung

Die Realisierung x einer negativ-binomialverteilten Zufallsvariablen mit den Parametern k und p kann als das Ergebnis eines zweistufigen Zufallsvorgangs aufgefaßt werden: Auf der ersten Stufe ergibt sich der Parameter μ als Realisierung einer Gamma-verteilten Zufallsvariablen (wobei die Gamma-verteilung von μ gemäß Abschn. 3.7 die Parameter $\lambda = p/(1-p)$, $\beta = k$ und $x_A = 0$ hat) und auf der zweiten Stufe ergibt sich x als Realisierung einer Poisson-verteilten Zufallsvariablen mit dem Parameter μ, der sich auf der ersten Stufe ergeben hat. Die negative Binomialverteilung bildet also eine Erweiterung der Poisson-Verteilung von einem konstanten auf einen von Zählung zu Zählung (also z. B. zeitlich) zufällig schwankenden Erwartungswert μ.

Parameter

k, p mit $k > 0$; $0 < p < 1$.

Wahrscheinlichkeitsfunktion

$$g(x) = g(x; k, p) = (-1)^x \binom{-k}{x} p^k q^x = \binom{x+k-1}{k-1} p^k q^x; \qquad x = 0, 1, 2, \ldots \qquad (2.5.1)$$

mit

$$\binom{-k}{x} = \frac{-k(-k-1)\ldots(-k-x+1)}{1 \cdot 2 \cdot 3 \cdot \ldots \cdot x} \qquad \text{für } x = 1, 2, \ldots; \quad \binom{-k}{0} = 1; \quad q = 1 - p.$$

Rekursionsformel

$$g(x+1) = \frac{x+k}{x+1} q g(x). \qquad (2.5.2)$$

Zweckmäßigerweise beginnt man die Berechnung von $g(x)$ bei $x = 0$ mit $g(0) = p^k$ oder bei einer zu $\mu = kq/p$ benachbarten ganzen Zahl.

2.5 Negative Binomialverteilung

Verteilungsfunktion

$$G(x) = G(x; k, p) = \sum_{i=0}^{x} g(i). \tag{2.5.3}$$

Zusammenhang mit anderen Verteilungen

Ist k ganzzahlig, dann heißt die Verteilung auch *Pascal-Verteilung*. $g(x)$ gibt dann die Wahrscheinlichkeit an, mit der $x+k$ unabhängige Versuche gebraucht werden, um k-mal das Ergebnis A zu beobachten, wenn die Wahrscheinlichkeit für das Ergebnis A bei einem Versuch $P(A) = p$ ist ($q = P(\bar{A}) = 1 - p$ ist die Wahrscheinlichkeit für das Ergebnis $\bar{A}$). Im Sonderfall $k = 1$ ergibt sich die *geometrische Verteilung* mit der Wahrscheinlichkeitsfunktion

$$g(x) = pq^x = p(1-p)^x. \tag{2.5.4}$$

Zusammenhang mit der reduzierten Beta-Verteilung für ganzzahlige k

$$G_{\text{neg. Bin.}}(x; k, p) = G_{\text{Beta, red}}(p; a, b) \tag{2.5.5}$$

mit $a = k$ und $b = x + 1$; vgl. Abschn. 3.8

Zusammenhang mit der Binomialverteilung für ganzzahlige k

$$G_{\text{neg. Bin.}}(x; k, p) = 1 - G_{\text{Binomial}}(k-1; p, n) \tag{2.5.6}$$

mit $n = x + k$; vgl. Abschn. 2.3.

Näherung durch die Poisson-Verteilung

Für große k und kleine q ist näherungsweise

$$G_{\text{neg. Bin.}}(x; k, p) \approx G_{\text{Poisson}}(x; \mu) \tag{2.5.7}$$

mit $\mu = kq/p$; vgl. Abschn. 2.4.

Näherung durch die Normalverteilung

Für $p \leq 0{,}5$ ist näherungsweise

$$G_{\text{neg. Bin.}}(x; k, p) \approx \Phi\left(\frac{x + \frac{1}{2} - kq/p}{\sqrt{kq/p^2}}\right); \tag{2.5.8}$$

vgl. Abschn. 3.2. Zahlenwerte für $\Phi(\cdot)$ s. Tab. C 2.

Funktionalparameter (Kenngrößen)

Erwartungswert

$$E(X) = \mu = kq/p. \tag{2.5.9}$$

Varianz

$$V(X) = \sigma^2 = kq/p^2. \tag{2.5.10}$$

Schiefe

$$\gamma_1 = (1+q)/\sqrt{kq}\,. \qquad (2.5.11)$$

Exzeß

$$\gamma_2 = (1 + 4q + q^2)/(kq)\,. \qquad (2.5.12)$$

Tafelwerk

Williamson, E.; Bretherton, M.H.: Tables of the negative binomial probability distribution. London: Wiley 1963.

3 Eindimensionale stetige Verteilungen

3.1 Allgemeines

Eine *kontinuierliche Zufallsvariable* X kann überabzählbar viele Werte annehmen. Ist die Verteilungsfunktion (3.1.4) einer kontinuierlichen Zufallsvariablen X absolut stetig, dann heißt X *stetige Zufallsvariable*. x_A sei der kleinste und x_E der größte mögliche Wert von X, d. h. es gilt $x_A \leq X \leq x_E$. In vielen Fällen gilt $x_A \to -\infty$ oder $x_A = 0$ oder $x_E \to \infty$.

Die Wahrscheinlichkeitsverteilung von X wird dargestellt durch die Wahrscheinlichkeitsdichtefunktion (Bezeichnung: $f_X(x), f(x), g_X(x), g(x)$) oder die Verteilungsfunktion (Bezeichnung: $F_X(x), F(x), G_X(x), G(x)$).

Wahrscheinlichkeitsdichtefunktion $f(x)$

Erste Ableitung der Verteilungsfunktion $F(x)$ gemäß (3.1.4) nach x, falls sie existiert:

$$f(x) = \frac{dF(x)}{dx}, \tag{3.1.1}$$

$$f(x) \geq 0; \quad \int_{x_A}^{x_E} f(x)\,dx = 1. \tag{3.1.2}$$

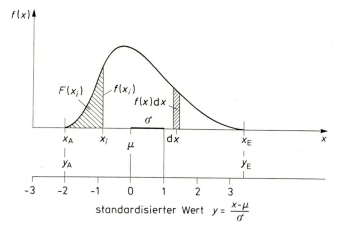

Abb. 3.1. Die Wahrscheinlichkeitsdichtefunktion $f(x)$ einer stetigen Zufallsvariablen X

Die Wahrscheinlichkeit, mit der die Zufallsvariable X einen Wert im Bereich von x bis $x + \Delta x$ annimmt, ist bei kleinem Δx näherungsweise

$$P(x < X \leq x + \Delta x) \approx f(x) \Delta x. \tag{3.1.3}$$

Graphische Darstellung von $f(x)$ s. Abb. 3.1.

Verteilungsfunktion $F(x)$

Die Funktion $F(x)$, die für jeden Wert x die Wahrscheinlichkeit angibt, mit der die Zufallsvariable X kleiner oder gleich x ist, hat die Form

$$F(x) = P(X \leq x) = \int_{x_A}^{x} f(t)\,dt. \tag{3.1.4}$$

Graphische Darstellung als *Summenlinie*; vgl. Abb. 3.2.

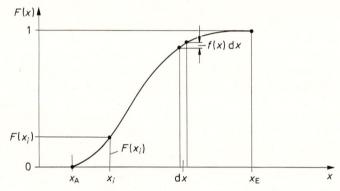

Abb. 3.2. Die Verteilungsfunktion $F(x)$ zu Abb. 3.1

Symmetrie

Für symmetrische Verteilungen gilt mit μ nach (3.1.15)

$$f(\mu - y) = f(\mu + y), \tag{3.1.5}$$

$$F(\mu) = \tfrac{1}{2}, \quad F(\mu - y) + F(\mu + y) = 1, \tag{3.1.6}$$

$$\int_{\mu - y}^{\mu + y} f(t)\,dt = 2 \int_{\mu}^{\mu + y} f(t)\,dt = 2F(\mu + y) - 1. \tag{3.1.7}$$

p-Quantil (p-Fraktil)

Das p-Quantil x_p ist der Wert x, für den die Verteilungsfunktion $F(x)$ nach (3.1.4) den vorgegebenen Wert p annimmt oder bei dem sie von einem Wert unter p auf einen Wert über p springt. Nimmt die Verteilungsfunktion überall im Bereich zwischen zwei Werten den Wert p an, dann kann jeder Wert x in diesem Bereich als p-Quantil betrachtet werden.

$$P(X \leq x_p) = F(x_p) = p. \tag{3.1.8}$$

3.1 Allgemeines

Median

$\zeta = x_{50\%}$,

d. h. das 50%-Quantil von X.

Quartile

Unteres Quartil $x_{25\%}$; oberes Quartil $x_{75\%}$.

Perzentile

Quantile, bei denen $100p$ eine ganze Zahl ist, d. h. $x_{1\%}, x_{2\%}, \ldots, x_{99\%}$.

Bereichsabgrenzungen mit Hilfe der Tschebyscheff- oder der Camp-Meidell-Ungleichung

Die Wahrscheinlichkeit p, daß der Wert x einer Zufallsvariablen X in einem bestimmten Bereich auftritt, läßt sich mit der Tschebyscheff-Ungleichung oder der Camp-Meidell-Ungleichung abschätzen; vgl. Abschn. 3.11.

Zufallsstreubereich

Der Zufallsstreubereich zur Wahrscheinlichkeit $P = 1 - \alpha$ für eine stetige Zufallsvariable X ist der Bereich, in dem X mit der vorgegebenen Wahrscheinlichkeit $P = 1 - \alpha$ auftritt. Mit der Wahrscheinlichkeit $\alpha = 1 - P$ (Irrtumswahrscheinlichkeit) tritt X außerhalb des Zufallsstreubereiches auf. Die Zufallsgrenzen (*untere Zufallsgrenze* x_U, *obere Zufallsgrenze* x_O) sind Quantile: $x_U = x_{\alpha'}$ und $x_O = x_{1-\alpha''}$ mit $\alpha' + \alpha'' = \alpha$.

Einseitige Abgrenzung nach oben

Die obere Zufallsgrenze $x_O = x_{1-\alpha}$ zur Wahrscheinlichkeit $P = 1 - \alpha$ (vgl. Abb. 3.3a) ist gegeben durch

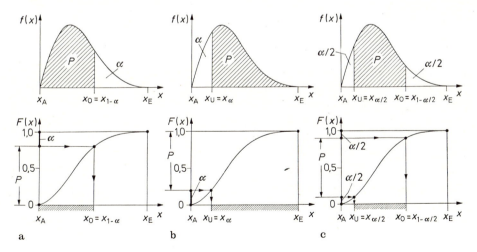

Abb. 3.3a–c. Zur Abgrenzung von Zufallsstreubereichen für X bei vorgegebener Wahrscheinlichkeit $P = 1 - \alpha$

$$P(x_A \le X \le x_O) = \int_{x_A}^{x_O} f(x)\,dx = F(x_O) = P = 1 - \alpha. \tag{3.1.9}$$

Einseitige Abgrenzung nach unten

Die untere Zufallsgrenze $x_U = x_\alpha$ zur Wahrscheinlichkeit $P = 1 - \alpha$ (vgl. Abb. 3.3b) ist gegeben durch

$$P(x_U \le X \le x_E) = \int_{x_U}^{x_E} f(x)\,dx = 1 - F(x_U) = P = 1 - \alpha \tag{3.1.10}$$

oder $F(x_U) = \alpha$.

Zweiseitige (symmetrische) Abgrenzung

Die Zufallsgrenzen $x_U = x_{\alpha/2}$ und $x_O = x_{1-\alpha/2}$ zur Wahrscheinlichkeit $P = 1 - \alpha$ bei zweiseitiger (symmetrischer) Abgrenzung (vgl. Abb. 3.3c) sind gegeben durch

$$P(x_U \le X \le x_O) = \int_{x_U}^{x_O} f(x)\,dx = F(x_O) - F(x_U) = P = 1 - \alpha$$

mit $\tag{3.1.11}$

$$F(x_U) = \alpha/2 \quad \text{und} \quad F(x_O) = 1 - \alpha/2.$$

Die untere (obere) Zufallsgrenze bei zweiseitiger symmetrischer Abgrenzung zur vorgegebenen Wahrscheinlichkeit $1 - \alpha$ ist gleich der unteren (oberen) Zufallsgrenze bei einseitiger Abgrenzung zur vorgegebenen Wahrscheinlichkeit $1 - \alpha/2$.

Momente

Moment der Ordnung r bezogen auf den beliebigen reellen Wert a

$$\mu_r(a) = E((X - a)^r) = \int_{x_A}^{x_E} (x - a)^r f(x)\,dx; \tag{3.1.12}$$

vgl. (3.1.15). Sonderfall: $r = 0$ gibt (3.1.2).

Moment der Ordnung r bezogen auf Null

$$\mu'_r = \mu_r(0) = E(X^r) = \int_{x_A}^{x_E} x^r f(x)\,dx; \tag{3.1.13}$$

vgl. (3.1.15). Sonderfälle: $r = 0: \mu'_0 = 1$ gibt (3.1.2).
$\phantom{\text{vgl. (3.1.15). Sonderfälle: }}r = 1: \mu'_1 = \mu$ nach (3.1.15).

Zentrales Moment der Ordnung r

$$\mu_r = \mu_r(\mu) = E((X - \mu)^r) = \int_{x_A}^{x_E} (x - \mu)^r f(x)\,dx \tag{3.1.14}$$

mit $\mu = \mu'_1$; vgl. (3.1.13) und (3.1.15).

Sonderfälle: $r = 0: \mu_0 = 1$ gibt (3.1.2).
$\phantom{\text{Sonderfälle: }}r = 1: \mu_1 = 0$.
$\phantom{\text{Sonderfälle: }}r = 2: \mu_2 = \sigma^2$ nach (3.1.17).

3.1 Allgemeines

Parameter

Dieses sind Größen zur Kennzeichnung von Wahrscheinlichkeitsverteilungen. *Scharparameter* sind Größen in der Formel der Wahrscheinlichkeitsdichtefunktion (3.1.1) oder Verteilungsfunktion (3.1.4). *Funktionalparameter* (Kenngrößen) sind Größen, die bestimmte Eigenschaften der Wahrscheinlichkeitsverteilung kennzeichnen, wie Lageparameter, Streuungsparameter und Formparameter.

Lageparameter

Erwartungswert

$$E(X) = \mu = \int_{x_A}^{x_E} x f(x)\, dx. \tag{3.1.15}$$

Median

$$\zeta = x_{0,5}, \tag{3.1.16}$$

d. h. das 50%-Quantil von x gemäß (3.1.8). Bei symmetrischen Verteilungen ist $\zeta = \mu$.

Streuungsparameter

Varianz

$$V(X) = \sigma^2 = \int_{x_A}^{x_E} (x - \mu)^2 f(x)\, dx. \tag{3.1.17}$$

Standardabweichung

$$\sigma = \sqrt{V(X)}. \tag{3.1.18}$$

Variationskoeffizient

$$\gamma = \sigma/|\mu|; \quad \mu \neq 0. \tag{3.1.19}$$

Verschiebungssatz für Momente zweiter Ordnung

$$\sigma^2 = \mu_2(a) - (\mu - a)^2 = \mu_2' - \mu^2, \tag{3.1.20}$$

mit $\mu_2(a)$ nach (3.1.12) und μ_2' nach (3.1.13).

Formparameter

Schiefe

$$\gamma_1 = \sqrt{\beta_1} = \int_{x_A}^{x_E} \left(\frac{x - \mu}{\sigma}\right)^3 f(x)\, dx = \mu_3/\mu_2^{3/2} = \mu_3/\sigma^3. \tag{3.1.21}$$

Kurtosis

$$\beta_2 = \int_{x_A}^{x_E} \left(\frac{x - \mu}{\sigma}\right)^4 f(x)\, dx = \mu_4/\mu_2^2 = \mu_4/\sigma^4. \tag{3.1.22}$$

Exzeß

$$\gamma_2 = \beta_2 - 3. \tag{3.1.23}$$

Zentrierte Zufallsvariable

$$Y = X - \mu \tag{3.1.24}$$

mit

$$E(Y) = 0. \tag{3.1.25}$$

Falls der Erwartungswert nicht existiert, kann auch an anderen Lageparametern, z. B. dem Median, zentriert werden.

Standardisierte Zufallsvariable

$$Z = (X - \mu)/\sigma \tag{3.1.26}$$

mit

$$E(Z) = 0 \quad \text{und} \quad V(Z) = 1. \tag{3.1.27}$$

Reduzierte Zufallsvariable

$$Z = (X - a)/b, \tag{3.1.28}$$

wobei a ein Lageparameter und b ein Streuungsparameter der Verteilung von X ist.

Literatur

Johnson, N.L.; Kotz, S.: Distributions in statistics. Continuous univariate distributions, 1 and 2. Boston: Houghton Mifflin 1970.

Patel, J.K.; Kapadia, C.H.; Owen, D.B.: Handbook of statistical distributions. New York and Basel: Marcel Dekker 1976.

3.2 Normalverteilung (Gauß-Verteilung)

Parameter

μ; σ^2 mit $-\infty < \mu < \infty$, $\sigma^2 > 0$.

Die Normalverteilung mit den Parametern μ und σ^2 wird mit $N(\mu; \sigma^2)$ bezeichnet.

Wahrscheinlichkeitsdichtefunktion
(Glockenkurve, vgl. Abb. 3.4 oben)

$$g(x) = g(x; \mu, \sigma^2) = \frac{1}{\sqrt{2\pi}\,\sigma} e^{-\frac{1}{2}\left(\frac{x-\mu}{\sigma}\right)^2}; \quad -\infty < x < \infty. \tag{3.2.1}$$

Verteilungsfunktion
(vgl. Abb. 3.4 unten)

$$G(x) = G(x; \mu, \sigma^2) = \frac{1}{\sqrt{2\pi}\,\sigma} \int_{-\infty}^{x} e^{-\frac{1}{2}\left(\frac{t-\mu}{\sigma}\right)^2} dt. \tag{3.2.2}$$

3.2 Normalverteilung (Gauß-Verteilung)

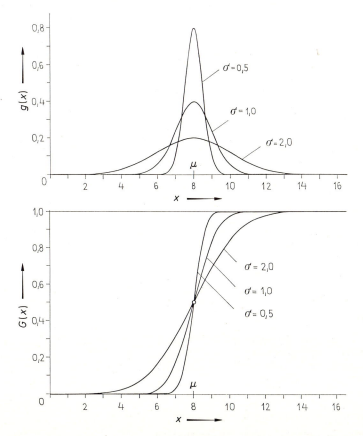

Abb. 3.4. Formen der Normalverteilung (Wahrscheinlichkeitsdichtefunktion $g(x)$ und Verteilungsfunktion $G(x)$) bei verschiedenen Standardabweichungen σ

$G(x; \mu, \sigma^2)$ wird im Wahrscheinlichkeitsnetz (vgl. *Beispiel 3*) für jedes μ und σ^2 eine Gerade. Die Normalverteilung ist symmetrisch; vgl. (3.1.5) bis (3.1.7).

Funktionalparameter (Kenngrößen)

Erwartungswert

$$E(X) = \mu. \tag{3.2.3}$$

Varianz

$$V(X) = \sigma^2. \tag{3.2.4}$$

Schiefe

$$\gamma_1 = 0. \tag{3.2.5}$$

Exzeß

$$\gamma_2 = 0. \tag{3.2.6}$$

Standardisierte Normalverteilung $N(0;1)$

Wahrscheinlichkeitsdichtefunktion

$$\varphi(u) = \frac{1}{\sqrt{2\pi}}\, e^{-u^2/2}; \quad -\infty < u < \infty. \tag{3.2.7}$$

Zahlenwerte für $\varphi(u)$ s. Tab. C 1.

Verteilungsfunktion

$$\Phi(u) = \frac{1}{\sqrt{2\pi}} \int_{-\infty}^{u} e^{-t^2/2}\, dt. \tag{3.2.8}$$

Zahlenwerte für $\Phi(u)$ s. Tab. C 2.

Näherungen für $\Phi(u)$[1]

Mit einem absoluten Fehler $\varepsilon < 1{,}8 \cdot 10^{-4}$ gilt

$$\Phi(u) \approx e^{2y}/(1 + e^{2y}) = \tfrac{1}{2}[1 + \tanh(y)]; \tag{3.2.9}$$
$$y = \sqrt{2/\pi}\, u\, (1 + 0{,}044\,715\, u^2).$$

Mit einem absoluten Fehler $\varepsilon < 2{,}5 \cdot 10^{-4}$ gilt

$$\Phi(u) \approx 1 - \tfrac{1}{2}(1 + c_1 u + c_2 u^2 + c_3 u^3 + c_4 u^4)^{-4}; \tag{3.2.10}$$

$c_1 = 0{,}196\,854, \quad c_3 = 0{,}000\,344,$

$c_2 = 0{,}115\,194, \quad c_4 = 0{,}019\,527.$

Mit einem absoluten Fehler $\varepsilon < 1{,}5 \cdot 10^{-7}$ gilt

$$\Phi(u) \approx 1 - \tfrac{1}{2}(1 + d_1 u + d_2 u^2 + d_3 u^3 + d_4 u^4 + d_5 u^5 + d_6 u^6)^{-16}; \tag{3.2.11}$$

$d_1 = 0{,}049\,867\,347\,0, \quad d_4 = 0{,}000\,038\,003\,6,$

$d_2 = 0{,}021\,141\,006\,1, \quad d_5 = 0{,}000\,048\,890\,6,$

$d_3 = 0{,}003\,277\,626\,3, \quad d_6 = 0{,}000\,005\,383\,0.$

Symmetrieeigenschaften

$$\varphi(u) = \varphi(-u) \tag{3.2.12}$$

$$\Phi(u) = 1 - \Phi(-u). \tag{3.2.13}$$

p-Quantil

$$u_p \quad \text{mit} \quad P(U \leq u_p) = \Phi(u_p) = p; \tag{3.2.14}$$

Zahlenwerte für u_p s. Tab. C 3.

---

[1] Nach Hastings, C.: Approximations for digital computers. Princeton/NJ: Princeton University Press 1955.

3.2 Normalverteilung (Gauß-Verteilung)

$$u_p = -u_{1-p}.\tag{3.2.15}$$

Näherungen für u_p[1] , $0 < p \leq 0.5$

Mit einem absoluten Fehler $\varepsilon < 3 \cdot 10^{-3}$ gilt

$$u_p \approx t - \frac{a_0 + a_1 t}{1 + b_1 t + b_2 t^2}; \quad t = \sqrt{\ln \frac{1}{p^2}};\tag{3.2.16}$$

$a_0 = 2{,}30753, \quad b_1 = 0{,}99229,$

$a_1 = 0{,}27061, \quad b_2 = 0{,}04481.$

Mit einem absoluten Fehler $\varepsilon < 4{,}5 \cdot 10^{-4}$ gilt

$$u_p \approx t - \frac{c_0 + c_1 t + c_2 t^2}{1 + d_1 t + d_2 t^2 + d_3 t^3}; \quad t = \sqrt{\ln \frac{1}{p^2}};\tag{3.2.17}$$

$c_0 = 2{,}515517, \quad d_1 = 1{,}432788,$

$c_1 = 0{,}802853, \quad d_2 = 0{,}189269,$

$c_2 = 0{,}010328, \quad d_3 = 0{,}001308.$

Erwartungswert

$$E(U) = 0.\tag{3.2.18}$$

Varianz

$$V(U) = 1.\tag{3.2.19}$$

Zentrale Momente

$$\mu_k = E(U^k) = \int_{-\infty}^{\infty} u^k \varphi(u)\,du = \begin{cases} 0 & \text{für ungerades } k = 2\lambda - 1 \\ 1 \cdot 3 \cdot 5 \cdot \ldots \cdot (2\lambda - 1) & \text{für gerades } k = 2\lambda; \\ & \lambda = 1, 2, 3, \ldots \end{cases}\tag{3.2.20}$$

Zentrale absolute Momente

$$E(|U|^k) = \int_{-\infty}^{\infty} |u|^k \varphi(u)\,du = \frac{2^{k/2}}{\sqrt{\pi}} \Gamma\left(\frac{k+1}{2}\right).\tag{3.2.21}$$

Standardisierung

Die Transformation

$$U = (X - \mu)/\sigma \tag{3.2.22}$$

überführt die Zufallsvariable X der Normalverteilung $N(\mu; \sigma^2)$ in die standardisierte Zufallsvariable U (der Normalverteilung $N(0;1)$).

$$g(x; \mu, \sigma^2) = \varphi\left(\frac{x-\mu}{\sigma}\right)/\sigma = \varphi(u)/\sigma,\tag{3.2.23}$$

---

[1] vgl. Fußnote Seite 34.

$$G(x; \mu, \sigma^2) = \Phi\left(\frac{x-\mu}{\sigma}\right) = \Phi(u), \tag{3.2.24}$$

$$x_p = \mu + \sigma u_p. \tag{3.2.25}$$

Die Fläche unter der Glockenkurve der Normalverteilung $N(\mu; \sigma^2)$ zwischen x_1 und $x_2 > x_1$ ist

$$A(x_1; x_2) = G(x_2) - G(x_1) = \Phi(u_2) - \Phi(u_1) \tag{3.2.26}$$

mit $u_1 = (x_1 - \mu)/\sigma$ und $u_2 = (x_2 - \mu)/\sigma$.

Für symmetrische Grenzen $x_1 = \mu - a$ und $x_2 = \mu + a$ ergibt sich insbesondere

$$A(\mu - a; \mu + a) = G(\mu + a) - G(\mu - a)$$

$$= 2G(\mu + a) - 1 = 2\Phi\left(\frac{a}{\sigma}\right) - 1. \tag{3.2.27}$$

Additionssatz

Sind $X_1, X_2, \ldots, X_k$ unabhängig voneinander normalverteilt mit den Erwartungswerten $E(X_i) = \mu_i$ und den Varianzen $V(X_i) = \sigma_i^2$, dann ist die Summe

$$S_k = X_1 + X_2 + \ldots + X_k \tag{3.2.28}$$

normalverteilt mit

$$E(S_k) = \sum_{i=1}^{k} \mu_i; \quad V(S_k) = \sum_{i=1}^{k} \sigma_i^2. \tag{3.2.29}$$

Zentraler Grenzwertsatz

Sind die Zufallsvariablen $X_i (i = 1, 2, 3, \ldots)$ unabhängig voneinander verteilt mit den Erwartungswerten $E(X_i) = \mu_i$ und den Varianzen $V(X_i) = \sigma_i^2$, dann ist (unter sehr schwachen Voraussetzungen über die Verteilungen der X_i) die standardisierte Summe

$$U_k = \sum_{i=1}^{k} (X_i - \mu_i) \Big/ \sqrt{\sum_{i=1}^{k} \sigma_i^2} \tag{3.2.30}$$

mit wachsender Zahl der Summanden, d.h. für $k \to \infty$, standardisiert normalverteilt.

Für die bei praktischen Problemen auftretenden Verteilungen sind die Voraussetzungen des zentralen Grenzwertsatzes im allgemeinen erfüllt. In vielen Fällen, insbesondere wenn die X_i alle dieselbe Verteilung haben, gilt der Satz bereits für kleine Werte von k mit großer Genauigkeit, z. B. für $k > 5$, wenn die Verteilungen der X_i Gleichverteilungen sind.

Tafelwerke

Tables of normal probability functions. Washington: National Bureau of Standards; Appl. Math. Ser. 23 (1953).

Smirnov, N.V.: Tables of the normal probability integral, the normal density and its normalized derivatives. Oxford: Pergamon Press 1965.

3.3 Logarithmische Normalverteilung (Lognormalverteilung)

Parameter

a, μ, σ^2 mit $-\infty < a < \infty$, $-\infty < \mu < \infty$, $\sigma^2 > 0$.

Wahrscheinlichkeitsdichtefunktion und Verteilungsfunktion

$$g(x) = g(x; \mu, \sigma, a) = \frac{1}{\sqrt{2\pi}\,\sigma} \frac{1}{x-a} e^{-\frac{1}{2}\left(\frac{\ln(x-a)-\mu}{\sigma}\right)^2}; \quad a < x < \infty. \tag{3.3.1}$$

Die Verteilungsfunktion $G(x)$ ergibt sich nach (3.1.4) mit $x_A = a$. Sie wird im logarithmischen Wahrscheinlichkeitsnetz (Wahrscheinlichkeitsnetz mit logarithmischer Abszissenteilung) für jedes μ und σ^2 über $x - a$ eine Gerade; vgl. Beispiel 30.
  Liegt anstelle einer unteren Grenze $x_A = a$ eine obere Grenze $x_E = a$ vor, so ist $x - a$ durch $a - x$ zu ersetzen; $g(x)$ ist dann im Intervall $-\infty < x < a$ definiert. In (3.3.2) und (3.3.3) gilt das positive Vorzeichen, wenn a untere Grenze und das negative Vorzeichen, wenn a obere Grenze ist.

Funktionalparameter (Kenngrößen)

Median

$$\zeta = a \pm e^\mu. \tag{3.3.2}$$

Erwartungswert

$$E(X) = a \pm e^{\mu + \sigma^2/2} = a \pm e^\mu \omega^{1/2} \tag{3.3.3}$$

mit $\omega = e^{\sigma^2}$.

Varianz

$$V(X) = e^{2\mu + \sigma^2}(e^{\sigma^2} - 1) = e^{2\mu}\omega(\omega - 1). \tag{3.3.4}$$

Schiefe

$$\gamma_1 = (\omega - 1)^{1/2}(\omega + 2). \tag{3.3.5}$$

Exzeß

$$\gamma_2 = \omega^4 + 2\omega^3 + 3\omega^2 - 6 = (\omega - 1)(\omega^3 + 3\omega^2 + 6\omega + 6). \tag{3.3.6}$$

Für ω gilt auch

$$\omega = 1 + \frac{V(X)}{(E(X) - a)^2}; \tag{3.3.7}$$

im Sonderfall $a = 0$ wird mit γ nach (3.1.19)

$$\omega = 1 + \frac{V(X)}{E^2(X)} = 1 + \gamma^2. \tag{3.3.8}$$

Zusammenhang mit der Normalverteilung

Die transformierte Zufallsvariable[1]

$$Z = \ln(X - a) \tag{3.3.9}$$

ist normalverteilt wie $N(\mu; \sigma^2)$; vgl. Abschn. 3.2.

$$g(z; a, \mu, \sigma^2) = \frac{1}{(x-a)\sigma} \varphi\left(\frac{z-\mu}{\sigma}\right),$$

$$G(z; a, \mu, \sigma^2) = \Phi\left(\frac{z-\mu}{\sigma}\right).$$

$\varphi(\cdot)$ nach (3.2.7); $\Phi(\cdot)$ nach (3.2.8).

Literatur

Aitchison, J.; Brown, J.A.C.: The lognormal distribution. Cambridge: Cambridge University Press 1957.

3.4 χ^2-Verteilung (Helmert-Pearson-Verteilung)

$$\chi^2 = \chi_f^2 = \sum_{i=1}^{f} U_i^2, \tag{3.4.1}$$

wobei alle U_i unabhängig voneinander standardisiert normalverteilt sind; die Zahl f der Summanden von (3.4.1) heißt Zahl der Freiheitsgrade für χ^2.

Parameter

$f = 1, 2, \ldots$.

Wahrscheinlichkeitsdichtefunktion und Verteilungsfunktion
(vgl. Abb. 3.5)

$$g(\chi^2) = g(\chi^2; f) = \frac{1}{2^{f/2} \Gamma(f/2)} (\chi^2)^{(f-2)/2} e^{-\chi^2/2}; \quad 0 \leq \chi^2 < \infty. \tag{3.4.2}$$

Dabei ist $\Gamma(\cdot)$ die Gammafunktion nach (2.1.21).
 Die Verteilungsfunktion $G(\chi^2) = G(\chi^2; f)$ ergibt sich nach (3.1.4) mit $x_A = 0$.

Zusammenhang mit anderen Verteilungen

Zusammenhang mit der Poisson-Verteilung vgl. (2.4.5).
Zusammenhang mit der Gamma-Verteilung vgl. (3.7.6).

---

[1] Die Transformation und die Berechnung der Kenngrößen kann mit Briggsschen Logarithmen ($\lg y$) durchgeführt werden, wenn man $\lg y = M \ln y$ bzw. $e^y = 10^{My}$ mit $M = \lg e \approx 0{,}43429$ bzw. $1/M = \ln 10 \approx 2{,}30259$ beachtet.

3.4 χ^2-Verteilung (Helmert-Pearson-Verteilung)

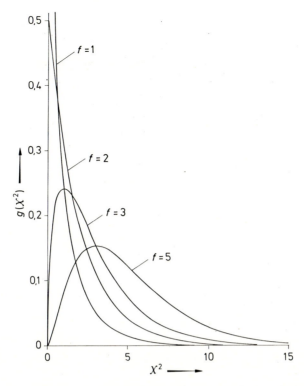

Abb. 3.5. Die Wahrscheinlichkeitsdichtefunktion $g(\chi^2)$ der χ^2-Verteilung für verschiedene Zahlen f der Freiheitsgrade

Zusammenhang mit der Normalverteilung: Für $f \to \infty$ geht die Verteilung von $(\chi^2 - f)/\sqrt{2f}$ in die standardisierte Normalverteilung über; vgl. Abschn. 3.2.

Näherungen

Für $f \gtrsim 100$ ist

$$U = \sqrt{2\chi^2} - \sqrt{2f-1} \tag{3.4.3}$$

näherungsweise standardisiert normalverteilt.
Für $f \gtrsim 30$ ist

$$U = \frac{(\chi^2/f)^{1/3} - [1 - 2/(9f)]}{\sqrt{2/(9f)}} \tag{3.4.4}$$

näherungsweise standardisiert normalverteilt (Näherung von Wilson-Hilferty).

p-Quantil

$$\chi^2_{f;p} \quad \text{mit} \quad P(\chi^2_f \leq \chi^2_{f;p}) = G(\chi^2_{f;p}) = p; \tag{3.4.5}$$

Zahlenwerte für $\chi^2_{f;p}$ s. Tab. C 5.

Näherungen für $\chi^2_{f;p}$

Für $f \gtrsim 100$ gilt näherungsweise

$$\chi^2_{f;p} \approx \tfrac{1}{2}\left(\sqrt{2f-1} + u_p\right)^2. \tag{3.4.6}$$

Für $f \gtrsim 30$ gilt näherungsweise

$$\chi^2_{f;p} \approx f\left(1 - \frac{2}{9f} + u_p\sqrt{\frac{2}{9f}}\right)^3. \tag{3.4.7}$$

Zahlenwerte für u_p s. Tab. C 3.

Funktionalparameter (Kenngrößen)

Erwartungswert

$$E(\chi^2) = f. \tag{3.4.8}$$

Varianz

$$V(\chi^2) = 2f. \tag{3.4.9}$$

Additionssatz

Sind $\chi^2_1, \chi^2_2, \ldots, \chi^2_k$ unabhängig voneinander χ^2-verteilt mit $f_1, f_2, \ldots, f_k$ Freiheitsgraden, dann ist die Summe

$$\chi^2 = \chi^2_1 + \chi^2_2 + \ldots + \chi^2_k \tag{3.4.10}$$

χ^2-verteilt mit

$$f = f_1 + f_2 + \ldots + f_k \tag{3.4.11}$$

Freiheitsgraden.

Literatur

Harter, H.L.: New tables of the incomplete Gamma-function ratio and of percentage points of the Chi-square and Beta distributions. Washington/DC: US Government Printing Office 1964.
Lancaster, H.O.: The Chi-squared distribution. New York: Wiley 1969.

3.5 *t*-Verteilung (Student-Verteilung)

Ist U standardisiert normalverteilt (vgl. Abschn. 3.2) und genügt χ^2 unabhängig davon einer χ^2-Verteilung mit f Freiheitsgraden (vgl. Abschn. 3.4), dann ist

$$t = t_f = \frac{U}{\sqrt{\chi^2/f}} \tag{3.5.1}$$

t-verteilt mit f Freiheitsgraden.

3.5 t-Verteilung (Student-Verteilung)

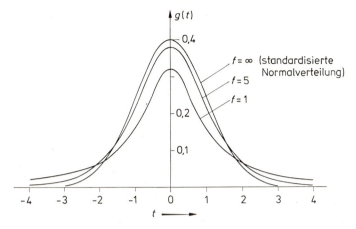

Abb. 3.6. Die Wahrscheinlichkeitsdichtefunktion $g(t)$ der t-Verteilung für verschiedene Zahlen f der Freiheitsgrade

Parameter

$f = 1, 2, \ldots$.

Wahrscheinlichkeitsdichtefunktion und Verteilungsfunktion (vgl. Abb. 3.6)

$$g(t) = g(t;f) = \frac{1}{\sqrt{\pi f}} \frac{\Gamma\left(\frac{f+1}{2}\right)}{\Gamma(f/2)} \frac{1}{\sqrt{\left(1+\frac{t^2}{f}\right)^{f+1}}}; \quad -\infty < t < \infty. \tag{3.5.2}$$

Dabei ist $\Gamma(\cdot)$ die Gammafunktion nach (2.1.21).
Die Verteilungsfunktion $G(t) = G(t;f)$ ergibt sich nach (3.1.4) mit $x_A = -\infty$.

Zusammenhang mit anderen Verteilungen

Für $f \to \infty$ geht die t-Verteilung in die standardisierte Normalverteilung über; vgl. Abschn. 3.2.

p-Quantil

$$t_{f;p} \quad \text{mit} \quad P(t_f \leq t_{f;p}) = G(t_{f;p}) = p; \tag{3.5.3}$$

Zahlenwerte für $t_{f;p}$ s. Tab. C 4.

$$t_{f;p} = -t_{f;1-p}. \tag{3.5.4}$$

Näherung

$$t_{f;p} \approx u_p + \frac{g_1(u_p)}{f} + \frac{g_2(u_p)}{f^2} + \frac{g_3(u_p)}{f^3} + \ldots \tag{3.5.5}$$

mit

$$g_1(x) = \tfrac{1}{4}(x^3 + x),$$

$$g_2(x) = \tfrac{1}{96}(5x^5 + 16x^3 + 3x),$$

$$g_3(x) = \tfrac{1}{384}(3x^7 + 19x^5 + 17x^3 - 15x).$$

Zahlenwerte für u_p s. Tab. C 3.

Funktionalparameter (Kenngrößen)

Erwartungswert

$$E(t) = 0 \quad \text{für} \quad f \geq 2. \tag{3.5.6}$$

Varianz

$$V(t) = \frac{f}{f-2} \quad \text{für} \quad f > 2. \tag{3.5.7}$$

Tafelwerk

Smirnov, N.V.: Tables for the distribution and density functions of *t*-distribution ('Student's' distribution). Oxford: Pergamon Press 1961.

3.6 *F*-Verteilung (Fisher-Verteilung)

Genügt $\chi^2_{f_1}$ der χ^2-Verteilung mit f_1 Freiheitsgraden und $\chi^2_{f_2}$ unabhängig davon der χ^2-Verteilung mit f_2 Freiheitsgraden (vgl. Abschn. 3.4), dann ist

$$F = F_{f_1, f_2} = \frac{\chi^2_{f_1}/f_1}{\chi^2_{f_2}/f_2} \tag{3.6.1}$$

F-verteilt mit (f_1, f_2) Freiheitsgraden.

Parameter

$f_1, f_2 = 1, 2, \ldots$

Wahrscheinlichkeitsdichtefunktion und Verteilungsfunktion (vgl. Abb. 3.7)

$$g(F) = g(F; f_1, f_2) = \frac{\Gamma\left(\dfrac{f_1+f_2}{2}\right)}{\Gamma(f_1/2)\,\Gamma(f_2/2)} f_1^{f_1/2} f_2^{f_2/2} \frac{F^{(f_1-2)/2}}{(f_2 + f_1 F)^{(f_1+f_2)/2}}; \quad 0 \leq F < \infty. \tag{3.6.2}$$

Dabei ist $\Gamma(\cdot)$ die Gammafunktion nach (2.1.21).

Die Verteilungsfunktion $G(F) = G(F; f_1, f_2)$ ergibt sich nach (3.1.4) mit $x_A = 0$.

Symmetrie

$$G(F; f_1, f_2) = 1 - G\left(\frac{1}{F}; f_2, f_1\right). \tag{3.6.3}$$

3.6 F-Verteilung (Fisher-Verteilung)

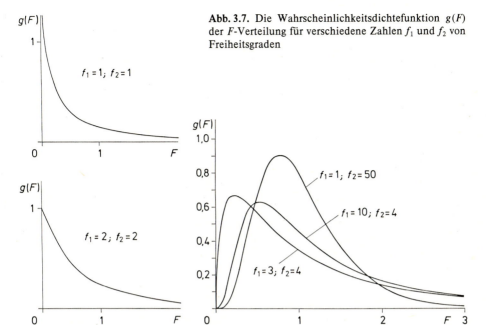

Abb. 3.7. Die Wahrscheinlichkeitsdichtefunktion $g(F)$ der F-Verteilung für verschiedene Zahlen f_1 und f_2 von Freiheitsgraden

Zusammenhang mit anderen Verteilungen

$F_{1,\infty} = U^2$ führt zur standardisierten Normalverteilung; vgl. Abschn. 3.2. (3.6.4)

$F_{1,f} = t_f^2$ führt zur t_f-Verteilung; vgl. Abschn. 3.5. (3.6.5)

$F_{f,\infty} = \chi_f^2/f$ führt zur χ_f^2-Verteilung; vgl. Abschn. 3.4. (3.6.6)

Vgl. Abschn. 3.12

Zusammenhang mit der Binomialverteilung vgl. (2.3.7).

Zusammenhang mit der Beta-Verteilung vgl. (3.8.18).

Näherungen

Für große f_1, f_2 ist

$$U = \frac{F - \dfrac{f_2}{f_2 - 2}}{\dfrac{f_2}{f_2 - 2}\sqrt{\dfrac{2(f_1 + f_2 - 2)}{f_1(f_2 - 4)}}} \quad (3.6.7)$$

näherungsweise standardisiert normalverteilt. Eine bessere Näherung für große f_1, f_2 ist

$$U = \frac{F^{1/3}\left(1 - \dfrac{2}{9f_2}\right) - \left(1 - \dfrac{2}{9f_1}\right)}{\sqrt{\dfrac{2}{9f_1} + F^{2/3}\dfrac{2}{9f_2}}}. \quad (3.6.8)$$

***p*-Quantil**

$$F_{f_1,f_2;p} = F_p(f_1,f_2) \quad \text{mit} \quad P(F_{f_1,f_2} \leq F_{f_1,f_2;p}) = p; \tag{3.6.9}$$

Zahlenwerte für $p = 0{,}95$; $0{,}975$; $0{,}99$; $0{,}995$ s. Tab. C 6 bis C 9.

$$F_{f_1,f_2;p} = 1/F_{f_2,f_1;1-p}. \tag{3.6.10}$$

Näherung

$$F_{f_1,f_2;p} \approx e^{2\omega} \tag{3.6.11}$$

mit

$$\omega = \frac{u_p\sqrt{h+\lambda}}{h} - \left(\frac{1}{f_1-1} - \frac{1}{f_2-1}\right)\left(\lambda + \frac{5}{6} - \frac{2}{3h}\right);$$

$$h = 2\left(\frac{1}{f_1-1} + \frac{1}{f_2-1}\right)^{-1}; \quad \lambda = \frac{u_p^2 - 3}{6}.$$

Zahlenwerte für u_p s. Tab. C 3.

Funktionalparameter (Kenngrößen)

Erwartungswert

$$E(F) = f_2/(f_2-2) \quad \text{für} \quad f_2 > 2, \tag{3.6.12}$$

$$E(F) \to 1 \quad \text{für} \quad f_2 \to \infty. \tag{3.6.13}$$

Varianz

$$V(F) = \frac{2(f_1+f_2-2)}{f_1(f_2-4)}\left(\frac{f_2}{f_2-2}\right)^2 \quad \text{für} \quad f_2 > 4, \tag{3.6.14}$$

$$V(F) \to 2/f_1 \quad \text{für} \quad f_2 \to \infty, \tag{3.6.15}$$

$$V(F) \to \left(\frac{f_2}{f_2-2}\right)^2 \frac{2}{f_2-4} \quad \text{für} \quad f_1 \to \infty. \tag{3.6.16}$$

Tafelwerke

Reinfeld, M.; Tränkle, U.: Signifikanztabellen statistischer Testverteilungen. München, Wien: Oldenbourg 1976.

Mardia, K.V.; Zemroch, P.J.: Tables of the F- and related distributions with algorithms. London, New York, San Francisco: Academic Press 1978.

3.7 Gamma-Verteilung

Parameter

λ, β, x_A mit $\lambda, \beta > 0$, $-\infty < x_A < \infty$.

3.7 Gamma-Verteilung

Wahrscheinlichkeitsdichtefunktion

$$g(x) = g(x; \lambda, \beta, x_A) = \frac{\lambda^\beta}{\Gamma(\beta)} (x - x_A)^{\beta-1} e^{-\lambda(x-x_A)}; \quad x \geq x_A. \tag{3.7.1}$$

Dabei ist $\Gamma(\beta)$ die Gammafunktion nach (2.1.21).

Ist β ganzzahlig, dann heißt die Verteilung auch *Erlang-Verteilung*. Im Sonderfall $\beta = 1$ ergibt sich die *Exponentialverteilung* mit der Wahrscheinlichkeitsdichtefunktion

$$g(x) = \lambda e^{-\lambda(x-x_A)}. \tag{3.7.2}$$

Verteilungsfunktion

$$G(x) = G(x; \lambda, \beta, x_A) = \frac{\lambda^\beta}{\Gamma(\beta)} \int_{x_A}^{x} (v - x_A)^{\beta-1} e^{-\lambda(v-x_A)} dv = \frac{\Gamma_{\lambda(x-x_A)}(\beta)}{\Gamma(\beta)}, \tag{3.7.3}$$

wobei $\Gamma_{\lambda(x-x_A)}(\beta)$ die unvollständige Gammafunktion

$$\Gamma_{\lambda(x-x_A)}(\beta) = \int_0^{\lambda(x-x_A)} y^{\beta-1} e^{-y} dy \tag{3.7.4}$$

ist.

Bei ganzzahligem β gilt

$$G(x; \lambda, \beta, x_A) = 1 - e^{-\lambda(x-x_A)} \sum_{i=0}^{\beta-1} \frac{[\lambda(x-x_A)]^i}{i!}. \tag{3.7.5}$$

Zusammenhang mit anderen Verteilungen

Zusammenhang mit der χ^2-Verteilung

Für $\beta = 0{,}5;\ 1{,}0;\ 1{,}5;\ \ldots$ ist

$$G_{\text{Gamma}}(x; \lambda, \beta, x_A = 0) = G_{\chi^2\text{-Vert.}}(\chi^2; f) \tag{3.7.6}$$

mit $\chi^2 = 2\lambda x$ und $f = 2\beta$; vgl. Abschn. 3.4.

Zusammenhang mit der Poisson-Verteilung vgl. (2.4.4).

Für $\beta \to \infty$ geht die Verteilung von $\lambda(x - x_A - \beta/\lambda)/\sqrt{\beta}$ in die standardisierte Normalverteilung über; vgl. Abschn. 3.2.

Funktionalparameter (Kenngrößen)

Erwartungswert

$$E(X) = x_A + \beta/\lambda. \tag{3.7.7}$$

Varianz

$$V(X) = \beta/\lambda^2. \tag{3.7.8}$$

Schiefe

$$\gamma_1 = 2/\sqrt{\beta}. \tag{3.7.9}$$

Exzeß

$$\gamma_2 = 6/\beta. \qquad (3.7.10)$$

Additionssatz

Sind $X_1, X_2, \ldots, X_k$ unabhängig voneinander und Gamma-verteilt mit den Parametern $\beta_1, \beta_2, \ldots, \beta_k$ und den gleichen Parametern λ und x_A, dann ist die Summe

$$X = X_1 + X_2 + \ldots + X_k \qquad (3.7.11)$$

Gamma-verteilt mit λ und x_A und

$$\beta = \beta_1 + \beta_2 + \ldots + \beta_k. \qquad (3.7.12)$$

Tafelwerke

Pearson, K.: Tables of the incomplete Γ-function. Cambridge: Cambridge University Press 1957. Dort ist. u. a. der Quotient

$$I(u;p) = \frac{\int_0^{u\sqrt{p+1}} e^{-v} v^p \, dv}{\Gamma(p+1)} = \frac{\Gamma_{u\sqrt{p+1}}(p+1)}{\Gamma(p+1)}$$

vertafelt.

Harter, H.L.: New tables of the incomplete Gamma-function ratio and of percentage points of the Chi-square and Beta distributions. Washington/DC: US Government Printing Office 1964.

3.8 Beta-Verteilung

Parameter

a, b, x_A, x_E mit $a, b > 0$, $-\infty < x_A < \infty$, $x_A < x_E < \infty$.

Wahrscheinlichkeitsdichtefunktion und Verteilungsfunktion

$$g(x) = g(x; a, b, x_A, x_E) = \frac{\Gamma(a+b)}{\Gamma(a)\Gamma(b)} \frac{(x-x_A)^{a-1}(x_E-x)^{b-1}}{(x_E-x_A)^{a+b-1}}; \qquad (3.8.1)$$

$x_A \leq x \leq x_E$.

Dabei ist $\Gamma(\cdot)$ die Gammafunktion nach (2.1.21).

$G(x) = G(x; a, b, x_A, x_E)$ ergibt sich nach (3.1.4).

Zusammenhang mit anderen Verteilungen

Sonderfall $b = 1$: *Potenzverteilung*

$$g(x) = g(x; a, 1, x_A, x_E) = a \frac{(x-x_A)^{a-1}}{(x_E-x_A)^a}. \qquad (3.8.2)$$

3.8 Beta-Verteilung

Sonderfall ($a = b = 1$): *Gleich-(Rechteck-)Verteilung*

$$g(x) = g(x; 1, 1, x_A, x_E) = \frac{1}{x_E - x_A}. \tag{3.8.3}$$

Sonderfall ($a = 1, b = 2$): *negativ schiefe Dreieckverteilung*

$$g(x) = g(x; 1, 2, x_A, x_E) = \frac{2(x_E - x)}{(x_E - x_A)^2}; \tag{3.8.4}$$

Sonderfall ($a = 2, b = 1$): *positiv schiefe Dreieckverteilung*

$$g(x) = g(x; 2, 1, x_A, x_E) = \frac{2(x - x_A)}{(x_E - x_A)^2}. \tag{3.8.5}$$

Sonderfall ($a = b = 2$): *parabolische Verteilung*

$$g(x) = g(x; 2, 2, x_A, x_E) = \frac{6(x - x_A)(x_E - x)}{(x_E - x_A)^3}. \tag{3.8.6}$$

Funktionalparameter (Kenngrößen)

Erwartungswert

$$E(X) = x_A + \frac{a}{a+b}(x_E - x_A). \tag{3.8.7}$$

Varianz

$$V(X) = \frac{ab}{(a+b)^2(a+b+1)}(x_E - x_A)^2. \tag{3.8.8}$$

Schiefe

$$\gamma_1 = \frac{2(a-b)\sqrt{a+b+1}}{\sqrt{ab}\,(a+b+2)}. \tag{3.8.9}$$

Exzeß

$$\gamma_2 = \frac{3(a+b+1)[2(a+b)^2 + ab(a+b-6)]}{ab(a+b+2)(a+b+3)} - 3. \tag{3.8.10}$$

Reduzierte Beta-Verteilung

Die lineare Transformation

$$Y = (X - x_A)/(x_E - x_A) \tag{3.8.11}$$

überführt die Zufallsvariable X der Beta-Verteilung mit den Parametern (a, b, x_A, x_E) in die Zufallsvariable Y der reduzierten Beta-Verteilung mit den Parametern ($a, b, y_A = 0, y_B = 1$).

Wahrscheinlichkeitsdichtefunktion

$$g_{\text{red}}(y) = g_{\text{red}}(y; a, b) = \frac{\Gamma(a+b)}{\Gamma(a)\Gamma(b)} y^{a-1}(1-y)^{b-1}; \quad 0 \leq y \leq 1. \tag{3.8.12}$$

Verteilungsfunktion

$$G_{\text{red}}(y) = G_{\text{red}}(y; a, b) = \frac{\Gamma(a+b)}{\Gamma(a)\Gamma(b)} \int_0^y v^{a-1}(1-v)^{b-1} dv = \frac{B_y(a;b)}{B(a;b)}, \qquad (3.8.13)$$

wobei

$$B(a;b) = \int_0^1 v^{a-1}(1-v)^{b-1} dv = \frac{\Gamma(a)\Gamma(b)}{\Gamma(a+b)} \qquad (3.8.14)$$

die (vollständige) Betafunktion und

$$B_y(a;b) = \int_0^y v^{a-1}(1-v)^{b-1} dv \qquad (3.8.15)$$

die unvollständige Betafunktion ist.

Symmetrie

$$G_{\text{red}}(y; a, b) = 1 - G_{\text{red}}(1-y; b, a). \qquad (3.8.16)$$

Rekursionsformel

$$G_{\text{red}}(y; a, b) = y\, G_{\text{red}}(y; a-1, b) + (1-y)\, G_{\text{red}}(y; a, b-1). \qquad (3.8.17)$$

Zusammenhang mit anderen Verteilungen
Zusammenhang mit der *F*-Verteilung:
  Sind $2a$ und $2b$ ganzzahlig, dann gilt

$$G_{\text{red}}(y; a, b) = G_{F\text{-Vert.}}(F; f_1, f_2) \qquad (3.8.18)$$

mit $F = \dfrac{y}{1-y} \cdot \dfrac{b}{a}$; $f_1 = 2a$ und $f_2 = 2b$; vgl. Abschn. 3.6.
Zusammenhang mit der Binomialverteilung vgl. (2.3.6).
Zusammenhang mit der negativen Binomialverteilung vgl. (2.5.5.).

Zusammenhang zwischen Beta-Verteilung und reduzierter Beta-Verteilung

$$g(x; a, b, x_A, x_E) = \frac{g_{\text{red}}(y; a, b)}{x_E - x_A}, \qquad (3.8.19)$$

$$G(x; a, b, x_A, x_E) = G_{\text{red}}(y; a, b) \qquad (3.8.20)$$

mit y nach (3.8.11).

Tafelwerke

Pearson, K.: Tables of the incomplete Beta-function. Cambridge: Cambridge University Press 1956. Dort ist u. a. der Quotient

$$I_x(a;b) = \frac{\int_0^x v^{a-1}(1-v)^{b-1} dv}{\int_0^1 v^{a-1}(1-v)^{b-1} dv} = \frac{B_x(a;b)}{B(a;b)}$$

vertafelt.

Harter, H.L.: New tables of the incomplete Gamma-function ratio and of percentage points of the Chi-square and Beta distributions. Washington/DC: US Government Printing Office 1964.

3.9 Weibull-Verteilung (Typ III-Extremwertverteilung)

Parameter

α, β, x_A mit $\alpha, \beta > 0$, $-\infty < x_A < \infty$.

Wahrscheinlichkeitsdichtefunktion (vgl. Abb. 3.8)

$$g(x) = g(x; \alpha, \beta, x_A) = \frac{\beta}{\alpha} \left(\frac{x - x_A}{\alpha}\right)^{\beta - 1} e^{-\left(\frac{x - x_A}{\alpha}\right)^{\beta}}; \quad x \geq x_A. \tag{3.9.1}$$

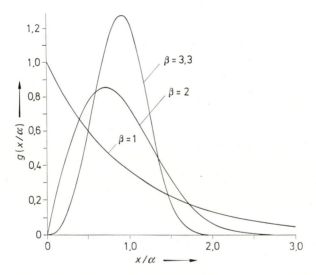

Abb. 3.8. Die Wahrscheinlichkeitsdichtefunktion $g(x/\alpha)$ der Weibull-Verteilung für $x_A = 0$ und $\beta = 1$; 2 und 3,3 über x/α

Verteilungsfunktion

$$G(x) = G(x; \alpha, \beta, x_A) = 1 - e^{-\left(\frac{x - x_A}{\alpha}\right)^{\beta}}. \tag{3.9.2}$$

$G(x; \alpha, \beta, x_A)$ mit $x_A = 0$ wird im Weibull-Netz (vgl. Beispiel 31) eine Gerade. Die Weibull-Verteilung und insbesondere das Weibull-Netz werden bei Lebensdaueruntersuchungen (Lebensdauernetz mit $\alpha =$ charakteristischer Lebensdauer, $\beta =$ Steilheit des Abgangs) und bei Korngrößenuntersuchungen (Körnungsnetz oder Rosin-Rammler-Netz mit $x = d$ Korndurchmesser, $\alpha = d'$ kennzeichnender Korndurchmesser, $\beta = n$ Gleichmäßigkeitszahl) angewendet.

Zusammenhang mit anderen Verteilungen

Im Sonderfall $\beta = 1$ ergibt sich die *Exponentialverteilung* mit der Wahrscheinlichkeitsdichtefunktion

$$g(x) = g(x; \alpha, x_A) = \frac{1}{\alpha} e^{-(x - x_A)/\alpha}. \tag{3.9.3}$$

Im Sonderfall $\beta = 2$ ergibt sich die *Rayleigh-Verteilung* mit der Wahrscheinlichkeitsdichtefunktion

$$g(x) = g(x; \alpha, x_A) = \frac{2(x - x_A)}{\alpha^2} e^{-\left(\frac{x - x_A}{\alpha}\right)^2}. \tag{3.9.4}$$

Für $\beta = 3{,}6$ ist die Schiefe nach (3.9.7) $\gamma_1 = 0$, und die Weibull-Verteilung kommt in ihrer Form der Normalverteilung nahe.

Zusammenhang mit der Gumbel-Verteilung

Die transformierte Zufallsvariable $Z = -\ln(X - x_A)$ folgt der Gumbel-Verteilung mit $a = -\ln \alpha$ und $b = 1/\beta$; vgl. Abschn. 3.10.

Funktionalparameter (Kenngrößen)

Im folgenden ist $\Gamma_i = \Gamma\left(1 + \dfrac{i}{\beta}\right)$ $(i = 1, 2, \ldots)$, wobei $\Gamma(\cdot)$ die (vollständige) Gammafunktion nach (2.1.21) ist.

Erwartungswert

$$E(X) = x_A + \alpha \Gamma_1. \tag{3.9.5}$$

Varianz

$$V(X) = \alpha^2 (\Gamma_2 - \Gamma_1^2). \tag{3.9.6}$$

Schiefe

$$\gamma_1 = (\Gamma_3 - 3\Gamma_2\Gamma_1 + 2\Gamma_1^3)/(\Gamma_2 - \Gamma_1^2)^{3/2}. \tag{3.9.7}$$

Exzeß

$$\gamma_2 = (\Gamma_4 - 4\Gamma_3\Gamma_1 + 6\Gamma_2\Gamma_1^2 - 3\Gamma_1^4)/(\Gamma_2 - \Gamma_1^2)^2 - 3. \tag{3.9.8}$$

3.10 Gumbel-Verteilung (Typ I-Extremwertverteilung)

Parameter

a, b mit $-\infty < a < \infty$, $b > 0$.

3.10 Gumbel-Verteilung (Typ I-Extremwertverteilung)

Wahrscheinlichkeitsdichtefunktion

$$g(x) = g(x; a, b) = \frac{1}{b}\exp\left[-\frac{x-a}{b} - e^{-\frac{x-a}{b}}\right]; \quad -\infty < x < \infty. \tag{3.10.1}$$

Verteilungsfunktion

$$G(x) = G(x; a, b) = \exp\left[-e^{-\frac{x-a}{b}}\right]. \tag{3.10.2}$$

$G(x; a, b)$ wird für jedes a und b im Extremwertnetz nach E. J. Gumbel eine Gerade.

Die Verteilung des größten Wertes $Y_{(n)}$ (bzw. des negativen kleinsten Wertes $-Y_{(1)}$) aus Stichproben vom Stichprobenumfang n strebt mit wachsendem n unter bestimmten Voraussetzungen (über die Verteilung von Y) gegen eine Gumbel-Verteilung (Gumbel, E.J.: Statistical theory of extreme values and some practical applications. Washington: National Bureau of Standards; Appl Math. Ser. 33 (1954)).

Zusammenhang mit anderen Verteilungen

Die transformierte Zufallsvariable $Z = e^{-X}$ folgt der Weibull-Verteilung mit $\alpha = e^{-a}$, $\beta = 1/b$ und $x_A = 0$; vgl. Abschn. 3.9.

Funktionalparameter (Kenngrößen)

Erwartungswert

$$E(X) = a + \gamma b, \tag{3.10.3}$$

wobei $\gamma \approx 0{,}577\,22$ die Eulersche Konstante ist.

Varianz

$$V(X) = b^2\pi^2/6 \approx 1{,}644\,9 b^2. \tag{3.10.4}$$

Schiefe

$$\gamma_1 = 1{,}139\,6. \tag{3.10.5}$$

Exzeß

$$\gamma_2 = 2{,}4. \tag{3.10.6}$$

Reduzierte Gumbel-Verteilung

Die lineare Transformation

$$Y = (X - a)/b \tag{3.10.7}$$

überführt die Zufallsvariable X der Gumbel-Verteilung mit den Parametern $(a; b)$ in die Zufallsvariable Y der reduzierten Gumbel-Verteilung.

Wahrscheinlichkeitsdichtefunktion

$$g(y) = e^{-(y + e^{-y})}; \quad -\infty < y < \infty. \tag{3.10.8}$$

Verteilungsfunktion

$$G(y) = e^{-(e^{-y})}. \qquad (3.10.9)$$

Tafelwerk

Probability tables for the analysis of extreme-value data. Washington: National Bureau of Standards; Appl. Math. Ser. 22 (1953).

3.11 Ungleichungen von Tschebyscheff und Camp-Meidell

Ungleichung von Tschebyscheff

Die Wahrscheinlichkeit P, mit der der Wert x einer Zufallsvariablen X bei ganz beliebiger Verteilung im symmetrisch zum Erwartungswert μ abgegrenzten Bereich von $\mu - \lambda\sigma$ bis $\mu + \lambda\sigma$ auftritt, genügt der Ungleichung

$$P(\mu - \lambda\sigma \leq X \leq \mu + \lambda\sigma) \geq 1 - (1/\lambda^2); \qquad (3.11.1)$$

vgl. Abb. 3.9.

Ungleichung von Camp-Meidell

Ist die Verteilung stetig und eingipflig (mit dem häufigsten Wert μ_h) dann gilt

$$P(\mu_h - \lambda\sigma_h \leq X \leq \mu_h + \lambda\sigma_h) \geq 1 - [2/(3\lambda)]^2; \qquad (3.11.2)$$

vgl. Abb. 3.10. Dabei ist

$$\sigma_h^2 = \sigma^2 + (\mu - \mu_h)^2 \qquad (3.11.3)$$

das auf den häufigsten Wert μ_h bezogene Moment zweiter Ordnung der Verteilung. Liegt μ_h nahe bei μ, was bei nahezu symmetrischen Verteilungen zutrifft, dann ist $\sigma_h^2 \approx \sigma^2$, und man darf in der Ungleichung (3.11.2) das Wertepaar $(\mu_h; \sigma_h)$ durch $(\mu; \sigma)$ ersetzen.

Grenzen	Wahrscheinlichkeit für X innerhalb der Grenzen		
	bei Normalverteilung; vgl. Abschn. 3.2	bei stetiger, eingipfliger symmetrischer Verteilung nach (3.11.2)	bei beliebiger Verteilung nach (3.11.1)
$\mu \pm 2\sigma$	95,45 %	> 88,9 %	> 75 %
$\mu \pm 3\sigma$	99,73 %	> 95,1 %	> 88,9 %
$\mu \pm 4\sigma$	99,994 %	> 97,2 %	> 93,8 %
$\mu \pm 5\sigma$	99,999 94 %	> 98,2 %	> 96,0 %

3.11 Ungleichungen von Tschebyscheff und Camp-Meidell

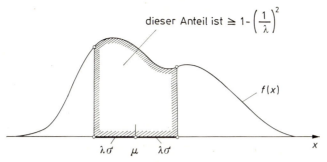

Abb. 3.9. Zur Tschebyscheff-Ungleichung

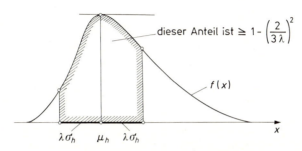

Abb. 3.10. Zur Camp-Meidell-Ungleichung

3.12 Übersicht über die wichtigsten eindimensionalen Verteilungen

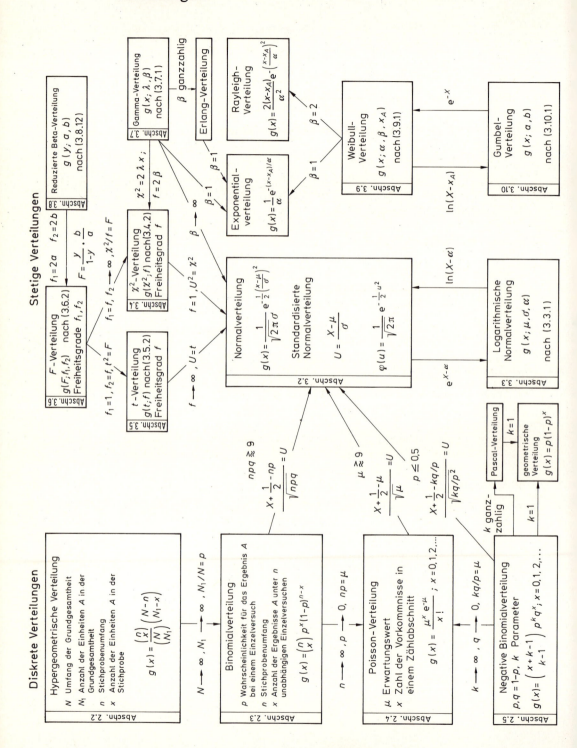

4 Mehrdimensionale Verteilungen

4.1 Zweidimensionale diskrete Verteilungen

Die beiden diskreten Zufallsvariablen X und Y der zweidimensionalen diskreten Zufallsvariablen (X, Y) können nur diskrete Werte x_i ($i = 1, 2, 3, \ldots$) und y_j ($j = 1, 2, 3, \ldots$) annehmen; vgl. Abschn. 2.1.

Wahrscheinlichkeitsfunktion

Die Wahrscheinlichkeit, mit der X den Wert x_i und gleichzeitig Y den Wert y_j annimmt, sei

$$P(X = x_i, Y = y_j) = p_{ij}. \tag{4.1.1}$$

$$\sum_i \sum_j p_{ij} = 1. \tag{4.1.2}$$

Verteilungsfunktion

$$F(x, y) = P(X \leq x, Y \leq y) = \sum_{\substack{i \\ x_i \leq x}} \sum_{\substack{j \\ y_j \leq y}} p_{ij}. \tag{4.1.3}$$

Dabei ist die Summation über alle i und j zu erstrecken, für die $x_i \leq x$ und $y_j \leq y$ ist. Sie gibt die Wahrscheinlichkeit an, mit der $X \leq x$ und gleichzeitig $Y \leq y$ gilt.

Randverteilungen

Die Wertepaare $(x_i, p_{i\bullet})$ mit

$$P(X = x_i) = \sum_j p_{ij} = p_{i\bullet}; \quad i = 1, 2, 3, \ldots \tag{4.1.4}$$

bestimmen eine eindimensionale Verteilung, die Randverteilung der Zufallsvariablen X bezüglich der zweidimensionalen Verteilung. Entsprechendes gilt für $(y_j; p_{\bullet j})$ mit

$$P(Y = y_j) = \sum_i p_{ij} = p_{\bullet j}; \quad j = 1, 2, 3, \ldots, \tag{4.1.5}$$

$$\sum_i p_{i\bullet} = 1, \quad \sum_j p_{\bullet j} = 1. \tag{4.1.6}$$

Die Verteilungsfunktionen der Randverteilungen sind

$$F_X(x) = \sum_{\substack{i \\ x_i \leq x}} p_{i\bullet} \quad \text{und} \quad F_Y(y) = \sum_{\substack{j \\ y_j \leq y}} p_{\bullet j}. \tag{4.1.7}$$

Bedingte Verteilungen

Bei gegebenem Wert $X = x_i$ stellt

$$P(Y = y_j | x_i) = \frac{p_{ij}}{p_{i\bullet}}; \quad j = 1, 2, 3, \ldots \tag{4.1.8}$$

die Verteilung von Y unter der Bedingung $X = x_i$ dar. Entsprechendes gilt für

$$P(X = x_i | y_j) = \frac{p_{ij}}{p_{\bullet j}}; \quad i = 1, 2, 3, \ldots; \tag{4.1.9}$$

$$\sum_j P(Y = y_j | x_i) = 1 \quad \text{und} \quad \sum_i P(X = x_i | y_j) = 1. \tag{4.1.10}$$

Die Verteilungsfunktionen der bedingten Verteilungen sind

$$F(y | x_i) = \sum_{\substack{j \\ y_j \leq y}} \frac{p_{ij}}{p_{i\bullet}} \quad \text{und} \quad F(x | y_j) = \sum_{\substack{i \\ x_i \leq x}} \frac{p_{ij}}{p_{\bullet j}}. \tag{4.1.11}$$

Unabhängigkeit

Für unabhängige Zufallsvariablen X, Y gilt

$$p_{ij} = P(X = x_i, Y = y_j) = P(X = x_i) P(Y = y_j) = p_{i\bullet} p_{\bullet j} \tag{4.1.12}$$

für alle Paare (i, j) und

$$F(x, y) = F_X(x) F_Y(y) \tag{4.1.13}$$

für alle x, y.

Folgerung: Für unabhängige X, Y sind die bedingten Verteilungen gleich den Randverteilungen:

$$P(Y = y_j | x_i) = P(Y = y_j), \quad P(X = x_i | y_j) = P(X = x_i) \tag{4.1.14}$$

für alle Paare (i, j).

Funktionalparameter (Kenngrößen)

Erwartungswert der Funktion $h(X, Y)$ *der Zufallsvariablen X und Y*

$$E(h(X, Y)) = \sum_i \sum_j h(x_i, y_j) p_{ij}. \tag{4.1.15}$$

Gewöhnliche (auf Null bezogene) *Momente der Ordnung* $(k; l)$, $(k, l \geq 0,$ ganzzahlig)

$$\mu'_{kl} = E(X^k Y^l) = \sum_i \sum_j x_i^k y_j^l p_{ij}. \tag{4.1.16}$$

Bedingte Momente (bei gegebenen Werten von x_i bzw. y_j)

$$E(Y^l | x_i) = \sum_j y_j^l \frac{p_{ij}}{p_{i\bullet}}, \quad E(X^k | y_j) = \sum_i x_i^k \frac{p_{ij}}{p_{\bullet j}}. \tag{4.1.17}$$

Weitere Beziehungen über Momente s. Abschn. 4.3.

4.2 Zweidimensionale stetige Verteilungen

Für die beiden stetigen Zufallsvariablen X und Y der zweidimensionalen stetigen Zufallsvariablen (X, Y) gilt jeweils Abschn. 3.1.

Wahrscheinlichkeitsdichtefunktion

Diese entsteht aus der zweiten partiellen Ableitung (falls sie existiert) der Verteilungsfunktion $F(x, y)$ (4.2.4) nach x und y:

$$f(x, y) = \frac{\partial^2 F(x, y)}{\partial x \, \partial y}, \tag{4.2.1}$$

$$f(x, y) \geqq 0; \quad \int_{-\infty}^{\infty} \int_{-\infty}^{\infty} f(x, y) \, dx \, dy = 1. \tag{4.2.2}$$

Die Wahrscheinlichkeit, daß die Zufallsvariable X einen Wert im Bereich von x bis $x + \Delta x$ und gleichzeitig die Zufallsvariable Y einen Wert im Bereich von y bis $y + \Delta y$ annimmt, ist bei kleinem Δx und Δy näherungsweise

$$P(x < X \leqq x + \Delta x, \, y < Y \leqq y + \Delta y) \approx f(x, y) \Delta x \Delta y. \tag{4.2.3}$$

Verteilungsfunktion

$$F(x, y) = P(X \leqq x, Y \leqq y) = \int_{-\infty}^{x} \int_{-\infty}^{y} f(u, v) \, du \, dv. \tag{4.2.4}$$

Sie gibt die Wahrscheinlichkeit an, mit der $X \leqq x$ und gleichzeitig $Y \leqq y$ gilt.

Randverteilungen

Die Wahrscheinlichkeitsdichtefunktionen für die Randverteilungen der Zufallsvariablen X und Y sind

$$f_X(x) = \int_{-\infty}^{\infty} f(x, y) \, dy \quad \text{und} \quad f_Y(y) = \int_{-\infty}^{\infty} f(x, y) \, dx. \tag{4.2.5}$$

Die Verteilungsfunktionen der Randverteilungen sind

$$F_X(x) = \int_{-\infty}^{x} \int_{-\infty}^{\infty} f(u, y) \, dy \, du \quad \text{und} \quad F_Y(y) = \int_{-\infty}^{\infty} \int_{-\infty}^{y} f(x, v) \, dx \, dv. \tag{4.2.6}$$

Bedingte Verteilungen

Wahrscheinlichkeitsdichte- und Verteilungsfunktion von Y bei gegebenem Wert $X = x$ bzw. von X bei gegebenem Wert $Y = y$:

$$f(y \mid x) = \frac{f(x, y)}{f_X(x)}, \quad F(y \mid x) = \frac{\int_{-\infty}^{y} f(x, v) \, dv}{f_X(x)},$$

$$f(x \mid y) = \frac{f(x, y)}{f_Y(y)}, \quad F(x \mid y) = \frac{\int_{-\infty}^{x} f(u, y) \, du}{f_Y(y)}. \tag{4.2.7}$$

Unabhängigkeit

Für unabhängige Zufallsvariable X, Y gilt für alle Wertepaare (x, y)

$$f(x, y) = f_X(x) f_Y(y),$$
$$F(x, y) = F_X(x) F_Y(y), \qquad (4.2.8)$$

und daher

$$P(x' \leq X \leq x'', y' \leq Y \leq y'') = P(x' \leq X \leq x'') P(y' \leq Y \leq y'')$$

für alle Werte $x' \leq x''$ und $y' \leq y''$.

Folgerung: Für unabhängige X, Y sind die bedingten Verteilungen gleich den Randverteilungen:

$$f(y \mid x) = f_Y(y), \qquad f(x \mid y) = f_X(x). \qquad (4.2.9)$$

Funktionalparameter (Kenngrößen)

Erwartungswert der Funktion $h(X, Y)$ der Zufallsvariablen X und Y

$$E(h(X, Y)) = \int_{-\infty}^{\infty} \int_{-\infty}^{\infty} h(x, y) f(x, y) \, dx \, dy. \qquad (4.2.10)$$

Gewöhnliche (auf Null bezogene) *Momente der Ordnung* $(k; l)$, ($k, l \geq 0$, ganzzahlig)

$$m_{kl} = E(X^k Y^l) = \int_{-\infty}^{\infty} \int_{-\infty}^{\infty} x^k y^l f(x, y) \, dx \, dy. \qquad (4.2.11)$$

Bedingte Momente (bei gegebenen Werten von x bzw. y)

$$E(Y^l \mid x) = \int_{-\infty}^{\infty} y^l \frac{f(x, y)}{f_X(x)} \, dy, \qquad E(X^k \mid y) = \int_{-\infty}^{\infty} x^k \frac{f(x, y)}{f_Y(y)} \, dx. \qquad (4.2.12)$$

Weitere Beziehungen über Momente s. Abschn. 4.3.

4.3 Beziehungen über Funktionalparameter (Kenngrößen) zweidimensionaler Verteilungen

Die Formeln dieses Abschnitts gelten sowohl für diskrete als auch für stetige Verteilungen.

Gewöhnliche (auf Null bezogene) *Momente erster Ordnung*

$$\mu'_{10} = E(X) = \mu_x, \qquad \mu'_{01} = E(Y) = \mu_y. \qquad (4.3.1)$$

Dabei sind μ_x und μ_y die *Erwartungswerte der Randverteilungen* von X und Y.

4.4 p-dimensionale Verteilungen

Zentrale (auf die Erwartungswerte bezogene) *Momente*

$$\mu_{kl} = E((X - \mu_x)^k (Y - \mu_y)^l). \tag{4.3.2}$$

Es gilt insbesondere

$$\mu_{10} = E(X - \mu_x) = 0, \qquad \mu_{01} = E(Y - \mu_y) = 0,$$
$$\mu_{20} = E((X - \mu_x)^2) = V(X) = \sigma_x^2, \quad \mu_{02} = E((Y - \mu_y)^2) = V(Y) = \sigma_y^2. \tag{4.3.3}$$

Dabei sind σ_x^2 und σ_y^2 die *Varianzen der Randverteilungen* von X und Y. Das Moment μ_{11} heißt *Kovarianz* $C(X, Y) = \sigma_{xy}$ von X und Y:

$$\mu_{11} = E((X - \mu_x)(Y - \mu_y)) = C(X, Y) = \sigma_{xy}. \tag{4.3.4}$$

Für die unabhängigen Zufallsvariable X, Y ist $C(X, Y) = 0$ (im allgemeinen gilt die Umkehrung nicht, jedoch gilt sie bei zweidimensionaler Normalverteilung; vgl. Unterabschn. 4.5.1).

Beziehungen zwischen gewöhnlichen und zentralen Momenten

$$\mu_{11} = C(X, Y) = \mu'_{11} - \mu'_{10}\mu'_{01},$$
$$\mu_{20} = \mu'_{20} - (\mu'_{10})^2, \qquad \mu_{02} = \mu'_{02} - (\mu'_{01})^2. \tag{4.3.5}$$

Korrelationskoeffizient

$$\varrho = \frac{E((X - \mu_x)(Y - \mu_y))}{\sqrt{E((X - \mu_x)^2)} \sqrt{E((Y - \mu_y)^2)}} = \frac{C(X, Y)}{\sqrt{V(X) V(Y)}} = \frac{\sigma_{xy}}{\sigma_x \sigma_y}; \tag{4.3.6}$$

ϱ erfüllt die Ungleichung

$$-1 \leq \varrho \leq +1. \tag{4.3.7}$$

Für die unabhängigen Zufallsvariablen X, Y ist $\varrho = 0$ (im allgemeinen gilt die Umkehrung nicht, jedoch gilt sie bei zweidimensionaler Normalverteilung; vgl. Unterabschn. 4.5.1).

Wenn X und Y linear voneinander abhängen, d.h. für $Y = aX + b$, ist $\varrho^2 = 1$, und zwar $\varrho = +1$ für $a > 0$, $\varrho = -1$ für $a < 0$.

4.4 p-dimensionale Verteilungen

Diskrete p-dimensionale Verteilung

Die p Zufallsvariablen $X_1, X_2, \ldots, X_p$ können nur die diskreten Werte $x_{1i_1}, x_{2i_2}, \ldots, x_{pi_p}$ ($i_1, \ldots, i_p = 1, 2, 3, \ldots$) annehmen.

Wahrscheinlichkeitsfunktion

$$P(X_1 = x_{1i_1}, X_2 = x_{2i_2}, \ldots, X_p = x_{pi_p}) = p_{i_1 i_2 \ldots i_p}; \tag{4.4.1}$$

$$\sum_{i_1} \sum_{i_2} \cdots \sum_{i_p} p_{i_1 i_2 \ldots i_p} = 1. \tag{4.4.2}$$

Verteilungsfunktion

$$F(x_1, x_2, \ldots, x_p) = \sum_{\substack{i_1 \\ x_{1i_1} \leq x_1}} \sum_{\substack{i_2 \\ x_{2i_2} \leq x_2}} \cdots \sum_{\substack{i_p \\ x_{pi_p} \leq x_p}} p_{i_1 i_2 \ldots i_p}, \qquad (4.4.3)$$

wobei die Summation über alle $i_1, i_2, \ldots, i_p$ zu erstrecken ist, für die $x_{1i_1} \leq x_1$, $x_{2i_2} \leq x_2, \ldots, x_{pi_p} \leq x_p$ ist.

Stetige p-dimensionale Verteilung

Wahrscheinlichkeitsdichtefunktion $f(x_1, x_2, \ldots, x_p)$.

Verteilungsfunktion

$$F(x_1, x_2, \ldots, x_p) = \int_{-\infty}^{x_1} \int_{-\infty}^{x_2} \cdots \int_{-\infty}^{x_p} f(t_1, t_2, \ldots, t_p) \, dt_1 \, dt_2 \ldots dt_p. \qquad (4.4.4)$$

Randverteilungen

Die Verteilung von jeder Auswahl von a ($a = 1, 2, \ldots, p - 1$) aus den p Zufallsvariablen unabhängig von dem Verhalten der $(p - a)$ übrigen Zufallsvariablen heißt Randverteilung der a Zufallsvariablen bezüglich der gegebenen p-dimensionalen Verteilung. Die Anzahl der a-dimensionalen Randverteilungen (mit $a = 1, 2, \ldots, p - 1$) ist $\binom{p}{a}$.

Bedingte Verteilungen

Die Verteilung von jeder Auswahl von a ($a = 1, 2, \ldots, p - 1$) aus den p Zufallsvariablen unter der Bedingung, daß die übrigen $(p - a)$ Zufallsvariablen gegebene Werte annehmen, heißt bedingte Verteilung der a Zufallsvariablen bei den gegebenen Werten der $(p - a)$ bedingenden Zufallsvariablen.

Unabhängigkeit

Für unabhängige Zufallsvariable $X_1, X_2, \ldots, X_p$ gilt für alle Wertetupel $(x_1, x_2, \ldots, x_p)$:

$$\begin{aligned} f(x_1, x_2, \ldots, x_p) &= f_1(x_1) f_2(x_2) \ldots f_p(x_p), \\ F(x_1, x_2, \ldots, x_p) &= F_1(x_1) F_2(x_2) \ldots F_p(x_p), \end{aligned} \qquad (4.4.5)$$

und daher

$$\begin{aligned} &P(x'_1 \leq X_1 \leq x''_1; x'_2 \leq X_2 \leq x''_2; \ldots; x'_p \leq X_p \leq x''_p) \\ &= P(x'_1 \leq X_1 \leq x''_1) P(x'_2 \leq X_2 \leq x''_2) \ldots P(x'_p \leq X_p \leq x''_p) \end{aligned}$$

für alle Werte $x'_1 \leq x''_1, \ldots, x'_p \leq x''_p$.

Dabei sind $f_1(x_1), f_2(x_2), \ldots, f_p(x_p)$ die Wahrscheinlichkeitsfunktionen bzw. Wahrscheinlichkeitsdichtefunktionen und $F_1(x_1), F_2(x_2), \ldots, F_p(x_p)$ die Verteilungsfunktionen der Randverteilungen der Zufallsvariablen $X_1, X_2, \ldots, X_p$.

Funktionalparameter (Kenngrößen)

Erwartungswert der Funktion $h(X_1, X_2, \ldots, X_p)$

im diskreten Fall

$$E(h(X_1, X_2, \ldots, X_p)) = \sum_{i_1} \sum_{i_2} \ldots \sum_{i_p} h(x_{1i_1}, x_{2i_2}, \ldots, x_{pi_p}) p_{i_1 i_2 \ldots i_p}. \qquad (4.4.6)$$

im stetigen Fall

$$E(h(X_1, X_2, \ldots, X_p)) = \int_{-\infty}^{\infty} \int_{-\infty}^{\infty} \ldots \int_{-\infty}^{\infty} h(t_1, t_2, \ldots, t_p) f(t_1, t_2, \ldots, t_p) \, dt_1 \, dt_2 \ldots dt_p.$$
$$(4.4.7)$$

Die *gewöhnlichen* (auf Null bezogenen) *Momente erster Ordnung* seien mit $\mu_1, \mu_2, \ldots, \mu_p$ bezeichnet, also $E(X_i) = \mu_i$.

Die *zentralen* (auf die Erwartungswerte bezogenen) *Momente zweiter Ordnung* seien

$$\sigma_i^2 = E((X_i - \mu_i)^2), \qquad (4.4.8)$$

$$\sigma_{ij} = \varrho_{ij} \sigma_i \sigma_j = E((X_i - \mu_i)(X_j - \mu_j)). \qquad (4.4.9)$$

Dabei bezeichnet σ_i^2 die Varianz der Zufallsvariablen X_i, σ_{ij} die Kovarianz und ϱ_{ij} den Korrelationskoeffizienten von X_i und X_j.

$$\sigma_{ii} = \sigma_i^2, \qquad \sigma_{ij} = \sigma_{ji}, \qquad \varrho_{ij} = \varrho_{ji}, \qquad \varrho_{ii} = 1. \qquad (4.4.10)$$

Die Matrix

$$\Sigma = \begin{pmatrix} \sigma_1^2 & \sigma_{12} & \ldots & \sigma_{1p} \\ \sigma_{21} & \sigma_2^2 & \ldots & \sigma_{2p} \\ \vdots & \vdots & & \vdots \\ \sigma_{p1} & \sigma_{p2} & \ldots & \sigma_p^2 \end{pmatrix} \qquad (4.4.11)$$

heißt *Kovarianzmatrix*.

Die Matrix

$$\varrho = \begin{pmatrix} 1 & \varrho_{12} & \ldots & \varrho_{1p} \\ \varrho_{21} & 1 & \ldots & \varrho_{2p} \\ \vdots & \vdots & & \vdots \\ \varrho_{p1} & \varrho_{p2} & \ldots & 1 \end{pmatrix} \qquad (4.4.12)$$

heißt *Korrelationsmatrix*.

4.5 Spezielle mehrdimensionale Verteilungen

(Vgl. Johnson, N.L.; Kotz, S.: Distributions in statistics. Continuous multivariate distributions. New York: Wiley 1972)

4.5.1 Zweidimensionale Normalverteilung

Parameter

$\mu_x, \mu_y, \sigma_x^2, \sigma_y^2, \varrho$ mit $-\infty < \mu_x, \mu_y < \infty$, $\sigma_x^2, \sigma_y^2 > 0$, $-1 \leq \varrho \leq 1$.

Wahrscheinlichkeitsdichtefunktion

$$g(x; y) = \frac{1}{2\pi\sigma_x\sigma_y\sqrt{1-\varrho^2}} \exp\left[-\frac{1}{2(1-\varrho^2)}(u^2 - 2\varrho uv + v^2)\right] \quad (4.5.1)$$

mit

$$u = (x - \mu_x)/\sigma_x; \quad v = (y - \mu_y)/\sigma_y; \quad -\infty < u, v < \infty. \quad (4.5.2)$$

Erwartungswerte und Varianzen

$$E(X) = \mu_x; \quad V(X) = \sigma_x^2; \quad (4.5.3)$$
$$E(Y) = \mu_y; \quad V(Y) = \sigma_y^2. \quad (4.5.4)$$

Kovarianz von X und Y

$$\sigma_{xy} = C(X, Y) = E(XY) - \mu_x\mu_y = \sigma_x\sigma_y\varrho. \quad (4.5.5)$$

Korrelationskoeffizient von X und Y

$$\varrho = \varrho_{xy} = E(UV) = E\left(\frac{X-\mu_x}{\sigma_x}\frac{Y-\mu_y}{\sigma_y}\right) = \frac{\sigma_{xy}}{\sigma_x\sigma_y}. \quad (4.5.6)$$

Randverteilungen

Y ist normalverteilt mit $E(Y)$ und $V(Y)$ nach (4.5.4).
X ist normalverteilt mit $E(X)$ und $V(X)$ nach (4.5.3).
Vgl. Abb. 4.1.

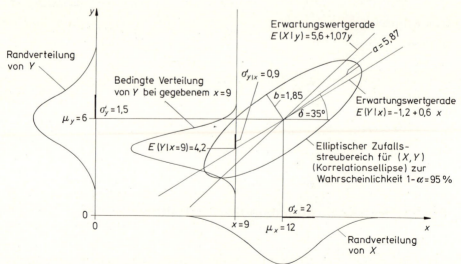

Abb. 4.1. Die zweidimensionale Normalverteilung von (X, Y) mit den Parametern ($\mu_x = 12$; $\sigma_x^2 = 4$; $\mu_y = 6$; $\sigma_y^2 = 2{,}25$; $\varrho = 0{,}8$); Randverteilungen und bedingte Verteilungen; Korrelationsellipse

4.5 Spezielle mehrdimensionale Verteilungen

Bedingte Verteilungen

Y ist bei gegebenem x normalverteilt mit dem (bedingten) Erwartungswert

$$E(Y|x) = \mu_y + \varrho \frac{\sigma_y}{\sigma_x}(x - \mu_x) \tag{4.5.7}$$

und der (bedingten) Varianz

$$V(Y|x) = \sigma^2_{y|x} = \sigma^2_y (1 - \varrho^2). \tag{4.5.8}$$

Entsprechendes gilt für X bei gegebenem y. $E(Y|x)$ und $E(X|y)$ beschreiben die Erwartungswertgeraden; vgl. Abb. 4.1.

Sonderfall

Für $\varrho = 0$ ist die Dichte $g(x; y)$ das Produkt der Dichten von zwei Normalverteilungen,

$$g(x; y) = \frac{1}{\sqrt{2\pi}\,\sigma_x} e^{-u^2/2} \frac{1}{\sqrt{2\pi}\,\sigma_y} e^{-v^2/2} = g_X(x) g_Y(y), \tag{4.5.9}$$

d.h. bei zweidimensionaler Normalverteilung folgt aus der Unkorreliertheit die Unabhängigkeit von X und Y.

Elliptischer Zufallsstreubereich für (X, Y)

Gilt $|\varrho| < 1$, so ist der elliptische Zufallsstreubereich zur Wahrscheinlichkeit $1 - \alpha$,
$P((X, Y)$ liegt innerhalb der Korrelationsellipse$) = 1 - \alpha$,
durch die Korrelationsellipse (4.5.10)

$$\left(\frac{\xi}{\sigma_1}\right)^2 + \left(\frac{\eta}{\sigma_2}\right)^2 = k^2_{1-\alpha} \tag{4.5.11}$$

mit

$$\xi = (x - \mu_x)\cos\delta + (y - \mu_y)\sin\delta, \tag{4.5.12}$$

$$\eta = -(x - \mu_x)\sin\delta + (y - \mu_y)\cos\delta, \tag{4.5.13}$$

$$\tan(2\delta) = \frac{2\varrho\sigma_x\sigma_y}{\sigma_x^2 - \sigma_y^2}, \tag{4.5.14}$$

$$\sigma_1^2 = \tfrac{1}{2}(\sigma_x^2 + \sigma_y^2) + \tfrac{1}{2}\sqrt{(\sigma_x^2 - \sigma_y^2)^2 + 4\varrho^2 \sigma_x^2 \sigma_y^2}, \tag{4.5.15}$$

$$\sigma_2^2 = \tfrac{1}{2}(\sigma_x^2 + \sigma_y^2) - \tfrac{1}{2}\sqrt{(\sigma_x^2 - \sigma_y^2)^2 + 4\varrho^2 \sigma_x^2 \sigma_y^2}; \tag{4.5.16}$$

$$k_{1-\alpha} = \sqrt{\chi^2_{2;1-\alpha}} = \sqrt{2\ln(1/\alpha)} \tag{4.5.17}$$

gegeben.

Wenn $|\varrho|$ nur wenig von Eins abweicht, kann bei der Berechnung der kleineren Varianz σ_2^2 ein Genauigkeitsverlust durch Auslöschung auftreten, weil eine Differenz von zwei fast gleich großen Zahlen gebildet werden muß; er wird vermindert, wenn

$$\sigma_2^2 = \sigma_x^2 \sigma_y^2 (1 - \varrho^2)/\sigma_1^2 \tag{4.5.18}$$

berechnet wird.

Zeichnen der Korrelationsellipse

m_x ist die Zeicheneinheit der Abszisse x (d. h. die Anzahl der Längeneinheiten, mit der in der Zeichnung eine Einheit von x dargestellt wird), m_y ist die Zeicheneinheit der Ordinate y.

Mittelpunkt ist (μ_x, μ_y). Der Hauptachsenwinkel ist δ aus (4.5.14), wobei dort überall σ_x durch σ_x/m_x und σ_y durch σ_y/m_y zu ersetzen ist. Die Längen a und b der Hauptachsen (in Einheiten der Abszisse) sind

$$a = k_{1-\alpha}\sigma_1, \quad b = k_{1-\alpha}\sigma_2 \tag{4.5.19}$$

mit $k_{1-\alpha}$ aus (4.5.17) und σ_1^2 und σ_2^2 aus (4.5.15) und (4.5.16) bzw. (4.5.18), wobei dort überall σ_x durch σ_x/m_x und σ_y durch σ_y/m_y zu ersetzen ist.

Bei $\varrho > 0$ ist die längere Hauptachse a steigend, bei $\varrho < 0$ fallend. Vgl. Abb. 4.1.

Tafelwerk

Tables of the bivariate normal distribution function and related functions. Washington: National Bureau of Standards; Appl. Math. Ser. 50 (1959).

4.5.2 *p*-dimensionale Normalverteilung

Parameter

μ_i; σ_i^2 mit $-\infty < \mu_i < \infty$, $\sigma_i^2 > 0$; $i = 1, \ldots, p$ und Korrelationsmatrix ϱ nach (4.4.12).

Wahrscheinlichkeitsdichtefunktion

$$g(x_1, x_2, \ldots, x_p) = \frac{1}{(2\pi)^{p/2} \sigma_1 \sigma_2 \ldots \sigma_p \sqrt{|\varrho|}} \exp\left[-\frac{1}{2|\varrho|} \sum_{i,j=1}^{p} |\varrho_{ij}| u_i u_j\right]$$

mit (4.5.20)

$$u_i = (x_i - \mu_i)/\sigma_i, \quad -\infty < u_i < \infty; \quad i = 1, 2, \ldots, p.$$

Dabei ist $|\varrho| \neq 0$ die Determinante der Korrelationsmatrix ϱ aus (4.4.12) und $|\varrho_{ij}|$ die zu dem Element ϱ_{ij} gehörige, mit $(-1)^{i+j}$ multiplizierte Unterdeterminante von $|\varrho|$.

Randverteilungen und bedingte Verteilungen

Für jedes $a = 1, 2, \ldots, p-1$ und jede Aufteilung der p Zufallsvariablen in $(X_1, X_2, \ldots, X_a)$ und $(X_{a+1}, X_{a+2}, \ldots, X_p)$ ist die Randverteilung der a Zufallsvariablen $(X_1, X_2, \ldots, X_a)$ eine a-dimensionale Normalverteilung mit den Parametern μ_i; σ_i^2; ϱ_{ij} ($i, j = 1, \ldots, p$; $i \neq j$). Insbesondere ist die (eindimensionale) Randverteilung der Zufallsvariablen X_i ($i = 1, \ldots, p$) eine Normalverteilung mit dem Erwartungswert $E(X_i) = \mu_i$ und der Varianz $V(X_i) = \sigma_i^2$.

Für jedes $a = 1, 2, \ldots, p-1$ und jede Aufteilung der p Zufallsvariablen in $(X_1, X_2, \ldots, X_a)$ und $(X_{a+1}, X_{a+2}, \ldots, X_p)$ ist die bedingte Verteilung der a Zufallsvariablen $(X_1, \ldots, X_a)$ eine a-dimensionale Normalverteilung – unter der Bedingung, daß die

4.5 Spezielle mehrdimensionale Verteilungen

übrigen $(p - a)$ Zufallsvariablen $(X_{a+1}, \ldots, X_p)$ feste Werte $(x_{a+1}, \ldots, x_p)$ annehmen, d. h. $X_{a+1} = x_{a+1}, \ldots, X_p = x_p$.

$$E(X_i | X_{a+1} = x_{a+1}, \ldots, X_p = x_p) = \mu_{X_i}(x_{a+1}, \ldots, x_p)$$

$$V(X_i | X_{a+1} = x_{a+1}, \ldots, X_p = x_p) = \sigma^2_{i \bullet a+1, \ldots, p} \quad (4.5.21)$$

bezeichnen Erwartungswert und Varianz der Zufallsvariablen X_i ($i = 1, \ldots, a$) in der bedingten Verteilung von $(X_1, \ldots, X_a)$; während $\mu_{X_i}(x_{a+1}, \ldots, x_p)$ linear von $x_{a+1}, \ldots, x_p$ abhängt, ist $\sigma^2_{i \bullet a+1, \ldots, p}$ von den speziellen Werten $x_{a+1}, \ldots, x_p$ unabhängig.

Partielle Korrelationskoeffizienten

Der Korrelationskoeffizient der Zufallsvariablen X_i und X_j ($i, j \leq a$) in der bedingten Verteilung von $(X_1, X_2, \ldots, X_a)$ heißt *partieller Korrelationskoeffizient* $\varrho_{ij \bullet a+1, \ldots, p}$ zwischen X_i und X_j bei festgehaltenem $(X_{a+1}, \ldots, X_p)$.

$\varrho_{ij \bullet a+1, \ldots, p}$ ist von den speziellen Werten $x_{a+1}, \ldots, x_p$ unabhängig. Stets ist $|\varrho_{ij \bullet a+1, \ldots, p}| \leq 1$.

Während der gewöhnliche Korrelationskoeffizient ϱ_{ij} zwischen X_i und X_j den Zusammenhang dieser beiden Zufallsvariablen unter Einschluß der linearen Abhängigkeiten dieser beiden Zufallsvariablen von den $(p - 2)$ anderen Zufallsvariablen mißt, mißt $\varrho_{ij \bullet a+1, \ldots, p}$ den Zusammenhang zwischen X_i und X_j unter Ausschluß der linearen Einflüsse von $X_{a+1}, \ldots, X_p$ auf X_i und X_j.

Rekursionsformel für den partiellen Korrelationskoeffizienten

$$\varrho_{ij \bullet a+1, \ldots, p} = \frac{\varrho_{ij \bullet a+2, \ldots, p} - \varrho_{i, a+1 \bullet a+2, \ldots, p} \varrho_{j, a+1 \bullet a+2, \ldots, p}}{\sqrt{1 - \varrho^2_{i, a+1 \bullet a+2, \ldots, p}} \sqrt{1 - \varrho^2_{j, a+1 \bullet a+2, \ldots, p}}} \quad (4.5.22)$$

für $a = 2, 3, \ldots, p-1$; $i, j = 1, \ldots, a$; $i \neq j$, wobei $\varrho_{ij \bullet p+1, p} = \varrho_{ij}$, $\varrho_{ip \bullet p+1, p} = \varrho_{ip}$ und $\varrho_{jp \bullet p+1, p} = \varrho_{jp}$ gesetzt werden muß. Insbesondere ist $\varrho_{ij \bullet p}$ durch die gewöhnlichen Korrelationskoeffizienten zwischen den drei Größen X_i, X_j und X_p auszudrücken:

$$\varrho_{ij \bullet p} = \frac{\varrho_{ij} - \varrho_{ip} \varrho_{jp}}{\sqrt{1 - \varrho^2_{ip}} \sqrt{1 - \varrho^2_{jp}}}. \quad (4.5.23)$$

Durch (4.5.22) und (4.5.23) wird die Berechnung der partiellen Korrelationskoeffizienten auf die gewöhnlicher Korrelationskoeffizienten zurückgeführt. Aus der Zurückführung geht hervor, daß verschwindende (gewöhnliche) Korrelation zwischen X_i und X_j sowie X_i (oder/und X_j) und sämtlichen Größen $X_{a+1}, \ldots, X_p$ ebenfalls $\varrho_{ij \bullet a+1, \ldots, p} = 0$ zur Folge hat.

Multiple Korrelationskoeffizienten

Der *multiple Korrelationskoeffizient* $\varrho_{i \bullet a+1, \ldots, p}$ zwischen X_i und $(X_{a+1}, \ldots, X_p)$ für $a = 1, 2, \ldots, p-1$ mißt den Zusammenhang zwischen der Zufallsvariablen X_i ($i = 1, 2, \ldots, a$) und der Gesamtheit der Zufallsvariablen $X_{a+1}, \ldots, X_p$. Er ist der Korrelationskoeffizient ϱ_{iz} zwischen X_i und der Linearkombination $Z = \beta_0 + \sum_{j=a+1}^{p} \beta_j X_j$, deren Koeffizienten $\beta_0, \beta_{a+1}, \ldots, \beta_p$ so gewählt sind, daß ϱ_{iz} maximal ist. Stets ist $0 \leq \varrho_{i \bullet a+1, \ldots, p} \leq 1$; $\varrho_{i \bullet a+1, \ldots, p} = 0$ bedeutet, daß die Zufallsvariablen X_i und X_j für jedes

$j = a+1, \ldots, p$ voneinander unabhängig sind; $\varrho_{i \bullet a+1, \ldots, p} = 1$ bedeutet, daß X_i als lineare Funktion der Zufallsvariablen X_j $(j = a+1, \ldots, p)$ darstellbar ist.

Es gilt

$$\varrho_{i \bullet a+1, \ldots, p} = \sqrt{1 - \frac{\sigma^2_{i \bullet a+1, \ldots, p}}{\sigma^2_i}} \qquad (4.5.24)$$

für $a = 1, 2, \ldots, p-2$ und $\varrho_{i \bullet p} = |\varrho_{ip}|$, wobei $\sigma^2_i = V(X_i)$ die Varianz von X_i nach (4.4.8) und $\sigma^2_{i \bullet a+1, \ldots, p}$ die bedingte Varianz nach (4.5.21) ist.

Das Quadrat

$$B_{i \bullet a+1, \ldots, p} = \varrho^2_{i \bullet a+1, \ldots, p} \qquad (4.5.25)$$

heißt *(multiples) Bestimmtheitsmaß* zwischen X_i und $X_{a+1}, \ldots, X_p$.

$B_{i \bullet a+1, \ldots, p}$ gibt wegen

$$\sigma^2_{i \bullet a+1, \ldots, p} = (1 - B_{i \bullet a+1, \ldots, p}) \sigma^2_i \qquad (4.5.26)$$

den relativen Anteil an, um den die Varianz von X_i in der bedingten Verteilung kleiner ist als in der Randverteilung, wenn Korrelation zwischen X_i und $(X_{a+1}, \ldots, X_p)$ besteht.

Die Beziehung

$$\frac{\sigma^2_{i \bullet a+1, \ldots, p}}{\sigma^2_i} = \prod_{j=a+1}^{p} (1 - \varrho_{ij \bullet j+1, \ldots, p}) \qquad (4.5.27)$$

führt in Verbindung mit (4.5.24), (4.5.22) und (4.5.23) die Berechnung des multiplen Korrelationskoeffizienten auf die Berechnung gewöhnlicher Korrelationskoeffizienten zurück.

4.5.3 Multinomialverteilung

Ein Einzelversuch habe k mögliche Ergebnisse $A_1, A_2, \ldots, A_k$. Das Ergebnis A_i $(i = 1, \ldots, k)$ tritt mit der Wahrscheinlichkeit p_i auf. Die Anzahl der Fälle, in denen bei n unabhängigen Einzelversuchen die Ergebnisse $(A_1, A_2, \ldots A_k)$ auftreten, ist eine k-dimensionale Zufallsvariable $(X_1, X_2, \ldots, X_k)$. Jedes X_i kann die Werte $x_i = 0, 1, \ldots, n$ annehmen und es gilt $x_1 + x_2 + \ldots + x_n = n$. Die Wahrscheinlichkeitsverteilung von $(X_1, X_2, \ldots, X_k)$ heißt *Multinomialverteilung*.

Ergebnis	A_1	A_2	...	A_i	...	A_k
Wahrscheinlichkeit für das Ergebnis bei einem Einzelversuch	p_1	p_2	...	p_i	...	p_k
Anzahl der Ergebnisse A_i unter den n unabhängigen Einzelversuchen	x_1	x_2	...	x_i	...	x_k

(4.5.28)

Anwendung bei der Probenahme

Jede der N Einheiten einer Grundgesamtheit besitzt genau eine der k einander ausschließenden Eigenschaften A_i; die Anzahl der Einheiten mit der Eigenschaft A_i in der Grundgesamtheit sei N_i mit $\sum_{i=1}^{k} N_i = N$.

Der Einzelversuch besteht in der zufälligen Entnahme einer Einheit aus der Grundgesamtheit. Bei Ziehung einer Zufallsstichprobe vom Umfang n wird die Unabhängigkeit der n Einzelversuche durch Probenahme *mit* Zurücklegen hergestellt, d.h. jede entnommene Einheit wird nach der Feststellung der Eigenschaft wieder in die Grundgesamtheit zurückgelegt. Das Ergebnis A_i ist die Entnahme einer Einheit mit der Eigenschaft A_i ($i = 1, \ldots, k$), wobei $p_i = N_i/N$ ist.

Bei Probenahme *ohne* Zurücklegen, bei der jede entnommene Einheit nach der Feststellung ihrer Eigenschaft A_i nicht in die Grundgesamtheit zurückgelegt wird, ändert sich die Zusammensetzung der Grundgesamtheit nach jeder Entnahme einer Einheit, so daß keine Unabhängigkeit der n Einzelversuche besteht. Die Zufallsvariable $(X_1, X_2, \ldots, X_k)$ folgt dann der verallgemeinerten hypergeometrischen Verteilung; vgl. Unterabschn. 4.5.4. Falls der Auswahlsatz $n/N < 0{,}1$ ist, ist die Veränderung der Grundgesamtheit nach der Entnahme einer Einheit so geringfügig, daß $(X_1, X_2, \ldots, X_k)$ näherungsweise multinomialverteilt ist.

Parameter

$n, p_1, p_2, \ldots, p_k$ mit $n = 1, 2, \ldots$; $0 \leq p_i \leq 1$; $i = 1, \ldots, k$ und $\sum_{i=1}^{k} p_i = 1$.

Wahrscheinlichkeitsfunktion

$$g(x_1, x_2, \ldots, x_k; p_1, p_2, \ldots, p_k, n) = n! \prod_{i=1}^{k} \frac{p_i^{x_i}}{x_i!}. \qquad (4.5.29)$$

Erwartungswert von X_i

$$E(X_i) = \mu_i = n p_i. \qquad (4.5.30)$$

Varianz von X_i

$$V(X_i) = \sigma_i^2 = n p_i q_i = n p_i (1 - p_i). \qquad (4.5.31)$$

Kovarianz von X_i und X_j für $i \neq j$

$$C(X_i; X_j) = \sigma_{ij} = \sigma_i \sigma_j \varrho_{ij} = -n p_i p_j. \qquad (4.5.32)$$

Korrelationskoeffizient von X_i und X_j für $i \neq j$

$$\varrho_{ij} = -\sqrt{\frac{p_i}{(1-p_i)} \frac{p_j}{(1-p_j)}}. \qquad (4.5.33)$$

Sonderfall

$k = 2$, $(A_1 = A; A_2 = \bar{A})$, $(p_1 = p; p_2 = q = 1 - p)$ und $(x_1 = x; x_2 = y = n - x)$ führt auf die Binomialverteilung

$$g(x) = g(x; p, n) = n! \frac{p^x q^y}{x! y!} \quad \text{mit} \quad \varrho_{xy} = -1; \qquad (4.5.34)$$

vgl. Abschn. 2.3.

4.5.4 Verallgemeinerte hypergeometrische Verteilung

Jede der N Einheiten einer Grundgesamtheit besitzt genau eine der k einander ausschließenden Eigenschaften A_i; die Anzahl der Einheiten mit der Eigenschaft A_i in der Grundgesamtheit sei N_i; $\sum_{i=1}^{k} N_i = N$. Bei einmaliger Entnahme einer Einheit aus der Grundgesamtheit findet man mit der Wahrscheinlichkeit $p_i = N_i/N$ eine Einheit mit der Eigenschaft A_i.

Die Zufallsvariable X_i ($i = 1, ..., k$) sei die Anzahl von Einheiten A_i in einer *ohne* Zurücklegen entnommenen Zufallsstichprobe vom Umfang n. Die Wahrscheinlichkeitsverteilung der k-dimensionalen Zufallsvariablen ($X_1, X_2, ..., X_k$) heißt verallgemeinerte hypergeometrische Verteilung. Jedes X_i kann die Werte $x_i = 0, 1, ..., n$ annehmen und es gilt $x_1 + x_2 + ... + x_k = n$.

Eigenschaften der Einheit	A_1	A_2	...	A_i	...	A_k
Anzahl der Einheiten mit der Eigenschaft in der Grundgesamtheit	N_1	N_2	...	N_i	...	N_k
Anzahl der Einheiten mit der Eigenschaft in der Zufallsstichprobe vom Umfang n	x_1	x_2	...	x_i	...	x_k

(4.5.35)

Parameter

$N, N_1, N_2, ..., N_k$ mit $N_i = 0, 1, ...$ und $\sum_{i=1}^{k} N_i = N$.

Wahrscheinlichkeitsfunktion

$$g(x_1, x_2, ..., x_k; N, N_1, N_2, ..., N_k) = \frac{\prod_{i=1}^{k} \binom{N_i}{x_i}}{\binom{N}{n}}. \tag{4.5.36}$$

Erwartungswert von X_i

$$E(X_i) = \mu_i = np_i \quad \text{mit} \quad p_i = N_i/N. \tag{4.5.37}$$

Varianz von X_i

$$V(X_i) = \sigma_i^2 = np_i(1 - p_i) \frac{N - n}{N - 1}. \tag{4.5.38}$$

Kovarianz von X_i und X_j für $i \neq j$

$$C(X_i; X_j) = \sigma_{ij} = \sigma_i \sigma_j \varrho_{ij} = -np_i p_j \frac{N - n}{N - 1}. \tag{4.5.39}$$

Korrelationskoeffizient ϱ_{ij} von X_i und X_j für $i \neq j$

$$\varrho_{ij} = -\sqrt{\frac{p_i}{(1 - p_i)} \frac{p_j}{(1 - p_j)}}. \tag{4.5.40}$$

4.5 Spezielle mehrdimensionale Verteilungen

Sonderfall

$k = 2$, $(A_1 = A; A_2 = \bar{A})$, $(x_1 = x; x_2 = y = n - x)$ führt auf die hypergeometrische Verteilung

$$g(x) = g(x; N_1, n, N) = \frac{\binom{N_1}{x}\binom{N_2}{y}}{\binom{N}{n}} \quad \text{mit } \varrho_{xy} = -1; \qquad (4.5.41)$$

vgl. Abschn. 2.2.

5 (Eindimensionale) Häufigkeitsverteilungen, Stichprobenfunktionen, Zufallsstreubereiche, Schätzwerte, Vertrauensbereiche, statistische Anteilsbereiche

Eigenschaften von *Einheiten* wie z. B. von Betrachtungseinheiten, Objekten, Ereignissen, werden durch *Merkmale* erfaßt, die verschiedene *Ausprägungen* besitzen. Jede Ausprägung eines Merkmals heißt *Merkmalswert*.

Die Feststellung des Merkmalswertes, den das interessierende Merkmal bei einer Einheit hat, wird als Messen bezeichnet. *Messen* in diesem allgemeinen Sinne ist das Zuordnen von Werten, meist, jedoch keineswegs immer, von Zahlen zu Einheiten nach bestimmten Vorschriften. Zum Messen muß eine *Skala* vorliegen, die es gestattet, jeder Einheit einen Skalenwert als Meßwert für die Ausprägung des untersuchten Merkmals zuzuordnen; zugleich wird gefordert, daß jeder Einheit genau ein Skalenwert zuordenbar ist. Der *Meßvorgang* besteht darin, daß der Einheit der Skalenwert als *Meßwert (Beobachtungswert)* zugeordnet wird.

Man unterscheidet die folgenden *Skalenarten* und damit gleichzeitig *Arten von Merkmalen*: Die *Nominalskala (klassifikatorische Skala)* ist eine Skala, bei der die Skalenwerte aus Namen bzw. Bezeichnungen für bestimmte Klassen bestehen; das auf dieser Skala gemessene Merkmal heißt *Nominalmerkmal*.

Die *Ordinalskala (Rangskala)* ist eine Skala, bei der die Skalenwerte aus Namen bzw. Bezeichnungen für Ränge, d.h. für Intensitätsstufen des Merkmals bestehen; das auf dieser Skala gemessene Merkmal heißt *Ordinalmerkmal* oder *Rangmerkmal*.

Die *Intervallskala* ist eine Skala, bei der die Skalenwerte in jedem Falle reelle Zahlen sind, wobei die Abstände zwischen den Skalenwerten — im Gegensatz zur Nominal- oder Ordinalskala — definiert sind und daher die Differenzen der Skalenwerte Informationen bergen.

Die *Verhältnisskala* ist eine Skala, bei der die Skalenwerte wie bei der Intervallskala in jedem Falle reelle Zahlen sind, wobei nicht nur die Abstände zwischen den Skalenwerten, sondern auch die Quotienten von Skalenwerten definiert sind und daher Informationen bergen.

Intervallskala und Verhältnisskala werden als *metrische Skalen* oder *Kardinalskalen* bezeichnet. Bei ihnen läßt sich jeder Skalenwert als ein Vielfaches einer Maßeinheit angeben. Mit der Definition der Maßeinheit ist die Skala definiert. Die Maßeinheiten selbst können jedoch auf die unterschiedlichste Art und Weise definiert werden.

Im Gegensatz zu den metrischen Skalen bezeichnet man Nominalskala und Ordinalskala als *topologische Skalen*.

Merkmale, die auf topologischen Skalen gemessen werden, bezeichnet man als *qualitative Merkmale*. Merkmale, die auf metrischen Skalen gemessen werden, bezeichnet man als *quantitative Merkmale*. Bei den quantitativen Merkmalen macht man häufig noch den Unterschied zwischen diskreten und stetigen Merkmalen: *Diskrete Merkmale* sind solche, bei denen als Merkmalswerte nur bestimmte reelle Zahlen, z. B.

ganze Zahlen, zugelassen sind; *stetige Merkmale* sind solche, bei denen jede reelle Zahl aus einem bestimmten Intervall Merkmalswert sein kann.

Die vier Skalen Nominalskala, Ordinalskala, Intervallskala und Verhältnisskala bilden in dieser Reihenfolge informationsmäßig eine Rangordnung: Bei der Nominalskala bergen die Meßwerte die geringste Information; sie können ohne Informationsverfälschung mit allen eineindeutigen Transformationen transformiert werden. Bei der Verhältnisskala bergen die Meßwerte die größte Information; sie können nur mit Ähnlichkeitstransformationen, d. h. durch Multiplikation mit einem konstanten Faktor, ohne Informationsverfälschung transformiert werden. Man spricht daher auch vom nominalen *Meßniveau*, ordinalem Meßniveau usw.

Die gestellte Aufgabe besteht in der Regel nicht nur darin, eine bestimmte Anzahl Meßwerte bzw. Daten zu beschaffen, sondern darin, aufgrund der Daten Aussagen zu machen, die gewisse Charakteristika der Einheiten bezüglich des jeweiligen Merkmals stärker hervortreten lassen. So könnte etwa gefordert sein, daß Durchschnittswerte oder Streuungsmaßzahlen von einem Merkmal oder Maßzahlen für den Zusammenhang zwischen Merkmalen angegeben werden sollen. Das Bilden von Maßzahlen bedeutet praktisch immer eine mathematische Transformation der Meßwerte. Um Informationsverfälschungen zu vermeiden, muß daher bei jeder Art Datenaufbereitung auf das Meßniveau geachtet werden.

In der *beschreibenden (deskriptiven) Statistik* werden Beobachtungswerte tabellarisch oder graphisch dargestellt und zu Maßzahlen verdichtet. In der *beurteilenden (analytischen) Statistik* will man mit Hilfe der vorliegenden Beobachtungswerte allgemeinere Aussagen über das untersuchte Merkmal machen.

Die Gesamtheit von Einheiten, über die allgemeinere Aussagen gemacht werden sollen, heißt *Grundgesamtheit* (Kollektiv, Population); die Anzahl der Einheiten in der Grundgesamtheit wird als *Umfang N der Grundgesamtheit* bezeichnet. Die aus der Grundgesamtheit ausgewählte Teilmenge von Einheiten, an denen das Merkmal gemessen wird, heißt *Stichprobe*; die Anzahl der Einheiten in der Stichprobe wird als *Stichprobenumfang n* bezeichnet. Häufig wird das Merkmal an jeder Einheit der Stichprobe genau einmal gemessen, so daß die Anzahl der vorliegenden Meßwerte dem Stichprobenumfang gleich ist und daher als Stichprobenumfang bezeichnet wird.

Wenn allgemeinere Aussagen nicht über eine Menge von Einheiten, sondern über ein Verfahren, einen Vorgang o. ä. gemacht werden sollen, spricht man oft — mißverständlich — von der aus n Meßwerten bestehenden Stichprobe und der Grundgesamtheit, aus der diese stammt.

Allgemeinere Aussagen über die Grundgesamtheit unter Verwendung der n Meßwerte mittels statistischer Methoden sind nur möglich, wenn die Einheiten der Stichprobe bezüglich des interessierenden Merkmals nach dem Zufall ausgewählt worden sind. Bei einer solchen *Zufallsstichprobe*[1] hat jede Einheit der Grundgesamtheit die gleiche Chance, in die Stichprobe zu gelangen. Zufallsstichproben können sich bei der Entnahme aufs Geratewohl, aber auch bei systematischer Entnahme bezüglich anderer Merkmale, die nicht Gegenstand der Untersuchung sind, ergeben.

Weiter setzen die meisten statistischen Methoden, mit denen Aussagen über die Grundgesamtheit unter Verwendung der n Meßwerte gemacht werden können, voraus,

---

[1] Allgemein spricht man von einer Zufallsstichprobe vom Stichprobenumfang n, wenn jeder möglichen Stichprobe von n Einheiten aus den N Einheiten der Grundgesamtheit eine bestimmte bekannte Wahrscheinlichkeit zugeordnet ist, aus der Grundgesamtheit gezogen zu werden.

daß die Messungen *unabhängig* gemacht wurden, d.h., daß der Meßwert einer Messung in keiner Weise von den bereits vorhandenen Meßwerten abhängt.

Um statistische Methoden anwenden zu können, faßt man den an einer Einheit gemessenen Merkmalswert als Wert (Realisierung) einer Zufallsvariablen (vgl. Abschn. 1.4) auf.

Bei den im folgenden behandelten statistischen Methoden wird vorausgesetzt, daß die n Beobachtungswerte $x_1, x_2, ..., x_n$ Realisierungen von n unabhängigen Zufallsvariablen $X_1, X_2, ..., X_n$ sind, die alle derselben Wahrscheinlichkeitsverteilung folgen; man kann dann sagen, daß sie n unabhängige Realisierungen einer einzigen Zufallsvariablen X bilden.

Sehr viele statistische Methoden gehen von einer *Modellannahme* über die Wahrscheinlichkeitsverteilung der Zufallsvariablen aus, d. h. der Typ der Wahrscheinlichkeitsverteilung ist bekannt und nur einige die Wahrscheinlichkeitsverteilung zahlenmäßig festlegende Größen (Parameter) sind unbekannt. Beispielsweise wird in Abschn. 6.5 vorausgesetzt, daß die Zufallsvariable X normalverteilt ist, wobei beide oder einer der beiden Parameter der Normalverteilung unbekannt sind.

Statistische Methoden liefern — unter Verwendung der Beobachtungsdaten — Aussagen über Wahrscheinlichkeitsverteilungen, z. B. über bestimmte Parameter bei spezifiziertem oder nicht spezifiziertem Typ der Wahrscheinlichkeitsverteilung oder über den Typ der Wahrscheinlichkeitsverteilung selbst. Sie sind damit gleichzeitig Aussagen über die Grundgesamtheit bzw. das Verfahren, den Vorgang o. ä.

Häufigkeitsverteilung ist eine allgemeine Bezeichnung für den Zusammenhang zwischen Beobachtungswerten und den absoluten oder relativen Häufigkeiten bzw. Häufigkeitssummen ihres Auftretens. Sind die Beobachtungswerte Werte eines Merkmals, dann heißt die Häufigkeitsverteilung *eindimensional*.

Als *absolute Häufigkeit* wird die Anzahl der Beobachtungswerte bezeichnet, die gleich einem vorgegebenem Wert sind oder zu einer Menge von vorgegebenen Werten gehören. Die *relative Häufigkeit* ist die absolute Häufigkeit, dividiert durch die Gesamtzahl der Beobachtungswerte.

Als *absolute Häufigkeitssumme* (absolute Summenhäufigkeit, kumulierte absolute Häufigkeit) wird die Anzahl der Beobachtungswerte bezeichnet, die einen vorgegebenen Wert nicht überschreiten. Die *relative Häufigkeitssumme* ist die absolute Häufigkeitssumme, dividiert durch die Gesamtzahl der Beobachtungswerte.

Ein *Kennwert der Stichprobe* ist ein aus allen oder einigen Beobachtungswerten der Stichprobe ermittelter Wert, der die Stichprobe charakterisiert. Man unterscheidet Kennwerte der Lage *(Lagemaße)*, der Streuung *(Streuungsmaße)* und der Form *(Formmaße)* von (eindimensionalen) Häufigkeitsverteilungen.

5.1 Häufigkeitsverteilung eines stetigen Merkmals

Im folgenden wird davon ausgegangen, daß n Beobachtungswerte (Einzelwerte) $x_1, x_2, x_3, ..., x_n$ eines stetigen Merkmals X vorliegen. Die Anzahl n der Einzelwerte wird als *Stichprobenumfang n* bezeichnet.

5.1.1 Stichprobe ohne Klasseneinteilung

Werden die n Einzelwerte, die in der Reihenfolge der Beobachtung als *Urliste* vorliegen, nach aufsteigender Größe (z. B. mit dem Punktdiagramm Abb. 5.1 unten) geordnet und mit $x_{(1)}, x_{(2)}, \ldots, x_{(n)}$ bezeichnet, so daß die *Rangfolge*

$$x_{(1)} \leq x_{(2)} \leq \ldots \leq x_{(i)} \leq \ldots \leq x_{(n)} \qquad (5.1.1)$$

entsteht, dann heißen die $x_{(i)}$ *Rangwerte* (order statistics); $x_{(1)} = x_{\min}$ und $x_{(n)} = x_{\max}$ heißen *Extremwerte*.

Sind alle $x_{(i)}$ verschieden, so daß in (5.1.1) lediglich Ungleichheitszeichen stehen, dann bezeichnet man die Nummer, die jeden der Einzelwerte in der Folge (5.1.1) zugeordnet wird, als *Rangzahl* (rank). Dem Rangwert $x_{(i)}$ entspricht also die Rangzahl i.

Sind in der Folge (5.1.1) die $c + 1$ Rangwerte $x_{(i)}$ bis $x_{(i+c)}$ gleich, dann spricht man von einer *Bindung* (tie) vom Ausmaß $c + 1$ und teilt jedem der Rangwerte $x_{(i)}$ bis $x_{(i+c)}$ der Bindung die mittlere Rangzahl $i + c/2$ zu.

Punktdiagramm

Die durch die n Einzelwerte x_i gegebene Häufigkeitsverteilung der Stichprobe wird zweckmäßigerweise im Punktdiagramm (vgl. Abb. 5.1 unten) veranschaulicht.

Empirische Verteilungsfunktion (Verteilungsfunktion der Stichprobe)

$$\hat{F}(x) = \begin{cases} 0 & \text{für } x < x_{(1)} \\ i/n & \text{für } x_{(i)} \leq x < x_{(i+1)}; \quad i = 1, 2, \ldots, n-1 \\ 1 & \text{für } x_{(n)} \leq x. \end{cases} \qquad (5.1.2)$$

Summentreppe (Häufigkeitssummentreppe)

Graphische Darstellung der empirischen Verteilungsfunktion $\hat{F}(x)$; vgl. Abb. 5.1 oben.

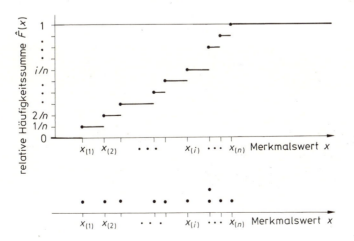

Abb. 5.1. Punktdiagramm und Summentreppe einer Stichprobe vom Umfang $n = 10$

74   5 (Eindimensionale) Häufigkeitsverteilungen, Stichprobenfunktionen, Zufallsstreubereiche

Empirisches p-Quantil (empirisches p-Fraktil)

Der größte Merkmalswert x_p, der vom Anteil p $(0 < p < 1)$ aller Beobachtungswerte der Stichprobe nicht überschritten wird.

— Wenn nur die Beobachtungswerte x_i als p-Quantile zugelassen sind, ist

$$x_p = x_{(k)} \quad \text{mit} \quad k = -[-np] \tag{5.1.3}$$

mit $x_{(k)}$ aus (5.1.1); $[np]$ ist die größte ganze Zahl, die nicht größer als np ist.

— Wenn alle Werte im Bereich $x_{(1)} \leqq x \leqq x_{(n)}$ als p-Quantile zugelassen sind, ist

$$x_p = \begin{cases} x_{(1)} & \text{für } 0 < p \leqq \dfrac{1}{n+1} \\ x_{(i)} + (p(n+1) - i)(x_{(i+1)} - x_{(i)}) & \text{für } \dfrac{i}{n+1} < p \leqq \dfrac{i+1}{n+1}; \ i = 1, \ldots, n-1 \\ x_{(n)} & \text{für } \dfrac{n}{n+1} < p < 1. \end{cases} \tag{5.1.4}$$

Spezielle empirische p-Quantile

Unteres Quartil $x_{25\%}$, oberes Quartil $x_{75\%}$, Median $x_{50\%} = \tilde{x}$, Perzentile $x_{1\%}, x_{2\%}, \ldots, x_{99\%}$.

5.1.2 Stichprobe mit Klasseneinteilung

Klassenbildung (Klassifizierung) ist die Aufteilung des Wertebereiches eines Merkmals in Teilbereiche *(Klassen)*, die einander ausschließen und den Wertebereich vollständig ausfüllen. Bei einem stetigen Merkmal werden in der Regel Intervalle als Klassen verwendet, wobei die obere Klassengrenze einer Klasse gleichzeitig die untere Klassengrenze der darauf folgenden Klasse ist; vgl. Abb. 5.2.

Klassenbildung ist bei größerem Stichprobenumfang (etwa ab $n = 30$) sinnvoll. Die Anzahl k der Klassen muß in Abhängigkeit vom Stichprobenumfang n und von der Art der weiteren Auswertung der Stichprobe festgelegt werden. In Anlehnung an DIN 55 302, Blatt 1, ergibt sich (bei gleichabständigen Klassengrenzen) folgende Regel als erster Anhalt (vgl. auch Fußnote[1]):

Stichprobenumfang n	Anzahl der Klassen k
bis etwa 100	mindestens 10
bis etwa 1 000	mindestens 13
bis etwa 10 000	mindestens 16

Die Klasse mit der Nummer j $(j = 1, 2, \ldots, k)$ hat die *obere Klassengrenze* x'_j, die *untere Klassengrenze* x'_{j-1}, die *Klassenmitte*

---

[1] Damit der (mit der Klasseneinteilung verbundene) Fehler bei der Berechnung der Varianz s^2 nicht wesentlich über 2 % liegt, sollte die Klassenbreite w kleiner als das 0,6fache der Standardabweichung aus einer großen Anzahl von Beobachtungswerten sein (vgl. DIN 55 302, Blatt 1).

5.1 Häufigkeitsverteilung eines stetigen Merkmals

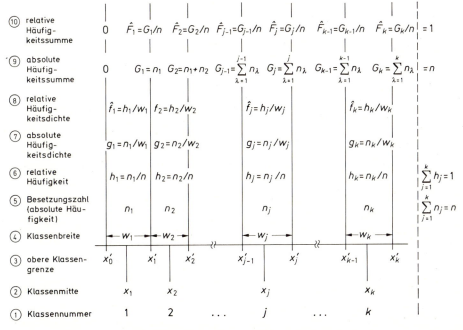

Abb. 5.2. Bezeichnungen bei Klasseneinteilung

$$x_j = (x'_{j-1} + x'_j)/2, \quad (5.1.5)$$

die *Klassenbreite*

$$w_j = x'_j - x'_{j-1}; \quad (5.1.6)$$

vgl. hierzu und zu den folgenden Bezeichnungen (bis (5.1.13)) die Abb. 5.2.

Falls die Häufigkeitsverteilung nicht sehr schief ist, sind Klassifizierungen mit gleichabständigen Klassengrenzen zu bevorzugen. Dann ist die Klassenbreite[1]) konstant:

$$w_j = w \quad \text{für } j = 1, 2, \ldots, k. \quad (5.1.7)$$

Um eine eindeutige Einordnung der Beobachtungswerte in die Klassen *(Klassierung)* zu ermöglichen, muß festgelegt werden, ob die obere oder die untere Klassengrenze als zur Klasse gehörend gilt. In der Technik wird vorzugsweise die obere Klassengrenze als zur Klasse gehörend angesehen (links offene, rechts abgeschlossene Klassen), in der amtlichen Statistik vorzugsweise die untere (links abgeschlossene, rechts offene Klassen).

Die auf die Klasse *j* entfallende Anzahl von Einzelwerten der Stichprobe wird als *Besetzungszahl (absolute Häufigkeit) n_j* bezeichnet:

$$\sum_{j=1}^{k} n_j = n. \quad (5.1.8)$$

---
[1]) Siehe Fußnote S. 74

Relative Häufigkeit in Klasse j

$$h_j = n_j/n \quad \text{mit} \quad \sum_{j=1}^{k} h_j = 1 = 100\,\%. \tag{5.1.9}$$

Absolute Häufigkeitsdichte in Klasse j

$$g_j = n_j/w_j. \tag{5.1.10}$$

Relative Häufigkeitsdichte in Klasse j

$$\hat{f}_j = \frac{n_j}{nw_j} = \frac{h_j}{w_j}. \tag{5.1.11}$$

Absolute Häufigkeitssumme bis x'_j

$$G_j = \sum_{\lambda=1}^{j} n_\lambda \quad \text{mit} \quad G_k = \sum_{\lambda=1}^{k} n_\lambda = n. \tag{5.1.12}$$

Relative Häufigkeitssumme bis x'_j

$$\hat{F}_j = \frac{G_j}{n} = \sum_{\lambda=1}^{j} h_\lambda \quad \text{mit} \quad \hat{F}_k = \sum_{\lambda=1}^{k} h_\lambda = 1 = 100\,\%. \tag{5.1.13}$$

Häufigkeitsdichtefunktion

$$\hat{f}(x) = \begin{cases} 0 & \text{für } x < x'_0 \\ \hat{f}_j & \text{für } x'_{j-1} \leq x < x'_j; \quad j = 1, \ldots, k \\ 0 & \text{für } x'_k < x \end{cases} \tag{5.1.14}$$

Histogramm (Säulendiagramm)

Graphische Darstellung der Häufigkeitsdichtefunktion $\hat{f}(x)$ mit Rechtecken der Höhe $\hat{f}_j$ über den Klassen j; vgl. Abb. 5.3 unten.

Bei gleichabständigen Klassengrenzen sind die Häufigkeitsdichten g_j bzw. $\hat{f}_j$ den Häufigkeiten n_j bzw. h_j proportional und das Histogramm kann mit den Häufigkeiten gezeichnet werden.

Empirische Verteilungsfunktion (Verteilungsfunktion der Stichprobe)

$$\hat{F}(x) = \begin{cases} 0 & \text{für } x < x'_0 \\ \hat{F}_{j-1} + \dfrac{x - x'_{j-1}}{w_j} h_j & \text{für } x'_{j-1} \leq x < x'_j; \quad j = 1, \ldots, k \\ 1 & \text{für } x'_k \leq x. \end{cases} \tag{5.1.15}$$

Summenlinie (Häufigkeitssummenpolygon)

Graphische Darstellung der empirischen Verteilungsfunktion $\hat{F}(x)$ als Polygonzug durch die Punkte $(x'_j; \hat{F}_j)$; vgl. Abb. 5.3 oben.

Empirisches p-Quantil (empirisches p-Fraktil)

Der größte Merkmalswert x_p, der vom Anteil p ($0 < p < 1$) der Beobachtungswerte in der Stichprobe unterschritten wird, d. h. bei dem $\hat{F}(x) = p$ ist. Zur Berechnung wird die

5.1 Häufigkeitsverteilung eines stetigen Merkmals

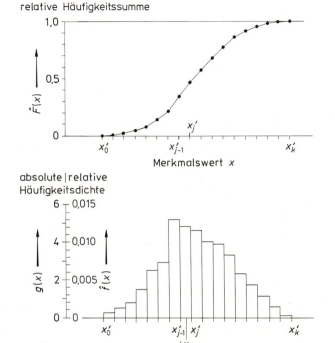

Abb. 5.3. Histogramm (Säulendiagramm) als graphische Darstellung der Häufigkeitsdichtefunktion $\hat{f}(x)$ und Summenlinie als graphische Darstellung der empirischen Verteilungsfunktion $\hat{F}(x)$ einer Stichprobe vom Umfang $n = 400$ (gleichabständige Klassengrenzen mit Klassenbreite $w = 10$)

Klassennummer v bestimmt, für die $\hat{F}_{v-1} \leq p \leq \hat{F}_v$ gilt. Dann ist

$$x_p = x'_{v-1} + \frac{p - \hat{F}_{v-1}}{h_v} w_v. \tag{5.1.16}$$

Spezielle empirische p-Quantile

Unteres Quartil $x_{25\%}$, oberes Quartil $x_{75\%}$, Median $x_{50\%} = \tilde{x}$, Perzentile $x_{1\%}$, $x_{2\%}$, ..., $x_{99\%}$.

5.1.3 Kennwerte der Stichprobe

Lagemaße

Mittelwert

$$\bar{x} = \frac{1}{n} \sum_{i=1}^{n} x_i. \tag{5.1.17}$$

Rechenformeln für $\bar{x}$ siehe Übersicht (5.1.18).

Rechenformeln für $\bar{x}$ und s^2

	Berechnung aus n Einzelwerten	Berechnung bei Klasseneinteilung
bei Benutzung einer Rechenmaschine[1]	$\Sigma_1 = \sum_{i=1}^{n} x_i$ $\Sigma_2 = \sum_{i=1}^{n} x_i^2$ $\bar{x} = \Sigma_1/n$ $s^2 = \dfrac{1}{n-1}\left[\Sigma_2 - \Sigma_1^2/n\right]$	$\Sigma_1 = \sum_{j=1}^{k} n_j x_j$ $\Sigma_2 = \sum_{j=1}^{k} n_j x_j^2$ $\bar{x} = \Sigma_1/n$ $s^2 = \dfrac{1}{n-1}\left[\Sigma_2 - \Sigma_1^2/n\right]$
ohne Rechenhilfsmittel	Transformation der n Einzelwerte x_i zu $y_i = c(x_i - a)$; dabei ist a ein beliebiger Hilfswert (meist der erste Einzelwert x_1 oder ein glatter Wert in der Nähe des gesuchten Mittelwertes $\bar{x}$) und c ein beliebiger Faktor (meist eine Zehnerpotenz); a und c werden zweckmäßigerweise so gewählt, daß die transformierten Einzelwerte y_i kleine ganze Zahlen sind. $\Sigma_1 = \sum_{i=1}^{n} y_i$ $\Sigma_2 = \sum_{i=1}^{n} y_i^2$ $\bar{x} = a + \dfrac{\Sigma_1}{cn}$ $s^2 = \dfrac{1}{c^2(n-1)}\left[\Sigma_2 - \Sigma_1^2/n\right]$	Transformation der k Klassenmitten x_j zu $z_j = (x_j - a)/w$; dabei sind a und w geeignet gewählte Konstanten. Zweckmäßig wählt man für a die Klassenmitte der Klasse mit der größten Besetzungszahl und — bei konstanter Klassenbreite — für w die Klassenbreite. $\Sigma_1 = \sum_{j=1}^{k} n_j z_j$ $\Sigma_2 = \sum_{j=1}^{k} n_j z_j^2$ $\bar{x} = a + \dfrac{w}{n}\Sigma_1$ $s^2 = \dfrac{w^2}{n-1}\left[\Sigma_2 - \Sigma_1^2/n\right]$

(5.1.18)

Median (Zentralwert)

$$\tilde{x} = \begin{cases} x_{\left(\frac{n+1}{2}\right)} & \text{für } n = 3, 5, 7, \ldots \\ \dfrac{1}{2}\left[x_{\left(\frac{n}{2}\right)} + x_{\left(\frac{n}{2}+1\right)}\right] & \text{für } n = 2, 4, 6, \ldots \end{cases} \quad (5.1.19)$$

mit den $x_{(i)}$ nach (5.1.1).
Bei Klasseneinteilung wird $\tilde{x} = x_{0,5}$ mit $p = 0,5$ nach (5.1.16) berechnet.

---

[1] Bei der Anwendung der Rechenformeln für die Varianz kann ein Genauigkeitsverlust durch Auslöschung auftreten, weil u. U. eine Differenz von zwei fast gleich großen Zahlen gebildet werden muß. Sie sollten deshalb nur dann angewendet werden, wenn die Stellenzahl der Zahlen im Rechner mindestens doppelt so groß ist wie die der x_i bzw. x_j.

5.1 Häufigkeitsverteilung eines stetigen Merkmals

Streuungsmaße

Varianz

$$s^2 = \frac{1}{n-1} \sum_{i=1}^{n} (x_i - \bar{x})^2. \tag{5.1.20}$$

Rechenformeln für s^2 siehe Übersicht (5.1.18).

Standardabweichung

$$s = |\sqrt{s^2}|. \tag{5.1.21}$$

Variationskoeffizient

$$v = s/|\bar{x}|; \quad \bar{x} \neq 0. \tag{5.1.22}$$

Spannweite

$$R = x_{(n)} - x_{(1)} = x_{\max} - x_{\min} \tag{5.1.23}$$

mit den $x_{(i)}$ nach (5.1.1).

Momente

Moment der Ordnung r bezogen auf den beliebigen Wert a

$$m_r(a) = \frac{1}{n} \sum_{i=1}^{n} (x_i - a)^r. \tag{5.1.24}$$

Moment der Ordnung r bezogen auf Null

$$m'_r = m_r(0) = \frac{1}{n} \sum_{i=1}^{n} x_i^r. \tag{5.1.25}$$

Sonderfälle: $r = 0: m'_0 = 1$,
$r = 1: m'_1 = \bar{x}$.

Zentrales Moment der Ordnung r

$$m_r = m_r(\bar{x}) = \frac{1}{n} \sum_{i=1}^{n} (x_i - \bar{x})^r. \tag{5.1.26}$$

Sonderfälle: $r = 0: m_0 = 1$,
$r = 1: m_1 = 0$,
$r = 2: m_2 = \frac{n-1}{n} s^2$ mit s^2 nach (5.1.20).

Formmaße

Schiefe

$$g_1 = \sqrt{b_1} = m_3/m_2^{3/2}. \tag{5.1.27}$$

Kurtosis

$$b_2 = m_4/m_2^2. \tag{5.1.28}$$

Exzeß

$$g_2 = b_2 - 3 = m_4/m_2^2 - 3. \qquad (5.1.29)$$

Rechenformeln für g_1 und g_2

$$g_1 = \sqrt{n}\, \frac{S_3 - 3\,S_2 S_1/n + 2\,S_1^3/n^2}{[S_2 - S_1^2/n]^{3/2}}, \qquad (5.1.30)$$

$$g_2 = n\, \frac{S_4 - 4\,S_3 S_1/n + 6\,S_2 S_1^2/n^2 - 3\,S_1^4/n^3}{(S_2 - S_1^2/n)^2} - 3. \qquad (5.1.31)$$

Bei n Einzelwerten ist

$$S_r = \sum_{i=1}^{n} x_i^r;\quad r = 1, 2, 3, 4. \qquad (5.1.32)$$

Bei beliebiger Klasseneinteilung ist

$$S_r = \sum_{j=1}^{k} n_j x_j^r;\quad r = 1, 2, 3, 4 \qquad (5.1.33)$$

mit x_j nach (5.1.5).

Bei Klasseneinteilung mit konstanten Klassenbreiten ist

$$S_r = \sum_{j=1}^{k} n_j z_j^r;\quad r = 1, 2, 3, 4 \qquad (5.1.34)$$

mit z_j nach (5.1.18).

5.2 Häufigkeitsverteilung eines diskreten Merkmals

Die Feststellung des Merkmalswertes eines diskreten Merkmals X, das die Werte 0, 1, 2, ... annehmen kann, wird als Zählung bezeichnet. Insgesamt mögen $\hat{m}$ Zählungen an Zählabschnitten gleicher Größe[1] durchgeführt worden sein.

Dabei seien k verschiedene Merkmalswerte $x_1, x_2, ..., x_k$ ($x_1 < x_2 < ... < x_k$) mit den Anzahlen $\hat{m}_1, \hat{m}_2, ..., \hat{m}_k$ aufgetreten. $\hat{m}_j$ ist die *absolute Häufigkeit* von x_j;

$$\hat{m}_1 + \hat{m}_2 + ... + \hat{m}_k = \hat{m}. \qquad (5.2.1)$$

Relative Häufigkeit

$$\hat{f}_j = \hat{m}_j/\hat{m};\quad j = 1, 2, ..., k \quad \text{mit} \quad \sum_{j=1}^{k} \hat{f}_j = 1. \qquad (5.2.2)$$

Häufigkeitsfunktion

$$\hat{f}(x) = \begin{cases} \hat{f}_j & \text{für } x = x_j;\quad j = 1, 2, ..., k \\ 0 & \text{sonst.} \end{cases} \qquad (5.2.3)$$

---

[1] Zum Beispiel an jeweils n Einheiten oder in Zeit-, Längen-, Flächenabschnitten gleicher Größe oder in Volumen- oder Gewichtseinheiten gleicher Größe.

5.2 Häufigkeitsverteilung eines diskreten Merkmals

Stabdiagramm

Graphische Darstellung der Häufigkeitsfunktion $\hat{f}(x)$ mit senkrechten Stäben der Länge $\hat{f}_1, \hat{f}_2, \ldots, \hat{f}_k$ über den Merkmalswerten $x_1, x_2, \ldots, x_k$; vgl. Abb. 5.4 unten.

Absolute Häufigkeitssumme bis x_j

$$G_j = \sum_{\lambda=1}^{j} \hat{m}_\lambda \quad \text{mit} \quad G_k = \sum_{\lambda=1}^{k} \hat{m}_\lambda = \hat{m}. \tag{5.2.4}$$

Relative Häufigkeitssumme bis x_j

$$\hat{F}_j = \frac{G_j}{\hat{m}} = \sum_{\lambda=1}^{j} \hat{f}_\lambda \quad \text{mit} \quad \hat{F}_k = \sum_{\lambda=1}^{k} \hat{f}_\lambda = 1 = 100\,\%. \tag{5.2.5}$$

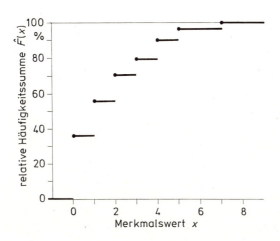

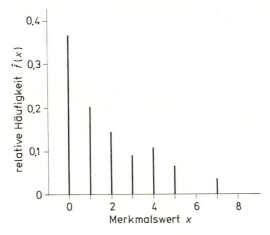

Abb. 5.4. Stabdiagramm als graphische Darstellung der Häufigkeitsfunktion $\hat{f}(x)$ und Summentreppe als graphische Darstellung der empirischen Verteilungsfunktion $\hat{F}(x)$ einer Häufigkeitsverteilung eines diskreten Merkmals X

Empirische Verteilungsfunktion (Verteilungsfunktion der Stichprobe)

$$\hat{F}(x) = \begin{cases} 0 & \text{für } x < x_1 \\ \hat{F}_j & \text{für } x_j \leq x < x_{j+1}; \quad j = 1, 2, \ldots, k-1 \\ 1 & \text{für } x_k \leq x. \end{cases} \tag{5.2.6}$$

Summentreppe (Häufigkeitssummentreppe)

Graphische Darstellung der empirischen Verteilungsfunktion $\hat{F}(x)$; vgl. Abb. 5.4 oben.

Kennwerte der Stichprobe

Mittelwert

$$\bar{x} = \frac{1}{\hat{m}} \sum_{j=1}^{k} x_j \hat{m}_j. \tag{5.2.7}$$

Varianz

$$s^2 = \frac{1}{\hat{m}-1} \sum_{j=1}^{k} \hat{m}_j (x_j - \bar{x})^2 = \frac{1}{\hat{m}-1} \left[\sum_{j=1}^{k} x_j^2 \hat{m}_j - \frac{1}{\hat{m}} \left(\sum_{j=1}^{k} x_j \hat{m}_j \right)^2 \right]. \tag{5.2.8}$$

Standardabweichung

$$s = \left| \sqrt{s^2} \right|. \tag{5.2.9}$$

Variationskoeffizient

$$v = s / |\bar{x}|; \quad \bar{x} \neq 0. \tag{5.2.10}$$

Moment der Ordnung r bezogen auf den beliebigen Wert a

$$m_r(a) = \frac{1}{\hat{m}} \sum_{j=1}^{k} (x_j - a)^r \hat{m}_j. \tag{5.2.11}$$

Moment der Ordnung r bezogen auf Null

$$m'_r = m_r(0) = \frac{1}{\hat{m}} \sum_{j=1}^{k} x_j^r \hat{m}_j. \tag{5.2.12}$$

Sonderfälle: $r = 0: m'_0 = 1$,
$r = 1: m'_1 = \bar{x}$.

Zentrales Moment der Ordnung r

$$m_r = m_r(\bar{x}) = \frac{1}{\hat{m}} \sum_{j=1}^{k} (x_j - \bar{x})^r \hat{m}_j. \tag{5.2.13}$$

Sonderfälle: $r = 0: m_0 = 1$,
$r = 1: m_1 = 0$,
$r = 2: m_2 = \dfrac{\hat{m}-1}{\hat{m}} s^2 \quad$ mit s^2 nach (5.2.8).

Schiefe

$$g_1 = \sqrt{b_1} = m_3 / m_2^{3/2}. \tag{5.2.14}$$

Kurtosis

$$b_2 = m_4/m_2^2 \qquad (5.2.15)$$

Exzeß

$$g_2 = b_2 - 3 = m_4/m_2^2 - 3. \qquad (5.2.16)$$

5.3 Schluß von einer bekannten Grundgesamtheit auf die Stichprobe. Verteilungen und Zufallsstreubereiche von Stichprobenfunktionen

Eine *Stichprobenfunktion* ist eine Zufallsvariable Y, die sich nach einer Vorschrift h aus den Zufallsvariablen $X_1, X_2, \ldots, X_n$ ergibt:

$$Y = h(X_1, X_2, \ldots, X_n). \qquad (5.3.1)$$

Beispiele: Die Stichprobenfunktion $Y = \bar{X} = \dfrac{1}{n}\sum\limits_{i=1}^{n} X_i$ ist die Zufallsvariable, deren Realisierung der aus den n Beobachtungswerten der Stichprobe ermittelte arithmetische Mittelwert $\bar{x}$ nach (5.1.17) ist. Die Stichprobenfunktion $Y = X_{(1)}$ ist die Zufallsvariable, deren Realisierung der kleinste Wert $x_{(1)}$ nach (5.1.1) unter den n Beobachtungswerten der Stichprobe ist.

In diesem Abschnitt wird davon ausgegangen, daß die Verteilungsfunktion $F_X(x) = F(x)$ oder die Wahrscheinlichkeitsfunktion bzw. die Wahrscheinlichkeitsdichtefunktion $f_X(x) = f(x)$, mit der das Verhalten des Merkmals X in der Grundgesamtheit beschrieben wird, bekannt (oder zumindest teilweise bekannt) ist. Aus der Grundgesamtheit werden Stichproben vom Umfang n entnommen, woraus sich jeweils die Beobachtungswerte $x_1, x_2, \ldots, x_n$ ergeben. Da die Beobachtungswerte x_i selbst, die Rangwerte $x_{(i)}$ und die Kennwerte nach Unterabschn. 5.1.3 oder Abschn. 5.2 Realisierungen von Stichprobenfunktionen Y sind, läßt sich ihr Verhalten durch Angaben über die jeweilige Stichprobenfunktion Y beschreiben. Daher werden für verschiedene Stichprobenfunktionen Y die Verteilungsfunktion $F_Y(y)$ oder die Wahrscheinlichkeitsfunktion bzw. die Wahrscheinlichkeitsdichtefunktion $f_Y(y)$ oder Zufallsstreubereiche [vgl. (2.1.5)-(2.1.7) und (3.1.9)-(3.1.11)] angegeben.

5.3.1 Verteilungen und Zufallsstreubereiche von Stichprobenfunktionen bei beliebiger Verteilung

Zufallsstreubereich für einen Einzelwert X

Bei bekannter Verteilungsfunktion $F(x)$ ergibt sich der Zufallsstreubereich für einen Einzelwert X zur Wahrscheinlichkeit $P = 1 - \alpha$ direkt aus (2.1.5)-(2.1.7) oder (3.1.9)-(3.1.11).

84 5 (Eindimensionale) Häufigkeitsverteilungen, Stichprobenfunktionen, Zufallsstreubereiche

Ist $F(x)$ beliebig und unbekannt, wobei jedoch μ nach (2.1.11) oder (3.1.15) und σ nach (2.1.14) oder (3.1.18) bekannt sind, dann ergibt sich der zweiseitige symmetrische Zufallsstreubereich für einen Einzelwert X zur *Mindest*wahrscheinlichkeit $P = 1 - \alpha$ aus der Tschebyscheff-Ungleichung (3.11.1) zu

$$\mu - \sigma/\sqrt{\alpha} \leq X \leq \mu + \sigma/\sqrt{\alpha}. \tag{5.3.2}$$

Ist X stetig mit unbekannter eingipfliger Wahrscheinlichkeitsdichtefunktion $f(x)$, wobei jedoch die Lage μ_h des Maximums von $f(x)$ und $\sigma_h^2 = \sigma^2 + (\mu - \mu_h)^2$ bekannt sind, dann ergibt sich der zweiseitige symmetrische Zufallsstreubereich für einen Einzelwert X zur Mindestwahrscheinlichkeit $P = 1 - \alpha$ aus der Camp-Meidell-Ungleichung (3.11.2) zu

$$\mu_h - \frac{2\sigma_h}{3\sqrt{\alpha}} < X < \mu_h + \frac{2\sigma_h}{3\sqrt{\alpha}}. \tag{5.3.3}$$

Bei (nahezu) symmetrischen Verteilungen kann das Wertepaar $(\mu_h; \sigma_h)$ durch $(\mu; \sigma)$ ersetzt werden.

Verteilung und Zufallsstreubereich für die Ranggröße $X_{(i)}$ bei stetigem X

$X_{(i)}$ ($i = 1, 2, \ldots, n$) ist die Zufallsvariable, deren Realisierung den Rangwert $x_{(i)}$ nach (5.1.1) der Stichprobe ergibt. $X_{(i)}$ heißt *i*-te *Ranggröße* (*i*-te order statistic).

Wahrscheinlichkeitsdichtefunktion von $X_{(i)}$

$$g_{X_{(i)}}(x) = \frac{n!}{(i-1)!(n-i)!} [F(x)]^{i-1} [1 - F(x)]^{n-i} f(x). \tag{5.3.4}$$

$F_{(i)} = F(X_{(i)})$ sei die Zufallsvariable, die der Ranggröße $X_{(i)}$ die Summenwahrscheinlichkeit F zuordnet, d. h. $F_{(i)}$ ist die Zufallsvariable, deren Realisierung die Summenwahrscheinlichkeit $F(x_{(i)})$ ist, die dem Rangwert $x_{(i)}$ nach (5.1.1) der Stichprobe zugeordnet ist. $F_{(i)}$ folgt der Beta-Verteilung mit den Parametern $a = i$, $b = n - i + 1$, $x_A = 0$, $x_E = 1$; vgl. Abschn. 3.8.

Erwartungswert von $F_{(i)}$

$$E(F_{(i)}) = \frac{i}{n+1}. \tag{5.3.5}$$

Varianz von $F_{(i)}$

$$V(F_{(i)}) = \frac{1}{n+2} \frac{i}{n+1} \left(1 - \frac{i}{n+1}\right). \tag{5.3.6}$$

Zweiseitiger symmetrischer Zufallsstreubereich für $F_{(i)}$ zur Wahrscheinlichkeit $P = 1 - \alpha$

$$(F_{(i)})_U \leq F_{(i)} \leq (F_{(i)})_O \tag{5.3.7}$$

mit

$$(F_{(i)})_U = \frac{1}{1 + \dfrac{f_1}{f_2} F_{f_1, f_2; 1 - \alpha/2}}, \tag{5.3.8}$$

5.3 Schluß von einer bekannten Grundgesamtheit auf die Stichprobe

$$(F_{(i)})_o = \cfrac{1}{1 + \cfrac{f_1}{f_2} F_{f_1, f_2; \alpha/2}},\tag{5.3.9}$$

wobei $f_1 = 2(n + 1 - i)$ und $f_2 = 2i$ ist.
Zahlenwerte für $F_{f_1, f_2; \alpha/2}$ und $F_{f_1, f_2; 1-\alpha/2}$ s. Tab. C 6–C 9.

Zweiseitiger symmetrischer Zufallsstreubereich für $X_{(i)}$ zur Wahrscheinlichkeit $P = 1 - \alpha$

Den Grenzen (5.3.8) und (5.3.9) des Zufallsstreubereichs für $F_{(i)}$ sind über

$$(F_{(i)})_U = F(x_{(i)U}) \quad \text{und} \quad (F_{(i)})_o = F(x_{(i)o}) \tag{5.3.10}$$

die Grenzen $x_{(i)U}$ und $x_{(i)o}$ des Zufallsstreubereichs für $X_{(i)}$

$$x_{(i)U} \leq X_{(i)} \leq x_{(i)o} \tag{5.3.11}$$

zugeordnet; vgl. Abb. 5.5.

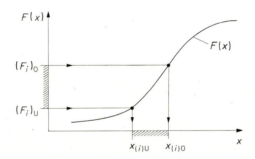

Abb. 5.5. Zur Abgrenzung des Zufallsstreubereichs für $X_{(i)}$

Verteilung von $X_{(n)}$

$X_{(n)}$ ist die Zufallsvariable, deren Realisierung den größten Wert $x_{(n)} = x_{\max}$ der Stichprobe ergibt.

Verteilungsfunktion von $X_{(n)}$

$$G_{X_{(n)}}(x) = [F(x)]^n = F^n(x). \tag{5.3.12}$$

Wahrscheinlichkeitsdichtefunktion von $X_{(n)}$

$$g_{X_{(n)}}(x) = n F^{n-1}(x) f(x); \tag{5.3.13}$$

siehe auch (5.3.4)–(5.3.11) für $i = n$.

Verteilung von $X_{(1)}$

$X_{(1)}$ ist die Zufallsvariable, deren Realisierung den kleinsten Wert $x_{(1)} = x_{\min}$ der Stichprobe ergibt.

Verteilungsfunktion von $X_{(1)}$

$$G_{X_{(1)}}(x) = 1 - [1 - F(x)]^n. \tag{5.3.14}$$

Wahrscheinlichkeitsdichtefunktion von $X_{(1)}$

$$g_{X_{(1)}}(x) = n[1 - F(x)]^{n-1} f(x); \tag{5.3.15}$$

siehe auch (5.3.4) bis (5.3.11) für $i = 1$.

Verteilung von $\tilde{X}$ für ungerades n

$\tilde{X} = X_{\left(\frac{n+1}{2}\right)}$ ist die Zufallsvariable, deren Realisierung den Median $\tilde{x} = x_{\left(\frac{n+1}{2}\right)}$ der Stichprobe nach (5.1.19) ergibt.

Wahrscheinlichkeitsdichtefunktion von $\tilde{X}$

$$g_{\tilde{X}}(x) = \frac{n!}{\left(\left(\frac{n-1}{2}\right)!\right)^2} [F(x)]^{(n-1)/2} [1 - F(x)]^{(n-1)/2} f(x); \tag{5.3.16}$$

siehe auch (5.3.4) bis (5.3.11) für $i = (n+1)/2$.

Gemeinsame Verteilung von $X_{(i)}$ und $X_{(j)}$

$i = 1, 2, \ldots, n-1; \quad j = 2, 3, \ldots, n; \quad j > i.$

Wahrscheinlichkeitsdichtefunktion von $X_{(i)}$ und $X_{(j)}$

$$g_{X_{(i)}, X_{(j)}}(u, v) = \frac{n!}{(i-1)!(j-i-1)!(n-j)!} [F(u)]^{i-1}$$

$$\times [F(v) - F(u)]^{j-i-1} [1 - F(v)]^{n-j} f(u) f(v); \quad u < v. \tag{5.3.17}$$

Verteilung der Differenz $R_{ji} = X_{(j)} - X_{(i)}$

$i = 1, 2, \ldots, n-1; \quad j = 2, 3, \ldots, n; \quad j > i.$

Wahrscheinlichkeitsdichtefunktion von R_{ji}

$$g_{R_{ji}}(w) = \frac{n!}{(i-1)!(j-i-1)!(n-j)!} \int_{-\infty}^{\infty} [F(u)]^{i-1} f(u)$$

$$\times [F(u+w) - F(u)]^{j-i-1} [1 - F(u+w)]^{n-j} f(u+w) \, du; \quad 0 < w < \infty. \tag{5.3.18}$$

Verteilung der Spannweite $R = X_{(n)} - X_{(1)}$

Wahrscheinlichkeitsdichtefunktion von R

$$g_R(w) = n(n-1) \int_{-\infty}^{\infty} [F(u+w) - F(u)]^{n-2} f(u) f(u+w) \, du; \quad 0 < w < \infty. \tag{5.3.19}$$

siehe auch (5.3.18) für $i = 1$ und $j = n$.

5.3 Schluß von einer bekannten Grundgesamtheit auf die Stichprobe

Verteilung und Zufallsstreubereich für die Häufigkeitssumme $\hat{F}(x'_j)$ an einer Klassengrenze x'_j

x'_j ($j = 1, 2, \ldots, k$) sei eine Klassengrenze nach Unterabschnitt 5.1.2 und $\hat{F}(x'_j)$ die Zufallsvariable, deren Realisierung die dieser Klassengrenze zugeordnete relative Häufigkeitssumme $\hat{F}_j$ nach (5.1.13) ist; entsprechend sei $\hat{G}(x'_j) = n\hat{F}(x'_j)$ die Zufallsvariable, deren Realisierung die absolute Häufigkeitssumme G_j nach (5.1.12) ist. $\hat{G}(x'_j)$ ist binomialverteilt mit den Parametern n und $p = F(x'_j)$. Die Zufallsstreubereiche für $\hat{G}(x'_j)$ und $\hat{F}(x'_j)$ ergeben sich aus Unterabschn. 5.3.4.

5.3.2 Verteilungen und Zufallsstreubereiche von Stichprobenfunktionen bei Normalverteilung (vgl. Abschn. 3.2)

Einzelwert X

Einseitige Zufallsstreubereiche zur Wahrscheinlichkeit $P = 1 - \alpha$

$$X \geq x_U = \mu - u_{1-\alpha}\sigma \quad \text{bzw.} \quad X \leq x_O = \mu + u_{1-\alpha}\sigma, \tag{5.3.20}$$

zweiseitiger symmetrischer Zufallsstreubereich zur Wahrscheinlichkeit $P = 1 - \alpha$

$$x_U = \mu - u_{1-\alpha/2}\sigma \leq X \leq \mu + u_{1-\alpha/2}\sigma = x_O. \tag{5.3.21}$$

Zahlenwerte für $u_{1-\alpha}$ und $u_{1-\alpha/2}$ s. Tab. C 3.

Extremwerte $x_{(1)}$ und $x_{(n)}$

Verteilung siehe (5.3.12) bis (5.3.15).

Erwartungswerte

$$\begin{aligned} E(X_{(1)}) &= \mu - \alpha'_n \sigma = \mu - \tfrac{1}{2} E(R) = \mu - \frac{\alpha_n}{2}\sigma \\ E(X_{(n)}) &= \mu + \alpha'_n \sigma = \mu + \tfrac{1}{2} E(R) = \mu + \frac{\alpha_n}{2}\sigma. \end{aligned} \tag{5.3.22}$$

Varianzen

$$V(X_{(1)}) = V(X_{(n)}) = (\beta'_n \sigma)^2 \approx \tfrac{1}{2} V(R) = \tfrac{1}{2} (\beta_n \sigma)^2. \tag{5.3.23}$$

Die Näherung in (5.3.23) gilt für $n > 20$.

Zahlenwerte für α'_n, β'_n s. Tab. C 11 und für α_n, β_n s. Tab. C 12.

Zufallsstreubereiche

Mit der Wahrscheinlichkeit $P = 1 - \alpha$ liegen alle n Werte einer Stichprobe unterhalb bzw. oberhalb der *einseitigen Zufallsgrenze* zur Wahrscheinlichkeit $P = 1 - \alpha$:

$$x_{(n)O} = \mu + u_{\sqrt[n]{1-\alpha}}\sigma \quad \text{bzw.} \quad x_{(1)U} = \mu - u_{\sqrt[n]{1-\alpha}}\sigma \tag{5.3.24}$$

und innerhalb des *zweiseitigen symmetrischen Zufallsstreubereichs* zur Wahrscheinlichkeit $P = 1 - \alpha$:

$$x_{(1)\text{U}} = \mu - u_{(1+\sqrt[n]{1-\alpha})/2}\,\sigma \leq (X_{(1)}; X_{(n)}) \leq \mu + u_{(1+\sqrt[n]{1-\alpha})/2}\,\sigma = x_{(n)\text{O}}. \quad (5.3.25)$$

Zahlenwerte für $u_{\sqrt[n]{1-\alpha}}$ und $u_{(1+\sqrt[n]{1-\alpha})/2}$ s. Tab. C 11.

Ranggrößen $X_{(i)}$; $i = 1, 2, ..., n$

Verteilungen siehe (5.3.4) bis (5.3.11) und (5.3.17).

Erwartungswerte, Varianzen und Kovarianzen von $X_{(i)}$ aus $N(0;1)$ für $n \leq 20$ entnimmt man beispielsweise dem Tafelwerk von Owen, D.B.: Handbook of statistical tables. Reading/MA: Addison-Wesley 1962.

Mittelwert $\bar{X}$

$\bar{X}$ ist normalverteilt wie $N(\mu; \sigma^2/n)$.

Demzufolge ist

$$U = \frac{\bar{X} - \mu}{\sigma/\sqrt{n}} \quad (5.3.26)$$

standardisiert normalverteilt [vgl. (3.2.7)].

$$t_f = \frac{\bar{X} - \mu}{S/\sqrt{n}}, \quad (5.3.27)$$

wobei S die Standardabweichung ist, ist t_f-verteilt mit $f = n - 1$ Freiheitsgraden; vgl. Abschn. 3.5.

Einseitige Zufallsstreubereiche zur Wahrscheinlichkeit $P = 1 - \alpha$

$$\bar{X} \geq \bar{x}_\text{U} = \mu - u_{1-\alpha}\frac{\sigma}{\sqrt{n}} \quad \text{bzw.} \quad \bar{X} \leq \bar{x}_\text{O} = \mu + u_{1-\alpha}\frac{\sigma}{\sqrt{n}}. \quad (5.3.28)$$

Zweiseitiger symmetrischer Zufallsstreubereich zur Wahrscheinlichkeit $P = 1 - \alpha$

$$\bar{x}_\text{U} = \mu - u_{1-\alpha/2}\frac{\sigma}{\sqrt{n}} \leq \bar{X} \leq \mu + u_{1-\alpha/2}\frac{\sigma}{\sqrt{n}} = \bar{x}_\text{O}. \quad (5.3.29)$$

Zahlenwerte für $u_{1-\alpha}$ und $u_{1-\alpha/2}$ s. Tab. C 3.

Median (Zentralwert) $\tilde{X}$

$\tilde{X}$ ist in guter Näherung normalverteilt wie $N(\mu; c_n^2 \sigma^2/n)$.

Einseitige Zufallsstreubereiche zur Wahrscheinlichkeit $P = 1 - \alpha$

$$\tilde{X} \leq \tilde{x}_\text{U} = \mu - u_{1-\alpha} c_n \frac{\sigma}{\sqrt{n}} \quad \text{bzw.} \quad \tilde{X} \leq \tilde{x}_\text{O} = \mu + u_{1-\alpha} c_n \frac{\sigma}{\sqrt{n}}. \quad (5.3.30)$$

Zweiseitiger symmetrischer Zufallsstreubereich zur Wahrscheinlichkeit $P = 1 - \alpha$

$$\tilde{x}_\text{U} = \mu - u_{1-\alpha/2} c_n \frac{\sigma}{\sqrt{n}} \leq \tilde{X} \leq \mu + u_{1-\alpha/2} c_n \frac{\sigma}{\sqrt{n}} = \tilde{x}_\text{O}. \quad (5.3.31)$$

Zahlenwerte für $u_{1-\alpha}$, $u_{1-\alpha/2}$ s. Tab. C 3 und für c_n s. Tab. C 24.

Für $n \to \infty$ gilt

$$c_n \to c_\infty = \sqrt{\pi/2} \approx 1{,}253. \quad (5.3.32)$$

5.3 Schluß von einer bekannten Grundgesamtheit auf die Stichprobe

Varianz S^2 und Standardabweichung S

$$\chi_f^2 = (n-1)(S/\sigma)^2 \tag{5.3.33}$$

ist χ_f^2-verteilt mit $f = n-1$ Freiheitsgraden; vgl. Abschn. 3.4.

Erwartungswert und Varianz von S^2

$$E(S^2) = \sigma^2; \quad V(S^2) = \frac{2\sigma^4}{n-1}. \tag{5.3.34}$$

S hat die Wahrscheinlichkeitsdichtefunktion

$$f(s) = \frac{2}{\Gamma\left(\frac{n-1}{2}\right)} \left(\frac{n-1}{2}\right)^{\frac{n-1}{2}} \left(\frac{s}{\sigma}\right)^{n-2} e^{-\frac{n-1}{2}\left(\frac{s}{\sigma}\right)^2} \frac{1}{\sigma}; \tag{5.3.35}$$

vgl. (2.1.21).

Erwartungswert und Varianz von S

$$E(S) = a_n \sigma; \quad a_n = \sqrt{\frac{2}{n-1}} \frac{\Gamma\left(\frac{n}{2}\right)}{\Gamma\left(\frac{n-1}{2}\right)} \approx 1 - \frac{1}{4n-3}; \tag{5.3.36}$$

vgl. (2.1.21).

$$V(S) = (1 - a_n^2)\sigma^2 \approx \frac{1}{2(n-1)}\sigma^2. \tag{5.3.37}$$

Zahlenwerte für a_n s. Tab. C 24.
Für $n \geq 10$ ist S angenähert normalverteilt wie $N\left(\sigma; \frac{\sigma^2}{2(n-1)}\right)$.

Einseitige Zufallsstreubereiche für S^2 zur Wahrscheinlichkeit $P = 1 - \alpha$

$$S^2 \geq s_U^2 = \frac{\chi_{f;\alpha}^2}{n-1}\sigma^2 = \frac{1}{\varkappa_O^2}\sigma^2 \quad \text{bzw.} \quad S^2 \leq s_O^2 = \frac{\chi_{f;1-\alpha}^2}{n-1}\sigma^2 = \frac{1}{\varkappa_U^2}\sigma^2. \tag{5.3.38}$$

Zweiseitiger symmetrischer Zufallsstreubereich für S^2 zur Wahrscheinlichkeit $P = 1 - \alpha$

$$s_U^2 = \frac{\chi_{f;\alpha/2}^2}{n-1}\sigma^2 = \frac{1}{\varkappa_O^2}\sigma^2 \leq S^2 \leq \frac{\chi_{f;1-\alpha/2}^2}{n-1}\sigma^2 = \frac{1}{\varkappa_U^2}\sigma^2 = s_O^2 \tag{5.3.39}$$

mit $f = n - 1$.
Zahlenwerte für $\chi_{f;\alpha}^2$, $\chi_{f;1-\alpha}^2$, $\chi_{f;\alpha/2}^2$, $\chi_{f;1-\alpha/2}^2$ s. Tab. C 5.
Die Zufallsgrenzen der *Zufallsstreubereiche für S* findet man, indem man in (5.3.38) und (5.3.39) die Wurzel zieht, oder aus

$$s_U = \sigma/\varkappa_O \quad \text{bzw.} \quad s_O = \sigma/\varkappa_U. \tag{5.3.40}$$

Zahlenwerte für $\varkappa_U$ und $\varkappa_O$ s. Tab. C 15.

Spannweite R

Verteilung siehe (5.3.19).

Erwartungswert

$$E(R) = \alpha_n \sigma \equiv d_2(n)\,\sigma. \tag{5.3.41}$$

Varianz

$$V(R) = \beta_n^2 \sigma^2. \tag{5.3.42}$$

Zahlenwerte für $\alpha_n \equiv d_2(n)$ und β_n s. Tab. C 12.

Einseitige Zufallsstreubereiche zur Wahrscheinlichkeit $P = 1 - \alpha$

$$R \geqq R_U = w_{n;\alpha}\sigma \quad \text{bzw.} \quad R \leqq R_O = w_{n;1-\alpha}\sigma, \tag{5.3.43}$$

zweiseitiger symmetrischer Zufallsstreubereich zur Wahrscheinlichkeit $P = 1 - \alpha$

$$R_U = w_{n;\alpha/2}\,\sigma \leqq R \leqq w_{n;1-\alpha/2}\,\sigma = R_O. \tag{5.3.44}$$

Zahlenwerte für $w_{n;\alpha};\, w_{n;1-\alpha},\, w_{n;\alpha/2},\, w_{n;1-\alpha/2}$ s. Tab. C 12.

Variationskoeffizient V

Angaben zur Berechnung von Quantilen der Verteilung von V finden sich bei Johnson, N.L.; Welch, B.L.: Biometrika 31 (1939/40) 362.

Unter der Voraussetzung, daß $\gamma = \sigma/|\mu| < 40\%$ und $n > 10$ ist, sind näherungsweise zur Wahrscheinlichkeit $P = 1 - \alpha$

die *einseitigen Zufallsstreubereiche*

$$V \geqq v_U = q_U \gamma \quad \text{bzw.} \quad V \leqq v_O = q_O \gamma \tag{5.3.45}$$

mit $\quad q_U = \dfrac{1 - a^2}{1 + a\sqrt{1 + (b\gamma^2/n)}} \quad \text{bzw.} \quad q_O = \dfrac{1 - a^2}{1 - a\sqrt{1 + (b\gamma^2/n)}}$

und $\quad a = \dfrac{u_{1-\alpha}}{\sqrt{2(n-1)}}; \quad b = 2(n-1) - u_{1-\alpha}^2;$ (5.3.46)

der *zweiseitige symmetrische Zufallsstreubereich*

$$v_U = q_U \gamma \leqq V \leqq q_O \gamma = v_O \tag{5.3.47}$$

mit q_U und q_O nach (5.3.46), wobei man a und b jedoch mit $u_{1-\alpha/2}$ anstatt mit $u_{1-\alpha}$ berechnet.

Zahlenwerte für $u_{1-\alpha}$ bzw. $u_{1-\alpha/2}$ s. Tab. C 3.

Ist $n > 10$ und $\gamma = \sigma/|\mu| < 20\%$, dann gilt die einfachere Näherung

$$q_U = 1 - a \quad \text{bzw.} \quad q_O = 1 + a \tag{5.3.48}$$

oder die grobe Abschätzung

$$q_U = 1/\varkappa_O \quad \text{bzw.} \quad q_O = 1/\varkappa_U. \tag{5.3.49}$$

Zahlenwerte für $\varkappa_U$ bzw. $\varkappa_O$ s. Tab. C 15.

Mittelwertsunterschied $\bar{X}_1 - \bar{X}_2$ zweier unabhängiger Stichproben

Die erste Stichprobe aus $N(\mu_1; \sigma_1^2)$ vom Umfang n_1 hat den Mittelwert $\bar{x}_1$. Die zweite Stichprobe aus $N(\mu_2; \sigma_2^2)$ vom Umfang n_2 hat den Mittelwert $\bar{x}_2$. Die Mittelwertsdifferenz $\bar{X}_1 - \bar{X}_2$ ist normalverteilt mit

$$E(\bar{X}_1 - \bar{X}_2) = \mu_1 - \mu_2, \tag{5.3.50}$$

$$V(\bar{X}_1 - \bar{X}_2) = \frac{\sigma_1^2}{n_1} + \frac{\sigma_2^2}{n_2}. \tag{5.3.51}$$

Die *Zufallsstreubereiche* berechnet man nach (5.3.20) und (5.3.21), indem man darin für μ den Erwartungswert $E(\bar{X}_1 - \bar{X}_2)$ nach (5.3.50) und für σ^2 die Varianz $V(\bar{X}_1 - \bar{X}_2)$ nach (5.3.51) einsetzt.

Varianzverhältnis S_1^2/S_2^2 zweier unabhängiger Stichproben
Die erste Stichprobe aus $N(\mu_1; \sigma_1^2)$ vom Umfang n_1 hat die Varianz s_1^2. Die zweite Stichprobe aus $N(\mu_2; \sigma_2^2)$ vom Umfang n_2 hat die Varianz s_2^2. Die Zufallsvariable

$$F_{f_1, f_2} = (S_1^2/\sigma_1^2)/(S_2^2/\sigma_2^2) \tag{5.3.52}$$

ist F-verteilt mit $f_1 = n_1 - 1$ und $f_2 = n_2 - 1$ Freiheitsgraden; vgl. Abschn. 3.6.

Einseitige Zufallsstreubereiche für $Z = S_1^2/S_2^2$ zur Wahrscheinlichkeit $P = 1 - \alpha$

$$S_1^2/S_2^2 \geq z_U = \frac{\sigma_1^2}{\sigma_2^2} \frac{1}{F_{f_2, f_1; 1-\alpha}} \quad \text{bzw.} \quad S_1^2/S_2^2 \leq z_O = \frac{\sigma_1^2}{\sigma_2^2} F_{f_1, f_2; 1-\alpha}. \tag{5.3.53}$$

Zweiseitiger symmetrischer Zufallsstreubereich für $Z = S_1^2/S_2^2$ zur Wahrscheinlichkeit $P = 1 - \alpha$

$$z_U = \frac{\sigma_1^2}{\sigma_2^2} \frac{1}{F_{f_2, f_1; 1-\alpha/2}} \leq S_1^2/S_2^2 \leq \frac{\sigma_1^2}{\sigma_2^2} F_{f_1, f_2; 1-\alpha/2} = z_O. \tag{5.3.54}$$

Zahlenwerte für $F_{f_1, f_2; p}$ s. Tab. C 6 bis C 9.

5.3.3 Zufallsstreubereich für X bei logarithmischer Normalverteilung
(vgl. Abschn. 3.3)

Einseitiger Zufallsstreubereich für den Einzelwert X zur Wahrscheinlichkeit $P = 1 - \alpha$

$$X \geq x_U = a + e^{\mu - u_{1-\alpha}\sigma} \quad \text{bzw.} \quad X \leq x_O = a + e^{\mu + u_{1-\alpha}\sigma}. \tag{5.3.55}$$

Zweiseitiger symmetrischer Zufallsstreubereich für den Einzelwert X zur Wahrscheinlichkeit $P = 1 - \alpha$

$$a + e^{\mu - u_{1-\alpha/2}\sigma} \leq X \leq a + e^{\mu + u_{1-\alpha/2}\sigma}. \tag{5.3.56}$$

Zahlenwerte für $u_{1-\alpha}$ bzw. $u_{1-\alpha/2}$ s. Tab. C 3.

5.3.4 Zufallsstreubereiche bei Binomialverteilung (vgl. Abschn. 2.3)

Relative Häufigkeit $\hat{p}$ des Ergebnisses A in der Stichprobe vom Umfang n

Einseitige Zufallsstreubereiche zur Wahrscheinlichkeit $P = 1 - \alpha$

$$\hat{p} \geq \hat{p}_U = x_U/n \quad \text{bzw.} \quad \hat{p} \leq \hat{p}_O = x_O/n, \tag{5.3.57}$$

wobei x_U bzw. x_O aus

$$G(x_{U-1}; p, n) \leq \alpha < G(x_U; p, n) \tag{5.3.58}$$

bzw.

$$G(x_{O-1}; p, n) < 1 - \alpha \leq G(x_O; p, n) \tag{5.3.59}$$

mit $G(x; p, n)$ nach (2.3.3) bestimmt werden.

Zweiseitiger symmetrischer Zufallsstreubereich zur Wahrscheinlichkeit $P = 1 - \alpha$

$$x_U/n = \hat{p}_U \leq \hat{p} \leq \hat{p}_O = x_O/n, \tag{5.3.60}$$

wobei x_U und x_O aus

$$G(x_{U-1}; p, n) \leq \alpha/2 < G(x_U; p, n) \tag{5.3.61}$$

und

$$G(x_{O-1}; p, n) < 1 - \alpha/2 \leq G(x_O; p, n) \tag{5.3.62}$$

mit $G(x; p, n)$ nach (2.3.3) bestimmt werden.

$x_U(x_O)$ kann im Nomogramm D 1 bestimmt werden, indem durch p auf der linken Skala[1]) und $G = \alpha$ bzw. $\alpha/2$ ($1 - \alpha$ bzw. $1 - \alpha/2$) auf der rechten Skala eine Gerade gelegt wird, an deren Schnittpunkt mit der Kurve für das gegebene n der — im allgemeinen nicht ganzzahlige — Wert $x'_U(x'_O)$ abgelesen wird. x'_U wird immer auf die nächstgrößere ganze Zahl x_U aufgerundet (also auch dann, wenn x'_U schon ganzzahlig ist); liegt x'_U außerhalb des Netzes, dann ist $x_U = 0$; x'_O wird, falls es nicht ganzzahlig ist, auf die nächstgrößere ganze Zahl x_O aufgerundet.

Relative Häufigkeit $\hat{p}$; Näherung durch Normalverteilung

Für $npq > 9$ ergeben sich in guter Näherung zur Wahrscheinlichkeit $P = 1 - \alpha$

die *einseitigen Zufallsstreubereiche*

$$\hat{p} \geq \hat{p}_U = p - \frac{1}{2n} - u_{1-\alpha}\sqrt{p(1-p)/n}$$

bzw. $\tag{5.3.63}$

$$\hat{p} \leq \hat{p}_O = p + \frac{1}{2n} + u_{1-\alpha}\sqrt{p(1-p)/n},$$

der *zweiseitige symmetrische Zufallsstreubereich*

$$\hat{p}_U = p - \frac{1}{2n} - u_{1-\alpha/2}\sqrt{p(1-p)/n} \leq \hat{p} \leq p + \frac{1}{2n} + u_{1-\alpha/2}\sqrt{p(1-p)/n} = \hat{p}_O. \tag{5.3.64}$$

Zahlenwerte für $u_{1-\alpha}$ und $u_{1-\alpha/2}$ s. Tab. C 3.

Relative Häufigkeit $\hat{p}$; Näherung mit arcsin-Transformation
(vgl. (2.3.10) bis (2.3.12))

---

[1]) Die Skala für p in Nomogramm D 1 läuft von 0,01 bis 0,5. Soll der Zufallsstreubereich für X bei $p > 0,5$ abgegrenzt werden, dann grenzt man zunächst entsprechend den angegebenen Regeln den Zufallsstreubereich für $Y = n - X$ bei $q = 1 - p < 0,5$ ab; die untere Zufallsgrenze y_U für Y ergibt mit $x_O = n - y_U$ die obere Zufallsgrenze für X und analog wird $x_U = n - y_O$.

Soll der Zufallsstreubereich bei $p < 0,01$ abgegrenzt werden, dann multipliziert man p mit einem geeigneten Faktor k zu $p' = kp$ derart, daß p' nicht viel größer als 0,01 wird und bildet $n' = n/k$; die zu p' und n' abgelesene Zufallsgrenze für X gilt gleichzeitig für p und n.

5.3 Schluß von einer bekannten Grundgesamtheit auf die Stichprobe

Für $n \geq 100$ und $p \geq 1\%$ ergeben sich näherungsweise zur Wahrscheinlichkeit $P = 1 - \alpha$

die *einseitigen Zufallsstreubereiche* für $Z = \arcsin\sqrt{\hat{p}}$

$$Z \geq z_U = \arcsin\sqrt{p} - \frac{u_{1-\alpha}}{2\sqrt{n}} \quad \text{bzw.} \quad Z \leq z_O = \arcsin\sqrt{p} + \frac{u_{1-\alpha}}{2\sqrt{n}}, \tag{5.3.65}$$

der *zweiseitige symmetrische Zufallsstreubereich* für $Z = \arcsin\sqrt{\hat{p}}$

$$z_U = \arcsin\sqrt{p} - \frac{u_{1-\alpha/2}}{2\sqrt{n}} \leq Z \leq \arcsin\sqrt{p} + \frac{u_{1-\alpha/2}}{2\sqrt{n}} = z_O; \tag{5.3.66}$$

$\hat{p}_U$ und $\hat{p}_O$ erhält man aus

$$\hat{p} = \sin^2 Z. \tag{5.3.67}$$

Zahlenwerte für $z = \arcsin\sqrt{p}$ s. Tab. C 16, für $p = \sin^2 z$ s. Tab. C 17 und für $u_{1-\alpha}$ und $u_{1-\alpha/2}$ s. Tab. C 3.

Relative Häufigkeit $\hat{p}$; Graphische Ermittlung im Binomialpapier nach Mosteller-Tukey (vgl. Beispiel 7)

Einseitige Zufallsstreubereiche zur Wahrscheinlichkeit $P = 1 - \alpha$

Man zeichnet den zur Grundwahrscheinlichkeit p gehörenden Strahl s und die Parallelen s_U bzw. s_O im Abstand $u_{1-\alpha}/2$ unterhalb bzw. oberhalb von s. Die Schnittpunkte der Geraden s_U bzw. s_O mit dem Kreis $n = $ const haben die Ordinatenwerte $x_U = n\hat{p}_U$ bzw. $x_O = n\hat{p}_O$.

Zweiseitiger symmetrischer Zufallsstreubereich zur Wahrscheinlichkeit $P = 1 - \alpha$

Die Schnittpunkte der Parallelen s'_U und s'_O, die im Abstand $u_{1-\alpha/2}/2$ unterhalb und oberhalb von s gezogen werden, mit dem Kreis $n = $ const haben die Ordinatenwerte $x_U = n\hat{p}_U$ und $x_O = n\hat{p}_O$.

Zahlenwerte für $u_{1-\alpha}$ bzw. $u_{1-\alpha/2}$ s. Tab. C 3.

5.3.5 Zufallsstreubereiche bei Poisson-Verteilung (vgl. Abschn. 2.4)

Zahl X der Vorkommnisse[1]

Einseitige Zufallsstreubereiche zur Wahrscheinlichkeit $P = 1 - \alpha$

$$X \geq x_U \quad \text{bzw.} \quad X \leq x_O, \tag{5.3.68}$$

---

[1] Bei jeder Abgrenzung eines Zufallsstreubereichs für die Zahl X der Vorkommnisse in einem Zählabschnitt ist zu beachten, daß der bekannte und später zur Abgrenzung des Zufallsstreubereichs benutzte Erwartungswert μ für Zählabschnitte der Größe gilt, mit welcher die Zählungen tatsächlich durchgeführt werden. Bezieht sich der bekannte Erwartungswert auf Zählabschnitte einer anderen Größe, als sie für die Zählung verwendet wird, dann muß er *vor* Bestimmung der Zufallsgrenzen auf die verwendete Zählabschnittsgröße umgerechnet werden. Falsch wäre es, die Zufallsgrenzen mit dem gegebenen Erwartungswert zu bestimmen und auf die später benutzte Zählabschnittsgröße umzurechnen.

wobei x_U und x_O aus

$$G(x_{U-1};\mu) \leq \alpha < G(x_U;\mu) \tag{5.3.69}$$

bzw.

$$G(x_{O-1};\mu) < 1 - \alpha \leq G(x_O;\mu) \tag{5.3.70}$$

mit $G(x;\mu)$ nach (2.4.3) bestimmt werden.

Zweiseitiger symmetrischer Zufallsstreubereich zur Wahrscheinlichkeit $P = 1 - \alpha$

$$x_U \leq X \leq x_O, \tag{5.3.71}$$

wobei x_U und x_O aus

$$G(x_{U-1};\mu) \leq \alpha/2 < G(x_U;\mu) \tag{5.3.72}$$

und

$$G(x_{O-1};\mu) < 1 - \alpha/2 \leq G(x_O;\mu) \tag{5.3.73}$$

mit $G(x;\mu)$ nach (2.4.3) bestimmt werden.

$x_U(x_O)$ kann im Nomogramm D 2 bestimmt werden, indem durch μ auf der waagerechten Achse eine Senkrechte und durch $G = \alpha$ bzw. $\alpha/2$ ($1 - \alpha$ bzw. $1 - \alpha/2$) auf der senkrechten Achse eine Waagerechte gelegt wird. An der durch den Schnittpunkt der beiden Geraden gehenden Kurve des Nomogramms liest man $x'_U(x'_O)$ ab. Der im allgemeinen nicht ganzzahlige Wert $x'_U(x'_O)$ muß nach der Regel von Seite 92 zu $x_U(x_O)$ gerundet werden.

Zahl X der Vorkommnisse; Näherung durch Normalverteilung[1]

Für $\mu > 9$ ergeben sich in guter Näherung zur Wahrscheinlichkeit $P = 1 - \alpha$

die *einseitigen Zufallsstreubereiche*

$$X \geq x_U = \mu - 0,5 - u_{1-\alpha}\sqrt{\mu} \quad \text{bzw.} \quad X \leq x_O = \mu + 0,5 + u_{1-\alpha}\sqrt{\mu}, \tag{5.3.74}$$

der *zweiseitige symmetrische Zufallsstreubereich*

$$x_U = \mu - 0,5 - u_{1-\alpha/2}\sqrt{\mu} \leq X \leq \mu + 0,5 + u_{1-\alpha/2}\sqrt{\mu} = x_O. \tag{5.3.75}$$

Zahlenwerte für $u_{1-\alpha}$ und $u_{1-\alpha/2}$ s. Tab. C 3.

Zahl X der Vorkommnisse; Näherung mit Wurzeltransformation[1]
(vgl. (2.4.7) bis (2.4.9))

Für $\mu > 2$ ergeben sich näherungsweise zur Wahrscheinlichkeit $P = 1 - \alpha$

die *einseitigen Zufallsstreubereiche* für $Z = \sqrt{X}$

$$Z \geq z_U = \sqrt{\mu} - u_{1-\alpha}/2 \quad \text{bzw.} \quad Z \leq z_O = \sqrt{\mu} + u_{1-\alpha}/2, \tag{5.3.76}$$

der *zweiseitige symmetrische Zufallsstreubereich* für $Z = \sqrt{X}$

$$z_U = \sqrt{\mu} - u_{1-\alpha/2}/2 \leq Z \leq \sqrt{\mu} + u_{1-\alpha/2}/2 = z_O; \tag{5.3.77}$$

---

[1] Vgl. Fußnote S. 93.

x_U und x_O erhält man aus

$$x = z^2. \tag{5.3.78}$$

Zahlenwerte für $u_{1-\alpha}$ und $u_{1-\alpha/2}$ s. Tab. C 3.

5.4 Schluß von der Stichprobe auf die Grundgesamtheit. Schätzwerte für die Parameter von Wahrscheinlichkeitsverteilungen

Schätzung ist die Bestimmung von Schätzwerten oder Schätzbereichen für die Parameter der Wahrscheinlichkeitsverteilung, die als Modell für die Grundgesamtheit gewählt wurde, aus der die Stichprobe stammt.

Bei der *Punktschätzung* ist das Schätzergebnis ein Schätzwert, bei der *Bereichsschätzung* ein Schätzbereich (vgl. Abschn. 5.5).

Eine *Schätzfunktion* ist eine spezielle Stichprobenfunktion Y (vgl. Abschn. 5.3), mit der die Schätzung eines Parameters ϑ durchgeführt werden soll. Werden die Stichprobenergebnisse in die Schätzfunktion eingesetzt, dann ergibt sich der *Schätzwert* y für den Parameter.

Ein Schätzwert ist also ein nach einer bestimmten Vorschrift aus den Stichprobenergebnissen berechneter 'statistischer Näherungswert' für den zu schätzenden Parameter der Wahrscheinlichkeitsverteilung.

Die *Gesamtschätzabweichung* ist die Differenz $y - \vartheta$ zwischen dem Schätzwert y und dem wahren Wert ϑ des Parameters. Sie setzt sich additiv zusammen aus einer *systematischen* und einer *zufälligen* Abweichung. Die systematische Abweichung der Schätzfunktion (*bias*) ist die Abweichung

$$b = E(Y) - \vartheta \tag{5.4.1}$$

zwischen dem Erwartungswert $E(Y)$ der Schätzfunktion und dem wahren Wert ϑ des Parameters. Die zufällige Abweichung der Schätzfunktion ist die zentrierte Zufallsvariable $Y - E(Y)$, d. h. die Abweichung zwischen der Zufallsvariablen Y und ihrem Erwartungswert. Also ist

$$Y - \vartheta = (E(Y) - \vartheta) + (Y - E(Y)) = b + (Y - E(Y)). \tag{5.4.2}$$

Der Erwartungswert der quadrierten Gesamtschätzabweichung $(Y - \vartheta)^2$,

$$MSE(Y) = E((Y - \vartheta)^2) \tag{5.4.3}$$

heißt *mittlere quadratische Abweichung* (*M*ean *S*quare *E*rror) der Schätzfunktion;

$$MSE(Y) = b^2 + V(Y), \tag{5.4.4}$$

wobei $V(Y)$ die Varianz der Schätzfunktion ist.

Ist der Erwartungswert $E(Y)$ der Schätzfunktion Y gleich dem wahren Wert ϑ des geschätzten Parameters, $E(Y) = \vartheta$ bzw. $b = 0$, dann heißen die Schätzfunktion (und die damit ermittelten Schätzwerte) *erwartungstreu*. In diesem Falle ist $MSE(Y) = V(Y)$.

Gilt

$$\lim_{n \to \infty} E(Y) = \vartheta \quad \text{bzw.} \quad \lim_{n \to \infty} b = 0, \tag{5.4.5}$$

dann heißen die Schätzfunktion (und die damit ermittelten Schätzwerte) *asymptotisch erwartungstreu*.

Im folgenden werden erwartungstreue Schätzwerte für die Parameter verschiedener Wahrscheinlichkeitsverteilungen angegeben. Methoden zur Gewinnung von Schätzfunktionen werden nicht behandelt.

5.4.1 Schätzwerte für Parameter beliebiger Verteilungen

$\bar{x}$ nach (5.1.17) bzw. (5.2.7)   schätzt $E(X) = \mu$ nach (3.1.15) bzw. (2.1.11)
$\tilde{x}$ nach (5.1.19)   schätzt ζ nach (3.1.16) bzw. (2.1.12)
s^2 nach (5.1.20) bzw. (5.2.8)   schätzt $V(X) = \sigma^2$ nach (3.1.17) bzw. (2.1.13)
g_1 nach (5.1.27) bzw. (5.2.14)   schätzt γ_1 nach (3.1.21) bzw. (2.1.17)
g_2 nach (5.1.29) bzw. (5.2.16)   schätzt γ_2 nach (3.1.23) bzw. (2.1.19).

Die Schätzwerte g_1 für γ_1 und g_2 für γ_2 sind im allgemeinen nicht erwartungstreu.

Bei symmetrischen Verteilungen (vgl. (3.1.5)) ist $\zeta = \mu$ und daher gilt in diesem Falle

$\tilde{x}$ nach (5.1.19)   schätzt $E(X) = \mu$ nach (3.1.15).

5.4.2 Schätzwerte bei Normalverteilung
(vgl. Unterabschn. 5.4.1 und Abschn. 3.2.)

Schätzung von σ mit Hilfe von s bzw. $\bar{s}$

s/a_n schätzt σ.
Dabei ist s die Standardabweichung der Stichprobe vom Umfang n nach (5.1.21).

Mittlere Standardabweichung

$$\bar{s} = \frac{1}{p} \sum_{i=1}^{p} s_i \tag{5.4.6}$$

ist die mittlere Standardabweichung von p Stichproben mit dem gleichen Stichprobenumfang n und den Standardabweichungen s_i.

$\bar{s}/a_n$ schätzt σ.
Zahlenwerte für a_n s. Tab. C 24.

Schätzung von σ mit Hilfe von R bzw. $\bar{R}$

$s_R = R/\alpha_n$ schätzt σ.
Dabei ist R die Spannweite der Stichprobe vom Umfang n nach (5.1.23).
Zahlenwerte für α_n s. Tab. C 12.

Dieser Schätzwert sollte nur bei Stichproben vom Umfang $n \leq 15$ verwendet werden.

5.4 Schluß von der Stichprobe auf die Grundgesamtheit. Schätzwerte

Bei größeren Stichproben ($n \gtrsim 15$) werden die n Einzelwerte der Stichprobe in k Unterstichproben gleichen Umfangs m ($3 \leq m \leq 10$) geteilt; bei nichtzufälliger Anordnung der n Einzelwerte sind dafür 'Zufallswürfel' oder Zufallszahlen (s. Tab. C 26) zu Hilfe zu nehmen.

Mittlere Spannweite

$$\bar{R} = \frac{1}{k} \sum_{j=1}^{k} R_j, \qquad (5.4.7)$$

wobei R_j die Spannweite der Unterstichprobe j ($j = 1, ..., k$) ist.
$\bar{R}/\alpha_m$ schätzt σ.
Zahlenwerte für α_m s. Tab. C 12.

Verfahren von Benson[1] zur Schätzung von μ und σ

$$\bar{x}_B = \tfrac{1}{2}(x_{(n-i+1)} + x_{(i)}); \qquad i = [(n/6) + 1] \quad \text{schätzt } \mu. \qquad (5.4.8)$$

$$s_B = \tfrac{1}{2{,}95}(x_{(n-j+1)} - x_{(j)}); \qquad j = [0{,}07n + 1] \quad \text{schätzt } \sigma. \qquad (5.4.9)$$

Dabei sind $x_{(i)}$ die Rangwerte nach (5.1.1); $[b]$ bedeutet die größte ganze Zahl, die kleiner oder gleich b ist.

Graphische Schätzung von μ und σ im Wahrscheinlichkeitsnetz

Bei Stichproben ohne Klasseneinteilung werden über den Rangwerten $x_{(i)}$ nach (5.1.1) die relativen Häufigkeitssummen $F_{(i)}(n)$ als Ordinaten im Wahrscheinlichkeitsnetz (Abb. B 3.1) abgetragen.
Zahlenwerte für $F_{(i)}(n)$ für $n = 6, ..., 30$ s. Tab. C 10.
Näherungsweise gilt für $n \geq 6$

$$F_{(i)}(n) = \frac{i - 3/8}{n + 1/4}; \qquad i = 1, 2, ..., n. \qquad (5.4.10)$$

Bei Stichproben mit Klasseneinteilung werden über den oberen Klassengrenzen x'_j ($j = 1, 2, ..., k-1$) die relativen Häufigkeitssummen $\hat{F}_j$ nach (5.1.13) als Ordinaten im Wahrscheinlichkeitsnetz (Abb. B 3.2) abgetragen.

Durch die n Punkte $[x_{(i)}; F_{(i)}(n)]$ bzw. die $(k-1)$ Punkte $[x'_j; \hat{F}_j]$ muß sich bei Vorliegen einer Normalverteilung zwanglos eine ausgleichende Summengerade legen lassen.

An der Summengeraden liest man zur relativen Häufigkeitssumme $F = 50\%$ den Abszissenwert $\bar{x}_g$ ab; für $F' = 15{,}9\%$ findet man x', für $F'' = 84{,}1\%$ findet man x'';

$$\begin{aligned}\bar{x}_g &\quad \text{schätzt } \mu \\ s_g = \tfrac{1}{2}(x'' - x') &\quad \text{schätzt } \sigma.\end{aligned} \qquad (5.4.11)$$

---

[1] Das Verfahren von Benson kann nicht nur bei Normalverteilung angewendet werden, sondern ist auch noch zulässig, wenn die Wahrscheinlichkeitsverteilung gewisse Ähnlichkeit mit der Normalverteilung hat (also beispielsweise symmetrisch ist); die Schätzwerte sind dann im allgemeinen nicht erwartungstreu.
 Vgl. dazu Benson, F.: A note on the estimation of mean and standard deviation from quantiles. J. R. Stat. Soc., Ser. B. 11 (1949) 91.

5.4.3 Schätzwerte bei logarithmischer Normalverteilung
(vgl. Unterabschn. 5.4.1 und Abschn. 3.3.)

Graphische Schätzung von a, μ und σ im logarithmischen Wahrscheinlichkeitsnetz

Das logarithmische Wahrscheinlichkeitsnetz hat die gleiche Ordinatenteilung wie das Wahrscheinlichkeitsnetz des Unterabschn. 5.4.2 und statt der linearen Abszissenteilung jenes Netzes eine logarithmische Abszissenteilung.

Bei Stichproben ohne Klasseneinteilung werden über den Rangwerten $x_{(i)}$ nach (5.1.1) die relativen Häufigkeitssummen $F_{(i)}(n)$ als Ordinaten im logarithmischen Wahrscheinlichkeitsnetz (Abb. B 30.2) abgetragen.

Zahlenwerte für $F_{(i)}(n)$ s. Tab. C 10 oder (5.4.10).

Bei Stichproben mit Klasseneinteilung werden über den oberen Klassengrenzen $x'_j (j = 1, 2, \ldots, k-1)$ die relativen Häufigkeitssummen $\hat{F}_j$ nach (5.1.13) als Ordinaten im logarithmischen Wahrscheinlichkeitsnetz (Abb. B 30.2) abgetragen.

Läßt sich durch die n Punkte $[x_{(i)}; F_{(i)}(n)]$ bzw. die $(k-1)$ Punkte $[x'_j; \hat{F}_j]$ zwanglos eine ausgleichende Summengerade legen, dann kann angenommen werden, daß eine logarithmische Normalverteilung vorliegt, deren Parameter a durch $\hat{a} = 0$ geschätzt wird.

Lassen sich die Punkte nicht durch eine Gerade, aber gut durch eine konkave Kurve ausgleichen, dann ist möglicherweise $X - a$, bei gutem Ausgleich durch eine konvexe Kurve möglicherweise $a - X$ logarithmisch normalverteilt. Zur Schätzung von a werden an der Kurve zu den relativen Häufigkeitssummen $F = 50\%$, $F' = 15{,}9\%$ und $F'' = 84{,}1\%$ die Abszissenwerte x, x' und x'' abgelesen und damit

$$\hat{a} = \left| \frac{x^2 - x' x''}{x' + x'' - 2x} \right| \qquad (5.4.12)$$

bestimmt. Liegt eine logarithmische Normalverteilung von $X - a$ oder $a - X$ vor, dann müssen sich die n Punkte $[y_{(i)}; F_{(i)}(n)]$ mit $y_{(i)} = x_{(i)} - \hat{a}$ oder mit $y_{(i)} = \hat{a} - x_{(i)}$ bzw. die $(k-1)$ Punkte $[y'_j; \hat{F}_j]$ mit $y'_j = x'_j - \hat{a}$ oder mit $y'_j = \hat{a} - x'_j$ zwanglos durch eine Summengerade ausgleichen lassen. Dann ist $\hat{a}$ Schätzwert für a.

Andernfalls kann versucht werden, $\hat{a}$ zu verändern, bis ein $\hat{a}$ gefunden ist, bei dem der Ausgleich durch eine Gerade möglich ist; vgl. Beispiel 30.

An der Summengeraden liest man zu den relativen Häufigkeitssummen $F = 50\%$, $F' = 15{,}9\%$ und $F'' = 84{,}1\%$ die Abszissenwerte $\tilde{y}_g$, y' und y'' ab.

$$\bar{z}_g = \ln \tilde{y}_g \qquad \text{schätzt } \mu; \quad \text{vgl. (3.3.1)} \qquad (5.4.13)$$

$$s_{zg} = \tfrac{1}{2}(\ln y'' - \ln y') \qquad \text{schätzt } \sigma; \quad \text{vgl. (3.3.1).} \qquad (5.4.14)$$

(Nicht erwartungstreue) Schätzwerte für ζ, $E(X)$, $V(X)$, γ_1 und γ_2 ergeben sich, wenn in (3.3.2) bis (3.3.6) anstelle von a, μ und σ die Schätzwerte $\hat{a}$, $\bar{z}_g$ und s_{zg} eingesetzt werden.

Rechnerische Schätzung von μ und σ bei bekanntem a

$$\hat{\mu} = \frac{1}{n} \sum_{i=1}^{n} \ln(x_i - a) \qquad \text{schätzt } \mu. \qquad (5.4.15)$$

$$\hat{\sigma}^2 = \frac{1}{n-1}\left[\sum_{i=1}^{n}\ln^2(x_i - a) - \frac{1}{n}\left(\sum_{i=1}^{n}\ln(x_i - a)\right)^2\right] \quad \text{schätzt } \sigma^2. \tag{5.4.16}$$

5.4.4 Schätzwerte bei Gamma-Verteilung
(vgl. Unterabschn. 5.4.1 und Abschn. 3.7.)

$\hat{\lambda} = 2m_2/m_3$ \quad schätzt λ; \hfill (5.4.17)

$\hat{\beta} = 4m_2^3/m_3^2 = 4/b_1$ \quad schätzt β; \hfill (5.4.18)

$\hat{x}_A = \bar{x} - 2m_2^2/m_3$ \quad schätzt x_A; \hfill (5.4.19)

$\bar{x}$ nach (5.1.17), m_2 und m_3 nach (5.1.26), $b_1 = g_1^2$ nach (5.1.27).

Die Schätzwerte sind nicht erwartungstreu und sollten nur bei großem Stichprobenumfang n verwendet werden.

Weitere Schätzmethoden findet man beispielsweise bei Johnson, N.L.; Kotz, S.: Continuous univariate distributions, 1. Boston: Houghton Mifflin 1970.

5.4.5 Schätzwerte bei Beta-Verteilung
(vgl. Unterabschn. 5.4.1 und Abschn. 3.8.)

Bei der Anwendung der Betaverteilung kann im allgemeinen davon ausgegangen werden, daß die Parameter x_A und x_E bekannt sind. Dann ergeben sich folgende Schätzwerte für a und b:

$$\hat{a} = \frac{\bar{x} - x_A}{x_E - x_A}\left(\frac{(\bar{x} - x_A)(x_E - \bar{x})}{m_2} - 1\right) \quad \text{schätzt } a; \tag{5.4.20}$$

$$\hat{b} = \frac{x_E - \bar{x}}{x_E - x_A}\left(\frac{(\bar{x} - x_A)(x_E - \bar{x})}{m_2} - 1\right) \quad \text{schätzt } b \tag{5.4.21}$$

mit $\bar{x}$ nach (5.1.17) und m_2 nach (5.1.26).

Weitere Schätzwerte (auch für den Fall, daß x_A und x_E unbekannt sind) findet man bei Johnson, N.L.; Kotz, S.: Continuous univariate distributions, 2. Boston: Houghton Mifflin 1970.

5.4.6 Schätzwerte bei Weibull-Verteilung
(vgl. Unterabschn. 5.4.1 und Abschn. 3.9.)

Graphische Schätzung von α, β und x_A im Weibull-Netz

Bei Stichproben ohne Klasseneinteilung werden über den Rangwerten $x_{(i)}$ nach (5.1.1) die relativen Häufigkeitssummen

$$F_{(i)}(n) = i/(n+1) \tag{5.4.22}$$

als Ordinaten im Weibull-Netz (Abb. B 31.1) abgetragen.

Bei Stichproben mit Klasseneinteilung werden über den oberen Klassengrenzen $x'_j (j = 1, \ldots, k-1)$ die relativen Häufigkeitssummen $\hat{F}_j$ nach (5.1.13) als Ordinaten im Weibull-Netz (Abb. B 31.1) abgetragen.

Läßt sich durch die n Punkte $[x_{(i)}; F_{(i)}(n)]$ bzw. die $(k-1)$ Punkte $[x'_j; \hat{F}_j]$ zwanglos eine ausgleichende Summengerade legen, dann kann angenommen werden, daß eine Weibull-Verteilung vorliegt, deren Parameter x_A durch $\hat{x}_A = 0$ geschätzt wird.

Ist ein Ausgleich der Punkte nicht durch eine Gerade, jedoch durch eine glatte Kurve möglich, die links steiler und rechts flacher verläuft, dann ist der Schnittpunkt $\hat{a}_0$ der linken senkrechten Asymptote an die Kurve zu bestimmen.

Liegt eine Weibull-Verteilung vor, dann müssen sich die n Punkte $y_{(i)}; F_{(i)}(n)$ mit den transformierten Einzelwerten $y_{(i)} = x_{(i)} - \hat{a}_0$ bzw. die $(k-1)$ Punkte $y'_j; \hat{F}_j$ mit den transformierten Klassengrenzen $y'_j = x'_j - \hat{a}_0$ zwanglos durch eine Summengerade ausgleichen lassen.

Ist wiederum nur ein Ausgleich durch eine links steiler und rechts flacher verlaufende Kurve möglich, dann ist $\hat{a}_0$ zu $\hat{a}_1$ zu verkleinern; ist stattdessen ein Ausgleich durch eine links flacher und rechts steiler verlaufende Kurve möglich, dann ist $\hat{a}_0$ mittels der rechten senkrechten Asymptote zu $\hat{a}_1$ zu vergrößern. Mit $\hat{a}_1$ anstelle von $\hat{a}_0$ müssen sich die Punkte zwanglos durch eine Summengerade ausgleichen lassen, usw. Der Schätzwert für x_A ist der Wert $\hat{a}$, mit dem der Ausgleich durch eine Summengerade zwanglos möglich ist.

An der Summengeraden liest man zur relativen Häufigkeitssumme $F = 63{,}2\,\%$ den Abszissenwert $\hat{\alpha}$ als Schätzwert für α ab. Zeichnet man eine Parallele zur Summengeraden durch den Fixpunkt am unteren Rand des Netzes, dann kann man an der Teilung für β einen Schätzwert $\hat{\beta}$ für β ablesen.

Der an der Hilfsteilung $(\mu - x_A)/\alpha$ abgelesene Wert ist $A = (\bar{x}_g - \hat{x}_A)/\hat{\alpha}$, der an der Hilfsteilung für σ/α abgelesene Wert ist $B = s_g/\hat{\alpha}$.

$$\bar{x}_g = \hat{x}_A + \hat{\alpha}A \quad \text{schätzt } \mu, \tag{5.4.23}$$

$$s_g = \hat{\alpha}B \quad \text{schätzt } \sigma. \tag{5.4.24}$$

Rechnerische Schätzung von α, β, x_A

Schätzwerte für α, β, x_A findet man bei Johnson, N.L.; Kotz, S.: Continuous univariate distributions, 1. Boston: Houghton Mifflin 1970.

5.4.7 Schätzwerte bei Gumbel-Verteilung
(vgl. Unterabschn. 5.4.1 und Abschn. 3.10)

$$\hat{b} = \sqrt{6}\, s/\pi \quad \text{schätzt } b; \tag{5.4.25}$$

$$\hat{a} = \bar{x} - \gamma \hat{b} \quad \text{schätzt } a \tag{5.4.26}$$

mit $\bar{x}$ nach (5.1.17), s nach (5.1.21) und $\gamma = 0{,}577\,22$; vgl. (3.10.3).

Weitere Schätzwerte findet man bei Johnson N.L.; Kotz, S.: Continuous univariate distributions, 1. Boston: Houghton Mifflin 1970.

5.4.8 Schätzwerte bei Hypergeometrischer Verteilung und Binomialverteilung
(vgl. Unterabschn. 5.4.1 und Abschn. 2.2 und 2.3)

m Zufallsstichproben mit den Stichprobenumfängen n_j ($j = 1, ..., m$) (Zählungen an $n_1, n_2, ..., n_m$ Einheiten) haben x_j ($j = 1, ..., m$) Ergebnisse A ergeben.

$$x = \sum_{j=1}^{m} x_j; \quad n = \sum_{j=1}^{m} n_j. \tag{5.4.27}$$

$$\hat{p} = x/n \quad \text{schätzt } p. \tag{5.4.28}$$

Bei nur einer Zählung ($m = 1$) ist $x = x_1$ und $n = n_1$.

5.4.9 Schätzwerte bei Poisson-Verteilung
(vgl. Unterabschn. 5.4.1 und Abschn. 2.4)

m Zählungen an Zählabschnitten der Größe b_j ($j = 1, ..., m$) haben x_j ($j = 1, ..., m$) Vorkommnisse ergeben.

$$x = \sum_{j=1}^{m} x_j; \quad b = \sum_{j=1}^{m} b_j. \tag{5.4.29}$$

x schätzt μ für Zählabschnitte der Größe b.

ax/b schätzt μ für Zählabschnitte der Größe a. (5.4.30)

5.4.10 Schätzwerte bei negativer Binomialverteilung
(vgl. Unterabschn. 5.4.1 und Abschn. 2.5)

Mit den aus m Zählungen an Zählabschnitten gleicher Größen ermittelten Werten $\bar{x}$ nach (5.2.7) und s^2 nach (5.2.8) ergibt sich:

$$\hat{p} = \bar{x}/s^2 \quad \text{schätzt } p, \tag{5.4.31}$$

$$\hat{k} = \bar{x}^2/(s^2 - \bar{x}) \quad \text{schätzt } k. \tag{5.4.32}$$

5.5 Schluß von der Stichprobe auf die Grundgesamtheit. Vertrauensbereiche (Konfidenzintervalle) für die Parameter von Wahrscheinlichkeitsverteilungen

Schätzung ist die Bestimmung von Schätzwerten oder Schätzbereichen für die Parameter der Wahrscheinlichkeitsverteilung, die als Modell für die Gesamtheit gewählt wurde, aus der die Stichprobe stammt.

Bei der *Punktschätzung* ist das Schätzergebnis ein Schätzwert (vgl. Abschn. 5.4), bei der *Bereichsschätzung* ein Schätzbereich.

Ein *zweiseitiger Vertrauensbereich* (zweiseitiges Konfidenzintervall)

$$v_U \leq \vartheta \leq v_O \tag{5.5.1}$$

für den Parameter ϑ zum *Vertrauensniveau* (Konfidenzniveau) $1 - \alpha$ ergibt sich dadurch, daß Stichprobenergebnisse in zwei Stichprobenfunktionen V_U und V_O (vgl. Abschn. 5.3) eingesetzt werden, welche die Bedingung

$$P(V_U \leq \vartheta \leq V_O) \geq 1 - \alpha \tag{5.5.2}$$

für jeden möglichen wahren Wert ϑ des Parameters erfüllen; v_U heißt untere, v_O obere *Vertrauensgrenze*.

Ein *einseitig nach unten abgegrenzter Vertrauensbereich* (einseitig nach unten abgegrenztes Konfidenzintervall)

$$\vartheta \geq v_U \tag{5.5.3}$$

für den Parameter ϑ zum *Vertrauensniveau* (Konfidenzniveau) $1 - \alpha$ ergibt sich dadurch, daß Stichprobenergebnisse in eine Stichprobenfunktion V_U (vgl. Abschn. 5.3) eingesetzt werden, welche die Bedingung

$$P(V_U \leq \vartheta \leq \vartheta_{max}) \geq 1 - \alpha \tag{5.5.4}$$

für jeden möglichen wahren Wert ϑ des Parameters erfüllt; die obere Grenze des einseitig nach unten abgegrenzten Vertrauensbereichs ist der größte mögliche Wert ϑ_{max} des Parameters.

Ein *einseitig nach oben abgegrenzter Vertrauensbereich* (einseitig nach oben abgegrenztes Konfidenzintervall)

$$\vartheta \leq v_O \tag{5.5.5}$$

für den Parameter ϑ zum *Vertrauensniveau* (Konfidenzniveau) $1 - \alpha$ ergibt sich dadurch, daß Stichprobenergebnisse in eine Stichprobenfunktion V_O (vgl. Abschn. 5.3) eingesetzt werden, welche die Bedingung

$$P(\vartheta_{min} \leq \vartheta \leq V_O) \geq 1 - \alpha \tag{5.5.6}$$

für jeden möglichen wahren Wert ϑ des Parameters erfüllt; die untere Grenze des einseitig nach oben abgegrenzten Vertrauensbereichs ist der kleinste mögliche Wert ϑ_{min} des Parameters.

Die Aussagen $v_U \leq \vartheta \leq v_O$ des zweiseitigen Vertrauensbereichs oder $\vartheta \geq v_U$ bzw. $\vartheta \leq v_O$ des einseitigen Vertrauensbereichs treffen im Mittel auf lange Sicht bei dem Anteil $1 - \alpha$ aller Fälle zu, in denen Stichproben gezogen und Vertrauensbereiche zum Vertrauensniveau $1 - \alpha$ abgegrenzt werden (und alle Modellvoraussetzungen gelten).

5.5.1 Vertrauensbereiche bei Normalverteilung (vgl. Abschn. 3.2)

Erwartungswert (Mittelwert der Grundgesamtheit) μ; Abgrenzung mit $\bar{x}$ und σ

Ist σ bekannt und wird μ durch $\bar{x}$ geschätzt, dann ergeben sich zum Vertrauensniveau $1 - \alpha$

die *einseitigen Vertrauensbereiche*

$$\mu \geq \mu_U = \bar{x} - u_{1-\alpha}\sigma/\sqrt{n} \quad \text{bzw.} \quad \mu \leq \mu_O = \bar{x} + u_{1-\alpha}\sigma/\sqrt{n}, \tag{5.5.7}$$

der *zweiseitige Vertrauensbereich*

$$\bar{x} - u_{1-\alpha/2}\sigma/\sqrt{n} \leq \mu \leq \bar{x} + u_{1-\alpha/2}\sigma/\sqrt{n}. \tag{5.5.8}$$

Zahlenwerte für $u_{1-\alpha}$ und $u_{1-\alpha/2}$ s. Tab. C 3.

Erwartungswert (Mittelwert der Grundgesamtheit) μ; Abgrenzung mit $\bar{x}$ und s

Zum Vertrauensniveau $1 - \alpha$ ergeben sich

die *einseitigen Vertrauensbereiche*

$$\mu \geq \mu_U = \bar{x} - t_{f;1-\alpha}\frac{s}{\sqrt{n}} = \bar{x} - q' = \bar{x}(1 - q'_r)$$

bzw.

$$\mu \leq \mu_O = \bar{x} + t_{f;1-\alpha}\frac{s}{\sqrt{n}} = \bar{x} + q' = \bar{x}(1 + q'_r), \tag{5.5.9}$$

der *zweiseitige Vertrauensbereich*

$$\mu_U = \bar{x} - t_{f;1-\alpha/2}\frac{s}{\sqrt{n}} = \bar{x} - q = \bar{x}(1 - q_r) \leq \mu$$

$$\leq \bar{x} + t_{f;1-\alpha/2}\frac{s}{\sqrt{n}} = \bar{x} + q = \bar{x}(1 + q_r) = \mu_O \tag{5.5.10}$$

mit $f = n - 1$.

$$q' = t_{f;1-\alpha}\frac{s}{\sqrt{n}} \quad \text{bzw.} \quad q = t_{f;1-\alpha/2}\frac{s}{\sqrt{n}} \tag{5.5.11}$$

ist der *absolute Abstand* der Vertrauensgrenze(n) von $\bar{x}$ bei einseitiger bzw. zweiseitiger Abgrenzung; $2q$ ist die *absolute Weite* des Vertrauensbereichs bei zweiseitiger Abgrenzung.

$$q'_r = t_{f;1-\alpha}\frac{s}{\bar{x}\sqrt{n}} = t_{f;1-\alpha}\frac{v}{\sqrt{n}}$$

bzw.

$$q_r = t_{f;1-\alpha/2}\frac{s}{\bar{x}\sqrt{n}} = t_{f;1-\alpha/2}\frac{v}{\sqrt{n}} \tag{5.5.12}$$

ist der *relative Abstand* der Vertrauensgrenze(n) von $\bar{x}$ bei einseitiger bzw. zweiseitiger Abgrenzung; $2q_r$ ist die *relative Weite* des Vertrauensbereichs bei zweiseitiger Abgrenzung.

Zahlenwerte für $t_{f;1-\alpha}$, $t_{f;1-\alpha/2}$ s. Tab. C 4 und für q_r zu $1 - \alpha = 95\%$ und $1 - \alpha = 99\%$ s. Nomogramm D 3.

Erwartungswert (Mittelwert der Grundgesamtheit) μ; Abgrenzung mit $\bar{x}$ und R bei $n \leq 20$

Wird μ durch $\bar{x}$ und σ mit Hilfe von R geschätzt, dann ergeben sich zum Vertrauensniveau $1 - \alpha$

Tab. 5.1. Zahlenwerte[1] $\lambda_{n;p}$ zur Berechnung des Vertrauensbereichs für μ nach (5.5.13) bzw. (5.5.14)

n \ p	95 %	97,5 %	99 %	99,5 %	99,9 %	99,95 %
2	3,157	6,353	15,910	31,828	159,16	318,31
3	0,885	1,304	2,111	3,008	6,77	9,58
4	,529	0,717	1,023	1,316	2,29	2,85
5	,388	,507	0,685	0,843	1,32	1,58
6	0,312	0,399	0,523	0,628	0,92	1,07
7	,263	,333	,429	,507	,71	0,82
8	,230	,288	,366	,429	,59	,67
9	,205	,255	,322	,374	,50	,57
10	,186	,230	,288	,333	,44	,50
11	0,170	0,210	0,262	0,302	0,40	0,44
12	,158	,194	,241	,277	,36	,40
13	,147	,181	,224	,256	,33	,37
14	,138	,170	,209	,239	,31	,34
15	,131	,160	,197	,224	,29	,32
16	0,124	0,151	0,186	0,212	0,27	0,30
17	,118	,144	,177	,201	,26	,28
18	,113	,137	,168	,191	,24	,26
19	,108	,131	,161	,182	,23	,25
20	,104	,126	,154	,175	,22	,24

die *einseitigen Vertrauensbereiche*

$$\mu \geq \mu_U = \bar{x} - \lambda_{n;1-\alpha} R \quad \text{bzw.} \quad \mu \leq \mu_O = \bar{x} + \lambda_{n;1-\alpha} R, \tag{5.5.13}$$

der *zweiseitige Vertrauensbereich*

$$\mu_U = \bar{x} - \lambda_{n;1-\alpha/2} R \leq \mu \leq \bar{x} + \lambda_{n;1-\alpha/2} R = \mu_O. \tag{5.5.14}$$

Zahlenwerte für $\lambda_{n;p}$ (mit $p = 1 - \alpha$ bzw. $p = 1 - \alpha/2$) s. Tab. 5.1.

Näherungsweise gilt

$$\lambda_{n;p} \approx \frac{t_{f;p}}{5\sqrt{n+0{,}5}-6}; \quad f = n-1. \tag{5.5.15}$$

Zahlenwerte für $t_{f;p}$ s. Tab. C 4.

Erwartungswert (Mittelwert der Grundgesamtheit) μ; Abgrenzung mit $\bar{x}$ und $\bar{R}$ bei $n > 15$

Wird μ durch $\bar{x}$ und σ mit Hilfe von $\bar{R}$ nach (5.4.7) geschätzt, dann ergeben sich zum Vertrauensniveau $1 - \alpha$

---

[1] Lord, E.: The use of range in place of standard deviation in the *t*-test. Biometrika 34 (1947) 41.

5.5 Schluß von der Stichprobe auf die Grundgesamtheit. Vertrauensbereiche

Tab. 5.2. Zahlenwerte[1] $\lambda_{n,m;p}$ für $m = 5$ zur Berechnung des Vertrauensbereichs für μ nach (5.5.16) bzw. (5.5.17)

n	k	p					
		95 %	97,5 %	99 %	99,5 %	99,9 %	99,95 %
5	1	0,39	0,51	0,68	0,84	1,31	1,58
10	2	,25	,31	,39	,45	0,60	0,68
15	3	,19	,24	,29	,34	,43	,48
20	4	,17	,20	,25	,28	,36	,38
25	5	,15	,18	,22	,24	,30	,33
30	6	0,13	0,16	0,19	0,22	0,27	0,29
40	8	,11	,14	,17	,19	,23	,24
50	10	,10	,12	,15	,16	,20	,22
75	15	,08	,10	,12	,13	,16	,17
100	20	,07	,09	,10	,11	,14	,15

die *einseitigen Vertrauensbereiche*

$$\mu \geq \mu_U = \bar{x} - \lambda_{n,m;1-\alpha} \bar{R}$$

bzw. (5.5.16)

$$\mu \leq \mu_O = \bar{x} + \lambda_{n,m;1-\alpha} \bar{R},$$

der *zweiseitige Vertrauensbereich*

$$\mu_U = \bar{x} - \lambda_{n,m;1-\alpha/2} \bar{R} \leq \mu \leq \bar{x} + \lambda_{n,m;1-\alpha/2} \bar{R}. \quad (5.5.17)$$

Zahlenwerte für $\lambda_{n,m;1-\alpha}$ bzw. $\lambda_{n,m;1-\alpha/2}$ für $m = 5$ s. Tab. 5.2.

Varianz σ^2 und Standardabweichung σ; Abgrenzung mit s^2 bzw. s

Zum Vertrauensniveau $1 - \alpha$ ergeben sich

die *einseitigen Vertrauensbereiche*

$$\sigma^2 \geq \sigma_U^2 = \frac{f}{\chi^2_{f;1-\alpha}} s^2 = \varkappa_U^2 s^2 \quad \text{bzw.} \quad \sigma^2 \leq \sigma_O^2 = \frac{f}{\chi^2_{f;\alpha}} s^2 = \varkappa_O^2 s^2, \quad (5.5.18)$$

der *zweiseitige Vertrauensbereich*

$$\sigma_U^2 = \frac{f}{\chi^2_{f;1-\alpha/2}} s^2 = \varkappa_U^2 s^2 \leq \sigma^2 \leq \frac{f}{\chi^2_{f;\alpha/2}} s^2 = \varkappa_O^2 s^2 = \sigma_O^2 \quad (5.5.19)$$

mit $f = n - 1$.

Zahlenwerte für $\chi^2_{f;\alpha}$, $\chi^2_{f;1-\alpha}$, $\chi^2_{f;\alpha/2}$, $\chi^2_{f;1-\alpha/2}$ s. Tab. C 5 und für $\varkappa_U$, $\varkappa_O$ siehe Tab. C 15.

Für große n gilt näherungsweise zum Vertrauensniveau $1 - \alpha$

---

[1] Lord, E.: The use of range in place of standard deviation in the *t*-test. Biometrika 34 (1947) 41. Dort können auch Werte für $m \neq 5$ entnommen werden.

bei einseitiger Abgrenzung

$$\varkappa_U \approx \frac{1}{1 + \dfrac{u_{1-\alpha}}{\sqrt{2(n-1)}}} \; ; \quad \varkappa_O \approx \frac{1}{1 - \dfrac{u_{1-\alpha}}{\sqrt{2(n-1)}}} , \qquad (5.5.20)$$

bei zweiseitiger Abgrenzung

$$\varkappa_U \approx \frac{1}{1 + \dfrac{u_{1-\alpha/2}}{\sqrt{2(n-1)}}} \; ; \quad \varkappa_O \approx \frac{1}{1 - \dfrac{u_{1-\alpha/2}}{\sqrt{2(n-1)}}} . \qquad (5.5.21)$$

Die *Vertrauensgrenzen* für σ findet man zu $\sigma_U = \varkappa_U s$ und/oder $\sigma_O = \varkappa_O s$, indem man in (5.5.18) und (5.5.19) die Wurzel zieht.

Standardabweichung σ; Abgrenzung mit R bei $n \leq 20$

Wird σ mit Hilfe von R geschätzt, dann ergeben sich zum Vertrauensniveau $1 - \alpha$

die *einseitigen Vertrauensbereiche*

$$\sigma \geq \sigma_U = \frac{R}{w_{n;1-\alpha}} \quad \text{bzw.} \quad \sigma \leq \sigma_O = \frac{R}{w_{n;\alpha}} , \qquad (5.5.22)$$

der *zweiseitige Vertrauensbereich*

$$\sigma_U = \frac{R}{w_{n;1-\alpha/2}} \leq \sigma \leq \frac{R}{w_{n;\alpha/2}} = \sigma_O . \qquad (5.5.23)$$

Zahlenwerte für $w_{n;\alpha}$, $w_{n;1-\alpha}$, $w_{n;\alpha/2}$, $w_{n;1-\alpha/2}$ s. Tab. C 12.

Standardabweichung σ; Abgrenzung mit $\bar{R}$ bei $n \geq 15$

Wird σ mit Hilfe von $\bar{R}$ nach (5.4.7) geschätzt, dann ergeben sich zum Vertrauensniveau $1 - \alpha$

die *einseitigen Vertrauensbereiche*

$$\sigma \geq \sigma_U = \frac{\bar{R}/\alpha_m}{1 + u_{1-\alpha} \gamma_m \dfrac{1}{\sqrt{k}}} \quad \text{bzw.} \quad \sigma \leq \sigma_O = \frac{\bar{R}/\alpha_m}{1 - u_{1-\alpha} \gamma_m \dfrac{1}{\sqrt{k}}} , \qquad (5.5.24)$$

der *zweiseitige Vertrauensbereich*

$$\sigma_U = \frac{\bar{R}/\alpha_m}{1 + u_{1-\alpha/2} \gamma_m \dfrac{1}{\sqrt{k}}} \leq \sigma \leq \frac{\bar{R}/\alpha_m}{1 - u_{1-\alpha/2} \gamma_m \dfrac{1}{\sqrt{k}}} = \sigma_O . \qquad (5.5.25)$$

Zahlenwerte für $u_{1-\alpha}$, $u_{1-\alpha/2}$ s. Tab. C 3 und für α_m, γ_m s. Tab. C 12 mit m anstelle von n.

Variationskoeffizient γ

Wegen der exakten Berechnung der Vertrauensgrenzen für den Variationskoeffizienten $\gamma = \sigma/|\mu|$ vgl. Johnson, N.L.; Welch, B.L.: Biometrika *31* (1939/40) 362.

5.5 Schluß von der Stichprobe auf die Grundgesamtheit. Vertrauensbereiche

Für $v = s/|\bar{x}| < 35\%$ und $n > 10$ ergeben sich zum Vertrauensniveau $1 - \alpha$ näherungsweise

die *einseitigen Vertrauensbereiche*

$$\gamma \geq \gamma_U = \frac{v}{1 + a\sqrt{1 + 2v^2}} \quad \text{bzw.} \quad \gamma \leq \gamma_O = \frac{v}{1 - a\sqrt{1 + 2v^2}} \tag{5.5.26}$$

mit

$$a = \frac{u_{1-\alpha}}{\sqrt{2(n-1)}}. \tag{5.5.27}$$

Für $v < 20\%$ und $n > 10$ lassen sich die Näherungsformeln (5.5.26) weiter vereinfachen zu

$$\gamma \geq \gamma_U = \frac{v}{1 + a} \quad \text{bzw.} \quad \gamma \leq \gamma_O = \frac{v}{1 - a}. \tag{5.5.28}$$

Als grobe Abschätzung genügt

$$\gamma \geq \gamma_U = \varkappa_U v \quad \text{bzw.} \quad \gamma \leq \gamma_O = \varkappa_O v. \tag{5.5.29}$$

Zahlenwerte für $u_{1-\alpha}$ s. Tab. C 3 und für $\varkappa_U$, $\varkappa_O$ s. Tab. C 15.

Den *zweiseitigen Vertrauensbereich* für γ erhält man, indem man a nach (5.5.27) mit $u_{1-\alpha/2}$ anstatt mit $u_{1-\alpha}$ berechnet bzw. $\varkappa_U$ und $\varkappa_O$ für die zweiseitige Abgrenzung benutzt.

5.5.2 Vertrauensbereiche bei Binomialverteilung (vgl. Abschn. 2.3)

Grundwahrscheinlichkeit p

Mit $x = n\hat{p}$ erhält man zum Vertrauensniveau $1 - \alpha$

die *einseitigen Vertrauensbereiche*

$$p \geq p_U = \frac{x}{x + (n - x + 1) F_{f_1, f_2; 1-\alpha}} \quad \text{mit } f_1 = 2(n - x + 1),\ f_2 = 2x$$

bzw.
$$\tag{5.5.30}$$

$$p \leq p_O = \frac{(x + 1) F_{f_1, f_2; 1-\alpha}}{n - x + (x + 1) F_{f_1, f_2; 1-\alpha}} \quad \text{mit } f_1 = 2(x + 1),\ f_2 = 2(n - x),$$

den *zweiseitigen Vertrauensbereich*

$$p_U \leq p \leq p_O, \tag{5.5.31}$$

wobei

$$p_U = \frac{x}{x + (n - x + 1) F_{f_1, f_2; 1-\alpha/2}} \quad \text{mit } f_1 = 2(n - x + 1),\ f_2 = 2x$$

und

$$p_O = \frac{(x + 1) F_{f_1, f_2; 1-\alpha/2}}{n - x + (x + 1) F_{f_1, f_2; 1-\alpha/2}} \quad \text{mit } f_1 = 2(x + 1),\ f_2 = 2(n - x)$$

ist.

Zahlenwerte für $F_{f_1, f_2; 1-\alpha}$ und $F_{f_1, f_2; 1-\alpha/2}$ s. Tab. C 6 bis C 9.

p_O kann im Nomogramm D 1 bestimmt werden, indem durch $G = \alpha$ bzw. $\alpha/2$ auf der G-Skala und den Punkt $(n; x)$ im Netz eine Gerade gelegt wird, an der auf der p-Skala[1]) p_O abgelesen wird. p_U kann bestimmt werden, indem durch $G = 1 - a$ bzw. $1 - \alpha/2$ auf der G-Skala und den Punkt $(n; x - 1)$ im Netz eine Gerade gelegt wird, an der auf der p-Skala p_U abgelesen wird.

Zahlenwerte für p_U und p_O bei zweiseitiger Abgrenzung mit $1 - \alpha = 95\%$ und $1 - \alpha = 99\%$ entnimmt man den Nomogrammen D 4 und D 5.

Anleitung: Die Schnittpunkte der Senkrechten durch $\hat{p}$ mit den beiden Kurven für n liefern auf der Ordinate die Werte p_U und p_O.

Grundwahrscheinlichkeit p; Sonderfall $\hat{p} = 0$ bzw. $\hat{p} = 1$

Der *einseitige Vertrauensbereich* zum Vertrauensniveau $1 - \alpha$ ist für

$$\hat{p} = 0: \quad p \leq p_O = 1 - \sqrt[n]{\alpha} ; \tag{5.5.32}$$

für $1 - \alpha = 95\%$ und $n > 50$ gilt angenähert

$$p_O \approx 3/n; \tag{5.5.33}$$

$$\hat{p} = 1: \quad p_U = \sqrt[n]{\alpha} ; \tag{5.5.34}$$

für $1 - \alpha = 95\%$ und $n > 50$ gilt angenähert

$$p_U \approx 1 - 3/n. \tag{5.5.35}$$

Der *zweiseitige Vertrauensbereich* zum Vertrauensniveau $1 - a$ ist für

$$\hat{p} = 0: \quad 0 \leq p \leq p_O \tag{5.5.36}$$

mit

$$p_O = 1 - \sqrt[n]{\alpha/2} , \tag{5.5.37}$$

$$\hat{p} = 1: \quad p_U \leq p \leq 1 \tag{5.5.38}$$

mit

$$p_U = \sqrt[n]{\alpha/2} . \tag{5.5.39}$$

Grundwahrscheinlichkeit p; Näherung durch Normalverteilung

Die Näherung ergibt die Vertrauensgrenzen mit einem relativen Fehler von höchstens 1% für alle Werte von α, x und n, welche bei einseitiger Abgrenzung die Bedingung

$$-3{,}2 \ln \alpha \leq x \leq n + 3{,}2 \ln \alpha \tag{5.5.40}$$

erfüllen; bei zweiseitiger Abgrenzung ist in (5.5.40) α durch $\alpha/2$ zu ersetzen.

---

[1]) Falls sich für eine oder beide Vertrauensgrenzen p_U, p_O Werte über $0{,}5$ ergeben, die in Nomogramm D 1 nicht abgelesen werden können, bestimmt man mit $y = n - x$ als Ausgangswert zunächst entsprechend den angegebenen Regeln eine oder beide Vertrauensgrenzen q_U, q_O für $q = 1 - p$; die gesuchten Vertrauensgrenzen für p findet man dann mit den Beziehungen $p_U = 1 - q_O$ und $p_O = 1 - q_U$. Falls p_U (und p_O) kleiner als $0{,}01$ anfällt, macht man die Ablesung auf folgende Weise: Man dividiert n durch eine geeignete Zahl k zu $n' = n/k$ und bestimmt mit n' und x die Vertrauensgrenzen p'_U (und p'_O), wobei k so zu wählen ist, daß $p'_U(p'_O)$ nicht größer als $0{,}01$ wird; die gesuchte Vertrauensgrenze ist dann $p_U = p'_U/k$ ($p_O = p'_O/k$).

5.5 Schluß von der Stichprobe auf die Grundgesamtheit. Vertrauensbereiche

Mit dem Hilfswert

$$d_\alpha = \tfrac{1}{3}(1 - u_{1-\alpha}^2) \tag{5.5.41}$$

und den korrigierten Werten

$$\begin{aligned} x_{\text{ob}} &= x + \tfrac{1}{2}(d_\alpha + 1), \\ x_{\text{un}} &= x + \tfrac{1}{2}(d_\alpha - 1) = x_{\text{ob}} - 1 \end{aligned} \tag{5.5.42}$$

ergeben sich näherungsweise zum Vertrauensniveau $1 - \alpha$

die *einseitigen Vertrauensbereiche*

$$p \geqq p_U = \frac{x_{\text{un}} + \tfrac{1}{2} u_{1-\alpha}^2 - u_{1-\alpha} \sqrt{x_{\text{un}} - \dfrac{x_{\text{un}}^2}{n + d_\alpha} + \tfrac{1}{4} u_{1-\alpha}^2}}{n + d_\alpha + u_{1-\alpha}^2}$$

bzw. (5.5.43)

$$p \leqq p_O = \frac{x_{\text{ob}} + \tfrac{1}{2} u_{1-\alpha}^2 + u_{1-\alpha} \sqrt{x_{\text{ob}} - \dfrac{x_{\text{ob}}^2}{n + d_\alpha} + \tfrac{1}{4} u_{1-\alpha}^2}}{n + d_\alpha + u_{1-\alpha}^2},$$

der *zweiseitige Vertrauensbereich*

$$p_U \leqq p \leqq p_O, \tag{5.5.44}$$

wobei p_U und p_O aus (5.5.41) bis (5.5.43) berechnet werden, indem dort überall $u_{1-\alpha}$ durch $u_{1-\alpha/2}$ (und damit d_α durch $d_{\alpha/2}$) ersetzt wird.

Zahlenwerte für u_p s. Tab. C 3.

Grundwahrscheinlichkeit p; einfache Näherung durch Normalverteilung

Für große n und ein Vertrauensniveau $1 - \alpha \leqq 99\%$ ergeben sich näherungsweise

die *einseitigen Vertrauensbereiche*

$$p \geqq p_U = \hat{p} - u_{1-\alpha} \sqrt{\hat{p}(1 - \hat{p})/n}$$

bzw. (5.5.45)

$$p \leqq p_O = \hat{p} + u_{1-\alpha} \sqrt{\hat{p}(1 - \hat{p})/n},$$

der *zweiseitige Vertrauensbereich*

$$p_U = \hat{p} - u_{1-\alpha/2} \sqrt{\hat{p}(1 - \hat{p})/n} \leqq p \leqq \hat{p} + u_{1-\alpha/2} \sqrt{\hat{p}(1 - \hat{p})/n} = p_O. \tag{5.5.46}$$

Zahlenwerte für $u_{1-\alpha}$ und $u_{1-\alpha/2}$ s. Tab. C 3.

Die Näherung (5.5.45) bzw. (5.5.46) ist dann zulässig, wenn die berechneten Vertrauensgrenzen p_U und p_O in Verbindung mit n in Nomogramm D 7 Punkte ergeben, die in dem Bereich liegen, für den eine Näherung durch Normalverteilung zulässig ist. Falls p_U und/oder p_O größer als 0,5 sind, wird diese Nachprüfung mit $1 - p_U$ und/oder $1 - p_O$ durchgeführt.

Grundwahrscheinlichkeit p; Näherung mit arcsin-Transformation

Zum Vertrauensniveau $1 - \alpha$ ergeben sich näherungsweise

die *einseitigen Vertrauensbereiche*

$$p \geqq p_U = \sin^2 z_U \quad \text{bzw.} \quad p \leqq p_O = \sin^2 z_O \tag{5.5.47}$$

mit

$$z_U = \arcsin \sqrt{\hat{p}} - \frac{u_{1-\alpha}}{2\sqrt{n}}; \quad z_O = \arcsin \sqrt{\hat{p}} + \frac{u_{1-\alpha}}{2\sqrt{n}}, \tag{5.5.48}$$

der *zweiseitige Vertrauensbereich*

$$p_U = \sin^2 z_U \leqq p \leqq \sin^2 z_O = p_O \tag{5.5.49}$$

mit z_U und z_O nach (5.5.48), wobei $u_{1-\alpha}$ durch $u_{1-\alpha/2}$ zu ersetzen ist.

Zahlenwerte für $u_{1-\alpha}$ bzw. $u_{1-\alpha/2}$ s. Tab. C 3 und für $z = \arcsin \sqrt{p}$, $p = \sin^2 z$ s. Tab. C 16 und C 17.

Die Näherung (5.5.47) bzw. (5.5.49) ist dann zulässig, wenn die berechneten Vertrauensgrenzen p_U und p_O in Verbindung mit n in Nomogramm D 7 Punkte ergeben, die in dem Bereich liegen, für den eine Näherung durch arcsin-Transformation zulässig ist. Falls p_U und/oder p_O größer als 0,5 sind, wird diese Nachprüfung mit $1 - p_U$ und/oder $1 - p_O$ durchgeführt.

Grundwahrscheinlichkeit p; graphische Ermittlung im Binomialpapier nach Mosteller-Tukey (vgl. Beispiel 7)

Einseitige Vertrauensbereiche zum Vertrauensniveau $1 - \alpha$
Man zeichnet zur beobachteten relativen Häufigkeit $x/n = \hat{p}$ den Strahl s und zu s im Abstand $u_{1-\alpha}/2$ die Parallele s_U unterhalb von s (bzw. s_O oberhalb von s). Der Schnittpunkt der Geraden s_U (bzw. s_O) mit dem Kreis $n = \text{const}$ hat die Ordinate $x_U = np_U$ (bzw. $x_O = np_O$).

Zweiseitiger Vertrauensbereich zum Vertrauensniveau $1 - \alpha$

Ermittlung wie bei den einseitigen Vertrauensgrenzen, jedoch mit den Parallelen s'_U und s'_O im Abstand $u_{1-\alpha/2}/2$ von s.

Zahlenwerte für $u_{1-\alpha}$ bzw. $u_{1-\alpha/2}$ s. Tab. C 3.

5.5.3 Vertrauensbereiche bei Poisson-Verteilung (vgl. Abschn. 2.4)

Erwartungswert μ[1]

Mit der beobachteten Anzahl x von Vorkommnissen erhält man zum Vertrauensniveau $1 - \alpha$

---

[1] Der mit der gefundenen Anzahl x von Vorkommnissen ermittelte Vertrauensbereich gilt für die mittlere Anzahl μ von Vorkommnissen in Zählabschnitten der tatsächlich untersuchten Größe b. Soll eine Aussage über die mittlere Anzahl von Vorkommnissen in Zählabschnitten der gängigen Größe a (der Größe, auf welche die Angaben üblicherweise bezogen werden) gemacht werden, dann müssen die gefundenen Vertrauensgrenzen μ_U und μ_O mit a/b multipliziert werden.

5.5 Schluß von der Stichprobe auf die Grundgesamtheit. Vertrauensbereiche

die *einseitigen Vertrauensbereiche*

$$\mu \geq \mu_U = \tfrac{1}{2}\chi^2_{f;\,\alpha} \quad \text{mit} \quad f = 2x$$

bzw. (5.5.50)

$$\mu \leq \mu_O = \tfrac{1}{2}\chi^2_{f;\,1-\alpha} \quad \text{mit} \quad f = 2(x+1),$$

den *zweiseitigen Vertrauensbereich*

$$\mu_U \leq \mu \leq \mu_O, \tag{5.5.51}$$

wobei

$$\mu_U = \tfrac{1}{2}\chi^2_{f;\,\alpha/2} \quad \text{mit} \quad f = 2x$$

und

$$\mu_O = \tfrac{1}{2}\chi^2_{f;\,1-\alpha/2} \quad \text{mit} \quad f = 2(x+1)$$

ist; dabei wird $\chi^2_{0;\,\alpha} = 0$ bzw. $\chi^2_{0;\,\alpha/2} = 0$ gesetzt.

Zahlenwerte für $\chi^2_{f;\,\alpha}$, $\chi^2_{f;\,1-\alpha}$, $\chi^2_{f;\,\alpha/2}$, $\chi^2_{f;\,1-\alpha/2}$ s. Tab. C 5.

μ_O kann im Nomogramm D 2 bestimmt werden, indem zum Schnittpunkt der Waagerechten durch $G = \alpha$ bzw. $\alpha/2$ und der Kurve für x auf der μ-Achse μ_O abgelesen wird. μ_U kann bestimmt werden, indem zum Schnittpunkt der Waagerechten durch $G = 1 - \alpha$ bzw. $1 - \alpha/2$ und der Kurve für $x - 1$ auf der μ-Achse μ_U abgelesen wird.

Für die gängigsten Vertrauensniveaus können die Vertrauensgrenzen μ_U und μ_O direkt aus Tab. C 18 entnommen werden.

Erwartungswert μ; Sonderfall $x = 0$

Ist $x = 0$, dann erhält man zum Vertrauensniveau $1 - \alpha$

den *einseitigen Vertrauensbereich*

$$\mu \leq \mu_O = \ln(1/\alpha), \tag{5.5.52}$$

den *zweiseitigen Vertrauensbereich*

$$0 \leq \mu \leq \mu_O = \ln(2/\alpha). \tag{5.5.53}$$

Erwartungswert μ; Näherung durch Normalverteilung[1]

Die Näherung ergibt die Vertrauensgrenzen mit einem relativen Fehler von höchstens 0,1 % für alle Werte von α und x, welche bei einseitiger Abgrenzung die Bedingung

$$x \geq -4\ln\alpha \tag{5.5.54}$$

erfüllen (z. B. für $1 - \alpha = 0{,}95$ mit $x \geq 12$); bei zweiseitiger Abgrenzung ist in (5.5.54) α durch $\alpha/2$ zu ersetzen.

Mit dem Hilfswert

$$d_\alpha = \frac{u^2_{1-\alpha} - 15}{54} \tag{5.5.55}$$

ergeben sich näherungsweise zum Vertrauensniveau $1 - \alpha$

---

[1] Vgl. Fußnote S. 110.

die *einseitigen Vertrauensbereiche*

$$\mu \geq \mu_U = (x - \tfrac{1}{3}) \left(1 - \frac{u_{1-\alpha}}{3\sqrt{x + d_\alpha}}\right)^3$$

bzw. (5.5.56)

$$\mu \leq \mu_O = (x + \tfrac{2}{3}) \left(1 + \frac{u_{1-\alpha}}{3\sqrt{x + 1 + d_\alpha}}\right)^3,$$

der *zweiseitige Vertrauensbereich*

$$\mu_U \leq \mu \leq \mu_O, \tag{5.5.57}$$

wobei μ_U und μ_O aus (5.5.55) und (5.5.56) berechnet werden, indem dort überall $u_{1-\alpha}$ durch $u_{1-\alpha/2}$ (und damit d_α durch $d_{\alpha/2}$) ersetzt wird.

Zahlenwerte für u_p s. Tab. C 3.

Erwartungswert μ; einfache Näherung durch Wurzeltransformation[1]

Für $x \geq 25$ und ein Vertrauensniveau $1 - \alpha \leq 99\%$ ergeben sich näherungsweise die *einseitigen Vertrauensbereiche*

$$\mu \geq \mu_U = \left(\sqrt{x} - \tfrac{1}{2} u_{1-\alpha}\right)^2 \quad \text{bzw.} \quad \mu \leq \mu_O = \left(\sqrt{x+1} + \tfrac{1}{2} u_{1-\alpha}\right)^2, \tag{5.5.58}$$

der *zweiseitige Vertrauensbereich*

$$\mu_U = \left(\sqrt{x} - \tfrac{1}{2} u_{1-\alpha/2}\right)^2 \leq \mu \leq \left(\sqrt{x+1} + \tfrac{1}{2} u_{1-\alpha/2}\right)^2, \tag{5.5.59}$$

Zahlenwerte für $u_{1-\alpha}$ bzw. $u_{1-\alpha/2}$ s. Tab. C 3.

5.5.4 Vertrauensbereiche bei beliebiger stetiger Verteilung

Quantil x_p (vgl. (3.1.8))

Zum Vertrauensniveau $1 - \alpha$ ergeben sich aus den Rangwerten nach (5.1.1) der

einseitig nach unten abgegrenzte Vertrauensbereich

$$x_p \geq (x_p)_U = x_{(k)} \tag{5.5.60}$$

mit der Rangzahl k aus

$$\sum_{i=0}^{k-1} \binom{n}{i} p^i (1-p)^{n-i} = G_{BV}(k-1; n, p) \leq \alpha, \tag{5.5.61}$$

einseitig nach oben abgegrenzte Vertrauensbereich

$$x_p \leq (x_p)_O = x_{(l)} \tag{5.5.62}$$

mit der Rangzahl l aus

$$\sum_{i=l}^{n} \binom{n}{i} p^i (1-p)^{n-i} = 1 - G_{BV}(l-1; n, p) \leq \alpha \tag{5.5.63}$$

---

[1] Vgl. Fußnote S. 110.

5.5 Schluß von der Stichprobe auf die Grundgesamtheit. Vertrauensbereiche

oder

$$G_{BV}(l-1; n, p) \geq 1 - \alpha, \tag{5.5.64}$$

zweiseitige Vertrauensbereich

$$(x_p)_U = x_{(k)} \leq x_p \leq x_{(l)} = (x_p)_O \tag{5.5.65}$$

mit k und l aus (5.5.61), (5.5.63) und (5.5.64), wenn dort α durch $\alpha/2$ ersetzt wird. $G_{BV}(x; n, p)$ ist die Verteilungsfunktion der Binomialverteilung nach (2.3.3).

k kann im Nomogramm D 1 bestimmt werden, indem durch den Punkt p auf der linken Skala und den Punkt $G = \alpha$ bzw. $G = \alpha/2$ auf der rechten Skala eine Gerade gelegt wird, an deren Schnittpunkt mit der Kurve für n im Netz x abgelesen wird; dann ist $k = [x] + 1$, wobei $[x]$ die größte ganze Zahl bezeichnet, die kleiner oder gleich x ist. l kann im Nomogramm D 1 bestimmt werden, indem durch den Punkt p auf der linken Skala und den Punkt $G = 1 - \alpha$ bzw. $G = 1 - \alpha/2$ auf der rechten Skala eine Gerade gelegt wird, an deren Schnittpunkt mit der Kurve für n im Netz x abgelesen wird; dann ist $l = x + 1$, falls der Ablesewert x ganzzahlig ist, und $l = [x] + 2$, falls der Ablesewert x nicht ganzzahlig ist, wobei $[x]$ den auf einen ganzzahligen Wert abgerundeten Ablesewert x bezeichnet.

Median ζ

Sonderfall: $x_{50\%}$ von (5.5.60) bis (5.5.65), wobei sich $l = n - k + 1$ ergibt.

Zum Vertrauensniveau $1 - \alpha$ ergeben sich der

einseitig nach unten abgegrenzte Vertrauensbereich

$$\zeta \geq \zeta_U = x_{(k)}, \tag{5.5.66}$$

einseitig nach oben abgegrenzte Vertrauensbereich

$$\zeta \leq \zeta_O = x_{(n-k+1)}, \tag{5.5.67}$$

zweiseitige Vertrauensbereich

$$\zeta_U = x_{(k)} \leq \zeta \leq x_{(n-k+1)} = \zeta_O. \tag{5.5.68}$$

Dabei ist $x_{(k)}$ der k-te Rangwert, $x_{(n-k+1)}$ der $(n-k+1)$-te Rangwert; vgl. (5.1.1).

$$k = k_{n;\alpha} + 1 \tag{5.5.69}$$

ergibt sich bei einseitiger Abgrenzung und zum Stichprobenumfang n aus

$$\sum_{i=0}^{k_{n;\alpha}} \binom{n}{i} \frac{1}{2^n} \leq p < \sum_{i=0}^{k_{n;\alpha}+1} \binom{n}{i} \frac{1}{2^n}. \tag{5.5.70}$$

Zahlenwerte für $k_{n;\alpha}$ s. Tab. C 19.

Für $n > 50$ gilt in guter Näherung

$$k_{n;\alpha} = \tfrac{1}{2}\left(n - 1 - u_{1-\alpha}\sqrt{n}\right). \tag{5.5.71}$$

Zahlenwerte für $u_{1-\alpha}$ s. Tab. C 3.

Bei zweiseitiger Abgrenzung ist in (5.5.69) bis (5.5.71) und in Tab. C 19 α durch $\alpha/2$ zu ersetzen.

Erwartungswert μ (= Median ζ) bei symmetrischer Verteilung

Zweiseitiger Vertrauensbereich

1. Man bestimmt einen Näherungswert a für die untere und einen Näherungswert b für die obere Vertrauensgrenze von μ, beispielsweise aus (5.5.10).
2. Man bildet die Abweichungen $(x_i - a)$ und $(x_i - b)$ der n Einzelwerte x_i von den Näherungswerten a und b.
3. Entsprechend dem Unterabschnitt 5.1.1 ordnet man den Beträgen $|x_i - a|$ der Abweichungen und getrennt davon den Beträgen $|x_i - b|$ der Abweichungen Rangzahlen zu.
4. Die Rangzahlen der negativen Abweichungen $(x_i - a)$ seien r'_i; die Rangzahlen der positiven Abweichungen $(x_i - b)$ seien r''_i. Ihre Summen seien

$$R' = \sum r'_i \quad \text{und} \quad R'' = \sum r''_i. \tag{5.5.72}$$

5. Man berechnet

$$L' = R' - T_{n;\alpha/2} \quad \text{und} \quad L'' = R'' - T_{n;\alpha/2}; \tag{5.5.73}$$

Zahlenwerte für $T_{n;\alpha/2}$ zu n und zum Vertrauensniveau $1 - \alpha$ s. Tab. 6.20.

6. Man verändert den Näherungswert a so, daß $L' = 0$ und den Näherungswert b so, daß $L'' = 0$ wird. Dann ist

$$\mu_U = a \leq \mu \leq b = \mu_O \tag{5.5.74}$$

der gesuchte zweiseitige Vertrauensbereich für μ zum Vertrauensniveau $1 - \alpha$.

Einseitige Vertrauensbereiche

Bei einseitiger Abgrenzung nach unten bzw. oben führt man 1. bis 6. nur mit a (bzw. b) durch und ersetzt in (5.5.73) $T_{n;\alpha/2}$ durch $T_{n;\alpha}$. Dann ist $\mu_U = a \leq \mu$ (bzw. $\mu \leq b = \mu_O$) der gesuchte einseitige Vertrauensbereich für μ zum Vertrauensniveau $1 - \alpha$.

Varianz σ^2 und Standardabweichung σ

1. Die Stichprobe vom Umfang n wird zufallsmäßig (z. B. unter Benutzung von Zufallszahlen; vgl. Tab. C 26) in l Unterproben 1, 2, ..., i, ..., l des gleichen Umfangs m $(m > 3)$ unterteilt, wobei natürlich $ml = n$ sein muß.
2. Für jede Unterprobe i wird die Varianz s_i^2 ihrer m Werte und daraus

$$y_i = \lg s_i^2 \tag{5.5.75}$$

berechnet.

3. Mittelwert $\bar{y}$ und Varianz s_y^2 der l Werte y_i werden gebildet:

$$\bar{y} = \frac{1}{l} \sum_{i=1}^{l} y_i, \tag{5.5.76}$$

$$s_y^2 = \frac{1}{l-1} \sum_{i=1}^{l} (y_i - \bar{y})^2. \tag{5.5.77}$$

4. Man berechnet

$$\eta_U = \bar{y} - t_{f;1-\alpha}\frac{s_y}{\sqrt{l}} \qquad (5.5.78)$$

bzw.

$$\eta_O = \bar{y} + t_{f;1-\alpha}\frac{s_y}{\sqrt{l}}, \qquad (5.5.79)$$

mit $f = l - 1$.
Zahlenwerte für $t_{f;1-\alpha}$ s. Tab. C 4.

5. Dann ist der Numerus[1]) von $\bar{y}$ ein Schätzwert für σ^2, der Numerus von η_U die einseitige untere Vertrauensgrenze für σ^2 zum Vertrauensniveau $1 - \alpha$, bzw. der Numerus von η_O die einseitige obere Vertrauensgrenze für σ^2 zum Vertrauensniveau $1 - \alpha$. Die Quadratwurzeln aus den Numeri liefern die Vertrauensgrenzen für σ zum Vertrauensniveau $1 - \alpha$.

5.6 Schluß von der Stichprobe auf die Grundgesamtheit. Statistische Anteilsbereiche

Ein *zweiseitiger statistischer Anteilsbereich*[2]) für mindestens den Anteil $1 - \gamma$ der Verteilung einer Zufallsvariablen X zum Vertrauensniveau (Konfidenzniveau) $1 - \alpha$,

$$a_U \leqq X \leqq a_O, \qquad (5.6.1)$$

ergibt sich dadurch, daß Stichprobenergebnisse in zwei Stichprobenfunktionen A_U und A_O (vgl. Abschn. 5.3) eingesetzt werden, welche die folgende Bedingung erfüllen:
Die Wahrscheinlichkeit Q, mit der der Anteil der Wahrscheinlichkeitsverteilung von X zwischen A_U und A_O mindestens $1 - \gamma$ ist, beträgt mindestens $1 - \alpha$:

$$Q\{P(A_U \leqq X \leqq A_O) \geqq 1 - \gamma\} \geqq 1 - \alpha \qquad (5.6.2)$$

für jede in Betracht kommende Wahrscheinlichkeitsverteilung von X; a_U heißt untere, a_O obere *Anteilsgrenze*.

Ein *einseitig nach unten abgegrenzter statistischer Anteilsbereich* für mindestens den Anteil $1 - \gamma$ der Verteilung einer Zufallsvariablen X zum Vertrauensniveau (Konfidenzniveau) $1 - \alpha$,

$$X \geqq a_U, \qquad (5.6.3)$$

ergibt sich dadurch, daß Stichprobenergebnisse in eine Stichprobenfunktion A_U (vgl. Abschn. 5.3) eingesetzt werden, welche die folgende Bedingung erfüllt:
Die Wahrscheinlichkeit Q, mit der der Anteil der Wahrscheinlichkeitsverteilung von X oberhalb von A_U mindestens $1 - \gamma$ ist, beträgt mindestens $1 - \alpha$:

---

[1]) Der Numerus x zu einem Wert y ist der Wert, der sich aus der Umkehrung der logarithmischen Transformation $y = \lg x$ ergibt.
[2]) Die frühere Bezeichnung 'Statistischer Toleranzbereich' wird wegen der Verwechslungsgefahr mit technischen Toleranzbereichen nicht empfohlen.

$$Q\{P(A_U \leq X \leq x_E) \geq 1 - \gamma\} \geq 1 - \alpha \tag{5.6.4}$$

für jede in Betracht kommende Wahrscheinlichkeitsverteilung von X; die obere Grenze des einseitig nach unten abgegrenzten statistischen Anteilsbereichs ist der größte mögliche Wert x_E der Zufallsvariablen X.

Ein *einseitig nach oben abgegrenzter statistischer Anteilsbereich* für mindestens den Anteil $1 - \gamma$ der Verteilung einer Zufallsvariablen X zum Vertrauensniveau (Konfidenzniveau) $1 - \alpha$,

$$X \leq a_O, \tag{5.6.5}$$

ergibt sich dadurch, daß Stichprobenergebnisse in eine Stichprobenfunktion A_O (vgl. Abschn. 5.3) eingesetzt werden, welche die folgende Bedingung erfüllt:

Die Wahrscheinlichkeit Q, mit der der Anteil der Wahrscheinlichkeitsverteilung von X unterhalb von A_O mindestens $1 - \gamma$ ist, beträgt mindestens $1 - \alpha$:

$$Q\{P(x_A \leq X \leq A_O) \geq 1 - \gamma\} \geq 1 - \alpha \tag{5.6.6}$$

für jede in Betracht kommende Wahrscheinlichkeitsverteilung von X; die untere Grenze des einseitig nach oben abgegrenzten statistischen Anteilsbereichs ist der kleinste mögliche Wert x_A der Zufallsvariablen X.

Die Aussagen, daß die zweiseitigen statistischen Anteilsbereiche $a_U \leq X \leq a_O$ oder die einseitigen statistischen Anteilsbereiche $X \geq a_U$ bzw. $X \leq a_O$ mindestens den Anteil $1 - \gamma$ der Verteilung von X erfassen, treffen im Mittel auf lange Sicht bei dem Anteil $1 - \alpha$ aller Fälle zu, in denen Stichproben gezogen und statistische Anteilsbereiche zum Vertrauensniveau $1 - \alpha$ abgegrenzt werden (und alle Modellvoraussetzungen gelten).

5.6.1 Statistische Anteilsbereiche bei Normalverteilung (vgl. Abschn. 3.2)

Varianz σ^2 bekannt

Mit $\bar{x}$ und σ erhält man für (mindestens) den Anteil $1 - \gamma$ der Verteilung von X zum Vertrauensniveau $1 - \alpha$ die

Anteilsgrenzen des einseitigen statistischen Anteilsbereichs

$$a_U = \bar{x} - k_{1b}(n; 1 - \gamma; 1 - \alpha)\sigma \quad \text{bzw.} \quad a_O = \bar{x} + k_{1b}(n; 1 - \gamma; 1 - \alpha)\sigma \tag{5.6.7}$$

mit

$$k_{1b}(n; 1 - \gamma; 1 - \alpha) = u_{1-\gamma} + \frac{u_{1-\alpha}}{\sqrt{n}}, \tag{5.6.8}$$

Anteilsgrenzen des zweiseitigen statistischen Anteilsbereichs

$$a_U = \bar{x} - k_{2b}(n; 1 - \gamma; 1 - \alpha)\sigma \quad \text{und} \quad a_O = \bar{x} + k_{2b}(n; 1 - \gamma; 1 - \alpha)\sigma, \tag{5.6.9}$$

wobei $k_{2b}(n; 1 - \gamma; 1 - \alpha) = k_{2b}$ aus

$$\Phi\left(\frac{u_{1-\alpha/2}}{\sqrt{n}} + k_{2b}\right) - \Phi\left(\frac{u_{1-\alpha/2}}{\sqrt{n}} - k_{2b}\right) = 1 - \gamma \tag{5.6.10}$$

zu berechnen ist.

Zahlenwerte für u_p s. Tab. C 3, für $\Phi(\cdot)$ s. Tab. C 2, für $k_{1b}(n; 1-\gamma; 1-\alpha)$ s. Tab. C 20 und für $k_{2b}(n; 1-\gamma; 1-\alpha)$ s. Tab. C 21.

Varianz σ^2 nicht bekannt

Mit $\bar{x}$ und s erhält man für (mindestens) den Anteil $1-\gamma$ der Verteilung von X zum Vertrauensniveau $1-\alpha$ die

Anteilsgrenzen des einseitigen statistischen Anteilsbereichs

$$a_U = \bar{x} - k_{1u}(n; 1-\gamma; 1-\alpha)s \quad \text{bzw.} \quad a_O = \bar{x} + k_{1u}(n; 1-\gamma; 1-\alpha)s. \tag{5.6.11}$$

Zahlenwerte für $k_{1u}(n; 1-\gamma; 1-\alpha)$ s. Tab. C 22.

Für $n \geq 10$ gilt näherungsweise

$$k_{1u}(n; 1-\gamma; 1-\alpha) = \frac{2(n-1)}{2(n-1) - u_{1-\alpha}^2} \left(u_{1-\gamma} + u_{1-\alpha} \sqrt{\frac{2(n-1) + nu_{1-\gamma}^2 - u_{1-\alpha}^2}{2n(n-1)}} \right). \tag{5.6.12}$$

Zahlenwerte für u_p s. Tab. C 3.

Mit $\bar{x}$ und s erhält man für (mindestens) den Anteil $1-\gamma$ der Verteilung von X zum Vertrauensniveau $1-\alpha$ die

Anteilsgrenzen des zweiseitigen statistischen Anteilsbereichs

$$a_U = \bar{x} - k_{2u}(n; 1-\gamma; 1-\alpha)s \quad \text{und} \quad a_O = \bar{x} + k_{2u}(n; 1-\gamma; 1-\alpha)s \tag{5.6.13}$$

mit

$$k_{2u}(n; 1-\gamma; 1-\alpha) = r(n; 1-\gamma)\, v(f; 1-\alpha), \tag{5.6.14}$$

wobei

$$v(f; 1-\alpha) = \sqrt{f/\chi_{f;\alpha}^2} \quad \text{mit } f = n-1 \tag{5.6.15}$$

ist. Der Faktor $r(n; 1-\gamma) = r$ wird aus

$$\Phi(1/\sqrt{n} + r) - \Phi(1/\sqrt{n} - r) = 1 - \gamma \tag{5.6.16}$$

bestimmt.

Zahlenwerte für $\chi_{f;\alpha}^2$ s. Tab. C 5, für $\Phi(\cdot)$ s. Tab. C 2 und für $r(n; 1-\gamma)$ und $v(f; 1-\alpha)$ zur Ermittlung von $k_{2u}(n; 1-\gamma; 1-\alpha)$ s. Tab. C 23.

Für $n \geq 10$ gilt näherungsweise

$$r(n; 1-\gamma) = u_{1-\gamma/2}\left(1 + \frac{1}{2n}\right). \tag{5.6.17}$$

Zahlenwerte für $u_{1-\gamma/2}$ s. Tab. C 3.

5.6.2 Statistische Anteilsbereiche bei beliebiger stetiger[1] Verteilung

Anteilsgrenzen des einseitigen statistischen Anteilsbereichs

Wählt man den größten Wert $x_{(n)}$ einer Stichprobe vom Umfang n als obere Anteils-

---

[1] Ist die Verteilung nicht stetig, dann gehört zu dem statistischen Anteilsbereich ein Vertrauensniveau, das mindestens so groß ist wie das vorgegebene $1-\alpha$.

grenze a_O (bzw. den kleinsten Wert $x_{(1)}$ als untere Anteilsgrenze a_U), dann liegt in dem so abgegrenzten einseitigen statistischen Anteilsbereich zum Vertrauensniveau $1 - \alpha$ (mindestens) der durch

$$(1 - \gamma)^n = \alpha \tag{5.6.18}$$

gegebene Anteil $1 - \gamma$ der Verteilung von X.

n ist in Abhängigkeit von $1 - \gamma$ und $1 - \alpha$ aus Tab. 5.3 zu entnehmen.

Tab. 5.3. Stichprobenumfänge n zur Verwendung des Extremwerts der Stichprobe als Anteilsgrenze eines einseitigen statistischen Anteilsbereichs[1]

$1-\gamma$ \ $1-\alpha$	0,800	0,900	0,950	0,975	0,990	0,995	0,999	0,9995
0,50	3	4	5	6	7	8	10	11
0,70	5	7	9	11	13	15	20	22
0,75	6	9	11	13	17	19	25	27
0,80	8	11	14	17	21	24	31	35
0,85	10	15	19	23	29	33	43	47
0,90	16	22	29	36	44	51	66	73
0,95	32	45	59	72	90	104	135	149
0,975	64	91	119	146	182	210	273	301
0,980	80	114	149	183	228	263	342	377
0,990	161	230	299	368	459	528	688	757
0,995	322	460	598	736	919	1058	1379	1517
0,999	1609	2302	2995	3688	4603	5296	6905	7598
0,9995	3219	4605	5990	7376	9209	10594	13813	15199

Anteilsgrenzen des zweiseitigen statistischen Anteilsbereichs

Wählt man den kleinsten Wert $x_{(1)}$ einer Stichprobe vom Umfang n als untere Anteilsgrenze a_U und den größten Wert $x_{(n)}$ als obere Anteilsgrenze a_O, dann liegt in dem so abgegrenzten zweiseitigen statistischen Anteilsbereich zum Vertrauensniveau $1 - \alpha$ (mindestens) der durch

$$n(1 - \gamma)^{n-1} - (n - 1)(1 - \gamma)^n = \alpha \tag{5.6.19}$$

gegebene Anteil $1 - \gamma$ der Verteilung von X.

n ist in Abhängigkeit von $1 - \gamma$ und $1 - \alpha$ aus Tab. 5.4 zu entnehmen. Näherungsweise gilt

$$n = \frac{2-\gamma}{4\gamma} \chi^2_{f;\,1-\alpha} + \tfrac{1}{2} \quad \text{mit } f = 4. \tag{5.6.20}$$

Zahlenwerte für $\chi^2_{f;\,1-\alpha}$ s. Tab. C 5.

Ist der Stichprobenumfang bereits festgelegt, dann kann zu einem vorgegebenen Vertrauensniveau $1 - \alpha$ aus (5.6.18) oder (5.6.19) oder den Tabellen 5.3 oder 5.4 der

---

[1] Owen, D.B.: Handbook of statistical tables. Reading/MA: Addison-Wesley 1962, p. 321.

Tab. 5.4. Stichprobenumfänge n zur Verwendung der Extremwerte der Stichprobe als Anteilsgrenzen eines zweiseitigen statistischen Anteilsbereichs[1]

$1-\gamma$ \ $1-\alpha$	0,800	0,900	0,950	0,975	0,990	0,995	0,999	0,9995
0,50	5	7	8	9	11	12	14	15
0,70	9	12	14	17	20	22	27	29
0,75	11	15	18	20	24	27	33	36
0,80	14	18	22	26	31	34	42	46
0,85	19	25	30	35	42	47	58	63
0,90	29	38	46	54	64	72	89	96
0,95	59	77	93	110	130	146	181	196
0,975	119	155	188	221	263	294	366	396
0,980	149	194	236	277	330	369	458	496
0,990	299	388	473	555	662	740	920	996
0,995	598	777	947	1 113	1 325	1 483	1 843	1 996
0,999	2994	3889	4742	5 570	6 636	7 427	9 230	9 995
0,9995	5988	7778	9486	11 141	13 274	14 858	18 463	19 993

(mindestens) erfaßte Anteil $1-\gamma$ der Verteilung von X bestimmt werden; sind das Vertrauensniveau $1-\alpha$ und der (mindestens) zu erfassende Anteil $1-\gamma$ der Verteilung von X vorgegeben, dann kann aus (5.6.18) oder (5.6.19) oder den Tabellen 5.3 oder 5.4 der notwendige Stichprobenumfang bestimmt werden.

---

[1] Owen, D. B.: Handbook of statistical tables. Reading/MA: Addison-Wesley 1962, p. 321.

6 Testverfahren

6.1 Allgemeines

Die Wahrscheinlichkeitsverteilungen der Zufallsvariablen, welche das Verhalten der zu untersuchenden Merkmale in den Grundgesamtheiten beschreiben, aus denen je eine Stichprobe stammt, werden als *wahre* Wahrscheinlichkeitsverteilungen bezeichnet. Sie sind in den seltensten Fällen vollständig bekannt. Während mit den Methoden des Kapitels 5, dessen einführender Abschnitt 5.1 hier ebenfalls die Grundlage bildet, bestimmte Parameter dieser Wahrscheinlichkeitsverteilungen geschätzt werden, soll mit statistischen Tests entschieden werden, ob bestimmte Vermutungen über die Wahrscheinlichkeitsverteilungen oder ihre Parameter zutreffen oder nicht.

Vor Durchführung eines statistischen Tests hat man in der Regel mehr oder weniger detaillierte Informationen darüber, welche Wahrscheinlichkeitsverteilungen überhaupt als wahre Wahrscheinlichkeitsverteilungen in Frage kommen können (z. B. nur stetige Verteilungen oder nur Normalverteilungen oder nur Normalverteilungen mit einer bestimmten bekannten Varianz σ^2); diese werden als *zugelassene* Wahrscheinlichkeitsverteilungen bezeichnet.

Außerdem besteht die Arbeitshypothese, daß die wahre Wahrscheinlichkeitsverteilung nicht jede zugelassene, sondern nur eine unter ganz bestimmten der zugelassenen Wahrscheinlichkeitsverteilungen sein kann. Dieser Arbeitshypothese steht die Vermutung gegenüber, daß das nicht der Fall ist, daß also die wahre Wahrscheinlichkeitsverteilung nicht eine derjenigen unter der Arbeitshypothese ist. Die Arbeitshypothese wird als *Nullhypothese* H_0, die ihr entgegenstehende Vermutung als *Alternativhypothese* H_1 bezeichnet. Ist nur eine einzige Wahrscheinlichkeitsverteilung Gegenstand einer Hypothese, so heißt diese *einfach*, andernfalls *zusammengesetzt*.

Der statistische *Test* hat die Aufgabe, mit Hilfe der Stichprobenergebnisse eine Entscheidung darüber zu ermöglichen, ob die Nullhypothese H_0 oder die Alternativhypothese H_1 gilt. Dazu dient eine geeignete Stichprobenfunktion Y (vgl. Abschn. 5.3), die *Prüfgröße*.[1]

Der Wertebereich der Prüfgröße wird auf geeignete Weise durch *kritische Werte* in den *kritischen Bereich* (Ablehnbereich) und in den *nichtkritischen Bereich* (Annahmebereich) unterteilt. Fällt der aus einer Stichprobe (oder aus den Stichproben) ermittelte Wert der Prüfgröße, der *Prüfwert y*, in den kritischen Bereich, dann entscheidet man

---

[1] Die Bezeichnung 'Teststatistik' für die Prüfgröße als wörtliche Übersetzung der englischen Bezeichnung 'test statistic' wird nicht empfohlen, weil sie die Bedeutung der englischen Bezeichnung nicht wiedergibt.

6.1 Allgemeines

sich für die Alternativhypothese H_1 und spricht davon, daß die Nullhypothese H_0 zugunsten der Alternativhypothese H_1 verworfen wird. Fällt der Prüfwert y in den nichtkritischen Bereich, dann entscheidet man sich für die Nullhypothese H_0 und spricht davon, daß die Nullhypothese H_0 nicht zugunsten der Alternativhypothese H_1 verworfen wird.

Die Entscheidung, die sich bei der Durchführung eines Tests ergibt, basiert auf Stichprobenergebnissen und ist daher nicht in jedem Falle richtig. Der *Fehler 1. Art* ist das Verwerfen der Nullhypothese H_0, obwohl H_0 richtig ist. Der *Fehler 2. Art* ist das Nichtverwerfen der Nullhypothese H_0, obwohl H_0 falsch ist. Die Wahrscheinlichkeiten, mit denen diese Fehler begangen werden, hängen davon ab, welche die wahre Wahrscheinlichkeitsverteilung ist.

Testergebnis \ Realität	H_0 ist richtig (H_1 ist falsch)	H_1 ist richtig (H_0 ist falsch)
H_0 wird nicht zugunsten von H_1 verworfen (Entscheidung für H_0)	Richtige Entscheidung	Falsche Entscheidung: Fehler 2. Art
H_0 wird zugunsten von H_1 verworfen (Entscheidung für H_1)	Falsche Entscheidung: Fehler 1. Art	Richtige Entscheidung

(6.1.1)

Ist die Nullhypothese H_0 einfach, so läßt sich die dem Test eigene Wahrscheinlichkeit für den Fehler 1. Art, d.h. für das Verwerfen der Nullhypothese, wenn sie gilt, angeben. Diese Wahrscheinlichkeit heißt *Signifikanzniveau* α. Ist die Nullhypothese H_0 zusammengesetzt, dann läßt sich jeder Wahrscheinlichkeitsverteilung unter der Nullhypothese die Wahrscheinlichkeit für den Fehler 1. Art zuordnen. Das Signifikanzniveau α ist dann das Maximum (die kleinste obere Schranke) dieser Wahrscheinlichkeiten, also die maximale Wahrscheinlichkeit, den Fehler 1. Art zu begehen.

Meist gibt man das Signifikanzniveau α vor; die Größe richtet sich nach den Folgen des Fehlers 1. Art. Besonders üblich sind Werte $\alpha = 0,05$ und $\alpha = 0,01$. Dann besteht die Aufgabe darin, bei außerdem vorgegebenem Stichprobenumfang (vorgegebenen Stichprobenumfängen) den kritischen Bereich so festzulegen, daß das vorgegebene Signifikanzniveau α eingehalten wird und außerdem die Wahrscheinlichkeit für den Fehler 2. Art für bestimmte (oder für alle) Wahrscheinlichkeitsverteilungen (unter der Alternativhypothese) so klein wie möglich ist.

In vielen Fällen können die zugelassenen Wahrscheinlichkeitsverteilungen eindeutig durch einen Parameter ϑ gekennzeichnet werden.

Die den zugelassenen Wahrscheinlichkeitsverteilungen zugeordneten Parameterwerte werden dann als zugelassene Parameterwerte, die der Null- bzw. Alternativhypothese zugeordneten Parameterwerte als nullhypothetische bzw. alternativhypothetische Parameterwerte bezeichnet. Bilden die nullhypothetischen Parameterwerte *ein* Intervall (z.B. $\vartheta \leq \vartheta_0$), dem nur *ein* Intervall der alternativhypothetischen Parameterwerte gegenübersteht (z.B. $\vartheta > \vartheta_0$), dann heißt der Test *einseitig*; stehen dem *einen* Intervall der nullhypothetischen Parameterwerte (z.B. $\vartheta = \vartheta_0$) *zwei* Intervalle der alternativhypothetischen Parameterwerte gegenüber (z. B. $\vartheta > \vartheta_0$ und $\vartheta < \vartheta_0$, also $\vartheta \neq \vartheta_0$), dann heißt der Test *zweiseitig*.

Die Wahrscheinlichkeit für das Nichtverwerfen der Nullhypothese H_0 läßt sich als Funktion des Parameters ϑ ausdrücken; diese Funktion $L(\vartheta)$ heißt *Operations-Charakteristik (OC)* des Tests. Die Wahrscheinlichkeit für das Verwerfen der Nullhypothese H_0 als Funktion von ϑ heißt *Gütefunktion* $G(\vartheta)$ des Tests, und es gilt

$$G(\vartheta) = 1 - L(\vartheta). \tag{6.1.2}$$

Für jeden zur Nullhypothese gehörenden Parameterwert ϑ gibt $G(\vartheta)$ die Wahrscheinlichkeit für den Fehler 1. Art an. Ist die Nullhypothese H_0 einfach, dann gibt es nur einen zur Nullhypothese H_0 gehörenden Parameterwert $\vartheta = \vartheta_0$, und $G(\vartheta_0)$ ist das Signifikanzniveau α. Ist die Nullhypothese H_0 zusammengesetzt, dann ist das Signifikanzniveau α das Maximum (die kleinste obere Schranke) der Funktionswerte $G(\vartheta)$ unter der Nullhypothese H_0.

Für jeden zur Alternativhypothese H_1 gehörenden Parameterwert ϑ ist $L(\vartheta) = \beta$ die Wahrscheinlichkeit für den Fehler 2. Art; $G(\vartheta) = 1 - \beta$ heißt *Schärfe* des Tests.

Für viele der Tests dieses Kapitels sind zu den Signifikanzniveaus $\alpha = 0{,}05$ und $\alpha = 0{,}01$ die Operations-Charakteristiken $L(\vartheta)$ für verschiedene Stichprobenumfänge graphisch dargestellt.

Bei einem Test zu einem vorgegebenen Signifikanzniveau α und mit festgelegtem Stichprobenumfang (festgelegten Stichprobenumfängen) kann daran für einen zur Alternativhypothese H_1 gehörenden Parameterwert ϑ_1 direkt die Wahrscheinlichkeit $\beta = L(\vartheta_1)$ für den Fehler 2. Art abgelesen werden. Sind dagegen für einen Test das Signifikanzniveau α und zu einem zur Alternativhypothese H_1 gehörenden Parameterwert ϑ_1 die Wahrscheinlichkeit $\beta = L(\vartheta_1)$ für den Fehler 2. Art vorgeschrieben, dann kann der erforderliche Stichprobenumfang bzw. können die erforderlichen Stichprobenumfänge mit Hilfe der Operations-Charakteristik gefunden werden.

Bei manchen Tests ist die Operations-Charakteristik nicht eine Funktion des zu testenden Parameters allein, sondern hängt von anderen unbekannten Parametern ab. Hat man verläßliche Vorinformationen über die nicht zu testenden unbekannten Parameter, etwa in der Form von Intervallen, dann können mit den Grenzen dieser Intervalle auch Grenzen für die Wahrscheinlichkeit für den Fehler 2. Art in der Form $\beta_U \leq \beta \leq \beta_O$ bestimmt werden (vgl. Abschn. 6.7).

Ein Test heißt *verteilungsfrei* (nichtparametrisch), wenn die Verteilungsfunktion der Prüfgröße unter der Nullhypothese nicht von den zur Nullhypothese H_0 gehörenden Wahrscheinlichkeitsverteilungen abhängt. Ein solcher Test kann unter nur sehr schwachen Voraussetzungen angewendet werden, z. B. der Voraussetzung, daß eine stetige Zufallsvariable vorliegt oder daß die Verteilung der Zufallsvariablen symmetrisch ist. Hängt dagegen die Verteilungsfunktion der Prüfgröße unter der Nullhypothese von einer der zur Nullhypothese H_0 gehörenden Wahrscheinlichkeitsverteilungen ab, dann heißt der Test *verteilungsgebunden* (parametrisch). Das bedeutet praktisch, daß ein verteilungsgebundener Test das Vorliegen eines bestimmten Verteilungstyps der Zufallsvariablen voraussetzt, und es dann nur noch um das Testen von Hypothesen über bestimmte Parameter dieses Verteilungstyps geht.

Die in diesem Kapitel dargestellten verteilungsgebundenen und verteilungsfreien Tests sind nach den zu prüfenden Hypothesen einerseits und nach den zugelassenen Wahrscheinlichkeitsverteilungen andererseits geordnet.

Bei der Anwendung eines Tests geht man in folgenden Schritten vor:

1. Sachproblem formulieren
   a) Voraussetzungen klären,
   b) Nullhypothese H_0 und Alternativhypothese H_1 aufstellen.
2. Zu verwendendes Testverfahren auswählen.
3. Signifikanzniveau α festlegen (unter Berücksichtigung der Folgen des Fehlers 1. Art).
4. Stichprobenumfang (Stichprobenumfänge) festlegen.
   Falls die Operations-Charakteristik des Tests bekannt ist, kann diese Festlegung so erfolgen, daß für eine bestimmte Wahrscheinlichkeitsverteilung unter der Alternativhypothese eine vorgegebene Wahrscheinlichkeit für den Fehler 2. Art eingehalten wird.
5. Wirksamkeit des Tests anhand seiner Operations-Charakteristik beurteilen (falls diese bekannt ist).
6. Stichprobe (Stichproben) ziehen und Beobachtungswerte gewinnen.
7. Prüfwert errechnen.
8. Entscheidungsregel (Vergleich des Prüfwertes mit dem kritischen Wert oder den kritischen Werten) anwenden.
9. Entscheidungsergebnis interpretieren.

6.2 Tests auf Zufälligkeit

Iterationstest (Run-Test)

Der Test ist anwendbar, wenn eine Folge von n Alternativdaten (bezeichnet mit $+$ und $-$) vorliegt.

Eine Folge von n Beobachtungswerten x_i ($i = 1, 2, \ldots, n$) kann in eine Folge von Alternativdaten verwandelt werden, indem der Median $\tilde{x}$ nach (5.1.19) bestimmt und der Beobachtungswert x_i durch $+$ ersetzt wird, wenn $x_i > \tilde{x}$ ist, und durch $-$, wenn $x_i \leq \tilde{x}$ ist.

Nullhypothese H_0: Die Reihenfolge der Alternativdaten ist zufällig.
Alternativhypothese H_1: Die Reihenfolge der Alternativdaten ist nicht zufällig (die Vorzeichenwechsel sind 'zu häufig' oder 'zu selten').

Die Zahl der positiven Vorzeichen sei n_1, die der negativen Vorzeichen n_2.

Als Iteration (Run) wird eine Folge von gleichartigen Vorzeichen bezeichnet. Prüfwert ist die Anzahl r der Iterationen.

Alternativhypothese H_1	Die Nullhypothese H_0 wird verworfen für	
	Prüfwert	kritischer Wert zum Signifikanzniveau α
Vorzeichenwechsel 'zu häufig' (einseitig)	r	$> r_{n_1; n_2; 1-\alpha}$
Vorzeichenwechsel 'zu selten' (einseitig)	r	$< r_{n_1; n_2; \alpha}$
Vorzeichenwechsel 'zu häufig' oder 'zu selten' (zweiseitig)	r	$> r_{n_1; n_2; 1-\alpha/2}$ oder $< r_{n_1; n_2; \alpha/2}$

(6.2.1)

Zahlenwerte für $r_{n_1; n_2; 0,5\%}$, $r_{n_1; n_2; 1\%}$, $r_{n_1; n_2; 2,5\%}$, $r_{n_1; n_2; 5\%}$, $r_{n_1; n_2; 95\%}$, $r_{n_1; n_2; 97,5\%}$, $r_{n_1; n_2; 99\%}$ und $r_{n_1; n_2; 99,5\%}$ für $n_1 \leq 20$ und $n_2 \leq 20$ entnimmt man Tab. 6.1-6.4.

Wenn kein Tabellenwert angegeben ist, kann die Nullhypothese H_0 nicht verworfen werden. Für $n_1 > 20$ oder $n_2 > 20$ gilt näherungsweise

$$r_{n_1; n_2; p} \approx \frac{2n_1 n_2}{n_1 + n_2} + 1 + u_p \sqrt{\frac{2n_1 n_2 (2n_1 n_2 - n_1 - n_2)}{(n_1 + n_2)^2 (n_1 + n_2 - 1)}} \quad (6.2.2)$$

Zahlenwerte für u_p s. Tab. C 3.

Test von Wallis und Moore

Eine Folge von n Beobachtungswerten x_i ($i = 1, 2, \ldots, n$) aus einer stetigen Verteilung liegt vor.

Nullhypothese H_0:   Die Reihenfolge der Beobachtungswerte ist zufällig.
Alternativhypothese H_1: Die Reihenfolge der Beobachtungswerte ist nicht zufällig: Plusphasen von Beobachtungswerten (bei denen jeder folgende Beobachtungswert größer ist als der vorhergehende) und Minusphasen (bei denen jeder folgende Beobachtungswert kleiner ist als der vorhergehende) kommen 'zu häufig' oder 'zu selten' vor.

Man bildet die Folge der $n - 1$ Differenzen

$$d_i = x_i - x_{i-1}; \quad i = 2, \ldots, n \quad (6.2.3)$$

und ersetzt d_i durch +, falls $d_i > 0$, durch −, falls $d_i < 0$ und durch 0, falls $d_i = 0$. Als Iteration (Run) wird eine Folge von gleichartigen Vorzeichen bezeichnet; z ist die Anzahl der Iterationen.

Treten in der Vorzeichenfolge Nullen auf, dann wird folgendermaßen verfahren:

a) Nullen zwischen verschiedenen Vorzeichen werden fortgelassen.
b) Nullen zwischen gleichen Vorzeichen werden zuerst durch das angrenzende Vorzeichen ersetzt und die Anzahl z_1 der Iterationen ermittelt, danach durch das nicht angrenzende Vorzeichen ersetzt und die Anzahl z_2 der Iterationen ermittelt. Die

6.2 Tests auf Zufälligkeit

Tab. 6.1. Kritische Werte $r_{n_1;n_2;5\%}$ (links) und $r_{n_1;n_2;95\%}$ (rechts) für den Iterationstest (Run-Test)

n_2\\n_1	2	3	4	5	6	7	8	9	10	11	12	13	14	15	16	17	18	19	20
2	/4	/5	/5	/5	/5	/5	3/5	3/5	3/5	3/5	3/5	3/5	3/5	3/5	3/5	3/5	3/5	3/5	3/5
3	/5	/6	/6	3/7	3/7	3/7	3/7	3/7	4/7	4/7	4/7	4/7	4/7	4/7	4/7	4/7	4/7	4/7	4/7
4	/5	/6	3/7	3/8	4/8	4/8	4/9	4/9	4/9	4/9	5/9	5/9	5/9	5/9	5/9	5/9	5/9	5/9	5/9
5	/5	3/7	3/8	4/8	4/9	4/9	4/10	5/10	5/10	5/11	5/11	5/11	6/11	6/11	6/11	6/11	6/11	6/11	6/11
6	/5	3/7	4/8	4/9	4/10	5/10	5/11	5/11	6/11	6/12	6/12	6/12	6/12	6/13	6/13	7/13	7/13	7/13	7/13
7	/5	3/7	4/8	4/9	5/10	5/11	5/12	6/12	6/13	6/13	7/13	7/13	7/14	7/14	7/14	8/14	8/14	8/14	8/14
8	3/5	3/7	4/9	4/10	5/11	5/12	6/12	6/13	7/13	7/14	7/14	8/15	8/15	8/15	8/15	9/15	9/15	9/15	9/16
9	3/5	3/7	4/9	5/10	5/11	6/12	6/13	7/13	7/14	7/15	8/15	8/16	9/16	9/16	9/17	9/17	9/17	10/17	10/17
10	3/5	4/7	4/9	5/10	6/11	6/12	7/13	7/14	7/15	8/15	8/16	8/16	9/16	9/17	10/17	10/18	10/18	10/18	10/18
11	3/5	4/7	4/9	5/11	6/12	6/13	7/14	7/14	8/15	8/16	9/16	9/17	9/17	10/18	10/18	10/18	11/19	11/19	11/19
12	3/5	4/7	5/9	5/11	6/12	7/13	7/14	8/15	8/16	9/16	9/17	9/17	10/18	10/18	10/19	10/19	11/20	11/20	12/20
13	3/5	4/7	5/9	5/11	6/12	7/13	7/14	8/15	8/16	9/16	9/17	10/18	10/18	10/19	11/19	11/20	11/20	12/21	12/21
14	3/5	4/7	5/9	5/11	6/12	7/13	7/14	8/16	9/16	9/17	10/17	10/18	10/19	11/19	11/20	11/20	12/21	12/21	13/22
15	3/5	4/7	5/9	6/11	6/12	7/13	8/15	8/16	9/16	9/17	10/18	10/18	11/19	11/20	11/20	12/20	12/21	13/22	13/23
16	3/5	4/7	5/9	6/11	7/13	7/13	8/15	9/16	9/17	10/18	10/18	11/19	11/20	11/20	12/21	12/21	13/22	13/22	13/23
17	3/5	4/7	5/9	6/11	7/13	8/14	8/15	9/16	10/17	10/18	11/19	11/20	11/20	12/21	12/21	13/22	13/23	13/23	14/24
18	3/5	4/7	5/9	6/11	7/13	8/14	8/15	9/17	10/18	10/19	11/19	11/20	12/21	12/21	13/22	13/23	13/23	14/24	14/24
19	3/5	4/7	5/9	6/11	7/13	8/14	9/15	9/17	10/18	11/19	11/20	12/21	12/21	13/22	13/23	14/23	14/24	15/24	15/25
20	3/5	4/7	5/9	6/11	7/13	8/14	9/16	10/17	10/18	11/19	12/20	12/21	13/22	13/23	14/24	14/24	15/25	15/26	16/26

Tab. 6.2. Kritische Werte $r_{n_1;n_2;2,5\%}$ (links) und $r_{n_1;n_2;97,5\%}$ (rechts) für den Iterationstest (Run-Test)

n_1\n_2	2	3	4	5	6	7	8	9	10	11	12	13	14	15	16	17	18	19	20
2	/4	/5	/5	/5	/5	/5	/5	/5	/5	/5	3/5	3/5	3/5	3/5	3/5	3/5	3/5	3/5	3/5
3	/5	/6	/7	/7	3/7	3/7	3/7	3/7	3/7	3/7	3/7	3/7	3/7	4/7	4/7	4/7	4/7	4/7	4/7
4	/5	/7	/8	3/8	3/8	3/9	3/9	4/9	4/9	4/9	4/9	4/9	4/9	4/9	5/9	5/9	5/9	5/9	5/9
5	/5	/7	3/8	3/9	4/9	4/10	4/10	4/11	4/11	5/11	5/11	5/11	5/11	5/11	5/11	5/11	6/11	6/11	6/11
6	/5	3/7	3/8	4/9	4/10	4/11	4/11	5/12	5/12	5/12	6/13	6/13	6/13	6/13	6/13	7/13	7/13	7/13	7/13
7	/5	3/7	3/9	4/10	4/10	5/11	5/12	5/13	5/13	6/13	6/13	6/14	6/14	7/14	7/15	7/15	7/15	7/15	7/15
8	/5	3/7	3/9	4/10	4/11	5/12	5/13	6/13	6/14	6/14	7/15	7/15	7/15	7/16	8/16	8/16	8/16	8/16	8/16
9	/5	3/7	4/9	4/11	5/12	5/13	6/13	6/14	6/14	7/15	7/15	7/16	7/16	8/16	8/17	8/17	8/17	9/17	9/17
10	/5	3/7	4/9	4/11	5/12	5/13	6/14	6/15	7/15	7/16	7/16	8/16	8/17	8/17	9/18	9/18	9/18	9/19	10/19
11	/5	3/7	4/9	5/11	5/12	6/13	6/14	7/15	7/16	7/16	8/17	8/17	8/18	9/18	9/19	9/19	10/19	10/20	10/20
12	3/5	3/7	4/9	5/11	5/12	6/13	6/14	7/15	7/16	8/17	8/17	8/18	9/18	9/19	10/19	10/20	10/20	11/21	11/21
13	3/5	3/7	4/9	5/11	5/12	6/13	6/14	7/15	8/16	8/17	8/18	9/18	9/19	10/19	10/20	11/20	11/21	11/22	11/22
14	3/5	3/7	4/9	5/11	6/13	6/14	7/15	7/16	8/16	8/17	8/18	9/18	9/19	10/19	10/20	11/21	11/21	11/22	12/22
15	3/5	4/7	4/9	5/11	6/13	7/14	7/15	8/16	8/17	9/18	9/18	9/19	10/19	10/20	11/21	11/21	12/22	12/22	12/23
16	3/5	4/7	5/9	5/11	6/13	7/15	7/15	7/16	8/17	8/17	9/18	9/19	10/20	10/20	11/21	11/22	12/22	12/23	13/23
17	3/5	4/7	5/9	5/11	6/13	7/15	7/16	8/17	9/17	9/18	10/19	10/20	11/20	11/21	11/22	12/22	12/23	12/23	13/24
18	3/5	4/7	5/9	5/11	6/13	7/15	8/16	8/17	9/18	9/19	10/20	10/20	11/21	11/22	12/22	12/23	13/23	13/24	14/25
19	3/5	4/7	5/9	6/11	7/13	7/15	8/16	9/17	9/18	10/19	10/20	11/21	11/22	12/22	12/23	12/23	13/24	14/25	14/26
20	3/5	4/7	5/9	6/11	7/13	7/15	8/16	9/17	10/19	10/20	11/21	11/22	12/23	13/23	13/24	14/25	14/25	14/26	15/27

Tab. 6.3. Kritische Werte $r_{n_1;n_2;1\%}$ (links) und $r_{n_1;n_2;99\%}$ (rechts) für den Iterationstest (Run-Test)

n_1 \ n_2	2	3	4	5	6	7	8	9	10	11	12	13	14	15	16	17	18	19	20
2	/4	/5	/5	/5	/5	/5	/5	/5	/5	/5	/5	/5	/5	/5	/5	/5	/5	/5	3/5
3	/5	/6	/7	/7	/7	/7	/7	3/7	3/7	3/7	3/7	3/7	3/7	3/7	3/7	3/7	3/7	3/7	3/7
4	/5	/7	/7	/8	3/9	3/9	3/9	3/9	3/9	3/9	4/9	4/9	4/9	4/9	4/9	4/9	4/9	4/9	4/9
5	/5	/7	/8	3/9	3/10	3/10	3/11	3/11	4/11	4/11	4/11	4/11	4/11	5/11	5/11	5/11	5/11	5/11	5/11
6	/5	/7	3/9	3/10	3/11	4/11	4/12	4/12	4/13	5/13	5/13	5/13	5/13	5/13	5/13	6/13	6/13	6/13	6/13
7	/5	/7	3/9	3/10	4/11	4/12	4/13	5/13	5/14	5/14	5/14	6/15	6/15	6/15	6/15	6/15	6/15	7/15	7/15
8	/5	/7	3/9	3/11	4/12	4/13	5/13	5/14	5/14	6/15	6/16	6/16	7/17	7/17	7/17	7/17	7/17	7/17	7/17
9	/5	3/7	3/9	4/11	4/12	5/13	5/14	6/15	6/16	6/17	7/17	7/18	7/18	8/18	8/19	8/19	8/19	9/19	9/19
10	/5	3/7	3/9	4/11	4/13	5/14	6/15	6/16	6/17	7/17	7/18	8/18	8/19	8/19	8/19	9/20	9/20	9/20	9/21
11	/5	3/7	3/9	4/11	5/13	5/14	6/15	6/16	7/17	7/18	8/18	8/19	8/19	9/20	9/20	9/21	9/21	9/21	9/21
12	/5	3/7	4/9	4/11	5/13	5/14	6/15	7/17	7/18	7/18	8/19	8/19	8/20	8/20	9/21	9/21	9/21	10/22	10/22
13	/5	3/7	4/9	4/11	5/13	6/15	6/16	7/17	7/18	8/19	8/19	8/20	9/20	9/21	9/21	10/22	10/22	10/23	10/22
14	/5	3/7	4/9	4/11	5/13	6/15	6/16	7/17	8/18	8/19	9/20	9/20	9/21	9/21	10/22	10/23	10/23	11/23	11/23
15	/5	3/7	4/9	4/11	5/13	6/15	6/16	7/17	8/18	8/19	9/20	9/21	9/22	10/22	10/23	11/23	11/23	11/24	11/24
16	/5	3/7	4/9	5/11	5/13	6/15	6/16	8/18	8/19	8/20	9/21	10/22	10/23	10/23	11/23	11/24	11/24	12/25	12/25
17	/5	3/7	4/9	5/11	6/13	6/15	7/16	8/18	8/19	9/20	9/21	10/22	10/23	11/23	11/24	11/24	12/25	12/26	12/26
18	/5	3/7	4/9	5/11	6/13	6/15	7/17	8/18	8/19	9/20	10/22	10/23	11/23	11/24	11/25	12/25	12/26	12/26	12/26
19	3/5	3/7	4/9	5/11	6/13	7/15	7/17	8/18	9/19	9/21	10/22	10/23	11/23	11/24	12/25	12/26	13/26	13/27	13/27
20	3/5	3/7	4/9	5/11	6/13	7/15	7/17	8/18	9/19	9/21	10/22	11/23	11/24	12/25	12/25	12/26	13/27	13/28	14/28

Tab. 6.4. Kritische Werte $r_{n_1;n_2;0,5\%}$ (links) und $r_{n_1;n_2;99,5\%}$ (rechts) für den Iterationstest (Run-Test)

n_1 \ n_2	2	3	4	5	6	7	8	9	10	11	12	13	14	15	16	17	18	19	20
2	/4	/5	/5	/5	/5	/5	/5	/5	/5	/5	/5	/5	/5	/5	/5	/5	/5	/5	/5
3	/5	/6	/7	/7	/7	/7	/7	/7	/7	/7	/7	/7	3/7	3/7	3/7	3/7	3/7	3/7	3/7
4	/5	/7	/8	/9	/9	/9	/9	3/9	3/9	3/9	3/9	3/9	3/9	4/9	4/9	4/9	4/9	4/9	4/9
5	/5	/7	/9	/10	3/10	3/11	3/11	3/11	4/11	4/11	4/11	4/11	4/11	4/11	4/11	4/11	5/11	5/11	5/11
6	/5	/7	/9	3/10	3/11	3/12	4/12	4/13	4/13	4/13	4/13	4/13	5/13	5/13	5/13	5/13	5/13	5/13	5/13
7	/5	/7	/9	3/11	3/12	4/12	4/13	4/13	5/14	5/14	5/15	5/15	5/15	6/15	6/15	6/15	6/15	6/15	6/15
8	/5	/7	3/9	3/11	4/12	4/13	4/14	4/14	5/15	5/15	6/16	6/16	6/17	6/17	6/17	7/17	7/17	7/17	7/17
9	/5	/7	3/9	3/11	4/13	4/14	4/14	5/15	5/16	6/16	6/17	6/18	7/18	7/18	7/18	7/18	7/19	7/19	8/19
10	/5	/7	3/9	4/11	4/13	4/14	5/15	5/16	6/16	6/17	6/18	7/18	7/19	7/19	8/19	8/19	8/20	8/20	8/20
11	/5	/7	3/9	4/11	4/13	5/14	5/15	6/16	6/17	7/18	7/19	7/19	8/20	8/20	8/21	8/21	8/21	9/21	9/21
12	/5	3/7	3/9	4/11	4/13	5/15	5/15	6/16	6/17	7/18	7/19	7/20	8/20	8/21	8/21	9/21	9/22	9/22	9/22
13	/5	3/7	3/9	4/11	4/13	5/15	6/16	6/17	7/18	7/19	8/20	8/21	8/21	8/21	9/22	9/22	9/23	10/23	10/23
14	/5	3/7	3/9	4/11	5/13	5/15	6/16	6/17	7/18	7/19	8/20	8/21	8/22	9/22	9/23	9/23	10/24	10/24	10/24
15	/5	3/7	3/9	4/11	5/13	5/15	6/17	7/18	7/19	8/20	8/21	9/22	9/23	9/23	10/24	10/24	10/24	11/25	11/25
16	/5	3/7	4/9	4/11	5/13	6/15	6/17	7/18	7/19	8/20	8/21	9/22	9/23	10/23	10/24	10/25	11/25	11/26	11/26
17	/5	3/7	4/9	4/11	5/13	6/15	6/17	7/18	8/19	8/21	9/21	9/22	9/23	10/24	10/25	11/25	11/26	11/26	12/27
18	/5	3/7	4/9	5/11	5/13	6/15	7/17	7/19	8/20	8/21	9/22	10/23	10/24	11/25	11/26	11/26	12/26	12/27	12/28
19	/5	3/7	4/9	5/11	5/13	6/15	7/17	7/19	8/20	9/21	9/22	10/23	10/24	11/25	11/26	12/27	12/27	12/28	13/28
20	/5	3/7	4/9	5/11	5/13	6/15	7/17	8/19	8/20	9/21	9/22	10/23	10/24	11/25	11/26	12/27	12/28	13/28	13/29

Tab. 6.5. Die Verteilungsfunktion $F(z)$ der Anzahl der Iterationen beim Test von Wallis und Moore[1] für $n \leq 25$

n\z	2	3	4	5	6	7	8	9	10	11	12	13	14	15	16	17	18	19	20	21	22	23	24	25
1	1,0000	0,3333	0,0833	0,0167	0,0028	0,0004	0,0000	0,0000	0,0000	0,0000	0,0000	0,0000	0,0000	0,0000	0,0000	0,0000	0,0000	0,0000	0,0000	0,0000	0,0000	0,0000	0,0000	0,0000
2		1,0000	0,5833	,2500	,0861	,0250	,0063	,0014	,0003	,0001	,0000	,0000	,0000	,0000	,0000	,0000	,0000	,0000	,0000	,0000	,0000	,0000	,0000	,0000
3			1,0000	0,7333	,4139	,1909	,0749	,0257	,0079	,0022	,0005	,0001	,0000	,0000	,0000	,0000	,0000	,0000	,0000	,0000	,0000	,0000	,0000	,0000
4				1,0000	0,8306	,5583	,3124	,1500	,0633	,0239	,0082	,0026	,0007	,0002	,0001	,0000	,0000	,0000	,0000	,0000	,0000	,0000	,0000	,0000
5					1,0000	0,8921	,6750	,4347	,2427	,1196	,0529	,0213	,0079	,0027	,0009	,0003	,0001	,0000	,0000	,0000	,0000	,0000	,0000	,0000
6						1,0000	0,9313	,7653	,5476	,3438	,1918	,0964	,0441	,0186	,0072	,0026	,0009	,0003	,0001	,0000	,0000	,0000	,0000	,0000
7							1,0000	0,9563	,8329	,6460	,4453	,2749	,1534	,0782	,0367	,0160	,0065	,0025	,0009	,0003	,0001	,0000	,0000	,0000
8								1,0000	0,9722	,8823	,7280	,5413	,3633	,2216	,1238	,0638	,0306	,0137	,0058	,0023	,0009	,0003	,0001	,0000
9									1,0000	0,9823	,9179	,7942	,6278	,4520	,2975	,1799	,1006	,0523	,0255	,0117	,0050	,0021	,0008	,0003
10										1,0000	0,9887	,9432	,8464	,7030	,5369	,3770	,2443	,1467	,0821	,0431	,0213	,0099	,0044	,0018
11											1,0000	,9609	,8866	,7665	,6150	,4568	,3144	,2012	,1202	,0674	,0356	,0177	,0084
12												1,0000	0,9928	,9733	,9172	,8188	,6848	,5337	,3873	,2622	,1661	,0988	,0554	,0294
13													1,0000	0,9954	,9818	,9400	,8611	,7454	,6055	,4603	,3276	,2188	,1374	,0815
14														1,0000	0,9971	,9877	,9569	,8945	,7969	,6707	,5312	,3953	,2768	,1827
15															1,0000	0,9981	,9917	,9692	,9207	,8398	,7286	,5980	,4631	,3384
16																1,0000	0,9988	,9944	,9782	,9409	,8749	,7789	,6595	,5292
17																	1,0000	0,9992	,9962	,9782	,9563	,9032	,8217	,7148
18																		1,0000	0,9995	,9962	,9846	,9563	,9032	,8577
19																			1,0000	0,9997	,9975	,9892	,9679	,9258	,9436
20																				1,0000	0,9998	,9983	,9924	,9765	,9830
21																					1,0000	0,9999	,9989	,9947	,9963
22																						1,0000	0,9999	,9993	,9995
23																							1,0000	1,0000	1,0000
24																								1,0000	1,0000

[1] Edgington, E.S.: Probability table for number of runs of signs of first differences in ordered series. J. Am. Stat. Assoc. 56 (1961) 156–159.

Nullhypothese H_0 wird dann verworfen, falls sie sowohl mit z_1 als auch mit z_2 verworfen wird.

Prüfwert ist der Wert $F(z)$ (bzw. $F(z_1)$ und $F(z_2)$) der Verteilungsfunktion von Z.
Zahlenwerte für $F(z)$ für $n \leq 25$ s. Tab. 6.5.
Für $n > 25$ gilt näherungsweise

$$F(z) \approx \Phi\left(\frac{z - [(2n-1)/3]}{\sqrt{\frac{(16n-29)}{90}}}\right). \qquad (6.2.4)$$

Zahlenwerte für $\Phi(\cdot)$ s. Tab. C 2.

Alternativhypothese H_1	Die Nullhypothese H_0 wird verworfen für	
	Prüfwert	kritischer Wert zum Signifikanzniveau α
Plusphasen und Minusphasen 'zu häufig' (einseitig)	$F(z)$	$> 1 - \alpha$
Plusphasen und Minusphasen 'zu selten' (einseitig)	$F(z)$	$< \alpha$
Plusphasen und Minusphasen 'zu häufig' oder 'zu selten' (zweiseitig)	$F(z)$	$> 1 - \alpha/2$ oder $< \alpha/2$

(6.2.5)

6.3 Anpassungstests

Eine Stichprobe vom Umfang n aus einer Verteilung einer Zufallsvariablen X mit der unbekannten wahren Verteilungsfunktion $F(x)$ liegt vor.

Problem 1 (einfache Nullhypothese)

Nullhypothese H_0: $F(x) = F_0(x)$ für alle x, wobei $F_0(x)$ eine bestimmte, vollständig spezifizierte Verteilungsfunktion ist;
Alternativhypothese H_1: $F(x) \neq F_0(x)$ für mindestens ein x, d.h. die wahre Verteilungsfunktion $F(x)$ stimmt nicht vollständig mit $F_0(x)$ überein.

Problem 2 (zusammengesetzte Nullhypothese)

Nullhypothese H_0: $F(x) = F_0(x)$ für alle x, wobei $F_0(x)$ eine Verteilungsfunktion eines bestimmten Verteilungstyps ist, bei der a ($a = 1, 2, \ldots$) Parameter unbekannt sind;
Alternativhypothese H_1: $F(x) \neq F_0(x)$ für mindestens ein x, d.h. die wahre Verteilungsfunktion $F(x)$ stimmt mit keiner Verteilungsfunktion des Typs $F_0(x)$ vollständig überein.

χ^2-Test und Kolmogoroff-Smirnoff-Einstichprobentest sind Tests, mit denen die Anpassung an jede vorgegebene Verteilung geprüft werden kann, während die folgenden Tests nur die Prüfung auf Normalverteilung bzw. Poisson-Verteilung gestatten. Der

6.3 Anpassungstests

χ^2-Test setzt Klasseneinteilung voraus, während der Kolmogoroff-Smirnoff-Einstichprobentest die Einzelwerte der Stichprobe benötigt. Der letztere gestattet im übrigen nur die Prüfung auf Anpassung an eine vollständig spezifizierte Verteilung (Problem 1).

Zur Prüfung auf Normalverteilung sollten der Kolmogoroff-Smirnoff-Lilliefors-Test, vorzugsweise jedoch der Shapiro-Wilk-Test (oder bei größeren Stichproben der d'Agostino-Test) oder der $(\sqrt{b_1}, b_2)$-Test zur Anwendung kommen, weil diese wirksamer sind als χ^2-Test und Kolmogoroff-Smirnoff-Einstichprobentest. Der Shapiro-Wilk-Test läßt sich vollständig numerisch durchführen, während der $(\sqrt{b_1}, b_2)$-Test die Benutzung der Abb. 6.1 oder 6.2 erfordert, ansonsten aber einfacher durchzuführen ist. Der Kolmogoroff-Smirnoff-Lilliefors-Test ist weniger wirksam als die beiden anderen, läßt sich aber vollständig numerisch oder auch graphisch (etwa im Wahrscheinlichkeitsnetz) durchführen.

Alle numerischen Tests auf Normalverteilung sollten durch eine Auswertung im Wahrscheinlichkeitsnetz ergänzt werden; vgl. Beispiel 8.

χ^2-Test

Voraussetzung:
X ist eine diskrete Zufallsvariable, für die k verschiedene Werte $x_1, x_2, ..., x_k$ mit den absoluten Häufigkeiten $n_1, n_2, ..., n_k$ vorliegen, oder eine stetige Zufallsvariable, für die eine Klasseneinteilung mit k Klassen mit den absoluten Häufigkeiten $n_1, n_2, ..., n_k$ vorliegt (vgl. Abschn. 5.1.1 und 5.2).

$v_1, v_2, ..., v_k$ seien die bei Gültigkeit der Nullhypothese $F(x) = F_0(x)$ zu erwartenden absoluten Häufigkeiten.

Einschränkung:
a) für $k = 2$ müssen die zu erwartenden absoluten Häufigkeiten v_1 und v_2 beide größer als 5 sein.
b) für $k > 2$ müssen alle $v_j (j = 1, ..., k)$ größer als 1 sein; höchstens 20% der v_j dürfen kleiner als 5 sein.

Diese Bedingung läßt sich oft durch Zusammenfassen der absoluten Häufigkeiten verschiedener Werte bzw. Klassen erreichen; k sei dann die verbleibende Zahl von Werten bzw. Klassen.

Die Nullhypothese $H_0: F(x) = F_0(x)$ wird verworfen für

$$\sum_{j=1}^{k} \frac{(n_j - v_j)^2}{v_j} > \chi^2_{f; 1-\alpha} \quad \text{mit } f = k - a - 1, \tag{6.3.1}$$

wobei a die Anzahl der geschätzten Parameter von $F_0(x)$ ist; bei Problem 1 (einfache Nullhypothese) ist $a = 0$.

Zahlenwerte für $\chi^2_{f; 1-\alpha}$ s. Tab. C 5.

Kolmogoroff-Smirnoff-Einstichprobentest

Voraussetzungen:
1. X ist eine stetige Zufallsvariable.[1]
2. Problem 1 (einfache Nullhypothese), d. h. die Verteilungsfunktion $F_0(x)$ ist vollständig spezifiziert.[1]

$\hat{F}(x)$ sei die empirische Verteilungsfunktion nach (5.1.2).

Alternativhypothese H_1	Die Nullhypothese $H_0: F(x) = F_0(x)$ wird verworfen für	
	Prüfwert	kritischer Wert zum Signifikanzniveau α
$F(x) > F_0(x)$ (einseitig)	$\Delta^+ = \max_{\text{über alle } x} \{\hat{F}(x) - F_0(x)\}$	$> \Delta_{n;1-\alpha}$
$F(x) < F_0(x)$ (einseitig)	$\Delta^- = \min_{\text{über alle } x} \{\hat{F}(x) - F_0(x)\}$	$< -\Delta_{n;1-\alpha}$
$F(x) \neq F_0(x)$ (zweiseitig)	$\Delta = \max_{\text{über alle } x} |\hat{F}(x) - F_0(x)|$	$> \Delta_{n;1-\alpha/2}$

(6.3.2)

Zahlenwerte für $\Delta_{n;p}$ (mit $p = 1 - \alpha$ bzw. $p = 1 - \alpha/2$) s. Tab. 6.6.

Für $n > 35$ sind die in Tab. 6.6 angegebenen Werte

$$\Delta_{n;p} \approx \lambda_p / \sqrt{n} \tag{6.3.3}$$

zu benutzen, wobei für $p > 0{,}5$ in guter Näherung

$$\lambda_p \approx \sqrt{\tfrac{1}{2} \ln \frac{1}{1-p}} \tag{6.3.4}$$

gilt.

Für $n > 8$ und $0{,}005 \leq \alpha \leq 0{,}1$ gilt näherungsweise

$$\Delta_{n;p} \approx \sqrt{\frac{-\ln(1-p)}{2n}} - \frac{0{,}16693}{n} - 0{,}025864 \left(\frac{-\ln(1-p)}{n}\right)^{3/2}$$

$$+ 0{,}0028575 [\ln(1-p)]^2 n^{-3/2} - 0{,}08467(1-p) n^{-3/2} - 0{,}11143 n^{-3/2}. \tag{6.3.5}$$

Da das Maximum bzw. Minimum von $\hat{F}(x) - F_0(x)$ an einer der Sprungstellen von $\hat{F}(x)$ angenommen wird, gilt mit den geordneten Beobachtungswerten $x_{(i)}$ ($i = 1, \ldots, n$) der Stichprobe nach (5.1.1.)

$$\Delta^+ = \max_{i=1,\ldots,n} \left\{ \frac{i-1}{n} - F_0(x_{(i)}); \; \frac{i}{n} - F_0(x_{(i)}) \right\},$$

$$\Delta^- = \min_{i=1,\ldots,n} \left\{ \frac{i-1}{n} - F_0(x_{(i)}); \; \frac{i}{n} - F_0(x_{(i)}) \right\}, \tag{6.3.6}$$

$$\Delta = \max_{i=1,\ldots,n} \left\{ \left|\frac{i-1}{n} - F_0(x_{(i)})\right|; \; \left|\frac{i}{n} - F_0(x_{(i)})\right| \right\}.$$

---

[1] Der Test ist auch bei diskreten Verteilungen oder bei Problem 2 (zusammengesetzte Nullhypothese) anwendbar; er arbeitet dann konservativ, d. h. das Signifikanzniveau verringert sich gegenüber dem festgelegten Wert α.

Tab. 6.6. Kritische Werte $\Delta_{n;p}$ zum Kolmogoroff-Smirnoff-Einstichprobentest[1]

n	p				
	0,90	0,95	0,975	0,99	0,995
1	0,900	0,950	0,975	0,990	0,995
2	,684	,776	,842	,900	,929
3	,565	,636	,708	,785	,829
4	,493	,565	,624	,689	,734
5	,447	,509	,563	,627	,669
6	0,410	0,468	0,519	0,577	0,617
7	,381	,436	,483	,538	,576
8	,358	,410	,454	,507	,542
9	,339	,387	,430	,480	,513
10	,323	,369	,409	,457	,489
11	0,308	0,352	0,391	0,437	0,468
12	,296	,338	,375	,419	,449
13	,285	,325	,361	,404	,432
14	,275	,314	,349	,390	,418
15	,266	,304	,338	,377	,404
16	0,258	0,295	0,327	0,366	0,392
17	,250	,286	,318	,355	,381
18	,244	,279	,309	,346	,371
19	,237	,271	,301	,337	,361
20	,232	,265	,294	,329	,352
21	0,226	0,259	0,287	0,321	0,344
22	,221	,253	,281	,314	,337
23	,216	,247	,275	,307	,330
24	,212	,242	,269	,301	,323
25	,208	,238	,264	,295	,317
26	0,204	0,233	0,259	0,290	0,311
27	,200	,229	,254	,284	,305
28	,197	,225	,250	,279	,300
29	,193	,221	,246	,275	,295
30	,190	,218	,242	,270	,290
31	0,187	0,214	0,238	0,266	0,285
32	,184	,211	,234	,262	,281
33	,182	,208	,231	,258	,277
34	,179	,205	,227	,254	,273
35	,177	,202	,224	,251	,269
Näherung für $n > 35$	$\dfrac{1{,}07}{\sqrt{n}}$	$\dfrac{1{,}22}{\sqrt{n}}$	$\dfrac{1{,}36}{\sqrt{n}}$	$\dfrac{1{,}52}{\sqrt{n}}$	$\dfrac{1{,}63}{\sqrt{n}}$

[1] Miller, L.H.: Table of percentage points of Kolmogorov statistics. J. Am. Stat. Ass. 51 (1956) 111.

Tab. 6.7. Kritische Werte $\Delta^*_{n;p}$ zum Kolmogoroff-Smirnoff-Lilliefors-Test auf Normalverteilung[2]

n	p				
	0,80	0,85	0,90	0,95	0,99
4	0,300	0,319	0,352	0,381	0,417
5	,285	,299	,315	,337	,405
6	0,265	0,277	0,294	0,319	0,364
7	,247	,258	,276	,300	,348
8	,233	,244	,261	,285	,331
9	,223	,233	,249	,271	,311
10	,215	,224	,239	,258	,294
11	0,206	0,217	0,230	0,249	0,284
12	,199	,212	,223	,242	,275
13	,190	,202	,214	,234	,268
14	,183	,194	,207	,227	,261
15	,177	,187	,201	,220	,257
16	0,173	0,182	0,195	0,213	0,250
17	,169	,177	,189	,206	,245
18	,166	,173	,184	,200	,239
19	,163	,169	,179	,195	,235
20	,160	,166	,174	,190	,231
25	0,142	0,147	0,158	0,173	0,200
30	0,131	0,136	0,144	0,161	0,187
Näherung für $n > 30$	$\dfrac{0{,}736}{\sqrt{n}}$	$\dfrac{0{,}768}{\sqrt{n}}$	$\dfrac{0{,}805}{\sqrt{n}}$	$\dfrac{0{,}886}{\sqrt{n}}$	$\dfrac{1{,}031}{\sqrt{n}}$

[2] Lilliefors, H.W.: On the Kolmogorov-Smirnov test for normality with mean and variance unknown. J. Am. Stat. Ass. 62 (1967) 400 (mit Korrekturen).

Kolmogoroff-Smirnoff-Lilliefors-Test auf Normalverteilung

Nullhypothese H_0: Die Stichprobe stammt aus einer Normalverteilung, von der μ und σ^2 unbekannt sind.

Alternativhypothese H_1: Die Stichprobe stammt nicht aus einer Normalverteilung.

Man berechnet $\hat{F}(x)$ nach (5.1.2) sowie $\bar{x}$ und s nach (5.1.18).

Die Nullhypothese H_0 wird verworfen für

$$\Delta^* = \max_{\substack{\text{über} \\ \text{alle } x}} \left\{ \left| \hat{F}(x) - \Phi\left(\frac{x - \bar{x}}{s}\right) \right| \right\} > \Delta^*_{n;1-\alpha}. \tag{6.3.7}$$

Zahlenwerte für $\Phi(\cdot)$ s. Tab. C 2 und für $\Delta^*_{n;1-\alpha}$ s. Tab. 6.7.

Für $n > 8$ und $0{,}01 \leq \alpha \leq 0{,}1$ gilt näherungsweise

$$\Delta^*_{n;1-\alpha} = \Delta_{n;1-\alpha/2}(0{,}7 - 1{,}8 n^{-3/2} + 3{,}15 n^{-2} + 0{,}075\alpha + 0{,}01245 \ln \alpha), \tag{6.3.8}$$

wobei $\Delta_{n;1-\alpha/2}$ aus Tab. 6.6 zu entnehmen oder näherungsweise aus (6.3.5) zu berechnen ist.

Entsprechend (6.3.6) gilt mit den geordneten Beobachtungswerten $x_{(i)}$ ($i = 1, \ldots, n$) der Stichprobe nach (5.1.1)

$$\Delta^* = \max_{i=1,\ldots,n} \left\{ \left| \frac{i-1}{n} - \Phi\left(\frac{x_{(i)} - \bar{x}}{s}\right) \right|; \left| \frac{i}{n} - \Phi\left(\frac{x_{(i)} - \bar{x}}{s}\right) \right| \right\}. \tag{6.3.9}$$

Shapiro-Wilk-Test auf Normalverteilung

Nullhypothese H_0 und Alternativhypothese H_1 analog zum Kolmogoroff-Smirnoff-Lilliefors-Test.

1. Man berechnet

$$Q = \sum_{i=1}^{n}(x_i - \bar{x})^2 = \sum_{i=1}^{n} x_i^2 - \frac{1}{n}\left(\sum_{i=1}^{n} x_i\right)^2 = (n-1)s^2 \tag{6.3.10}$$

mit $\bar{x}$ und s^2 nach (5.1.18).

2. Man berechnet mit den geordneten Einzelwerten nach (5.1.1)

$$b = \sum_{i=1}^{k} a_i (x_{(n-i+1)} - x_{(i)}), \tag{6.3.11}$$

wobei bei geradem n bis $k = n/2$, bei ungeradem n bis $k = (n-1)/2$ summiert wird. Bei ungeradem n wird also der Median $\tilde{x} = x_{(n+1)/2}$ nicht gebraucht. Zahlenwerte für a_i ($i = 1, \ldots, k$) für $n \leq 50$ s. Tab. 6.8.

Für $n = 7, 8, \ldots$ gilt die folgende Näherung für die Koeffizienten a_i ($i = 1, \ldots, k$):
Man bildet

$$\hat{a}_i = 2 u_p \quad \text{mit} \quad p = F_{(n-i+1)}(n) = \frac{n - i + 5/8}{n + 1/4}; \quad i = 2, \ldots, k, \tag{6.3.12}$$

vgl. (5.4.10); Zahlenwerte für u_p s. Tab. C 3, sowie

$$\hat{a}_1 = \sqrt{\frac{2g}{1 - 2g} \sum_{i=2}^{k} \hat{a}_i^2} \tag{6.3.13}$$

Tab. 6.8. Koeffizienten a_i für den Shapiro-Wilk-Test auf Normalverteilung

i \ n	2	3	4	5	6	7	8	9	10
1	0,7071	0,7071	0,6872	0,6646	0,6431	0,6233	0,6052	0,5888	0,5739
2	—	,0000	,1677	,2413	,2806	,3031	,3164	,3244	,3291
3	—	—	—	,0000	,0875	,1401	,1743	,1976	,2141
4	—	—	—	—	—	,0000	,0561	,0947	,1224
5	—	—	—	—	—	—	—	,0000	,0399

i \ n	11	12	13	14	15	16	17	18	19	20
1	0,5601	0,5475	0,5359	0,5251	0,5150	0,5056	0,4968	0,4886	0,4808	0,4734
2	,3315	,3325	,3325	,3318	,3306	,3290	,3273	,3253	,3232	,3211
3	,2260	,2347	,2412	,2460	,2495	,2521	,2540	,2553	,2561	,2565
4	,1429	,1586	,1707	,1802	,1878	,1939	,1988	,2027	,2059	,2085
5	,0695	,0922	,1099	,1240	,1353	,1447	,1524	,1587	,1641	,1686
6	0,0000	0,0303	0,0539	0,0727	0,0880	0,1005	0,1109	0,1197	0,1271	0,1334
7	—	—	,0000	,0240	,0433	,0593	,0725	,0837	,0932	,1013
8	—	—	—	—	,0000	,0196	,0359	,0496	,0612	,0711
9	—	—	—	—	—	—	,0000	,0163	,0303	,0422
10	—	—	—	—	—	—	—	—	,0000	,0140

i \ n	21	22	23	24	25	26	27	28	29	30
1	0,4643	0,4590	0,4542	0,4493	0,4450	0,4407	0,4366	0,4328	0,4291	0,4254
2	,3185	,3156	,3126	,3098	,3069	,3043	,3018	,2992	,2968	,2944
3	,2578	,2571	,2563	,2554	,2543	,2533	,2522	,2510	,2499	,2487
4	,2119	,2131	,2139	,2145	,2148	,2151	,2152	,2151	,2150	,2148
5	,1736	,1764	,1787	,1807	,1822	,1836	,1848	,1857	,1864	,1870
6	0,1399	0,1443	0,1480	0,1512	0,1539	0,1563	0,1584	0,1601	0,1616	0,1630
7	,1092	,1150	,1201	,1245	,1283	,1316	,1346	,1372	,1395	,1415
8	,0804	,0878	,0941	,0997	,1046	,1089	,1128	,1162	,1192	,1219
9	,0530	,0618	,0696	,0764	,0823	,0876	,0923	,0965	,1002	,1036
10	,0263	,0368	,0459	,0539	,0610	,0672	,0728	,0778	,0822	,0862
11	0,0000	0,0122	0,0228	0,0321	0,0403	0,0476	0,0540	0,0598	0,0650	0,0697
12	—	—	,0000	,0107	,0200	,0284	,0358	,0424	,0483	,0537
13	—	—	—	—	,0000	,0094	,0178	,0253	,0320	,0381
14	—	—	—	—	—	—	,0000	,0084	,0159	,0227
15	—	—	—	—	—	—	—	—	,0000	,0076

i \ n	31	32	33	34	35	36	37	38	39	40
1	0,4220	0,4188	0,4156	0,4127	0,4096	0,4068	0,4040	0,4015	0,3989	0,3964
2	,2921	,2898	,2876	,2854	,2834	,2813	,2794	,2774	,2755	,2737
3	,2475	,2463	,2451	,2439	,2427	,2415	,2403	,2391	,2380	,2368
4	,2145	,2141	,2137	,2132	,2127	,2121	,2116	,2110	,2104	,2098
5	,1874	,1878	,1880	,1882	,1883	,1883	,1883	,1881	,1880	,1878

(Fortsetzung)

Tab. 6.8 (Fortsetzung)

i \ n	31	32	33	34	35	36	37	38	39	40
6	0,1641	0,1651	0,1660	0,1667	0,1673	0,1678	0,1683	0,1686	0,1689	0,1691
7	,1433	,1449	,1463	,1475	,1487	,1496	,1505	,1513	,1520	,1526
8	,1243	,1265	,1284	,1301	,1317	,1331	,1344	,1356	,1366	,1376
9	,1066	,1093	,1118	,1140	,1160	,1179	,1196	,1211	,1225	,1237
10	,0899	,0931	,0961	,0988	,1013	,1036	,1056	,1075	,1092	,1108
11	0,0739	0,0777	0,0812	0,0844	0,0873	0,0900	0,0924	0,0947	0,0967	0,0986
12	,0585	,0629	,0669	,0706	,0739	,0770	,0798	,0824	,0848	,0870
13	,0435	,0485	,0530	,0572	,0610	,0645	,0677	,0706	,0733	,0759
14	,0289	,0344	,0395	,0441	,0484	,0523	,0559	,0592	,0622	,0651
15	,0144	,0206	,0262	,0314	,0361	,0404	,0444	,0481	,0515	,0546
16	0,0000	0,0068	0,0131	0,0187	0,0239	0,0287	0,0331	0,0372	0,0409	0,0444
17	—	—	,0000	,0062	,0119	,0172	,0220	,0264	,0305	,0343
18	—	—	—	—	,0000	,0057	,0110	,0158	,0203	,0244
19	—	—	—	—	—	—	,0000	,0053	,0101	,0146
20	—	—	—	—	—	—	—	—	,0000	,0049

i \ n	41	42	43	44	45	46	47	48	49	50
1	0,3940	0,3917	0,3894	0,3872	0,3850	0,3830	0,3808	0,3789	0,3770	0,3751
2	,2719	,2701	,2684	,2667	,2651	,2635	,2620	,2604	,2589	,2574
3	,2357	,2345	,2334	,2323	,2313	,2302	,2291	,2281	,2271	,2260
4	,2091	,2085	,2078	,2072	,2065	,2058	,2052	,2045	,2038	,2032
5	,1876	,1874	,1871	,1868	,1865	,1862	,1859	,1855	,1851	,1847
6	0,1693	0,1694	0,1695	0,1695	0,1695	0,1695	0,1695	0,1693	0,1692	0,1691
7	,1531	,1535	,1539	,1542	,1545	,1548	,1550	,1551	,1553	,1554
8	,1384	,1392	,1398	,1405	,1410	,1415	,1420	,1423	,1427	,1430
9	,1249	,1259	,1269	,1278	,1286	,1293	,1300	,1306	,1312	,1317
10	,1123	,1136	,1149	,1160	,1170	,1180	,1189	,1197	,1205	,1212
11	0,1004	0,1020	0,1035	0,1049	0,1062	0,1073	0,1085	0,1095	0,1105	0,1113
12	,0891	,0909	,0927	,0943	,0959	,0972	,0986	,0998	,1010	,1020
13	,0782	,0804	,0824	,0842	,0860	,0876	,0892	,0906	,0919	,0932
14	,0677	,0701	,0724	,0745	,0765	,0783	,0801	,0817	,0832	,0846
15	,0575	,0602	,0628	,0651	,0673	,0694	,0713	,0731	,0748	,0764
16	0,0476	0,0506	0,0534	0,0560	0,0584	0,0607	0,0628	0,0648	0,0667	0,0685
17	,0379	,0411	,0442	,0471	,0497	,0522	,0546	,0568	,0588	,0608
18	,0283	,0318	,0352	,0383	,0412	,0439	,0465	,0489	,0511	,0532
19	,0188	,0227	,0263	,0296	,0328	,0357	,0385	,0411	,0436	,0459
20	,0094	,0136	,0175	,0211	,0245	,0277	,0307	,0335	,0361	,0386
21	0,0000	0,0045	0,0087	0,0126	0,0163	0,0197	0,0229	0,0259	0,0288	0,0314
22	—	,0000	,0042	,0081	,0118	,0153	,0185	,0215	,0244	
23	—	—	—	—	,0000	,0039	,0076	,0111	,0143	,0174
24	—	—	—	—	—	—	,0000	,0037	,0071	,0104
25	—	—	—	—	—	—	—	—	,0000	,0035

6.3 Anpassungstests

mit

$$g = \begin{cases} g(n-1), & n = 7, 8, \ldots, 20 \\ g(n), & n = 21, 22, \ldots, \end{cases} \tag{6.3.13}$$

und

$$g(n) = \frac{\Gamma(\frac{1}{2}(n+1))}{\sqrt{2}\,\Gamma\left(\frac{n}{2}+1\right)} \approx \frac{6n+7}{6n+13} \sqrt{\frac{e}{n+2}} \left(\frac{n+1}{n+2}\right)^{n-2}, \tag{6.3.14}$$

wobei $\Gamma(\cdot)$ die Gammafunktion nach (2.1.21) ist.
Dann ist

$$a_i \approx \frac{\hat{a}_i}{\sqrt{2\hat{a}_1^2 + 2\sum_{i=2}^{k}\hat{a}_i^2}}. \tag{6.3.15}$$

Tab. 6.9. Kritische Werte $W_{n;\alpha}$ zum Shapiro-Wilk-Test auf Normalverteilung

n	Signifikanzniveau α				n	Signifikanzniveau α			
	0,01	0,02	0,05	0,10		0,01	0,02	0,05	0,10
3	0,753	0,756	0,767	0,789	26	0,891	0,904	0,920	0,933
4	,687	,707	,748	,792	27	,894	,906	,923	,935
5	,686	,715	,762	,806	28	,896	,908	,924	,936
					29	,898	,910	,926	,937
6	0,713	0,743	0,788	0,826	30	,900	,912	,927	,939
7	,730	,760	,803	,838					
8	,749	,778	,818	,851	31	0,902	0,914	0,929	0,940
9	,764	,791	,829	,859	32	,904	,915	,930	,941
10	,781	,806	,842	,869	33	,906	,917	,931	,942
					34	,908	,919	,933	,943
11	0,792	0,817	0,850	0,876	35	,910	,920	,934	,944
12	,805	,828	,859	,883					
13	,814	,837	,866	,889	36	0,912	0,922	0,935	0,945
14	,825	,846	,874	,895	37	,914	,924	,936	,946
15	,835	,855	,881	,901	38	,916	,925	,938	,947
					39	,917	,927	,939	,948
16	0,844	0,863	0,887	0,906	40	,919	,928	,940	,949
17	,851	,869	,892	,910					
18	,858	,874	,897	,914	41	0,920	0,929	0,941	0,950
19	,863	,879	,901	,917	42	,922	,930	,942	,951
20	,868	,884	,905	,920	43	,923	,932	,943	,951
					44	,924	,933	,944	,952
21	0,873	0,888	0,908	0,923	45	,926	,934	,945	,953
22	,878	,892	,911	,926					
23	,881	,895	,914	,928	46	0,927	0,935	0,945	0,953
24	,884	,898	,916	,930	47	,928	,936	,946	,954
25	,888	,901	,918	,931	48	,929	,937	,947	,954
					49	,929	,937	,947	,955
					50	,930	,938	,947	,955

3. Man bildet den Prüfwert

$$W = b^2/Q. \qquad (6.3.16)$$

4. Die Nullhypothese H_0 wird verworfen für

$$W < W_{n;\alpha}. \qquad (6.3.17)$$

Zahlenwerte für $W_{n;\alpha}$ für $n \leq 50$ s. Tab. 6.9.

3a. Für $n = 7, 8, \ldots, 2\,000$ kann mit (6.3.16) der Prüfwert

$$z = ((1 - W)^\lambda - e^b)/e^c \qquad (6.3.18)$$

mit

$$\lambda = \begin{cases} \sum_{i=0}^{2} \lambda_i (\ln n - 3)^i, & n = 7, 8, \ldots, 20 \\ \sum_{i=0}^{5} \lambda_i (\ln n - 5)^i, & n = 21, 22, \ldots, 2\,000, \end{cases} \qquad (6.3.19)$$

$$b = \begin{cases} \sum_{i=0}^{3} b_i (\ln n - 3)^i, & n = 7, 8, \ldots, 20 \\ \sum_{i=0}^{5} b_i (\ln n - 5)^i, & n = 21, 22, \ldots, 2\,000, \end{cases} \qquad (6.3.20)$$

$$c = \begin{cases} \sum_{i=0}^{3} c_i (\ln n - 3)^i, & n = 7, 8, \ldots, 20 \\ \sum_{i=0}^{6} c_i (\ln n - 5)^i, & n = 21, 22, \ldots, 2\,000 \end{cases} \qquad (6.3.21)$$

gebildet werden.

Zahlenwerte der Koeffizienten λ_i, b_i, c_i s. Tab. 6.10.

4a. Die Nullhypothese H_0 wird verworfen für

$$z > u_{1-\alpha}. \qquad (6.3.22)$$

Zahlenwerte für $u_{1-\alpha}$ s. Tab. C 3.

D'Agostino-Test auf Normalverteilung für $n \geq 50$

Nullhypothese H_0 und Alternativhypothese H_1 analog zum Kolmogoroff-Smirnoff-Lilliefors-Test.

1. Man berechnet

$$Q = \sum_{i=1}^{n} (x_i - \bar{x})^2 = \sum_{i=1}^{n} x_i^2 - \frac{1}{n}\left(\sum_{i=1}^{n} x_i\right)^2 = (n-1)s^2 \qquad (6.3.23)$$

mit $\bar{x}$ und s^2 nach (5.1.18).

2. Man berechnet mit den geordneten Einzelwerten nach (5.1.1)

$$b = \sum_{i=1}^{n} \left(i - \frac{n+1}{2}\right) x_{(i)}. \qquad (6.3.24)$$

6.3 Anpassungstests

Tab. 6.10. Koeffizienten λ_i, b_i, c_i zur Berechnung des Prüfwertes für den Shapiro-Wilk-Test

	n	0	1	2	3	4	5	6
λ_i	7, 8, …, 20	0,118 898	0,133 414	0,327 907				
	21, 22, …, 2000	0,480 385	0,318 828	0	−0,024 166 5	0,008 797 01	0,002 989 646	
b_i	7, 8, …, 20	−0,375 42	−0,492 145	−1,124 332	−0,199 422			
	21, 22, …, 2000	−1,914 87	−1,378 88	−0,041 832 09	0,106 633 9	−0,035 136 66	−0,015 046 14	
c_i	7, 8, …, 20	−3,158 05	0,729 399	3,018 55	1,558 776			
	21, 22, …, 2000	−3,735 38	−1,015 807	−0,331 885	0,177 353 8	−0,016 387 82	−0,032 150 18	0,003 852 646

Tab. 6.11. Kritische Werte $y_{n;\,\alpha/2}$ und $y_{n;\,1-\alpha/2}$ zum d'Agostino-Test auf Normalverteilung

n	Signifikanzniveau α							
	0,01		0,02		0,05		0,10	
50	−3,91	1,24	−3,41	1,18	−2,74	1,06	−2,21	0,937
60	−3,81	1,34	−3,34	1,26	−2,68	1,13	−2,17	0,997
70	−3,73	1,42	−3,27	1,33	−2,64	1,19	−2,14	1,05
80	−3,67	1,48	−3,22	1,39	−2,60	1,24	−2,11	1,08
90	−3,61	1,54	−3,17	1,44	−2,57	1,28	−2,09	1,12
100	−3,57	1,59	−3,14	1,48	−2,54	1,31	−2,07	1,14
150	−3,41	1,75	−3,01	1,62	−2,45	1,42	−2,00	1,23
200	−3,30	1,85	−2,92	1,72	−2,39	1,50	−1,96	1,29
250	−3,23	1,93	−2,86	1,78	−2,35	1,55	−1,93	1,33
300	−3,17	1,98	−2,82	1,83	−2,32	1,58	−1,91	1,36
350	−3,13	2,03	−2,78	1,86	−2,29	1,61	−1,89	1,38
400	−3,09	2,06	−2,75	1,89	−2,27	1,63	−1,87	1,40
450	−3,06	2,09	−2,73	1,92	−2,25	1,65	−1,86	1,41
500	−3,04	2,11	−2,71	1,94	−2,24	1,67	−1,85	1,42
550	−3,02	2,14	−2,69	1,96	−2,23	1,68	−1,84	1,43
600	−3,00	2,15	−2,68	1,97	−2,22	1,69	−1,83	1,44
650	−2,98	2,17	−2,66	1,99	−2,21	1,70	−1,83	1,45
700	−2,97	2,19	−2,65	2,00	−2,20	1,71	−1,82	1,46
750	−2,96	2,20	−2,64	2,01	−2,19	1,72	−1,81	1,47
800	−2,94	2,21	−2,63	2,02	−2,18	1,73	−1,81	1,47
850	−2,93	2,22	−2,62	2,03	−2,18	1,74	−1,80	1,48
900	−2,92	2,23	−2,61	2,04	−2,17	1,74	−1,80	1,48
950	−2,91	2,24	−2,61	2,05	−2,16	1,75	−1,80	1,49
1000	−2,91	2,25	−2,60	2,05	−2,16	1,75	−1,79	1,49

3. Man bildet den Prüfwert

$$y = \sqrt{n}\left(\frac{b}{\sqrt{n^3 Q}} - 0{,}282\,094\,79\right)\bigg/ 0{,}029\,985\,98. \tag{6.3.25}$$

4. Die Nullhypothese H_0 wird verworfen für

$$y < y_{n;\,\alpha/2} \quad \text{oder} \quad y > y_{n;\,1-\alpha/2}. \tag{6.3.26}$$

Zahlenwerte für $y_{n;\,\alpha/2}$ und $y_{n;\,1-\alpha/2}$ s. Tab. 6.11.

Test auf Normalverteilung mit ($\sqrt{b_1}$, b_2) für $n \geq 20$

Nullhypothese H_0 und Alternativhypothese H_1 analog vom Kolmogoroff-Smirnoff-Lilliefors-Test.

Man berechnet die Schiefe $\sqrt{b_1} = g_1$ nach (5.1.27) und die Kurtosis b_2 nach (5.1.28) und zeichnet den Punkt ($\sqrt{b_1}$, b_2) in die Abb. 6.1 für $\alpha = 0{,}05$ oder in die Abb. 6.2 für $\alpha = 0{,}01$ ein. Liegt der Punkt innerhalb der zum Stichprobenumfang n gehörenden Grenzkurve des kritischen Bereichs, dann wird die Nullhypothese H_0 nicht verworfen; andernfalls wird sie verworfen.

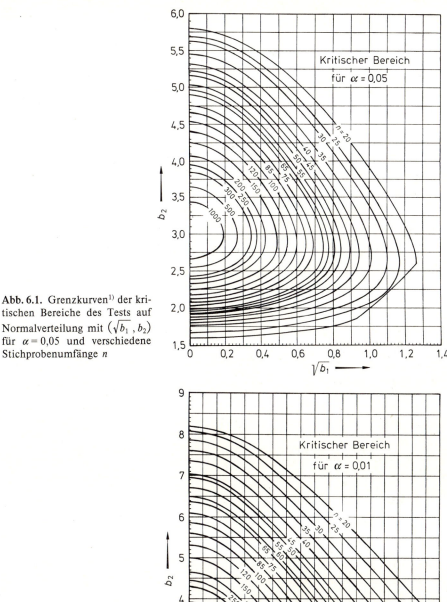

Abb. 6.1. Grenzkurven[1] der kritischen Bereiche des Tests auf Normalverteilung mit $(\sqrt{b_1}, b_2)$ für $\alpha = 0,05$ und verschiedene Stichprobenumfänge n

Abb. 6.2. Grenzkurven[1] der kritischen Bereiche des Tests auf Normalverteilung mit $(\sqrt{b_1}, b_2)$ für $\alpha = 0,01$ und verschiedene Stichprobenumfänge n

---

[1] Bowmann, K.O.; Shenton, L.R.: Omnibus test contours for departures from normality based on b_1 and b_2. Biometrika 62 (1975) 243–250.

'Test' auf Normalverteilung mit dem Wahrscheinlichkeitsnetz (vgl. S. 97 und *Beispiel 3*)

Das Verfahren ist ein Schnellverfahren, jedoch kein mit einem vorgegebenen Signifikanzniveau arbeitender Test. Es hat den Vorteil, daß es die Art der Abweichung von der Normalverteilung sichtbar macht.

Test auf Poisson-Verteilung mit dem Varianz-Mittelwert-Verhältnis

Die Zählergebnisse von m Zählungen in Zählabschnitten gleicher Größe liegen vor; daraus werden $\bar{x}$ nach (5.2.7) und s^2 nach (5.2.8) gebildet.

Nullhypothese H_0: Die Zählergebnisse stammen aus einer Poisson-Verteilung (deren Erwartungswert unbekannt ist).

Alternativhypothese H_1: Die Zählergebnisse stammen nicht aus einer Poisson-Verteilung.

Die Nullhypothese wird verworfen für

$$(m-1)s^2/\bar{x} < \chi^2_{f;\alpha/2} \quad \text{oder} \quad (m-1)s^2/\bar{x} > \chi^2_{f;1-\alpha/2} \tag{6.3.27}$$

mit $f = m - 1$.

Zahlenwerte für $\chi^2_{f;\alpha/2}$ und $\chi^2_{f;1-\alpha/2}$ s. Tab. C 5.

Liegen m Zählergebnisse $x_i (i = 1, 2, ..., m)$ aus Zählabschnitten unterschiedlicher Größe $b_i (i = 1, 2, ..., m)$ vor, dann wird in (6.3.27) $\bar{x}$ durch

$$\hat{\mu} = \sum_{i=1}^{m} x_i \bigg/ \sum_{i=1}^{m} b_i \tag{6.3.28}$$

und s^2 durch

$$\hat{\sigma}^2 = \frac{1}{m-1} \sum_{i=1}^{m} (x_i - b_i\hat{\mu})^2/b_i \tag{6.3.29}$$

ersetzt.

6.4 Ausreißertests bei Normalverteilung

Eine Stichprobe von n Einzelwerten $x_i (i = 1, 2, ..., n)$ liegt vor.

Nullhypothese H_0: Der in Frage stehende Extremwert der Stichprobe ($x_{(n)} = x_{\max}$ bzw. $x_{(1)} = x_{\min}$; vgl. (5.1.1)) ist kein Ausreißer, d. h. er stammt aus derselben Normalverteilung wie die übrigen Werte der Stichprobe.

Alternativhypothese H_1: Der in Frage stehende Extremwert der Stichprobe ($x_{(n)} = x_{\max}$ bzw. $x_{(1)} = x_{\min}$; vgl. (5.1.1)) ist ein Ausreißer, d. h. er stammt nicht aus derselben Normalverteilung wie die übrigen Werte der Stichprobe.

Wird die Nullhypothese H_0 verworfen, dann wird der in Frage stehende Extremwert ($x_{(n)}$ bzw. $x_{(1)}$) als Ausreißer gekennzeichnet (und gegebenenfalls aus der weiteren Auswertung fortgelassen). Die Ausreißerprüfung kann nun mit dem auf $n' = n - 1$ re-

6.4 Ausreißertests bei Normalverteilung

duzierten Stichprobenumfang erneut durchgeführt werden usw., bis keine Ausreißer mehr festgestellt werden. Streng genommen ist die fortlaufende Anwendung von Ausreißertests auf dieselbe Stichprobe jedoch unzulässig, so daß Vorsicht geboten ist, wenn das Verfahren nicht spätestens nach der Feststellung eines zweiten Ausreißers endet.

Unter den folgenden fünf Ausreißertestverfahren setzt das erste, (6.4.1) und (6.4.2), die Standardabweichung der Normalverteilung als bekannt voraus; das zweite, (6.4.3), setzt voraus, daß für die Standardabweichung ein Schätzwert s_f existiert, der nicht aus der vorliegenden, auf Ausreißer zu prüfenden Stichprobe stammt. Das dritte bis fünfte Ausreißertestverfahren benötigt keine der beiden o. g. Voraussetzungen. Der David-Hartley-Pearson-Test testet eigentlich, ob der Streubereich der Einzelwerte, bezogen auf seine Standardabweichung, größer ist als bei einer Normalverteilung, während der Grubbs-Test testet, ob der Abstand des Extremwertes ($x_{(n)}$ oder $x_{(1)}$) vom Mittelwert, bezogen auf die Standardabweichung, größer ist als bei einer Normalverteilung. Der David-Hartley-Pearson-Test testet daher beide Extremwerte simultan, während der Grubbs-Test nur den Extremwert testet, mit dem der Prüfwert gebildet wurde. Der Dixon-Test, für dessen — auf $n \leq 25$ beschränkte — Anwendung die Berechnung von $\bar{x}$ und s nicht erforderlich ist, ist eine Alternative zum Grubbs-Test; im Gegensatz zum Grubbs-Test erkennt er — je nach dem Stichprobenumfang — keinen Ausreißer, wenn mehrere etwa gleich große Extremwerte auftreten (Maskierungseffekt).

(μ; σ^2) der Normalverteilung ist bekannt

Steht $x_{(n)}$ als Ausreißer in Frage, dann wird H_0 verworfen, falls

$$x_{(n)} > x_{(n)O} \tag{6.4.1}$$

ist; steht $x_{(1)}$ als Ausreißer in Frage, dann wird H_0 verworfen, falls

$$x_{(1)} < x_{(1)U} \tag{6.4.2}$$

ist; $x_{(n)O}$ und $x_{(1)U}$ nach (5.3.24).

(μ; σ^2) der Normalverteilung ist unbekannt; σ^2 wird durch s_f^2 einer von der vorliegenden Stichprobe unabhängigen Stichprobe geschätzt

Die Nullhypothese H_0 wird verworfen für

$$(x_{(n)} - x_{(1)})/s_f > q_{m,f;1-\alpha}. \tag{6.4.3}$$

Dabei ist s_f die Standardabweichung einer von der vorliegenden Stichprobe unabhängigen Stichprobe vom Umfang $f+1$ aus der gleichen Normalverteilung.

Zahlenwerte für $q_{m,f;1-\alpha}$ entnimmt man mit $m=n$, f und α den Tabellen C 13 und C 14.

Wird die Nullhypothese H_0 verworfen, dann werden die Abstände ($x_{(n)} - \bar{x}$) und ($\bar{x} - x_{(1)}$) der Extremwerte vom Mittelwert $\bar{x}$ (vgl. (5.1.17)) gebildet und der Extremwert als Ausreißer gekennzeichnet, für den sich der größere Abstand ergibt.

(μ, σ^2) der Normalverteilung ist unbekannt; David-Hartley-Pearson-Test

Die Nullhypothese H_0 wird verworfen für

$$(x_{(n)} - x_{(1)})/s = R/s > q_{n;1-\alpha}, \tag{6.4.4}$$

Tab. 6.12. Kritische Werte $q_{n;1-\alpha}$ für den David-Hartley-Pearson-Test

Stichproben- umfang n	Signifikanzniveau α				
	0,10	0,05	0,025	0,01	0,005
3	1,997	1,999	2,000	2,000	2,000
4	2,409	2,429	2,439	2,445	2,447
5	2,712	2,753	2,782	2,803	2,813
6	2,949	3,012	3,056	3,095	3,115
7	3,143	3,222	3,282	3,338	3,369
8	3,308	3,399	3,471	3,543	3,585
9	3,449	3,552	3,634	3,720	3,772
10	3,57	3,685	3,777	3,875	3,935
11	3,68	3,80	3,903	4,012	4,079
12	3,78	3,91	4,01	4,134	4,208
13	3,87	4,00	4,11	4,244	4,325
14	3,95	4,09	4,21	4,34	4,431
15	4,02	4,17	4,29	4,43	4,53
16	4,09	4,24	4,37	4,51	4,62
17	4,15	4,31	4,44	4,59	4,69
18	4,21	4,38	4,51	4,66	4,77
19	4,27	4,43	4,57	4,73	4,84
20	4,32	4,49	4,63	4,79	4,91
30	4,70	4,89	5,06	5,25	5,39
40	4,96	5,15	5,34	5,54	5,69
50	5,15	5,35	5,54	5,77	5,91
60	5,29	5,50	5,70	5,93	6,09
80	5,51	5,73	5,93	6,18	6,35
100	5,68	5,90	6,11	6,36	6,54
150	5,96	6,18	6,39	6,64	6,84
200	6,15	6,38	6,59	6,85	7,03
500	6,72	6,94	7,15	7,42	7,60
1 000	7,11	7,33	7,54	7,80	7,99

wobei s die Standardabweichung nach (5.1.21) und R die Spannweite nach (5.1.23) ist. Zahlenwerte für $q_{n;1-\alpha}$ s. Tab. 6.12.

Wird die Nullhypothese H_0 verworfen, dann werden die Abstände $(x_{(n)} - \bar{x})$ und $(\bar{x} - x_{(1)})$ der Extremwerte vom Mittelwert (vgl. (5.1.17)) gebildet und der Extremwert als Ausreißer gekennzeichnet, für den sich der größere Abstand ergibt.

$(\mu; \sigma^2)$ der Normalverteilung ist unbekannt; Grubbs-Test

Steht $x_{(n)}$ als Ausreißer in Frage, dann wird

$$(x_{(n)} - \bar{x})/s \tag{6.4.5}$$

als Prüfwert gebildet; steht $x_{(1)}$ als Ausreißer in Frage, dann wird

6.4 Ausreißertests bei Normalverteilung

$$(\bar{x} - x_{(1)})/s \tag{6.4.6}$$

als Prüfwert gebildet. Dabei sind $\bar{x}$ und s nach (5.1.18) mit allen n Beobachtungswerten zu bilden.

Die Nullhypothese H_0 wird verworfen, falls der Prüfwert größer als der aus Tab. 6.13 zu entnehmende kritische Wert ist.

Tab. 6.13. Kritische Werte zum Grubbs-Test auf Ausreißer bei Normalverteilung[1]

n	Signifikanzniveau α		n	Signifikanzniveau α		n	Signifikanzniveau α	
	0,05	0,01		0,05	0,01		0,05	0,01
3	1,153	1,155	31	2,759	3,119	61	3,032	3,418
4	1,463	1,492	32	2,773	3,135	62	3,037	3,424
5	1,672	1,749	33	2,786	3,150	63	3,044	3,430
			34	2,799	3,164	64	3,049	3,437
6	1,822	1,944	35	2,811	3,178	65	3,055	3,442
7	1,938	2,097						
8	2,032	2,221	36	2,823	3,191	66	3,061	3,449
9	2,110	2,323	37	2,835	3,204	67	3,066	3,454
10	2,176	2,410	38	2,846	3,216	68	3,071	3,460
			39	2,857	3,228	69	3,076	3,466
11	2,234	2,485	40	2,866	3,240	70	3,082	3,471
12	2,285	2,550						
13	2,331	2,607	41	2,877	3,251	71	3,087	3,476
14	2,371	2,659	42	2,887	3,261	72	3,092	3,482
15	2,409	2,705	43	2,896	3,271	73	3,098	3,487
			44	2,905	3,282	74	3,102	3,492
16	2,443	2,747	45	2,914	3,292	75	3,107	3,496
17	2,475	2,785						
18	2,504	2,821	46	2,923	3,302	76	3,111	3,502
19	2,532	2,854	47	2,931	3,310	77	3,117	3,507
20	2,557	2,884	48	2,940	3,319	78	3,121	3,511
			49	2,948	3,329	79	3,125	3,516
21	2,580	2,912	50	2,956	3,336	80	3,130	3,521
22	2,603	2,939						
23	2,624	2,963	51	2,964	3,345	81	3,134	3,525
24	2,644	2,987	52	2,971	3,353	82	3,139	3,529
25	2,663	3,009	53	2,978	3,361	83	3,143	3,534
			54	2,986	3,368	84	3,147	3,539
26	2,681	3,029	55	2,992	3,376	85	3,151	3,543
27	2,698	3,049						
28	2,714	3,068	56	3,000	3,383	86	3,155	3,547
29	2,730	3,085	57	3,006	3,391	87	3,160	3,551
30	2,745	3,103	58	3,013	3,397	88	3,163	3,555
			59	3,019	3,405	89	3,167	3,559
			60	3,025	3,411	90	3,171	3,563

(Fortsetzung)

---

[1] Grubbs, F.E.; Beck, G.: Extension of sample sizes and percentage points for significance tests of outlying observations. Technometrics 14 (1972) 847. Dort können weitere kritische Werte entnommen werden.

Tab. 6.13 (Fortsetzung)

n	Signifikanz-niveau α		n	Signifikanz-niveau α		n	Signifikanz-niveau α	
	0,05	0,01		0,05	0,01		0,05	0,01
91	3,174	3,567	111	3,242	3,636	131	3,296	3,690
92	3,179	3,570	112	3,245	3,639	132	3,298	3,693
93	3,182	3,575	113	3,248	3,642	133	3,302	3,695
94	3,186	3,579	114	3,251	3,645	134	3,304	3,697
95	3,189	3,582	115	3,254	3,647	135	3,306	3,700
96	3,193	3,586	116	3,257	3,650	136	3,309	3,702
97	3,196	3,589	117	3,259	3,653	137	3,311	3,704
98	3,201	3,593	118	3,262	3,656	138	3,313	3,707
99	3,204	3,597	119	3,265	3,659	139	3,315	3,710
100	3,207	3,600	120	3,267	3,662	140	3,318	3,712
101	3,210	3,603	121	3,270	3,665	141	3,320	3,714
102	3,214	3,607	122	3,274	3,667	142	3,322	3,716
103	3,217	3,610	123	3,276	3,670	143	3,324	3,719
104	3,220	3,614	124	3,279	3,672	144	3,326	3,721
105	3,224	3,617	125	3,281	3,675	145	3,328	3,723
106	3,227	3,620	126	3,284	3,677	146	3,331	3,725
107	3,230	3,623	127	3,286	3,680	147	3,334	3,727
108	3,233	3,626	128	3,289	3,683			
109	3,236	3,629	129	3,291	3,686			
110	3,239	3,632	130	3,294	3,688			

6.4 Ausreißertests bei Normalverteilung

(μ; σ^2) der Normalverteilung ist unbekannt; Dixon-Test für $n \leq 25$

Steht $x_{(n)}$ als Ausreißer in Frage, dann wird der obere, steht $x_{(1)}$ als Ausreißer in Frage, der untere Prüfwert nach Tab. 6.14 gebildet.

Die Nullhypothese H_0 wird verworfen, falls der Prüfwert größer als der aus Tab. 6.14 zu entnehmende kritische Wert ist.

Tab. 6.14. Prüfwerte und kritische Werte zum Dixon-Test auf Ausreißer bei Normalverteilung[1]

n	Prüfwert	Kritischer Wert zum Signifikanzniveau α	
		0,05	0,01
3	$r_{10} = \dfrac{x_{(n)} - x_{(n-1)}}{x_{(n)} - x_{(1)}}$	0,941	0,988
4		,765	,889
5	oder	,642	,780
6		,560	,698
7	$r_{10} = \dfrac{x_{(2)} - x_{(1)}}{x_{(n)} - x_{(1)}}$	,507	,637
8	$r_{11} = \dfrac{x_{(n)} - x_{(n-1)}}{x_{(n)} - x_{(2)}}$	0,554	0,683
9		,512	,635
10	oder	,477	,597
	$r_{11} = \dfrac{x_{(2)} - x_{(1)}}{x_{(n-1)} - x_{(1)}}$		
11	$r_{21} = \dfrac{x_{(n)} - x_{(n-2)}}{x_{(n)} - x_{(2)}}$	0,576	0,679
12		,546	,642
13	oder	,521	,615
	$r_{21} = \dfrac{x_{(3)} - x_{(1)}}{x_{(n-1)} - x_{(1)}}$		
14		0,546	0,641
15		,525	,616
16		,507	,595
17	$r_{22} = \dfrac{x_{(n)} - x_{(n-2)}}{x_{(n)} - x_{(3)}}$	,490	,577
18		,475	,561
19	oder	,462	,547
20		,450	,535
21	$r_{22} = \dfrac{x_{(3)} - x_{(1)}}{x_{(n-2)} - x_{(1)}}$	,440	,524
22		,430	,514
23		,421	,505
24		,413	,497
25		,406	,489

---

[1] Dixon, W.J.: Ratios involving extreme values. Ann. Math. Stat. 22 (1951) 68. Dort können weitere kritische Werte entnommen werden

6.5 Vergleich des Erwartungswertes mit einem vorgegebenen Wert bei Normalverteilung

Eine Stichprobe von n unabhängigen Einzelwerten $x_1, x_2, \ldots, x_n$ aus einer Normalverteilung $N(\mu; \sigma^2)$ liegt vor.

Für den Erwartungswert μ ist der Wert μ_0 (z. B. als Sollwert, Erfahrungswert oder Grenzwert) vorgegeben.

Standardabweichung σ ist bekannt (Einstichproben-u-Test)

Man berechnet den Mittelwert $\bar{x}$ der Stichprobe nach (5.1.18).

Null-hypothese H_0	Alternativ-hypothese H_1	Die Nullhypothese H_0 wird verworfen für	
		Prüfwert	kritischer Wert zum Signifikanzniveau α
$\mu \leq \mu_0$	$\mu > \mu_0$ (einseitig)	$\sqrt{n}\,(\bar{x} - \mu_0)/\sigma$	$> u_{1-\alpha}$
$\mu \geq \mu_0$	$\mu < \mu_0$ (einseitig)	$\sqrt{n}\,(\bar{x} - \mu_0)/\sigma$	$< -u_{1-\alpha}$
$\mu = \mu_0$	$\mu \neq \mu_0$ (zweiseitig)	$\sqrt{n}\,|\bar{x} - \mu_0|/\sigma$	$> u_{1-\alpha/2}$

(6.5.1)

Zahlenwerte für $u_{1-\alpha}$ und $u_{1-\alpha/2}$ s. Tab. C 3.

Die Operations-Charakteristik — die Wahrscheinlichkeit $L(\lambda)$, die Nullhypothese H_0 nicht zu verwerfen, in Abhängigkeit vom Betrag der dimensionslosen Erwartungswertabweichung

$$\lambda = |\mu - \mu_0|/\sigma \tag{6.5.2}$$

— ist beim einseitigen Test

$$L(\lambda) = \Phi(u_{1-\alpha} - \sqrt{n}\,\lambda), \tag{6.5.3}$$

beim zweiseitigen Test

$$L(\lambda) = \Phi(u_{1-\alpha/2} - \sqrt{n}\,\lambda) - \Phi(-u_{1-\alpha/2} - \sqrt{n}\,\lambda). \tag{6.5.4}$$

Zahlenwerte für $\Phi(\cdot)$ s. Tab. C 2.

$L(\lambda)$ ist in den Abb. 6.3 bis 6.6[1] für $\alpha = 0{,}05$ und $\alpha = 0{,}01$ und den ein- und zweiseitigen Tests für verschiedene n über λ dargestellt.

Ist $L(\lambda_1) = \beta$ vorgegeben (d. h. soll beim Betrag der dimensionslosen Erwartungswertabweichung λ_1 die Wahrscheinlichkeit, H_0 nicht zu verwerfen, gleich β sein), dann ist der zur Einhaltung dieser Forderung notwendige Stichprobenumfang n

---

[1] Abbildungen 6.3 bis 6.6 sowie die folgenden Abb. 6.7 bis 6.20 vgl. Schlüsener, H.: Prüfaufwand und Annahmekennlinien bei Parameter-Testverfahren unter der Voraussetzung normal verteilter Zufallsgrößen. Dissertation RWTH Aachen 1967.

6.5 Vergleich des Erwartungswertes mit einem vorgegebenen Wert bei Normalverteilung 149

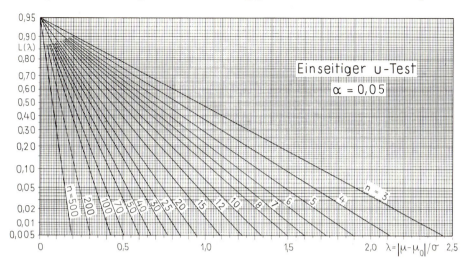

Abb. 6.3. Operations-Charakteristik $L(\lambda)$ für den Vergleich des Erwartungswerts μ mit einem vorgegebenen Wert μ_0 bei Normalverteilung mit bekannter Standardabweichung σ; einseitiger u-Test mit $\alpha = 0{,}05$

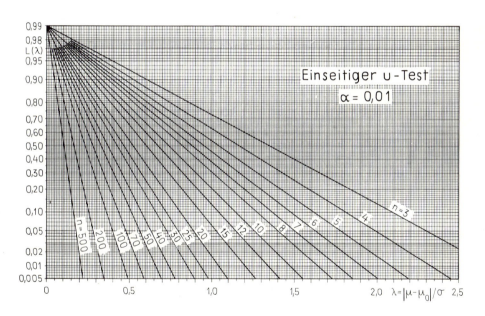

Abb. 6.4. Operations-Charakteristik $L(\lambda)$ für den Vergleich des Erwartungswerts μ mit einem vorgegebenen Wert μ_0 bei Normalverteilung mit bekannter Standardabweichung σ; einseitiger u-Test mit $\alpha = 0{,}01$

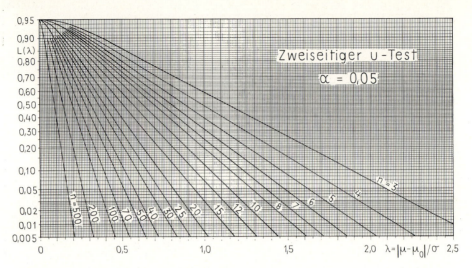

Abb. 6.5. Operations-Charakteristik $L(\lambda)$ für den Vergleich des Erwartungswerts μ mit einem vorgegebenen Wert μ_0 bei Normalverteilung mit bekannter Standardabweichung σ; zweiseitiger u-Test mit $\alpha = 0{,}05$

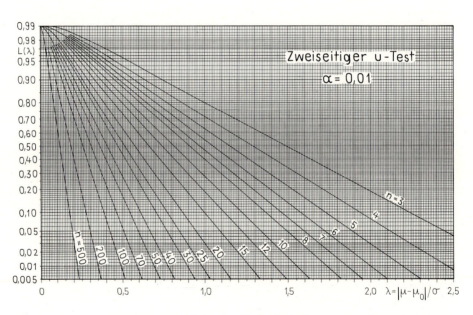

Abb. 6.6. Operations-Charakteristik $L(\lambda)$ für den Vergleich des Erwartungswerts μ mit einem vorgegebenen Wert μ_0 bei Normalverteilung mit bekannter Standardabweichung σ; zweiseitiger u-Test mit $\alpha = 0{,}01$

6.5 Vergleich des Erwartungswertes mit einem vorgegebenen Wert bei Normalverteilung

für den einseitigen Test

$$n = \left(\frac{u_{1-\alpha} + u_{1-\beta}}{\lambda_1}\right)^2, \qquad (6.5.5)$$

für den zweiseitigen Test näherungsweise

$$n = \left(\frac{u_{1-\alpha/2} + u_{1-\beta}}{\lambda_1}\right)^2. \qquad (6.5.6)$$

Zahlenwerte für $u_{1-\alpha}$ und $u_{1-\beta}$ s. Tab. C 3.
Der notwendige Stichprobenumfang n kann den Abb. 6.3 bis 6.6 entnommen werden, indem er an der durch den Punkt $(\lambda_1; \beta)$ gehenden Kurve abgelesen wird.

Standardabweichung σ ist nicht bekannt und wird durch s geschätzt (Einstichproben-t-Test)

Man berechnet Mittelwert $\bar{x}$ und Varianz s^2 der Stichprobe nach (5.1.18).

Null-hypothese H_0	Alternativ-hypothese H_1	Die Nullhypothese H_0 wird verworfen für	
		Prüfwert	kritischer Wert zum Signifikanzniveau α
$\mu \leq \mu_0$	$\mu > \mu_0$ (einseitig)	$\sqrt{n}\,(\bar{x} - \mu_0)/s$	$> \quad t_{f;\,1-\alpha}$ mit $f = n - 1$
$\mu \geq \mu_0$	$\mu < \mu_0$ (einseitig)	$\sqrt{n}\,(\bar{x} - \mu_0)/s$	$< \quad -t_{f;\,1-\alpha}$ mit $f = n - 1$
$\mu = \mu_0$	$\mu \neq \mu_0$ (zweiseitig)	$\sqrt{n}\,|\bar{x} - \mu_0|/s$	$> \quad t_{f;\,1-\alpha/2}$ mit $f = n - 1$

(6.5.7)

Zahlenwerte für $t_{f;\,1-\alpha}$ und $t_{f;\,1-\alpha/2}$ s. Tab. C 4.

Die Operations-Charakteristik — die Wahrscheinlichkeit, die Nullhypothese H_0 nicht zu verwerfen — ist in Abb. 6.7 bis 6.10 für verschiedene $f = n - 1$ über dem Betrag der dimensionslosen Erwartungswertabweichung λ nach (6.5.2) als $L(\lambda)$ dargestellt, und zwar für $\alpha = 0{,}05$ und $\alpha = 0{,}01$ und den ein- und zweiseitigen Fall. Ist $L(\lambda_1) = \beta$ vorgegeben (d. h. soll beim Betrag der dimensionslosen Erwartungswertabweichung λ_1 die Wahrscheinlichkeit, H_0 nicht zu verwerfen, gleich β sein), dann kann der zur Einhaltung dieser Forderung notwendige Stichprobenumfang n aus Abb. 6.7 bis 6.10 entnommen werden. Dazu wird f an der durch den vorgegebenen Punkt $(\lambda_1; \beta)$ gehenden Kurve abgelesen und $n = f + 1$ gebildet.

Zur Umrechnung von λ in den zugehörigen Erwartungswert μ und umgekehrt benötigt man einen Erfahrungswert für σ. Liegt kein Erfahrungswert, sondern nur eine Stichprobe vom Umfang n mit der Varianz s^2 vor, dann sollte für σ die nach (5.5.18) berechnete obere Vertrauensgrenze σ_O eingesetzt werden.

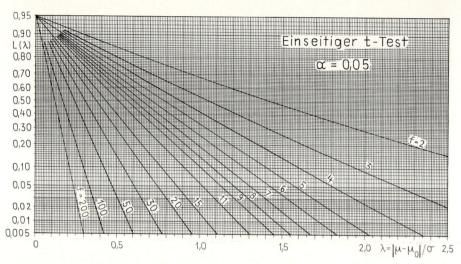

Abb. 6.7. Operations-Charakteristik $L(\lambda)$ für den Vergleich des Erwartungswerts μ mit einem vorgegebenen Wert μ_0 bei Normalverteilung mit unbekannter Standardabweichung σ; einseitiger t-Test mit $\alpha = 0,05$

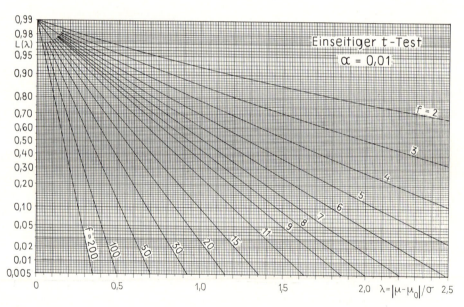

Abb. 6.8. Operations-Charakteristik $L(\lambda)$ für den Vergleich des Erwartungswerts μ mit einem vorgegebenen Wert μ_0 bei Normalverteilung mit unbekannter Standardabweichung σ; einseitiger t-Test mit $\alpha = 0,01$

6.5 Vergleich des Erwartungswertes mit einem vorgegebenen Wert bei Normalverteilung 153

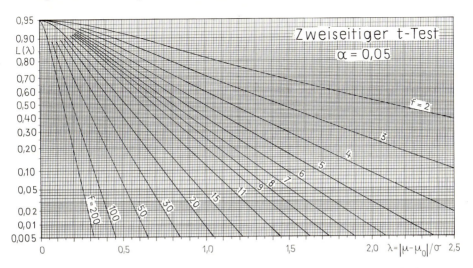

Abb. 6.9. Operations-Charakteristik $L(\lambda)$ für den Vergleich des Erwartungswerts μ mit einem vorgegebenen Wert μ_0 bei Normalverteilung mit unbekannter Standardabweichung σ; zweiseitiger t-Test mit $\alpha = 0{,}05$

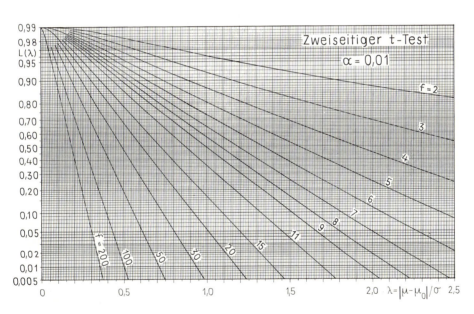

Abb. 6.10. Operations-Charakteristik $L(\lambda)$ für den Vergleich des Erwartungswerts μ mit einem vorgegebenen Wert μ_0 bei Normalverteilung mit unbekannter Standardabweichung σ; zweiseitiger t-Test mit $\alpha = 0{,}01$

Standardabweichung σ ist nicht bekannt und wird durch R geschätzt (Einstichprobentest von Lord)

Man berechnet den Mittelwert $\bar{x}$ der Stichprobe nach (5.1.18) und die Spannweite R nach (5.1.23).

Null-hypothese H_0	Alternativ-hypothese H_1	Die Nullhypothese H_0 wird verworfen für	
		Prüfwert	kritischer Wert zum Signifikanzniveau α
$\mu \leq \mu_0$	$\mu > \mu_0$ (einseitig)	$(\bar{x} - \mu_0)/R$	$> \lambda_{n;1-\alpha}$
$\mu \geq \mu_0$	$\mu < \mu_0$ (einseitig)	$(\bar{x} - \mu_0)/R$	$< -\lambda_{n;1-\alpha}$
$\mu = \mu_0$	$\mu \neq \mu_0$ (zweiseitig)	$|\bar{x} - \mu_0|/R$	$> \lambda_{n;1-\alpha/2}$

(6.5.8)

Zahlenwerte für $\lambda_{n;p}$ (mit $p = 1 - \alpha$ bzw. $p = 1 - \alpha/2$) s. Tab. 5.1.

6.6 Vergleich der Varianz mit einem vorgegebenen Wert bei Normalverteilung

Eine Stichprobe von n unabhängigen Einzelwerten $x_1, x_2, ..., x_n$ aus einer Normalverteilung $N(\mu; \sigma^2)$ liegt vor.

Für die Varianz ist der Wert σ_0^2 (z. B. als Erfahrungswert oder Grenzwert) vorgegeben.

χ^2-Test

Man berechnet die Varianz s^2 der Stichprobe nach (5.1.18).

Null-hypothese H_0	Alternativ-hypothese H_1	Die Nullhypothese H_0 wird verworfen für	
		Prüfwert	kritischer Wert zum Signifikanzniveau α
$\sigma^2 \leq \sigma_0^2$	$\sigma^2 > \sigma_0^2$ (einseitig)	$(n-1)s^2/\sigma_0^2$	$> \chi^2_{f;1-\alpha}$ mit $f = n-1$
$\sigma^2 \geq \sigma_0^2$	$\sigma^2 < \sigma_0^2$ (einseitig)	$(n-1)s^2/\sigma_0^2$	$< \chi^2_{f;\alpha}$ mit $f = n-1$
$\sigma^2 = \sigma_0^2$	$\sigma^2 \neq \sigma_0^2$ (zweiseitig)	$(n-1)s^2/\sigma_0^2$	$> \chi^2_{f;1-\alpha/2}$ oder $< \chi^2_{f;\alpha/2}$ mit $f = n-1$

(6.6.1)

Zahlenwerte für $\chi^2_{f;\alpha}$, $\chi^2_{f;1-\alpha}$, $\chi^2_{f;\alpha/2}$, $\chi^2_{f;1-\alpha/2}$ s. Tab. C 5.

6.6 Vergleich der Varianz mit einem vorgegebenen Wert bei Normalverteilung

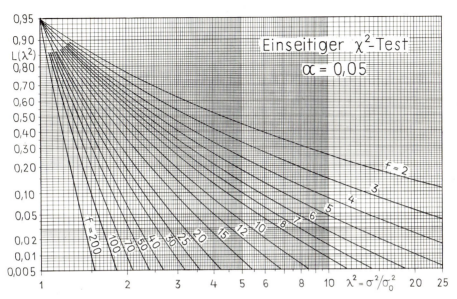

Abb. 6.11. Operations-Charakteristik $L(\lambda^2)$ für den Vergleich der Varianz σ^2 mit einem vorgegebenen Wert σ_0^2 bei Normalverteilung mit Hilfe der Stichprobenvarianz s^2; einseitiger χ^2-Test mit der Alternativhypothese $\sigma^2 > \sigma_0^2$; $\alpha = 0{,}05$

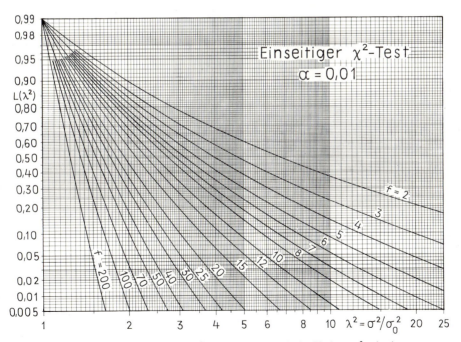

Abb. 6.12. Operations-Charakteristik $L(\lambda^2)$ für den Vergleich der Varianz σ^2 mit einem vorgegebenen Wert σ_0^2 bei Normalverteilung mit Hilfe der Stichprobenvarianz s^2, einseitiger χ^2-Text mit der Alternativhypothese $\sigma^2 > \sigma_0^2$; $\alpha = 0{,}01$

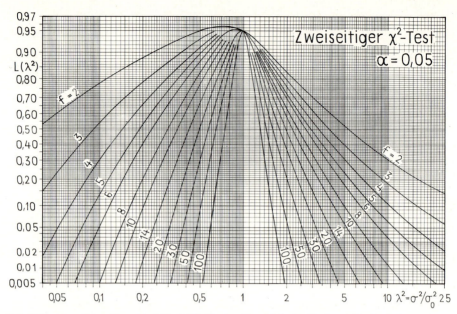

Abb. 6.13. Operations-Charakteristik $L(\lambda^2)$ für den Vergleich der Varianz σ^2 mit einem vorgegebenen Wert σ_0^2 bei Normalverteilung mit Hilfe der Stichprobenvarianz s^2; zweiseitiger χ^2-Test mit der Alternativhypothese $\sigma^2 \neq \sigma_0^2$; $\alpha = 0{,}05$

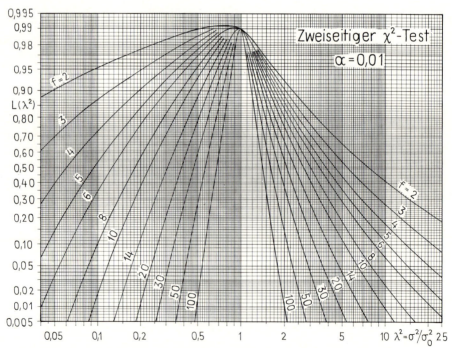

Abb. 6.14. Operations-Charakteristik $L(\lambda^2)$ für den Vergleich der Varianz σ^2 mit einem vorgegebenen Wert σ_0^2 bei Normalverteilung mit Hilfe der Stichprobenvarianz s^2, zweiseitiger χ^2-Test mit der Alternativhypothese $\sigma^2 \neq \sigma_0^2$; $\alpha = 0{,}01$

6.6 Vergleich der Varianz mit einem vorgegebenen Wert bei Normalverteilung

Die Operations-Charakteristik — die Wahrscheinlichkeit, die Nullhypothese H_0 nicht zu verwerfen — ist in Abb. 6.11 bis 6.14 für verschiedene $f = n - 1$ über

$$\lambda^2 = \sigma^2/\sigma_0^2 \tag{6.6.2}$$

als $L(\lambda^2)$ dargestellt, und zwar für $\alpha = 0{,}05$ und $\alpha = 0{,}01$ und die Alternativhypothesen $H_1: \sigma^2 > \sigma_0^2$ und $H_1: \sigma^2 \neq \sigma_0^2$.

Ist $L(\lambda_1^2) = \beta$ vorgegeben (d. h. soll bei der Varianz σ_1^2 mit $\sigma_1^2/\sigma_0^2 = \lambda_1^2$ die Wahrscheinlichkeit, H_0 nicht zu verwerfen, gleich β sein), dann kann der zur Einhaltung dieser Forderung notwendige Stichprobenumfang n aus Abb. 6.11 bis 6.14 entnommen werden. Dazu wird f an der durch den vorgegebenen Punkt $(\lambda_1^2; \beta)$ gehenden Kurve abgelesen und $n = f + 1$ gebildet.

Spannweitentest

Man berechnet die Spannweite R nach (5.1.23).

Nullhypothese H_0	Alternativhypothese H_1	Die Nullhypothese H_0 wird verworfen für	
		Prüfwert	kritischer Wert zum Signifikanzniveau α
$\sigma^2 \leq \sigma_0^2$	$\sigma^2 > \sigma_0^2$ (einseitig)	R/σ_0	$> w_{n;\,1-\alpha}$
$\sigma^2 \geq \sigma_0^2$	$\sigma^2 < \sigma_0^2$ (einseitig)	R/σ_0	$< w_{n;\,\alpha}$
$\sigma^2 = \sigma_0^2$	$\sigma^2 \neq \sigma_0^2$ (zweiseitig)	R/σ_0	$> w_{n;\,1-\alpha/2}$ oder $< w_{n;\,\alpha/2}$

(6.6.3)

Zahlenwerte für $w_{n;\,p}$ mit $p = \alpha/2,\ \alpha,\ 1 - \alpha,\ 1 - \alpha/2$ s. Tab. C 12.

Die Operations-Charakteristik — die Wahrscheinlichkeit, die Nullhypothese H_0 nicht zu verwerfen — ist in Abb. 6.15 bis 6.18 für verschiedene n über λ^2 nach (6.6.2) als $L(\lambda^2)$ dargestellt, und zwar für $\alpha = 0{,}05$ und $\alpha = 0{,}01$ und die Alternativhypothesen $H_1: \sigma^2 > \sigma_0^2$ und $H_1: \sigma^2 \neq \sigma_0^2$.

Ist $L(\lambda_1^2) = \beta$ vorgegeben (d. h. soll bei der vorgegebenen Varianz σ_1^2 mit $\lambda_1^2 = \sigma_1^2/\sigma_0^2$ die Wahrscheinlichkeit, H_0 nicht zu verwerfen, gleich β sein), dann kann der zur Einhaltung dieser Forderung notwendige Stichprobenumfang n aus Abb. 6.15 bis 6.18 entnommen werden. Dazu wird n an der durch den vorgegebenen Punkt $(\lambda_1^2; \beta)$ gehenden Kurve abgelesen.

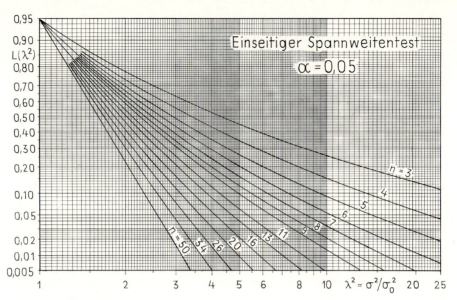

Abb. 6.15. Operations-Charakteristik $L(\lambda^2)$ für den Vergleich der Varianz σ^2 mit einem vorgegebenen Wert σ_0^2 bei Normalverteilung mit Hilfe der Spannweite R; einseitiger Spannweitentest mit der Alternativhypothese $\sigma^2 > \sigma_0^2$; $\alpha = 0{,}05$

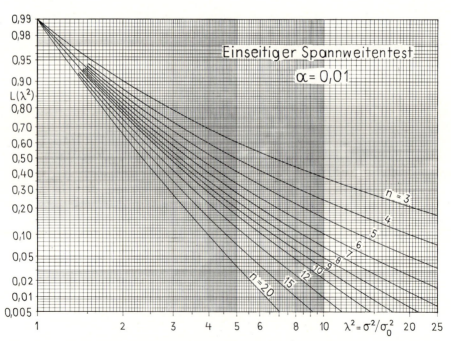

Abb. 6.16. Operations-Charakteristik $L(\lambda^2)$ für den Vergleich der Varianz σ^2 mit einem vorgegebenen Wert σ_0^2 bei Normalverteilung mit Hilfe der Spannweite R; einseitiger Spannweitentest mit der Alternativhypothese $\sigma^2 > \sigma_0^2$; $\alpha = 0{,}01$

6.6 Vergleich der Varianz mit einem vorgegebenen Wert bei Normalverteilung

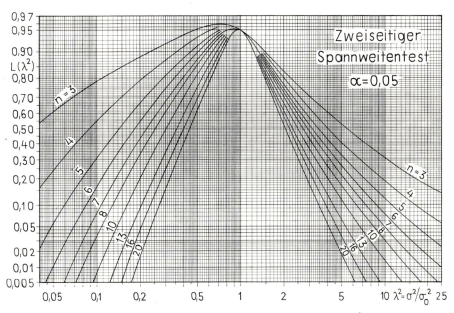

Abb. 6.17. Operations-Charakteristik $L(\lambda^2)$ für den Vergleich der Varianz σ^2 mit einem vorgegebenen Wert σ_0^2 bei Normalverteilung mit Hilfe der Spannweite R; zweiseitiger Spannweitentest mit der Alternativhypothese $\sigma^2 \neq \sigma_0^2$; $\alpha = 0{,}05$

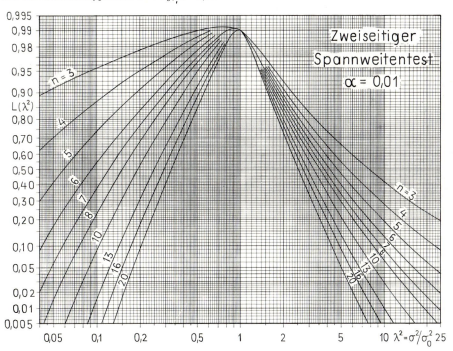

Abb. 6.18. Operations-Charakteristik $L(\lambda^2)$ für den Vergleich der Varianz σ^2 mit einem vorgegebenen Wert σ_0^2 bei Normalverteilung mit Hilfe der Spannweite R; zweiseitiger Spannweitentest mit der Alternativhypothese $\sigma^2 \neq \sigma_0^2$; $\alpha = 0{,}01$

6.7 Vergleich der Erwartungswerte von Normalverteilungen

Normalverteilung	1	2	...	i	...	k
Erwartungswert	μ_1	μ_2	...	μ_i	...	μ_k
Varianz	σ_1^2	σ_2^2	...	σ_i^2	...	σ_k^2
Voneinander unabhängige Stichproben	1	2	...	i	...	k
Stichprobenumfang	n_1	n_2	...	n_i	...	n_k
Mittelwert	$\bar{x}_1$	$\bar{x}_2$	...	$\bar{x}_i$	...	$\bar{x}_k$
Varianz	s_1^2	s_2^2	...	s_i^2	...	s_k^2
Spannweite	R_1	R_2	...	R_i	...	R_k

(6.7.1)

6.7.1 Erwartungswertvergleich bei zwei Normalverteilungen (unabhängige Stichproben)

Standardabweichungen σ_1 und σ_2 der Normalverteilungen sind bekannt (Zweistichproben-u-Test)

Man berechnet die Hilfsgröße

$$\sigma_d^2 = \frac{\sigma_1^2}{n_1} + \frac{\sigma_2^2}{n_2}. \tag{6.7.2}$$

Null-hypothese H_0	Alternativ-hypothese H_1	Die Nullhypothese H_0 wird verworfen für	
		Prüfwert	kritischer Wert zum Signifikanzniveau α
$\mu_1 \leq \mu_2$	$\mu_1 > \mu_2$ (einseitig)	$(\bar{x}_1 - \bar{x}_2)/\sigma_d$	$> u_{1-\alpha}$
$\mu_1 \geq \mu_2$	$\mu_1 < \mu_2$ (einseitig)	$(\bar{x}_1 - \bar{x}_2)/\sigma_d$	$< -u_{1-\alpha}$
$\mu_1 = \mu_2$	$\mu_1 \neq \mu_2$ (zweiseitig)	$|\bar{x}_1 - \bar{x}_2|/\sigma_d$	$> u_{1-\alpha/2}$

(6.7.3)

Zahlenwerte für $u_{1-\alpha}$ und $u_{1-\alpha/2}$ s. Tab. C 3.

Die Operations-Charakteristik — die Wahrscheinlichkeit $L(\Delta\mu)$, die Nullhypothese H_0 nicht zu verwerfen, in Abhängigkeit vom Betrag der Erwartungswertdifferenz

$$\Delta\mu = |\mu_1 - \mu_2| \tag{6.7.4}$$

— ist beim einseitigen Test

6.7 Vergleich der Erwartungswerte von Normalverteilungen

$$L(\Delta\mu) = \Phi\left(u_{1-\alpha} - \frac{\Delta\mu}{\sigma_d}\right), \tag{6.7.5}$$

beim zweiseitigen Test

$$L(\Delta\mu) = \Phi\left(u_{1-\alpha/2} - \frac{\Delta\mu}{\sigma_d}\right) - \Phi\left(-u_{1-\alpha/2} - \frac{\Delta\mu}{\sigma_d}\right) \tag{6.7.6}$$

mit σ_d nach (6.7.2).

Zahlenwerte für $\Phi(\cdot)$ s. Tab. C 2.

Man erhält $L(\Delta\mu)$ für $\alpha = 0{,}05$ und $\alpha = 0{,}01$ und den ein- und zweiseitigen Test aus den Operations-Charakteristiken der Abb. 6.3 bis 6.6, indem man mit irgendeinem n (das in der Abb. auftritt)

$$\lambda = \frac{\Delta\mu}{\sqrt{n}\,\sigma_d} \tag{6.7.7}$$

bildet und zu diesem λ an der Kurve für das gewählte n die Wahrscheinlichkeit $L(\lambda) = L(\Delta\mu)$ abliest.

Ist $L(\Delta\mu_1) = \beta$ vorgegeben (d.h. soll beim Betrag der Erwartungswertdifferenz $\Delta\mu_1$ die Wahrscheinlichkeit, H_0 nicht zu verwerfen, gleich β sein), dann ergibt sich die zur Einhaltung dieser Forderung notwendige Varianz σ_{d1}^2

für den einseitigen Test zu

$$\sigma_{d1}^2 = \left(\frac{\Delta\mu_1}{u_{1-\alpha} + u_{1-\beta}}\right)^2, \tag{6.7.8}$$

für den zweiseitigen Test näherungsweise zu

$$\sigma_{d1}^2 = \left(\frac{\Delta\mu_1}{u_{1-\alpha/2} + u_{1-\beta}}\right)^2, \tag{6.7.9}$$

Das erforderliche σ_{d1}^2 kann mit Hilfe der Abb. 6.3 bis 6.6 bestimmt werden, indem an der durch den Punkt $(\lambda_1; \beta)$ mit $\lambda_1 = \Delta\mu_1$ gehenden Kurve n abgelesen und

$$\sigma_{d1}^2 = 1/n \tag{6.7.10}$$

gebildet wird. Aus dem gefundenen Wert σ_{d1}^2 und einem vorgegebenen Stichprobenumfang $n_1 > \sigma_1^2/\sigma_{d1}^2$ ergibt sich

$$n_2 = \frac{\sigma_2^2}{\sigma_{d1}^2 - \sigma_1^2/n_1}; \tag{6.7.11}$$

ist $n_1 = n_2$ vorgeschrieben, dann ergibt sich

$$n_1 = n_2 = (\sigma_1^2 + \sigma_2^2)/\sigma_{d1}^2. \tag{6.7.12}$$

Der Test ist am wirksamsten, wenn bei dem insgesamt gegebenen Prüfumfang $n_1 + n_2$ die Stichprobenumfänge so gewählt werden, daß

$$\frac{n_1}{\sigma_1} = \frac{n_2}{\sigma_2} \tag{6.7.13}$$

ist.

Der zweiseitige Vertrauensbereich für die Erwartungswertdifferenz $\mu_1 - \mu_2$ zum Vertrauensniveau $1 - \alpha$ ist

$$(\bar{x}_1 - \bar{x}_2) - u_{1-\alpha/2}\,\sigma_d < (\mu_1 - \mu_2) < (\bar{x}_1 - \bar{x}_2) + u_{1-\alpha/2}\,\sigma_d\,. \qquad (6.7.14)$$

Standardabweichungen σ_1 und σ_2 der Normalverteilungen sind nicht bekannt, werden aber als gleich vorausgesetzt (Zweistichproben-t-Test)

Der Test setzt $\sigma_1^2 = \sigma_2^2$ voraus. Er sollte deshalb nur angewendet werden, wenn beim Test der Nullhypothese H_0: $\sigma_1^2 = \sigma_2^2$ nach Unterabschnitt 6.8.1 die Nullhypothese H_0 nicht verworfen wird.

Man berechnet die Hilfsgröße

$$s_d^2 = \frac{(n_1-1)\,s_1^2 + (n_2-1)\,s_2^2}{n_1 + n_2 - 2} \cdot \frac{n_1 + n_2}{n_1 n_2}. \qquad (6.7.15)$$

Null-hypothese H_0	Alternativ-hypothese H_1	Die Nullhypothese H_0 wird verworfen für	
		Prüfwert	kritischer Wert zum Signifikanz-niveau α
$\mu_1 \leq \mu_2$	$\mu_1 > \mu_2$ (einseitig)	$(\bar{x}_1 - \bar{x}_2)/s_d \;>$	$t_{f;1-\alpha}$ mit $f = n_1 + n_2 - 2$
$\mu_1 \geq \mu_2$	$\mu_1 < \mu_2$ (einseitig)	$(\bar{x}_1 - \bar{x}_2)/s_d \;<$	$-t_{f;1-\alpha}$ mit $f = n_1 + n_2 - 2$
$\mu_1 = \mu_2$	$\mu_1 \neq \mu_2$ (zweiseitig)	$|\bar{x}_1 - \bar{x}_2|/s_d \;>$	$t_{f;1-\alpha/2}$ mit $f = n_1 + n_2 - 2$

(6.7.16)

Zahlenwerte für $t_{f;1-\alpha}$ und $t_{f;1-\alpha/2}$ s. Tab. C 4.

Die Operations-Charakteristik — die Wahrscheinlichkeit $L(\Delta\mu)$, die Nullhypothese H_0 nicht zu verwerfen, in Abhängigkeit vom Betrag der Erwartungswertdifferenz nach (6.7.4) — läßt sich mit Hilfe der Abb. 6.7 bis 6.10 bestimmen. Dazu braucht man einen Erfahrungswert für $\sigma^2 = \sigma_1^2 = \sigma_2^2$. Liegt kein Erfahrungswert, sondern nur eine Stichprobe vom Umfang n mit der Varianz s^2 vor, dann sollte für σ^2 die nach (5.5.18) berechnete obere Vertrauensgrenze σ_O^2 eingesetzt werden. $L(\Delta\mu)$ wird zu

$$\lambda = \frac{\Delta\mu}{\sigma} \sqrt{\frac{n_1 n_2}{(n_1 + n_2)(n_1 + n_2 - 1)}} \qquad (6.7.17)$$

an der Kurve für $f = n_1 + n_2 - 2$ abgelesen.

Ist $L(\Delta\mu_1) = \beta$ vorgeschrieben (d.h. soll bei der vorgegebenen Erwartungswertdifferenz $\Delta\mu_1$ die Wahrscheinlichkeit, H_0 nicht zu verwerfen, gleich β sein), dann erhält man unter der Voraussetzung gleicher Stichprobenumfänge $n_1 = n_2 = n$ den erforderlichen Stichprobenumfang n näherungsweise, indem man an der durch den Punkt $(\lambda_1; \beta)$ mit $\lambda_1 = \Delta\mu_1/(2\sigma)$ gehenden Kurve der Abb. 6.7 bis 6.10 den Wert f abliest und $n = (f/2) + 1$ bildet.

Der zweiseitige Vertrauensbereich für die Erwartungswertdifferenz $\mu_1 - \mu_2$ zum Vertrauensniveau $1 - \alpha$ ist

$$(\bar{x}_1 - \bar{x}_2) - t_{f;1-\alpha/2}\,s_d < (\mu_1 - \mu_2) < (\bar{x}_1 - \bar{x}_2) + t_{f;1-\alpha/2}\,s_d \qquad (6.7.18)$$

mit $f = n_1 + n_2 - 2$.

6.7 Vergleich der Erwartungswerte von Normalverteilungen

Standardabweichungen σ_1 und σ_2 der Normalverteilungen sind nicht bekannt, werden aber als gleich vorausgesetzt; Spannweitenverfahren von Lord bei kleinen Stichprobenumfängen ($2 \leq (n_1; n_2) \leq 20$)

Null-hypothese H_0	Alternativ-hypothese H_1	Die Nullhypothese H_0 wird verworfen für	
		Prüfwert	kritischer Wert zum Signifikanzniveau α
$\mu_1 \leq \mu_2$	$\mu_1 > \mu_2$ (einseitig)	$\dfrac{\bar{x}_1 - \bar{x}_2}{R_1 + R_2}$	$> k_{n_1, n_2; 1-\alpha}$
$\mu_1 \geq \mu_2$	$\mu_1 < \mu_2$ (einseitig)	$\dfrac{\bar{x}_1 - \bar{x}_2}{R_1 + R_2}$	$< -k_{n_1, n_2; 1-\alpha}$
$\mu_1 = \mu_2$	$\mu_1 \neq \mu_2$ (zweiseitig)	$\dfrac{|\bar{x}_1 - \bar{x}_2|}{R_1 + R_2}$	$> k_{n_1, n_2; 1-\alpha/2}$

(6.7.19)

Zahlenwerte für $k_{n_1, n_2; p}$ (mit $p = 1 - \alpha$ bzw. $p = 1 - \alpha/2$) s. Tab. 6.15.

Der zweiseitige Vertrauensbereich für die Erwartungswertdifferenz $\mu_1 - \mu_2$ zum Vertrauensniveau $1 - \alpha$ ist

$$(\bar{x}_1 - \bar{x}_2) - k_{n_1, n_2; 1-\alpha/2}(R_1 + R_2) \leq (\mu_1 - \mu_2)$$
$$\leq (\bar{x}_1 - \bar{x}_2) + k_{n_1, n_2; 1-\alpha/2}(R_1 + R_2). \quad (6.7.20)$$

Tab. 6.15. Kritische Werte $k_{n_1, n_2; p}$ zum Vergleich zweier Erwartungswerte mit dem Spannweitenverfahren von Lord[1]

n_1	n_2	p				n_1	n_2	p			
		0,95	0,975	0,99	0,995			0,95	0,975	0,99	0,995
2	2	1,161	1,714	2,776	3,958	2	16	0,287	0,356	0,445	0,513
	3	0,693	0,915	1,255	1,557		17	,282	,349	,436	,502
	4	,556	,732	1,002	1,242		18	,278	,343	,428	,492
	5	,478	,619	0,827	1,008		19	,274	,338	,420	,483
							20	,270	,333	,414	,475
	6	0,429	0,549	0,721	0,865						
	7	,396	,502	,652	,776	3	3	0,487	0,635	0,860	1,050
	8	,372	,469	,603	,713		4	,398	,511	,663	0,814
	9	,353	,443	,567	,666		5	,339	,429	,556	,660
	10	,338	,423	,538	,630						
							6	0,311	0,391	0,501	0,590
	11	0,326	0,407	0,515	0,601		7	,288	,360	,458	,536
	12	,316	,393	,496	,557		8	,271	,338	,427	,498
	13	,307	,382	,480	,557		9	,258	,321	,404	,469
	14	,300	,372	,467	,541		10	,248	,307	,385	,446
	15	,294	,363	,455	,526						

(Fortsetzung)

---
[1] Moore, P.G.: Table of significance points for a two-sample t-test based on range. Biometrika 44 (1957) 482

Tab. 6.15 (Fortsetzung)

n_1	n_2	p				n_1	n_2	p			
		0,95	0,975	0,99	0,995			0,95	0,975	0,99	0,995
3	11	0,240	0,296	0,370	0,427	6	6	0,203	0,250	0,312	0,359
	12	,232	,287	,358	,412		7	,188	,240	,287	,329
	13	,226	,279	,347	,399		8	,177	,217	,268	,307
	14	,221	,272	,338	,388		9	,168	,206	,254	,289
	15	,216	,266	,330	,378		10	,161	,197	,242	,276
	16	0,212	0,261	0,323	0,370		11	0,155	0,189	0,233	0,265
	17	,209	,256	,317	,362		12	,150	,183	,225	,255
	18	,205	,252	,311	,356		13	,146	,178	,218	,247
	19	,202	,248	,306	,350		14	,142	,173	,212	,241
	20	,200	,245	,302	,344		15	,139	,169	,207	,235
4	4	0,322	0,407	0,526	0,620		16	0,136	0,166	0,203	0,229
	5	,282	,353	,450	,528		17	,134	,163	,199	,225
							18	,131	,160	,195	,221
	6	0,256	0,319	0,403	0,469		19	,129	,157	,192	,217
	7	,237	,294	,370	,429		20	,128	,155	,189	,214
	8	,224	,276	,346	,399						
	9	,213	,263	,327	,377	7	7	0,174	0,213	0,263	0,301
	10	,204	,252	,313	,359		8	,163	,200	,246	,281
							9	,155	,189	,233	,265
	11	0,197	0,242	0,301	0,345		10	,148	,181	,222	,252
	12	,191	,235	,291	,333						
	13	,186	,228	,282	,322		11	0,143	0,174	0,213	0,242
	14	,182	,223	,275	,314		12	,138	,168	,206	,233
	15	,178	,218	,268	,306		13	,134	,163	,199	,226
							14	,131	,159	,194	,220
	16	0,175	0,213	0,263	0,299		15	,128	,155	,189	,214
	17	,172	,210	,258	,293						
	18	,169	,206	,253	,288		16	0,125	0,152	0,185	0,209
	19	,166	,203	,249	,283		17	,123	,149	,181	,205
	20	,164	,200	,246	,279		18	,121	,146	,178	,201
							19	,119	,144	,175	,198
5	5	0,247	0,307	0,387	0,450		20	,117	,142	,172	,195
	6	,224	,277	,347	,402						
	7	,208	,256	,319	,368	8	8	0,153	0,187	0,231	0,262
	8	,195	,240	,299	,343		9	,145	,177	,217	,247
	9	,186	,228	,282	,323		10	,139	,169	,207	,235
	10	,178	,218	,270	,309						
							11	0,133	0,162	0,199	0,225
	11	0,172	0,210	0,260	0,296		12	,129	,157	,192	,217
	12	,167	,204	,251	,286		13	,125	,152	,186	,210
	13	,162	,198	,244	,277		14	,122	,148	,180	,204
	14	,158	,193	,237	,270		15	,119	,144	,176	,199
	15	,155	,189	,232	,263						
							16	0,116	0,141	0,172	0,194
	16	0,152	0,185	0,227	0,257		17	,114	,138	,168	,190
	17	,149	,182	,222	,252		18	,112	,136	,165	,186
	18	,147	,179	,218	,248		19	,110	,134	,162	,183
	19	,144	,176	,215	,244		20	,109	,132	,160	,180
	20	,142	,173	,212	,240						

6.7 Vergleich der Erwartungswerte von Normalverteilungen

n_1	n_2	p				n_1	n_2	p			
		0,95	0,975	0,99	0,995			0,95	0,975	0,99	0,995
9	9	0,137	0,167	0,205	0,233	13	13	0,100	0,121	0,147	0,166
	10	,131	,160	,195	,221		14	,097	,118	,143	,161
							15	,095	,115	,139	,156
	11	0,126	0,153	0,187	0,212						
	12	,122	,148	,180	,204		16	0,092	0,112	0,135	0,152
	13	,118	,143	,175	,197		17	,090	,109	,132	,149
	14	,115	,139	,170	,192		18	,089	,107	,130	,146
	15	,112	,136	,165	,187		19	,087	,105	,127	,143
							20	,086	,103	,125	,140
	16	0,110	0,133	0,162	0,182						
	17	,107	,130	,158	,178	14	14	0,094	0,114	0,138	0,156
	18	,106	,128	,155	,175		15	,092	,111	,135	,151
	19	,104	,126	,152	,172						
	20	,102	,124	,150	,169		16	0,090	0,108	0,131	0,147
							17	,088	,106	,128	,144
10	10	0,125	0,152	0,186	0,210		18	,086	,104	,125	,141
							19	,084	,102	,123	,138
	11	0,120	0,146	0,178	0,201		20	,083	,101	,121	,135
	12	,116	,141	,171	,194						
	13	,112	,136	,166	,187	15	15	0,089	0,108	0,131	0,147
	14	,109	,133	,161	,182						
	15	,107	,129	,157	,177		16	0,087	0,105	0,127	0,143
							17	,085	,103	,124	,140
	16	0,104	0,126	0,153	0,173		18	,083	,101	,122	,137
	17	,102	,124	,150	,169		19	,082	,099	,119	,134
	18	,100	,121	,147	,165		20	,080	,097	,117	,131
	19	,098	,119	,144	,162						
	20	,097	,117	,142	,160	16	16	0,085	0,103	0,124	0,139
							17	,083	,100	,121	,136
11	11	0,115	0,140	0,170	0,193		18	,081	,098	,118	,133
	12	,111	,135	,164	,185		19	,080	,096	,116	,130
	13	,108	,131	,159	,179		20	,078	,094	,114	,128
	14	,105	,127	,154	,174						
	15	,102	,123	,150	,169	17	17	0,081	0,098	0,118	0,132
							18	,079	,096	,115	,130
	16	0,100	0,121	0,146	0,165		19	,078	,094	,113	,127
	17	,098	,118	,143	,161		20	,076	,092	,111	,124
	18	,096	,116	,140	,158						
	19	,094	,114	,138	,155	18	18	0,077	0,093	0,113	0,126
	20	,092	,112	,135	,152		19	,076	,092	,110	,124
							20	,074	,090	,108	,121
12	12	0,107	0,130	0,158	0,178						
	13	,104	,126	,153	,172	19	19	0,074	0,090	0,108	0,121
	14	,101	,122	,148	,167		20	,073	,088	,106	,119
	15	,098	,119	,144	,162						
						20	20	0,071	0,086	0,104	0,116
	16	0,096	0,116	0,140	0,158						
	17	,094	,113	,137	,154						
	18	,092	,111	,134	,151						
	19	,090	,109	,132	,149						
	20	,089	,107	,130	,146						

Tab. 6.16. Kritische Werte $L_p(f_1; f_2; c)$ zum Erwartungswertvergleich bei zwei Normalverteilungen mit unterschiedlichen unbekannten Standardabweichungen (unabhängige Stichproben)[1]

$p = 0{,}95$	c	0,0	0,1	0,2	0,3	0,4	0,5	0,6	0,7	0,8	0,9	1,0
$f_2 = 6$	$f_1 = 6$	1,94	1,90	1,85	1,80	1,76	1,74	1,76	1,80	1,85	1,90	1,94
	8	1,94	1,90	1,85	1,80	1,76	1,73	1,74	1,76	1,79	1,82	1,86
	10	1,94	1,90	1,85	1,80	1,76	1,73	1,73	1,74	1,76	1,78	1,81
	15	1,94	1,90	1,85	1,80	1,76	1,73	1,71	1,71	1,72	1,73	1,75
	20	1,94	1,90	1,85	1,80	1,76	1,73	1,71	1,70	1,70	1,71	1,72
	∞	1,94	1,90	1,85	1,80	1,76	1,72	1,69	1,67	1,66	1,65	1,64
$f_2 = 8$	$f_1 = 6$	1,86	1,82	1,79	1,76	1,74	1,73	1,76	1,80	1,85	1,90	1,94
	8	1,86	1,82	1,79	1,76	1,73	1,73	1,73	1,76	1,79	1,82	1,86
	10	1,86	1,82	1,79	1,76	1,73	1,72	1,72	1,74	1,76	1,78	1,81
	15	1,86	1,82	1,79	1,76	1,73	1,71	1,71	1,71	1,72	1,73	1,75
	20	1,86	1,82	1,79	1,76	1,73	1,71	1,70	1,70	1,70	1,71	1,72
	∞	1,86	1,82	1,79	1,75	1,72	1,70	1,68	1,66	1,65	1,65	1,64
$f_2 = 10$	$f_1 = 6$	1,81	1,78	1,76	1,74	1,73	1,73	1,76	1,80	1,85	1,90	1,94
	8	1,81	1,78	1,76	1,74	1,72	1,72	1,73	1,76	1,79	1,82	1,86
	10	1,81	1,78	1,76	1,73	1,72	1,71	1,72	1,73	1,76	1,78	1,81
	15	1,81	1,78	1,76	1,73	1,72	1,70	1,70	1,71	1,72	1,73	1,75
	20	1,81	1,78	1,76	1,73	1,71	1,70	1,69	1,69	1,70	1,71	1,72
	∞	1,81	1,78	1,76	1,73	1,71	1,69	1,67	1,66	1,65	1,65	1,64
$f_2 = 15$	$f_1 = 6$	1,75	1,73	1,72	1,71	1,71	1,73	1,76	1,80	1,85	1,90	1,94
	8	1,75	1,73	1,72	1,71	1,71	1,71	1,73	1,76	1,79	1,82	1,86
	10	1,75	1,73	1,72	1,71	1,70	1,70	1,72	1,73	1,76	1,78	1,81
	15	1,75	1,73	1,72	1,70	1,70	1,69	1,70	1,70	1,72	1,73	1,75
	20	1,75	1,73	1,72	1,70	1,69	1,69	1,69	1,69	1,70	1,71	1,72
	∞	1,75	1,73	1,72	1,70	1,68	1,67	1,66	1,65	1,65	1,65	1,64
$f_2 = 20$	$f_1 = 6$	1,72	1,71	1,70	1,70	1,71	1,73	1,76	1,80	1,85	1,90	1,94
	8	1,72	1,71	1,70	1,70	1,70	1,71	1,73	1,76	1,79	1,82	1,86
	10	1,72	1,71	1,70	1,69	1,69	1,70	1,71	1,73	1,76	1,78	1,81
	15	1,72	1,71	1,70	1,69	1,69	1,69	1,69	1,70	1,72	1,73	1,75
	20	1,72	1,71	1,70	1,69	1,68	1,68	1,68	1,69	1,70	1,71	1,72
	∞	1,72	1,71	1,70	1,68	1,67	1,66	1,66	1,65	1,65	1,65	1,64
$f_2 = \infty$	$f_1 = 6$	1,64	1,65	1,66	1,67	1,69	1,72	1,76	1,80	1,85	1,90	1,94
	8	1,64	1,65	1,65	1,66	1,68	1,70	1,72	1,75	1,79	1,82	1,86
	10	1,64	1,65	1,65	1,66	1,67	1,69	1,71	1,73	1,76	1,78	1,81
	15	1,64	1,65	1,65	1,65	1,66	1,67	1,68	1,70	1,72	1,73	1,75
	20	1,64	1,65	1,65	1,65	1,66	1,66	1,67	1,68	1,70	1,71	1,72
	∞	1,64	1,64	1,64	1,64	1,64	1,64	1,64	1,64	1,64	1,64	1,64

---

[1] Aspin, A.A.: Tables for use in comparisons whose accuracy involves two variances, separately estimated. Biometrika 36 (1949) 290

6.7 Vergleich der Erwartungswerte von Normalverteilungen

$p = 0{,}99$	c	0,0	0,1	0,2	0,3	0,4	0,5	0,6	0,7	0,8	0,9	1,0
$f_2 = 10$	$f_1 = 10$	2,76	2,70	2,63	2,56	2,51	2,50	2,51	2,56	2,63	2,70	2,76
	12	2,76	2,70	2,63	2,56	2,51	2,49	2,49	2,52	2,57	2,62	2,68
	15	2,76	2,70	2,63	2,56	2,51	2,48	2,47	2,48	2,52	2,56	2,60
	20	2,76	2,70	2,63	2,56	2,51	2,47	2,45	2,45	2,47	2,49	2,53
	30	2,76	2,70	2,63	2,56	2,50	2,46	2,43	2,42	2,42	2,44	2,46
	∞	2,76	2,70	2,63	2,56	2,50	2,44	2,40	2,36	2,34	2,33	2,33
$f_2 = 12$	$f_1 = 10$	2,68	2,62	2,57	2,52	2,49	2,49	2,51	2,56	2,63	2,70	2,76
	12	2,68	2,62	2,57	2,52	2,48	2,47	2,48	2,52	2,57	2,62	2,68
	15	2,68	2,62	2,57	2,52	2,48	2,46	2,46	2,48	2,52	2,56	2,60
	20	2,68	2,62	2,57	2,52	2,48	2,45	2,44	2,45	2,47	2,49	2,53
	30	2,68	2,62	2,57	2,52	2,47	2,44	2,42	2,41	2,42	2,44	2,46
	∞	2,68	2,62	2,57	2,51	2,46	2,42	2,38	2,36	2,34	2,33	2,33
$f_2 = 15$	$f_1 = 10$	2,60	2,56	2,52	2,48	2,47	2,48	2,51	2,56	2,63	2,70	2,76
	12	2,60	2,56	2,52	2,48	2,46	2,46	2,48	2,52	2,57	2,62	2,68
	15	2,60	2,56	2,51	2,48	2,45	2,45	2,45	2,48	2,51	2,56	2,60
	20	2,60	2,56	2,51	2,48	2,45	2,43	2,43	2,44	2,46	2,49	2,53
	30	2,60	2,56	2,51	2,47	2,44	2,42	2,41	2,41	2,42	2,44	2,46
	∞	2,60	2,56	2,51	2,47	2,43	2,40	2,37	2,35	2,34	2,33	2,33
$f_2 = 20$	$f_1 = 10$	2,53	2,49	2,47	2,45	2,45	2,47	2,51	2,56	2,63	2,70	2,76
	12	2,53	2,49	2,47	2,45	2,44	2,45	2,48	2,52	2,57	2,62	2,68
	15	2,53	2,49	2,46	2,44	2,43	2,43	2,45	2,48	2,51	2,56	2,60
	20	2,53	2,49	2,46	2,44	2,42	2,42	2,42	2,44	2,46	2,49	2,53
	30	2,53	2,49	2,46	2,44	2,42	2,40	2,40	2,40	2,42	2,43	2,46
	∞	2,53	2,49	2,46	2,43	2,40	2,38	2,36	2,34	2,33	2,33	2,33
$f_2 = 30$	$f_1 = 10$	2,46	2,44	2,42	2,42	2,43	2,46	2,50	2,56	2,63	2,70	2,76
	12	2,46	2,44	2,42	2,41	2,42	2,44	2,47	2,52	2,57	2,62	2,68
	15	2,46	2,44	2,42	2,41	2,41	2,42	2,44	2,47	2,51	2,56	2,60
	20	2,46	2,43	2,42	2,40	2,40	2,40	2,42	2,44	2,46	2,49	2,53
	30	2,46	2,43	2,42	2,40	2,39	2,39	2,39	2,40	2,42	2,43	2,46
	∞	2,46	2,43	2,41	2,39	2,37	2,36	2,35	2,34	2,33	2,33	2,33
$f_2 = \infty$	$f_1 = 10$	2,33	2,33	2,34	2,36	2,40	2,44	2,50	2,56	2,63	2,70	2,76
	12	2,33	2,33	2,34	2,36	2,38	2,42	2,46	2,51	2,57	2,62	2,68
	15	2,33	2,33	2,34	2,35	2,37	2,40	2,43	2,47	2,51	2,56	2,60
	20	2,33	2,33	2,33	2,34	2,36	2,38	2,40	2,43	2,46	2,49	2,53
	30	2,33	2,33	2,33	2,34	2,35	2,36	2,37	2,39	2,41	2,43	2,46
	∞	2,33	2,33	2,33	2,33	2,33	2,33	2,33	2,33	2,33	2,33	2,33

Standardabweichungen σ_1 und σ_2 der Normalverteilungen sind nicht bekannt und nicht notwendigerweise gleich

Man berechnet mit $f_1 = n_1 - 1$ und $f_2 = n_2 - 1$ die Hilfsgrößen

$$s_d^2 = \frac{s_1^2}{n_1} + \frac{s_2^2}{n_2} \quad \text{und} \quad c = \frac{s_1^2/n_1}{(s_1^2/n_1) + (s_2^2/n_2)}. \tag{6.7.21}$$

Null-hypothese H_0	Alternativ-hypothese H_1	Die Nullhypothese H_0 wird verworfen für	
		Prüfwert	kritischer Wert zum Signifikanzniveau α
$\mu_1 \leqq \mu_2$	$\mu_1 > \mu_2$ (einseitig)	$(\bar{x}_1 - \bar{x}_2)/s_d$	$> L_{1-\alpha}(f_1; f_2; c)$
$\mu_1 \geqq \mu_2$	$\mu_1 < \mu_2$ (einseitig)	$(\bar{x}_1 - \bar{x}_2)/s_d$	$< -L_{1-\alpha}(f_1; f_2; c)$
$\mu_1 = \mu_2$	$\mu_1 \neq \mu_2$ (zweiseitig)	$|\bar{x}_1 - \bar{x}_2|/s_d$	$> L_{1-\alpha/2}(f_1; f_2; c)$

(6.7.22)

Zahlenwerte für $L_p(f_1; f_2; c)$ mit $p = 1 - \alpha$ bzw. $p = 1 - \alpha/2$ s. Tab. 6.16. Näherungsweise gilt

$$L_p(f_1; f_2; c) = t_{f;p}, \tag{6.7.23}$$

wobei

$$f = \frac{1}{\dfrac{c^2}{n_1 - 1} + \dfrac{(1 - c)^2}{n_2 - 1}} = \frac{(n_1 - 1)(n_2 - 1)}{(n_2 - 1)c^2 + (n_1 - 1)(1 - c)^2} \tag{6.7.24}$$

mit c aus (6.7.21) gebildet und zu einer ganzen Zahl gerundet wird.
Zahlenwerte für $t_{f;p}$ s. Tab. C 4.
Der zweiseitige Vertrauensbereich für die Erwartungswertdifferenz $\mu_1 - \mu_2$ zum Vertrauensniveau $1 - \alpha$ ist

$$(\bar{x}_1 - \bar{x}_2) - L_{1-\alpha/2}(f_1; f_2; c) s_d \leqq (\mu_1 - \mu_2)$$
$$\leqq (\bar{x}_1 - \bar{x}_2) + L_{1-\alpha/2}(f_1; f_2; c) s_d. \tag{6.7.25}$$

6.7.2 Erwartungswertvergleich bei zwei abhängigen (verbundenen) Stichproben und Normalverteilung der Paardifferenzen (paarweiser Vergleich)

Eine Stichprobe von n unabhängigen Wertepaaren (x_{1i}, x_{2i}) $(i = 1, 2, \ldots, n)$ liegt vor. Jedes Wertepaar i besteht aus zwei gleichartigen Beobachtungswerten x_{1i} und x_{2i}, die aus sachlichen Gründen zusammengehören, z.B. weil sie an ein und derselben Einheit oder an zwei möglichst gleichen Einheiten vor einer bestimmten Behandlung (x_{1i}) und

6.7 Vergleich der Erwartungswerte von Normalverteilungen

nach einer bestimmten Behandlung (x_{2i}) der Einheiten $i = 1, 2, \ldots, n$ gewonnen wurden. Die n Differenzen

$$d_i = x_{1i} - x_{2i} \tag{6.7.26}$$

sind unabhängige Werte aus *einer* Normalverteilung mit den unbekannten Parametern

$$E(D_i) = \delta \quad \text{und} \quad V(D_i) = \sigma_d^2. \tag{6.7.27}$$

Paarweiser Vergleich mit dem *t*-Test

Man errechnet Mittelwert und Varianz der n Differenzen d_i,

$$\bar{d} = \bar{x}_1 - \bar{x}_2; \quad s_d^2 = \frac{1}{n-1} \sum_{i=1}^{n} (d_i - \bar{d})^2. \tag{6.7.28}$$

Null-hypothese H_0	Alternativ-hypothese H_1	Die Nullhypothese H_0 wird verworfen für	
		Prüfwert	kritischer Wert zum Signifikanz-niveau α
$\delta \leq 0$	$\delta > 0$ (einseitig)	$\sqrt{n}\,\bar{d}/s_d$	$> t_{f;1-\alpha}$ mit $f = n - 1$
$\delta \geq 0$	$\delta < 0$ (einseitig)	$\sqrt{n}\,\bar{d}/s_d$	$< -t_{f;1-\alpha}$ mit $f = n - 1$
$\delta = 0$	$\delta \neq 0$ (zweiseitig)	$\sqrt{n}\,|\bar{d}|/s_d$	$> t_{f;1-\alpha/2}$ mit $f = n - 1$

(6.7.29)

Zahlenwerte für $t_{f;1-\alpha}$ und $t_{f;1-\alpha/2}$ s. Tab. C 4.

Der zweiseitige Vertrauensbereich für δ zum Vertrauensniveau $1 - \alpha$ ist

$$\bar{d} - t_{f;1-\alpha/2} \frac{s_d}{\sqrt{n}} \leq \delta \leq \bar{d} + t_{f;1-\alpha/2} \frac{s_d}{\sqrt{n}}. \tag{6.7.30}$$

Die Operations-Charakteristik — die Wahrscheinlichkeit $L(\delta)$, die Nullhypothese H_0 nicht zu verwerfen, in Abhängigkeit von δ — kann Abb. 6.7 bis 6.10 entnommen werden, indem der Betrag der dimensionslosen Erwartungswertabweichung

$$\lambda = |\delta|/\sigma_d \tag{6.7.31}$$

gebildet und zu λ an der Kurve für $f = n - 1$ der Wert $L(\lambda) = L(\delta)$ abgelesen wird.

Ist $L(\lambda_1) = \beta$ vorgegeben (d.h. soll beim Betrag der dimensionslosen Erwartungswertabweichung λ_1 die Wahrscheinlichkeit, H_0 nicht zu verwerfen, gleich β sein), dann kann der zur Einhaltung dieser Forderung notwendige Stichprobenumfang n aus Abb. 6.7 bis 6.10 entnommen werden. Dazu wird f an der durch den vorgegebenen Punkt $(\lambda_1; \beta)$ gehenden Kurve abgelesen und $n = f + 1$ gebildet.

Zur Umrechnung von δ in λ und umgekehrt benötigt man einen Erfahrungswert für die Standardabweichung σ_d. Liegt kein Erfahrungswert, sondern nur eine Stichprobe vom Umfang n mit der Varianz s_d^2 vor, dann sollte für σ_d die mit $s = s_d$ nach (5.5.18) berechnete obere Vertrauensgrenze $(\sigma_d)_O$ eingesetzt werden.

Paarweiser Vergleich mit dem Spannweitentest von Lord bei kleinem Stichprobenumfang ($2 \leq n \leq 20$)

Man errechnet Mittelwert und Spannweite der n Differenzen d_i,

$$\bar{d} = \bar{x}_1 - \bar{x}_2; \quad R_d = d_{(n)} - d_{(1)}, \tag{6.7.32}$$

wobei $d_{(n)}$ die größte und $d_{(1)}$ die kleinste Differenz ist.

Null-hypothese H_0	Alternativ-hypothese H_1	Die Nullhypothese H_0 wird verworfen für	
		Prüfwert	kritischer Wert zum Signifikanz-niveau α
$\delta \leq 0$	$\delta > 0$ (einseitig)	$\bar{d}/R_d$	$> \lambda_{n;\,1-\alpha}$
$\delta \geq 0$	$\delta < 0$ (einseitig)	$\bar{d}/R_d$	$< -\lambda_{n;\,1-\alpha}$
$\delta = 0$	$\delta \neq 0$ (zweiseitig)	$|\bar{d}|/R_d$	$> \lambda_{n;\,1-\alpha/2}$

(6.7.33)

Zahlenwerte für $\lambda_{n;\,p}$ (mit $p = 1 - \alpha$ bzw. $p = 1 - \alpha/2$) s. Tab. 5.1.
Der zweiseitige Vertrauensbereich für δ zum Vertrauensniveau $1 - \alpha$ ist

$$\bar{d} - \lambda_{n;\,1-\alpha/2} R_d \leq \delta \leq \bar{d} + \lambda_{n;\,1-\alpha/2} R_d. \tag{6.7.34}$$

6.7.3 Testen der Erwartungswerte μ_i von mehreren Normalverteilungen (mit unbekannten, aber als gleich vorausgesetzten Varianzen σ^2) auf Gleichheit (vgl. Abschn. 7.2 und 7.3)

Nullhypothese H_0: $\quad \mu_1 = \mu_2 = \ldots = \mu_i = \ldots = \mu_k = \mu$.
Alternativhypothese H_1: $\mu_i \neq \mu_j$ für mindestens ein Paar (i, j).
Die Nullhypothese H_0 wird verworfen für

$$\frac{(n-k) \sum_{i=1}^{k} (\bar{x}_i - \bar{\bar{x}})^2 n_i}{(k-1) \sum_{i=1}^{k} s_i^2 (n_i - 1)} > F_{f_1,\,f_2;\,1-\alpha} \quad \text{mit } f_1 = k-1;\, f_2 = n-k, \tag{6.7.35}$$

wobei

$$\bar{\bar{x}} = \frac{\sum_{i=1}^{k} n_i \bar{x}_i}{\sum_{i=1}^{k} n_i} = \frac{1}{n} \sum_{i=1}^{k} n_i \bar{x}_i. \tag{6.7.36}$$

Zahlenwerte für $F_{f_1,\,f_2;\,1-\alpha}$ s. Tab. C 6 bis C 9.

6.8 Vergleich der Varianzen bzw. Standardabweichungen von Normalverteilungen

Normalverteilung	1	2	...	i	...	k
Varianz	σ_1^2	σ_2^2	...	σ_i^2	...	σ_k^2
Voneinander unabhängige Stichproben	1	2	...	i	...	k
Stichprobenumfang	n_1	n_2	...	n_i	...	n_k
Zahl der Freiheitsgrade	$f_1 = n_1 - 1$	$f_2 = n_2 - 1$	...	$f_i = n_i - 1$	...	$f_k = n_k - 1$
Varianz	s_1^2	s_2^2	...	s_i^2	...	s_k^2

(6.8.1)

6.8.1 Varianzvergleich bzw. Vergleich der Standardabweichungen von zwei Normalverteilungen

F-Test

Nullhypothese H_0	Alternativhypothese H_1	Die Nullhypothese H_0 wird verworfen für	
		Prüfwert	kritischer Wert zum Signifikanzniveau α
$\sigma_1^2 \leqq \sigma_2^2$	$\sigma_1^2 > \sigma_2^2$ (einseitig)	s_1^2/s_2^2	$> F_{f_1, f_2; 1-\alpha}$ mit $f_1 = n_1 - 1$; $f_2 = n_2 - 1$
$\sigma_1^2 \geqq \sigma_2^2$	$\sigma_1^2 < \sigma_2^2$ (einseitig)	s_1^2/s_2^2	$< F_{f_1, f_2; \alpha}$ mit $f_1 = n_1 - 1$; $f_2 = n_2 - 1$
$\sigma_1^2 = \sigma_2^2$	$\sigma_1^2 \neq \sigma_2^2$ (zweiseitig)	s_1^2/s_2^2	$> F_{f_1, f_2; 1-\alpha/2}$ oder $< F_{f_1, f_2; \alpha/2}$ mit $f_1 = n_1 - 1$; $f_2 = n_2 - 1$

(6.8.2)

Rechnerisch zweckmäßiger ist die folgende Übersicht, in der die Bezeichnungen $(\sigma_1^2, s_1^2, n_1, f_1)$ und $(\sigma_2^2, s_2^2, n_2, f_2)$ so zu wählen sind, daß $s_1^2 > s_2^2$ ist:

Null-hypothese H_0	Alternativ-hypothese H_1	Die Nullhypothese H_0 wird verworfen für	
		Prüfwert	kritischer Wert zum Signifikanz-niveau α
$\sigma_1^2 \leq \sigma_2^2$ (einseitig)	$\sigma_1^2 > \sigma_2^2$	s_1^2/s_2^2	$> F_{f_1, f_2; 1-\alpha}$ mit $f_1 = n_1 - 1$; $f_2 = n_2 - 1$
$\sigma_1^2 \geq \sigma_2^2$ (einseitig)	$\sigma_1^2 < \sigma_2^2$	Wegen $s_1^2 > s_2^2$ wird die Nullhypothese nicht verworfen.	
$\sigma_1^2 = \sigma_2^2$ (zweiseitig)	$\sigma_1^2 \neq \sigma_2^2$	s_1^2/s_2^2	$> F_{f_1, f_2; 1-\alpha/2}$ mit $f_1 = n_1 - 1$; $f_2 = n_2 - 1$

(6.8.3)

Zahlenwerte für $F_{f_1, f_2; 1-\alpha}$ s. Tab. C 6 bis C 9.

Zur Bildung von $F_{f_1, f_2; \alpha}$ benutzt man entsprechend (3.6.10) die Beziehung

$$F_{f_1, f_2; \alpha} = 1/F_{f_2, f_1; 1-\alpha}. \tag{6.8.4}$$

Der Vertrauensbereich für σ_1^2/σ_2^2 zum Vertrauensniveau $1 - \alpha$ ist

$$\frac{1}{F_{f_1, f_2; 1-\alpha/2}} \frac{s_1^2}{s_2^2} \leq \frac{\sigma_1^2}{\sigma_2^2} \leq \frac{1}{F_{f_1, f_2; \alpha/2}} \frac{s_1^2}{s_2^2} \tag{6.8.5}$$

mit $f_1 = n_1 - 1$; $f_2 = n_2 - 1$.

Die Operations-Charakteristik — die Wahrscheinlichkeit, die Nullhypothese H_0 nicht zu verwerfen — ist in Abb. 6.19 bis 6.22 für verschiedene $f_1 = f_2$ über

$$\lambda^2 = \sigma_1^2/\sigma_2^2 \tag{6.8.6}$$

als $L(\lambda^2)$ dargestellt, und zwar für $\alpha = 0{,}05$ und $\alpha = 0{,}01$ und die Alternativhypothesen $H_1: \sigma_1^2 > \sigma_2^2$ und $H_1: \sigma_1^2 \neq \sigma_2^2$.

Ist $L(\lambda_1^2)$ vorgegeben (d.h. soll bei $\sigma_1^2 = \lambda_1 \sigma_2^2$ die Wahrscheinlichkeit, H_0 nicht zu verwerfen, gleich β sein), dann kann unter der Voraussetzung $n_1 = n_2$ der zur Einhaltung dieser Forderung notwendige Stichprobenumfang $n_1 = n_2$ aus Abb. 6.19 bis 6.22 entnommen werden. Dazu wird $f_1 = f_2$ an der durch den vorgegebenen Punkt $(\lambda_1^2; \beta)$ gehenden Kurve abgelesen und $n_1 = n_2 = f_1 + 1 = f_2 + 1$ gebildet.

Näherungsverfahren für große Stichprobenumfänge

$n_1, n_2 \gtrsim 100$.

Man berechnet die Hilfsgröße $s_d^2 = \dfrac{s_1^2}{2n_1} + \dfrac{s_2^2}{2n_2}$. \hfill (6.8.7)

6.8 Vergleich der Varianzen bzw. Standardabweichungen von Normalverteilungen 173

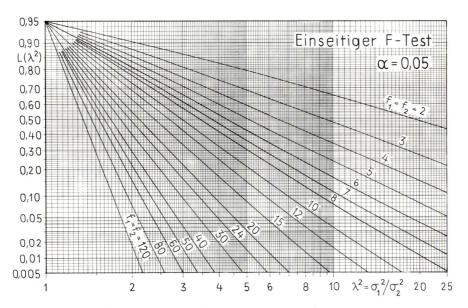

Abb. 6.19. Operations-Charakteristik $L(\lambda^2)$ für den Vergleich der Varianzen von zwei Normalverteilungen; einseitiger F-Test mit der Alternativhypothese $\sigma_1^2 > \sigma_2^2$; $\alpha = 0,05$

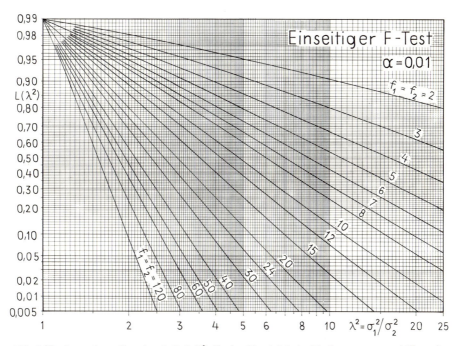

Abb. 6.20. Operations-Charakteristik $L(\lambda^2)$ für den Vergleich der Varianzen von zwei Normalverteilungen; einseitiger F-Test mit der Alternativhypothese $\sigma_1^2 > \sigma_2^2$; $\alpha = 0,01$

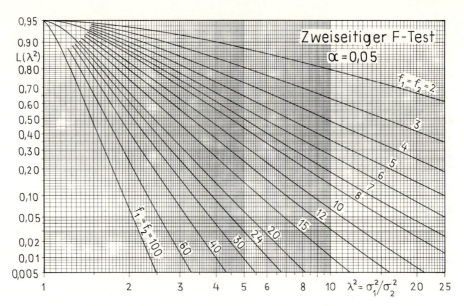

Abb. 6.21. Operations-Charakteristik $L(\lambda^2)$ für den Vergleich der Varianzen von zwei Normalverteilungen; zweiseitiger F-Test mit der Alternativhypothese $\sigma_1^2 \neq \sigma_2^2$; $\alpha = 0{,}05$

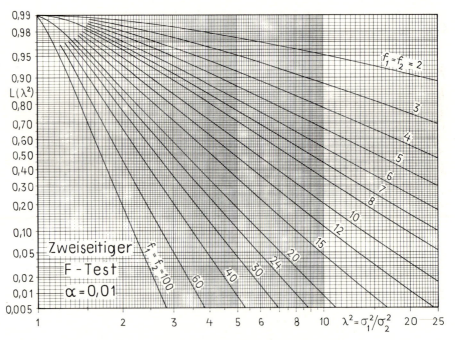

Abb. 6.22. Operations-Charakteristik $L(\lambda^2)$ für den Vergleich der Varianzen von zwei Normalverteilungen; zweiseitiger F-Test mit der Alternativhypothese $\sigma_1^2 \neq \sigma_2^2$ $\alpha = 0{,}01$

6.8 Vergleich der Varianzen bzw. Standardabweichungen von Normalverteilungen

Nullhypothese H_0	Alternativhypothese H_1	Die Nullhypothese H_0 wird verworfen für	
		Prüfwert	kritischer Wert zum Signifikanzniveau α
$\sigma_1^2 \leq \sigma_2^2$	$\sigma_1^2 > \sigma_2^2$ (einseitig)	$(s_1 - s_2)/s_d$	$> u_{1-\alpha}$
$\sigma_1^2 \geq \sigma_2^2$	$\sigma_1^2 < \sigma_2^2$ (einseitig)	$(s_1 - s_2)/s_d$	$< -u_{1-\alpha}$
$\sigma_1^2 = \sigma_2^2$	$\sigma_1^2 \neq \sigma_2^2$ (zweiseitig)	$|s_1 - s_2|/s_d$	$> u_{1-\alpha/2}$

(6.8.8)

Zahlenwerte für $u_{1-\alpha}$ und $u_{1-\alpha/2}$ s. Tab. C 3.
Der zweiseitige Vertrauensbereich für $(\sigma_1 - \sigma_2)$ zum Vertrauensniveau $1-\alpha$ ist

$$(s_1 - s_2) - u_{1-\alpha/2} s_d \leq (\sigma_1 - \sigma_2) \leq (s_1 - s_2) + u_{1-\alpha/2} s_d . \tag{6.8.9}$$

6.8.2 Varianzvergleich bzw. Vergleich der Standardabweichungen von mehreren Normalverteilungen

Bartlett-Test

Einschränkung: $f_i \gtrsim 5$.
Nullhypothese H_0: $\quad \sigma_1^2 = \sigma_2^2 = \ldots = \sigma_i^2 = \ldots = \sigma_k^2 = \sigma^2$.
Alternativhypothese H_1: $\sigma_i^2 \neq \sigma_j^2$ für mindestens ein Paar (i, j).
Die Nullhypothese H_0 wird verworfen für

$$\frac{1}{c} \sum_{i=1}^{k} f_i \ln \frac{s_i^2}{s^2} > \chi_{f; 1-\alpha}^2 \quad \text{mit } f = k - 1$$

oder rechentechnisch zweckmäßiger

$$\frac{2{,}3026}{c} \left(f_g \lg s^2 - \sum_{i=1}^{k} f_i \lg s_i^2 \right) > \chi_{f; 1-\alpha}^2 \quad \text{mit } f = k - 1, \tag{6.8.10}$$

wobei

$$c = 1 + \frac{1}{3(k-1)} \left(\sum_{i=1}^{k} \frac{1}{f_i} - \frac{1}{f_g} \right), \quad f_g = \sum_{i=1}^{k} f_i \tag{6.8.11}$$

und

$$s^2 = \left(\sum_{i=1}^{k} f_i s_i^2 \right) \bigg/ \left(\sum_{i=1}^{k} f_i \right) \tag{6.8.12}$$

ist.
Für große Werte $f_i (i = 1, 2, \ldots, k)$ ist $c \approx 1$.
Zahlenwerte für $\chi_{f; 1-\alpha}^2$ s. Tab. C 5.
Ist insbesondere $f_1 = f_2 = \ldots = f_k = f_0 \gtrsim 5$, dann wird die Nullhypothese H_0 verworfen für

$$\frac{2{,}3026}{c} k f_0 \left(\lg s^2 - \frac{1}{k} \sum_{i=1}^{k} \lg s_i^2 \right) > \chi_{f; 1-\alpha}^2 \quad \text{mit } f = k - 1, \tag{6.8.13}$$

Tab. 6.17. Kritische Werte[1] $v_{k, f; 1-\alpha}$ zum Hartley-Test.

$\alpha = 0,05$

f \ k	2	3	4	5	6	7	8	9	10	11	12
2	39,0	87,5	142	202	266	333	403	475	550	626	704
3	15,4	27,8	39,2	50,7	62,0	72,9	83,5	93,9	104	114	124
4	9,60	15,5	20,6	25,2	29,5	33,6	37,5	41,1	44,6	48,0	51,4
5	7,15	10,8	13,7	16,3	18,7	20,8	22,9	24,7	26,5	28,2	29,9
6	5,82	8,38	10,4	12,1	13,7	15,0	16,3	17,5	18,6	19,7	20,7
7	4,99	6,94	8,44	9,70	10,8	11,8	12,7	13,5	14,3	15,1	15,8
8	4,43	6,00	7,18	8,12	9,03	9,78	10,5	11,1	11,7	12,2	12,7
9	4,03	5,34	6,31	7,11	7,80	8,41	8,95	9,45	9,91	10,3	10,7
10	3,72	4,85	5,67	6,34	6,92	7,42	7,87	8,28	8,66	9,01	9,34
12	3,28	4,16	4,79	5,30	5,72	6,09	6,42	6,72	7,00	7,25	7,48
15	2,86	3,54	4,01	4,37	4,68	4,95	5,19	5,40	5,59	5,77	5,93
20	2,46	2,95	3,29	3,54	3,76	3,94	4,10	4,24	4,37	4,49	4,59
30	2,07	2,40	2,61	2,78	2,91	3,02	3,12	3,21	3,29	3,36	3,39
60	1,67	1,85	1,96	2,04	2,11	2,17	2,22	2,26	2,30	2,33	2,36
∞	1,00	1,00	1,00	1,00	1,00	1,00	1,00	1,00	1,00	1,00	1,00

$\alpha = 0,01$

f \ k	2	3	4	5	6	7	8	9	10	11	12
2	199	448	729	1036	1362	1705	2063	2432	2813	3204	3605
3	47,5	85	120	151	184	216	249	281	310	337	361
4	23,2	37	49	59	69	79	89	97	106	113	120
5	14,9	22	28	33	38	42	46	50	54	57	60
6	11,1	15,5	19,1	22	25	27	30	32	34	36	37
7	8,89	12,1	14,5	16,5	18,4	20	22	23	24	26	27
8	7,50	9,9	11,7	13,2	14,5	15,8	16,9	17,9	18,9	19,8	21
9	6,54	8,5	9,9	11,1	12,1	13,1	13,9	14,7	15,3	16,0	16,6
10	5,85	7,4	8,6	9,6	10,4	11,1	11,8	12,4	12,9	13,4	13,9
12	4,91	6,1	6,9	7,6	8,2	8,7	9,1	9,5	9,9	10,2	10,6
15	4,07	4,9	5,5	6,0	6,4	6,7	7,1	7,3	7,5	7,8	8,0
20	3,32	3,8	4,3	4,6	4,9	5,1	5,3	5,5	5,6	5,8	5,9
30	2,63	3,0	3,3	3,4	3,6	3,7	3,8	3,9	4,0	4,1	4,2
60	1,96	2,2	2,3	2,4	2,4	2,5	2,5	2,6	2,6	2,7	2,7
∞	1,00	1,0	1,0	1,0	1,0	1,0	1,0	1,0	1,0	1,0	1,0

---

[1] Die Werte für $k = 2$, $f = 2$ und $f = \infty$ sind exakt. Die anderen Werte sind in der dritten Stelle unsicher.

David, H.A.: Upper 5 and 1% points of the maximum F-ratio. Biometrika 39 (1952) 422–424.

Weitere Tabellen findet man bei Beckman, R.J.; Tietjen, G.L.: Upper 10% and 25% points of the maximum F-ratio. Biometrika 60 (1973) 213–214

6.8 Vergleich der Varianzen bzw. Standardabweichungen von Normalverteilungen

Tab. 6.18. Kritische Werte $g_{k,f;1-\alpha}$ zum Cochran-Test[1)]

$\alpha = 0{,}05$

k \ f	1	2	3	4	5	6	7	8	9	10	16	36	144	∞
2	0,9985	0,9750	0,9392	0,9057	0,8772	0,8534	0,8332	0,8159	0,8010	0,7880	0,7341	0,6602	0,5813	0,5000
3	9,9669	0,8709	0,7977	0,7457	0,7071	0,6771	0,6530	0,6333	0,6167	0,6025	0,5466	0,4748	0,4031	0,3333
4	0,9065	0,7679	0,6841	0,6287	0,5895	0,5598	0,5365	0,5175	0,5017	0,4884	0,4366	0,3720	0,3093	0,2500
5	0,8412	0,6838	0,5981	0,5441	0,5065	0,4783	0,4564	0,4387	0,4241	0,4118	0,3645	0,3066	0,2513	0,2000
6	0,7808	0,6161	0,5321	0,4803	0,4447	0,4184	0,3980	0,3817	0,3682	0,3568	0,3135	0,2612	0,2119	0,1667
7	0,7271	0,5612	0,4800	0,4307	0,3974	0,3726	0,3535	0,3384	0,3259	0,3154	0,2756	0,2278	0,1833	0,1429
8	0,6798	0,5157	0,4377	0,3910	0,3595	0,3362	0,3185	0,3043	0,2926	0,2829	0,2462	0,2022	0,1616	0,1250
9	0,6385	0,4775	0,4027	0,3584	0,3286	0,3067	0,2901	0,2768	0,2659	0,2568	0,2226	0,1820	0,1446	0,1111
10	0,6020	0,4450	0,3733	0,3311	0,3029	0,2823	0,2666	0,2541	0,2439	0,2353	0,2032	0,1655	0,1308	0,1000
12	0,5410	0,3924	0,3264	0,2880	0,2624	0,2439	0,2299	0,2187	0,2098	0,2020	0,1737	0,1403	0,1100	0,0833
15	0,4709	0,3346	0,2758	0,2419	0,2195	0,2034	0,1911	0,1815	0,1736	0,1671	0,1429	0,1144	0,0889	0,0667
20	0,3894	0,2705	0,2205	0,1921	0,1735	0,1602	0,1501	0,1422	0,1357	0,1303	0,1108	0,0879	0,0675	0,0500
24	0,3434	0,2354	0,1907	0,1656	0,1493	0,1374	0,1286	0,1216	0,1160	0,1113	0,0942	0,0743	0,0567	0,0417
30	0,2929	0,1980	0,1593	0,1377	0,1237	0,1137	0,1061	0,1002	0,0958	0,0921	0,0771	0,0604	0,0457	0,0333
40	0,2370	0,1576	0,1259	0,1082	0,0968	0,0887	0,0827	0,0780	0,0745	0,0713	0,0595	0,0462	0,0347	0,0250
60	0,1737	0,1131	0,0895	0,0765	0,0682	0,0623	0,0583	0,0552	0,0520	0,0497	0,0411	0,0316	0,0234	0,0167
120	0,0998	0,0632	0,0495	0,0419	0,0371	0,0337	0,0312	0,0292	0,0279	0,0266	0,0218	0,0165	0,0120	0,0083
∞	0	0	0	0	0	0	0	0	0	0	0	0	0	0

(Fortsetzung)

[1)] Eisenhart, Ch.; Solomon, H.: Significance of the largest of a set of sample estimates of variance. In Eisenhart, Ch.; Hastay, M. W.; Wallis, W. A.: Selected techniques of statistical analysis. New York: McGraw-Hill 1947, p. 390–391

Tab. 6.18 (Fortsetzung)

α = 0,01

k \ f	1	2	3	4	5	6	7	8	9	10	16	36	144	∞
2	0,9999	0,9950	0,9794	0,9586	0,9373	0,9172	0,8988	0,8823	0,8674	0,8539	0,7949	0,7067	0,6062	0,5000
3	0,9933	0,9423	0,8831	0,8335	0,7933	0,7606	0,7335	0,7107	0,6912	0,6743	0,6059	0,5153	0,4230	0,3333
4	0,9676	0,8643	0,7814	0,7212	0,6761	0,6410	0,6129	0,5897	0,5702	0,5536	0,4884	0,4057	0,3251	0,2500
5	0,9279	0,7885	0,6957	0,6329	0,5875	0,5531	0,5259	0,5037	0,4854	0,4697	0,4094	0,3351	0,2644	0,2000
6	0,8828	0,7218	0,6258	0,5635	0,5195	0,4866	0,4608	0,4401	0,4229	0,4084	0,3529	0,2858	0,2229	0,1667
7	0,8376	0,6644	0,5685	0,5080	0,4659	0,4347	0,4105	0,3911	0,3751	0,3616	0,3105	0,2494	0,1929	0,1429
8	0,7945	0,6152	0,5209	0,4627	0,4226	0,3932	0,3704	0,3522	0,3373	0,3248	0,2779	0,2214	0,1700	0,1250
9	0,7544	0,5727	0,4810	0,4251	0,3870	0,3592	0,3378	0,3207	0,3067	0,2950	0,2514	0,1992	0,1521	0,1111
10	0,7175	0,5358	0,4469	0,3934	0,3572	0,3308	0,3106	0,2945	0,2813	0,2704	0,2297	0,1811	0,1376	0,1000
12	0,6528	0,4751	0,3919	0,3428	0,3099	0,2861	0,2680	0,2535	0,2419	0,2320	0,1961	0,1535	0,1157	0,0833
15	0,5747	0,4069	0,3317	0,2882	0,2593	0,2386	0,2228	0,2104	0,2002	0,1918	0,1612	0,1251	0,0934	0,0667
20	0,4799	0,3297	0,2654	0,2288	0,2048	0,1877	0,1748	0,1646	0,1567	0,1501	0,1248	0,0960	0,0709	0,0500
24	0,4247	0,2871	0,2295	0,1970	0,1759	0,1608	0,1495	0,1406	0,1338	0,1283	0,1060	0,0810	0,0595	0,0417
30	0,3632	0,2412	0,1913	0,1635	0,1454	0,1327	0,1232	0,1157	0,1100	0,1054	0,0867	0,0658	0,0480	0,0333
40	0,2940	0,1915	0,1508	0,1281	0,1135	0,1033	0,0957	0,0898	0,0853	0,0816	0,0668	0,0503	0,0363	0,0250
60	0,2151	0,1371	0,1069	0,0902	0,0796	0,0722	0,0668	0,0625	0,0594	0,0567	0,0461	0,0344	0,0245	0,0167
120	0,1225	0,0759	0,0585	0,0489	0,0429	0,0387	0,0357	0,0334	0,0316	0,0302	0,0242	0,0178	0,0125	0,0083
∞	0	0	0	0	0	0	0	0	0	0	0	0	0	0

wobei

$$c = 1 + \frac{k+1}{3kf_0} \quad \text{und} \quad s^2 = \frac{1}{k}\sum_{i=1}^{k} s_i^2 \qquad (6.8.14)$$

ist.
Zahlenwerte für $\chi^2_{f;1-\alpha}$ s. Tab. C 5.

Hartley-Test (bei gleichen Stichprobenumfängen)

Nullhypothese H_0: $\quad \sigma_1^2 = \sigma_2^2 = \ldots = \sigma_i^2 = \ldots = \sigma_k^2 = \sigma^2$.
Alternativhypothese H_1: $\sigma_i^2 \neq \sigma_j^2$ für mindestens ein Paar (i, j).
$s_{(k)}^2$ sei die größte, $s_{(1)}^2$ die kleinste der k beobachteten Varianzen s_i^2.
Die Nullhypothese H_0 wird verworfen für

$$s_{(k)}^2 / s_{(1)}^2 > v_{k,f;1-\alpha} \quad \text{mit } f = n - 1. \qquad (6.8.15)$$

Zahlenwerte für $v_{k,f;1-\alpha}$ s. Tab. 6.17.

Cochran-Test (bei gleichen Stichprobenumfängen)

$s_{(k)}^2$ sei die größte der k beobachteten Varianzen s_i^2.
Nullhypothese H_0: $\quad \sigma_1^2 = \sigma_2^2 = \ldots = \sigma_i^2 = \ldots = \sigma_k^2 = \sigma^2$.
Alternativhypothese H_1: $\sigma_i^2 \neq \sigma_j^2$ für mindestens ein Paar (i, j).
Die Nullhypothese H_0 wird verworfen für

$$\frac{s_{(k)}^2}{s_1^2 + s_2^2 + \ldots + s_k^2} > g_{k,f;1-\alpha} \quad \text{mit } f = n - 1. \qquad (6.8.16)$$

Zahlenwerte für $g_{k,f;1-\alpha}$ s. Tab. 6.18.
Näherungsweise gilt

$$g_{k,f;1-\alpha} = \frac{F_{f_1,f_2;1-\alpha/k}}{F_{f_1,f_2;1-\alpha/k} + (k-1)} \qquad (6.8.17)$$

mit $f_1 = n - 1$, $f_2 = (n - 1)(k - 1)$.
Zahlenwerte für $F_{f_1,f_2;p}$ s. Tab. C 6 bis C 9.

6.9 Vergleich der Grundwahrscheinlichkeit einer Binomialverteilung mit einem vorgegebenen Wert
(vgl. Abschn. 2.3)

Eine Stichprobe vom Stichprobenumfang n enthält x Ergebnisse A; die beobachtete relative Häufigkeit der Ergebnisse A ist $\hat{p} = x/n$.
Für die Grundwahrscheinlichkeit p ist der Wert p_0 (z. B. als Sollwert, Erfahrungswert oder Grenzwert) vorgegeben.

Rechnerische Durchführung
Siehe (6.9.1).

Null-hypothese H_0	Alternativ-hypothese H_1	Die Nullhypothese H_0 wird verworfen für		Kritischer Wert zum Signifikanzniveau α	
		Prüf-wert	kritischer Wert zum Signifikanzniveau α	mit Näherung Normalverteilung für $np_0(1-p_0) > 9$	mit Näherung durch arcsin-Transformation für $n \geq 100$ und $p_0 \geq 0{,}01$
$p \leq p_0$ (einseitig)	$p > p_0$	x	$> x_O$ aus (5.3.59) für $p = p_0$	$x_O = np_0 + \tfrac{1}{2} + u_{1-\alpha}\sqrt{np_0(1-p_0)}$	$x_O = n \sin^2 z_O$ mit $z_O = \arcsin\sqrt{p_0} + \dfrac{u_{1-\alpha}}{2\sqrt{n}}$
$p \geq p_0$ (einseitig)	$p < p_0$	x	$< x_U$ aus (5.3.58) für $p = p_0$	$x_U = np_0 - \tfrac{1}{2} - u_{1-\alpha}\sqrt{np_0(1-p_0)}$	$x_U = n \sin^2 z_U$ mit $z_U = \arcsin\sqrt{p_0} - \dfrac{u_{1-\alpha}}{2\sqrt{n}}$
$p = p_0$ (zweiseitig)	$p \neq p_0$	x	$> x_O$ aus (5.3.62) für $p = p_0$ oder $< x_U$ aus (5.3.61) für $p = p_0$	$x_O = np_0 + \tfrac{1}{2} + u_{1-\alpha/2}\sqrt{np_0(1-p_0)}$ $x_U = np_0 - \tfrac{1}{2} - u_{1-\alpha/2}\sqrt{np_0(1-p_0)}$	$x_O = n \sin^2 z_O$ mit $z_O = \arcsin\sqrt{p_0} + \dfrac{u_{1-\alpha/2}}{2\sqrt{n}}$ $x_U = n \sin^2 z_U$ mit $z_U = \arcsin\sqrt{p_0} - \dfrac{u_{1-\alpha/2}}{2\sqrt{n}}$
				Zahlenwerte für $u_{1-\alpha}$ und $u_{1-\alpha/2}$ s. Tab. C 3	Zahlenwerte für $z = \arcsin\sqrt{p}$ und für $p = \sin^2 z$ s. Tab. C 16 s. Tab. C 17

(6.9.1)

Graphische Durchführung im Binomialpapier nach Mosteller-Tukey
(vgl. Beispiel 7)

Bei der einseitigen Alternativhypothese $p > p_0$ ($p < p_0$) zeichnet man den zur Grundwahrscheinlichkeit p_0 gehörenden Strahl s und die Parallele s_O (s_U) im Abstand $u_{1-\alpha}/2$ oberhalb (unterhalb) von s. Die Nullhypothese H_0 wird verworfen, falls der Punkt $(n - x; x)$ oberhalb von s_O (unterhalb von s_U) liegt.

Bei der zweiseitigen Alternativhypothese $p \ne p_0$ zeichnet man den zur Grundwahrscheinlichkeit p_0 gehörenden Strahl s und die Parallelen s_U und s_O im Abstand $u_{1-\alpha/2}/2$ unterhalb und oberhalb von s. Die Nullhypothese H_0 wird verworfen, falls der Punkt $(n - x; x)$ außerhalb des durch s_U und s_O gebildeten Streifens liegt.

Zahlenwerte für $u_{1-\alpha}$ und $u_{1-\alpha/2}$ s. Tab. C 3.

Operations-Charakteristik

Die Operations-Charakteristik — die Wahrscheinlichkeit $L(p)$, die Nullhypothese H_0 nicht zu verwerfen, in Abhängigkeit von p — ist für jede der angegebenen Formen des Tests
beim einseitigen Test gegen die Alternativhypothese $p > p_0$

$$L(p) = G(x_O; n, p) = \sum_{x=0}^{x_O} \binom{n}{x} p^x (1-p)^{n-x}, \qquad (6.9.2)$$

beim einseitigen Test gegen die Alternativhypothese $p < p_0$

$$L(p) = 1 - G(x_U - 1; n, p) = \sum_{x=x_U}^{n} \binom{n}{x} p^x (1-p)^{n-x}, \qquad (6.9.3)$$

beim zweiseitigen Test gegen die Alternativhypothese $p \ne p_0$

$$L(p) = G(x_O; n, p) - G(x_U - 1; n, p) = \sum_{x=x_U}^{x_O} \binom{n}{x} p^x (1-p)^{n-x}, \qquad (6.9.4)$$

wobei $G(x; n, p)$ die Verteilungsfunktion der Binomialverteilung nach (2.3.3) ist.

$L(p)$ kann im Nomogramm D 1 graphisch bestimmt werden, indem durch den Punkt p auf der linken Skala und die Punkte $(n; x = x_O)$ oder/und $(n; x = x_U - 1)$ im mittleren Netz jeweils eine Gerade gelegt und an dieser an der rechten Skala $G(x_O; n, p)$ oder/und $G(x_U - 1; n, p)$ abgelesen werden.

6.10 Vergleich der Grundwahrscheinlichkeiten von Binomialverteilungen

6.10.1 Vergleich der Grundwahrscheinlichkeiten von zwei Binomialverteilungen (vgl. Abschn. 2.3)

Grundgesamtheit (Binomialverteilung)	1	2	
Grundwahrscheinlichkeit	p_1	p_2	
Gegenwahrscheinlichkeit	q_1	q_2	
Stichprobe bzw. Unterstichprobe	1	2	insgesamt
Stichprobenumfang	n_1	n_2	$n_1 + n_2 = n$
Anzahl der Ergebnisse A in der Stichprobe	x_1	x_2	$x_1 + x_2 = x$
Anzahl der Ergebnisse $\bar{A}$ in der Stichprobe	y_1	y_2	$y_1 + y_2 = y$
beobachtete relative Häufigkeit der Ergebnisse A	$\hat{p}_1$	$\hat{p}_2$	
beobachtete relative Häufigkeit der Ergebnisse $\bar{A}$	$\hat{q}_1$	$\hat{q}_2$	

(6.10.1)

Der stark umrandete Teil heißt auch Häufigkeitstafel (Vierfeldertafel mit Randwerten).

Exakter Test von Fisher und Yates (für kleine n)

Die Stichprobe mit dem größten Stichprobenumfang und die ihr zugeordnete Gesamtheit wird mit Nr. 1 bezeichnet, $n_1 \geq n_2$.

Dann werden die Ergebnisse als 'Ergebnisse A' bezeichnet, die in der Stichprobe 1 häufiger vorkommen, $(x_1/n_1) \geq (x_2/n_2)$. Man erhält damit die Häufigkeitstafel (Vierfeldertafel):

	Stichprobe 1	Stichprobe 2	insgesamt
Stichprobenumfang	$n_1 \, (\geq n_2)$	n_2	$n_1 + n_2 = n$
Anzahl der Ergebnisse A	$x_1 \left(\geq \dfrac{n_1}{n_2} x_2 \right)$	x_2	$x_1 + x_2 = x$
Anzahl der Ergebnisse $\bar{A}$	y_1	y_2	$y_1 + y_2 = y$

(6.10.2)

Null-hypothese H_0	Alternativ-hypothese H_1	Die Nullhypothese H_0 wird verworfen für	
		Prüfwert	kritischer Wert zum Signifikanzniveau α
$p_1 \leq p_2$	$p_1 > p_2$ (einseitig)	x_2 wobei x_T aus $$\sum_{v=0}^{x_T} \frac{\binom{n_1}{x_1+x_T-v}\binom{n_2}{v}}{\binom{n_1+n_2}{x_1+x_T}} \leq \alpha < \sum_{v=0}^{x_T+1} \frac{\binom{n_1}{x_1+x_T-v}\binom{n_2}{v}}{\binom{n_1+n_2}{x_1+x_T}}$$ bestimmt wird.	$\leq x_T(n_1, n_2, x_1, 1-\alpha)$,
$p_1 \geq p_2$	$p_1 < p_2$ (einseitig)	Wegen $\hat{p}_1 = (x_1/n_1) \geq \hat{p}_2 = (x_2/n_2)$ wird die Nullhypothese $p_1 \geq p_2$ nicht verworfen.	
$p_1 = p_2$	$p_1 \neq p_2$ (zweiseitig)	x_2 wobei x_T aus $$\sum_{v=0}^{x_T} \frac{\binom{n_1}{x_1+x_T-v}\binom{n_2}{v}}{\binom{n_1+n_2}{x_1+x_T}} \leq \alpha/2 < \sum_{v=0}^{x_T+1} \frac{\binom{n_1}{x_1+x_T-v}\binom{n_2}{v}}{\binom{n_1+n_2}{x_1+x_T}}$$ bestimmt wird.	$\leq x_T(n_1, n_2, x_1, 1-\alpha/2)$,

(6.10.3)

Zahlenwerte für $x_T(n_1 = n_2 = n, x_1, 1-\alpha)$ s. Tab. 6.19.

Die Nullhypothese wird immer dann nicht verworfen, wenn für ein Wertetripel (n_1, n_2, x_1) mit $n_1 = n_2 = n \leq 20$ in Tab. 6.19 kein kritischer Wert x_T vertafelt ist.

Näherungsverfahren für große n

Das Verfahren ist anwendbar, wenn
a) $n > 40$ oder
b) $20 < n \leq 40$ ist und keine der erwarteten Häufigkeiten im stark umrandeten Teil von (6.10.5) kleiner als 5 ausfällt.

Wenn $H_0(p_1 = p_2 = p)$ gilt, dann ist der wirksamste Schätzwert für p

$$\bar{p} = \frac{x_1 + x_2}{n_1 + n_2} = \frac{n_1 \hat{p}_1 + n_2 \hat{p}_2}{n_1 + n_2} = \frac{x}{n}. \tag{6.10.4}$$

Für $p = \bar{p}$ sind folgende Besetzungszahlen in der Häufigkeitstafel zu erwarten:

	Stichprobe 1	Stichprobe 2	insgesamt
Stichprobenumfang	n_1	n_2	$n_1 + n_2 = n$
Anzahl der Ergebnisse A	$n_1 \bar{p}$	$n_2 \bar{p}$	x
Anzahl der Ergebnisse $\bar{A}$	$n_1(1-\bar{p})$	$n_2(1-\bar{p})$	y

(6.10.5)

Die beobachteten Häufigkeiten x_1, x_2 in Tafel (6.10.1) werden um den Betrag 1/2 so korrigiert, daß die korrigierten Werte x'_1, x'_2 näher an den entsprechenden Werten $n_1 \bar{p}$, $n_2 \bar{p}$ der Häufigkeitstafel (6.10.5) liegen.

Tab. 6.19. Zahlenwerte für x_T ($n_1 = n_2 = n$, x_1, $1 - \alpha$) zum exakten Test von Fisher und Yates.[1] Die fettgedruckten Zahlen sind die kritischen Werte x_T; die rechts daneben stehenden dünngedruckten sind die exakten Signifikanzniveaus α in %

$n = n_1 = n_2$	x_1	α 0,05		0,025		0,01		0,005		$n = n_1 = n_2$	x_1	α 0,05		0,025		0,01		0,005	
3	3	0	5,0	—		—		—		12	12	8	4,7	7	1,9	6	0,7	5	0,2
											11	6	3,4	5	1,4	4	0,5	4	0,5
4	4	0	1,4	0	1,4	—		—			10	5	4,5	4	1,8	3	0,6	2	0,2
											9	4	5,0	3	2,0	2	0,6	1	0,1
5	5	1	2,4	1	2,4	0	0,4	0	0,4		8	3	5,0	2	1,8	1	0,5	1	0,5
	4	0	2,4	0	2,4	—		—			7	2	4,5	1	1,4	0	0,2	0	0,2
											6	1	3,4	0	0,7	0	0,7	—	
6	6	2	3,0	1	0,8	1	0,8	0	0,1		5	0	1,9	0	1,9	—		—	
	5	1	4,0	0	0,8	0	0,8	—			4	0	4,7	—		—		—	
	4	0	3,0	—		—		—											
										13	13	9	4,8	8	2,0	7	0,7	6	0,3
7	7	3	3,5	2	1,0	1	0,2	1	0,2		12	7	3,7	6	1,5	5	0,6	4	0,2
	6	1	1,5	1	1,5	0	0,2	0	0,2		11	6	4,8	5	2,1	4	0,8	3	0,2
	5	0	1,0	0	1,0	—		—			10	4	2,4	4	2,4	3	0,8	2	0,2
	4	0	3,5	—		—		—			9	3	2,4	3	2,4	2	0,8	1	0,2
											8	2	2,1	2	2,1	1	0,6	0	0,1
8	8	4	3,8	3	1,3	2	0,3	2	0,3		7	2	4,8	1	1,5	0	0,3	0	0,3
	7	2	2,0	2	2,0	1	0,5	0	0,1		6	1	3,7	0	0,7	0	0,7	—	
	6	1	2,0	1	2,0	0	0,3	0	0,3		5	0	2,0	0	2,0	—		—	
	5	0	1,3	0	1,3	—		—			4	0	4,8	—		—		—	
	4	0	3,8	—		—		—											
										14	14	10	4,9	9	2,0	8	0,8	7	0,3
9	9	5	4,1	4	1,5	3	0,5	3	0,5		13	8	3,8	7	1,6	6	0,6	5	0,2
	8	3	2,5	3	2,5	2	0,8	1	0,2		12	6	2,3	6	2,3	5	0,9	4	0,3
	7	2	2,8	1	0,8	1	0,8	0	0,1		11	5	2,7	4	1,1	3	0,4	3	0,4
	6	1	2,5	1	2,5	0	0,5	0	0,5		10	4	2,8	3	1,1	2	0,3	2	0,3
	5	0	1,5	0	1,5	—		—			9	3	2,7	2	0,9	2	0,9	1	0,2
	4	0	4,1	—		—		—			8	2	2,3	2	2,3	1	0,6	0	0,1
											7	1	1,6	1	1,6	0	0,3	0	0,3
10	10	6	4,3	5	1,6	4	0,5	3	0,2		6	1	3,8	0	0,8	0	0,8	—	
	9	4	2,9	3	1,0	3	1,0	2	0,3		5	0	2,0	0	2,0	—		—	
	8	3	3,5	2	1,2	1	0,3	1	0,3		4	0	4,9	—		—		—	
	7	2	3,5	1	1,0	1	1,0	0	0,2										
	6	1	2,9	0	0,5	0	0,5	—		15	15	11	5,0	10	2,1	9	0,8	8	0,3
	5	0	1,6	0	1,6	—		—			14	9	4,0	8	1,8	7	0,7	6	0,3
	4	0	4,3	—		—		—			13	7	2,5	6	1,0	5	0,4	5	0,4
											12	6	3,0	5	1,3	4	0,5	4	0,5
11	11	7	4,5	6	1,8	5	0,6	4	0,2		11	5	3,3	4	1,3	3	0,5	3	0,5
	10	5	3,2	4	1,2	3	0,4	3	0,4		10	4	3,3	3	1,3	2	0,4	2	0,4
	9	4	4,0	3	1,5	2	0,4	2	0,4		9	3	3,0	2	1,0	1	0,3	1	0,3
	8	3	4,3	2	1,5	1	0,4	1	0,4		8	2	2,5	1	0,7	1	0,7	0	0,1
	7	2	4,0	1	1,2	0	0,2	0	0,2		7	1	1,8	1	1,8	0	0,3	0	0,3
	6	1	3,2	0	0,6	0	0,6	—			6	1	4,0	0	0,8	0	0,8	—	
	5	0	1,8	0	1,8	—		—			5	0	2,1	0	2,1	—		—	
	4	0	4,5	—		—		—			4	0	5,0	—		—		—	

[1] Finney, D.J.: The Fisher-Yates test of significance in 2 × 2 contingency tables. Biometrika 35 (1948) 145 und Latscha, R.: Tests of significance in a 2 × 2 contingency table: extension of

6.10 Vergleich der Grundwahrscheinlichkeiten von Binomialverteilungen

$n = n_1 = n_2$	x_1	α 0,05		0,025		0,01		0,005		$n = n_1 = n_2$	x_1	α 0,05		0,025		0,01		0,005	
16	16	11	2,2	11	2,2	10	0,9	9	0,3	19	19	14	2,3	14	2,3	13	1,0	12	0,4
	15	10	4,1	9	1,9	8	0,8	7	0,3		18	13	4,5	12	2,1	11	0,9	10	0,4
	14	8	2,7	7	1,2	6	0,5	6	0,5		17	11	3,1	10	1,5	9	0,6	8	0,3
	13	7	3,3	6	1,5	5	0,6	4	0,2		16	10	3,9	9	1,9	8	0,9	7	0,3
	12	6	3,7	5	1,6	4	0,6	3	0,2		15	9	4,6	8	2,2	6	0,4	6	0,4
	11	5	3,8	4	1,6	3	0,6	2	0,2		14	8	5,0	7	2,4	5	0,4	5	0,4
	10	4	3,7	3	1,5	2	0,5	2	0,5		13	6	2,5	5	1,1	4	0,4	4	0,4
	9	3	3,3	2	1,2	1	0,3	1	0,3		12	5	2,4	5	2,4	3	0,3	3	0,3
	8	2	2,7	1	0,8	1	0,8	0	0,1		11	5	5,0	4	2,2	3	0,9	2	0,3
	7	1	1,9	1	1,9	0	0,3	0	0,3		10	4	4,6	3	1,9	2	0,6	1	0,2
	6	1	4,1	0	0,9	0	0,9	—	—		9	3	3,9	2	1,5	1	0,4	1	0,4
	5	0	2,2	0	2,2	—	—	—	—		8	2	3,1	1	0,9	1	0,9	0	0,2
											7	1	2,1	1	2,1	0	0,4	0	0,4
17	17	12	2,2	12	2,2	11	0,9	10	0,4		6	1	4,5	0	1,0	0	1,0	—	—
	16	11	4,3	10	2,0	9	0,8	8	0,3		5	0	2,3	0	2,3	—	—	—	—
	15	9	2,9	8	1,3	7	0,5	6	0,2	20	20	15	2,4	15	2,4	13	0,4	13	0,4
	14	8	3,5	7	1,6	6	0,7	5	0,2		19	14	4,6	13	2,2	12	1,0	11	0,4
	13	7	4,0	6	1,8	5	0,7	4	0,3		18	12	3,2	11	1,5	10	0,7	9	0,3
	12	6	4,2	5	1,9	4	0,7	3	0,2		17	11	4,1	10	2,0	9	0,9	8	0,4
	11	5	4,2	4	1,8	3	0,7	2	0,2		16	10	4,8	9	2,4	7	0,5	7	0,5
	10	4	4,0	3	1,6	2	0,5	1	0,1		15	8	2,7	7	1,2	6	0,5	5	0,2
	9	3	3,5	2	1,3	1	0,3	1	0,3		14	7	2,8	6	1,3	5	0,5	4	0,2
	8	2	2,9	1	0,8	1	0,8	0	0,1		13	6	2,8	5	1,2	4	0,5	4	0,5
	7	1	2,0	1	2,0	0	0,4	0	0,4		12	5	2,7	4	1,1	3	0,4	3	0,4
	6	1	4,3	0	0,9	0	0,9	—	—		11	4	2,4	4	2,4	3	0,9	2	0,3
	5	0	2,2	0	2,2	—	—	—	—		10	4	4,8	3	2,0	2	0,7	1	0,2
18	18	13	2,3	13	2,3	12	1,0	11	0,4		9	3	4,1	2	1,5	1	0,4	1	0,4
	17	12	4,4	11	2,0	10	0,9	9	0,4		8	2	3,2	1	1,0	1	1,0	0	0,2
	16	10	3,0	9	1,4	8	0,6	7	0,2		7	1	2,2	1	2,2	0	0,4	0	0,4
	15	9	3,8	8	1,8	7	0,8	6	0,3		6	1	4,6	0	1,0	—	—	—	—
	14	8	4,3	7	2,0	6	0,9	5	0,3		5	0	2,4	0	2,4	—	—	—	—
	13	7	4,6	6	2,2	5	0,9	4	0,3										
	12	6	4,7	5	2,2	4	0,9	3	0,3										
	11	5	4,6	4	2,0	3	0,8	2	0,2										
	10	4	4,3	3	1,8	2	0,6	1	0,1										
	9	3	3,8	2	1,4	1	0,4	1	0,4										
	8	2	3,0	1	0,9	1	0,9	0	0,1										
	7	1	2,0	1	2,0	0	0,4	0	0,4										
	6	1	4,4	0	1,0	0	1,0	—	—										
	5	0	2,3	0	2,3	—	—	—	—										

Finneys table. Biometrika 40 (1953) 74 sowie Finney, D.J.; Latscha, R., u. a.: Tables for testing significance in a 2 × 2 contingency table. Cambridge University Press 1963. Dort können auch kritische Werte $x_T(n_1, n_2, x_1, 1 - \alpha)$ für $n_1 \neq n_2 \leq 40$ entnommen werden

Null-hypothese H_0	Alternativ-hypothese H_1	Die Nullhypothese H_0 wird verworfen für	
		Prüfwert	kritischer Wert zum Signifikanzniveau α
$p_1 \leq p_2$	$p_1 > p_2$ (einseitig)	$\dfrac{x'_1 n_2 - x'_2 n_1}{\sqrt{\bar p (1-\bar p) n_1 n_2 (n_1 + n_2)}}$	$> u_{1-\alpha}$
$p_1 \geq p_2$	$p_1 < p_2$ (einseitig)	$\dfrac{x'_1 n_2 - x'_2 n_1}{\sqrt{\bar p (1-\bar p) n_1 n_2 (n_1 + n_2)}}$	$< -u_{1-\alpha}$
$p_1 = p_2$	$p_1 \neq p_2$ (zweiseitig)	$\dfrac{|x'_1 n_2 - x'_2 n_1|}{\sqrt{\bar p (1-\bar p) n_1 n_2 (n_1 + n_2)}}$	$> u_{1-\alpha/2}$
		mit $\bar p$ nach (6.10.4)	

(6.10.6)

Zahlenwerte für $u_{1-\alpha}$ und $u_{1-\alpha/2}$ s. Tab. C 3.

Der zweiseitige Vertrauensbereich für $p_1 - p_2$ zum Vertrauensniveau $1 - \alpha$ ist

$$(\hat p_1 - \hat p_2) - u_{1-\alpha/2} \sqrt{\frac{\hat p_1 \hat q_1}{n_1} + \frac{\hat p_2 \hat q_2}{n_2}} \leq (p_1 - p_2) \leq (\hat p_1 - \hat p_2) + u_{1-\alpha/2} \sqrt{\frac{\hat p_1 \hat q_1}{n_1} + \frac{\hat p_2 \hat q_2}{n_2}}.$$

(6.10.7)

Näherungsverfahren mit arcsin-Transformation

Das Verfahren ist anwendbar, wenn die zu erwartenden Häufigkeiten nach (6.10.5) alle mindestens gleich 5 sind.

Die relativen Häufigkeiten $\hat p_1$ und $\hat p_2$ werden um den Betrag $1/(2n_1)$ bzw. $1/(2n_2)$ so korrigiert, daß die korrigierten Werte p'_1 und p'_2 näher an dem nach (6.10.4) berechneten Wert $\bar p$ liegen.

Null-hypothese H_0	Alternativ-hypothese H_1	Die Nullhypothese H_0 wird verworfen für	
		Prüfwert	kritischer Wert zum Signifikanzniveau α
$p_1 \leq p_2$	$p_1 > p_2$ (einseitig)	$\dfrac{\arcsin \sqrt{p'_1} - \arcsin \sqrt{p'_2}}{\frac{1}{2} \sqrt{\frac{1}{n_1} + \frac{1}{n_2}}}$	$> u_{1-\alpha}$
$p_1 \geq p_2$	$p_1 < p_2$ (einseitig)	$\dfrac{\arcsin \sqrt{p'_1} - \arcsin \sqrt{p'_2}}{\frac{1}{2} \sqrt{\frac{1}{n_1} + \frac{1}{n_2}}}$	$< -u_{1-\alpha}$
$p_1 = p_2$	$p_1 \neq p_2$ (zweiseitig)	$\dfrac{|\arcsin \sqrt{p'_1} - \arcsin \sqrt{p'_2}|}{\frac{1}{2} \sqrt{\frac{1}{n_1} + \frac{1}{n_2}}}$	$> u_{1-\alpha/2}$

(6.10.8)

Zahlenwerte für $z = \arcsin \sqrt{p}$ s. Tab. C 16 und für $u_{1-\alpha}$, $u_{1-\alpha/2}$ s. Tab. C 3.

6.10.2 Vergleich der Grundwahrscheinlichkeiten von k Binomialverteilungen

Grundgesamtheit (Binomialverteilung)	1	2	...	i	...	k
Grundwahrscheinlichkeit	p_1	p_2	...	p_i	...	p_k
Gegenwahrscheinlichkeit	q_1	q_2	...	q_i	...	q_k
Stichprobe	1	2	...	i	...	k
Stichprobenumfang	n_1	n_2	...	n_i	...	n_k
Anzahl der Ergebnisse A	x_1	x_2	...	x_i	...	x_k
Anzahl der Ergebnisse $\bar{A}$	y_1	y_2	...	y_i	...	y_k
relative Häufigkeit der Ergebnisse A	$\hat{p}_1$	$\hat{p}_2$	...	$\hat{p}_i$	...	$\hat{p}_k$
relative Häufigkeit der Ergebnisse $\bar{A}$	$\hat{q}_1$	$\hat{q}_2$	...	$\hat{q}_i$	...	$\hat{q}_k$

(6.10.9)

Nullhypothese H_0: $p_1 = p_2 = \ldots = p_i = \ldots = p_k = p$.
Alternativhypothese H_1: $p_i \neq p_j$ für mindestens ein Paar (i, j).

χ^2-Näherungsverfahren

Man berechnet den bei Gültigkeit von H_0 wirksamsten Schätzwert für p

$$\bar{p} = \frac{1}{n} \sum_{i=1}^{k} x_i = \frac{1}{n} \sum_{i=1}^{k} n_i \hat{p}_i \quad \text{mit } n = \sum_{i=1}^{k} n_i. \tag{6.10.10}$$

Das Verfahren ist anwendbar, wenn

a) keine der bei Gültigkeit von H_0 zu erwartenden Besetzungszahlen

$$\bar{x}_i = n_i \bar{p} \quad \text{bzw.} \quad \bar{y}_i = n_i(1 - \bar{p}) \tag{6.10.11}$$

kleiner als 1 ist und
b) höchstens 1/5 der Besetzungszahlen nach (6.10.11) kleiner als 5 ist.
Die Nullhypothese H_0 wird verworfen für

$$\frac{1}{\bar{p}(1-\bar{p})} \sum_{i=1}^{k} n_i (\hat{p}_i - \bar{p})^2 > \chi^2_{f; 1-\alpha} \quad \text{mit } f = k-1. \tag{6.10.12}$$

Zahlenwerte für $\chi^2_{f; 1-\alpha}$ s. Tab. C 5.

Näherungsverfahren mit arcsin-Transformation

Das Verfahren ist unter den gleichen Einschränkungen anwendbar wie das χ^2-Näherungsverfahren (s. o.).
Die Nullhypothese H_0 wird verworfen für

$$4 \sum_{i=1}^{k} n_i (\hat{z}_i - \bar{z})^2 > \chi^2_{f; 1-\alpha} \quad \text{mit } f = k-1, \tag{6.10.13}$$

$$\hat{z}_i = \arcsin \sqrt{\hat{p}_i} \quad \text{und} \quad \bar{z} = \sum_{i=1}^{k} n_i \hat{z}_i \Big/ \sum_{i=1}^{k} n_i. \tag{6.10.14}$$

Zahlenwerte für $z = \arcsin \sqrt{p}$ s. Tab. C 16 und für $\chi^2_{f; 1-\alpha}$ s. Tab. C 5.

6.11 Vergleich der Parameter von l Multinomialverteilungen
(vgl. Unterabschn. 4.5.3)

Grundgesamtheit	1	2	...	j	...	l	
Wahrscheinlichkeit für das Auftreten des Ergebnisses A_i ($i = 1, 2, ..., k$) in der Grundgesamtheit	p_{i1}	p_{i2}	...	p_{ij}	...	p_{il}	
Stichprobe	1	2	...	j	...	l	$\sum_{j=1}^{l}$
Häufigkeit der Ergebnisse A_1	n_{11}	n_{12}	...	n_{1j}	...	n_{1l}	$n_{1\bullet}$
Häufigkeit der Ergebnisse A_2	n_{21}	n_{22}	...	n_{2j}	...	n_{2l}	$n_{2\bullet}$
⋮	⋮	⋮		⋮		⋮	⋮
Häufigkeit der Ergebnisse A_i	n_{i1}	n_{i2}	...	n_{ij}	...	n_{il}	$n_{i\bullet}$
⋮	⋮	⋮		⋮		⋮	⋮
Häufigkeit der Ergebnisse A_k	n_{k1}	n_{k2}	...	n_{kj}	...	n_{kl}	$n_{k\bullet}$
Stichprobenumfang $\sum_{i=1}^{k}$	$n_{\bullet 1} = n_1$	$n_{\bullet 2} = n_2$	...	$n_{\bullet j} = n_j$	...	$n_{\bullet l} = n_l$	$n_{\bullet\bullet} = n$
Zahl der Freiheitsgrade	$f_1 = n_1 - 1$	$f_2 = n_2 - 1$	...	$f_j = n_j - 1$	...	$f_l = n_l - 1$	

(6.11.1)

Nullhypothese H_0: $\quad p_{i1} = p_{i2} = ... = p_{ij} = ... = p_{il} = p_i$ für $i = 1, 2, ..., k$.
Alternativhypothese H_1: $p_{ij} \neq p_{ij'}$ für mindestens ein Paar (j, j').
Der bei Gültigkeit von H_0 wirksamste Schätzwert $\bar{p}_i$ für p_i ist

$$\bar{p}_i = \sum_{j=1}^{l} n_{ij}/n = n_{i\bullet}/n. \tag{6.11.2}$$

Das Verfahren ist anwendbar, wenn
a) keine der bei Gültigkeit von H_0 zu erwartenden Besetzungszahlen

$$\bar{n}_{ij} = \bar{p}_i n_j = \frac{n_{i\bullet} n_{\bullet j}}{n} \quad (i = 1, 2, ..., k; \; j = 1, 2, ..., l) \tag{6.11.3}$$

kleiner als 1 ist und
b) höchstens 1/5 der Besetzungszahlen nach (6.11.3) kleiner als 5 ist.

Sind die Voraussetzungen nicht erfüllt, dann sind in (6.11.1) Spalten und/oder Zeilen so zusammenzufassen, daß die Voraussetzungen erfüllt sind.

Die Nullhypothese H_0 wird verworfen für

$$n \left[\sum_{i=1}^{k} \sum_{j=1}^{l} \frac{n_{ij}^2}{n_{i\bullet} n_{\bullet j}} - 1 \right] > \chi^2_{f;1-\alpha} \quad \text{mit } f = (k-1)(l-1). \tag{6.11.4}$$

Sind die Wahrscheinlichkeiten p_i vorgegeben, dann wird H_0 verworfen für

$$\sum_{i=1}^{k} \sum_{j=1}^{l} \frac{(n_{ij} - p_i n_j)^2}{p_i n_j} > \chi^2_{f;1-\alpha} \quad \text{mit } f = k(l-1). \tag{6.11.5}$$

Zahlenwerte für $\chi^2_{f;1-\alpha}$ s. Tab. C 5.

6.12 Vergleich des Erwartungswertes einer Poisson-Verteilung mit einem vorgegebenen Wert (vgl. Abschn. 2.4)

An einem Zählabschnitt (der Größe b) wurden x Vorkommnisse gezählt.

Für den Erwartungswert μ der Vorkommnisse (in Zählabschnitten der Größe b) ist der Wert μ_0 (z.B. als Sollwert, Erfahrungswert oder Grenzwert)[1] vorgegeben.

Nullhypothese H_0	Alternativhypothese H_1	Die Nullhypothese H_0 wird verworfen für		Kritischer Wert zum Signifikanzniveau α	
		Prüfwert	kritischer Wert zum Signifikanzniveau α	mit Näherung Normalverteilung für $\mu_0 > 9$	mit Näherung durch Wurzeltransformation für $\mu_0 > 2$
$\mu \leq \mu_0$ (einseitig)	$\mu > \mu_0$	x	$> x_O$ aus (5.3.70) für $\mu = \mu_0$	$x_O = \mu_0 + 0,5 + u_{1-\alpha}\sqrt{\mu_0}$	$x_O = (\sqrt{\mu_0} + u_{1-\alpha}/2)^2$
$\mu \geq \mu_0$ (einseitig)	$\mu < \mu_0$	x	$< x_U$ aus (5.3.69) für $\mu = \mu_0$	$x_U = \mu_0 - 0,5 - u_{1-\alpha}\sqrt{\mu_0}$	$x_U = (\sqrt{\mu_0} - u_{1-\alpha}/2)^2$
$\mu = \mu_0$ (zweiseitig)	$\mu \neq \mu_0$	x	$> x_O$ aus (5.3.73) für $\mu = \mu_0$ oder $< x_U$ aus (5.3.72) für $\mu = \mu_0$	$x_O = \mu_0 + 0,5 + u_{1-\alpha/2}\sqrt{\mu_0}$ $x_U = \mu_0 - 0,5 - u_{1-\alpha/2}\sqrt{\mu_0}$	$x_O = (\sqrt{\mu_0} + u_{1-\alpha/2}/2)^2$ $x_U = (\sqrt{\mu_0} - u_{1-\alpha/2}/2)^2$
				Zahlenwerte für $u_{1-\alpha}$ und $u_{1-\alpha/2}$ s. Tab. C 3	

(6.12.1)

Die Operations-Charakteristik — die Wahrscheinlichkeit $L(\mu)$, die Nullhypothese H_0 nicht zu verwerfen, in Abhängigkeit von μ — ist beim einseitigen Test gegen die Alternativhypothese $\mu > \mu_0$

---

[1] Ist der Wert μ'_0 für Zählabschnitte der Größe a vorgegeben, dann ist er mit $\mu_0 = \mu'_0 b/a$ auf die untersuchte Zählabschnittsgröße b umzurechnen.

$$L(\mu) = G(x_O; \mu) = \sum_{x=0}^{x_O} \frac{\mu^x}{x!} e^{-\mu}, \qquad (6.12.2)$$

beim einseitigen Test gegen die Alternativhypothese $\mu < \mu_0$

$$L(\mu) = 1 - G(x_U - 1; \mu) = 1 - \sum_{x=0}^{x_U - 1} \frac{\mu^x}{x!} e^{-\mu}, \qquad (6.12.3)$$

beim zweiseitigen Test gegen die Alternativhypothese $\mu \neq \mu_0$

$$L(\mu) = G(x_O; \mu) - G(x_U - 1; \mu) = \sum_{x=x_U}^{x_O} \frac{\mu^x}{x!} e^{-\mu}, \qquad (6.12.4)$$

wobei $G(x; \mu)$ die Verteilungsfunktion der Poisson-Verteilung nach (2.4.3) ist.

$L(\mu)$ kann im Nomogramm D 2 graphisch bestimmt werden, indem durch μ auf der Abszisse eine Senkrechte gelegt und an deren Schnittpunkt mit den Kurven für $x = x_O$ oder/und $x = x_U - 1$ die Ordinatenwerte $G(x_O; \mu)$ oder/und $G(x_U - 1; \mu)$ abgelesen werden.

6.13 Vergleich der Erwartungswerte von Poisson-Verteilungen

Grundgesamtheit (Poisson-Verteilung)	1	2	...	i	...	k
Größe des Zählabschnitts	b_1	b_2	...	b_i	...	b_k
Erwartungswert, bezogen auf den Zählabschnitt der Größe b_i	μ_1	μ_2	...	μ_i	...	μ_k
Erwartungswert, bezogen auf einheitliche Zählabschnittsgröße a	λ_1	λ_2	...	λ_i	...	λ_k
Stichprobe (Zählabschnitt)	1	2	...	i	...	k
beobachtete Zahl von Vorkommnissen	x_1	x_2	...	x_i	...	x_k

(6.13.1)

$$\lambda_i = a \frac{\mu_i}{b_i} \qquad (6.13.2)$$

6.13.1 Vergleich der Erwartungswerte μ_1 und μ_2 von zwei Poisson-Verteilungen bei gleicher Zählabschnittsgröße $b_1 = b_2$

Exaktes Verfahren

Die Bezeichnungen werden so gewählt, daß $x_1 > x_2$ ist.

6.13 Vergleich der Erwartungswerte von Poisson-Verteilungen

Null-hypothese H_0	Alternativ-hypothese H_1	Die Nullhypothese H_0 wird verworfen für	
		Prüfwert	kritischer Wert zum Signifikanzniveau α
$\mu_1 \leq \mu_2$	$\mu_1 > \mu_2$ (einseitig)	$\dfrac{x_1}{x_2+1}$	$\geq F_{f_1,f_2;1-\alpha}$ mit $f_1 = 2(x_2+1)$, $f_2 = 2x_1$
$\mu_1 \geq \mu_2$	$\mu_1 < \mu_2$ (einseitig)	Wegen $x_1 > x_2$ wird die Nullhypothese nicht verworfen.	
$\mu_1 = \mu_2$	$\mu_1 \neq \mu_2$ (zweiseitig)	$\dfrac{x_1}{x_2+1}$	$\geq F_{f_1,f_2;1-\alpha/2}$ mit $f_1 = 2(x_2+1)$, $f_2 = 2x_1$

(6.13.3)

Zahlenwerte für $F_{f_1,f_2;1-\alpha}$ und $F_{f_1,f_2;1-\alpha/2}$ s. Tab. C 6 bis C 9.

Der zweiseitige Vertrauensbereich für μ_1/μ_2 zum Vertrauensniveau $1-\alpha$ ist

$$\frac{x_1}{x_2+1} \frac{1}{F_{f_1,f_2;1-\alpha/2}} \leq \frac{\mu_1}{\mu_2} \leq \frac{x_1+1}{x_2} F_{f'_1,f'_2;1-\alpha/2} \qquad (6.13.4)$$

mit $f_1 = 2(x_2+1)$, $f_2 = 2x_1$, $f'_1 = 2(x_1+1)$, $f'_2 = 2x_2$.

Bei Benutzung von Tab. C 19 kann der Test ohne Rechenaufwand folgendermaßen durchgeführt werden:

Die Bezeichnungen werden so gewählt, daß $x_1 > x_2$ ist.

Null-hypothese H_0	Alternativ-hypothese H_1	Die Nullhypothese H_0 wird verworfen für	
		Prüfwert	kritischer Wert zum Signifikanz-niveau α
$\mu_1 \leq \mu_2$	$\mu_1 > \mu_2$ (einseitig)	x_2	$\leq k_{n;\alpha}$ mit $n = x_1 + x_2$
$\mu_1 \geq \mu_2$	$\mu_1 < \mu_2$ (einseitig)	Wegen $x_1 > x_2$ wird die Nullhypothese nicht verworfen.	
$\mu_1 = \mu_2$	$\mu_1 \neq \mu_2$ (zweiseitig)	x_2	$\leq k_{n;\alpha/2}$ mit $n = x_1 + x_2$

(6.13.5)

Zahlenwerte für $k_{n;p}$ (mit $p = \alpha$ bzw. $p = \alpha/2$) für $n \leq 80$ s. Tab. C 19 oder für $n > 50$ näherungsweise aus (5.5.71).

Näherungsverfahren mit Normalverteilung

Das Verfahren ist anwendbar, wenn $x_1 + x_2 > 10$ ist.
   Die Bezeichnungen werden so gewählt, daß $x_1 > x_2$ ist.

Null-hypothese H_0	Alternativ-hypothese H_1	Die Nullhypothese H_0 wird verworfen für	
		Prüfwert	kritischer Wert zum Signifikanz-niveau α
$\mu_1 \leq \mu_2$	$\mu_1 > \mu_2$ (einseitig)	$\dfrac{x_1 - x_2 - 1}{\sqrt{x_1 + x_2}}$	$> u_{1-\alpha}$
$\mu_1 \geq \mu_2$	$\mu_1 < \mu_2$ (einseitig)	Wegen $x_1 > x_2$ wird die Nullhypothese nicht verworfen.	
$\mu_1 = \mu_2$	$\mu_1 \neq \mu_2$ (zweiseitig)	$\dfrac{x_1 - x_2 - 1}{\sqrt{x_1 + x_2}}$	$> u_{1-\alpha/2}$

(6.13.6)

Zahlenwerte für $u_{1-\alpha}$ und $u_{1-\alpha/2}$ s. Tab. C 3.

Näherungsverfahren mit Wurzeltransformation

Das Verfahren ist anwendbar, wenn $x_1 + x_2 > 10$ ist.
   Die Bezeichnungen werden so gewählt, daß $x_1 > x_2$ ist.

Null-hypothese H_0	Alternativ-hypothese H_1	Die Nullhypothese H_0 wird verworfen für	
		Prüfwert	kritischer Wert zum Signifikanzniveau α
$\mu_1 \leq \mu_2$	$\mu_1 > \mu_2$ (einseitig)	$\left(\sqrt{x_1 - \tfrac{1}{2}} - \sqrt{x_2 + \tfrac{1}{2}}\right)\sqrt{2}$	$> u_{1-\alpha}$
$\mu_1 \geq \mu_2$	$\mu_1 < \mu_2$ (einseitig)	Wegen $x_1 > x_2$ wird die Nullhypothese nicht verworfen.	
$\mu_1 = \mu_2$	$\mu_1 \neq \mu_2$ (zweiseitig)	$\left(\sqrt{x_1 - \tfrac{1}{2}} - \sqrt{x_2 + \tfrac{1}{2}}\right)\sqrt{2}$	$> u_{1-\alpha/2}$

(6.13.7)

Zahlenwerte für $u_{1-\alpha}$ und $u_{1-\alpha/2}$ s. Tab. C 3.

6.13.2 Vergleich der Erwartungswerte λ_1 und λ_2 von zwei Poisson-Verteilungen bei ungleichen Zählabschnittsgrößen b_1 und b_2

Die Bezeichnungen werden so gewählt, daß $(x_1/b_1) \geq (x_2/b_2)$ ist.

Null-hypothese H_0	Alternativ-hypothese H_1	Die Nullhypothese H_0 wird verworfen für	
		Prüfwert	kritischer Wert zum Signifikanzniveau α
$\lambda_1 \leqq \lambda_2$ (einseitig)	$\lambda_1 > \lambda_2$	$\dfrac{x_1}{x_2+1} \dfrac{b_2}{b_1} >$	$F_{f_1, f_2; 1-\alpha}$ mit $f_1 = 2(x_2+1)$, $f_2 = 2x_1$
$\lambda_1 \geqq \lambda_2$ (einseitig)	$\lambda_1 < \lambda_2$	Wegen $(x_1/b_1) \geqq (x_2/b_2)$ wird die Nullhypothese nicht verworfen.	
$\lambda_1 = \lambda_2$ (zweiseitig)	$\lambda_1 \neq \lambda_2$	$\dfrac{x_1}{x_2+1} \dfrac{b_2}{b_1} >$	$F_{f_1, f_2; 1-\alpha/2}$ mit $f_1 = 2(x_2+1)$, $f_2 = 2x_1$

(6.13.8)

Zahlenwerte für $F_{f_1, f_2; 1-\alpha}$ und $F_{f_1, f_2; 1-\alpha/2}$ s. Tab. C 6 bis C 9.

6.13.3 Vergleich der Erwartungswerte μ_i von k Poisson-Verteilungen bei gleicher Zählabschnittsgröße $b_1 = b_2 = \ldots = b_k = b$

Nullhypothese H_0: $\quad \mu_1 = \mu_2 = \ldots = \mu_i = \ldots = \mu_k = \mu$.
Alternativhypothese H_1: $\mu_i \neq \mu_j$ für mindestens ein Paar (i, j).
Das Verfahren ist anwendbar, wenn alle $x_i \gtrsim 5 (i = 1, \ldots, k)$ sind.
Die Nullhypothese H_0 wird verworfen für

$$\frac{\sum_{i=1}^{k}(x_i - \bar{x})^2}{\bar{x}} = \frac{k \sum_{i=1}^{k} x_i^2}{\sum_{i=1}^{k} x_i} - \sum_{i=1}^{k} x_i > \chi^2_{f; 1-\alpha} \quad \text{mit } f = k-1, \quad (6.13.9)$$

wobei

$$\bar{x} = \frac{1}{k} \sum_{i=1}^{k} x_i. \quad (6.13.10)$$

Zahlenwerte für $\chi^2_{f; 1-\alpha}$ s. Tab. C 5.

6.14 Vergleich des Medians mit einem vorgegebenen Wert bei beliebiger stetiger Verteilung

Eine Stichprobe von n unabhängigen Einzelwerten $x_1, x_2, \ldots, x_n$ aus einer beliebigen stetigen Verteilung liegt vor; vgl. Abschn. 3.1.

Für den Median ζ ist der Wert ζ_0 (z. B. als Sollwert, Erfahrungswert oder Grenzwert) vorgegeben.

Der Einstichproben-Vorzeichen-Rangtest von Wilcoxon ist erheblich wirksamer als der Einstichproben-Vorzeichentest, setzt allerdings eine symmetrische stetige Verteilung voraus.

Einstichproben-Vorzeichentest

Einzelwerte x_i ($i = 1, 2, \ldots, n$), die gleich dem vorgegebenen Median ζ_0 sind, werden fortgelassen. Die Anzahl der verbleibenden Einzelwerte werde wiederum mit n bezeichnet.

Die Anzahl der Einzelwerte, die kleiner als der vorgegebene Median ζ_0 sind, sei x.

Null-hypothese H_0	Alternativ-hypothese H_1	Die Nullhypothese H_0 wird verworfen für	
		Prüfwert	kritischer Wert zum Signifikanzniveau α
$\zeta \leq \zeta_0$	$\zeta > \zeta_0$ (einseitig)	x	$\leq k_{n;\alpha}$
$\zeta \geq \zeta_0$	$\zeta < \zeta_0$ (einseitig)	$n - x$	$\leq k_{n;\alpha}$
$\zeta = \zeta_0$	$\zeta \neq \zeta_0$ (zweiseitig)	x oder $n - x$	$\leq k_{n;\alpha/2}$

(6.14.1)

Zahlenwerte für $k_{n;\alpha}$ bzw. $k_{n;\alpha/2}$ s. Tab. C 19 oder (5.5.71).

Einstichproben-Vorzeichen-Rangtest von Wilcoxon

Voraussetzung: Die Einzelwerte stammen aus einer *symmetrischen* stetigen Verteilung; vgl. (3.1.5).

1. Einzelwerte x_i ($i = 1, 2, \ldots, n$), die gleich dem vorgegebenen Median ζ_0 sind, werden fortgelassen. Die Anzahl der verbleibenden Einzelwerte werde wiederum mit n bezeichnet, und es sei $n > 5$.
2. Für jeden verbleibenden Einzelwert x_i wird der Betrag der Differenz zum vorgegebenen Median,

$$|d_i| = |x_i - \zeta_0| \tag{6.14.2}$$

gebildet und zu jedem Betrag vermerkt, ob er zu einer positiven oder zu einer negativen Differenz gehört.
3. Die n Beträge $|d_i|$ werden gemäß (5.1.1) in eine Rangfolge gebracht.
4. Die Summe der zu positiven Differenzen gehörenden Rangzahlen bzw. mittleren Rangzahlen sei T_{pos}, die Summe der zu negativen Differenzen gehörenden Rangzahlen bzw. mittleren Rangzahlen sei T_{neg}. $T_{\min} = \min\{T_{\text{pos}}, T_{\text{neg}}\}$ sei die kleinere der beiden Summen T_{pos} und T_{neg}.
5. Als Kontrolle dient die Beziehung

$$T_{\text{pos}} + T_{\text{neg}} = \frac{n(n+1)}{2}. \tag{6.14.3}$$

Null-hypothese H_0	Alternativ-hypothese H_1	Die Nullhypothese H_0 wird verworfen für	
		Prüfwert	kritischer Wert zum Signifikanzniveau α
$\zeta \leq \zeta_0$	$\zeta > \zeta_0$ (einseitig)	T_{neg}	$\leq T_{n;\alpha}$
$\zeta \geq \zeta_0$	$\zeta < \zeta_0$ (einseitig)	T_{pos}	$\leq T_{n;\alpha}$
$\zeta = \zeta_0$	$\zeta \neq \zeta_0$ (zweiseitig)	T_{min}	$\leq T_{n;\alpha/2}$

(6.14.4)

Zahlenwerte für $T_{n;p}$ mit $p = \alpha$ bzw. $p = \alpha/2$ s. Tab. 6.20.

Ist $n > 25$, dann gilt näherungsweise

$$T_{n;p} = \frac{n(n+1)}{4} - u_{1-p}\sqrt{\tfrac{1}{24}n(n+1)(2n+1)}. \qquad (6.14.5)$$

Zahlenwerte für u_{1-p} s. Tab. C 3.

Tab. 6.20. Kritische Werte $T_{n;p}$ zum (Vorzeichen-Rangfolge-) Test von Wilcoxon[1]

p \ n	6	7	8	9	10	11	12	13	14	15	16
0,05	2	4	6	8	11	14	17	21	26	30	36
0,025	1	2	4	6	8	11	14	17	21	25	30
0,01		0	2	3	5	7	10	13	16	20	24
0,005			0	2	3	5	7	10	13	16	19

p \ n	17	18	19	20	21	22	23	24	25	30	35
0,05	41	47	54	60	68	75	83	92	101	152	214
0,025	35	40	46	52	59	66	73	81	90	137	195
0,01	28	33	38	43	49	56	62	69	77	120	174
0,005	23	28	32	37	43	49	55	61	68	109	160

6.15 Vergleich zweier beliebiger Verteilungen

Eine Stichprobe von n_1 unabhängigen Einzelwerten $x_{11}, x_{12}, \ldots, x_{1n_1}$ aus einer beliebigen Verteilung mit der wahren Verteilungsfunktion $F_1(x)$ und eine Stichprobe von n_2 unabhängigen Einzelwerten $x_{21}, x_{22}, \ldots, x_{2n_2}$ aus einer beliebigen Verteilung mit der wahren Verteilungsfunktion $F_2(x)$ liegen vor.
Nullhypothese H_0: $F_1(x) = F_2(x)$ für alle x.

---

[1] Wilcoxon, F.; Wilcox, R.A.: Some rapid approximate statistical procedures. New York: American Cyanamid Company 1964, p. 28. Dort können weitere kritische Werte entnommen werden.

Die Tests der Abschnitte 6.16 und 6.17 testen die gleiche Nullhypothese $H_0: F_1(x) = F_2(x)$ wie die hier angegebenen Tests. Während die Tests dieses Abschnittes jedoch auf jede Art von Unterschieden in den Verteilungsfunktionen $F_1(x)$ und $F_2(x)$ ansprechen, reagieren die des Abschnittes 6.16 insbesondere auf Lageunterschiede und die des Abschnittes 6.17 insbesondere auf Streuungsunterschiede.

χ^2-Test

Voraussetzung

a) Die Einzelwerte $x_{11}, x_{12}, \ldots, x_{1n_1}$ sind Realisierungen einer diskreten Zufallsvariablen X_1; die Einzelwerte $x_{21}, x_{22}, \ldots, x_{2n_2}$ sind Realisierungen einer diskreten Zufallsvariablen X_2. Beide Zufallsvariablen können die k verschiedenen Werte (oder Wertegruppen) $x_1, x_2, \ldots, x_k$ annehmen.

b) Die Einzelwerte $x_{11}, x_{12}, \ldots, x_{1n_1}$ sind Realisierungen einer stetigen Zufallsvariablen X_1; die Einzelwerte $x_{21}, x_{22}, \ldots, x_{2n_2}$ sind Realisierungen einer stetigen Zufallsvariablen X_2. Für beide Stichproben liegt die gleiche Klasseneinteilung in k Klassen mit den Klassenmitten $x_1, x_2, \ldots, x_k$ vor.

Die absoluten Häufigkeiten für $x_1, x_2, \ldots, x_k$ seien in Stichprobe 1: $n_{11}, n_{12}, \ldots, n_{1k}$ und in Stichprobe 2: $n_{21}, n_{22}, \ldots, n_{2k}$.

Die bei Gültigkeit der Nullhypothese zu erwartenden absoluten Häufigkeiten sind

$$v_{1j} = n_1 \frac{n_{1j} + n_{2j}}{n_1 + n_2} \quad \text{und} \quad v_{2j} = n_2 \frac{n_{1j} + n_{2j}}{n_1 + n_2}; \quad j = 1, 2, \ldots, k. \tag{6.15.1}$$

Einschränkung:

a) Für $k = 2$ müssen $v_{11}, v_{12}, v_{21}, v_{22}$ größer als 5 sein.
b) Für $k > 2$ müssen alle v_{1j} und $v_{2j} (j = 1, 2, \ldots, k)$ größer als 1 sein; höchstens 20 % aller v_{1j} und v_{2j} dürfen kleiner als 5 sein.

Diese Bedingung läßt sich oft durch Zusammenfassen der absoluten Häufigkeiten verschiedener Werte bzw. Klassen erreichen, die dann für beide Stichproben in gleicher Weise erfolgen muß; die verbleibende Anzahl von absoluten Häufigkeiten sei wiederum mit k bezeichnet.

Die Nullhypothese $H_0: F_1(x) = F_2(x)$ wird verworfen für

$$\sum_{j=1}^{k} \left[\frac{(n_{1j} - v_{1j})^2}{v_{1j}} + \frac{(n_{2j} - v_{2j})^2}{v_{2j}} \right] = n_1 n_2 \sum_{j=1}^{k} \frac{1}{n_{1j} + n_{2j}} \left(\frac{n_{1j}}{n_1} - \frac{n_{2j}}{n_2} \right)^2 > \chi^2_{f; 1-\alpha}$$

$$\text{mit } f = k - 1. \tag{6.15.2}$$

Zahlenwerte für $\chi^2_{f; 1-\alpha}$ s. Tab. C 5.

Kolmogoroff-Smirnoff-Zweistichprobentest

Voraussetzung

X_1 und X_2 sind stetige Zufallsvariablen.[1]

---

[1] Der Test ist auch bei diskreten Verteilungen anwendbar; er arbeitet dann konservativ, d. h. das Signifikanzniveau verringert sich gegenüber dem festgelegten Wert α.

$\hat{F}_1(x)$ und $\hat{F}_2(x)$ seien die empirischen Verteilungsfunktionen von Stichprobe 1 und 2 nach (5.1.2).

Alternativ-hypothese H_1	Die Nullhypothese H_0: $F_1(x) = F_2(x)$ wird verworfen für	
	Prüfwert	kritischer Wert zum Signifikanzniveau α
$F_1(x) > F_2(x)$ (einseitig)	$\Delta^+ = \max_{\text{über alle } x} \{\hat{F}_1(x) - \hat{F}_2(x)\}$	$> \Delta_{n_1, n_2; 1-\alpha}$
$F_1(x) < F_2(x)$ (einseitig)	$\Delta^- = \min_{\text{über alle } x} \{\hat{F}_1(x) - \hat{F}_2(x)\}$	$< -\Delta_{n_1, n_2; 1-\alpha}$
$F_1(x) \neq F_2(x)$ (zweiseitig)	$\Delta = \max_{\text{über alle } x} |\hat{F}_1(x) - \hat{F}_2(x)|$	$> \Delta_{n_1, n_2; 1-\alpha/2}$

(6.15.3)

Mit

$$n = \left[\frac{n_1 n_2}{n_1 + n_2}\right], \tag{6.15.4}$$

wobei [ ] den auf einen ganzzahligen Wert *ab*gerundeten Wert bezeichnet, gilt

$$\Delta_{n_1, n_2; p} = \Delta_{n; p}. \tag{6.15.5}$$

Zahlenwerte für $\Delta_{n; p}$ s. Tab. 6.6 sowie (6.3.3) und (6.3.4).

6.16 Vergleich der Lage von zwei beliebigen stetigen Verteilungen

6.16.1 Unabhängige Stichproben

Eine Stichprobe von n_1 unabhängigen Einzelwerten $x_{11}, x_{12}, \ldots, x_{1n_1}$ aus einer beliebigen stetigen Verteilung mit der wahren Verteilungsfunktion $F_1(x)$ und eine Stichprobe von n_2 unabhängigen Einzelwerten $x_{21}, x_{22}, \ldots, x_{2n_2}$ aus einer beliebigen stetigen Verteilung mit der wahren Verteilungsfunktion $F_2(x)$ liegen vor.

Die hier angegebenen Tests prüfen die gleiche Nullhypothese H_0: $F_1(x) = F_2(x)$ wie die des Abschnittes 6.15. Da sie jedoch insbesondere auf Unterschiede in den Medianen ζ_1 und ζ_2 reagieren, werden sie als Tests der

Nullhypothese H_0: $\zeta_1 = \zeta_2$

gegen die

Alternativhypothese H_1: $\zeta_1 > \zeta_2$ bzw. $\zeta_1 < \zeta_2$ bzw. $\zeta_1 \neq \zeta_2$

benutzt. Sie sollten möglichst nur dann angewendet werden, wenn der vermutete Unterschied zwischen $F_1(x)$ und $F_2(x)$ nur in der Lage, jedoch nicht in der Streuung oder der Verteilungsform besteht.

Median-Test

1. Die $n_1 + n_2$ Werte der beiden Stichproben werden gemäß (5.1.1) in eine gemeinsame Rangfolge gebracht.
2. Der Median $\bar{x}$ der $n_1 + n_2$ Werte nach (5.1.19) wird bestimmt.
3. Die Anzahl der Werte in jeder Stichprobe, die kleiner oder gleich $\bar{x}$ sind, wird als Anzahl der Ergebnisse A, und die Anzahl der Werte, die größer als $\bar{x}$ sind, als Anzahl der Ergebnisse $\bar{A}$ bezeichnet; damit wird das folgende Schema gebildet.

Stichprobe	1	2	insgesamt
Stichprobenumfang	n_1	n_2	$n_1 + n_2 = n$
Anzahl der Werte, die kleiner oder gleich $\bar{x}$ sind (Anzahl der Ergebnisse A)	x_1	x_2	$x_1 + x_2 = x$
Anzahl der Werte, die größer als $\bar{x}$ sind (Anzahl der Ergebnisse $\bar{A}$)	y_1	y_2	$y_1 + y_2 = y$

(6.16.1)

4. Der Test wird als Vergleich der Grundwahrscheinlichkeiten von zwei Binomialverteilungen nach Unterabschnitt 6.10.1 durchgeführt, wobei zwischen den Hypothesen folgende Äquivalenzen bestehen:

Median-Test		Vergleich der Grundwahrscheinlichkeiten von zwei Binomialverteilungen	
H_0: $\zeta_1 \leq \zeta_2$	H_1: $\zeta_1 > \zeta_2$	H_0: $p_1 \geq p_2$	H_1: $p_1 < p_2$
H_0: $\zeta_1 \geq \zeta_2$	H_1: $\zeta_1 < \zeta_2$	H_0: $p_1 \leq p_2$	H_1: $p_1 > p_2$
H_0: $\zeta_1 = \zeta_2$	H_1: $\zeta_1 \neq \zeta_2$	H_0: $p_1 = p_2$	H_1: $p_1 \neq p_2$

(6.16.2)

Mann-Whitney-Wilcoxon-Test

1. Die $n_1 + n_2$ Werte der beiden Stichproben werden gemäß (5.1.1) in eine gemeinsame Rangfolge gebracht.
2. Zu jeder Rangzahl bzw. mittleren Rangzahl wird vermerkt, ob der Rangwert, dem sie zugeordnet ist, aus Stichprobe 1 oder Stichprobe 2 stammt.
3. Die Summe R_1 der auf Stichprobe 1 und die Summe R_2 der auf Stichprobe 2 entfallenden Rangwerte bzw. mittleren Rangwerte wird gebildet.
4. Man berechnet

$$U_1 = n_1 n_2 + \frac{n_1(n_1 + 1)}{2} - R_1,$$
$$U_2 = n_1 n_2 + \frac{n_2(n_2 + 1)}{2} - R_2.$$

(6.16.3)

$U_{\min} = \min\{U_1, U_2\}$ sei die kleinere der beiden Größen U_1 und U_2.

5. Als Kontrolle dient die Beziehung

$$U_1 + U_2 = n_1 n_2.$$

(6.16.4)

Tab. 6.21. Kritische Werte $U_{n_1, n_2; p}$ für $p = 0{,}025$ (obere Zeile) und $p = 0{,}005$ (untere Zeile) zum Mann-Whitney-Wilcoxon-Test [1]

n_2 \ n_1	5	6	7	8	9	10	11	12	13	14	15	16	17	18	19	20
3	0	1	1	2	2	3	3	4	4	5	5	6	6	7	7	8
	—	—	—	—	0	0	0	1	1	1	2	2	2	2	3	3
4	1	2	3	4	4	5	6	7	8	9	10	11	11	12	13	14
	—	0	0	1	1	2	2	3	3	4	5	5	6	6	7	8
5	2	3	5	6	7	8	9	11	12	13	14	15	17	18	19	20
	0	1	1	2	3	4	5	6	7	7	8	9	10	11	12	13
6	3	5	6	8	10	11	13	14	16	17	19	21	22	24	25	27
	1	2	3	4	5	6	7	9	10	11	12	13	15	16	17	18
7	5	6	8	10	12	14	16	18	20	22	24	26	28	30	32	34
	1	3	4	6	7	9	10	12	13	15	16	18	19	21	22	24
8	6	8	10	13	15	17	19	22	24	26	29	31	34	36	38	41
	2	4	6	7	9	11	13	15	17	18	20	22	24	26	28	30
9	7	10	12	15	17	20	23	26	28	31	34	37	39	42	45	48
	3	5	7	9	11	13	16	18	20	22	24	27	29	31	33	36
10	8	11	14	17	20	23	26	29	33	36	39	42	45	48	52	55
	4	6	9	11	13	16	18	21	24	26	29	31	34	37	39	42
11	9	13	16	19	23	26	30	33	37	40	44	47	51	55	58	62
	5	7	10	13	16	18	21	24	27	30	33	36	39	42	45	48
12	11	14	18	22	26	29	33	37	41	45	49	53	57	61	65	69
	6	9	12	15	18	21	24	27	31	34	37	41	44	47	51	54
13	12	16	20	24	28	33	37	41	45	50	54	59	63	67	72	76
	7	10	13	17	20	24	27	31	34	38	42	45	49	53	57	60
14	13	17	22	26	31	36	40	45	50	55	59	64	69	74	78	83
	7	11	15	18	22	26	30	34	38	42	46	50	54	58	63	67
15	14	19	24	29	34	39	44	49	54	59	64	70	75	80	85	90
	8	12	16	20	24	29	33	37	42	46	51	55	60	64	69	73
16	15	21	26	31	37	42	47	53	59	64	70	75	81	86	92	98
	9	13	18	22	27	31	36	41	45	50	55	60	65	70	74	79
17	17	22	28	34	39	45	51	57	63	69	75	81	87	93	99	105
	10	15	19	24	29	34	39	44	49	54	60	65	70	75	81	86
18	18	24	30	36	42	48	55	61	67	74	80	86	93	99	106	112
	11	16	21	26	31	37	42	47	53	58	64	70	75	81	87	92
19	19	25	32	38	45	52	58	65	72	78	85	92	99	106	113	119
	12	17	22	28	33	39	45	51	57	63	69	74	81	87	93	99
20	20	27	34	41	48	55	62	69	76	83	90	98	105	112	119	127
	13	18	24	30	36	42	48	54	60	67	73	79	86	92	99	105

---

[1] Owen, D.B.: Handbook of statistical tables, Reading/MA: Addison-Wesley 1962, p. 349. Dort können weitere kritische Werte entnommen werden.

Null-hypothese H_0	Alternativ-hypothese H_1	Die Nullhypothese H_0 wird verworfen für	
		Prüfwert	kritischer Wert zum Signifikanzniveau α
$\zeta_1 \leq \zeta_2$ (einseitig)	$\zeta_1 > \zeta_2$	U_1	$\leq U_{n_1, n_2; \alpha}$
$\zeta_1 \geq \zeta_2$ (einseitig)	$\zeta_1 < \zeta_2$	U_2	$\leq U_{n_1, n_2; \alpha}$
$\zeta_1 = \zeta_2$ (zweiseitig)	$\zeta_1 \neq \zeta_2$	$U_{\min}$	$\leq U_{n_1, n_2; \alpha/2}$

(6.16.5)

Zahlenwerte für $U_{n_1, n_2; p}$ mit $p = \alpha$ bzw. $p = \alpha/2$ für $n_1, n_2 \leq 20$ s. Tab. 6.21.
Ist $n_1 > 20$ oder $n_2 > 20$, dann gilt näherungsweise

$$U_{n_1, n_2; p} = \frac{n_1 n_2}{2} - u_{1-p} \sqrt{\frac{n_1 n_2 (n_1 + n_2 + 1)}{12}}. \qquad (6.16.6)$$

Zahlenwerte für u_{1-p} s. Tab. C 3.

6.16.2 Abhängige (verbundene) Stichproben

Eine Stichprobe von n unabhängigen Wertepaaren (x_{1i}, x_{2i}) ($i = 1, 2, \ldots, n$) liegt vor. Jedes Wertepaar i besteht aus zwei gleichartigen Beobachtungswerten x_{1i} und x_{2i}, die aus sachlichen Gründen zusammengehören, z.B. weil sie an ein und derselben Einheit oder an zwei möglichst gleichen Einheiten vor einer bestimmten Behandlung (x_{1i}) und nach einer bestimmten Behandlung (x_{2i}) der Einheiten $i = 1, 2, \ldots, n$ gewonnen wurden. Die n Differenzen

$$d_i = x_{1i} - x_{2i} \qquad (6.16.7)$$

sind unabhängige Werte aus einer beliebigen stetigen Verteilung mit dem Median ζ.

Der Zweistichproben-Vorzeichen-Rangtest von Wilcoxon ist erheblich wirksamer als der Zweistichproben-Vorzeichentest, setzt allerdings eine symmetrische stetige Verteilung der Differenzen voraus.

Zweistichproben-Vorzeichentest

Differenzen d_i ($i = 1, 2, \ldots, n$), die gleich Null sind, werden fortgelassen. Die Anzahl der verbleibenden Differenzen werde wiederum mit n bezeichnet.

Die Anzahl der Differenzen, die kleiner als Null sind, sei x.

Der Test läuft entsprechend (6.14.1) ab, wobei $\zeta_0 = 0$ ist.

Zweistichproben-Vorzeichen-Rangtest von Wilcoxon

Voraussetzung: Die Differenzen stammen aus einer *symmetrischen* stetigen Verteilung; vgl. (3.1.5).

1. Differenzen d_i ($i = 1, 2, \ldots, n$), die gleich Null sind, werden fortgelassen. Die Anzahl der verbleibenden Differenzen werde wiederum mit n bezeichnet und es sei $n > 5$.

2. Für jede verbleibende Differenz d_i wird der Betrag $|d_i|$ gebildet und vermerkt, ob dieser von einer positiven oder von einer negativen Differenz stammt.
3. Der weitere Verlauf des Tests ist dem des Einstichproben-Vorzeichen-Rangtests von Wilcoxon gleich, beginnend nach (6.14.2) mit 3., wobei $\zeta_0 = 0$ ist.

6.17 Vergleich der Streuung von zwei beliebigen stetigen Verteilungen

Eine Stichprobe von n_1 unabhängigen Einzelwerten $x_{11}, x_{12}, \ldots, x_{1n_1}$ aus einer beliebigen stetigen Verteilung mit der wahren Verteilungsfunktion $F_1(x)$ und eine Stichprobe von n_2 unabhängigen Einzelwerten $x_{21}, x_{22}, \ldots, x_{2n_2}$ aus einer beliebigen stetigen Verteilung mit der wahren Verteilungsfunktion $F_2(x)$ liegen vor.

Die hier angegebenen Tests testen die gleiche Nullhypothese H_0: $F_1(x) = F_2(x)$ wie die des Abschn. 6.15. Da sie jedoch insbesondere auf Unterschiede in den Streuungen reagieren, werden sie als Tests der

Nullhypothese H_0: Die beiden Verteilungen unterscheiden sich nicht in der Streuung

gegen die

Alternativhypothese H_1: Die beiden Verteilungen unterscheiden sich in der Streuung

benutzt. Sie sollten möglichst nur dann angewendet werden, wenn der vermutete Unterschied zwischen $F_1(x)$ und $F_2(x)$ nur in der Streuung, jedoch nicht in der Verteilungsform besteht.

Den Einfluß eines Unterschiedes in der Lage der beiden Verteilungen auf den Test schaltet man auf folgende Weise aus: man bildet die Mediane $\tilde{x}_1$ und $\tilde{x}_2$ der beiden Stichproben nach (5.1.19) und vergrößert entweder jeden Einzelwert der Stichprobe mit dem kleineren Median um $|\tilde{x}_1 - \tilde{x}_2|$ oder verkleinert jeden Einzelwert der Stichprobe mit dem größeren Median um $|\tilde{x}_1 - \tilde{x}_2|$.

Rosenbaum-Test

Die Stichproben werden so numeriert, daß Stichprobe 2 den größeren Streubereich hat, d.h. es gilt $R_2 = x_{2(n_2)} - x_{2(1)} > R_1 = x_{1(n_1)} - x_{1(1)}$.

Prüfwert ist die Anzahl x der Werte von Stichprobe 2, die außerhalb des Streubereichs von Stichprobe 1 liegen, d.h. für die $x_{2i} < x_{1(1)}$ oder $x_{2i} > x_{1(n_1)}$ gilt.

Die Nullhypothese H_0 wird zugunsten der Alternativhypothese H_1 – der Streubereich der Verteilung 2 ist größer als der der Verteilung 1 – verworfen für

$$x \geq x_{n_1, n_2; \alpha}. \tag{6.17.1}$$

Zahlenwerte für $x_{n_1, n_2; \alpha}$ für $n_1 = n_2 = n$ s. Tab. 6.22.

Rangdispersionstest von Siegel und Tukey

1. Die $n_1 + n_2$ Werte der beiden Stichproben werden gemäß (5.1.1) in eine gemeinsame Rangfolge gebracht.

Tab. 6.22. Kritische Werte zum Rosenbaum-Test für $n_1 = n_2 = n$ [1]

$\alpha = 0{,}05$		$\alpha = 0{,}01$	
n	$x_{n,n;\alpha}$	n	$x_{n,n;\alpha}$
5 bis 6	5	6	6
7 bis 25	6	7 bis 10	7
> 25	7	11 bis 20	8
		21 bis 50	9
		> 50	10

2. Der kleinste Wert der gemeinsamen Rangfolge erhält die Ordnungszahl 1, der größte und zweitgrößte die Ordnungszahlen 2 und 3, der zweitkleinste und drittkleinste die Ordnungszahlen 4 und 5 usw. Ist die Gesamtanzahl $n_1 + n_2$ aller Werte ungerade, dann wird dem letzten verbleibenden, in der Mitte der Rangfolge liegenden Wert keine Ordnungszahl zugeordnet, so daß die letzte zugeteilte Ordnungszahl immer gerade ist.
Treten Bindungen auf, d. h. sind zwei oder mehrere Werte gleich groß, dann wird zunächst so verfahren, als wenn die Werte verschieden wären. Die auf eine Bindung, d.h. eine Gruppe von gleichen Werten, entfallenden Ordnungszahlen werden anschließend gemittelt. Jeder Wert der Bindung erhält den Mittelwert als Ordnungszahl.[2]
3. Die Summe R_1 der auf Stichprobe 1 entfallenden und die Summe R_2 der auf Stichprobe 2 entfallenden Ordnungszahlen werden gebildet.
4. Der weitere Verlauf des Tests ist dem des Mann-Whitney-Wilcoxon-Tests gleich, beginnend mit der Berechnung von U_1 und U_2 nach (6.16.3). Dabei entspricht der Nullhypothese $H_0 - \zeta_1 = \zeta_2$ - des Mann-Whitney-Wilcoxon-Tests die Nullhypothese H_0 - die beiden Verteilungen unterscheiden sich nicht in der Streuung - und der Alternativhypothese $H_1 - \zeta_1 > \zeta_2$ ($\zeta_1 < \zeta_2$, $\zeta_1 \neq \zeta_2$) - die Alternativhypothese H_1 - die Verteilung 1 hat die größere (kleinere, nicht die gleiche) Streuung als (wie) die Verteilung 2.

---

[1] Rosenbaum, S.: Tables for a nonparametric test of dispersion. Ann. Math. Stat. 24 (1953) 663.
Ausführliche Tabellen für $x_{n_1, n_2; \alpha}$ mit $n_1 \leq 50$, $n_2 \leq 50$, und für $n_1 \neq n_2$ findet man in Owen, D.B.: Handbook of statistical tables. Reading/MA: Addison-Wesley 1962, p. 504.
[2] Solange nicht mehr als 20 % der Werte beider Stichproben zu Bindungen gehören, beeinflussen diese Bindungen die Wirksamkeit des Tests praktisch nicht. Ist der Anteil der Bindungen größer als 20 %, dann muß das berücksichtigt werden; vgl. Siegel, S.; Tukey, J.W.: A nonparametric sum of ranks procedure for relative spread in unpaired samples. J. Am. Stat. Ass. 55 (1960) 429–445.

7 Varianzanalyse

7.1 Allgemeines

Die Varianzanalyse (analysis of variance: ANOVA) ist ein statistisches Verfahren zur Untersuchung der Einflüsse (Effekte) von qualitativen[1] Einflußgrößen (qualitativen Faktoren) $A, B, ..., K$ auf eine quantitative Zielgröße Y.

Die Anzahlen der Ausprägungen (Stufen) von $A, B, ..., K$ werden mit $a, b, ..., k$ und die Stufen mit $A_1, A_2, ..., A_a, B_1, B_2, ..., B_b$, usw. bezeichnet. Die bei einer einzelnen Beobachtung y der Zielgröße Y vorliegende Auswahl der Stufen aller mit der Varianzanalyse zu untersuchenden Faktoren wird als Faktorstufenkombination bezeichnet. Beispielsweise wird bei drei untersuchten Faktoren A, B und C mit $A_2B_1C_3$ die Faktorstufenkombination bezeichnet, bei der Stufe A_2 von Faktor A, Stufe B_1 von Faktor B und Stufe C_3 von Faktor C vorliegen.

Ordnet man dem Faktor A den Index i sowie dessen Faktorstufen $A_1, A_2, ..., A_a$ die Indexwerte $i = 1, 2, 3, ..., a$, dem Faktor B den Index $j = 1, 2, ..., b$, dem Faktor C den Index $k = 1, 2, ..., c$ usw. zu (wobei die Zuordnung willkürlich festgelegt werden kann), dann läßt sich jede Faktorstufenkombination eindeutig durch das Wertetupel $(i, j, k, ...)$ beschreiben.

Die insgesamt vorliegenden N Beobachtungsergebnisse $y_\varkappa (\varkappa = 1, ..., N)$ werden als Realisierungen von Zufallsvariablen $Y_\varkappa (\varkappa = 1, ..., N)$ aufgefaßt. Die zur $\varkappa$-ten Beobachtung gehörende Zufallsvariable $Y_\varkappa$ wird durch $Y_{ijk...}$ und deren Beobachtungswert $y_\varkappa$ durch $y_{ijk...}$ eindeutig mit der bei der Beobachtung vorliegenden Faktorstufenkombination gekennzeichnet. Ein letzter Index $\nu = 1, 2, ..., n_{ijk...}$, der Wiederholungsindex, bezeichnet die laufende Nummer des Beobachtungsergebnisses bei der Faktorstufenkombination $(i, j, k, ...)$.

Das der Auswertung zugrundeliegende Modell (ein Spezialfall des linearen Modells) stellt jede Zufallsvariable $Y_{ijk...\nu}$ als Summe von Konstanten oder/und Zufallsvariablen dar, welche die Wirkungen und die Wechselwirkungen der Faktoren beschreiben, und einer als Restabweichung bezeichneten Zufallsvariablen, welche den durch die anderen Modellkomponenten nicht erklärten Rest beschreibt.

Modelle der Varianzanalyse werden nach folgenden Gesichtspunkten gegliedert:

---

[1] Die eingestellten oder beobachteten Zahlenwerte einer quantitativen Einflußgröße können als Ausprägungen einer qualitativen Einflußgröße aufgefaßt werden, so daß die Varianzanalyse auch bei der Untersuchung des Einflusses quantitativer Einflußgrößen auf die Zielgröße anwendbar ist. Allerdings gehen die Zahlenwerte der quantitativen Einflußgrößen in die varianzanalytische Auswertung nicht ein, so daß die Untersuchung bestimmter funktionaler Abhängigkeiten der Zielgröße von den Einflußgrößen nicht möglich ist.

Anzahl der Faktoren A, B, ..., K

Bei ein, zwei drei, ... Faktoren spricht man von *einfacher, zweifacher, dreifacher*, ... Varianzanalyse.

Verbindung der Faktoren untereinander

Zwei Faktoren A und B heißen *gekreuzt* $(A \times B)$, wenn sie gleichrangig sind, das heißt wenn der Faktorstufe A_i bei jeder Stufe B_j von B ein und derselbe Effekt und der Faktorstufe B_j bei jeder Stufe A_i von A ein und derselbe Effekt zugeordnet ist. Der Faktor B heißt in den Faktor A *geschachtelt* $(A \rightarrow B)$, wenn der Faktorstufe A_i bei jeder Stufe B_j von B ein und derselbe Effekt, der Faktorstufe B_j jedoch nicht bei jeder Stufe A_i von A ein und derselbe Effekt, sondern nur ein zusätzlich von i abhängiger Effekt zugeordnet ist.

Beispiel: Eine Probenahmevorschrift schreibt vor, daß bei der Beprobung eines Eisenbahnzuges von Rohkohle zur Ermittlung des Aschegehalts Y aus fünf Waggons jeweils willkürlich (d.h. nicht bei jedem Waggon nach demselben Plan) drei Einzelproben zu entnehmen und je Einzelprobe eine Messung von Y durchzuführen ist. Die insgesamt $N = 15$ Beobachtungsergebnisse $Y_\varkappa$ werden mit y_{ij} indiziert, wobei $i = 1, ..., 5$ die (willkürliche) Numerierung der Stufen des Faktors A (Waggon) und $j = 1, 2, 3$ die (willkürliche) Numerierung der Stufen des Faktors B (Einzelprobe) bedeutet; der Wiederholungsindex ν wird fortgelassen, weil er – da hier jeweils nur eine Messung durchgeführt wird – immer nur den Wert $\nu = 1$ hätte. Hier ist B in A geschachtelt $(A \rightarrow B)$, weil B_j nicht bei jeder Stufe A_i ein und derselbe Effekt zugeordnet ist (das wäre nämlich bei $j = 2$ der Effekt der Einzelproben 2 bei nicht festgelegtem Waggon), sondern nur bei zusätzlicher Festlegung von A_i sinnvoll interpretiert werden kann (als Effekt der Einzelprobe j aus Waggon i).

Wird die Probenahmevorschrift so verändert, daß die drei Einzelproben nicht jeweils willkürlich, sondern jeweils vom Boden, in der halben Höhe und von der Oberfläche entnommen werden müssen, dann sind A und B gekreuzt $(A \times B)$: jetzt bezeichnet A_i den Effekt von Waggon i bei beliebiger Entnahmeschicht j und B_j den Effekt der Entnahmeschicht j (Boden, Mitte, Oberfläche) bei beliebigem Waggon i.

Bei drei Faktoren A, B, C können alle drei Faktoren gekreuzt $(A \times B \times C)$ oder beispielsweise C in B und B in A geschachtelt sein $(A \rightarrow B \rightarrow C)$ oder es können A und B gekreuzt und C darin geschachtelt $((A \times B) \rightarrow C)$ oder B und C gekreuzt und in A geschachtelt $(A \rightarrow (B \times C))$ sein usw. Sind alle Faktoren miteinander gekreuzt, dann spricht man von *Kreuzklassifikation*, sind alle ineinander geschachtelt, von *hierarchischer Klassifikation*.

Zufälligkeit der Faktoren

Ein Faktor heißt *nicht zufällig* (systematisch, fixed), wenn jede seiner in die Untersuchung einbezogenen Stufen systematisch festgelegt wurde und im einzelnen von Interesse ist.

Ein Faktor heißt *zufällig* (random), wenn jede seiner in die Untersuchung einbezogenen Stufen nach dem Zufall aus einer (endlichen oder unendlichen) Gesamtheit von Stufen dieses Faktors ausgewählt und daher nicht einzeln von Interesse ist.

Nach Eisenhart spricht man vom *Modell I* (Modell mit systematischen Komponenten, fixed effects model), wenn alle Faktoren nicht zufällig sind; die rechte Seite der

Modellgleichung enthält in diesem Falle nur Konstanten und eine Zufallsvariable, nämlich die Restabweichung. Vom *Modell II* (Modell mit Zufallskomponenten, random effects model) spricht man, wenn alle Faktoren zufällig sind, und vom *Modell III* (gemischtes Modell, mixed model), wenn einige der Faktoren nicht zufällig, andere zufällig sind; bei Modell II und Modell III besteht die rechte Seite der Modellgleichung aus einer Summe von Konstanten und Zufallsvariablen.

Vollständigkeit

Eine Varianzanalyse heißt *vollständig*, wenn für jede Faktorstufenkombination mindestens ein Beobachtungsergebnis vorliegt, andernfalls *unvollständig*.

Orthogonalität (Balance)

Eine Varianzanalyse heißt *balanciert (orthogonal)*, wenn für jedes Paar von Stufen je zweier Faktoren (d. h. für jedes Paar von Werten zweier Indices ausschließlich des Wiederholungsindex, da diesem kein Faktor zugeordnet ist) dieselbe Anzahl von Beobachtungswerten vorliegt.

Eine vollständige balancierte ANOVA wird, falls je Faktorstufenkombination eine (zwei, drei, ...) Beobachtung vorliegt, als ANOVA mit einfacher Durchführung bzw. ohne Wiederholung (mit zweifacher Durchführung, mit dreifacher Durchführung, ...) bezeichnet.

Hinsichtlich der Klassifikationsmerkmale Vollständigkeit und Balance können alle vier Fälle auftreten, wie das folgende Beispiel zeigt:

Bei einer Kreuzklassifikation der Faktoren A (mit a Stufen), B (mit b Stufen) und C (mit c Stufen) gibt es $a \cdot b \cdot c$ Faktorstufenkombinationen $A_i B_j C_k$. Liegt für jede Faktorstufenkombination genau ein (oder genau zwei, ...) Beobachtungsergebnis vor, dann ist die Varianzanalyse vollständig und balanciert. Liegen bei den Faktorstufenkombinationen unterschiedlich viele, jedoch je Faktorstufenkombination mindestens ein Beobachtungsergebnis vor, dann ist die ANOVA vollständig, aber unbalanciert. Liegen bei einigen Faktorstufenkombinationen keine Beobachtungsergebnisse vor, z.B. weil einige davon verloren gegangen sind, dann ist die Varianzanalyse unvollständig und unbalanciert. Liegt bei jeder Faktorstufenkombination entweder ein oder kein Beobachtungsergebnis vor und werden die Faktorstufenkombinationen, bei denen ein Beobachtungsergebnis vorliegt, so ausgesucht, daß zu jeder Faktorstufe eines Faktors jede Faktorstufe der beiden anderen genau einmal vorkommt (Festlegung nach einem lateinischen Quadrat), dann ist die Varianzanalyse unvollständig, aber balanciert.

7.2 Balancierte einfache Varianzanalyse

Problemstellung

Der Einfluß eines qualitativen[1] Faktors A, der auf a Stufen eingesetzt wird, auf die Zielgröße Y ist zu untersuchen; vgl. Abschn. 7.1.

---

[1] vgl. Fußnote S. 203.

Beispiele

Vergleich der Festigkeit von a Stahlsorten.
Intralaboratorieller Vergleich (mit a Laboranten) bei der Bestimmung einer physikalischen Größe, z. B. des Schmelzpunktes eines bestimmten Stoffes.
Untersuchung des Copseinflusses (d. h. des Einflusses des Garnkörpers) anhand von a Cops auf die Reißkraft von Garn.
Untersuchung des Einflusses von a verschiedenen Futterarten auf die Milchausbeute von Kühen.

Vorliegende Stichprobenergebnisse

Bei der balancierten einfachen Varianzanalyse liegt für jede Stufe des Faktors A die gleiche Anzahl n von Einzelwerten vor; insgesamt liegen

$$N = an \tag{7.2.1}$$

Einzelwerte y_{iv} ($i = 1, ..., a$; $v = 1, ..., n$) vor.

		laufende Nr. des Einzelwertes (je Stufe von A)				
		1	2	...	v	...	n
Stufe des Faktors A; Zeile, Gruppe	1	y_{11}	y_{12}	...	y_{1v}	...	y_{1n}
	2	y_{21}	y_{22}	...	y_{2v}	...	y_{2n}
	⋮	⋮	⋮		⋮		⋮
	i	y_{i1}	y_{i2}	...	y_{iv}	...	y_{in}
	⋮	⋮	⋮		⋮		⋮
	a	y_{a1}	y_{a2}	...	y_{av}	...	y_{an}

(7.2.2)

Das Schema der Einzelwerte hat a Zeilen, gekennzeichnet durch i ($i = 1, ..., a$), und je Zeile n Einzelwerte y_{iv} ($v = 1, ..., n$).

Modell

Es wird vorausgesetzt, daß sich jeder Einzelwert *additiv* aus einigen Anteilen aufbaut:

$$y_{iv} = \mu + \alpha_i + \varepsilon_{iv}, \tag{7.2.3}$$

wobei

μ Gesamtmittelwert,
α_i additiver Einfluß der Stufe i des Faktors A,
ε_{iv} additiver Zufallsanteil (Restabweichung).

Die ε_{iv} sind unabhängige normalverteilte Zufallsvariable mit dem Erwartungswert $E(\varepsilon_{iv}) = 0$ und der für alle Faktorstufen i gleichen Varianz $V(\varepsilon_{iv}) = \sigma_\varepsilon^2$.

Der Zufallsanteil ε enthält auch alle nicht durch den Faktor A erfaßten weiteren Einflüsse $B, C, D, ...$, die bei einem sorgfältig geplanten Versuch 'klein' gegen die durch A erfaßten Einflüsse sein sollen.

Hinsichtlich der α_i wird unterschieden:

1) Modell mit systematischen Komponenten (Modell I)

Nur die a untersuchten Stufen des Faktors A existieren oder sind von Interesse. Die α_i sind nichtzufällige (systematische) Komponenten in der Zerlegungsgleichung, deren Summe

$$\sum_{i=1}^{a} \alpha_i = 0 \tag{7.2.4}$$

ist.

Entsprechend den Modellvoraussetzungen ist jeder Stufe i des Faktors A eine Normalverteilung der Zielgröße Y mit dem Erwartungswert

$$\mu_i = \mu + \alpha_i \tag{7.2.5}$$

und der Varianz σ_ε^2 zugeordnet; vgl. Abb. 7.1.

Der Gesamtmittelwert ist

$$\mu = \frac{1}{a} \sum_{i=1}^{a} \mu_i. \tag{7.2.6}$$

Das Modell enthält $a+1$ unbekannte Parameter, nämlich den Gesamtmittelwert μ, $a-1$ systematische Abweichungen α_i (wegen $\sum_{i=1}^{a} \alpha_i = 0$ ist bei Kenntnis von $a-1$ Werten α_i auch der a-te Wert α_i bekannt) und die Varianz σ_ε^2.

2) Modell mit Zufallskomponenten (Modell II)

Die a untersuchten Stufen des Faktors A sind eine Zufallsstichprobe aus $N_1 \gg a$ vorhandenen Stufen des Faktors A. Die α_i sind zufällige Komponenten in der Zerlegungsgleichung mit dem Erwartungswert $E(\alpha_i) = 0$ und der Varianz $V(\alpha_i) = \sigma_A^2$, wobei — für die Abgrenzung der Vertrauensbereiche (7.2.24) bis (7.2.28) — vorausgesetzt wird, daß die Zufallskomponenten α_i normalverteilt sind, d.h. daß streng genom-

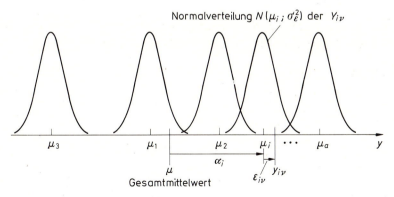

Abb. 7.1 Zur Veranschaulichung des Modells mit systematischen Komponenten (Modell I) der einfachen Varianzanalyse

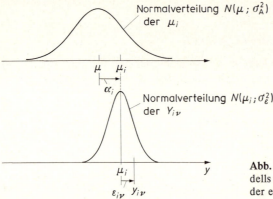

Abb. 7.2. Zur Veranschaulichung des Modells mit Zufallskomponenten (Modell II) der einfachen Varianzanalyse

men $N_1 \to \infty$ gelten muß. Demzufolge ist die Zielgröße Y auf jeder Stufe i des Faktors A normalverteilt mit dem Erwartungswert $\mu_i = \mu + \alpha_i$ und der Varianz σ_ε^2; insgesamt (unter Einbeziehung der Zufallsauswahl aus den Stufen des Faktors A) ist die Zielgröße normalverteilt mit dem Erwartungswert μ und der Varianz $\sigma_A^2 + \sigma_\varepsilon^2$; vgl. Abb. 7.2.

Das Modell enthält drei unbekannte Parameter, nämlich den Gesamtmittelwert μ und die beiden Varianzkomponenten σ_A^2 und σ_ε^2.

Auswertung der Stichprobenergebnisse

Mittelwert der Einzelwerte $y_{i\nu}$ auf der Stufe i des Faktors A:

$$y_{i\bullet} = \frac{1}{n} \sum_{\nu=1}^{n} y_{i\nu}, \tag{7.2.7}$$

Varianz der Einzelwerte $y_{i\nu}$ auf der Stufe i des Faktors A:

$$s_i^2 = \frac{1}{n-1} \sum_{\nu=1}^{n} (y_{i\nu} - y_{i\bullet})^2. \tag{7.2.8}$$

Mittelwert *aller* Einzelwerte $y_{i\nu}$:

$$y_{\bullet\bullet} = \frac{1}{a} \sum_{i=1}^{a} y_{i\bullet} = \frac{1}{an} \sum_{i=1}^{a} \sum_{\nu=1}^{n} y_{i\nu}. \tag{7.2.9}$$

Mittlere Varianz *innerhalb* der Faktorstufen von A:

$$\frac{1}{a} \sum_{i=1}^{a} s_i^2 = \frac{1}{a(n-1)} \sum_{i=1}^{a} \sum_{\nu=1}^{n} (y_{i\nu} - y_{i\bullet})^2 = s_{\mathrm{I}}^2. \tag{7.2.10}$$

Varianz der Mittelwerte der Faktorstufen von A (Varianz *zwischen* den Faktorstufen):

$$\frac{1}{a-1} \sum_{i=1}^{a} (y_{i\bullet} - y_{\bullet\bullet})^2 = \frac{1}{n} s_{\mathrm{II}}^2. \tag{7.2.11}$$

Ausgangspunkt der Varianzanalyse ist die Zerlegung der Summe der quadrierten Abweichungen (im folgenden S.d.q.A. genannt)

7.2 Balancierte einfache Varianzanalyse

$$\underbrace{\sum_{i=1}^{a}\sum_{v=1}^{n}(y_{iv}-y_{..})^2}_{\text{S.d.q.A. insgesamt}} = \underbrace{n\sum_{i=1}^{a}(y_{i.}-y_{..})^2}_{\substack{\text{S.d.q.A. zwischen}\\ \text{den Faktorstufen}}} + \underbrace{\sum_{i=1}^{a}\sum_{v=1}^{n}(y_{iv}-y_{i.})^2}_{\substack{\text{S.d.q.A. innerhalb}\\ \text{der Faktorstufen}\\ \text{(residuale S.d.q.A.)}}} \quad (7.2.12)$$

$$Q_{\text{total}} = Q_A + Q_{\text{Res}}$$

mit den zugehörigen Zahlen von Freiheitsgraden

$$\begin{aligned} f_0 &= f_{\text{II}} + f_{\text{I}} \\ an-1 &= a-1 + a(n-1). \end{aligned} \quad (7.2.13)$$

Zur Berechnung der S.d.q.A. benutzt man nicht die angegebenen Definitionsgleichungen, sondern zweckmäßigere Rechenformeln:

Man bildet für jede Faktorstufe i			und summiert über alle a Faktorstufen
die Summe aller Einzelwerte	$A_i = \sum_{v=1}^{n} y_{iv}$		$\sum_{i=1}^{a} A_i = A$ [1]
die Summe der Quadrate aller Einzelwerte	$B_i = \sum_{v=1}^{n} y_{iv}^2$		$\sum_{i=1}^{a} B_i = B$
das Quadrat von A_i	$C_i = \left(\sum_{v=1}^{n} y_{iv}\right)^2$		$\sum_{i=1}^{a} C_i = C$

(7.2.14)

Mit den Hilfsgrößen A, B, C wird

$$Q_A = \frac{C}{n} - \frac{A^2}{an}, \quad Q_{\text{Res}} = B - \frac{C}{n}, \quad Q_{\text{total}} = B - \frac{A^2}{an}, \quad (7.2.15)$$

$$y_{i.} = \frac{A_i}{n}; \quad i = 1,\ldots,a, \quad y_{..} = \frac{A}{an}. \quad (7.2.16)$$

Die Ergebnisse werden dargestellt in der
Zerlegungstafel

Ursache	S.d.q.A.	Zahl der Freiheitsgrade	Varianz = S.d.q.A./ Zahl der Freiheitsgrade
Faktor A	Q_A	$a-1 = f_{\text{II}}$	s_{II}^2
Rest	Q_{Res}	$a(n-1) = f_{\text{I}}$	s_{I}^2
total	Q_{total}	$an-1 = f_0$	

(7.2.17)

Die weiteren Auswertungen sind modellabhängig. Sie sind in den beiden folgenden erweiterten Zerlegungstafeln dargestellt. Diese enthalten außerdem die Schätzwerte für die Modellparameter sowie Prüfwerte und kritische Werte für den Test der Nullhypothese H_0, daß der Faktor A keinen Einfluß auf die Zielgröße Y hat.

---

[1] Die Hilfsgröße A darf nicht mit der Faktorbezeichnung A verwechselt werden.

Erweiterte Zerlegungstafel des Modells mit systematischen Komponenten der balancierten einfachen Varianzanalyse

Ursache	S.d.q.A.	Zahl der Freiheitsgrade	Varianz = S.d.q.A./ Zahl der Freiheitsgrade	Die Varianz schätzt	Nullhypothese H_0	Prüfwert[1]	Kritischer Wert zum Signifikanzniveau α	Schätzwert[2]
Faktor A	Q_A	$a - 1 = f_{II}$	s_{II}^2	$\sigma_\varepsilon^2 + \dfrac{n}{a-1}\sum\limits_{i=1}^{a}\alpha_i^2$	$\alpha_i \equiv 0$ für alle i oder äquivalent $\sum\limits_{i=1}^{a}\alpha_i^2 = 0$	s_{II}^2/s_I^2	$F_{f_1,f_2;1-\alpha}$ mit $f_1 = a - 1$ $f_2 = a(n-1)$	$y_{\bullet\bullet} \sim \mu$ $y_{i\bullet} \sim \mu + \alpha_i$ $y_{i\bullet} - y_{\bullet\bullet} \sim \alpha_i$
Rest	Q_{Res}	$a(n-1) = f_I$	s_I^2	σ_ε^2	–	–	–	$s_\varepsilon^2 = s_I^2 \sim \sigma_\varepsilon^2$
total	Q_{total}	$an - 1 = f_0$	–	–	–	–	–	–

Falls $s_{II}^2/s_I^2 > F_{f_1,f_2;1-\alpha}$ ist, wird die Nullhypothese H_0 verworfen; andernfalls wird sie nicht verworfen.
Zahlenwerte für $F_{f_1,f_2;1-\alpha}$
s. Tab. C 6 bis C 9 (7.2.18)

[1] Der Test ist eine Erweiterung des Vergleichs von zwei Erwartungswerten (Zweistichproben-t-Test) auf a Erwartungswerte; vgl. (6.7.16)
[2] Das Symbol ~ hat hier die Bedeutung: 'ist ein Schätzwert für'

Modell I (Modell mit systematischen Komponenten)

> *Erweiterte Zerlegungstafel des Modells mit systematischen Komponenten der balancierten einfachen Varianzanalyse;* siehe S. 210

Vertrauensbereiche für die Modellparameter beim Modell I (Modell mit systematischen Komponenten) zum Vertrauensniveau $1 - \alpha$

$$y_{..} - t_{f;1-\alpha/2} \frac{s_I}{\sqrt{an}} \leq \mu \leq y_{..} + t_{f;1-\alpha/2} \frac{s_I}{\sqrt{an}}, \tag{7.2.19}$$

$$y_{i.} - t_{f;1-\alpha/2} \frac{s_I}{\sqrt{n}} \leq \mu_i \leq y_{i.} + t_{f;1-\alpha/2} \frac{s_I}{\sqrt{n}}, \tag{7.2.20}$$

$$(y_{i.} - y_{..}) - t_{f;1-\alpha/2} \sqrt{\frac{a-1}{a}} \frac{s_I}{\sqrt{n}} \leq \alpha_i \leq (y_{i.} - y_{..}) + t_{f;1-\alpha/2} \sqrt{\frac{a-1}{a}} \frac{s_I}{\sqrt{n}}, \tag{7.2.21}$$

$$(y_{i.} - y_{j.}) - t_{f;1-\alpha/2} \frac{\sqrt{2}\, s_I}{\sqrt{n}} \leq (\mu_i - \mu_j) \leq (y_{i.} - y_{j.}) + t_{f;1-\alpha/2} \frac{\sqrt{2}\, s_I}{\sqrt{n}} \tag{7.2.22}$$

mit $f = f_I = a(n-1)$.
Zahlenwerte für $t_{f;1-\alpha/2}$ s. Tab. C 4.

Modell II (Modell mit Zufallskomponenten)

> *Erweiterte Zerlegungstafel des Modells mit Zufallskomponenten der balancierten einfachen Varianzanalyse;* siehe S. 212

(7.2.23)

Vertrauensbereiche für die Modellparameter beim Modell II (Modell mit Zufallskomponenten) zum Vertrauensniveau $1 - \alpha$

$$y_{..} - t_{f;1-\alpha/2} \frac{s_{II}}{\sqrt{na}} \leq \mu \leq y_{..} + t_{f;1-\alpha/2} \frac{s_{II}}{\sqrt{na}} \tag{7.2.24}$$

oder

$$y_{..} - t_{f;1-\alpha/2} \sqrt{\frac{s_A^2}{a} + \frac{s_\varepsilon^2}{na}} \leq \mu \leq y_{..} + t_{f;1-\alpha/2} \sqrt{\frac{s_A^2}{a} + \frac{s_\varepsilon^2}{na}} \tag{7.2.25}$$

mit $f = f_{II} = a - 1$.
Zahlenwerte für $t_{f;1-\alpha/2}$ s. Tab. C 4.

Den Vertrauensbereich für σ_ε^2 berechnet man aus (5.5.19) mit $s^2 = s_I^2$ und $f = f_I = a(n-1)$.

$$\frac{1}{n}\left[\frac{(s_{II}/s_I)^2}{F_{f_1,f_2;1-\alpha/2}} - 1\right] \leq \left(\frac{\sigma_A}{\sigma_\varepsilon}\right)^2 \leq \frac{1}{n}\left[\frac{(s_{II}/s_I)^2}{F_{f_1,f_2;\alpha/2}} - 1\right] \tag{7.2.26}$$

mit $f_1 = f_{II} = (a-1)$ und $f_2 = f_I = a(n-1)$.
Zahlenwerte für $F_{f_1,f_2;p}$ s. Tab. C 6 bis C 9.

Den Vertrauensbereich für σ_A^2 kann man nur grob angenähert angeben für $a \gtrsim 20$, indem man die Varianz von $s_A^2 = (s_{II}^2 - s_I^2)/n$,

$$V(s_A^2) = \frac{1}{n^2}\left[\frac{2(n\sigma_A^2 + \sigma_\varepsilon^2)^2}{(a-1)} + \frac{2\sigma_\varepsilon^4}{a(n-1)}\right] \approx \frac{2}{n^2}\left[\frac{s_{II}^4}{f_{II}} + \frac{s_I^4}{f_I}\right], \tag{7.2.27}$$

Erweiterte Zerlegungstafel des Modells mit Zufallskomponenten der balancierten einfachen Varianzanalyse

Ursache	S.d.q.A.	Zahl der Freiheitsgrade	Varianz = S.d.q.A./Zahl der Freiheitsgrade	Die Varianz schätzt	Nullhypothese H_0	Prüfwert	Kritischer Wert zum Signifikanzniveau α	Schätzwert[1]
Faktor A	Q_A	$a-1 = f_{II}$	s_{II}^2	$\sigma_\varepsilon^2 + n\sigma_A^2$	$\sigma_A^2 = 0$	s_{II}^2/s_I^2	$F_{f_1,f_2;1-\alpha}$ mit $f_1 = a-1$ $f_2 = a(n-1)$	$y_{\cdot\cdot} \sim \mu$ $s_A^2 = (s_{II}^2 - s_I^2)/n \sim \sigma_A^2$
Rest	Q_{Res}	$a(n-1) = f_I$	s_I^2	σ_ε^2	—	—	—	$s_\varepsilon^2 = s_I^2 \sim \sigma_\varepsilon^2$
total	Q_{total}	$an-1 = f_0$	—	—	—	—	—	—

Falls $s_{II}^2/s_I^2 > F_{f_1,f_2;1-\alpha}$ ist, wird die Nullhypothese H_0 verworfen; andernfalls wird sie nicht verworfen. Zahlenwerte für $F_{f_1,f_2;1-\alpha}$ s. Tab. C 6 bis C 9

(7.2.23)

[1] Das Symbol $\sim$ hat hier die Bedeutung: 'ist ein Schätzwert für'. Wenn sich für s_A^2 aus der Formel ein negativer Wert ergibt, wird $s_A^2 = 0$ gesetzt

zur Beurteilung heranzieht (vgl. (5.3.34)), und
für $a(n-1) \gtrapprox 10$ aus

$$\frac{1}{n}\left[\frac{s_{II}^2}{F_{f_1,f_2;1-\alpha/2}} - s_I^2\right] \lessgtr \sigma_A^2 \lessgtr \frac{1}{n}\left[\frac{s_{II}^2}{F_{f_1,f_2;\alpha/2}} - s_I^2\right] \tag{7.2.28}$$

mit $f_1 = f_{II} = (a-1)$ und $f_2 = f_I = a(n-1)$.
Zahlenwerte für $F_{f_1,f_2;p}$ s. Tab. C 6 bis C 9.

In (7.2.26) und (7.2.28) ist die untere Vertrauensgrenze Null zu setzen, falls sich aus der Formel ein negativer Wert ergibt.

Kosten- bzw. varianzminimale Festlegung der Anzahlen a und n

Bei Probenahme aus einer Gesamtheit, die aus N_1 Einheiten besteht, von denen a nach dem Zufall ausgewählt und an denen je n-mal der Wert der Zielgröße bestimmt werden soll, können a und n kosten- bzw. varianzminimal festgelegt werden. Die angegebenen Formeln gelten unter der Voraussetzung $a \ll N_1$ und $n \ll N_2$, wobei N_2 die höchstmögliche Anzahl von Bestimmungen je Einheit bezeichnet. Die Varianz des Mittelwertes $Y_{..}$ ist

$$V(Y_{..}) = \sigma_{Y_{..}}^2 = \frac{\sigma_A^2}{a} + \frac{\sigma_\varepsilon^2}{an}. \tag{7.2.29}$$

Die Kosten für die Entnahme *einer* Einheit seien c_1, die *einer* Messung der Zielgröße an einer Einheit seien c_2; dann sind die Gesamtkosten der Untersuchung

$$K = c_1 a + c_2 an. \tag{7.2.30}$$

Die kosten- bzw. varianzminimalen Werte a und n ergeben sich aus (7.8.29) bis (7.8.31), wenn dort $n_1 = a$, $n_2 = n$, $\sigma_1^2 = \sigma_A^2$, $\sigma_2^2 = \sigma_\varepsilon^2$ und $\sigma_{Y_{...}}^2 = \sigma_{Y_{..}}^2$ gesetzt und alle mit 3, 4, ... indizierten Größen Null gesetzt werden.

7.3 Unbalancierte einfache Varianzanalyse

Problemstellung

Der Einfluß eines qualitativen[1] Faktors A, der auf a Stufen eingesetzt wurde, auf die Zielgröße Y ist zu untersuchen; vgl. Abschn. 7.1.

Bei der unbalancierten einfachen Varianzanalyse liegt nicht für jede Stufe des Faktors A die gleiche Anzahl von Einzelwerten vor.

Beispiel (vgl. auch Abschn. 7.2)

Die unbalancierte einfache Varianzanalyse ergibt sich beispielsweise dann, wenn je Faktorstufe i von A eine Teilgesamtheit von N_i Einheiten vorliegt, von denen jeweils der konstante relative Anteil $\lambda = n_i/N_i$, $\lambda \ll 1$, zur Bestimmung der Zielgröße Y ausgewählt wurde (Versuch mit konstantem Auswahlsatz je Faktorstufe). Mit (7.3.3) und

---
[1] vgl. Fußnote S. 203.

$$\sum_{i=1}^{a} N_i = N_{\text{ges}} \tag{7.3.1}$$

gilt für den Auswahlsatz

$$\lambda = \frac{\bar{n}a}{N_{\text{ges}}}. \tag{7.3.2}$$

Vorliegende Stichprobenergebnisse

Auf Faktorstufe i von A liegen die n_i Einzelwerte $y_{i\nu}$ für die Zielgröße Y vor ($i = 1, \ldots, a$; $\nu = 1, \ldots, n_i$). Insgesamt liegen

$$N = \sum_{i=1}^{a} n_i = \bar{n}a, \tag{7.3.3}$$

im Mittel je Faktorstufe

$$\bar{n} = \frac{N}{a} \tag{7.3.4}$$

Einzelwerte vor.

Modell

Das Modell bleibt gegenüber dem Modell in Abschn. 7.2 ungeändert, mit folgender Ausnahme:

Beim Modell mit systematischen Komponenten gilt für die a systematischen Abweichungen nicht $\sum_{i=1}^{a} \alpha_i = 0$, sondern

$$\sum_{i=1}^{n} n_i \alpha_i = 0. \tag{7.3.5}$$

Demzufolge ist der Gesamtmittelwert

$$\mu = \frac{1}{\bar{n}a} \sum_{i=1}^{a} n_i \mu_i. \tag{7.3.6}$$

Auswertung der Stichprobenergebnisse

Mittelwert der Einzelwerte $y_{i\nu}$ auf Stufe i des Faktors A:

$$y_{i\bullet} = \frac{1}{n_i} \sum_{\nu=1}^{n_i} y_{i\nu}. \tag{7.3.7}$$

Varianz der Einzelwerte $y_{i\nu}$ auf Stufe i des Faktors A:

$$s_i^2 = \frac{1}{n_i - 1} \sum_{\nu=1}^{n_i} (y_{i\nu} - y_{i\bullet})^2. \tag{7.3.8}$$

Mittelwert *aller* Einzelwerte $y_{i\nu}$:

$$y_{\bullet\bullet} = \frac{1}{\bar{n}a} \sum_{i=1}^{a} n_i y_{i\bullet} = \frac{1}{\bar{n}a} \sum_{i=1}^{a} \sum_{\nu=1}^{n_i} y_{i\nu}. \tag{7.3.9}$$

7.3 Unbalancierte einfache Varianzanalyse

Mittlere Varianz *innerhalb* der Faktorstufen von A:

$$\frac{1}{a(\bar{n}-1)} \sum_{i=1}^{a} (n_i - 1) s_i^2 = \frac{1}{a(\bar{n}-1)} \sum_{i=1}^{a} \sum_{\nu=1}^{n_i} (y_{i\nu} - y_{i.})^2 = s_I^2. \qquad (7.3.10)$$

Varianz der Mittelwerte der Faktorstufen von A (Varianz *zwischen* den Faktorstufen):

$$\frac{1}{\bar{n}(a-1)} \sum_{i=1}^{a} n_i (y_{i.} - y_{..})^2 = \frac{1}{\bar{n}} s_{II}^2. \qquad (7.3.11)$$

Ausgangspunkt der Varianzanalyse ist die Zerlegung der S.d.q.A.

$$\underbrace{\sum_{i=1}^{a} \sum_{\nu=1}^{n_i} (y_{i\nu} - y_{..})^2}_{\text{S.d.q.A. insgesamt}} = \underbrace{\sum_{i=1}^{a} n_i (y_{i.} - y_{..})^2}_{\substack{\text{S.d.q.A. zwischen} \\ \text{den Faktorstufen}}} + \underbrace{\sum_{i=1}^{a} \sum_{\nu=1}^{n_i} (y_{i\nu} - y_{i.})^2}_{\substack{\text{S.d.q.A. innerhalb} \\ \text{der Faktorstufen} \\ \text{(residuale S.d.q.A.)}}} \qquad (7.3.12)$$

$$Q_{\text{total}} \quad = \quad Q_A \quad + \quad Q_{\text{Res}}$$

mit den zugehörigen Zahlen von Freiheitsgraden

$$\begin{array}{ccccc} f_0 & = & f_{II} & + & f_I \\ a\bar{n} - 1 & = & a - 1 & + & a(\bar{n} - 1). \end{array} \qquad (7.3.13)$$

Zur Berechnung der S.d.q.A. benutzt man nicht die angegebenen Definitionsgleichungen, sondern zweckmäßigere Rechenformeln:

Man bildet für jede Faktorstufe i			und summiert über alle a Faktorstufen
die Summe aller Einzelwerte		$A_i = \sum_{\nu=1}^{n_i} y_{i\nu}$	$\sum_{i=1}^{a} A_i = A$ [1]
die Summe der Quadrate aller Einzelwerte		$B_i = \sum_{\nu=1}^{n_i} y_{i\nu}^2$	$\sum_{i=1}^{a} B_i = B$
das Quadrat von A_i		$C_i = \left(\sum_{\nu=1}^{n_i} y_{i\nu} \right)^2$	$\sum_{i=1}^{a} C_i = C$

(7.3.14)

Mit den Hilfsgrößen A, B, C wird

$$Q_A = \frac{C}{\bar{n}} - \frac{A^2}{a\bar{n}},$$

$$Q_{\text{Res}} = B - \frac{C}{\bar{n}}, \qquad (7.3.15)$$

$$Q_{\text{total}} = B - \frac{A^2}{a\bar{n}},$$

---

[1] Die Hilfsgröße A darf nicht mit der Faktorbezeichnung A verwechselt werden.

$$y_{i\bullet} = \frac{A_i}{n_i}; \quad i = 1, \ldots, a,$$

$$y_{\bullet\bullet} = \frac{A}{a\bar{n}}.$$
(7.3.16)

Die Ergebnisse werden dargestellt in der
Zerlegungstafel

Ursache	S.d.q.A.	Zahl der Freiheitsgrade	Varianz = S.d.q.A./ Zahl der Freiheitsgrade
Faktor A	Q_A	$a - 1 = f_{II}$	s_{II}^2
Rest	Q_{Res}	$a(\bar{n} - 1) = f_I$	s_I^2
total	Q_{total}	$a\bar{n} - 1 = f_0$	

(7.3.17)

Es ist $\bar{n}a = \sum_{i=1}^{a} n_i$; für $n_i = \text{const} = n$ geht die Zerlegungstafel in die von Abschn. 7.2 über.

Die weiteren Auswertungen sind modellabhängig. Sie sind in den beiden folgenden erweiterten Zerlegungstafeln dargestellt. Diese enthalten außerdem die Schätzwerte für die Modellparameter sowie Prüfwerte und kritische Werte für den Test der Nullhypothese H_0, daß der Faktor A keinen Einfluß auf die Zielgröße Y hat.

Modell I (Modell mit systematischen Komponenten)

Erweiterte Zerlegungstafel des Modells mit systematischen Komponenten der unbalancierten einfachen Varianzanalyse; siehe S. 217

(7.3.18)

Vertrauensbereiche für die Modellparameter beim Modell I (Modell mit systematischen Komponenten) zum Vertrauensniveau $1 - \alpha$

$$y_{\bullet\bullet} - t_{f; 1-\alpha/2} \frac{s_I}{\sqrt{\bar{n}a}} \leq \mu \leq y_{\bullet\bullet} + t_{f; 1-\alpha/2} \frac{s_I}{\sqrt{\bar{n}a}},$$
(7.3.19)

$$y_{i\bullet} - t_{f; 1-\alpha/2} \frac{s_I}{\sqrt{n_i}} \leq \mu_i \leq y_{i\bullet} + t_{f; 1-\alpha/2} \frac{s_I}{\sqrt{n_i}},$$
(7.3.20)

$$(y_{i\bullet} - y_{\bullet\bullet}) - t_{f; 1-\alpha/2} \frac{s_I}{\sqrt{n_i}} \sqrt{1 - \frac{n_i}{\bar{n}a}} \leq \alpha_i \leq (y_{i\bullet} - y_{\bullet\bullet}) + t_{f; 1-\alpha/2} \frac{s_I}{\sqrt{n_i}} \sqrt{1 - \frac{n_i}{\bar{n}a}},$$
(7.3.21)

für $|\Delta n_i| = |n_i - \bar{n}| \ll \bar{n}$ wird aus (7.3.21) näherungsweise

$$(y_{i\bullet} - y_{\bullet\bullet}) - t_{f; 1-\alpha/2} \sqrt{\frac{a-1}{a}} \frac{s_I}{\sqrt{n_i}} \leq \alpha_i \leq (y_{i\bullet} - y_{\bullet\bullet}) + t_{f; 1-\alpha/2} \sqrt{\frac{a-1}{a}} \frac{s_I}{\sqrt{n_i}},$$
(7.3.22)

7.3 Unbalancierte einfache Varianzanalyse

Erweiterte Zerlegungstafel des Modells mit systematischen Komponenten der unbalancierten einfachen Varianzanalyse

Ursache	S.d.q.A.	Zahl der Freiheitsgrade	Varianz = S.d.q.A./ Zahl der Freiheitsgrade	Die Varianz schätzt	Nullhypothese H_0	Prüfwert	Kritischer Wert zum Signifikanzniveau α	Schätzwert[1]
Faktor A	Q_A	$a - 1 = f_{II}$	s_{II}^2	$\sigma_\varepsilon^2 + \dfrac{1}{a-1} \sum_{i=1}^{a} n_i \alpha_i^2$	$\alpha_i \equiv 0$ für alle i oder äquivalent $\sum_{i=1}^{a} n_i \alpha_i^2 = 0$	s_{II}^2/s_I^2	$F_{f_1, f_2; 1-\alpha}$ mit $f_1 = a - 1$ $f_2 = a(\bar{n} - 1)$	$y_{\bullet\bullet} \sim \mu$ $y_{i\bullet} \sim \mu + \alpha_i$ $y_{i\bullet} - y_{\bullet\bullet} \sim \alpha_i$
Rest	Q_{Res}	$a(\bar{n} - 1) = f_I$	s_I^2	σ_ε^2	–	–	–	$s_\varepsilon^2 = s_I^2 \sim \sigma_\varepsilon^2$
total	Q_{total}	$a\bar{n} - 1 = f_0$	–	–	–	–	–	–

Falls $s_{II}^2/s_I^2 > F_{f_1, f_2; 1-\alpha}$ ist, wird die Nullhypothese H_0 verworfen; andernfalls wird sie nicht verworfen.
Zahlenwerte für $F_{f_1, f_2; 1-\alpha}$
s. Tab. C 6 bis C 9

(7.3.18)

[1] Das Symbol $\sim$ hat hier die Bedeutung: 'ist ein Schätzwert für'

$$(y_{i\bullet} - y_{j\bullet}) - t_{f;1-\alpha/2}\, s_I \sqrt{\frac{1}{n_i} + \frac{1}{n_j}} \leq (\mu_i - \mu_j) \leq (y_{i\bullet} - y_{j\bullet}) + t_{f;1-\alpha/2}\, s_I \sqrt{\frac{1}{n_i} + \frac{1}{n_j}}$$
(7.3.23)

mit $f = f_I = a(\bar{n} - 1)$.

Zahlenwerte für $t_{f;1-\alpha/2}$ s. Tab. C 4.

Modell II (Modell mit Zufallskomponenten)

> Erweiterte Zerlegungstafel des Modells mit Zufallskomponenten der unbalancierten einfachen Varianzanalyse; siehe S. 219

(7.3.24)

Vertrauensbereiche für die Modellparameter beim Modell II (Modell mit Zufallskomponenten) zum Vertrauensniveau $1 - \alpha$

Abweichend von Abschn. 7.2 ist s_{II}^2 jetzt ein Schätzwert für

$$\sigma_\varepsilon^2 + \bar{\bar{n}}\sigma_A^2 \quad \text{mit} \quad \bar{\bar{n}} = \frac{1}{(a-1)} \left[\sum_{i=1}^{a} n_i - \frac{\sum_{i=1}^{a} n_i^2}{\sum_{i=1}^{a} n_i} \right].$$
(7.3.25)

Setzt man $n_i = \bar{n} + \Delta n_i$, dann ist (7.3.26)

$$\sum_{i=1}^{a} (\Delta n_i) = 0 \quad \text{und} \quad \frac{1}{a-1} \sum_{i=1}^{a} (\Delta n_i)^2 = V(n_i).$$
(7.3.27)

Damit gilt

$$\bar{\bar{n}} = \bar{n}\left[1 - \frac{1}{a(a-1)} \sum_{i=1}^{a} \left(\frac{\Delta n_i}{\bar{n}}\right)^2 \right] = \bar{n} - \frac{1}{\bar{n}a} V(n_i).$$
(7.3.28)

Es ist $\bar{\bar{n}} \approx \bar{n}$, falls die relativen Schwankungen $|\Delta n_i/\bar{n}| \ll 1$ sind.

Vertrauensbereiche für die Modellparameter sind jetzt nur angenähert bestimmbar; deshalb sollte man bei der Versuchsplanung die balancierte Varianzanalyse (vgl. Abschn. 7.2) bevorzugen.

Der Gesamtmittelwert μ wird geschätzt durch $y_{\bullet\bullet}$, wobei die Varianz von $y_{\bullet\bullet}$ durch

$$V(Y_{\bullet\bullet}) = \frac{\sum_{i=1}^{a} n_i^2}{(a\bar{n})^2} \sigma_A^2 + \frac{1}{a\bar{n}} \sigma_\varepsilon^2 = \frac{\sigma_A^2}{a}\left[1 + \frac{1}{a}\sum_{i=1}^{a}\left(\frac{\Delta n_i}{\bar{n}}\right)^2 \right] + \frac{\sigma_\varepsilon^2}{a\bar{n}}$$
(7.3.29)

gegeben ist. Falls $|\Delta n_i/\bar{n}| \lesssim 1/4$ bleibt, ist ausreichend genau

$$V(Y_{\bullet\bullet}) \approx \frac{\sigma_A^2}{a} + \frac{\sigma_\varepsilon^2}{a\bar{n}}.$$
(7.3.30)

7.3 Unbalancierte einfache Varianzanalyse

Erweiterte Zerlegungstafel des Modells mit Zufallskomponenten der unbalancierten einfachen Varianzanalyse

Ursache	S.d.q.A.	Zahl der Freiheitsgrade	Varianz = S.d.q.A./ Zahl der Freiheitsgrade	Die Varianz schätzt	Nullhypothese H_0	Prüfwert	Kritischer Wert zum Signifikanzniveau α	Schätzwert[1]
Faktor A	Q_A	$a - 1 = f_{II}$	s_{II}^2	$\sigma_\varepsilon^2 + \bar{\bar{n}} \sigma_A^2$ [2]	$\sigma_A^2 = 0$	s_{II}^2/s_I^2	$F_{f_1, f_2; 1-\alpha}$ mit $f_1 = a - 1$ $f_2 = a(\bar{n} - 1)$	$y_{\cdot\cdot} \sim \mu$ $s_A^2 = (s_{II}^2 - s_I^2)/\bar{\bar{n}} \sim \sigma_A^2$
Rest	Q_{Res}	$a(\bar{n} - 1) = f_I$	s_I^2	σ_ε^2	–	–	–	$s_\varepsilon^2 = s_I^2 \sim \sigma_\varepsilon^2$
total	Q_{total}	$a\bar{n} - 1 = f_0$	–	–	–	–	–	–

Falls $s_{II}^2/s_I^2 > F_{f_1, f_2; 1-\alpha}$ ist, wird die Nullhypothese H_0 verworfen; andernfalls wird sie nicht verworfen. Zahlenwerte für $F_{f_1, f_2; 1-\alpha}$ s. Tab. C 6 bis C 9

(7.3.24)

[1] Das Symbol $\sim$ hat hier die Bedeutung: 'ist ein Schätzwert für'. Wenn sich für s_A^2 aus der Formel ein negativer Wert ergibt, ist $s_A^2 = 0$ zu setzen
[2] $\bar{\bar{n}}$ folgt aus (7.3.25) oder (7.3.28)

7.4 Balancierte zweifache Varianzanalyse mit n-facher Versuchsdurchführung; Kreuzklassifikation

Problemstellung

Die Einflüsse zweier gekreuzter qualitativer[1] Faktoren A (eingesetzt auf a Stufen) und B (eingesetzt auf b Stufen) auf die Zielgröße Y sind zu untersuchen; vgl. Abschn. 7.1.

Beispiele

Untersuchung der Wasserdurchlässigkeit von Bauplatten, die von $a = 3$ verschiedenen Maschinen an $b = 9$ verschiedenen Tagen erzeugt wurden.
Untersuchung des Labor- und des Copseinflusses bei der Garnfestigkeitsprüfung, wobei b Cops in die Untersuchung einbezogen werden, von denen jedes der beteiligten a Labors je n Garnstücke prüft.

Vorliegende Stichprobenergebnisse

Bei der balancierten zweifachen Varianzanalyse mit n-facher Versuchsdurchführung liegt für jede Stufenkombination ij der Faktoren A und B (Zelle ij) die gleiche Anzahl n von Einzelwerten vor; insgesamt liegen

$$N = abn \tag{7.4.1}$$

Einzelwerte $y_{ij\nu}$ ($i = 1, \ldots, a$; $j = 1, \ldots, b$; $\nu = 1, \ldots, n$) vor.

		Stufe des Faktors B; Spalte				
		1	...	j	...	b
Stufe des Faktors A; Zeile	1	y_{111} ⋮ $y_{11\nu}$ ⋮ y_{11n}		y_{1j1} ⋮ $y_{1j\nu}$ ⋮ y_{1jn}		y_{1b1} ⋮ $y_{1b\nu}$ ⋮ y_{1bn}
	⋮					
	i	y_{i11} ⋮ $y_{i1\nu}$ ⋮ y_{i1n}		y_{ij1} ⋮ $y_{ij\nu}$ ⋮ y_{ijn}		y_{ib1} ⋮ $y_{ib\nu}$ ⋮ y_{ibn}
	⋮					
	a	y_{a11} ⋮ $y_{a1\nu}$ ⋮ y_{a1n}		y_{aj1} ⋮ $y_{aj\nu}$ ⋮ y_{ajn}		y_{ab1} ⋮ $y_{ab\nu}$ ⋮ y_{abn}

(7.4.2)

---
[1] vgl. Fußnote S. 203.

7.4 Balancierte zweifache Varianzanalyse mit n-facher Versuchsdurchführung

Das Schema der Einzelwerte hat

a Zeilen, gekennzeichnet durch i ($i = 1, \ldots, a$)
b Spalten, gekennzeichnet durch j ($j = 1, \ldots, b$)
ab Zellen (Felder) (i, j) mit je n Einzelwerten $y_{ij\nu}$ ($\nu = 1, \ldots, n$).

Modell

Es wird vorausgesetzt, daß sich jeder Einzelwert *additiv* aus einigen Anteilen aufbaut:

$$Y_{ij\nu} = \mu + \alpha_i + \beta_j + (\alpha\beta)_{ij} + \varepsilon_{ij\nu}; \qquad (7.4.3)$$

μ Gesamtmittelwert,
α_i additiver Einfluß der Stufe i des Faktors A,
β_j additiver Einfluß der Stufe j des Faktors B,
$(\alpha\beta)_{ij}$ additiver Einfluß, der durch das Zusammentreffen der Stufe i des Faktors A mit der Stufe j des Faktors B zustandekommt (Wechselwirkungseinfluß),
$\varepsilon_{ij\nu}$ additiver Zufallsanteil (Restabweichung).

Die $\varepsilon_{ij\nu}$ sind unabhängige normalverteilte Zufallsvariablen mit dem Erwartungswert $E(\varepsilon_{ij\nu}) = 0$ und der für alle Zellen (i, j) gleichen Varianz $V(\varepsilon_{ij\nu}) = \sigma_\varepsilon^2$. Der Zufallsanteil ε enthält auch alle nicht durch die Faktoren A und B erfaßten weiteren Einflüsse $C, D, E, \ldots$, die bei einem sorgfältig geplanten Versuch 'klein' gegen die durch A und B erfaßten Einflüsse sein sollen. Hinsichtlich der α_i, β_j und $(\alpha\beta)_{ij}$ werden drei Fälle unterschieden:

1) Modell mit systematischen Komponenten (Modell I)

Nur die a untersuchten Stufen des Faktors A und die b untersuchten Stufen des Faktors B existieren oder sind von Interesse. Die α_i, β_j und $(\alpha\beta)_{ij}$ sind nichtzufällige (systematische) Komponenten in der Zerlegungsgleichung. Ihre Summen sind:

$$\sum_{i=1}^{a} \alpha_i = \sum_{j=1}^{b} \beta_j = \sum_{i=1}^{a} \sum_{j=1}^{b} (\alpha\beta)_{ij} = 0,$$

$$\sum_{i=1}^{a} (\alpha\beta)_{ij} = 0 \quad \text{für jedes } j = 1, \ldots, b, \qquad (7.4.4)$$

$$\sum_{j=1}^{b} (\alpha\beta)_{ij} = 0 \quad \text{für jedes } i = 1, \ldots, a.$$

Entsprechend den Modellvoraussetzungen ist jeder Stufenkombination (i, j) der Faktoren A und B eine Normalverteilung der Zielgröße Y mit dem Erwartungswert

$$\mu_{ij} = \mu + \alpha_i + \beta_j + (\alpha\beta)_{ij} \qquad (7.4.5)$$

und der Varianz σ_ε^2 zugeordnet. Die Zeilenmittelwerte $Y_{i\bullet\bullet}$ haben die Erwartungswerte

$$\mu_{i\bullet} = \mu + \alpha_i, \qquad (7.4.6)$$

die Spaltenmittelwerte $Y_{\bullet j\bullet}$ die Erwartungswerte

$$\mu_{\bullet j} = \mu + \beta_j \qquad (7.4.7)$$

und der Gesamtmittelwert $Y_{...}$ den Erwartungswert

$$\mu = \frac{1}{ab} \sum_{i=1}^{a} \sum_{j=1}^{b} \mu_{ij}. \qquad (7.4.8)$$

Das Modell enthält $ab + 1$ unbekannte Parameter, nämlich den Gesamtmittelwert μ, $a - 1$ systematische Abweichungen α_i, $b - 1$ systematische Abweichungen β_j, $(a - 1)(b - 1)$ systematische Abweichungen $(\alpha\beta)_{ij}$ und die Varianz σ_ε^2.

2) Das Modell mit Zufallskomponenten (Modell II)

Die a untersuchten Stufen des Faktors A sind eine Zufallsstichprobe aus $N_1 \gg a$ vorhandenen Stufen des Faktors A. Die α_i sind zufällige Komponenten in der Zerlegungsgleichung mit dem Erwartungswert $E(\alpha_i) = 0$ und der Varianz $V(\alpha_i) = \sigma_A^2$.

Die b untersuchten Stufen des Faktors B sind eine Zufallsstichprobe aus $N_2 \gg b$ vorhandenen Stufen des Faktors B. Die β_j sind zufällige Komponenten in der Zerlegungsgleichung mit dem Erwartungswert $E(\beta_j) = 0$ und der Varianz $V(\beta_j) = \sigma_B^2$.

Damit sind auch die Wechselwirkungskomponenten $(\alpha\beta)_{ij}$ zufällige Komponenten, und zwar mit dem Erwartungswert $E((\alpha\beta)_{ij}) = 0$ und der Varianz $V((\alpha\beta)_{ij}) = \sigma_{AB}^2$.

Für die Abgrenzung der Vertrauensbereiche (7.4.28) bis (7.4.30) wird vorausgesetzt, daß die Zufallskomponenten α_i, β_j und $(\alpha\beta)_{ij}$ normalverteilt sind, d. h. daß streng genommen $N_1 \to \infty$ und $N_2 \to \infty$ gilt. Demzufolge ist die Zielgröße Y auf jeder Stufenkombination (i, j) der Faktoren A und B normalverteilt mit dem Erwartungswert $\mu_{ij} = \mu + \alpha_i + \beta_j + (\alpha\beta)_{ij}$ und der Varianz σ_ε^2; insgesamt (unter Einbeziehung der Zufallsauswahl aus den Stufen i von A und j von B) ist die Zielgröße normalverteilt mit dem Erwartungswert μ und der Varianz $\sigma_A^2 + \sigma_B^2 + \sigma_{AB}^2 + \sigma_\varepsilon^2$.

Das Modell enthält fünf unbekannte Parameter, nämlich den Gesamtmittelwert μ und die Varianzen (Varianzkomponenten) σ_A^2, σ_B^2, σ_{AB}^2 und σ_ε^2.

3) Das gemischte Modell (Modell III)

Für den Faktor A gilt das gleiche wie beim Modell mit systematischen Komponenten: die α_i sind systematische Komponenten.

Für den Faktor B gilt das gleiche wie beim Modell mit Zufallskomponenten: die β_j sind zufällige Komponenten. Damit sind auch die Wechselwirkungskomponenten $(\alpha\beta)_{ij}$ zufällige Komponenten.

Das Modell enthält $a + 3$ unbekannte Parameter, nämlich den Gesamtmittelwert μ, $a - 1$ systematische Abweichungen α_i und die Varianzen σ_B^2, σ_{AB}^2 und σ_ε^2.

Auswertung der Stichprobenergebnisse

Es sind

$$y_{ij\bullet} = \frac{1}{n} \sum_{\nu=1}^{n} y_{ij\nu} \qquad \text{die Zellenmittelwerte,} \qquad (7.4.9)$$

$$y_{i\bullet\bullet} = \frac{1}{bn} \sum_{j=1}^{b} \sum_{\nu=1}^{n} y_{ij\nu} = \frac{1}{b} \sum_{j=1}^{b} y_{ij\bullet} \qquad \text{die Zeilenmittelwerte,} \qquad (7.4.10)$$

$$y_{\bullet j\bullet} = \frac{1}{an} \sum_{i=1}^{a} \sum_{\nu=1}^{n} y_{ij\nu} = \frac{1}{a} \sum_{i=1}^{a} y_{ij\bullet} \qquad \text{die Spaltenmittelwerte,} \qquad (7.4.11)$$

7.4 Balancierte zweifache Varianzanalyse mit n-facher Versuchsdurchführung

$$y_{\cdots} = \frac{1}{abn} \sum_{i=1}^{a} \sum_{j=1}^{b} \sum_{\nu=1}^{n} y_{ij\nu} = \frac{1}{ab} \sum_{i=1}^{a} \sum_{j=1}^{b} y_{ij\bullet} = \frac{1}{b} \sum_{j=1}^{b} y_{\bullet j\bullet} = \frac{1}{a} \sum_{i=1}^{a} y_{i\bullet\bullet}$$

der Gesamtmittelwert. (7.4.12)

Ausgangspunkt der Varianzanalyse ist die Zerlegung der S.d.q.A.

$$\underbrace{\sum_{i=1}^{a} \sum_{j=1}^{b} \sum_{\nu=1}^{n} (y_{ij\nu} - y_{\cdots})^2}_{\text{S.d.q.A. insgesamt: } Q_{\text{total}}} = \underbrace{nb \sum_{i=1}^{a} (y_{i\bullet\bullet} - y_{\cdots})^2}_{\substack{\text{S.d.q.A. zwischen} \\ \text{den Zeilen: } Q_A}} + \underbrace{na \sum_{j=1}^{b} (y_{\bullet j\bullet} - y_{\cdots})^2}_{\substack{\text{S.d.q.A. zwischen} \\ \text{den Spalten: } Q_B}}$$

$$+ \underbrace{n \sum_{i=1}^{a} \sum_{j=1}^{b} (y_{ij\bullet} - y_{i\bullet\bullet} - y_{\bullet j\bullet} - y_{\cdots})^2}_{\substack{\text{S.d.q.A. durch Wechsel-} \\ \text{wirkung: } Q_{AB}}} + \underbrace{\sum_{i=1}^{a} \sum_{j=1}^{b} \sum_{\nu=1}^{n} (y_{ij\nu} - y_{ij\bullet})^2}_{\substack{\text{S.d.q.A. innerhalb} \\ \text{der Zellen: } Q_{\text{Res}}}} \qquad (7.4.13)$$

mit den zugehörigen Zahlen von Freiheitsgraden

$$\begin{aligned} f_0 &= f_{IV} + f_{III} + f_{II} + f_{I} \\ abn - 1 &= a - 1 + b - 1 + (a-1)(b-1) + ab(n-1). \end{aligned} \qquad (7.4.14)$$

Zur Berechnung der S.d.q.A. benutzt man nicht die angegebenen Definitionsgleichungen, sondern geht folgendermaßen vor: Man schreibt ein dem Einzelwertschema entsprechendes Schema (7.4.15) von Zellensummen $A_{ij} = \sum_{\nu=1}^{n} y_{ij\nu}$ und Zellenquadratsummen $B_{ij} = \sum_{\nu=1}^{n} y_{ij\nu}^2$ auf, in dem man die Hilfssummen A, B, C, D und E bestimmt.

	1 ... j ... b	$\sum_j A_{ij}$	$\sum_j B_{ij}$	$\left(\sum_j A_{ij}\right)^2$	$\sum_j A_{ij}^2$
1 ⋮ i ⋮ a	$A_{ij} = \sum_{\nu=1}^{n} y_{ij\nu}$ $B_{ij} = \sum_{\nu=1}^{n} y_{ij\nu}^2$	A_i B_i		C_i	E_i
$\sum_i A_{ij}$	A_j	A		C	
$\sum_i B_{ij}$	B_j		B		
$\left(\sum_i A_{ij}\right)^2$	D_j	D			
$\sum_i A_{ij}^2$	E_j				E

(7.4.15)

Mit den Hilfsgrößen A, B, C, D, E wird

$$Q_A = \frac{C}{bn} - \frac{A^2}{abn}, \quad Q_B = \frac{D}{an} - \frac{A^2}{abn}, \quad Q_{AB} = \frac{E}{n} - \frac{C}{bn} - \frac{D}{an} + \frac{A^2}{abn},$$

$$Q_{\text{Res}} = B - \frac{E}{n}, \quad Q_{\text{total}} = B - \frac{A^2}{abn}, \tag{7.4.16}$$

$$y_{ij\bullet} = A_{ij}/n, \quad y_{i\bullet\bullet} = A_i/(bn), \quad y_{\bullet j\bullet} = A_j/(an); \quad i = 1, \ldots, a; j = 1, \ldots, b,$$

$$y_{\bullet\bullet\bullet} = A/(abn)$$

Die Ergebnisse werden in der Zerlegungstafel dargestellt. Da die weiteren Auswertungen modellabhängig sind, ist im folgenden für jedes der drei Modelle eine erweiterte Zerlegungstafel angegeben. Diese enthält jeweils außerdem die Schätzwerte für die Modellparameter und Prüfwerte und kritische Werte für die Tests der Nullhypothesen H_0, daß der Faktor A oder der Faktor B keine Wirkung auf die Zielgröße Y hat oder kein Wechselwirkungseinfluß AB auf die Zielgröße Y existiert.

Modell I (Modell mit systematischen Komponenten)

> *Erweiterte Zerlegungstafel des Modells mit systematischen Komponenten der balancierten zweifachen Varianzanalyse;* siehe S. 225

(7.4.17)

Vertrauensbereiche für die Modellparameter beim Modell I (Modell mit systematischen Komponenten) zum Vertrauensniveau $1 - \alpha$

$$y_{ij\bullet} - t_{f; 1-\alpha/2} \frac{s_I}{\sqrt{n}} \leqq (\alpha\beta)_{ij} \leqq y_{ij\bullet} + t_{f; 1-\alpha/2} \frac{s_I}{\sqrt{n}}, \tag{7.4.18}$$

$$y_{i\bullet\bullet} - t_{f; 1-\alpha/2} \frac{s_I}{\sqrt{nb}} \leqq \mu_{i\bullet} \leqq y_{i\bullet\bullet} + t_{f; 1-\alpha/2} \frac{s_I}{\sqrt{nb}}, \tag{7.4.19}$$

$$(y_{i\bullet\bullet} - y_{\bullet\bullet\bullet}) - t_{f; 1-\alpha/2} \sqrt{\frac{a-1}{nab}}\, s_I \leqq \alpha_i \leqq (y_{i\bullet\bullet} - y_{\bullet\bullet\bullet}) + t_{f; 1-\alpha/2} \sqrt{\frac{a-1}{nab}}\, s_I, \tag{7.4.20}$$

$$y_{\bullet j\bullet} - t_{f; 1-\alpha/2} \frac{s_I}{\sqrt{na}} \leqq \mu_{\bullet j} \leqq y_{\bullet j\bullet} + t_{f; 1-\alpha/2} \frac{s_I}{\sqrt{na}}, \tag{7.4.21}$$

$$(y_{\bullet j\bullet} - y_{\bullet\bullet\bullet}) - t_{f; 1-\alpha/2} \sqrt{\frac{b-1}{nab}}\, s_I \leqq \beta_j \leqq (y_{\bullet j\bullet} - y_{\bullet\bullet\bullet}) + t_{f; 1-\alpha/2} \sqrt{\frac{b-1}{nab}}\, s_I, \tag{7.4.22}$$

$$y_{\bullet\bullet\bullet} - t_{f; 1-\alpha/2} \frac{s_I}{\sqrt{nab}} \leqq \mu \leqq y_{\bullet\bullet\bullet} + t_{f; 1-\alpha/2} \frac{s_I}{\sqrt{nab}} \tag{7.4.23}$$

mit $f = f_I = ab(n-1)$.
Zahlenwerte für $t_{f; 1-\alpha/2}$ s. Tab. C 4.
  Der Vertrauensbereich für die Differenz $(\mu_{\varphi\bullet} - \mu_{\psi\bullet})$ der Erwartungswerte auf den Zeilen $i = \varphi$ und $i' = \psi$ ist

7.4 Balancierte zweifache Varianzanalyse mit n-facher Versuchsdurchführung

Erweiterte Zerlegungstafel des Modells mit systematischen Komponenten der balancierten zweifachen Varianzanalyse

Ursache	S.d.q.A.	Zahl der Freiheitsgrade	Varianz = S.d.q.A./ Zahl der Freiheitsgrade	Die Varianz schätzt	Nullhypothese H_0 [1]	Prüfwert [2]	kritischer Wert zum Signifikanzniveau α	Schätzwert [3]
Faktor A	Q_A	$a-1 = f_{IV}$	s_{IV}^2	$\sigma_\varepsilon^2 + \dfrac{nb}{a-1}\sum_{i=1}^{a}\alpha_i^2$	$\alpha_i \equiv 0$ für alle i oder äquivalent $\sum_{i=1}^{a}\alpha_i^2 = 0$	s_{IV}^2/s_I^2	$F_{f_{IV},f_I;1-\alpha}$	$y_{\cdots} \sim \mu$ $y_{i\cdot\cdot} - y_{\cdots} \sim \alpha_i$
Faktor B	Q_B	$b-1 = f_{III}$	s_{III}^2	$\sigma_\varepsilon^2 + \dfrac{na}{b-1}\sum_{j=1}^{b}\beta_j^2$	$\beta_j \equiv 0$ für alle j oder äquivalent $\sum_{j=1}^{b}\beta_j^2 = 0$	s_{III}^2/s_I^2	$F_{f_{III},f_I;1-\alpha}$	$y_{\cdot j\cdot} - y_{\cdots} \sim \beta_j$
Wechselwirkung AB	Q_{AB}	$(a-1)(b-1) = f_{II}$	s_{II}^2	$\sigma_\varepsilon^2 + \dfrac{n}{(a-1)(b-1)} \times \sum_{i=1}^{a}\sum_{j=1}^{b}(\alpha\beta)_{ij}^2$	$(\alpha\beta)_{ij} \equiv 0$ für alle i,j oder äquivalent $\sum_{i=1}^{a}\sum_{j=1}^{b}(\alpha\beta)_{ij}^2 = 0$	s_{II}^2/s_I^2	$F_{f_{II},f_I;1-\alpha}$	$y_{ij\cdot} - y_{i\cdot\cdot} - y_{\cdot j\cdot} + y_{\cdots} \sim (\alpha\beta)_{ij}$
Rest	Q_{Res}	$ab(n-1) = f_I$	s_I^2	σ_ε^2	—	—	—	$s_\varepsilon^2 = s_I^2 \approx \sigma_\varepsilon^2$
total	Q_{total}	$abn-1 = f_0$	—	—	—	—	—	—

(7.4.17)

[1] Die Nullhypothese H_0 wird verworfen, falls der Prüfwert den kritischen Wert überschreitet; andernfalls wird sie nicht verworfen. Zahlenwerte für $F_{f_1,f_2;1-\alpha}$ siehe Tab. C 6 bis C 9

[2] Der Test des Einflusses von Faktor A ist eine Erweiterung des paarweisen Vergleiches bei Normalverteilung von $a=2$ auf $a>2$ Erwartungswerte; vgl. (6.7.29)

[3] Das Symbol $\sim$ hat hier die Bedeutung: 'ist ein Schätzwert für'

$$(y_{\varphi \cdot \cdot} - y_{\psi \cdot \cdot}) - t_{f;\,1-\alpha/2} \frac{\sqrt{2}\,s_{\mathrm{I}}}{\sqrt{nb}} \leq (\mu_{\varphi \cdot} - \mu_{\psi \cdot}) \leq (y_{\varphi \cdot \cdot} - y_{\psi \cdot \cdot}) + t_{f;\,1-\alpha/2} \frac{\sqrt{2}\,s_{\mathrm{I}}}{\sqrt{nb}} \quad (7.4.24)$$

mit $f = f_{\mathrm{I}} = ab(n-1)$.
Zahlenwerte für $t_{f;\,1-\alpha/2}$ s. Tab. C 4.

Für die Differenz $(\mu_{\cdot \varphi} - \mu_{\cdot \psi})$ der Erwartungswerte auf zwei Spalten gelten Gleichungen, die (7.4.24) entsprechen.

Den Vertrauensbereich für σ_ε^2 berechnet man aus (5.5.19) mit $s^2 = s_{\mathrm{I}}^2$ und $f = f_{\mathrm{I}} = ab(n-1)$.

Modell II (Modell mit Zufallskomponenten)

Erweiterte Zerlegungstafel des Modells mit Zufallskomponenten der balancierten zweifachen Varianzanalyse; siehe S. 227

(7.4.25)

Vertrauensbereiche für die Modellparameter beim Modell II (Modell mit Zufallskomponenten) zum Vertrauensniveau $1 - \alpha$

Die Varianz des Gesamtmittelwertes $Y_{\cdot\cdot\cdot}$ ist

$$V(Y_{\cdot\cdot\cdot}) = \sigma_{Y_{\cdot\cdot\cdot}}^2 = \frac{\sigma_A^2}{a} + \frac{\sigma_B^2}{b} + \frac{\sigma_{AB}^2}{ab} + \frac{\sigma_\varepsilon^2}{abn} \quad (7.4.26)$$

und wird geschätzt durch

$$s_{Y_{\cdot\cdot\cdot}}^2 = \frac{1}{abn}(s_{\mathrm{IV}}^2 + s_{\mathrm{III}}^2 - s_{\mathrm{II}}^2) = \frac{s_A^2}{a} + \frac{s_B^2}{b} + \frac{s_{AB}^2}{ab} + \frac{s_\varepsilon^2}{abn}. \quad (7.4.27)$$

Wenn $\sigma_A^2 \neq 0$ oder $\sigma_B^2 \neq 0$ ist, dann kann man den Vertrauensbereich für μ mit Hilfe von $y_{\cdot\cdot\cdot}$ und $s_{y_{\cdot\cdot\cdot}}^2$ nur behelfsmäßig angeben.

Vertrauensbereich für μ, falls $\sigma_A^2 = 0$ und $\sigma_B^2 = 0$ ist (die Berechnung des Vertrauensbereichs soll nur dann durchgeführt werden, wenn die Hypothesen $\sigma_A^2 = 0$ und $\sigma_B^2 = 0$ *nicht* verworfen werden):

$$y_{\cdot\cdot\cdot} - t_{f;\,1-\alpha/2} \frac{s_{\mathrm{II}}}{\sqrt{abn}} \leq \mu \leq y_{\cdot\cdot\cdot} + t_{f;\,1-\alpha/2} \frac{s_{\mathrm{II}}}{\sqrt{abn}} \quad (7.4.28)$$

mit $f = f_{\mathrm{II}} = (a-1)(b-1)$.
Zahlenwerte für $t_{f;\,1-\alpha/2}$ s. Tab. C 4.

Den Vertrauensbereich für σ_ε^2 berechnet man aus (5.5.19) mit $s^2 = s_{\mathrm{I}}^2$ und $f = f_{\mathrm{I}} = ab(n-1)$.

Den Vertrauensbereich für $(\sigma_{AB}/\sigma_\varepsilon)^2$ berechnet man aus

$$\frac{1}{n}\left[\frac{s_{\mathrm{II}}^2/s_{\mathrm{I}}^2}{F_{f_1,f_2;\,1-\alpha/2}} - 1\right] \leq \left(\frac{\sigma_{AB}}{\sigma_\varepsilon}\right)^2 \leq \frac{1}{n}\left[\frac{s_{\mathrm{II}}^2/s_{\mathrm{I}}^2}{F_{f_1,f_2;\,\alpha/2}} - 1\right] \quad (7.4.29)$$

mit $f_1 = f_{\mathrm{II}} = (a-1)(b-1)$ und $f_2 = f_{\mathrm{I}} = ab(n-1)$.
Zahlenwerte für $F_{f_1,f_2;\,p}$ s. Tab. C 6 bis C 9.

Für $ab(n-1) \gtrapprox 10$ berechnet man den Vertrauensbereich für σ_{AB}^2 näherungsweise aus

7.4 Balancierte zweifache Varianzanalyse mit n-facher Versuchsdurchführung

*Erweiterte Zerlegungstafel des Modells mit **Zufallskomponenten** der balancierten zweifachen Varianzanalyse*

Ursache	S.d.q.A.	Zahl der Freiheitsgrade	Varianz = S.d.q.A./ Zahl der Freiheitsgrade	Die Varianz schätzt	Nullhypothese H_0 [1]	Prüfwert	Kritischer Wert zum Signifikanzniveau α	Schätzwert [2]
								$y_{\ldots} \sim \mu$
Faktor A	Q_A	$a-1 = f_{IV}$	s_{IV}^2	$\sigma_\varepsilon^2 + n\sigma_{AB}^2 + nb\sigma_A^2$	$\sigma_A^2 = 0$	s_{IV}^2/s_{II}^2	$F_{f_{IV}, f_{II}; 1-\alpha}$	$s_A^2 = \dfrac{1}{bn}(s_{IV}^2 - s_{II}^2) \sim \sigma_A^2$
Faktor B	Q_B	$b-1 = f_{III}$	s_{III}^2	$\sigma_\varepsilon^2 + n\sigma_{AB}^2 + na\sigma_B^2$	$\sigma_B^2 = 0$	s_{III}^2/s_{II}^2	$F_{f_{III}, f_{II}; 1-\alpha}$	$s_B^2 = \dfrac{1}{an}(s_{III}^2 - s_{II}^2) \sim \sigma_B^2$
Wechselwirkung AB	Q_{AB}	$(a-1)(b-1) = f_{II}$	s_{II}^2	$\sigma_\varepsilon^2 + n\sigma_{AB}^2$	$\sigma_{AB}^2 = 0$	s_{II}^2/s_I^2	$F_{f_{II}, f_I; 1-\alpha}$	$s_{AB}^2 = \dfrac{1}{n}(s_{II}^2 - s_I^2) \sim \sigma_{AB}^2$
Rest	Q_{Res}	$ab(n-1) = f_I$	s_I^2	σ_ε^2	—	—	—	$s_\varepsilon^2 = s_I^2 \sim \sigma_\varepsilon^2$
total	Q_{total}	$abn-1 = f_0$	—	—	—	—	—	—

(7.4.25)

[1] Die Nullhypothese H_0 wird verworfen, falls der Prüfwert den kritischen Wert überschreitet; andernfalls wird sie nicht verworfen. Zahlenwerte für $F_{f_1, f_2; 1-\alpha}$ s. Tab. C 6 bis C 9

[2] Das Symbol $\sim$ hat hier die Bedeutung: 'ist ein Schätzwert für'. Die Varianzen s_A^2, s_B^2, s_{AB}^2, für die sich aus der Formel ein negativer Wert ergibt, sind Null zu setzen

$$\frac{1}{n}\left[\frac{s_{\text{II}}^2}{F_{f_1,f_2;\,1-\alpha/2}} - s_{\text{I}}^2\right] \leq \sigma_{AB}^2 \leq \frac{1}{n}\left[\frac{s_{\text{II}}^2}{F_{f_1,f_2;\,\alpha/2}} - s_{\text{I}}^2\right] \tag{7.4.30}$$

mit $f_1 = f_{\text{II}} = (a-1)(b-1)$ und $f_2 = f_{\text{I}} = ab(n-1)$.
Zahlenwerte für $F_{f_1,f_2;\,p}$ s. Tab. C 6 bis C 9.

In (7.4.29) und (7.4.30) ist die untere Vertrauensgrenze Null zu setzen, falls sich aus der Formel ein negativer Wert ergibt.

Vertrauensbereiche für σ_A^2 und σ_B^2 kann man nur behelfsmäßig angeben, indem man die Schätzwerte für σ_A^2 und σ_B^2 und deren Varianzen zur Beurteilung heranzieht; vgl. Zerlegungstafel (7.4.25) und (5.3.34).

Modell III (gemischtes Modell)

> *Erweiterte Zerlegungstafel des gemischten Modells der balancierten zweifachen Varianzanalyse;* siehe S. 229

(7.4.31)

Vertrauensbereiche für die Modellparameter beim Modell III (gemischtes Modell) zum Vertrauensniveau $1 - \alpha$

Wenn $\sigma_B^2 \neq 0$ ist, dann kann man die Vertrauensbereiche für μ und $\mu_{i\cdot}$ nur behelfsmäßig angeben, indem man den entsprechenden Schätzwert und dessen Varianz zur Beurteilung heranzieht.

Vertrauensbereiche für μ und $\mu_{i\cdot}$, falls $\sigma_B^2 = 0$ ist (die Berechnung der Vertrauensbereiche soll nur dann durchgeführt werden, wenn die Hypothese $\sigma_B^2 = 0$ *nicht* verworfen wird):

$$y_{\cdots} - t_{f;\,1-\alpha/2}\frac{s_{\text{I}}}{\sqrt{abn}} \leq \mu \leq y_{\cdots} + t_{f;\,1-\alpha/2}\frac{s_{\text{I}}}{\sqrt{abn}} \tag{7.4.32}$$

mit $f = f_{\text{I}} = ab(n-1)$;

$$y_{i\cdots} - t_{f;\,1-\alpha/2}\frac{s_{\text{II}}}{\sqrt{nb}} \leq \mu_{i\cdot} \leq y_{i\cdots} + t_{f;\,1-\alpha/2}\frac{s_{\text{II}}}{\sqrt{nb}} \tag{7.4.33}$$

mit $f = f_{\text{II}} = (a-1)(b-1)$.
Zahlenwerte für $t_{f;\,1-\alpha/2}$ s. Tab. C 4.

Die Vertrauensbereiche für die Differenz von Zeilenmittelwerten erhält man auch für $\sigma_B^2 \neq 0$ aus (7.4.24), wobei man dort s_{I} durch s_{II} und $f = f_{\text{I}}$ durch $f = f_{\text{II}} = (a-1)(b-1)$ ersetzt.

Den Vertrauensbereich für σ_ε^2 berechnet man aus (5.5.19) mit $s^2 = s_{\text{I}}^2$ und $f = f_{\text{I}} = ab(n-1)$.

Die Vertrauensbereiche für $(\sigma_{AB}/\sigma_\varepsilon)^2$ und σ_{AB}^2 berechnet man aus (7.4.29) und (7.4.30).

Den Vertrauensbereich für $(\sigma_B/\sigma_\varepsilon)^2$ berechnet man aus

$$\frac{1}{na}\left[\frac{s_{\text{III}}^2/s_{\text{I}}^2}{F_{f_1,f_2;\,1-\alpha/2}} - 1\right] \leq \left(\frac{\sigma_B}{\sigma_\varepsilon}\right)^2 \leq \frac{1}{na}\left[\frac{s_{\text{III}}^2/s_{\text{I}}^2}{F_{f_1,f_2;\,\alpha/2}} - 1\right] \tag{7.4.34}$$

mit $f_1 = f_{\text{III}} = (a-1)$ und $f_2 = f_{\text{I}} = ab(n-1)$.
Zahlenwerte für $F_{f_1,f_2;\,p}$ s. Tab. C 6 bis C 9.

7.4 Balancierte zweifache Varianzanalyse mit *n*-facher Versuchsdurchführung

*Erweiterte Zerlegungstafel des **gemischten** Modells der balancierten zweifachen Varianzanalyse*

Ursache	S.d.q.A.	Zahl der Freiheitsgrade	Varianz = S.d.q.A./ Zahl der Freiheitsgrade	Die Varianz schätzt	Nullhypothese H_0 [1]	Prüfwert	Kritischer Wert zum Signifikanzniveau α	Schätzwert [2]
Faktor A	Q_A	$a-1=f_{IV}$	s_{IV}^2	$\sigma_\varepsilon^2 + n\sigma_{AB}^2 + \dfrac{nb}{a-1}\sum\limits_{i=1}^{a}\alpha_i^2$	$\alpha_i = 0$ für alle i oder äquivalent $\sum\limits_{i=1}^{a}\alpha_i^2 = 0$	s_{IV}^2/s_{II}^2	$F_{f_{IV},f_{II};1-\alpha}$	$y_{\cdots} \sim \mu$ $y_{i\cdot\cdot} - y_{\cdots} \sim \alpha_i$
Faktor B	Q_B	$b-1=f_{III}$	s_{III}^2	$\sigma_\varepsilon^2 + na\sigma_B^2$	$\sigma_B^2 = 0$	s_{III}^2/s_I^2	$F_{f_{III},f_I;1-\alpha}$	$s_B^2 = \dfrac{1}{na}(s_{III}^2 - s_I^2) \sim \sigma_B^2$
Wechselwirkung AB	Q_{AB}	$(a-1)(b-1)=f_{II}$	s_{II}^2	$\sigma_\varepsilon^2 + n\sigma_{AB}^2$	$\sigma_{AB}^2 = 0$	s_{II}^2/s_I^2	$F_{f_{II},f_I;1-\alpha}$	$s_{AB}^2 = \dfrac{1}{n}(s_{II}^2 - s_I^2) \sim \sigma_{AB}^2$
Rest	Q_{Res}	$ab(n-1)=f_I$	s_I^2	σ_ε^2	—	—	—	$s_\varepsilon^2 = s_I^2 \sim \sigma_\varepsilon^2$
total	Q_{total}	$abn-1=f_0$	—	—	—	—	—	—

(7.4.31)

[1] Die Nullhypothese H_0 wird verworfen, falls der Prüfwert den kritischen Wert überschreitet; andernfalls wird sie nicht verworfen. Zahlenwerte für $F_{f_1,f_2;1-\alpha}$ s. Tab. C 6 bis C 9

[2] Das Symbol $\sim$ hat hier die Bedeutung: 'ist ein Schätzwert für'. Die Varianzen s_A^2 und s_{AB}^2, für die sich aus der Formel ein negativer Wert ergibt, sind Null zu setzen

Für $f_2 = f_I = ab(n-1) \gtreqless 10$ berechnet man den Vertrauensbereich für σ_B^2 näherungsweise aus

$$\frac{1}{na}\left[\frac{s_{III}^2}{F_{f_1,f_2;1-\alpha/2}} - s_I^2\right] \leq \sigma_B^2 \leq \frac{1}{na}\left[\frac{s_{III}^2}{F_{f_1,f_2;\alpha/2}} - s_I^2\right] \qquad (7.4.35)$$

mit $f_1 = f_{III} = (b-1)$ und $f_2 = f_I = ab(n-1)$.
Zahlenwerte für $F_{f_1,f_2;p}$ s. Tab. C 6 bis C 9.

In (7.4.34) und (7.4.35) ist die untere Vertrauensgrenze Null zu setzen, falls sich aus der Formel ein negativer Wert ergibt.

7.5 Balancierte zweifache Varianzanalyse; Kreuzklassifikation; Sonderfall $n = 1$

Falls in einem Sonderfall je Zelle nur ein Beobachtungswert vorliegt ($n = 1$), ist in den Formeln (7.4.15) $A_{ij} = y_{ij1}$, d. h. die Zellensumme ist gleich dem einzigen Einzelwert der Zelle. Die Aufstellung des Schemas (7.4.15) der Zellensummen erübrigt sich; das Schema (7.4.2) der Einzelwerte liefert A, B, C und D gemäß (7.4.16) in der gleichen Weise wie vorher das Schema (7.4.15) der Zellensummen. Weiterhin gilt $B = E$ und die Zeile 'Rest' in den Zerlegungstafeln (7.4.17), (7.4.25) und (7.4.31) entfällt. An die Stelle dieser weggefallenen Zeile 'Rest' tritt die Zeile 'Wechselwirkung AB'.

Wie die Zerlegungstafeln zeigen, hat man dann keinen Schätzwert mehr für σ_ε^2, sondern nur noch für $\sigma_\varepsilon^2 + \sigma_{AB}^2$ bzw. $\sigma_\varepsilon^2 + \frac{1}{(a-1)(b-1)}\sum_{i=1}^{a}\sum_{j=1}^{b}(\alpha\beta)_{ij}^2$.

Falls man weiß, daß keine Wechselwirkung vorhanden ist

$$\left[\sigma_{AB}^2 = 0 \quad \text{bzw.} \quad \sum_{i=1}^{a}\sum_{j=1}^{b}(\alpha\beta)_{ij}^2 = 0\right],$$

wird s_{II}^2 ein Schätzwert mit f_{II} Freiheitsgraden für σ_ε^2. Die zweifache Varianzanalyse bleibt dann durchführbar, wenn man in allen Formeln von Abschn. 7.4 $n = 1$ setzt, s_I^2 und f_I durch s_{II}^2 und f_{II} ersetzt und die Formeln für s_{AB}^2 sowie die Schätzwerte und die Tests für den Wechselwirkungseinfluß streicht. Außerdem lassen sich jetzt beim Modell mit Zufallskomponenten Vertrauensbereiche für $(\sigma_A/\sigma_\varepsilon)^2$, σ_A^2, $(\sigma_B/\sigma_\varepsilon)^2$ und σ_B^2 berechnen:

$$\frac{1}{b}\left[\frac{s_{IV}^2/s_{II}^2}{F_{f_1,f_2;1-\alpha/2}} - 1\right] \leq \left(\frac{\sigma_A}{\sigma_\varepsilon}\right)^2 \leq \frac{1}{b}\left[\frac{s_{IV}^2/s_{II}^2}{F_{f_1,f_2;\alpha/2}} - 1\right] \qquad (7.5.1)$$

mit $f_1 = f_{IV} = a-1$ und $f_2 = f_{II} = (a-1)(b-1)$;
für $(a-1)(b-1) \gtreqless 10$ berechnet man den Vertrauensbereich für σ_A^2 näherungsweise aus

$$\frac{1}{b}\left[\frac{s_{IV}^2}{F_{f_1,f_2;1-\alpha/2}} - s_{II}^2\right] \leq \sigma_A^2 \leq \frac{1}{b}\left[\frac{s_{IV}^2}{F_{f_1,f_2;\alpha/2}} - s_{II}^2\right] \qquad (7.5.2)$$

mit $f_1 = f_{IV} = a - 1$ und $f_2 = f_{II} = (a - 1)(b - 1)$;

$$\frac{1}{a}\left[\frac{s_{III}^2/s_{II}^2}{F_{f_1,f_2;1-\alpha/2}} - 1\right] \leq \left(\frac{\sigma_B}{\sigma_\varepsilon}\right)^2 \leq \frac{1}{a}\left[\frac{s_{III}^2/s_{II}^2}{F_{f_1,f_2;\alpha/2}} - 1\right] \quad (7.5.3)$$

mit $f_1 = f_{III} = b - 1$ und $f_2 = f_{II} = (a - 1)(b - 1)$;

für $(a - 1)(b - 1) \gtrless 10$ berechnet man den Vertrauensbereich für σ_B^2 näherungsweise aus

$$\frac{1}{a}\left[\frac{s_{III}^2}{F_{f_1,f_2;1-\alpha/2}} - s_{II}^2\right] \leq \sigma_B^2 \leq \frac{1}{a}\left[\frac{s_{III}^2}{F_{f_1,f_2;\alpha/2}} - s_{II}^2\right] \quad (7.5.4)$$

mit $f_1 = f_{III} = a - 1$ und $f_2 = f_{II} = (a - 1)(b - 1)$.
Zahlenwerte für $F_{f_1,f_2;p}$ s. Tab. C 6 bis C 9.

In (7.5.1) bis (7.5.4) ist die untere Vertrauensgrenze Null zu setzen, falls sich aus der Formel ein negativer Wert ergibt.

Falls man nicht weiß, daß die Wechselwirkung Null ist, kann man mit der zweifachen Varianzanalyse mit $n = 1$ beim Modell mit systematischen Komponenten und beim gemischten Modell nicht zu sinnvollen Aussagen kommen; beim Modell mit Zufallskomponenten kann man zwar noch Spalten- und Zeileneinflüsse testen, kann aber die Wechselwirkung nicht von den Zufallsschwankungen innerhalb der Zellen trennen.

Kann man also nicht mit Sicherheit ausschließen, daß ein Wechselwirkungseinfluß vorhanden ist, dann sollte man die zweifache Varianzanalyse immer mit mindestens $n = 2$ durchführen.

7.6 Unbalancierte zweifache Varianzanalyse; Kreuzklassifikation

Zur unbalancierten zweifachen Varianzanalyse sei verwiesen auf

Kramer, C.Y.: On the analysis of variance of a two-way classification with unequal sub-class numbers. Biometrics 11 (1955) 441.
Rasch, D.: Probleme der Varianzanalyse bei ungleicher Klassenbesetzung. Biometrika 2 (1960) 194.
Nollau, V.: Statistische Analysen. Mathematische Methoden der Planung und Auswertung von Versuchen. Leipzig: Fachbuchverlag 1975.

7.7 Balancierte dreifache Varianzanalyse mit n-facher Versuchsdurchführung; Kreuzklassifikation

Problemstellung

Die Einflüsse dreier gekreuzter qualitativer[1] Faktoren A (eingesetzt auf a Stufen), B (eingesetzt auf b Stufen) und C (eingesetzt auf c Stufen) auf die Zielgröße Y sind zu untersuchen; vgl. Abschn. 7.1.

Vorliegende Stichprobenergebnisse

Bei der balancierten dreifachen Varianzanalyse mit n-facher Versuchsdurchführung liegt für jede Stufenkombination ijk der Faktoren A, B und C (Zelle ijk) die gleiche Anzahl n von Einzelwerten vor; insgesamt liegen

$$N = abcn \qquad (7.7.1)$$

Einzelwerte $y_{ijk\nu}$ ($i = 1, ..., a; j = 1, ..., b; k = 1, ..., c; \nu = 1, ..., n$) vor.

Modell

Es wird vorausgesetzt, daß sich jeder Einzelwert *additiv* aus einigen Anteilen aufbaut:

$$Y_{ijk\nu} = \mu + \alpha_i + \beta_j + \gamma_k + (\alpha\beta)_{ij} + (\beta\gamma)_{jk} + (\alpha\gamma)_{ik} + (\alpha\beta\gamma)_{ijk} + \varepsilon_{ijk\nu}; \qquad (7.7.2)$$

μ Gesamtmittelwert
$\alpha_i (\beta_j, \gamma_k)$ additiver Einfluß der Stufe $i(j, k)$ des Faktors $A(B, C)$,
$(\alpha\beta)_{ij}((\beta\gamma)_{jk}, (\alpha\gamma)_{ik})$ additiver Zwei-Faktor-Wechselwirkungseinfluß von $AB(BC, AC)$,
$(\alpha\beta\gamma)_{ijk}$ additiver Drei-Faktor-Wechselwirkungseinfluß von ABC,
$\varepsilon_{ijk\nu}$ additiver Zufallsanteil (Restabweichung); hierfür gelten dieselben Voraussetzungen wie beim Modell von Abschn. 7.4.

Beim Modell mit systematischen Komponenten (Modell I) sind A, B und C systematische Faktoren, beim Modell mit Zufallskomponenten (Modell II) sind A, B und C zufällige Faktoren; außerdem gibt es ein gemischtes Modell mit zwei systematischen Faktoren (A, B) und einem zufälligen Faktor (C) und ein gemischtes Modell mit einem systematischen Faktor (A) und zwei zufälligen Faktoren (B, C). Für die systematischen und zufälligen Faktoren gelten die Modellvoraussetzungen von Abschn. 7.4 entsprechend.

Auswertung der Stichprobenergebnisse

Ausgangspunkt der Varianzanalyse ist die Zerlegung der S.d.q.A

$$Q = Q_A + Q_B + Q_C + Q_{AB} + Q_{BC} + Q_{AC} + Q_{ABC} + Q_{Res}, \qquad (7.7.3)$$

die in der Zerlegungstafel (7.7.8) definiert sind, mit den zugehörigen, ebenfalls in (7.7.8) definierten Zahlen von Freiheitsgraden.

---

[1] Vgl. Fußnote S. 203.

7.7 Balancierte dreifache Varianzanalyse mit n-facher Versuchsdurchführung

Dabei sind die Mittelwerte

$$y_{ijk\bullet} = \frac{1}{n} \sum_{\nu=1}^{n} y_{ijk\nu} \quad \text{für } i = 1, \ldots, a; j = 1, \ldots, b; k = 1, \ldots, c;$$

$$y_{ij\bullet\bullet} = \frac{1}{c} \sum_{k=1}^{c} y_{ijk\bullet} \quad \text{für } i = 1, \ldots, a; j = 1, \ldots, b;$$

$$y_{i\bullet k\bullet} = \frac{1}{b} \sum_{j=1}^{b} y_{ijk\bullet} \quad \text{für } i = 1, \ldots, a; k = 1, \ldots, c;$$

$$y_{\bullet jk\bullet} = \frac{1}{a} \sum_{i=1}^{a} y_{ijk\bullet} \quad \text{für } j = 1, \ldots, b; k = 1, \ldots, c; \qquad (7.7.4)$$

$$y_{i\bullet\bullet\bullet} = \frac{1}{b} \sum_{j=1}^{b} y_{ij\bullet\bullet} \quad \text{für } i = 1, \ldots, a;$$

$$y_{\bullet j\bullet\bullet} = \frac{1}{a} \sum_{i=1}^{a} y_{ij\bullet\bullet} \quad \text{für } j = 1, \ldots, b;$$

$$y_{\bullet\bullet k\bullet} = \frac{1}{a} \sum_{i=1}^{a} y_{i\bullet k\bullet} \quad \text{für } k = 1, \ldots, c;$$

$$y_{\bullet\bullet\bullet\bullet} = \frac{1}{a} \sum_{i=1}^{a} y_{i\bullet\bullet\bullet}.$$

Zur Berechnung der S.d.q.A. werden die Summen

$$S_{ijk} = \sum_{\nu=1}^{n} y_{ijk\nu} \quad \text{für } i = 1, \ldots, a; j = 1, \ldots, b; k = 1 \ldots, c;$$

$$S_{ij\bullet} = \sum_{k=1}^{c} S_{ijk} \quad \text{für } i = 1, \ldots, a; j = 1 \ldots, b;$$

$$S_{i\bullet k} = \sum_{j=1}^{b} S_{ijk} \quad \text{für } i = 1, \ldots, a; k = 1, \ldots, c;$$

$$S_{\bullet jk} = \sum_{i=1}^{a} S_{ijk} \quad \text{für } j = 1, \ldots, b; k = 1, \ldots, c; \qquad (7.7.5)$$

$$S_{i\bullet\bullet} = \sum_{j=1}^{b} S_{ij\bullet} \quad \text{für } i = 1, \ldots, a;$$

$$S_{\bullet j\bullet} = \sum_{i=1}^{a} S_{ij\bullet} \quad \text{für } j = 1, \ldots, b;$$

$$S_{\bullet\bullet k} = \sum_{i=1}^{a} S_{i\bullet k} \quad \text{für } k = 1, \ldots, c;$$

$$S = S_{\bullet\bullet\bullet} = \sum_{i=1}^{a} S_{i\bullet\bullet}$$

und die Quadratsummen

$$T_A = \sum_{i=1}^{a} S_{i\bullet\bullet}^2,$$

$$T_B = \sum_{j=1}^{b} S_{\bullet j\bullet}^2,$$

$$T_C = \sum_{k=1}^{c} S_{\bullet\bullet k}^2,$$

$$T_{AB} = \sum_{i=1}^{a} \sum_{j=1}^{b} S_{ij\bullet}^2,$$

$$T_{BC} = \sum_{j=1}^{b} \sum_{k=1}^{c} S_{\bullet jk}^2,$$

$$T_{AC} = \sum_{k=1}^{c} \sum_{i=1}^{a} S_{i\bullet k}^2,$$

$$T_{ABC} = \sum_{i=1}^{a} \sum_{j=1}^{b} \sum_{k=1}^{c} S_{ijk}^2,$$

$$T = \sum_{i=1}^{a} \sum_{j=1}^{b} \sum_{k=1}^{c} \sum_{v=1}^{n} y_{ijkv}^2,$$

(7.7.6)

gebildet. Dann ist

$$Q_A = \frac{T_A}{bcn} - \frac{S^2}{abcn},$$

$$Q_B = \frac{T_B}{acn} - \frac{S^2}{abcn},$$

$$Q_C = \frac{T_C}{abn} - \frac{S^2}{abcn},$$

$$Q_{AB} = \frac{T_{AB}}{cn} - Q_A - Q_B - \frac{S^2}{abcn},$$

$$Q_{BC} = \frac{T_{BC}}{an} - Q_B - Q_C - \frac{S^2}{abcn},$$

$$Q_{AC} = \frac{T_{AC}}{bn} - Q_C - Q_A - \frac{S^2}{abcn},$$

$$Q_{ABC} = \frac{T_{ABC}}{n} - (Q_A + Q_B + Q_C + Q_{AB} + Q_{BC} + Q_{AC}) - \frac{S^2}{abcn},$$

$$Q_{\text{Res}} = T - (Q_A + Q_B + Q_C + Q_{AB} + Q_{BC} + Q_{AC} + Q_{ABC}) - \frac{S^2}{abcn},$$

$$Q_{\text{total}} = T - \frac{S^2}{abcn}.$$

(7.7.7)

Zerlegungstafel

Die Zerlegungstafel (7.7.8) enthält in der letzten Spalte die Parameterkombination, die durch die Varianz der vorhergehenden Spalte geschätzt wird. Bei den systematischen

7.7 Balancierte dreifache Varianzanalyse mit *n*-facher Versuchsdurchführung

Ursache	S.d.q.A.	Zahl der Freiheitsgrade	Varianz = S.d.q.A./Zahl der Freiheitsgrade	Die Varianz schätzt[1]
Faktor A	$Q_A = bcn \sum_{i=1}^{a}(y_{i\cdot\cdot\cdot} - y_{\cdot\cdot\cdot\cdot})^2$	$a-1$	s_{VIII}^2	$\sigma_e^2 + nbc\sigma_A^2$ $+ (nb\sigma_{AC}^2 + [nc\sigma_{AB}^2 + n\sigma_{ABC}^2])$
Faktor B	$Q_B = can \sum_{j=1}^{b}(y_{\cdot j\cdot\cdot} - y_{\cdot\cdot\cdot\cdot})^2$	$b-1$	s_{VII}^2	$\sigma_e^2 + nca\sigma_B^2$ $+ (na\sigma_{BC}^2 + [\{nc\sigma_{AB}^2 + n\sigma_{ABC}^2\}])$
Faktor C	$Q_C = abn \sum_{k=1}^{c}(y_{\cdot\cdot k\cdot} - y_{\cdot\cdot\cdot\cdot})^2$	$c-1$	s_{VI}^2	$\sigma_e^2 + nab\sigma_C^2$ $+ ([na\sigma_{BC}^2 + \{nb\sigma_{AC}^2 + n\sigma_{ABC}^2\}])$
Wechsel-wirkung AB	$Q_{AB} = cn \sum_{i=1}^{a}\sum_{j=1}^{b}(y_{ij\cdot\cdot} - y_{i\cdot\cdot\cdot} - y_{\cdot j\cdot\cdot} + y_{\cdot\cdot\cdot\cdot})^2$	$(a-1)(b-1)$	s_{V}^2	$\sigma_e^2 + nc\sigma_{AB}^2 + (n\sigma_{ABC}^2)$
Wechsel-wirkung BC	$Q_{BC} = an \sum_{j=1}^{b}\sum_{k=1}^{c}(y_{\cdot jk\cdot} - y_{\cdot j\cdot\cdot} - y_{\cdot\cdot k\cdot} + y_{\cdot\cdot\cdot\cdot})^2$	$(b-1)(c-1)$	s_{IV}^2	$\sigma_e^2 + na\sigma_{BC}^2 + ([n\sigma_{ABC}^2])$
Wechsel-wirkung AC	$Q_{AC} = bn \sum_{k=1}^{c}\sum_{i=1}^{a}(y_{i\cdot k\cdot} - y_{i\cdot\cdot\cdot} - y_{\cdot\cdot k\cdot} + y_{\cdot\cdot\cdot\cdot})^2$	$(c-1)(a-1)$	s_{III}^2	$\sigma_e^2 + nb\sigma_{AC}^2 + ([n\sigma_{ABC}^2])$
Wechsel-wirkung ABC	$Q_{ABC} = n \sum_{i=1}^{a}\sum_{j=1}^{b}\sum_{k=1}^{c}(y_{ijk\cdot} - y_{ij\cdot\cdot} - y_{i\cdot k\cdot} - y_{\cdot jk\cdot}$ $+ y_{i\cdot\cdot\cdot} + y_{\cdot j\cdot\cdot} + y_{\cdot\cdot k\cdot} - y_{\cdot\cdot\cdot\cdot})^2$	$(a-1)(b-1)(c-1)$	s_{II}^2	$\sigma_e^2 + n\sigma_{ABC}^2$
Rest	$Q_{\text{Res}} = \sum_{i=1}^{a}\sum_{j=1}^{b}\sum_{k=1}^{c}\sum_{\nu=1}^{n}(y_{ijk\nu} - y_{ijk\cdot})^2$	$abc(n-1)$	s_{I}^2	σ_e^2
total	$Q_{\text{total}} = \sum_{i=1}^{a}\sum_{j=1}^{b}\sum_{k=1}^{c}\sum_{\nu=1}^{n}(y_{ijk\nu} - y_{\cdot\cdot\cdot\cdot})^2$	$abcn-1$	—	—

(7.7.8)

[1] Beim Modell mit Zufallskomponenten sind alle Summanden vorhanden. Beim gemischten Modell mit einer systematischen Komponente (A) und zwei Zufallskomponenten (B, C) fallen die in geschweiften Klammern stehenden Summanden weg. Beim gemischten Modell mit zwei systematischen Komponenten (A, B) und einer Zufallskomponente (C) fallen die in eckigen Klammern stehenden Ausdrücke weg. Beim Modell mit systematischen Komponenten fallen die in runden Klammern stehenden Ausdrücke weg.

Komponenten ist

$$\sigma_A^2 = \sum_{i=1}^{a} \alpha_i^2/(a-1), \qquad \sigma_B^2 = \sum_{j=1}^{b} \beta_j^2/(b-1), \qquad \sigma_C^2 = \sum_{k=1}^{c} \gamma_k^2/(c-1),$$

$$\sigma_{AB}^2 = \sum_{i=1}^{a} \sum_{j=1}^{b} (\alpha\beta)_{ij}^2/[(a-1)(b-1)], \qquad \sigma_{BC}^2 = \sum_{j=1}^{b} \sum_{k=1}^{c} (\beta\gamma)_{jk}^2/[(b-1)(c-1)],$$

$$\sigma_{AC}^2 = \sum_{i=1}^{a} \sum_{k=1}^{c} (\alpha\gamma)_{ik}^2/[(a-1)(c-1)],$$

$$\sigma_{ABC}^2 = \sum_{i=1}^{a} \sum_{j=1}^{b} \sum_{k=1}^{c} (\alpha\beta\gamma)_{ijk}^2/[(a-1)(b-1)(c-1)]$$

als abkürzende Schreibweise gewählt.

Schätzwerte für die Modellparameter

Das Modell mit systematischen Komponenten enthält $abc + 1$ unbekannte Parameter. Die Schätzwerte für die Modellparameter sind in (7.7.9) angegeben.

Das Modell mit Zufallskomponenten enthält 9 unbekannte Parameter. Die Schätzwerte für die Modellparameter sind in (7.7.10) angegeben.

Das gemischte Modell mit zwei systematischen Komponenten (A, B) und einer Zufallskomponente (C) enthält $ab + 5$ unbekannte Parameter, nämlich die μ, α_i, β_j, $(\alpha\beta)_{ij}$, deren Schätzwerte in (7.7.9) angegeben sind, und σ_C^2, σ_{BC}^2, σ_{AC}^2, σ_{ABC}^2, σ_ε^2, deren Schätzwerte in (7.7.10) angegeben sind.

Das gemischte Modell mit einer systematischen Komponente (A) und zwei Zufallskomponenten (B, C) enthält $a + 7$ unbekannte Parameter, nämlich die μ, α_i, deren Schätzwerte in (7.7.9) angegeben sind, und σ_B^2, σ_C^2, σ_{AB}^2, σ_{BC}^2, σ_{AC}^2, σ_{ABC}^2, σ_ε^2, deren Schätzwerte in (7.7.10) angegeben sind.

Anzahl	unbekannte Parameter	Schätzwerte
1	Gesamtmittelwert μ	$y_{....}$
$a - 1$	unabhängige systematische Abweichungen α_i	$y_{i...} - y_{....}$
$b - 1$	unabhängige systematische Abweichungen β_j	$y_{.j..} - y_{....}$
$c - 1$	unabhängige systematische Abweichungen γ_k	$y_{..k.} - y_{....}$
$(a-1)(b-1)$	unabhängige Wechselwirkungskomponenten $(\alpha\beta)_{ij}$	$y_{ij..} - y_{i...} - y_{.j..} + y_{....}$
$(b-1)(c-1)$	unabhängige Wechselwirkungskomponenten $(\beta\gamma)_{jk}$	$y_{.jk.} - y_{.j..} - y_{..k.} + y_{....}$
$(a-1)(c-1)$	unabhängige Wechselwirkungskomponenten $(\alpha\gamma)_{ki}$	$y_{i.k.} - y_{..k.} - y_{i...} + y_{....}$
$(a-1)(b-1)(c-1)$	unabhängige Wechselwirkungskomponenten $(\alpha\beta\gamma)_{ijk}$	$y_{ijk.} - y_{ij..} - y_{.jk.} - y_{i.k.}$ $+ y_{i...} + y_{.j..} + y_{..k.} - y_{....}$
1	Varianz σ_ε^2	$s_\varepsilon^2 = s_1^2$
$abc + 1$	unbekannte Parameter	

(7.7.9)

7.7 Balancierte dreifache Varianzanalyse mit n-facher Versuchsdurchführung

Anzahl	unbekannte Parameter	Schätzwerte[1]
1	Gesamtmittelwert μ	$y_{....}$
1	Varianz σ_A^2	$s_A^2 = \dfrac{1}{bcn}(s_{VIII}^2 - s_V^2 - s_{III}^2 + s_{II}^2)$
1	Varianz σ_B^2	$s_B^2 = \dfrac{1}{acn}(s_{VII}^2 - s_V^2 - s_{IV}^2 + s_{II}^2)$
1	Varianz σ_C^2	$s_C^2 = \dfrac{1}{abn}(s_{VI}^2 - s_{IV}^2 - s_{III}^2 + s_{II}^2)$
1	Varianz σ_{AB}^2	$s_{AB}^2 = \dfrac{1}{cn}(s_V^2 - s_{II}^2)$
1	Varianz σ_{BC}^2	$s_{BC}^2 = \dfrac{1}{an}(s_{IV}^2 - s_{II}^2)$
1	Varianz σ_{AC}^2	$s_{AC}^2 = \dfrac{1}{bn}(s_{III}^2 - s_{II}^2)$
1	Varianz σ_{ABC}^2	$s_{ABC}^2 = \dfrac{1}{n}(s_{II}^2 - s_I^2)$
1	Varianz σ_ε^2	$s_\varepsilon^2 = s_I^2$
9	unbekannte Parameter	

(7.7.10)

Testen von Hypothesen

Für jeden Test sind in (7.7.11) in der oberen Zeile der Prüfwert und in den folgenden Zeilen die Zahlen f_1 und f_2 von Freiheitsgraden des kritischen Wertes $F_{f_1, f_2; 1-\alpha}$ zum Signifikanzniveau α angegeben. Die Nullhypothese wird verworfen, falls der Prüfwert den kritischen Wert überschreitet.

Testen von Hypothesen bei der balancierten dreifachen Varianzanalyse; siehe S. 238

(7.7.11)

Sonderfall: Versuchsplan im lateinischen Quadrat

In einem lateinischen Quadrat der Größe a^2 sind die a Zahlen 1, 2, ..., a (oder a verschiedene Buchstaben) so auf die einzelnen Felder eines (a mal a)-Quadrates verteilt, daß in jeder Zeile und in jeder Spalte jede Zahl genau einmal vorkommt.

Ist die Anzahl der Stufen der drei Faktoren *A, B* und *C gleich* ($a = b = c$), dann gibt es a^3 verschiedene Faktorstufenkombinationen von *A, B* und *C*. In einem Versuchsplan im lateinischen Quadrat werden nur

$$N = a^2 \qquad (7.7.12)$$

dieser a^3 Faktorstufenkombinationen untersucht, und zwar so, daß den a Stufen i des Faktors *A* die Zeilen, den a Stufen j des Faktors *B* die Spalten und den a Stufen k des Faktors *C* die Zahlen 1, 2, ..., a des lateinischen Quadrates zugeordnet werden (wobei die Zuordnungen nach dem Zufall erfolgen sollen).

---

[1] Der Schätzwert für die Varianz ist Null zu setzen, falls sich aus der Formel ein negativer Wert ergibt.

Nullhypothese H_0	Modell I (Modell mit systematischen Komponenten)	gemischtes Modell mit zwei systemat. Komponenten (A, B) und einer Zufallskomponente (C)	gemischtes Modell mit einer systemat. Komponente (A) und zwei Zufallskomponenten (B, C)	Modell II (Modell mit Zufallskomponenten)
keine Wechselwirkung ABC: $(\alpha\beta\gamma)_{ijk} = 0$ für alle i, j, k bzw. $\sigma^2_{ABC} = 0$	s^2_{II}/s^2_I $f_1 = (a-1)(b-1)(c-1)$ $f_2 = abc(n-1)$			
keine Wechselwirkung AC: $(\alpha\gamma)_{ik} = 0$ für alle i, k bzw. $\sigma^2_{AC} = 0$	s^2_{III}/s^2_I $f_1 = (c-1)(a-1)$ $f_2 = abc(n-1)$		s^2_{III}/s^2_{II} $f_1 = (c-1)(a-1)$ $f_2 = (a-1)(b-1)(c-1)$	
keine Wechselwirkung BC: $(\beta\gamma)_{jk} = 0$ für alle j, k bzw. $\sigma^2_{BC} = 0$	s^2_{IV}/s^2_I $f_1 = (b-1)(c-1)$ $f_2 = abc(n-1)$		s^2_{IV}/s^2_{II} $f_1 = (b-1)(c-1)$ $f_2 = (a-1)(b-1)(c-1)$	
keine Wechselwirkung AB: $(\alpha\beta)_{ij} = 0$ für alle i, j bzw. $\sigma^2_{AB} = 0$	s^2_V/s^2_I $f_1 = (a-1)(b-1)$ $f_2 = abc(n-1)$	s^2_V/s^2_{II} $f_1 = (a-1)(b-1)$ $f_2 = (a-1)(b-1)(c-1)$		
kein Einfluß von Faktor C: $\gamma_k = 0$ für alle k bzw. $\sigma^2_C = 0$	s^2_{VI}/s^2_I $f_1 = c-1$ $f_2 = abc(n-1)$		s^2_{VI}/s^2_{IV} $f_1 = c-1$ $f_2 = (b-1)(c-1)$	Nur, falls $\sigma^2_{AC} = 0$ ist[1]) s^2_{VI}/s^2_{IV} $f_1 = c-1$ $f_2 = (b-1)(c-1)$ Nur, falls $\sigma^2_{BC} = 0$ ist[1]) s^2_{VI}/s^2_{III} $f_1 = c-1$ $f_2 = (a-1)(c-1)$
kein Einfluß von Faktor B: $\beta_j = 0$ für alle j bzw. $\sigma^2_B = 0$	s^2_{VII}/s^2_I $f_1 = b-1$ $f_2 = abc(n-1)$		s^2_{VII}/s^2_{IV} $f_1 = b-1$ $f_2 = (b-1)(c-1)$	Nur, falls $\sigma^2_{BC} = 0$ ist[1]) s^2_{VII}/s^2_V $f_1 = b-1$ $f_2 = (a-1)(b-1)$ Nur, falls $\sigma^2_{AB} = 0$ ist[1]) s^2_{VII}/s^2_{IV} $f_1 = b-1$ $f_2 = (b-1)(c-1)$
kein Einfluß von Faktor A: $\alpha_i = 0$ für alle i bzw. $\sigma^2_A = 0$	s^2_{VIII}/s^2_I $f_1 = a-1$ $f_2 = abc(n-1)$	s^2_{VIII}/s^2_{III} $f_1 = a-1$ $f_2 = (c-1)(a-1)$		Nur, falls $\sigma^2_{AC} = 0$ ist[1]) s^2_{VIII}/s^2_V $f_1 = a-1$ $f_2 = (a-1)(b-1)$ Nur, falls $\sigma^2_{AB} = 0$ ist[1]) s^2_{VIII}/s^2_{III} $f_1 = a-1$ $f_2 = (a-1)(c-1)$

(7.7.11)

[1]) Wegen dieser Voraussetzung sollte der Test nur dann durchgeführt werden, wenn diese Nullhypothese verworfen wurde.

7.7 Balancierte dreifache Varianzanalyse mit n-facher Versuchsdurchführung

Wegen der Reduzierung des Versuchsumfangs auf $N = a^2$ lassen sich nur noch die Wirkungen von A, B und C, jedoch nicht mehr die Wechselwirkungen AB, BC, AC und ABC erfassen. Deshalb sollte ein Versuchsplan im lateinischen Quadrat nur dann eingesetzt werden, wenn vorausgesetzt werden kann, daß keine Wechselwirkungen der drei Faktoren A, B und C auftreten, d.h. wenn das gegenüber (7.7.2) modifizierte Modell

$$Y_{(ijk)} = \mu + \alpha_i + b_j + \gamma_k + \varepsilon_{(ijk)} \qquad (7.7.13)$$

gültig ist; die Indexkombination (ijk) steht in Klammern, um anzudeuten, daß wegen der Zuordnung über das lateinische Quadrat bereits zwei der drei Indizes genügen, um die Faktorstufenkombination zu kennzeichnen.

Der Versuchsplan im lateinischen Quadrat führt auf eine unvollständige balancierte dreifache Varianzanalyse.

Mit den Einzelwerten y_{ij}; $i = 1, \ldots, a$; $j = 1, \ldots, a$ ergeben sich

a Zeilensummen $\quad S_{i\cdot\cdot} = \sum_{j=1}^{a} y_{ij}; \quad i = 1, \ldots, a \qquad (7.7.14)$

a Spaltensummen $\quad S_{\cdot j\cdot} = \sum_{i=1}^{a} y_{ij}; \quad j = 1, \ldots, a \qquad (7.7.15)$

a Summen $\quad S_{\cdot\cdot k} = \sum_{(i,j)} y_{ij}; \quad k = 1, \ldots, a, \qquad (7.7.16)$

wobei die Summierung bei $S_{\cdot\cdot k}$ über alle Paare (i, j) mit demselben zugeordneten k zu erstrecken ist. Die Gesamtsumme ist

$$S = S_{\cdots} = \sum_{i=1}^{a} \sum_{j=1}^{a} y_{ij}. \qquad (7.7.17)$$

Mit den Quadratsummen T_A, T_B und T_C nach (7.7.6) und der Quadratsumme aller Einzelwerte,

$$T = \sum_{i=1}^{a} \sum_{j=1}^{a} y_{ij}^2 \qquad (7.7.18)$$

ergeben sich die S.d.q.A.

$Q_A = T_A/a - S^2/a^2 \qquad (7.7.19)$
$Q_B = T_B/a - S^2/a^2 \qquad (7.7.20)$
$Q_C = T_C/a - S^2/a^2 \qquad (7.7.21)$
$Q_{\text{total}} = T - S^2/a^2 \qquad (7.7.22)$
$Q_{\text{Res}} = Q_{\text{total}} - (Q_A + Q_B + Q_C) \qquad (7.7.23)$

und die Zerlegungstafel (7.7.24).

Zerlegungstafel

Ursache	S.d.q.A.	Zahl der Freiheitsgrade	Varianz = S.d.q.A./ Zahl der Freiheitsgrade	Die Varianz schätzt
Faktor A	Q_A	$a - 1 = f_{VIII}$	s^2_{VIII}	$\sigma^2_\varepsilon + a\sigma^2_A$
Faktor B	Q_B	$a - 1 = f_{VII}$	s^2_{VII}	$\sigma^2_\varepsilon + a\sigma^2_B$
Faktor C	Q_C	$a - 1 = f_{VI}$	s^2_{VI}	$\sigma^2_\varepsilon + a\sigma^2_C$
Rest	Q_{Res}	$(a - 1)(a - 2) = f_{II}$	s^2_{II}	σ^2_ε
total	Q_{total}	$a^2 - 1 = f_0$	—	—

(7.7.24)

Schätzwerte für die Modellparameter

Beim Modell mit systematischen Komponenten werden geschätzt

μ durch $y_{...} = S/a^2$ (7.7.25)

α_i durch $y_{i..} - y_{...} = S_{i..}/a - S/a^2$; $i = 1, ..., a$ (7.7.26)

β_j durch $y_{.j.} - y_{...} = S_{.j.}/a - S/a^2$; $j = 1, ..., a$ (7.7.27)

γ_k durch $y_{..k} - y_{...} = S_{..k}/a - S/a^2$; $k = 1, ..., a$ (7.7.28)

σ^2_ε durch $s^2_\varepsilon = s^2_{II}$. (7.7.29)

Beim Modell mit Zufallskomponenten werden geschätzt

μ durch $y_{...} = S/a^2$ (7.7.30)

σ^2_A durch $s^2_A = (s^2_{VIII} - s^2_{II})/a$ (7.7.31)

σ^2_B durch $s^2_B = (s^2_{VII} - s^2_{II})/a$ (7.7.32)

σ^2_C durch $s^2_C = (s^2_{VI} - s^2_{II})/a$ (7.7.33)

σ^2_ε durch $s^2_\varepsilon = s^2_{II}$. (7.7.34)

Die Varianzen s^2_A, s^2_B, s^2_C, für die sich aus der Formel ein negativer Wert ergibt, sind Null zu setzen.

Testen von Hypothesen über die Modellparameter

Test der Hypothese	A hat keine Wirkung	B hat keine Wirkung	C hat keine Wirkung
Nullhypothese H_0	$\alpha_i \equiv 0$ für alle i bzw. $\sigma^2_A = 0$	$\beta_j \equiv 0$ für alle j bzw. $\sigma^2_B = 0$	$\gamma_k \equiv 0$ für alle k bzw. $\sigma^2_C = 0$
Prüfwert	s^2_{VIII}/s^2_{II}	s^2_{VII}/s^2_{II}	s^2_{VI}/s^2_{II}
kritischer Wert zum Signifikanzniveau α	$F_{f_1, f_2; 1-\alpha}$ mit $f_1 = a - 1$, $f_2 = (a - 1)(a - 2)$		
Die Nullhypothese H_0 wird verworfen, falls der Prüfwert den kritischen Wert überschreitet; andernfalls wird sie nicht verworfen.			

(7.7.35)

7.8 Balanciertes Schachtelmodell (balanciertes hierarchisches Modell) mit zwei (oder mehr) Stufen

Problemstellung

Die Einflüsse zweier (oder mehrerer) Faktoren A, B, C, ... auf die Zielgröße Y sind zu untersuchen, wobei B in A, C in B, ... geschachtelt ist; vgl. Abschn. 7.1.

Das Schachtelmodell ist insbesondere bei der Probenahme in Stufen aus einer Gesamtheit anwendbar, die aus N_1 Einheiten erster Stufe besteht, von denen jede aus N_2 Einheiten zweiter Stufe besteht, von denen wiederum jede aus N_3 Einheiten dritter Stufe besteht, ...; unter den N_1 Einheiten erster Stufe werden $a = n_1$ (nach dem Zufall) ausgewählt, aus jeder der n_1 Einheiten erster Stufe werden $b = n_2$ (nach dem Zufall) ausgewählt, aus jeder der $n_1 n_2$ Einheiten zweiter Stufe werden $c = n_3$ Einheiten dritter Stufe ausgewählt usw. Beim zweistufigen Schachtelmodell wird an jeder der $n_1 n_2$ ausgewählten Einheiten zweiter Stufe die Zielgröße Y einmal oder mehrmals gemessen, beim dreistufigen Schachtelmodell wird an jeder der $n_1 n_2 n_3$ ausgewählten Einheiten dritter Stufe die Zielgröße Y einmal oder mehrmals gemessen, usw.; vgl. Abb. 7.3.

Beispiel

Bei dem Beispiel der Beprobung eines Eisenbahnzuges in Abschn. 7.1 sind die Einheiten erster Stufe die Waggons und die Einheiten zweiter Stufe die Einzelproben; aus jeder Einzelprobe wird eine Analysenprobe angefertigt, an der die Zielgröße Aschegehalt Y einmal gemessen wird. Die Einheiten erster Stufe entsprechen den Stufen des Faktors A, die Einheiten zweiter Stufe denen des Faktors B.

Vorliegende Stichprobenergebnisse

Beim balancierten Schachtelmodell (balancierten hierarchischem Modell) der Varianzanalyse liegen je Stufe von A dieselbe Anzahl Stufen von B, je Stufenkombina-

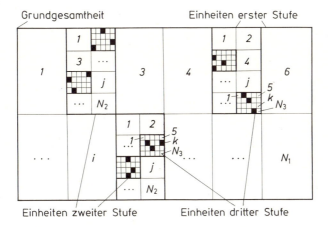

Abb. 7.3. Zur Veranschaulichung eines Schachtelmodells mit drei Stufen

tion von AB dieselbe Anzahl Stufen von C usw. und je höchster Stufenkombination dieselbe Anzahl von Einzelwerten der Zielgröße Y vor. Insgesamt liegen

$$N = n_1 n_2 n_3 \ldots \qquad (7.8.1)$$

Einzelwerte $y_{ijk\ldots}$ ($i = 1, \ldots, n_1; j = 1, \ldots, n_2; k = 1, \ldots, n_3; \ldots$) vor.

Beim balancierten zweistufigen Schachtelmodell ergibt sich das folgende Schema der Einzelwerte:

Stufe des Faktors A; Zeile		Stufe des Faktors B; Spalte				
		1	...	j	...	n_2
	1	y_{111} $\vdots$ y_{11k} $\vdots$ y_{11n_3}		y_{1j1} $\vdots$ y_{1jk} $\vdots$ y_{1jn_3}		y_{1n_21} $\vdots$ y_{1n_2k} $\vdots$ $y_{1n_2n_3}$
	$\vdots$					
	i	y_{i11} $\vdots$ y_{i1k} $\vdots$ y_{i1n_3}		y_{ij1} $\vdots$ y_{ijk} $\vdots$ y_{ijn_3}		y_{in_21} $\vdots$ y_{in_2k} $\vdots$ $y_{in_2n_3}$
	$\vdots$					
	n_1	y_{n_111} $\vdots$ y_{n_11k} $\vdots$ $y_{n_11n_3}$		y_{n_1j1} $\vdots$ y_{n_1jk} $\vdots$ $y_{n_1jn_3}$		$y_{n_1n_21}$ $\vdots$ $y_{n_1n_2k}$ $\vdots$ $y_{n_1n_2n_3}$

(7.8.2)

Das Schema der Einzelwerte hat

n_1 Zeilen, gekennzeichnet durch i ($i = 1, \ldots, n_1$),
n_2 Spalten, gekennzeichnet durch j ($j = 1, \ldots, n_2$),
n_3 Einzelwerte je Zelle (i, j), gekennzeichnet durch k ($k = 1, \ldots, n_3$).

Beim dreistufigen Schachtelmodell liegen nicht n_3 Einzelwerte je Zelle (i, j), sondern n_3 Zellen (i, j, k) innerhalb jeder Zelle (i, j) und n_4 Einzelwerte je Zelle (i, j, k), gekennzeichnet durch l ($l = 1, \ldots, n_4$), vor, usw.

Im folgenden wird nur das zweistufige Schachtelmodell mit n_3-facher Versuchsdurchführung weiterbehandelt. Eine Erweiterung auf mehr als zwei Stufen ist einfach.

Modell

Es wird vorausgesetzt, daß sich jeder Einzelwert Y_{ijk} *additiv* aus einigen Anteilen aufbaut:

$$Y_{ijk} = \mu + \alpha_i + \beta_{(i)j} + \gamma_{(ij)k}; \qquad (7.8.3)$$

μ Gesamtmittelwert,

α_i additiver Einfluß der Stufe i des Faktors A.

Die α_i sind unabhängige normalverteilte Zufallsvariablen mit dem Erwartungswert $E(\alpha_i) = 0$ und der Varianz $V(\alpha_i) = \sigma_1^2$,

$\beta_{(i)j}$ additiver Einfluß der Stufe j des Faktors B innerhalb der Stufe i des Faktors A.

Die $\beta_{(i)j}$ sind für jedes i unabhängige normalverteilte Zufallsvariablen mit dem Erwartungswert $E(\beta_{(i)j}) = 0$ und der — für jedes i gleichen — Varianz $V(\beta_{(i)j}) = \sigma_2^2$,

$\gamma_{(ij)k}$ additiver Zufallsanteil innerhalb der Stufe j des Faktors B innerhalb der Stufe i des Faktors A (Restabweichung).

Die $\gamma_{(ij)k}$ sind für jedes (i, j) unabhängige normalverteilte Zufallsvariablen mit dem Erwartungswert $E(\gamma_{(ij)k}) = 0$ und der — für jedes (i, j) gleichen — Varianz $V(\gamma_{(ij)k}) = \sigma_3^2$.

Vgl. auch Abb. 7.4.

Unter diesen Voraussetzungen sind alle Faktoren zufällig (Modell mit Zufallskomponenten).

Auf jeder Stufenkombination ij der Faktoren A und B ist die Zielgröße Y normalverteilt mit dem Erwartungswert $\mu_{ij} = \mu + \alpha_i + \beta_{(i)j}$ und der Varianz σ_3^2; auf jeder Stufe i des Faktors A ist die Zielgröße Y normalverteilt mit dem Erwartungswert $\mu_i = \mu + \alpha_i$

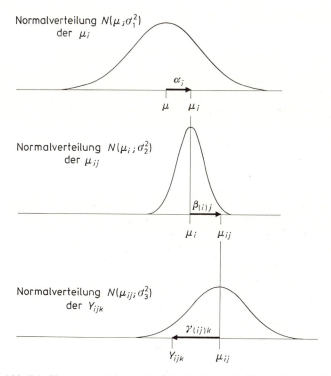

Abb. 7.4. Veranschaulichung des Schachtelmodells (hierarchisches Modell) der Varianzanalyse

und der Varianz $\sigma_2^2 + \sigma_3^2$; insgesamt (unter Einbeziehung der Zufallsauswahl aus den Stufen i von A und j von B nach Auswahl von i) ist die Zielgröße Y normalverteilt mit dem Erwartungswert μ und der Varianz $\sigma_1^2 + \sigma_2^2 + \sigma_3^2$.

Das Schachtelmodell mit systematischen Komponenten und das gemischte Schachtelmodell haben geringere praktische Bedeutung, mit folgender Ausnahme: manchmal ist der Faktor A systematisch, alle weiteren zufällig. Dieser Fall wird auf Seite 249 behandelt.

Das Modell enthält vier unbekannte Parameter, nämlich den Gesamtmittelwert μ und die Varianzen (Varianzkomponenten) σ_1^2, σ_2^2 und σ_3^2.

Auswertung der Stichprobenergebnisse

Mittelwert der n_3 Einzelwerte auf Stufenkombination ij von A und B:

$$y_{ij\bullet} = \frac{1}{n_3} \sum_{k=1}^{n_3} y_{ijk}; \quad i = 1, \ldots, n_1; j = 1, \ldots, n_2. \tag{7.8.4}$$

Mittelwert der $n_2 n_3$ Einzelwerte auf Stufe i von A:

$$y_{i\bullet\bullet} = \frac{1}{n_2 n_3} \sum_{j=1}^{n_2} \sum_{k=1}^{n_3} y_{ijk} = \frac{1}{n_2} \sum_{j=1}^{n_2} y_{ij\bullet}; \quad i = 1, \ldots, n_1. \tag{7.8.5}$$

Mittelwert aller $n_1 n_2 n_3$ Einzelwerte:

$$y_{\bullet\bullet\bullet} = \frac{1}{n_1 n_2 n_3} \sum_{i=1}^{n_1} \sum_{j=1}^{n_2} \sum_{k=1}^{n_3} y_{ijk} = \frac{1}{n_1} \sum_{i=1}^{n_1} y_{i\bullet\bullet}. \tag{7.8.6}$$

Ausgangspunkt der Varianzanalyse ist die Zerlegung der S.d.q.A.

$$\underbrace{\sum_{i=1}^{n_1} \sum_{j=1}^{n_2} \sum_{k=1}^{n_3} (y_{ijk} - y_{\bullet\bullet\bullet})^2}_{\text{S.d.q.A. insgesamt: } Q_{\text{total}}} = \underbrace{n_3 n_2 \sum_{i=1}^{n_1} (y_{i\bullet\bullet} - y_{\bullet\bullet\bullet})^2}_{\substack{\text{S.d.q.A. zwischen den}\\ \text{Stufen von } A: Q_1}}$$

$$+ \underbrace{n_3 \sum_{i=1}^{n_1} \sum_{j=1}^{n_2} (y_{ij\bullet} - y_{i\bullet\bullet})^2}_{\substack{\text{S.d.q.A. zwischen den}\\ \text{Stufen von } B \text{ innerhalb}\\ \text{der Stufen von } A: Q_2}} + \underbrace{\sum_{i=1}^{n_1} \sum_{j=1}^{n_2} \sum_{k=1}^{n_3} (y_{ijk} - y_{ij\bullet})^2}_{\substack{\text{S.d.q.A. innerhalb der}\\ \text{Stufenkombinationen } ij: Q_3}}$$

(7.8.7)

mit den zugehörigen Zahlen von Freiheitsgraden

$$\begin{aligned} f_0 &= f_{\text{III}} + f_{\text{II}} + f_{\text{I}} \\ n_1 n_2 n_3 - 1 &= n_1 - 1 + n_1(n_2 - 1) + n_1 n_2 (n_3 - 1). \end{aligned} \tag{7.8.8}$$

Zur Berechnung der S.d.q.A. benutzt man nicht die angegebenen Definitionsgleichungen, sondern geht gemäß dem Rechenschema (7.8.9) vor, welches die Hilfssummen A, B, C, D liefert.

7.8 Balanciertes Schachtelmodell mit zwei oder mehr Stufen

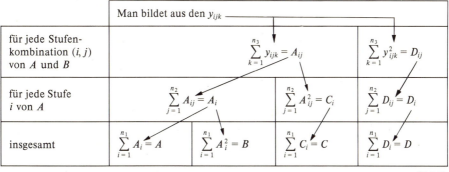

(7.8.9)

Die in diesem Schema definierten Hilfssummen A, B, C, D sind nicht zu verwechseln mit den Faktorbezeichnungen $A, B, C, D, \ldots$

Dann ist

$$y_{ij\bullet} = \frac{A_{ij}}{n_3}; \quad i = 1, \ldots, n_1; j = 1, \ldots, n_2, \tag{7.8.10}$$

$$y_{i\bullet\bullet} = \frac{A_i}{n_2 n_3}; \quad i = 1, \ldots, n_1, \tag{7.8.11}$$

$$y_{\bullet\bullet\bullet} = \frac{A}{n_1 n_2 n_3}, \tag{7.8.12}$$

$$Q_3 = D - \frac{C}{n_3}, \tag{7.8.13}$$

$$Q_2 = \frac{C}{n_3} - \frac{B}{n_2 n_3}, \tag{7.8.14}$$

$$Q_1 = \frac{B}{n_2 n_3} - \frac{A^2}{n_1 n_2 n_3}, \tag{7.8.15}$$

$$Q = D - \frac{A^2}{n_1 n_2 n_3}. \tag{7.8.16}$$

Zerlegungstafel

Die Ergebnisse werden in der Zerlegungstafel dargestellt. Diese enthält außerdem die Schätzwerte für die Modellparameter sowie Prüfwerte und kritische Werte für die Tests der Nullhypothesen, daß der Faktor A keine Wirkung ($\sigma_1^2 = 0$) oder der Faktor B innerhalb A keine Wirkung ($\sigma_2^2 = 0$) auf die Zielgröße von Y hat.

Zerlegungstafel für das balancierte zweistufige Schachtelmodell; siehe S. 246

(7.8.17)

Vertrauensbereiche für die Modellparameter

Den Vertrauensbereich für μ berechnet man aus

$$y_{\bullet\bullet\bullet} - t_{f; 1-\alpha/2} \frac{s_{\text{III}}}{\sqrt{n_1 n_2 n_3}} \leq \mu \leq y_{\bullet\bullet\bullet} + t_{f; 1-\alpha/2} \frac{s_{\text{III}}}{\sqrt{n_1 n_2 n_3}} \tag{7.8.18}$$

*Zerlegungstafel für das balancierte zweistufige Schachtelmodell (hierarchische Modell) der Varianzanalyse mit **Zufallskomponenten***

Ursache	S.d.q.A.	Zahl der Freiheitsgrade	Varianz = S.d.q.A./ Zahl der Freiheitsgrade	Die Varianz schätzt	Nullhypothese H_0 [1]	Prüfwert	Kritischer Wert zum Signifikanzniveau α	Schätzwert [2]
								$y_{\cdots} \sim \mu$
Faktor A	Q_1	$n_1 - 1 = f_{\mathrm{III}}$	s_{III}^2	$\sigma_3^2 + n_3 \sigma_2^2 + n_3 n_2 \sigma_1^2$	$\sigma_1^2 = 0$	$s_{\mathrm{III}}^2 / s_{\mathrm{II}}^2$	$F_{f_{\mathrm{III}}, f_{\mathrm{II}}; 1-\alpha}$	$s_1^2 = \dfrac{1}{n_2 n_3}(s_{\mathrm{III}}^2 - s_{\mathrm{II}}^2) \sim \sigma_1^2$
Faktor B innerhalb von A	Q_2	$n_1(n_2 - 1) = f_{\mathrm{II}}$	s_{II}^2	$\sigma_3^2 + n_3 \sigma_2^2$	$\sigma_2^2 = 0$	$s_{\mathrm{II}}^2 / s_{\mathrm{I}}^2$	$F_{f_{\mathrm{II}}, f_{\mathrm{I}}; 1-\alpha}$	$s_2^2 = \dfrac{1}{n_3}(s_{\mathrm{II}}^2 - s_{\mathrm{I}}^2) \sim \sigma_2^2$
Rest	Q_3	$n_1 n_2 (n_3 - 1) = f_{\mathrm{I}}$	s_{I}^2	σ_3^2	–	–	–	$s_3^2 = s_{\mathrm{I}}^2 \sim \sigma_3^2$
total	Q_{total}	$n_1 n_2 n_3 - 1 = f_0$	–	–	–	–	–	–

(7.8.17)

[1] Die Nullhypothese H_0 wird verworfen, falls der Prüfwert den kritischen Wert überschreitet; andernfalls wird sie nicht verworfen. Zahlenwerte für $F_{f_1, f_2; 1-\alpha}$ s. Tab. C 6 bis C 9.
[2] Das Symbol $\sim$ hat hier die Bedeutung: 'ist ein Schätzwert für'

7.8 Balanciertes Schachtelmodell mit zwei oder mehr Stufen

oder umgeformt

$$y_{...} - t_{f;1-\alpha/2} \sqrt{\frac{s_1^2}{n_1} + \frac{s_2^2}{n_1 n_2} + \frac{s_3^2}{n_1 n_2 n_3}} \leq \mu \leq y_{...} + t_{f;1-\alpha/2} \sqrt{\frac{s_1^2}{n_1} + \frac{s_2^2}{n_1 n_2} + \frac{s_3^2}{n_1 n_2 n_3}} \tag{7.8.19}$$

mit $f = f_{\text{III}} = n_1 - 1$.

Zahlenwerte für $t_{f;1-\alpha/2}$ s. Tab. C 4.

Handelt es sich bei den n_1 Stufen von Faktor A um n_1 Einheiten erster Stufe, die aus einer Gesamtheit von N_1 Einheiten erster Stufe nach dem Zufall ausgewählt wurden, dann tritt in (7.8.19) zu s_1^2/n_1 der Endlichkeitsfaktor $(1 - n_1/N_1)$ hinzu.

Den Vertrauensbereich für σ_3^2 berechnet man aus (5.5.19) mit $s^2 = s_{\text{I}}^2$ und $f = f_{\text{I}} = n_1 n_2 (n_3 - 1)$.

Den Vertrauensbereich für $(\sigma_2/\sigma_3)^2$ berechnet man aus

$$\frac{1}{n_3} \left[\frac{(s_{\text{II}}/s_{\text{I}})^2}{F_{f_1, f_2; 1-\alpha/2}} - 1 \right] \leq \left(\frac{\sigma_2}{\sigma_3} \right)^2 \leq \frac{1}{n_3} \left[\frac{(s_{\text{II}}/s_{\text{I}})^2}{F_{f_1, f_2; \alpha/2}} - 1 \right] \tag{7.8.20}$$

mit $f_1 = f_{\text{II}} = n_1(n_2 - 1)$ und $f_2 = f_{\text{I}} = n_1 n_2(n_3 - 1)$.

Den Vertrauensbereich für $(\sigma_1/\sigma_2)^2$ berechnet man aus

$$\frac{1}{n_2 n_3} \left[\frac{s_{\text{III}}^2/s_{\text{II}}^2}{F_{f_1, f_2; 1-\alpha/2}} - 1 \right] \leq \left(\frac{\sigma_1}{\sigma_2} \right)^2 \leq \left[\frac{s_{\text{III}}^2/s_{\text{II}}^2}{F_{f_1, f_2; \alpha/2}} - 1 \right] \tag{7.8.21}$$

mit $f_1 = f_{\text{III}} = n_1 - 1$ und $f_2 = f_{\text{II}} = n_1(n_2 - 1)$.

Für $f_2 = f_{\text{I}} = n_1 n_2(n_3 - 1) \gtrsim 10$ berechnet man den Vertrauensbereich für σ_2^2 näherungsweise aus

$$\frac{1}{n_3} \left[\frac{s_{\text{II}}^2}{F_{f_1, f_2; 1-\alpha/2}} - s_{\text{I}}^2 \right] \leq \sigma_2^2 \leq \frac{1}{n_3} \left[\frac{s_{\text{II}}^2}{F_{f_1, f_2; \alpha/2}} - s_{\text{I}}^2 \right] \tag{7.8.22}$$

mit $f_1 = f_{\text{II}} = n_1(n_2 - 1)$ und $f_2 = f_{\text{I}} = n_1 n_2(n_3 - 1)$.

Für $f_2 = f_{\text{II}} = n_1(n_2 - 1) \gtrsim 10$ berechnet man den Vertrauensbereich für σ_1^2 näherungsweise aus

$$\frac{1}{n_2 n_3} \left[\frac{s_{\text{III}}^2}{F_{f_1, f_2; 1-\alpha/2}} - s_{\text{II}}^2 \right] \leq \sigma_1^2 \leq \frac{1}{n_2 n_3} \left[\frac{s_{\text{III}}^2}{F_{f_1, f_2; \alpha/2}} - s_{\text{II}}^2 \right] \tag{7.8.23}$$

mit $f_1 = f_{\text{III}} = n_1 - 1$ und $f_2 = f_{\text{II}} = n_1(n_2 - 1)$.

Zahlenwerte für $F_{f_1, f_2; p}$ s. Tab. C 6 bis C 9.

In (7.8.20) bis (7.8.23) ist die untere Vertrauensgrenze Null zu setzen, falls sich aus der Formel ein negativer Wert ergibt.

Ist die Berechnung der Vertrauensbereiche für σ_2^2 und σ_1^2 nach (7.8.22) und (7.8.23) nicht durchführbar, dann erhält man grobe Abschätzungen der Bereiche unter Benutzung der Schätzwerte s_2^2 und s_1^2 und ihrer Varianzen

$$\hat{V}(s_2^2) \approx \frac{2}{n_3^2} \left[\frac{s_{\text{II}}^4}{f_{\text{II}}} + \frac{s_{\text{I}}^4}{f_{\text{I}}} \right] \tag{7.8.24}$$

und

$$\hat{V}(s_1^2) \approx \frac{2}{n_2^2 n_3^2} \left[\frac{s_{\text{III}}^4}{f_{\text{III}}} + \frac{s_{\text{II}}^4}{f_{\text{II}}} \right]. \tag{7.8.25}$$

Kosten- bzw. varianzminimale Festlegung der Probenumfänge n_1, n_2, n_3

Bei Probenahme in Stufen aus einer Gesamtheit mit N_1 Einheiten erster Stufe, bestehend aus je N_2 Einheiten zweiter Stufe, ..., kann die Anzahl n_ϱ der in Stufe ϱ ($\varrho = 1, 2, ...$) zu entnehmenden Einheiten kosten- bzw. varianzminimal festgelegt werden. Die angegebenen Formeln gelten unter der Voraussetzung, daß die Anzahl n_ϱ der in Stufe ϱ zu entnehmenden Einheiten klein gegen die Anzahl N_ϱ der dort vorhandenen Einheiten ist:

$$n_\varrho \ll N_\varrho; \quad \varrho = 1, 2, \dots. \tag{7.8.26}$$

Die Varianz des Mittelwertes $Y_{...}$ nach (7.8.6) ist

$$V(Y_{...}) = \sigma^2_{Y_{...}} = \frac{\sigma_1^2}{n_1} + \frac{\sigma_2^2}{n_1 n_2} + \frac{\sigma_3^2}{n_1 n_2 n_3} + \dots. \tag{7.8.27}$$

Die Kosten für die Entnahme *einer* Einheit der Stufe ϱ seien c_ϱ, wobei das c mit dem höchsten Index die Kosten *einer* Messung der Zielgröße Y einschließt; dann sind die *Gesamtkosten* der Untersuchung (ohne Fixkosten)

$$K = c_1 n_1 + c_2 n_1 n_2 + c_3 n_1 n_2 n_3 + \dots. \tag{7.8.28}$$

Bei vorgeschriebener Varianz $\sigma^2_{Y_{...}}$ (d. h. Genauigkeit) des Mittelwertes $Y_{...}$,

$$\sigma^2_{Y_{...}} = V_0,$$

werden die Kosten K der Untersuchung minimal,

$$K = K_{\min},$$

Bei vorgegebenen Gesamtkosten K der Untersuchung,

$$K = K_0, \tag{7.8.29}$$

wird die Varianz $\sigma^2_{Y_{...}}$ des Mittelwertes $Y_{...}$ minimal,

$$\sigma^2_{Y_{...}} = (\sigma^2_{Y_{...}})_{\min},$$

wenn man die Anzahl der zu entnehmenden Einheiten aus

$$n_1 = \frac{\sigma_1}{\sqrt{c_1}} \frac{S}{V_0} \qquad \qquad n_1 = \frac{\sigma_1}{\sqrt{c_1}} \frac{K_0}{S}$$

mit

$$S = \sqrt{c_1}\, \sigma_1 + \sqrt{c_2}\, \sigma_2 + \sqrt{c_3}\, \sigma_3 + \dots$$

$$n_2 = \sqrt{\frac{c_1}{c_2}} \frac{\sigma_2}{\sigma_1}$$

$$n_3 = \sqrt{\frac{c_2}{c_3}} \frac{\sigma_3}{\sigma_2} \tag{7.8.30}$$

$$\vdots$$

berechnet.

Die für V_0 erforderlichen Minimalkosten sind

$$K_{\min} = \frac{S^2}{V_0}.$$

Die mit K_0 erreichbare Minimalvarianz für $Y_{...}$ ist

$$(\sigma^2_{Y_{...}})_{\min} = \frac{S^2}{K_0}. \tag{7.8.31}$$

Die Lösung für die n_ϱ bleibt ungeändert, wenn man σ_ϱ durch $\alpha\sigma_\varrho$ (mit α = const) und c_ϱ durch $\beta^2 c_\varrho$ (mit β^2 = const) ersetzt.

Das gemischte Modell mit systematischem Faktor A und zufälligen Faktoren B, C, ...

Manche Fragestellungen machen es erforderlich, den Faktor A als systematischen Faktor anzusehen, z.B. bei einer Probenahme in Stufen aus einer Gesamtheit, die in der ersten Stufe aus N_1 Einheiten besteht, die alle in die Probenahme einbezogen werden ($n_1 = N_1$), weil der Erwartungswert μ_i von Y für jede dieser Einheiten i ($i = 1, ..., n_1$) interessiert, während die Varianz σ_1^2 ihren Sinn verliert.

Die rechnerische Auswertung und die Tests werden durch diesen Modellwechsel formal nicht verändert. Die Nullhypothese H_0: $\sigma_2^2 = 0$ beim Test auf Einfluß des Faktors B bleibt unverändert, während für den Faktor A die Nullhypothese jetzt $H_0: \sum_{i=1}^{n_1} (\mu_i - \mu)^2 = 0$ lautet. Bei den Schätzwerten und Vertrauensbereichen ändert sich folgendes: An die Stelle des Schätzwertes s_1^2 für σ_1^2 treten die Schätzwerte

$$y_{i..} = \frac{A_i}{n_2 n_3} \qquad (7.8.32)$$

für die μ_i ($i = 1, ..., n_1$). Der Vertrauensbereich für den Erwartungswert μ_i ist

$$y_{i..} - t_{f_2; 1-\alpha/2} \sqrt{\frac{s_2^2}{n_2} + \frac{s_3^2}{n_2 n_3}} \leq \mu_i \leq y_{i..} + t_{f_2; 1-\alpha/2} \sqrt{\frac{s_2^2}{n_2} + \frac{s_3^2}{n_2 n_3}}. \qquad (7.8.33)$$

Außerdem können die Differenzen $\mu_i - \mu$ zwischen den Erwartungswerten auf den Stufen von A und dem Gesamtmittelwert von Interesse sein. Sie werden geschätzt durch die entsprechenden Differenzen $y_{i..} - y_{...}$; die Vertrauensbereiche gewinnt man mit

$$q = t_{f_2; 1-\alpha/2} \sqrt{\frac{n_1 - 1}{n_1} \left(\frac{s_2^2}{n_2} + \frac{s_3^2}{n_2 n_3} \right)} \qquad (7.8.34)$$

zu

$$(y_{i..} - y_{...}) - q \leq (\mu_i - \mu) \leq (y_{i..} - y_{...}) + q. \qquad (7.8.35)$$

Zahlenwerte für $t_{f; 1-\alpha/2}$ s. Tab. C 4.

7.9 Simultaner Vergleich der Erwartungswerte für die Stufen systematischer Faktoren bei balancierten Varianzanalysen; Newman-Keuls-Test[1]

7.9.1 Modell mit systematischen Komponenten der balancierten einfachen Varianzanalyse

Wird beim Modell mit systematischen Komponenten der balancierten einfachen Varianzanalyse (vgl. Abschn. 7.2) die Nullhypothese H_0, daß der Faktor A keinen Einfluß auf die Zielgröße Y hat (H_0: $\alpha_i \equiv 0$ für alle i), verworfen, dann ergibt sich die weitere Frage, welche der a Erwartungswerte $\mu_i = \mu + \alpha_i$ nach (7.2.5) unterschiedlich sind oder übereinstimmen. Während der F-Test in Abschn. 7.2 nur die Nullhypothese H_0: $\mu_i = \mu_j$ für *alle* (i, j) gegen die Alternativhypothese H_1: $\mu_i \neq \mu_j$ für *mindestens ein* Wertepaar (i, j) prüft, benennt der Newman-Keuls-Test außerdem, *welche* μ_i ($i = 1, ..., a$) miteinander übereinstimmen oder voneinander abweichen.

1. Man schreibt die a Mittelwerte $y_{i\bullet}$ (vgl. (7.2.7)) nach der Größe geordnet und mit dem kleinsten beginnend nebeneinander:

$$y_{(1)\bullet} \leq y_{(2)\bullet} \leq ... \leq y_{(a-1)\bullet} \leq y_{(a)\bullet}. \tag{7.9.1}$$

2. Mit den nach der Größe geordneten Mittelwerten lassen sich Spannweiten in folgender Reihenfolge bilden:
Eine Spannweite über alle a Mittelwerte:

$$y_{(a)\bullet} - y_{(1)\bullet},$$

zwei Spannweiten über jeweils $a - 1$ Mittelwerte:

$$y_{(a-1)\bullet} - y_{(1)\bullet} \quad \text{und} \quad y_{(a)\bullet} - y_{(2)\bullet},$$

drei ...,

$a - 1$ Spannweiten über jeweils 2 Mittelwerte:

$$y_{(2)\bullet} - y_{(1)\bullet}, \; y_{(3)\bullet} - y_{(2)\bullet}, \; ..., \; y_{(a)\bullet} - y_{(a-1)\bullet}.$$

Insgesamt werden also $1 + 2 + ... + (a - 1) = a(a - 1)/2$ Spannweiten gebildet.

3. Jede dieser Spannweiten wird mit einem kritischen Wert

$$q_{m, f; 1 - \alpha} \, s_{Y_{i\bullet}} \tag{7.9.2}$$

verglichen; dabei ist α das Signifikanzniveau, m die Anzahl der Mittelwerte, über die die Spannweite gebildet wurde (m durchläuft also nacheinander die Werte

---

[1] Der Newman-Keuls-Test läßt sich näherungsweise auch bei der unbalancierten einfachen Varianzanalyse durchführen. Dann tritt in (7.9.3) und (7.9.4) an die Stelle von n der Wert $(1/n_i + 1/n_j)/2$, wobei n_i und n_j die Anzahlen der Einzelwerte bedeuten, aus denen die Mittelwerte gebildet werden, deren Spannweite mit dem kritischen Wert verglichen wird.

$m = 2, 3, \ldots, a - 1)$, $s^2_{Y_{i\bullet}}$ der Schätzwert für die Varianz von $Y_{i\bullet}$,

$$s^2_{Y_{i\bullet}} = s^2_\varepsilon / n \qquad (7.9.3)$$

mit $s^2_\varepsilon = s^2_I$ nach (7.2.17) und

$$f = a(n-1). \qquad (7.9.4)$$

Zahlenwerte für $q_{m, f; 1-\alpha}$ s. Tab. C 13 und C 14.

Die Vergleiche erfolgen in der Reihenfolge von 2. Überschreitet eine Spannweite den kritischen Wert nicht, dann gilt die durch diese Spannweite erfaßte Gruppe von Mittelwerten als nicht signifikant und wird in 1. durch eine Linie unterstrichen. Überschreitet die Spannweite den kritischen Wert, dann sind die in dieser Gruppe erfaßten Mittelwerte signifikant unterschiedlich, und es wird in 1. nichts unterstrichen. Innerhalb einer unterstrichenen Gruppe von Mittelwerten sind keine Vergleiche mehr notwendig. Nachdem alle Vergleiche durchgeführt sind, betrachtet man die Erwartungswerte μ_i als voneinander verschieden, die in 1. nicht durch eine Unterstreichung verbunden sind.

7.9.2 Modell mit systematischen Komponenten der balancierten zweifachen Varianzanalyse; Kreuzklassifikation

Der Newman-Keuls-Test verläuft prinzipiell wie in Unterabschn. 7.9.1:
Soll er auf den Faktor A angewendet werden, dann treten an die Stelle der $y_{i\bullet}$ die $y_{i\bullet\bullet}$ nach (7.4.10) und an die Stelle von $s^2_{Y_{i\bullet}} = s^2_\varepsilon / n$ der Schätzwert für die Varianz von $Y_{i\bullet\bullet}$,

$$s^2_{Y_{i\bullet\bullet}} = s^2_\varepsilon / nb \qquad (7.9.5)$$

mit $s^2_\varepsilon = s^2_I$ nach (7.4.17) und

$$f = ab(n-1); \qquad (7.9.6)$$

soll er auf den Faktor B angewendet werden, dann treten an die Stelle der $y_{i\bullet}$ die $y_{\bullet j\bullet}$ nach (7.4.11) und an die Stelle von $s^2_{Y_{i\bullet}} = s^2_\varepsilon / n$ der Schätzwert für die Varianz von $Y_{\bullet j\bullet}$,

$$s^2_{Y_{\bullet j\bullet}} = s^2_\varepsilon / na, \qquad (7.9.7)$$

mit $s^2_\varepsilon = s^2_I$ nach (7.4.17) und f nach (7.9.6).

Sinnvoll interpretierbare Ergebnisse liefert der Newman-Keuls-Test in diesem Falle allerdings nur, wenn kein Wechselwirkungseinfluß vorhanden ist; er sollte deshalb nur angewendet werden, wenn der Test der Nullhypothese H_0 – es existiert kein Wechselwirkungseinfluß AB auf die Zielgröße Y – *nicht* verworfen wird.

7.10 Verteilungsfreie Varianzanalyse

Die in Abschn. 7.2 bis 7.9 angegebenen Verfahren der Varianzanalyse setzen voraus, daß die residualen Zufallsanteile ε unabhängig normalverteilt sind mit dem Erwartungswert $E(\varepsilon) = 0$ und der Varianz $V(\varepsilon) = \sigma^2_\varepsilon$, d. h. die Varianz ist für alle Stufenkombinationen der Faktoren gleich (Homoskedastizität). Wenn diese Voraussetzungen nicht oder nicht einmal näherungsweise als erfüllt angesehen werden können, sollte eine verteilungsfreie Varianzanalyse durchgeführt werden.

7.10.1 Verteilungsfreie einfache Varianzanalyse

Wie in Abschn. 7.3 sei $a(a>2)$ die Anzahl der Stufen von A und n_i die Anzahl der Einzelwerte y_{iv} auf Stufe i von A. Die Gesamtzahl der Einzelwerte ist

$$N = \sum_{i=1}^{a} n_i. \qquad (7.10.1)$$

Erweiterter Median-Test

Einschränkung: Der Test darf nur durchgeführt werden, wenn für die h_{ij} nach (7.10.6) gilt: $h_{ij} \geq 1$ für alle i und j und $h_{ij} \geq 5$ für mindestens (etwa) 80 % der Werte h_{ij}.

1. Die N Einzelwerte aller Stufen von A werden in *eine* Rangfolge gebracht, d.h. der Größe nach geordnet und – ausgehend vom kleinsten Wert – fortlaufend mit den Rangzahlen 1, 2, ..., N versehen. Sind die nach der Größe geordneten Werte $y_{(v)}$ bis $y_{(v+c)}$ gleich, d.h. liegt eine Bindung (tie) vom Ausmaß $t = c+1$ vor, dann erhält jeder dieser $(c+1)$ Werte die Rangzahl $v + (c/2)$. Zu jeder Rangzahl wird die Nr. i der Stufe von A vermerkt, zu der der Einzelwert gehört, dem diese Rangzahl zugeordnet wurde.
2. Der Median $\tilde{y}$ der *Rangzahlen* der Rangfolge nach 1. wird bestimmt; vgl. (5.1.19).
3. Für jede der a Stufen i von A wird ausgezählt, wie viele der aus ihr stammenden Rangzahlen kleiner oder gleich $\tilde{y}$ bzw. größer als $\tilde{y}$ sind. Die sich ergebenden Häufigkeiten z_{i1} und z_{i2} werden in das Schema (7.10.2) eingetragen.

	Stufe von A					insgesamt
	1	2	...	i	...	a	
Anzahl der Rangzahlen, die kleiner als oder gleich $\tilde{y}$ sind	z_{11}	z_{21}	...	z_{i1}	...	z_{a1}	$\sum_{i=1}^{a} z_{i1}$
Anzahl der Rangzahlen, die größer als $\tilde{y}$ sind	z_{12}	z_{22}	...	z_{i2}	...	z_{a2}	$\sum_{i=1}^{a} z_{i2}$
	n_1	n_2	...	n_i	...	n_a	$\sum_{i=1}^{a} n_i = N$

(7.10.2)

4. Es gilt

$$z_{i1} + z_{i2} = n_i, \qquad (7.10.3)$$

$$\sum_{i=1}^{a} z_{i1} + \sum_{i=1}^{a} z_{i2} = \sum_{i=1}^{a} n_i = N, \qquad (7.10.4)$$

womit die Rechnung kontrolliert werden kann.

7.10 Verteilungsfreie Varianzanalyse

Nullhypothese H_0: Der Faktor A hat keinen Einfluß auf die Zielgröße Y, d. h. die Verteilungsfunktionen $F_i(y)$ der Zielgröße Y sind auf allen Stufen $i = 1, \ldots, a$ des Faktors A gleich:

$$F_1(y) = F_2(y) = \ldots = F_a(y) \quad \text{für alle } y. \tag{7.10.5}$$

Wenn H_0 gilt, dann ist die theoretische Besetzungszahl h_{ij} in der Stufe i von A und Zeile j ($j = 1, 2$) des Schemas gegeben durch

$$h_{ij} = \frac{n_i}{N} \sum_{i=1}^{a} z_{ij}. \tag{7.10.6}$$

Alternativhypothese H_1	Die Nullhypothese H_0 wird verworfen für	
	Prüfwert	kritischer Wert zum Signifikanzniveau α
Der Faktor A hat Einfluß auf die Zielgröße Y	$\sum_{j=1}^{2} \sum_{i=1}^{a} \frac{(z_{ij} - h_{ij})^2}{h_{ij}}$ mit h_{ij} nach (7.10.6)	$> \chi^2_{f;1-\alpha}$ mit $f = a - 1$

(7.10.7)

Zahlenwerte für $\chi^2_{f;1-\alpha}$ s. Tab. C 5.

Kruskal-Wallis-Test

1. Die N Einzelwerte aller a Stufen von A werden in *eine* Rangfolge gebracht, d. h. der Größe nach geordnet und – ausgehend vom kleinsten Wert – fortlaufend mit den Rangzahlen $1, 2, \ldots, N$ versehen. Sind die nach der Größe geordneten Werte $y_{(\nu)}$ bis $y_{(\nu+c)}$ gleich, d. h. liegt eine Bindung (tie) vom Ausmaß $t = c + 1$ vor, dann erhält jeder dieser $(c+1)$ Werte die Rangzahl $\nu + (c/2)$. Zu jeder Rangzahl wird die Nr. i der Stufe von A vermerkt, zu der der Einzelwert gehört, dem diese Rangzahl zugeordnet wurde.

2. Für jede der a Stufen i von A wird die Summe R_i der aus ihr stammenden Rangzahlen gebildet.

3. Als Kontrolle benutzt man die Beziehung

$$\sum_{i=1}^{a} R_i = \tfrac{1}{2} N(N+1). \tag{7.10.8}$$

4. Man bildet

$$\chi^2_K = \frac{12}{N(N+1)} \sum_{i=1}^{a} \frac{R_i^2}{n_i} - 3(N+1). \tag{7.10.9}$$

Gehören mehr als 25 % *aller* Werte zu Bindungen, dann ist

$$\chi^2_K = \left[\frac{12}{N(N+1)} \sum_{i=1}^{a} \frac{R_i^2}{n_i} - 3(N+1) \right] \frac{1}{C} \tag{7.10.10}$$

mit

$$C = 1 - \frac{1}{N^3 - N} \sum_{r=1}^{m} (t_r^3 - t_r) = 1 - \frac{1}{(N-1)N(N+1)} \sum_{r=1}^{m} (t_r - 1)t_r(t_r + 1), \tag{7.10.11}$$

Tab. 7.1. Zum Test (7.10.11) von Kruskal und Wallis[1]

n_1	n_2	n_3	$C_{1-\alpha_K}$	α_K	n_1	n_2	n_3	$C_{1-\alpha_K}$	α_K	n_1	n_2	n_3	$C_{1-\alpha_K}$	α_K
2	1	1	2,7000	0,500	4	3	1	5,8333	0,021	5	1	1	3,8571	0,143
								5,2083	0,050					
2	2	1	3,6000	0,200				5,0000	0,057	5	2	1	5,2500	0,036
								4,0556	0,093				5,0000	0,048
2	2	2	4,5714	0,067				3,8889	0,129				4,4500	0,071
			3,7143	0,200									4,2000	0,095
					4	3	2	6,4444	0,008				4,0500	0,119
3	1	1	3,2000	0,300				6,3000	0,011					
								5,4444	0,046	5	2	2	6,5333	0,008
3	2	1	4,2857	0,100				5,4000	0,051				6,1333	0,013
			3,8571	0,133				4,5111	0,098				5,1600	0,034
								4,4444	0,102				5,0400	0,056
3	2	2	5,3572	0,029									4,3733	0,090
			4,7143	0,048	4	3	3	6,7455	0,010				4,2933	0,122
			4,5000	0,067				6,7091	0,013					
			4,4643	0,105				5,7909	0,046	5	3	1	6,4000	0,012
								5,7273	0,050				4,9600	0,048
3	3	1	5,1429	0,043				4,7091	0,092				4,8711	0,052
			4,5714	0,100				4,7000	0,101				4,0178	0,095
			4,0000	0,129									3,8400	0,123
					4	4	1	6,6667	0,010					
3	3	2	6,2500	0,011				6,1667	0,022	5	3	2	6,9091	0,009
			5,3611	0,032				4,9667	0,048				6,8218	0,010
			5,1389	0,061				4,8667	0,054				5,2509	0,049
			4,5556	0,100				4,1667	0,082				5,1055	0,052
			4,2500	0,121				4,0667	0,102				4,6509	0,091
													4,4945	0,101
3	3	3	7,2000	0,004	4	4	2	7,0364	0,006					
			6,4889	0,011				6,8727	0,011	5	3	3	7,0788	0,009
			5,6889	0,029				5,4545	0,046				6,9818	0,011
			5,6000	0,050				5,2364	0,052				5,6485	0,049
			5,0667	0,086				4,5545	0,098				5,5152	0,051
			4,6222	0,100				4,4455	0,103				4,5333	0,097
													4,4121	0,109
4	1	1	3,5714	0,200	4	4	3	7,1439	0,010					
								7,1364	0,011	5	4	1	6,9545	0,008
4	2	1	4,8214	0,057				5,5985	0,049				6,8400	0,011
			4,5000	0,076				5,5758	0,051				4,9855	0,044
			4,0179	0,114				4,5455	0,099				4,8600	0,056
								4,4773	0,102				3,9873	0,098
4	2	2	6,0000	0,014									3,9600	0,102
			5,3333	0,033	4	4	4	7,6538	0,008					
			5,1250	0,052				7,5385	0,011					
			4,4583	0,100				5,6923	0,049					
			4,1667	0,105				5,6538	0,054					
								4,6539	0,097					
								4,5001	0,104					

---

[1] Kruskal, W.H.; Wallis, W.A.: Use of ranks in one-criterion variance analysis. J. Am. Stat. Ass. 47 (1952) 583 mit Berücksichtigung der Korrekturen in J. Am. Stat. Ass. 48 (1953) 910.

7.10 Verteilungsfreie Varianzanalyse

n_1	n_2	n_3	$C_{1-\alpha_K}$	α_K	n_1	n_2	n_3	$C_{1-\alpha_K}$	α_K	n_1	n_2	n_3	$C_{1-\alpha_K}$	α_K
5	4	2	7,2045	0,009	5	5	1	7,3091	0,009	5	5	4	7,8229	0,010
			7,1182	0,010				6,8364	0,011				7,7914	0,010
			5,2727	0,049				5,1273	0,046				5,6657	0,049
			5,2682	0,050				4,9091	0,053				5,6429	0,050
			4,5409	0,098				4,1091	0,086				4,5229	0,099
			4,5182	0,101				4,0364	0,105				4,5200	0,101
5	4	3	7,4449	0,010	5	5	2	7,3385	0,010	5	5	5	8,0000	0,009
			7,3949	0,011				7,2692	0,010				7,9800	0,010
			5,6564	0,049				5,3385	0,047				5,7800	0,049
			5,6308	0,050				5,2462	0,051				5,6600	0,051
			4,5487	0,099				4,6231	0,097				4,5600	0,100
			4,5231	0,103				4,5077	0,100				4,5000	0,102
5	4	4	7,7604	0,009	5	5	3	7,5780	0,010					
			7,7440	0,011				7,5429	0,010					
			5,6571	0,049				5,7055	0,046					
			5,6176	0,050				5,6264	0,051					
			4,6187	0,100				4,5451	0,100					
			4,5527	0,102				4,5363	0,102					

wobei m die Anzahl der Bindungen und t_r die Anzahl gleicher Rangzahlen in der Bindung r ist.

Nullhypothese H_0: Der Faktor A hat keinen Einfluß auf die Zielgröße Y, d.h. die Verteilungsfunktionen $F_i(y)$ der Zielgröße Y sind auf allen Stufen $i = 1, \ldots, a$ des Faktors A gleich:

$$F_1(y) = F_2(y) = \ldots = F_a(y) \quad \text{für alle } y. \tag{7.10.12}$$

Alternativhypothese H_1	Die Nullhypothese H_0 wird verworfen für	
	Prüfwert	kritischer Wert zum Signifikanzniveau α
Der Faktor A hat Einfluß auf die Zielgröße Y	$a = 3$; $n_1, n_2, n_3 \leq 5$	$\chi_K^2 \geq C_{1-\alpha_K}$
	alle sonstigen Fälle	$\chi_K^2 > \chi_{f;1-\alpha}^2$ mit $f = a - 1$

(7.10.13)

Zahlenwerte für $C_{1-\alpha_K}$ in Abhängigkeit von n_1, n_2, n_3 und α_K s. Tab. 7.1. Wegen der Ganzzahligkeit der Rangzahlen sind nur bestimmte Prüfwerte χ_K^2 möglich. Aus diesem Grunde läßt sich nicht jedes vorgegebene Signifikanzniveau α exakt einhalten, sondern es sind nur die in Tab. 7.1 angegebenen Signifikanzniveaus α_K möglich. Gibt man also ein α vor, das eingehalten werden soll, dann sucht man in Tab. 7.1 für die vorliegenden Werte n_1, n_2, n_3 den kritischen Wert $C_{1-\alpha_K}$ zum größten $\alpha_K \leq \alpha$. Existiert in der Tabelle kein $\alpha_K \leq \alpha$, dann ist der Test auf dem Signifikanzniveau α nicht möglich.

Zahlenwerte für $\chi_{f;1-\alpha}^2$ s. Tab. C 5.

7.10.2 Verteilungsfreie balancierte zweifache Varianzanalyse mit $n = 1$; Kreuzklassifikation; Friedman-Test

Wie in Abschn. 7.5 sei a die Anzahl der Stufen ($a \geqq 3$) des Faktors A und b die Anzahl der Stufen des Faktors B; je Stufenkombination (i, j) mit $(i = 1, \ldots, a; j = 1, \ldots, b)$ von A und B liegt ein Einzelwert y_{ij} vor ($n = 1$):

		Stufe des Faktors B; Spalte				
		1	2	...	j	...	b
Stufe des Faktors A; Zeile	1	y_{11}	y_{12}	...	y_{1j}	...	y_{1b}
	2	y_{21}	y_{22}	...	y_{2j}	...	y_{2b}
	⋮	⋮	⋮		⋮		⋮
	i	y_{i1}	y_{i2}	...	y_{ij}	...	y_{ib}
	⋮	⋮	⋮		⋮		⋮
	a	y_{a1}	y_{a2}	...	y_{aj}	...	y_{ab}

(7.10.14)

1. Die a Werte *jeder* der b Spalten j werden in eine Rangfolge gebracht, d. h. der Größe nach geordnet und – ausgehend vom kleinsten Wert – fortlaufend mit den Rangzahlen 1, 2, ..., a versehen. Sind die nach der Größe geordneten Werte $y_{(v)}$ bis $y_{(v+c)}$ gleich, d. h. liegt eine Bindung (tie) vom Ausmaß $t = c + 1$ vor, dann erhält jeder dieser $(c + 1)$ Werte die Rangzahl $v + (c/2)$. Die Werte y_{ij} jeder Spalte j werden im Schema durch ihre Rangzahlen r_{ij} ersetzt.

2. Für jede der a Zeilen i wird die Summe R_i der auf sie entfallenden Rangzahlen gebildet:

$$R_i = \sum_{j=1}^{a} r_{ij}.$$ (7.10.15)

3. Als Kontrolle benutzt man die Beziehung

$$\sum_{i=1}^{a} R_i = \tfrac{1}{2} ba(a+1).$$ (7.10.16)

4. Man bildet

$$\chi_r^2 = \frac{12}{ba(a+1)} \sum_{i=1}^{a} R_i^2 - 3b(a+1).$$ (7.10.17)

Nullhypothese H_0: Der Faktor A hat keinen Einfluß auf die Zielgröße Y, d. h. die Verteilungsfunktionen $F_i(y)$ der Zielgröße Y sind auf allen Stufen $i = 1, \ldots, a$ des Faktors A gleich:

$$F_1(y) = F_2(y) = \ldots = F_a(y) \quad \text{für alle } y.$$ (7.10.18)

7.10 Verteilungsfreie Varianzanalyse

Tab. 7.2. Zum Friedman-Test[1] (7.10.19)

$a = 3$

$b = 2$		$b = 3$		$b = 4$		$b = 5$	
$C_{1-\alpha_r}$	α_r	$C_{1-\alpha_r}$	α_r	$C_{1-\alpha_r}$	α_r	$C_{1-\alpha_r}$	α_r
0	1,000	2,000	0,528	3,5	0,273	3,6	0,182
1	0,833	2,667	0,361	4,5	0,125	4,8	0,124
3	0,500	4,667	0,194	6,0	0,069	5,2	0,093
4	0,167	6,000	0,028	6,5	0,042	6,4	0,039
				8,0	0,0046	7,6	0,024
						8,4	0,0085
						10,0	0,00077

$b = 6$		$b = 7$		$b = 8$		$b = 9$	
$C_{1-\alpha_r}$	α_r	$C_{1-\alpha_r}$	α_r	$C_{1-\alpha_r}$	α_r	$C_{1-\alpha_r}$	α_r
4,00	0,184	4,571	0,112	4,75	0,120	4,222	0,154
4,33	0,142	5,429	0,085	5,25	0,079	4,667	0,107
5,33	0,072	6,000	0,052	6,25	0,047	5,556	0,069
6,33	0,052	7,143	0,027	6,75	0,038	6,000	0,057
7,00	0,029	7,714	0,021	7,00	0,030	6,222	0,048
8,33	0,012	8,000	0,016	7,75	0,018	6,889	0,031
9,00	0,0081	8,857	0,0084	9,00	0,0099	8,000	0,019
9,33	0,0055	10,286	0,0036	9,25	0,0080	8,222	0,016
10,33	0,0017	10,571	0,0027	9,75	0,0048	8,667	0,010
		11,143	0,0012	10,75	0,0024	9,556	0,0060
				12,00	0,0011	10,667	0,0035
						10,889	0,0029
						11,556	0,0013

$a = 4$

$b = 2$		$b = 3$		$b = 4$			
$C_{1-\alpha_r}$	α_r	$C_{1-\alpha_r}$	α_r	$C_{1-\alpha_r}$	α_r	$C_{1-\alpha_r}$	α_r
3,6	0,458	4,2	0,300	5,4	0,158	8,1	0,033
4,2	0,375	5,0	0,207	5,7	0,141	8,4	0,019
4,8	0,208	5,4	0,175	6,0	0,105	8,7	0,014
5,4	0,167	5,8	0,148	6,3	0,094	9,3	0,012
6,0	0,042	6,6	0,075	6,6	0,077	9,6	0,0069
		7,0	0,054	6,9	0,068	9,9	0,0062
		7,4	0,033	7,2	0,054	10,2	0,0027
		8,2	0,017	7,5	0,052	10,8	0,0016
		9,0	0,0017	7,8	0,036	11,1	0,00094

[1] Friedman, M.: The use of ranks to avoid the assumption of normality implicit in the analysis of variance. J. Am. Stat. Ass. 32 (1937) 675.

Alternativhypothese H_1	Die Nullhypothese H_0 wird verworfen für	
	Prüfwert	kritischer Wert zum Signifikanzniveau α
Der Faktor A hat Einfluß auf die Zielgröße Y	$a = 3; b = 2, ..., 9$ $a = 4; b = 2, 3, 4$ $\chi_r^2 \geqq C_{1-\alpha_r}$ alle sonstigen Fälle $\chi_r^2 > \chi_{f;1-\alpha}^2$ mit $f = a - 1$	

(7.10.19)

Zahlenwerte für $C_{1-\alpha_r}$ in Abhängigkeit von a, b und α_r s. Tab. 7.2.

Wegen der Ganzzahligkeit der Rangzahlen sind nur bestimmte Prüfwerte χ_r^2 möglich. Aus diesem Grunde läßt sich nicht jedes vorgegebene Signifikanzniveau α exakt einhalten, sondern es sind nur die in Tab. 7.2 angegebenen Signifikanzniveaus α_r möglich. Gibt man also ein α vor, das eingehalten werden soll, dann sucht man in Tab. 7.2 für die vorliegenden Werte a und b den kritischen Wert $C_{1-\alpha_r}$ zum größten $\alpha_r \leqq \alpha$. Existiert in der Tabelle kein $\alpha_r \leqq \alpha$, dann ist der Test auf dem Signifikanzniveau α nicht möglich.

Zahlenwerte für $\chi_{f;1-\alpha}^2$ s. Tab. C 5.

5. Der Friedman-Test läßt sich auch als Test der Nullhypothese H_0 – der Faktor B hat keinen Einfluß auf die Zielgröße – verwenden, indem die Benennungen der Faktoren A und B miteinander vertauscht werden.

8 Korrelations- und Kontingenzanalyse

8.1 Allgemeines

Korrelations- und Kontingenzanalyse sind Sammelbegriffe für statistische Verfahren zur Untersuchung der stochastischen Zusammenhänge zwischen zwei (oder mehr) Zufallsvariablen (oder Merkmalen). Dazu werden Parameter für einen solchen Zusammenhang definiert, z. B. der Korrelationskoeffizient ϱ der Zufallsvariablen X und Y nach (4.3.6); diese werden durch geeignete Maße des Zusammenhanges in der Stichprobe geschätzt (z. B. der Korrelationskoeffizient ϱ durch den Korrelationskoeffizienten r der Stichprobe nach (8.2.3)) oder es werden Hypothesen der Unabhängigkeit der Zufallsvariablen (oder Merkmale) oder über die Maße des Zusammenhanges mit Hilfe von Stichproben getestet.

In den Abschnitten 8.3 und 8.4 werden die strengsten Voraussetzungen gemacht: zweidimensionale bzw. p-dimensionale Normalverteilung. In Abschn. 8.2 wird eine zweidimensionale stetige Verteilung vorausgesetzt. In den Abschnitten 8.5 und 8.6 werden beliebige zwei- oder mehrdimensionale Verteilungen oder die Beurteilung mit Ordinalskalen oder Rangbeurteilungen verlangt. In Abschn. 8.7 müssen Stichproben mit Klasseneinteilung aus zweidimensionalen Verteilungen oder Beurteilungen nach Ausprägungen von zwei qualitativen Merkmalen vorliegen.

8.2 Kovarianz und Korrelationskoeffizient der Stichprobe

Es liegt eine Stichprobe von n Wertepaaren $(x_1, y_1), (x_2, y_2), \ldots, (x_n, y_n)$ aus einer zweidimensionalen stetigen Verteilung der Zufallsvariablen X und Y vor (vgl. Abschn. 4.2).

8.2.1 Kovarianz und Korrelationskoeffizient der Stichprobe bei Vorliegen von n Wertepaaren

Kovarianz der Stichprobe

$$s_{xy} = s_{yx} = \frac{1}{n-1} \sum_{i=1}^{n} (x_i - \bar{x})(y_i - \bar{y}), \tag{8.2.1}$$

wobei

$$\bar{x} = \frac{1}{n}\sum_{i=1}^{n} x_i, \quad \bar{y} = \frac{1}{n}\sum_{i=1}^{n} y_i \qquad (8.2.2)$$

die Mittelwerte der x_i und der y_i sind.

Die Kovarianz s_{xy} ist positiv bei gleichsinnigem Zusammenhang von X und Y (zu größeren Werten von X gehören im Durchschnitt größere Werte von Y) und negativ bei gegensinnigem Zusammenhang von X und Y. Bei linearer Transformation der x_i zu $x_i' = (x_i - a)/c$ und der y_i zu $y_i' = (y_i - b)/d$ (mit $c, d > 0$) wird $s_{x_i' y_i'} = s_{xy}/(cd)$, d.h. s_{xy} ist maßstabsabhängig.

Korrelationskoeffizient der Stichprobe

$$r_{xy} = r_{yx} = r = \frac{s_{xy}}{s_x s_y} = \frac{\sum_{i=1}^{n}(x_i - \bar{x})(y_i - \bar{y})}{\sqrt{\sum_{i=1}^{n}(x_i - \bar{x})^2 \sum_{i=1}^{n}(y_i - \bar{y})^2}}, \qquad (8.2.3)$$

wobei $\bar{x}, \bar{y}$ die Mittelwerte nach (8.2.2) und

$$s_x^2 = \frac{1}{n-1}\sum_{i=1}^{n}(x_i - \bar{x})^2, \quad s_y^2 = \frac{1}{n-1}\sum_{i=1}^{n}(y_i - \bar{y})^2 \qquad (8.2.4)$$

die Varianzen der x_i und der y_i sind.

Es gilt stets

$$-1 \leq r \leq +1; \qquad (8.2.5)$$

positives r bedeutet gleichsinnigen Zusammenhang von X und Y (zu größeren Werten von X gehören im Durchschnitt größere Werte von Y), negatives r bedeutet gegensinnigen Zusammenhang von X und Y. Bei $r = \pm 1$ gilt für alle n Wertepaare (x_i, y_i) der lineare Zusammenhang $y = a + bx$ (mit $b \neq 0$), bei $r = 0$ existiert kein linearer Zusammenhang in den n Wertepaaren (x_i, y_i). r ändert sich bei linearen Transformationen der x_i oder y_i nicht.

8.2.2 Berechnung von Kovarianz und Korrelationskoeffizient aus n Wertepaaren

Man transformiert die Einzelwerte zu

$$x_i' = (x_i - a)/c, \quad y_i' = (y_i - b)/d; \qquad (8.2.6)$$

a und b sind beliebige Hilfswerte (beim Rechnen mit einem Rechner wählt man meist $a = b = 0$, besser aber $a = x_1$, $b = y_1$, wobei (x_1, y_1) das erste in den Rechner eingegebene Wertepaar bezeichnet; sonst wählt man a, b als glatte Werte in der Nähe der Mittelwerte $\bar{x}, \bar{y}$); $c > 0$ und $d > 0$ sind beliebige Skalenfaktoren (beim Rechnen mit einem Rechner wählt man meist $c = d = 1$; sonst wählt man c und d so, daß der Wertebereich der x_i', y_i' leicht zu handhaben ist).

8.2 Kovarianz und Korrelationskoeffizient der Stichprobe

Hilfssummen

$$S_x = \sum_{i=1}^{n} x'_i, \qquad S_y = \sum_{i=1}^{n} y'_i,$$

$$S_{xx} = \sum_{i=1}^{n} (x'_i)^2, \qquad S_{yy} = \sum_{i=1}^{n} (y'_i)^2, \qquad (8.2.7)$$

$$S_{xy} = \sum_{i=1}^{n} x'_i y'_i.$$

Mittelwerte

$$\bar{x} = a + c \frac{S_x}{n}, \qquad \bar{y} = b + d \frac{S_y}{n}. \qquad (8.2.8)$$

Varianzen

$$s_x^2 = c^2 \frac{S_{xx} - S_x^2/n}{n-1}, \qquad s_y^2 = d^2 \frac{S_{yy} - S_y^2/n}{n-1}. \qquad (8.2.9)$$

Kovarianz

$$s_{xy} = cd \frac{S_{xy} - S_x S_y/n}{n-1}. \qquad (8.2.10)$$

Korrelationskoeffizient

$$r_{xy} = r = \frac{s_{xy}}{s_x s_y} = \frac{S_{xy} - S_x S_y/n}{\sqrt{(S_{xx} - S_x^2/n)(S_{yy} - S_y^2/n)}}. \qquad (8.2.11)$$

8.2.3 Kovarianz und Korrelationskoeffizient der Stichprobe bei Vorliegen einer Korrelationstabelle

Es liegt eine Klasseneinteilung mit km Klassen (j, l) $(j = 1, \ldots, k; l = 1, \ldots, m)$ vor, die die unteren Klassengrenzen x_{uj} und y_{ul}, die oberen Klassengrenzen x_{oj} und y_{ol}, die Klassenbreiten $\Delta x_j = x_{oj} - x_{uj}$ und $\Delta y_l = y_{ol} - y_{ul}$ sowie die Klassenmittelpunkte

Kl. Nr.	Kl. Nr. X \ Y	1 y_1	2 y_2	...	l y_l	...	m y_m	Summe über l
1	x_1	n_{11}	n_{12}	...	n_{1l}	...	n_{1m}	$n_{1\bullet}$
2	x_2	n_{21}	n_{22}	...	n_{2l}	...	n_{2m}	$n_{2\bullet}$
⋮	⋮	⋮	⋮		⋮		⋮	⋮
j	x_j	n_{j1}	n_{j2}	...	n_{jl}	...	n_{jm}	$n_{j\bullet}$
⋮	⋮	⋮	⋮		⋮		⋮	⋮
k	x_k	n_{k1}	n_{k2}	...	n_{kl}	...	n_{km}	$n_{k\bullet}$
Summe über j		$n_{\bullet 1}$	$n_{\bullet 2}$	...	$n_{\bullet l}$	...	$n_{\bullet m}$	n

$$(8.2.12)$$

(x_j, y_l) mit $x_j = (x_{uj} + x_{oj})/2$ und $y_l = (y_{ul} + y_{ol})/2$ hat; vgl. Abschn. 5.1. Werden die n Wertepaare (x_i, y_i) $(i = 1, \ldots, n)$ in die Klassen eingeordnet, dann ergibt sich die Korrelationstabelle (8.2.12). Hierin bezeichnet n_{jl} die absolute Häufigkeit von Wertepaaren in Klasse (j, l), d.h. die Besetzungszahl der Klasse (j, l).

Randhäufigkeiten

$$n_{j\bullet} = \sum_{l=1}^{m} n_{jl}, \quad n_{\bullet l} = \sum_{j=1}^{k} n_{jl} \tag{8.2.13}$$

$$n = \sum_{j=1}^{k} n_{j\bullet} = \sum_{l=1}^{m} n_{\bullet l} = \sum_{j=1}^{k} \sum_{l=1}^{m} n_{jl}. \tag{8.2.14}$$

Mittelwerte

$$\bar{x} = \frac{1}{n} \sum_{j=1}^{k} n_{j\bullet} x_j, \quad \bar{y} = \frac{1}{n} \sum_{l=1}^{m} n_{\bullet l} y_l. \tag{8.2.15}$$

Varianzen

$$s_x^2 = \frac{1}{n-1} \sum_{j=1}^{k} n_{j\bullet}(x_j - \bar{x})^2, \quad s_y^2 = \frac{1}{n-1} \sum_{l=1}^{m} n_{\bullet l}(y_l - \bar{y})^2. \tag{8.2.16}$$

Kovarianz

$$s_{xy} = \frac{1}{n-1} \sum_{j=1}^{k} \sum_{l=1}^{m} n_{jl}(x_j - \bar{x})(y_l - \bar{y}). \tag{8.2.17}$$

Korrelationskoeffizient

$$r_{xy} = r = \frac{s_{xy}}{s_x s_y} = \frac{\sum_{j=1}^{k} \sum_{l=1}^{m} n_{jl}(x_j - \bar{x})(y_l - \bar{y})}{\sqrt{\sum_{j=1}^{k} n_{j\bullet}(x_j - \bar{x})^2 \sum_{l=1}^{m} n_{\bullet l}(y_l - \bar{y})^2}}. \tag{8.2.18}$$

Für r gilt (8.2.5).

8.2.4 Berechnung von Kovarianz und Korrelationskoeffizient aus einer Korrelationstabelle

Man transformiert die Klassenmitten x_j und y_l:

$$v_j = (x_j - a)/c, \quad w_l = (y_l - b)/d; \tag{8.2.19}$$

a und b sind beliebige Hilfswerte (beim Rechnen mit einem Rechner wählt man meist $a = b = 0$, besser aber $a = x_1$ und $b = y_1$; sonst wählt man zweckmäßig (a, b) als Mittelpunkt der Zelle mit den größten Randhäufigkeiten nach (8.2.13); $c > 0$ und $d > 0$ sind beliebige Skalenfaktoren (beim Rechnen mit einem Rechner wählt man meist $c = d = 1$; bei gleichabständiger Klasseneinteilung wählt man zweckmäßig $c = \Delta x$ und $d = \Delta y$, wobei $\Delta x, \Delta y$ die konstanten Klassenbreiten bezeichnen).

Hilfssummen

$$S_x = \sum_{j=1}^{k} n_{j\bullet} v_j, \quad S_y = \sum_{l=1}^{m} n_{\bullet l} w_l,$$

$$S_{xx} = \sum_{j=1}^{k} n_{j\bullet} v_j^2, \quad S_{yy} = \sum_{l=1}^{m} n_{\bullet l} w_l^2, \qquad (8.2.20)$$

$$S_{xy} = \sum_{j=1}^{k} \sum_{l=1}^{m} n_{jl} v_j w_l.$$

Mittelwerte, Varianzen, Kovarianz und Korrelationskoeffizient ergeben sich aus (8.2.8) bis (8.2.11).

8.3 Testverfahren und Vertrauensbereiche für den Korrelationskoeffizienten der Grundgesamtheit bei zweidimensionaler Normalverteilung

Voraussetzung

Die n Wertepaare (x_i, y_i) $(i = 1, \ldots, n)$ bilden eine Stichprobe unabhängiger Realisierungen der zweidimensional normalverteilten Zufallsvariablen (X, Y); vgl. Abschn. 4.5.

Verteilung von r bei $\varrho = 0$

Ist in der zugrunde liegenden Normalverteilung der Korrelationskoeffizient $\varrho = 0$, so folgt die Zufallsvariable

$$t = \frac{r}{\sqrt{1-r^2}} \sqrt{n-2} \qquad (8.3.1)$$

der t-Verteilung mit $f = n - 2$ Freiheitsgraden; vgl. Abschn. 3.5.

z-Transformation

Bei beliebigem Korrelationskoeffizienten ϱ mit $|\varrho| < 1$ ist für $n \gtrless 25$ die Zufallsvariable

$$Z = \tfrac{1}{2} \ln \frac{1+r}{1-r} \qquad (8.3.2)$$

(angenähert) normalverteilt mit dem Erwartungswert

$$E(Z) = \zeta = \tfrac{1}{2} \ln \frac{1+\varrho}{1-\varrho} + \frac{\varrho}{2(n-1)} \qquad (8.3.3)$$

und der Varianz

$$V(Z) = \sigma_z^2 = \frac{1}{n-3}. \qquad (8.3.4)$$

Ist $n \leq 25$, so ist die Verteilung von r dem folgenden Tafelwerk zu entnehmen:

David, F.N.: Tables of the correlation coefficient. Cambridge: University Press 1938.

Test der Hypothese $\varrho = 0$ (es ist keine Korrelation vorhanden)

Alternativ-hypothese H_1	Die Nullhypothese H_0: $\varrho = 0$ wird verworfen für	
	Prüfwert	kritischer Wert zum Signifikanzniveau α
$\varrho > 0$ (einseitig)	$\dfrac{r}{\sqrt{1-r^2}} \sqrt{n-2}$	$> t_{f;\,1-\alpha}$ mit $f = n-2$
$\varrho < 0$ (einseitig)	$\dfrac{r}{\sqrt{1-r^2}} \sqrt{n-2}$	$< -t_{f;\,1-\alpha}$ mit $f = n-2$
$\varrho \neq 0$ (zweiseitig)	$\dfrac{|r|}{\sqrt{1-r^2}} \sqrt{n-2}$	$> t_{f;\,1-\alpha/2}$ mit $f = n-2$

(8.3.5)

Zahlenwerte für $t_{f;\,p}$ s. Tab. C 4.

Diesem Test ist der folgende gleichwertig:

Alternativ-hypothese H_1	Die Nullhypothese H_0: $\varrho = 0$ wird verworfen für	
	Prüfwert	kritischer Wert zum Signifikanzniveau α
$\varrho > 0$ (einseitig)	r	$> r_{n;\,1-\alpha}$
$\varrho < 0$ (einseitig)	r	$< -r_{n;\,1-\alpha}$
$\varrho \neq 0$ (zweiseitig)	r	$> r_{n;\,1-\alpha/2}$

(8.3.6)

$$r_{n;\,p} = \sqrt{\dfrac{1}{1 + (n-2)/t^2_{f;\,p}}} \qquad (8.3.7)$$

mit $f = n - 2$ und $p = 1 - \alpha$ bzw. $p = 1 - \alpha/2$.

Zahlenwerte für $r_{n;\,p}$ s. Nomogramm D 7.

Vergleich des Korrelationskoeffizienten ϱ mit einem vorgegebenem Wert ϱ_0

Nullhypothese H_0: $\varrho = \varrho_0$
Voraussetzung: $n \gtrsim 25$

8.3 Testverfahren und Vertrauensbereiche für den Korrelationskoeffizienten

Alternativ-hypothese H_1	Die Nullhypothese $H_0: \varrho = \varrho_0$ wird verworfen für	
	Prüfwert	kritischer Wert zum Signifikanzniveau α
$\varrho > \varrho_0$ (einseitig)	$[z(r) - \zeta(\varrho_0)]\sqrt{n-3}$	$> u_{1-\alpha}$
$\varrho < \varrho_0$ (einseitig)	$[z(r) - \zeta(\varrho_0)]\sqrt{n-3}$	$< -u_{1-\alpha}$
$\varrho \neq \varrho_0$ (zweiseitig)	$|z(r) - \zeta(\varrho_0)|\sqrt{n-3}$	$> u_{1-\alpha/2}$

(8.3.8)

$z(r)$ nach (8.3.2), $\zeta(\varrho_0)$ nach (8.3.3).
Zahlenwerte für $u_{1-\alpha}$ und $u_{1-\alpha/2}$ s. Tab. C 3.

Für die Signifikanzniveaus $\alpha = 5\%$ oder $\alpha = 1\%$ und beliebige n läßt sich der zweiseitige Test — auch für kleinere n — mit Hilfe der Nomogramme D 8 und D 9 durchführen: An den Schnittpunkten der Waagerechten durch ϱ_0 mit den beiden Kurven für das gegebene n liest man an der Abszisse die Werte r_U und r_O ab; gilt $r_U \leq r \leq r_O$, dann wird die Nullhypothese $H_0: \varrho = \varrho_0$ nicht verworfen, andernfalls wird sie verworfen.

Vergleich zweier Korrelationskoeffizienten

Eine Stichprobe vom Umfang n_1 aus einer zweidimensionalen Normalverteilung besitze den Korrelationskoeffizienten r_1, eine Stichprobe vom Umfang n_2 aus einer weiteren zweidimensionalen Normalverteilung den Korrelationskoeffizienten r_2.
Nullhypothese $H_0: \varrho_1 = \varrho_2$.
Voraussetzung: $n_1 \gtrsim 25$ und $n_2 \gtrsim 25$.
    Für $n_1 \lesssim 50$ und $n_2 \lesssim 50$ sollte $n_1 \approx n_2$ sein.
    Bei Klasseneinteilung muß diese für beide Stichproben gleich sein.

Alternativ-hypothese H_1	Die Nullhypothese $H_0: \varrho_1 = \varrho_2$ wird verworfen für	
	Prüfwert	kritischer Wert zum Signifikanzniveau α
$\varrho_1 > \varrho_2$ (einseitig)	$\dfrac{z(r_1) - z(r_2)}{\sqrt{1/(n_1-3) + 1/(n_2-3)}}$	$> u_{1-\alpha}$
$\varrho_1 < \varrho_2$ (einseitig)	$\dfrac{z(r_1) - z(r_2)}{\sqrt{1/(n_1-3) + 1/(n_2-3)}}$	$< -u_{1-\alpha}$
$\varrho_1 \neq \varrho_2$ (zweiseitig)	$\dfrac{|z(r_1) - z(r_2)|}{\sqrt{1/(n_1-3) + 1/(n_2-3)}}$	$> u_{1-\alpha/2}$

(8.3.9)

$z(r)$ nach (8.3.2).
    Zahlenwerte für $u_{1-\alpha}$ und $u_{1-\alpha/2}$ s. Tab. C 3.

Vertrauensbereich für ϱ

In (8.3.3) ist für genügend große n das zweite Glied vernachlässigbar. Dann ergeben sich zum Vertrauensniveau $1 - \alpha$ näherungsweise

die einseitigen Vertrauensbereiche

$$\varrho \geq \varrho_U = \tanh \zeta_U \quad \text{bzw.} \quad \varrho \leq \varrho_O = \tanh \zeta_O \tag{8.3.10}$$

mit

$$\zeta_U = z(r) - \frac{u_{1-\alpha}}{\sqrt{n-3}}, \quad \zeta_O = z(r) + \frac{u_{1-\alpha}}{\sqrt{n-3}}, \tag{8.3.11}$$

der zweiseitige Vertrauensbereich

$$\varrho_U = \tanh \zeta_U \leq \varrho \leq \tanh \zeta_O = \varrho_O \tag{8.3.12}$$

mit

$$\zeta_U = z(r) - \frac{u_{1-\alpha/2}}{\sqrt{n-3}}, \quad \zeta_O = z(r) + \frac{u_{1-\alpha/2}}{\sqrt{n-3}}, \tag{8.3.13}$$

$z(r)$ nach (8.3.2).
Zahlenwerte für $u_{1-\alpha}$ und $u_{1-\alpha/2}$ s. Tab. C 3.

$$\varrho(\zeta) = \tanh \zeta = \frac{e^{2\zeta}-1}{e^{2\zeta}+1} = \frac{e^{\zeta}-e^{-\zeta}}{e^{\zeta}+e^{-\zeta}}. \tag{8.3.14}$$

Für $1 - \alpha = 95\,\%$ und $1 - \alpha = 99\,\%$ läßt sich der zweiseitige Vertrauensbereich — auch für kleinere n — aus Nomogramm D 8 oder D 9 entnehmen: an den Schnittpunkten der Senkrechten durch r mit den beiden Kurven für n liest man an der Ordinate die Vertrauensgrenzen ϱ_U und ϱ_O ab.

8.4 Schätz- und Testverfahren für die partiellen und multiplen Korrelationskoeffizienten bei p-dimensionaler Normalverteilung

Voraussetzung: Die n Wertetupel $(x_{\nu 1}, x_{\nu 2}, \ldots, x_{\nu p})$ $(\nu = 1, \ldots, n)$ bilden eine Stichprobe unabhängiger Realisierungen der p-dimensional normalverteilten Zufallsvariablen $(X_1, \ldots, X_p)$; vgl. Abschn. 4.5.

8.4.1 Partielle Korrelation

Partieller Korrelationskoeffizient $r_{ij \cdot a+1, \ldots, p}$ der Stichprobe

Rekursionsformel:

$$r_{ij \cdot a+1, \ldots, p} = \frac{r_{ij \cdot a+2, \ldots, p} - r_{i, a+1 \cdot a+2, \ldots, p} \cdot r_{j, a+1 \cdot a+2, \ldots, p}}{\sqrt{1 - r_{i, a+1 \cdot a+2, \ldots, p}^2}\sqrt{1 - r_{j, a+1 \cdot a+2, \ldots, p}^2}} \tag{8.4.1}$$

für $a = 2, 3, \ldots, p-1$ und $i, j = 1, 2, \ldots, a$ ($i \neq j$), wobei $r_{ij \bullet p+1, p} = r_{ij}$, $r_{ip \bullet p+1, p} = r_{ip}$ und $r_{jp \bullet p+1, p} = r_{jp}$ gesetzt werden muß. Insbesondere ist $r_{ij \bullet p}$ durch die gewöhnlichen Korrelationskoeffizienten r_{ij}, r_{ip} und r_{jp} ausdrückbar:

$$r_{ij \bullet p} = \frac{r_{ij} - r_{ip} r_{jp}}{\sqrt{1 - r_{ip}^2} \sqrt{1 - r_{jp}^2}}. \tag{8.4.2}$$

Durch (8.4.1) und (8.4.2) wird die Berechnung der partiellen Korrelationskoeffizienten auf die gewöhnlicher Korrelationskoeffizienten zurückgeführt.

Berechnung mit Hilfe der mehrfachen linearen Regressionsanalyse:

Mit $X_i = Y$ als Zielgröße und den $x_{a+1}, \ldots, x_p$ als $(p - a)$ Einflußgrößen wird die Regressionsebene $\hat{x}_i = b_0 + \sum_{k=a+1}^{p} b_k x_k$ sowie zu jedem beobachteten Wert $x_{\nu i}$ ($\nu = 1, \ldots, n$) von X_i das Residuum $e_\nu = x_{\nu i} - \hat{x}_{\nu i} = x_{\nu i} - \left(b_0 + \sum_{k=a+1}^{p} b_k x_{\nu k}\right)$ bestimmt; in gleicher Weise wird mit $X_j = Y$ als Zielgröße und den $x_{a+1}, \ldots, x_p$ als $(p - a)$ Einflußgrößen die Regressionsebene $\hat{x}_j = b_0' + \sum_{k=a+1}^{p} b_k' x_k$ sowie zu jedem beobachteten Wert $x_{\nu j}$ ($\nu = 1, \ldots, n$) von X_j das Residuum $f_\nu = x_{\nu j} - \hat{x}_{\nu j} = x_{\nu j} - \left(b_0' + \sum_{k=a+1}^{p} b_k' x_{\nu k}\right)$ bestimmt; vgl. Abschn. 9.3. Der gewöhnliche Korrelationskoeffizient r_{ef} der n Wertepaare (e_ν, f_ν) ($\nu = 1, \ldots, n$) ist der partielle Korrelationskoeffizient $r_{ij \bullet a+1, \ldots, p}$.

$r_{ij \bullet a+1, \ldots, p}$ ist ein Schätzwert für $\varrho_{ij \bullet a+1, \ldots, p}$.

Im Sonderfall $p = 3$ ergeben sich die drei partiellen Korrelationskoeffizienten

$$r_{12 \bullet 3} = \frac{r_{12} - r_{13} r_{23}}{\sqrt{1 - r_{13}^2} \sqrt{1 - r_{23}^2}}$$

$$r_{13 \bullet 2} = \frac{r_{13} - r_{12} r_{23}}{\sqrt{1 - r_{12}^2} \sqrt{1 - r_{23}^2}} \tag{8.4.3}$$

$$r_{23 \bullet 1} = \frac{r_{23} - r_{12} r_{13}}{\sqrt{1 - r_{12}^2} \sqrt{1 - r_{13}^2}}.$$

Verteilung von $r_{ij \bullet a+1, \ldots, p}$ bei $\varrho_{ij \bullet a+1, \ldots, p} = 0$

Ist in der zugrunde liegenden Normalverteilung $\varrho_{ij \bullet a+1, \ldots, p} = 0$, so folgt die Zufallsvariable

$$t = \frac{r_{ij \bullet a+1, \ldots, p}}{\sqrt{1 - r_{ij \bullet a+1, \ldots, p}^2}} \sqrt{n - (p - a) - 2} \tag{8.4.4}$$

der t-Verteilung mit $f = [n - (p - a) - 2]$ Freiheitsgraden, vgl. Abschn. 3.5.

z-Transformation

Bei beliebigem partiellen Korrelationskoeffizienten $\varrho_{ij \cdot a+1,\ldots,p}$ mit $|\varrho_{ij \cdot a+1,\ldots,p}| < 1$ ist für $[n - (p - a)] \gtreqless 25$ die Zufallsvariable

$$Z = \tfrac{1}{2} \ln \frac{1 + r_{ij \cdot a+1,\ldots,p}}{1 - r_{ij \cdot a+1,\ldots,p}} \qquad (8.4.5)$$

(angenähert) normalverteilt mit dem Erwartungswert

$$E(Z) = \zeta = \tfrac{1}{2} \ln \frac{1 + \varrho_{ij \cdot a+1,\ldots,p}}{1 - \varrho_{ij \cdot a+1,\ldots,p}} + \frac{\varrho_{ij \cdot a+1,\ldots,p}}{2[n - (p - a) - 1]} \qquad (8.4.6)$$

und der Varianz

$$V(Z) = \sigma_z^2 = \frac{1}{n - (p - a) - 3}. \qquad (8.4.7)$$

Test auf Unabhängigkeit (keine Korrelation) zwischen X_i und X_j

Nullhypothese H_0: $\varrho_{ij \cdot a+1,\ldots,p} = 0$.

Alternativhypothesen, Prüfwerte und kritische Werte ergeben sich, wenn in (8.3.5) bis (8.3.7) ϱ durch $\varrho_{ij \cdot a+1,\ldots,p}$, r durch $r_{ij \cdot a+1,\ldots,p}$ und n durch $n - (p - a)$ ersetzt werden.

Vergleich des partiellen Korrelationskoeffizienten $\varrho_{ij \cdot a+1,\ldots,p}$ mit einem vorgegebenen Wert ϱ_0

Unter der Voraussetzung $n - (p - a) \gtreqless 25$ ergeben sich die Alternativhypothesen, Prüfwerte und kritischen Werte, wenn in (8.3.8) ϱ durch $\varrho_{ij \cdot a+1,\ldots,p}$, r durch $r_{ij \cdot a+1,\ldots,p}$ und n durch $n - (p - a)$ ersetzt werden.

Für die Signifikanzniveaus $\alpha = 5\%$ und $\alpha = 1\%$, läßt sich der zweiseitige Test — auch für kleinere n — mit Hilfe der Nomogramme D 8 und D 9 durchführen: an den Schnittpunkten der Waagerechten durch ϱ_0 mit den beiden Kurven für $n - (p - a)$ liest man an der Abszisse die Werte r_U und r_O ab; gilt $r_U \leq r_{ij \cdot a+1,\ldots,p} \leq r_O$, dann wird die Nullhypothese H_0: $\varrho_{ij \cdot a+1,\ldots,p} = \varrho_0$ nicht verworfen, andernfalls wird sie verworfen.

Vergleich zweier partieller Korrelationskoeffizienten

Eine Stichprobe vom Umfang n_1 aus einer p_1-dimensionalen Normalverteilung besitze den partiellen Korrelationskoeffizienten $r^{(1)}_{ij \cdot a_1+1,\ldots,p_1}$ (Ausschluß von $(p_1 - a_1)$ Größen), eine Stichprobe vom Umfang n_2 aus einer weiteren p_2-dimensionalen Normalverteilung den Korrelationskoeffizienten $r^{(2)}_{ij \cdot a_2+1,\ldots,p_2}$ (Ausschluß von $(p_2 - a_2)$ Größen).

Nullhypothese H_0: $\varrho^{(1)}_{ij \cdot a_1+1,\ldots,p_1} = \varrho^{(2)}_{ij \cdot a_2+1,\ldots,p_2}$.
Unter der Voraussetzung $n_1 - (p_1 - a_1) \gtreqless 25$ und $n_2 - (p_2 - a_2) \gtreqless 25$ ergeben sich die Alternativhypothesen, Prüfwerte und kritischen Werte, wenn in (8.3.9) ϱ_1 durch $\varrho^{(1)}$, ϱ_2 durch $\varrho^{(2)}$, r_1 durch $r^{(1)}$, r_2 durch $r^{(2)}$, n_1 durch $n_1 - (p_1 - a_1)$ und n_2 durch $n_2 - (p_2 - a_2)$ ersetzt werden.

8.4 Schätz- und Testverfahren für die partiellen und multiplen Korrelationskoeffizienten 269

Vertrauensbereich für $\varrho_{ij \cdot a+1,\ldots,p}$

In (8.4.6) ist für genügend große Werte $[n-(p-a)]$ das zweite Glied vernachlässigbar. Dann ergeben sich zum Vertrauensniveau $1-\alpha$ näherungsweise

die einseitigen Vertrauensbereiche

$$\varrho_{ij \cdot a+1,\ldots,p} \geq \varrho_U = \tanh \zeta_U \quad \text{bzw.} \quad \varrho_{ij \cdot a+1,\ldots,p} \leq \varrho_O = \tanh \zeta_O \quad (8.4.8)$$

mit

$$\zeta_U = z(r_{ij \cdot a+1,\ldots,p}) - \frac{u_{1-\alpha}}{\sqrt{n-(p-a)-3}},$$

und (8.4.9)

$$\zeta_O = z(r_{ij \cdot a+1,\ldots,p}) + \frac{u_{1-\alpha}}{\sqrt{n-(p-a)-3}},$$

der zweiseitige Vertrauensbereich

$$\varrho_U = \tanh \zeta_U \leq \varrho_{ij \cdot a+1,\ldots,p} \leq \tanh \zeta_O = \varrho_O \quad (8.4.10)$$

mit ζ_U und ζ_O aus (8.4.9), wenn dort $u_{1-\alpha}$ durch $u_{1-\alpha/2}$ ersetzt wird.

$z(r_{ij \cdot a+1,\ldots,p})$ entsprechend (8.4.5), Zahlenwerte für $u_{1-\alpha}$ und $u_{1-\alpha/2}$ s. Tab. C 3, $\varrho(\zeta)$ nach (8.3.14).

Für $1-\alpha = 95\%$ und $1-\alpha = 99\%$ läßt sich der zweiseitige Vertrauensbereich — auch für kleinere n — aus Nomogramm D 8 oder D 9 entnehmen: an den Schnittpunkten der Senkrechten durch $r_{ij \cdot a+1,\ldots,p}$ mit den beiden Kurven für $n-(p-a)$ liest man an der Ordinate die Vertrauensgrenzen ϱ_U und ϱ_O ab.

8.4.2 Multiple Korrelation

Multipler Korrelationskoeffizient $r_{i \cdot a+1,\ldots,p}$ *der Stichprobe*

Für $a = 1, 2, \ldots, p-2$ und $i = 1, 2, \ldots, a$ ist

$$r_{i \cdot a+1,\ldots,p} = \sqrt{1 - \frac{\hat{\sigma}^2_{i \cdot a+1,\ldots,p}}{s_i^2}}, \quad (8.4.11)$$

wobei s_i^2 die Stichprobenvarianz von X_i und $\hat{\sigma}^2_{i \cdot a+1,\ldots,p}$ der Schätzwert für die bedingte Varianz $\sigma^2_{i \cdot a+1,\ldots,p}$ nach (4.5.26) ist.

$$\frac{\hat{\sigma}^2_{i \cdot a+1,\ldots,p}}{s_i^2} = \prod_{j=a+1}^{p} (1 - r^2_{ij \cdot j+1,\ldots,p}) \quad (8.4.12)$$

führt in Verbindung mit (8.4.1) und (8.4.2) die Berechnung des multiplen Korrelationskoeffizienten der Stichprobe auf die Berechnung gewöhnlicher Korrelationskoeffizienten der Stichprobe zurück.

Berechnung mit Hilfe der mehrfachen linearen Regressionsanalyse

Mit $X_i = Y$ als Zielgröße und den $x_{a+1}, \ldots, x_p$ als Einflußgrößen wird die Regressionsebene $\hat{x}_i = b_0 + \sum_{k=a+1}^{p} b_k x_k$ bestimmt (vgl. Abschn. 9.3); dann ist

$$\hat{\sigma}_{i \bullet a+1, \ldots, p}^{2} = \frac{1}{n-1} \sum_{\nu=1}^{n} \left[x_{\nu i} - b_0 - \sum_{k=a+1}^{p} b_k x_{\nu k} \right]^2 = \frac{n-1-p+a}{n-1} s^2, \qquad (8.4.13)$$

wobei s^2 die Restvarianz (9.3.44) dieser Regressionsanalyse ist; $r_{i \bullet a+1, \ldots, p}^{2}$ ist gleich dem Bestimmtheitsmaß $\hat{B}$ nach (9.3.45) dieser Regressionsanalyse.

$r_{i \bullet a+1, \ldots, p}$ ist ein Schätzwert für $\varrho_{i \bullet a+1, \ldots, p}$.

Im Sonderfall $p = 3$ ergeben sich die drei multiplen Korrelationskoeffizienten

$$r_{1 \bullet 23} = \sqrt{\frac{r_{12}^2 + r_{13}^2 - T}{1 - r_{23}^2}}$$

$$r_{2 \bullet 13} = \sqrt{\frac{r_{12}^2 + r_{23}^2 - T}{1 - r_{13}^2}} \qquad (8.4.14)$$

$$r_{3 \bullet 12} = \sqrt{\frac{r_{13}^2 + r_{23}^2 - T}{1 - r_{12}^2}}$$

mit $T = 2 r_{12} r_{13} r_{23}$.

Test auf Unabhängigkeit (keine Korrelation) zwischen X_i und $X_{a+1}, \ldots, X_p$

Nullhypothese H_0: $\quad \varrho_{i \bullet a+1, \ldots, p} = 0$
Alternativhypothese H_1: $\varrho_{i \bullet a+1, \ldots, p} > 0$
Die Nullhypothese H_0 wird verworfen für

$$\frac{r_{i \bullet a+1, \ldots, p}^{2}}{1 - r_{i \bullet a+1, \ldots, p}^{2}} \cdot \frac{n - (p-a) - 1}{p - a} > F_{f_1, f_2; 1-\alpha} \qquad (8.4.15)$$

mit $f_1 = p - a$ und $f_2 = n - (p - a) - 1$.
Zahlenwerte für $F_{f_1; f_2, 1-\alpha}$ s. Tab. C 6 bis C 9.

8.5 Zweidimensionale Rangkorrelationsanalyse

Einer der drei folgenden Fälle liegt vor:

α) Es liegt eine Stichprobe von n Wertepaaren (x_1, y_1), (x_2, y_2), ..., ..., (x_n, y_n) aus einer zweidimensionalen Verteilung der Zufallsvariablen (X, Y) vor.

β) Es werden n Prüfeinheiten je zwei Beurteilungen 1 und 2 unterzogen, z.B. durch zwei Beurteilende oder nach zwei Beurteilungsmerkmalen oder mit zwei Beurteilungsverfahren. Dabei wird für die Urteile bei Beurteilung 1 eine Ordinalskala mit den Stufen (Noten) 1, 2, ..., s_1 und für die Urteile bei Beurteilung 2 eine Ordinalskala mit den Stufen (Noten) 1, 2, ..., s_2 verwendet. Je Prüfeinheit i liegt also das Wertepaar (u_i, v_i) vor, wobei u_i das Urteil 1, d.h. eine der Zahlen 1, 2, ..., s_1, und v_i das Urteil 2, d.h. eine der Zahlen 1, 2, ..., s_2 ist.

γ) Es werden n Prüfeinheiten je zwei Beurteilungen unterzogen, z.B. durch zwei Beurteilende oder nach zwei Beurteilungsmerkmalen oder mit zwei Beurteilungsverfahren. Bei Urteil 1 erhält die Prüfeinheit mit dem niedrigsten Urteil die Rangzahl 1, die mit dem zweitniedrigsten die Rangzahl 2, ..., die mit dem höchsten die Rangzahl n; bei der Beurteilung 2 wird entsprechend verfahren. Je Prüfeinheit i liegt also das Wertepaar (k_i, l_i) vor, wobei k_i die Rangzahl bei Urteil 1, d. h. eine der Zahlen 1, 2, ..., n und l_i die Rangzahl bei Urteil 2, d. h. ebenfalls eine der Rangzahlen 1, 2, ..., n ist.

In den Fällen α) und β) werden den n Wertepaaren (x_i, y_i) bzw. (u_i, v_i) Rangzahlpaare (k_i, l_i) zugeordnet: Dem kleinsten Wert x_i bzw. u_i wird $k = 1$, dem nächstkleinsten $k = 2$, ..., dem größten $k = n$ zugeordnet; sind die nach aufsteigender Größe geordneten Werte Nr. v bis Nr. $(v + c)$ gleich, dann spricht man von einer Bindung vom Ausmaß $c + 1$ und ordnet jedem dieser Werte die Rangzahl $v + c/2$ zu. Entsprechend verfährt man mit den y_i bzw. v_i und erhält die l_i.

8.5.1 Spearmansche Rangkorrelation

Spearmanscher Rangkorrelationskoeffizient r_s ohne Bindungen

Wenn keine Bindungen vorliegen, ist $k_i \neq k_j$ und $l_i \neq l_j$ für $i \neq j$, d. h. sowohl die n Werte k_i als auch die n Werte l_i bilden eine bestimmte Anordnung der Zahlen 1, 2, ..., n:

$$r_s = 1 - \frac{6 \sum_{i=1}^{n} (k_i - l_i)^2}{n(n^2 - 1)}. \qquad (8.5.1)$$

Es gilt stets

$$-1 \leq r_s \leq 1. \qquad (8.5.2)$$

Spearmanscher Rangkorrelationskoeffizient r'_s bei Bindungen

Die Anzahl der Bindungen in den k_i wird mit a, die Ausmaße der Bindungen mit t_1, t_2, ..., t_a bezeichnet; die Anzahl der Bindungen in den l_i wird mit b, die Ausmaße der Bindungen mit $w_1, w_2, ..., w_b$ bezeichnet.

$$r'_s = 1 - \frac{6 \sum_{i=1}^{n} (k_i - l_i)^2}{n(n^2 - 1) - (T_s + W_s)} \qquad (8.5.3)$$

mit

$$T_s = \tfrac{1}{2} \sum_{j=1}^{a} t_j(t_j^2 - 1), \quad W_s = \tfrac{1}{2} \sum_{j=1}^{b} w_j(w_j^2 - 1). \qquad (8.5.4)$$

Unabhängigkeitstest

Nullhypothese H_0: Die Zufallsvariablen X und Y sind voneinander unabhängig (vgl. (4.1.13) und (4.2.8)) bzw. die Beurteilungen 1 und 2 sind voneinander unabhängig.

Alternativhypothese H_1: Die Zufallsvariablen X und Y bzw. die Beurteilungen 1 und 2 sind nicht voneinander unabhängig.

Stichprobenumfang	Die Nullhypothese H_0 wird verworfen für	
	Prüfwert	kritischer Wert zum Signifikanzniveau α
$n \geq 4$	$|r_s|$	$\geq r_s(n;\alpha)$
näherungsweise für $10 < n < 20$	$\dfrac{|r_s|}{\sqrt{1-r_s^2}}\sqrt{n-2}$	$> t_{f;1-\alpha/2}$ mit $f = n-2$
$n \geq 20$	$|r_s|\sqrt{n-1}$	$> u_{1-\alpha/2}$

(8.5.5)

Zahlenwerte für $r_s(n;\alpha)$ s. Tab. 8.1, für $t_{f;1-\alpha/2}$ s. Tab. C 4 und für $u_{1-\alpha/2}$ s. Tab. C 3.

Bei Bindungen darf der Test mit r_s' durchgeführt werden, wenn die Anzahl der Bindungen klein gegenüber n und die Ausmaße aller Bindungen klein sind.

Tab. 8.1. Kritische Werte $r_s(n;\alpha)$ zum Test auf Unabhängigkeit mit dem Spearmanschen Rangkorrelationskoeffizienten r_s

α \ n	4	5	6	7	8	9	10	11	12
0,10	1	0,90	0,83	0,71	0,64	0,60	0,56	0,54	0,50
0,05	–	1	0,89	0,79	0,74	0,70	0,65	0,62	0,59
0,01	–	–	1	0,93	0,88	0,83	0,79	0,76	0,73

α \ n	13	14	15	16	17	18	19	20	> 20
0,10	0,48	0,46	0,45	0,43	0,41	0,40	0,39	0,38	$1{,}645/\sqrt{n-1}$
0,05	0,56	0,54	0,52	0,50	0,49	0,47	0,46	0,45	$1{,}960/\sqrt{n-1}$
0,01	0,70	0,68	0,65	0,64	0,62	0,60	0,58	0,57	$2{,}576/\sqrt{n-1}$

8.5.2 Kendallsche Rangkorrelation

Kendallscher Rangkorrelationskoeffizient τ ohne Bindungen

Wenn keine Bindungen vorliegen, ist $k_i \neq k_j$ und $l_i \neq l_j$ für $i \neq j$; d. h. sowohl die n Werte k_i als auch die n Werte l_i bilden eine bestimmte Anordnung der Zahlen $1, 2, \ldots, n$.

Jedes Rangzahlpaar (k_i, l_i) wird mit jedem anderen Rangzahlpaar (k_j, l_j) $(i, j = 1, \ldots, n; j \neq i)$ verglichen; insgesamt werden also $n(n-1)/2$ Vergleiche durchgeführt. Der Vergleich i mit j erhält die Bewertung

$$c_{ij} = c_{ji} = \operatorname{sign}(k_j - k_i)\operatorname{sign}(l_j - l_i), \tag{8.5.6}$$

8.5 Zweidimensionale Rangkorrelationsanalyse

wobei

$$\operatorname{sign}(x) = \begin{cases} 1 & \text{für } x > 0 \\ 0 & \text{für } x = 0 \\ -1 & \text{für } x < 0 \end{cases} \qquad (8.5.7)$$

ist; c_{ij} ist $+1$, wenn sich die beiden Rangzahlpaare i und j gleichsinnig in k und l unterscheiden (d. h. wenn für $k_j > k_i$ auch $l_j > l_i$ oder für $k_j < k_i$ auch $l_j < l_i$ ist); es ist -1 bei gegensinnigem Unterschied und Null, wenn eine Bindung unter den k_i oder l_j vorliegt (was im folgenden Unterabschnitt weiterbehandelt wird).

$$\tau = \frac{2}{n(n-1)} \sum_{i=1}^{n-1} \sum_{j=i+1}^{n} c_{ij}. \qquad (8.5.8)$$

Es gilt stets

$$-1 \leq \tau \leq 1. \qquad (8.5.9)$$

Kendallscher Rangkorrelationskoeffizient τ bei Bindungen

Die Anzahl der Bindungen in den k_i wird mit a, die Ausmaße der Bindungen werden mit $t_1, t_2, \ldots, t_a$ bezeichnet; die Anzahl der Bindungen in den l_i wird mit b, die Ausmaße werden mit $w_1, w_2, \ldots, w_b$ bezeichnet.

$$\tau' = \frac{2}{\sqrt{n(n-1) - T_K} \sqrt{n(n-1) - W_K}} \sum_{i=1}^{n-1} \sum_{j=i+1}^{n} c_{ij} \qquad (8.5.10)$$

mit

$$T_K = \sum_{j=1}^{a} t_j(t_j - 1), \qquad W_K = \sum_{j=1}^{b} w_j(w_j - 1). \qquad (8.5.11)$$

Einfache Berechnung der Summe der Bewertungen

1. Man schreibt die Rangzahlen k_i ($i = 1, \ldots, n$) in aufsteigender Reihenfolge untereinander auf und schreibt neben jede Rangzahl k_i die zugehörige Rangzahl l_i.
2. Man nimmt die oberste Rangzahl k_i und stellt fest, ob sie zu einer Bindung innerhalb der Rangfolge der k_i gehört oder nicht.
3. Gehört k_i zu einer Bindung, dann markiert man alle folgenden Rangzahlpaare, die zu dieser Bindung gehören.
4. Man vergleicht die zur obersten Rangzahl k_i gehörende Rangzahl l_i mit allen darunter stehenden, nicht markierten Rangzahlen l. Die Anzahl der größeren l wird mit r_i, die Anzahl der kleineren l mit s_i bezeichnet.
5. Man macht die Markierungen gemäß 3. rückgängig und streicht das oberste Rangzahlpaar.
6. Wenn noch mindestens zwei Rangzahlpaare nicht gestrichen sind, beginnt man wieder mit Schritt 2. Andernfalls ergibt sich die Summe der Bewertungen zu

$$\sum_{i=1}^{n-1} \sum_{j=i+1}^{n} c_{ij} = \sum_{i=1}^{n-1} r_i - \sum_{i=1}^{n-1} s_i. \qquad (8.5.12)$$

Unabhängigkeitstest

Nullhypothese H_0: Die Zufallsvariablen X und Y sind voneinander unabhängig (vgl. (4.1.13) und (4.2.8)) bzw. die Beurteilungen 1 und 2 sind voneinander unabhängig.

Alternativhypothese H_1: Die Zufallsvariablen X und Y bzw. die Beurteilungen 1 und 2 sind nicht voneinander unabhängig.

Stichprobenumfang	Die Nullhypothese H_0 wird verworfen für	
	Prüfwert	kritischer Wert zum Signifikanzniveau α
$n \geq 4$	$\|\tau\|$	$\geq \tau(n;\alpha)$
näherungsweise für $n > 10$	$\|\tau\|/\sigma_\tau$ mit $\sigma_\tau^2 = \dfrac{2(2n+5)}{9n(n-1)}$	$> u_{1-\alpha/2}$

(8.5.13)

Zahlenwerte für $\tau(n;\alpha)$ s. Tab. 8.2 und für $u_{1-\alpha/2}$ s. Tab. C 3.

Tab. 8.2. Kritische Werte $\tau(n;\alpha)$ zum Test auf Unabhängigkeit mit dem Kendallschen Rangkorrelationskoeffizienten τ

α \ n	4	5	6	7	8	9	10	> 10
0,10	1	0,80	0,73	0,62	0,57	0,50	0,47	$1{,}645\sqrt{\dfrac{2(2n+5)}{9n(n-1)}}$
0,05	–	1	0,87	0,71	0,64	0,56	0,51	$1{,}960\sqrt{\dfrac{2(2n+5)}{9n(n-1)}}$
0,01	–	–	1	0,91	0,79	0,72	0,64	$2{,}576\sqrt{\dfrac{2(2n+5)}{9n(n-1)}}$

Bei Bindungen darf der Test mit τ' durchgeführt werden, wenn die Anzahl der Bindungen klein gegenüber n und die Ausmaße aller Bindungen klein sind.

8.6 Mehrdimensionale Rangkorrelationsanalyse

Einer der drei folgenden Fälle liegt vor:

α) Es liegt eine Stichprobe von n Wertetupeln $(x_{\nu 1}, x_{\nu 2}, \ldots, x_{\nu p})$ $(\nu = 1, \ldots, n)$ aus einer p-dimensionalen Verteilung der Zufallsvariablen $(X_1, \ldots, X_p)$ vor.

β) Es werden n Prüfeinheiten je p Beurteilungen unterzogen, z. B. durch p Beurteilende oder nach p Beurteilungsmerkmalen oder mit p Beurteilungsverfahren. Dabei wird für die Urteile bei Beurteilung i ($i = 1, \ldots, p$) eine Ordinalskala mit den

8.6 Mehrdimensionale Rangkorrelationsanalyse

Stufen (Noten) 1, 2, ..., s_i verwendet. Je Prüfeinheit v liegt also das Wertetupel $(u_{v1}, u_{v2}, ..., u_{vp})$ vor, wobei u_{v1} das Urteil 1 (d. h. eine der Zahlen 1, ..., s_1), ..., u_{vp} das Urteil p (d. h. eine der Zahlen 1, ..., s_p) ist.

γ) Es werden n Prüfeinheiten je p Beurteilungen unterzogen, z. B. durch p Beurteilende oder nach p Beurteilungsmerkmalen oder mit p Beurteilungsverfahren. Bei Urteil 1 erhält die Prüfeinheit mit dem niedrigsten Urteil die Rangzahl 1, die mit dem zweitniedrigsten die Rangzahl 2, ..., die mit dem höchsten Urteil die Rangzahl n; bei den Beurteilungen 2, ..., p wird entsprechend verfahren. Je Prüfeinheit v liegt also das Wertetupel $(k_{v1}, k_{v2}, ..., k_{vp})$ vor, wobei k_{v1} die Rangzahl bei Urteil 1 (d. h. eine der Zahlen 1, ..., n), ..., k_{vp} die Rangzahl bei Urteil p (d. h. ebenfalls eine der Zahlen 1, ..., n) ist.

In den Fällen α) und β) werden den n Wertetupeln $(x_{v1}, ..., x_{vp})$ bzw. $(u_{v1}, ..., u_{vp})$ Rangzahltupel $(k_{v1}, ..., k_{vp})$ zugeordnet: dem kleinsten Wert x_{v1} bzw. u_{v1} wird $k = 1$, dem nächstkleinsten $k = 2, ...$, dem größten $k = n$ zugeordnet; sind die nach aufsteigender Größe geordneten Werte Nr. v bis Nr. $(v + c)$ gleich, dann spricht man von einer Bindung vom Ausmaß $c + 1$ und ordnet jedem dieser Werte die Rangzahl $v + c/2$ zu. Entsprechend verfährt man mit den x_{v2} bzw. u_{v2} bis x_{vp} bzw. u_{vp} und erhält die k_{v2} bis k_{vp}.

Die Summe aller Rangzahlen für die Beurteilung i ist $\sum_{v=1}^{n} k_{vi} = n(n+1)/2$, die Summe aller Rangzahlen für das Wertetupel $(x_{v1}, ..., x_{vp})$ bzw. die Prüfeinheit v ist $\sum_{i=1}^{p} k_{vi} = k_{v\bullet}$; vgl. (8.6.1).

Wertetupel bzw. Prüfeinheit	Beurteilung					$\sum_{i=1}^{p} k_{vi}$	$d_v^{2\ 1)}$
	1	...	i	...	p		
1	k_{11}	...	k_{1i}	...	k_{1p}	$k_{1\bullet}$	d_1^2
2	k_{21}	...	k_{2i}	...	k_{2p}	$k_{2\bullet}$	d_2^2
⋮	⋮		⋮		⋮	⋮	⋮
v	k_{v1}	...	k_{vi}	...	k_{vp}	$k_{v\bullet}$	d_v^2
⋮	⋮		⋮		⋮	⋮	⋮
n	k_{n1}	...	k_{ni}	...	k_{np}	$k_{n\bullet}$	d_n^2
Ausmaß der Bindungen (falls vorhanden)	t_{11} t_{21} ⋮ $t_{a_1,1}$	...	t_{1i} t_{2i} ⋮ $t_{a_i,i}$	...	t_{1p} t_{2p} ⋮ $t_{a_p,p}$	$\sum_{v=1}^{n} d_v^2 = S$	
nach (8.6.5)	T_1	...	T_i	...	T_p	$\sum_{i=1}^{p} T_i = T$	

(8.6.1)

---

[1] $d_v = k_{v\bullet} - p(n+1)/2$.

Kendallscher Übereinstimmungskoeffizient W ohne Bindungen

Wenn keine Bindungen vorliegen, ist $k_{\nu i} \neq k_{\mu i}$ für $\nu \neq \mu$, d. h. die Werte $k_{\nu i}$ bilden für jedes $i = 1, \ldots, p$ eine bestimmte Anordnung der Zahlen $1, 2, \ldots, n$.

$$W = \frac{12 \sum_{\nu=1}^{n} [k_{\nu \bullet} - p(n+1)/2]^2}{p^2 n(n^2-1)} = \frac{12 \sum_{\nu=1}^{n} k_{\nu \bullet}^2}{p^2 n(n^2-1)} - \frac{3(n+1)}{n-1} = \frac{12S}{p^2(n-1)n(n+1)}.$$

(8.6.2)

Es gilt stets

$$0 \leq W \leq 1.$$

(8.6.3)

Kendallscher Übereinstimmungskoeffizient W' bei Bindungen

Die Anzahl der Bindungen in den $k_{\nu 1}$ wird mit a_1, die Ausmaße der Bindungen werden mit $t_{11}, t_{21}, \ldots, t_{a_1,1}$ bezeichnet, ..., die Anzahl der Bindungen in den $k_{\nu p}$ wird mit a_p, die Ausmaße der Bindungen werden mit $t_{1p}, t_{2p}, \ldots, t_{a_p,p}$ bezeichnet; vgl. (8.6.1).

$$W' = \frac{12 \sum_{\nu=1}^{n} [k_{\nu \bullet} - p(n+1)/2]^2}{p^2 n(n^2-1) - p \sum_{i=1}^{p} T_i} = \frac{12S}{p^2(n-1)n(n+1) - pT}$$

(8.6.4)

mit

$$T_i = \sum_{j=1}^{a_i} t_{ji}(t_{ji}^2 - 1) \quad \text{und} \quad T = \sum_{i=1}^{p} T_i.$$

(8.6.5)

Unabhängigkeitstest

Nullhypothese H_0: Die Zufallsvariablen $X_1, X_2, \ldots, X_p$ sind voneinander unabhängig (vgl. (4.4.5)) bzw. die Beurteilungen $1, 2, \ldots, p$ sind voneinander unabhängig.

Alternativhypothese H_1: Die Zufallsvariablen $X_1, X_2, \ldots, X_p$ bzw. die Beurteilungen $1, 2, \ldots, p$ sind nicht voneinander unabhängig.

Anzahl der Zufallsvariablen bzw. Beurteilungen	Stichprobenumfang	Die Nullhypothese H_0 wird verworfen für	
		Prüfwert	kritischer Wert zum Signifikanzniveau α
$p = 3, 4, \ldots, 20$	$n = 3, 4, \ldots, 7$	W	$\geq W(p, n; \alpha)$
$p > 20$	$n = 3, 4, \ldots, 7$	$\dfrac{(p-1)W}{1-W}$	$> F_{f_1, f_2; 1-\alpha}$ mit $f_1 = n - 1 - \dfrac{2}{p}$, $f_2 = (p-1)f_1$
beliebig	$n > 7$	$p(n-1)W$	$> \chi^2_{f; 1-\alpha}$ mit $f = n - 1$

(8.6.6)

f_1 ist auf die größte ganze Zahl abzurunden.

Zahlenwerte für $W(p, n; \alpha)$ s. Tab. 8.3, für $F_{f_1, f_2; 1-\alpha}$ s. Tab. C 6 bis C 9 und für $\chi^2_{f; 1-\alpha}$ s. Tab. C 5.

8.7. Zweidimensionale Kontingenzanalyse

Tab. 8.3. Kritische Werte $W(p, n; \alpha)$ zum Unabhängigkeitstest mit dem Kendallschen Übereinstimmungskoeffizienten W

n	α	p=3	4	5	6	8	10	15	20
3	0,05					0,38	0,30	0,20	0,15
	0,01					0,52	0,43	0,29	0,22
4	0,05		0,62	0,50	0,42	0,32	0,26	0,17	0,13
	0,01		0,77	0,64	0,55	0,43	0,35	0,24	0,18
5	0,05	0,72	0,55	0,45	0,38	0,29	0,23	0,16	0,12
	0,01	0,84	0,68	0,57	0,49	0,38	0,31	0,21	0,16
6	0,05	0,66	0,51	0,42	0,35	0,27	0,22	0,14	0,11
	0,01	0,78	0,63	0,52	0,45	0,35	0,28	0,19	0,15
7	0,05	0,62	0,48	0,39	0,33	0,25	0,20	0,14	0,10
	0,01	0,74	0,59	0,49	0,42	0,32	0,26	0,18	0,14

Bei Bindungen darf der Test mit W' durchgeführt werden, wenn die Anzahl der Bindungen klein gegenüber n und die Ausmaße aller Bindungen klein sind.

Zusammenhang mit dem Friedman-Test (7.10.19)

Der Prüfwert (7.10.17) des Friedman-Tests geht durch Bezeichnungswechsel von (i, a, b, R_i) auf $(v, n, p, k_{v\cdot})$ in $p(n-1)W$ über.

8.7 Zweidimensionale Kontingenzanalyse

Einer der beiden folgenden Fälle liegt vor:

α) Es liegt eine Stichprobe von n Wertepaaren $(x_1, y_1), (x_2, y_2), \ldots, (x_n, y_n)$ aus einer zweidimensionalen (stetigen oder diskreten) Verteilung der Zufallsvariablen (X, Y) in Form einer Korrelationstabelle (8.2.12) vor.

β) An n Prüfeinheiten werden die Ausprägungen zweier qualitativer Merkmale A und B beobachtet. A hat eine der k Ausprägungen $A_j (j = 1, \ldots, k)$, B hat eine der m Ausprägungen $B_l (l = 1, \ldots, m)$. An der Prüfeinheit Nr. $v (v = 1, \ldots, n)$ wird das Ausprägungspaar $(A^{(v)}; B^{(v)})$ beobachtet; beispielsweise ist $A^{(v)} = A_2$, $B^{(v)} = B_m$. Die n Ausprägungspaare werden in einer $(k \times m)$-*Kontingenztafel* (deren Form (8.2.12) gleicht) mit den Randhäufigkeiten nach (8.2.13) und (8.2.14) dargestellt.

8.7.1 Unabhängigkeitstest

Nullhypothese H_0: Die Zufallsvariablen X und Y sind voneinander unabhängig (vgl. (4.1.13) und (4.2.8)) bzw. die Merkmale A und B sind voneinander unabhängig, d.h. für alle $j = 1, \ldots, k$ und $l = 1, \ldots, m$ gilt

$$P(A_j \cap B_l) = P(A_j) P(B_l), \tag{8.7.1}$$

vgl. (1.2.12).

Alternativhypothese H_1: Die Zufallsvariablen X und Y bzw. die Merkmale A und B sind nicht voneinander unabhängig.

Der Unabhängigkeitstest erfolgt mit Prüfwert und kritischem Wert des χ^2-Testes (6.11.4), wobei dort i, j, k, l durch j, l, k, m ersetzt werden müssen. Die in (6.11.3) für $\bar{n}_{jl}$ angegebenen Einschränkungen müssen beachtet werden.

8.7.2 Kontingenzmaße (Assoziationsmaße)

Kontingenzkoeffizient von Pearson

$$C = \sqrt{\frac{\chi^2}{n + \chi^2}} \tag{8.7.2}$$

mit χ^2 nach (6.11.4). Es gilt stets

$$0 \leq C \leq C_{\max} \tag{8.7.3}$$

mit

$$C_{\max} = \sqrt{\frac{\min(k, m) - 1}{\min(k, m)}} < 1. \tag{8.7.4}$$

Ist $n_{jl} = \bar{n}_{jl}$ für alle $j = 1, \ldots, k$ und $l = 1, \ldots, m$, dann ist $C = 0$. C wächst mit wachsender Assoziation.

Korrigierter Kontingenzkoeffizient von Pearson

$$C_{\text{korr}} = C / C_{\max} \tag{8.7.5}$$

mit C nach (8.7.2) und $C_{\max}$ nach (8.7.4); es gilt stets $0 \leq C_{\text{korr}} \leq 1$.

Assoziationsmaß von Tschuprov

$$T = \frac{\chi^2}{n \sqrt{(k-1)(m-1)}} \tag{8.7.6}$$

mit χ^2 nach (6.11.4). Es gilt stets

$$0 \leq T \leq T_{\max} \tag{8.7.7}$$

mit

$$T_{\max} = \sqrt{\frac{\min(k, m) - 1}{\max(k, m) - 1}} ; \tag{8.7.8}$$

$T_{\max} = 1$ für $k = m$; $T_{\max} < 1$ für $k \neq m$.

Ist $n_{jl} = \bar{n}_{jl}$ für alle $j = 1, \ldots, k$ und $l = 1, \ldots, m$, dann ist $T = 0$. T wächst mit wachsender Assoziation.

Assoziationsmaß von Cramér

$$V = \sqrt{\frac{\chi^2}{n \min(k-1, m-1)}} \tag{8.7.9}$$

mit χ^2 nach (6.11.4). Es gilt stets

8.7. Zweidimensionale Kontingenzanalyse

$$0 \leq V \leq 1. \qquad (8.7.10)$$

Ist $n_{jl} = \bar{n}_{jl}$ für alle $j = 1, \ldots, k$ und $l = 1, \ldots, m$, dann ist $V = 0$. V wächst mit wachsender Assoziation. $V = T$ mit T nach (8.7.6) für $k = m$.

8.7.3 Sonderfall $k = m = 2$ (Vierfeldertafel)

Für $k = m = 2$ entsteht aus (8.2.12) als Sonderfall der Kontingenztafel die *Vierfeldertafel* (8.7.11).

$j \backslash l$	1	2	$\sum_l$
1	n_{11}	n_{12}	$n_{1\bullet}$
2	n_{21}	n_{22}	$n_{2\bullet}$
$\sum_j$	$n_{\bullet 1}$	$n_{\bullet 2}$	n

(8.7.11)

Unabhängigkeitstest bei $k = m = 2$

Der Unabhängigkeitstest erfolgt für $n \leq 20$ mit Prüfwert und kritischem Wert des exakten Testes von Fisher und Yates (6.10.3) und für $n > 20$ mit Prüfwert und kritischem Wert des Näherungsverfahrens (6.10.6) für den zweiseitigen Test. Dabei sind die Prüfwerte statt mit $(x_1, y_1, n_1; x_2, y_2, n_2)$ jetzt mit $(n_{11}, n_{12}, n_{1\bullet}; n_{21}, n_{22}, n_{2\bullet})$ zu bilden.

Spezielle Kontingenzmaße (Assoziationsmaße) bei $k = m = 2$

Yule's Q

$$Q = \frac{n_{11} n_{22} - n_{12} n_{21}}{n_{11} n_{22} + n_{12} n_{21}}. \qquad (8.7.12)$$

Bei Unabhängigkeit in der Vierfeldertafel ($n_{11} n_{22} = n_{12} n_{21}$) ist $Q = 0$, bei vollständiger Assoziation ($n_{12} n_{21} = 0$) ist $Q = 1$, bei vollständiger Disassoziation ($n_{11} n_{22} = 0$) ist $Q = -1$.

Yule's Y

$$Y = \frac{\sqrt{n_{11} n_{22}} - \sqrt{n_{12} n_{21}}}{\sqrt{n_{11} n_{22}} + \sqrt{n_{12} n_{21}}} \qquad (8.7.13)$$

$$Q = \frac{2Y}{1 + Y^2} \qquad (8.7.14)$$

mit Q nach (8.7.12). Es gilt $Q = 0$ ($Q = 1$, $Q = -1$) für $Y = 0$ ($Y = 1$, $Y = -1$).

9 Regressionsanalyse

9.1 Allgemeines

Die Regressionsanalyse ist ein statistisches Verfahren zur Untersuchung der Abhängigkeit einer quantitativen Zielgröße Y von quantitativen Einflußgrößen (quantitativen Faktoren).

p sei die Anzahl der Einflußgrößen $x_1, x_2, ..., x_p$. Bei der einfachen Regressionsanalyse ist $p=1$, bei der mehrfachen $p>1$.

Beim Modell I der Regressionsanalyse sind die Einflußgrößen nicht zufällig, d. h. einstellbar. Beim Modell II sind sie Zufallsvariablen, und es wird die Abhängigkeit der Zielgröße von vorliegenden Werten (Realisierungen) der Einflußgrößen betrachtet.

Bei der Regressionsanalyse muß der Typ der Abhängigkeit des Erwartungswertes $E(Y)$ der Zielgröße von den Einflußgrößen vorgegeben werden:

$$E(Y) = \mu_Y(x_1, x_2, ..., x_p), \qquad (9.1.1)$$

während die Parameter $\theta_1, \theta_2, ...$ in der Funktion $\mu_Y(x_1, x_2, ..., x_p)$ unbekannt sind und aus den vorliegenden Stichprobenergebnissen geschätzt werden sollen; $\mu_Y(x_1, x_2, ..., x_p)$ heißt Regressionsfunktion (der Grundgesamtheit).

Ist die Funktion $\mu_Y(x_1, x_2, ..., x_p)$ linear in den Einflußgrößen $x_1, x_2, ..., x_p$, dann heißt die Regressionsanalyse linear.

$$E(Y) = \mu_Y(x_1, x_2, ..., x_p) = \beta_0 + \beta_1 x_1 + \beta_2 x_2 + ... + \beta_p x_p \qquad (9.1.2)$$

beschreibt dann die Regressions-(hyper-)ebene (der Grundgesamtheit); $\beta_0, \beta_1 ..., \beta_p$ sind die Regressionskoeffizienten (der Grundgesamtheit).

9.2 Einfache lineare Regression

9.2.1 Modelle

Modell I

Die Zielgröße

$$Y = \beta_0 + \beta_1 x + \varepsilon \qquad (9.2.1)$$

setzt sich additiv aus dem nichtzufälligen, von der nichtzufälligen Variablen x linear

9.2 Einfache lineare Regression

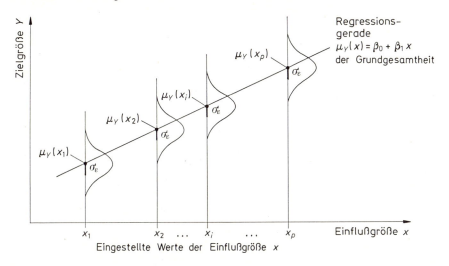

Abb. 9.1. Zur Veranschaulichung des Modells I der einfachen linearen Regression

abhängigen Anteil $\beta_0 + \beta_1 x$ und dem Zufallsanteil ε zusammen. Hat x den Wert x_i ($i = 1, 2, \ldots$), dann gilt

$$Y_{i\nu} = \beta_0 + \beta_1 x_i + \varepsilon_{i\nu},$$

wobei $\nu = 1, 2, \ldots$ die laufende Nummer der Beobachtung beim eingestellten Wert x_i bezeichnet.

Der Zufallsanteil $\varepsilon_{i\nu}$ ist normalverteilt mit

$$E(\varepsilon_{i\nu}) = 0; \qquad V(\varepsilon_{i\nu}) = \sigma_\varepsilon^2 \quad \text{für alle } i, \nu = 1, 2, \ldots \tag{9.2.2}$$

Außerdem sind die $\varepsilon_{i\nu}$ unkorreliert:

$$E(\varepsilon_{i\nu} \varepsilon_{i'\nu'}) = 0 \quad \text{für alle } i, i', \nu, \nu' = 1, 2, \ldots \text{ mit } i \neq i' \text{ oder } \nu \neq \nu'. \tag{9.2.3}$$

Die Zielgröße ist daher bei konstantem $x = x_i$ normalverteilt mit

$$E(Y_{i\nu}) = \mu_Y(x_i) = \beta_0 + \beta_1 x_i, \qquad V(Y_{i\nu}) = \sigma_\varepsilon^2; \tag{9.2.4}$$

d. h. $E(Y_{i\nu})$ hängt linear von x ab, während $V(Y_{i\nu})$ einen von x unabhängigen konstanten Wert hat (Homoskedastizität); vgl. Abb. 9.1.

Modell II

Die Zielgröße Y sei Zufallsvariable in einer zweidimensionalen Normalverteilung von $(X; Y)$; vgl. Abschn. 4.5. Dann gelten für den Erwartungswert und die Varianz von Y in der bedingten Verteilung von Y bei gegebenem x die gleichen Beziehungen wie bei Modell I; vgl. Abb. 4.1.

Parameter

Beide Modelle haben die drei (unbekannten) Parameter β_0 und β_1, die Regressionskoeffizienten (der Grundgesamtheit), und σ_ε^2, die Residualvarianz; die durch $\mu_Y(x)$ beschriebene Gerade heißt Regressionsgerade (der Grundgesamtheit).

Transformierte Einflußgröße

Die Variable x ist entweder die Einflußgröße z selbst oder eine bekannte Funktion

$$x = g(z) \qquad (9.2.5)$$

der Einflußgröße z, die durch eine bekannte oder vermutete Gesetzmäßigkeit gegeben ist, z. B. $x = z^2$, $x = \ln z$, ...

9.2.2 Auswertung der Stichprobe

Zu den k ($k > 2$) verschiedenen Werten x_i ($i = 1, \ldots, k$) der Variablen x liegen Beobachtungswerte $y_{i\nu}$ ($\nu = 1, 2, \ldots, n_i$) der Zielgröße Y vor, d. h. die Anzahl der Beobachtungswerte von Y an der Stelle x_i ist n_i; vgl. (9.2.6).

Wert der Variablen x	Beobachtungswerte von Y				Anzahl der Beobachtungswerte von Y
x_1	y_{11}	y_{12}	$\ldots$	y_{1n_1}	n_1
x_2	y_{21}	y_{22}	$\ldots$	y_{2n_2}	n_2
$\vdots$	$\vdots$	$\vdots$		$\vdots$	$\vdots$
x_i	y_{i1}	y_{i2}	$\ldots$	y_{in_i}	n_i
$\vdots$	$\vdots$	$\vdots$		$\vdots$	$\vdots$
x_k	y_{k1}	y_{k2}	$\ldots$	y_{kn_k}	n_k

(9.2.6)

Die Darstellung (9.2.6) schließt den Sonderfall ein, daß $n_i = 1$ für $i = 1, \ldots, k$ ist, d. h. daß zu jedem Wert x_i der Variablen x *ein* Beobachtungswert $y_{i1} = y_i$ der Zielgröße vorliegt. Dieser Fall liegt bei Modell II immer vor (es sei denn, daß wegen der beschränkten Beobachtungsgenauigkeit bestimmte Werte der Zufallsvariablen X mehrfach beobachtet werden); bei Modell I ergibt er sich, wenn bei jedem eingestellten Wert von x die Zielgröße Y einmal beobachtet wird.

Stichprobenumfang

$$N = \sum_{i=1}^{k} n_i. \qquad (9.2.7)$$

Hilfssummen

$$S_x = \sum_{i=1}^{k} n_i x_i, \qquad S_y = \sum_{i=1}^{k} \sum_{\nu=1}^{n_i} y_{i\nu},$$

$$S_{xx} = \sum_{i=1}^{k} n_i x_i^2, \qquad S_{yy} = \sum_{i=1}^{k} \sum_{\nu=1}^{n_i} y_{i\nu}^2, \qquad (9.2.8)$$

$$S_{xy} = \sum_{i=1}^{k} \sum_{\nu=1}^{n_i} x_i y_{i\nu}.$$

Im Sonderfall $n_i = 1$ für alle $i = 1, \ldots, k$ gilt mit $N = k$: $S_x = \sum x_i$, $S_y = \sum y_i$, $S_{xx} = \sum x_i^2$, $S_{yy} = \sum y_i^2$, $S_{xy} = \sum x_i y_i$, wobei jeweils über $i = 1, \ldots, N$ zu summieren ist.

9.2 Einfache lineare Regression

Mittelwerte

$$\bar{x} = S_x/N; \quad \bar{y} = S_y/N. \tag{9.2.9}$$

Summe der quadrierten Abweichungen (S.d.q.A.) bzw. Produktabweichungen

$$Q_{xx} = S_{xx} - S_x^2/N; \quad Q_{yy} = S_{yy} - S_y^2/N; \quad Q_{xy} = S_{xy} - S_x S_y/N. \tag{9.2.10}$$

Varianzen

$$s_x^2 = Q_{xx}/(N-1), \quad s_y^2 = Q_{yy}/(N-1). \tag{9.2.11}$$

Kovarianz

$$s_{xy} = Q_{xy}/(N-1). \tag{9.2.12}$$

Regressionskoeffizienten der Stichprobe

$$b_1 = Q_{xy}/Q_{xx}, \quad b_0 = \bar{y} - b_1 \bar{x}; \tag{9.2.13}$$

b_0 und b_1 sind bei Gültigkeit der Modellvoraussetzungen (s. Unterabschn. 9.2.1) Schätzwerte für die Regressionskoeffizienten β_0, β_1 der Gesamtheit.

Regressionsgerade der Stichprobe

$$\hat{y}(x) = b_0 + b_1 x; \tag{9.2.14}$$

$\hat{y}(x)$ schätzt [1] $\mu_Y(x)$.

Restsumme der quadrierten Abweichungen

$$Q_{\text{Res}} = \sum_{i=1}^{k} \sum_{\nu=1}^{n_i} (y_{i\nu} - b_0 - b_1 x_i)^2. \tag{9.2.15}$$

Restvarianz

$$s^2 = Q_{\text{Res}}/(N-2) = \frac{Q_{yy}}{N-2}\left(1 - \frac{Q_{xy}^2}{Q_{xx} Q_{yy}}\right); \tag{9.2.16}$$

s^2 ist bei Gültigkeit der Modellvoraussetzungen (s. Unterabschn. 9.2.1) ein Schätzwert für die Residualvarianz σ_ε^2 nach (9.2.2).

Bestimmtheitsmaß

$$\hat{B} = \frac{Q_{xy}^2}{Q_{xx} Q_{yy}} = 1 - \frac{Q_{\text{Res}}}{Q_{yy}}; \tag{9.2.17}$$

---

[1] Voraussetzung dafür ist die Gültigkeit der Modellvoraussetzungen (9.2.1) bis (9.2.4). Grobe Abweichungen von diesen Modellvoraussetzungen lassen sich anhand der Beobachtungsdaten nur im untersuchten Bereich $x_{\min} \leq x \leq x_{\max}$ von x feststellen, wobei $x_{\min}$ der kleinste und $x_{\max}$ der größte eingestellte bzw. beobachtete Wert von x ist. Deshalb sollten Aussagen über die Abhängigkeit der Zielgröße von x auf den untersuchten Bereich beschränkt bleiben, es sei denn, die Modellvoraussetzungen können aus anderen Gründen auch außerhalb des untersuchten Bereichs als gültig angesehen werden.

stets gilt

$$0 \leq \hat{B} \leq 1, \quad (9.2.18)$$

wobei $\hat{B} = 0$ fehlenden linearen Zusammenhang, $\hat{B} = 1$ vollständigen linearen Zusammenhang zwischen Y und x, d.h. $y_{i1} = y_{i2} = \ldots = y_{in_i} = y_i$ und $y_i = b_0 + b_1 x_i$ für alle $i = 1, \ldots, k$, bedeutet.

Reststandardabweichung

$$s = \sqrt{\frac{N-1}{N-2}} \, s_y \sqrt{1-\hat{B}}, \quad (9.2.19)$$

d.h. die Reststandardabweichung s ist – von $\sqrt{(N-1)/(N-2)} \approx 1$ abgesehen – das $\sqrt{1-\hat{B}}$ fache der Standardabweichung s_y; z.B. ist s für $\hat{B} = 0{,}5$ ungefähr 30% kleiner als s_y.

Verteilung von b_0, b_1, s^2

b_0 und b_1 sind normalverteilt mit

$$E(b_0) = \beta_0, \quad V(b_0) = \frac{S_{xx}}{Q_{xx}} \frac{\sigma_\varepsilon^2}{N}, \quad (9.2.20)$$

$$E(b_1) = \beta_1, \quad V(b_1) = \frac{\sigma_\varepsilon^2}{Q_{xx}}, \quad (9.2.21)$$

$$\mathrm{Cov}(b_0, b_1) = \frac{-\bar{x}}{Q_{xx}} \sigma_\varepsilon^2 = -\frac{S_{xx}}{Q_{xx}} \frac{\sigma_\varepsilon^2}{N}; \quad (9.2.22)$$

s^2 ist unabhängig von b_0 und b_1 und

$$\chi^2 = \frac{(N-2)s^2}{\sigma_\varepsilon^2} \quad (9.2.23)$$

ist χ^2-verteilt mit $f = n - 2$ Freiheitsgraden; vgl. Abschn. 3.4.

9.2.3 Testverfahren

Linearitätstest (Test der Nullhypothese eines linearen Zusammenhanges zwischen Y und $x = f(z)$)

Nullhypothese H_0: $E(Y) = \mu_Y(x) = \beta_0 + \beta_1 x$.
Der Test ist nur möglich, falls $N > k$ ist.

$$Q_1 = \sum_{i=1}^{k} n_i (\bar{y}_i - b_0 - b_1 x_i)^2 \quad (9.2.24)$$

mit

$$\bar{y}_i = \frac{1}{n_i} \sum_{v=1}^{n_i} y_{iv} \quad (9.2.25)$$

ist die Summe der quadrierten Abweichungen der Mittelwerte $\bar{y}_i$ von der Regressions-

9.2 Einfache lineare Regression

geraden $\hat{y}(x)$;

$$Q_2 = \sum_{i=1}^{k} \sum_{\nu=1}^{n_i} (y_{i\nu} - \bar{y}_i)^2 = S_{yy} - \sum_{i=1}^{k} n_i \bar{y}_i^2 \qquad (9.2.26)$$

ist die Summe der quadrierten Abweichungen der Beobachtungswerte $y_{i\nu}$ von den zugeordneten Mittelwerten $\bar{y}_i$.

$$Q_1 + Q_2 = Q_{\text{Res}} \qquad (9.2.27)$$

mit Q_{Res} nach (9.2.15).

Alternativ-hypothese H_1	Die Nullhypothese H_0: $\mu_Y(x) = \beta_0 + \beta_1 x$ wird verworfen für	
	Prüfwert	kritischer Wert zum Signifikanzniveau α
$\mu_Y(x) \neq \beta_0 + \beta_1 x$	$\dfrac{Q_1/(k-2)}{Q_2/(N-k)}$	$> F_{f_1, f_2; 1-\alpha}$ mit $f_1 = k-2$; $f_2 = N-k$

(9.2.28)

Zahlenwerte für $F_{f_1, f_2; 1-\alpha}$ s. Tab. C 6 bis C 9.

Vergleich von β_1 mit einem vorgegebenen Wert β_1^*

Null-hypothese H_0	Alternativ-hypothese H_1	Die Nullhypothese H_0 wird verworfen für	
		Prüfwert	kritischer Wert zum Signifikanzniveau α
$\beta_1 \leq \beta_1^*$	$\beta_1 > \beta_1^*$ (einseitig)	$\dfrac{b_1 - \beta_1^*}{s}\sqrt{Q_{xx}}$	$> t_{f; 1-\alpha}$ mit $f = N-2$
$\beta_1 \geq \beta_1^*$	$\beta_1 < \beta_1^*$ (einseitig)	$\dfrac{b_1 - \beta_1^*}{s}\sqrt{Q_{xx}}$	$< -t_{f; 1-\alpha}$ mit $f = N-2$
$\beta_1 = \beta_1^*$	$\beta_1 \neq \beta_1^*$ (zweiseitig)	$\dfrac{|b_1 - \beta_1^*|}{s}\sqrt{Q_{xx}}$	$> t_{f; 1-\alpha/2}$ mit $f = N-2$

(9.2.29)

Zahlenwerte für $t_{f; p}$ s. Tab. C 4.

Unabhängigkeitstest

Dieser Test ist der Sonderfall von (9.2.29) mit der Nullhypothese H_0: $\beta_1 = \beta_1^* = 0$, d.h. Y ist von x nicht abhängig.

Gemeinsame Bewertung der Testergebnisse von Linearitätstest und Unabhängigkeitstest

In der Übersicht (9.2.30) ist der in den vier möglichen Fällen zu wählende Ansatz angegeben.

Linearitätstest, $H_0: \mu_Y(x) = \beta_0 + \beta_1 x$	Unabhängigkeitstest, $H_0: \beta_1 = 0$	
	Die Nullhypothese wird nicht verworfen	Die Nullhypothese wird verworfen
Die Nullhypothese wird nicht verworfen	a) Zielgröße mit konstantem Erwartungswert $\mu_Y(x) = \mu_Y$	b) Einfache lineare Regression $\mu_Y(x) = \beta_0 + \beta_1 x$
Die Nullhypothese wird verworfen	c) Rein nichtlineare Regression $\mu_Y(x) = f(x)$ mit nichtlinearer Funktion f ohne lineares Glied	d) Nichtlineare Regression $\mu_Y(x) = \beta_0 + \beta_1 x + f(x)$ mit nichtlinearer Funktion f und linearem Glied $\beta_1 x$

(9.2.30)

In den Fällen c) und d) wird — auf dem Signifikanzniveau α — der lineare Regressionsansatz als falsch angesehen, und an seiner Stelle ist ein anderer Ansatz zu versuchen. Beispielsweise kann man

1. die gewählte Transformation $x = g(z)$ durch eine andere ersetzen,
2. den linearen Ansatz mit $x = x_1 = g_1(z)$ durch nichtlineare Glieder $x_2 = g_2(z)$, $x_3 = g_3(z)$, ... mit bekannten Funktionen g_2, g_3, ... erweitern, beispielsweise $x = x_1 = z$ durch $x_2 = z^2$, $x_3 = z^3$, ... (Polynomregression),
3. zu $z = z_1$ weitere Einflußgrößen z_2, z_3, ... hinzunehmen.

Die Fälle 2. und 3. sind mit der mehrfachen Regressionsanalyse (vgl. Abschn. 9.3) zu behandeln.

Vergleich von β_0 mit einem vorgegebenen Wert β_0^*

Nullhypothese H_0	Alternativhypothese H_1	Die Nullhypothese H_0 wird verworfen für	
		Prüfwert	kritischer Wert zum Signifikanzniveau α
$\beta_0 \leq \beta_0^*$ (einseitig)	$\beta_0 > \beta_0^*$	$\dfrac{b_0 - \beta_0^*}{s} \sqrt{\dfrac{NQ_{xx}}{S_{xx}}}$	$> t_{f;1-\alpha}$ mit $f = N-2$
$\beta_0 \geq \beta_0^*$ (einseitig)	$\beta_0 < \beta_0^*$	$\dfrac{b_0 - \beta_0^*}{s} \sqrt{\dfrac{NQ_{xx}}{S_{xx}}}$	$< -t_{f;1-\alpha}$ mit $f = N-2$
$\beta_0 = \beta_0^*$ (zweiseitig)	$\beta_0 \neq \beta_0^*$	$\dfrac{|b_0 - \beta_0^*|}{s} \sqrt{\dfrac{NQ_{xx}}{S_{xx}}}$	$> t_{f;1-\alpha/2}$ mit $f = N-2$

(9.2.31)

Zahlenwerte für $t_{f;p}$ s. Tab. C 4.

9.2 Einfache lineare Regression

Test auf Regression durch einen vorgegebenen Punkt $P_0 = (x_0; y_0)$

Bekannte oder vermutete Gesetzmäßigkeiten legen manchmal den Modellansatz $E(Y) = \beta_0 + \beta_1 x$ mit $y_0 = \beta_0 + \beta_1 x_0$ nahe, d.h. die Regressionsgerade geht durch den vorgegebenen Punkt $P_0 = (x_0, y_0)$. Dann geht die Regressionsgerade $E(Y') = \beta_1 x'$ der transformierten Variablen

$$x' = x - x_0, \quad Y' = Y - y_0 \tag{9.2.32}$$

durch den Nullpunkt *(Nullpunktregression)*. Um zu prüfen, ob diese Modellannahme zulässig ist, wird mit den transformierten Werten

$$x_i' = x_i - x_0, \quad y_{iv}' = y_{iv} - y_0 \quad (i = 1, \ldots, k; \; v = 1, \ldots, n_i) \tag{9.2.33}$$

die einfache lineare Regressionsanalyse durchgeführt und mit (9.2.31) die Nullhypothese $H_0: \beta_0 = 0$ getestet. Der Test (9.2.31) heißt in diesem Sonderfall $\beta_0^* = 0$ *Test auf Nullpunktregression*. Wird die Nullhypothese H_0 nicht verworfen, kann die Nullpunktregression mit den transformierten Werten nach (9.2.33) durchgeführt werden.

Regressionskoeffizient der Nullpunktregression von x' und Y':

$$b_1 = \frac{\sum_{i=1}^{k} \sum_{v=1}^{n_i} (x_i - x_0)(y_{iv} - y_0)}{\sum_{i=1}^{k} n_i (x_i - x_0)^2}. \tag{9.2.34}$$

Regressionsgerade der Stichprobe bei Nullpunktsregression von x' und Y':

$$\hat{y}(x) = y_0 + b_1 (x - x_0) \tag{9.2.35}$$

mit b_1 nach (9.2.34).

Im speziellen Fall, daß der vorgegebene Punkt P_0 der Nullpunkt $(0, 0)$ ist, gilt

$$\hat{y}(x) = b_1 x = \frac{S_{xy}}{S_{xx}} x \tag{9.2.36}$$

mit S_{xy} und S_{xx} nach (9.2.8).

9.2.4 Vergleich zweier Regressionsgeraden

Aus der Grundgesamtheit 1 mit der Regressionsgeraden $\mu_Y^{(1)}(x) = \beta_0^{(1)} + \beta_1^{(1)} x$ und der Residualvarianz $\sigma_{(1)}^2$ liegen eine Stichprobe vom Umfang N_1 sowie die daraus berechneten Hilfssummen und Schätzwerte $S_{xx}^{(1)}, Q_{xx}^{(1)}, Q_{\text{Res}}^{(1)}, b_0^{(1)}, b_1^{(1)}, s_{(1)}^2$ vor; entsprechend aus Grundgesamtheit 2 mit $\mu_Y^{(2)}(x) = \beta_0^{(2)} + \beta_1^{(2)} x$ und $\sigma_{(2)}^2$: $N_2, S_{xx}^{(2)}, Q_{xx}^{(2)}, Q_{\text{Res}}^{(2)}, b_0^{(2)}, b_1^{(2)}, s_{(2)}^2$.

Zunächst werden die Residualvarianzen und danach, unter der Voraussetzung, daß die Residualvarianzen gleich sind, entweder die beiden Regressionskoeffizienten einzeln oder die gesamten Regressionsgeraden verglichen.

Vergleich der Residualvarianzen $\sigma_{(1)}^2$ und $\sigma_{(2)}^2$

$$H_0: \sigma_{(1)}^2 = \sigma_{(2)}^2.$$

Der Test erfolgt als F-Test nach (6.8.2) mit $s_1^2 = s_{(1)}^2$, $s_2^2 = s_{(2)}^2$, $f_1 = N_1 - 2$, $f_2 = N_2 - 2$.

Die folgenden Testverfahren setzen $\sigma^2_{(1)} = \sigma^2_{(2)}$ voraus; sie sollten deshalb nur dann durchgeführt werden, wenn beim *F*-Test die Nullhypothese H_0: $\sigma^2_{(1)} = \sigma^2_{(2)}$ nicht verworfen wurde.

Vergleich der Regressionskoeffizienten $\beta_1^{(1)}$ und $\beta_1^{(2)}$

Hilfsgröße

$$s^2_{\Delta b_1} = \frac{(N_1 - 2)s^2_{(1)} + (N_2 - 2)s^2_{(2)}}{N_1 + N_2 - 4} \left(\frac{1}{Q^{(1)}_{xx}} + \frac{1}{Q^{(2)}_{xx}} \right). \qquad (9.2.37)$$

Null-hypothese H_0	Alternativ-hypothese H_1	Die Nullhypothese H_0 wird verworfen für	
		Prüfwert	kritischer Wert zum Signifikanzniveau α
$\beta_1^{(2)} \leq \beta_1^{(1)}$	$\beta_1^{(2)} > \beta_1^{(1)}$ (einseitig)	$\dfrac{b_1^{(2)} - b_1^{(1)}}{s_{\Delta b_1}} >$	$t_{f;\,1-\alpha}$ mit $f = N_1 + N_2 - 4$
$\beta_1^{(2)} \geq \beta_1^{(1)}$	$\beta_1^{(2)} < \beta_1^{(1)}$ (einseitig)	$\dfrac{b_1^{(2)} - b_1^{(1)}}{s_{\Delta b_1}} <$	$-t_{f;\,1-\alpha}$ mit $f = N_1 + N_2 - 4$
$\beta_1^{(2)} = \beta_1^{(1)}$	$\beta_1^{(2)} \neq \beta_1^{(1)}$ (zweiseitig)	$\dfrac{|b_1^{(2)} - b_1^{(1)}|}{s_{\Delta b_1}} >$	$t_{f;\,1-\alpha/2}$ mit $f = N_1 + N_2 - 4$

(9.2.38)

Zahlenwerte für $t_{f;\,p}$ s. Tab. C 4.

Vergleich der Regressionskoeffizienten $\beta_0^{(1)}$ und $\beta_0^{(2)}$

Hilfsgröße

$$s^2_{\Delta b_0} = \frac{(N_1 - 2)s^2_{(1)} + (N_2 - 2)s^2_{(2)}}{N_1 + N_2 - 4} \left(\frac{S^{(1)}_{xx}}{N_1 Q^{(1)}_{xx}} + \frac{S^{(2)}_{xx}}{N_2 Q^{(2)}_{xx}} \right). \qquad (9.2.39)$$

Null-hypothese H_0	Alternativ-hypothese H_1	Die Nullhypothese H_0 wird verworfen für	
		Prüfwert	kritischer Wert zum Signifikanzniveau α
$\beta_0^{(2)} \leq \beta_0^{(1)}$	$\beta_0^{(2)} > \beta_0^{(1)}$ (einseitig)	$\dfrac{b_0^{(2)} - b_0^{(1)}}{s_{\Delta b_0}} >$	$t_{f;\,1-\alpha}$ mit $f = N_1 + N_2 - 4$
$\beta_0^{(2)} \geq \beta_0^{(1)}$	$\beta_0^{(2)} < \beta_0^{(1)}$ (einseitig)	$\dfrac{b_0^{(2)} - b_0^{(1)}}{s_{\Delta b_0}} <$	$-t_{f;\,1-\alpha}$ mit $f = N_1 + N_2 - 4$
$\beta_0^{(2)} = \beta_0^{(1)}$	$\beta_0^{(2)} \neq \beta_0^{(1)}$ (zweiseitig)	$\dfrac{|b_0^{(2)} - b_0^{(1)}|}{s_{\Delta b_0}} >$	$t_{f;\,1-\alpha/2}$ mit $f = N_1 + N_2 - 4$

(9.2.40)

Zahlenwerte für $t_{f;\,p}$ s. Tab. C 4.

9.2 Einfache lineare Regression

Vergleich der gesamten Regressionsgeraden $\mu_Y^{(1)}(x)$ und $\mu_Y^{(2)}(x)$

Nullhypothese H_0: $\mu_Y^{(1)}(x) = \mu_Y^{(2)}(x)$ für alle x.

Man vereinigt die beiden Stichproben 1 und 2 zu einer Stichprobe mit dem Umfang $N = N_1 + N_2$ und führt die einfache lineare Regressionsanalyse durch, mit dem Ergebnis $\hat{y}(x) = b_0 + b_1 x$ und Q_{Res}.

Alternativ-hypothese H_1	Die Nullhypothese H_0 wird verworfen für	
	Prüfwert	kritischer Wert zum Signifikanzniveau α
$\mu_Y^{(1)}(x) \neq \mu_Y^{(2)}(x)$ für mindestens ein x	$\dfrac{N_1 + N_2 - 4}{2} \cdot \dfrac{Q_{\text{Res}} - Q_{\text{Res}}^{(1)} - Q_{\text{Res}}^{(2)}}{Q_{\text{Res}}^{(1)} + Q_{\text{Res}}^{(2)}}$	$> F_{f_1, f_2, 1-\alpha}$ mit $f_1 = 2$, $f_2 = N_1 + N_2 - 4$

(9.2.41)

Zahlenwerte für $F_{f_1, f_2; 1-\alpha}$ s. Tab. C 6 bis C 9.

9.2.5 Vertrauensbereiche (zweiseitig, Vertrauensniveau $1 - \alpha$)

Vertrauensbereich für β_0

$$b_0 - t_{f; 1-\alpha/2}\, s \sqrt{\frac{S_{xx}}{NQ_{xx}}} \leq \beta_0 \leq b_0 + t_{f; 1-\alpha/2}\, s \sqrt{\frac{S_{xx}}{NQ_{xx}}} \quad (9.2.42)$$

mit $f = N - 2$. Zahlenwerte für $t_{f; 1-\alpha/2}$ s. Tab. C 4.

Vertrauensbereich für β_1

$$b_1 - t_{f; 1-\alpha/2}\, \frac{s}{\sqrt{Q_{xx}}} \leq \beta_1 \leq b_1 + t_{f; 1-\alpha/2}\, \frac{s}{\sqrt{Q_{xx}}} \quad (9.2.43)$$

mit $f = N - 2$. Zahlenwerte für $t_{f; 1-\alpha/2}$ s. Tab. C 4.

Gemeinsamer (elliptischer) Vertrauensbereich für (β_0, β_1)

$$N(b_0 - \beta_0)^2 + 2 S_x (b_0 - \beta_0)(b_1 - \beta_1) + S_{xx}(b_1 - \beta_1)^2 \leq 2 s^2 F_{f_1, f_2; 1-\alpha} \quad (9.2.44)$$

mit $f_1 = 2$, $f_2 = N - 2$.
Zahlenwerte für $F_{f_1, f_2; 1-\alpha}$ s. Tab. C 6 bis C 9.

Zeichnen des elliptischen Vertrauensbereichs

m_0 ist die Zeicheneinheit der b_0-Achse als Abszisse (d.h. der Anzahl der Längeneinheiten, mit der in der Zeichnung eine Einheit von b_0 dargestellt wird) und m_1 ist die Zeicheneinheit der b_1-Achse als Ordinate.
Mittelpunkt: (b_0, b_1).
Hauptachsenwinkel δ aus

$$\tan 2\delta = \frac{2 S_x/m}{n - (S_{xx}/m^2)}; \quad m = m_1/m_0. \quad (9.2.45)$$

Längen a und b der Hauptachsen (in Vielfachen von m_0):

$$a = m_0 \sqrt{2 s^2 F_{f_1, f_2; 1-\alpha}/a'}, \qquad (9.2.46)$$

$$b = m_0 \sqrt{2 s^2 F_{f_1, f_2; 1-\alpha}/b'} \qquad (9.2.47)$$

mit

$$a' = \frac{1}{2}\left(n + \frac{S_{xx}}{m^2} + \sqrt{\left(n - \frac{S_{xx}}{m^2}\right)^2 + 4\frac{S_x^2}{m^2}}\right), \qquad (9.2.48)$$

$$b' = \frac{1}{2}\left(n + \frac{S_{xx}}{m^2} - \sqrt{\left(n - \frac{S_{xx}}{m^2}\right)^2 + 4\frac{S_x^2}{m^2}}\right) \qquad (9.2.49)$$

und $m = m_1/m_0$, $f_1 = 2$, $f_2 = N - 2$.

Vertrauensbereich für σ_ε^2

$$\frac{(N-2)s^2}{\chi^2_{f; 1-\alpha/2}} \leq \sigma_\varepsilon^2 \leq \frac{(N-2)s^2}{\chi^2_{f; \alpha/2}} \qquad (9.2.50)$$

mit $f = N - 2$.
Zahlenwerte für $\chi^2_{f; p}$ s. Tab. C 5.

Vertrauensbereich für $\mu_Y(x')$ an einer vorgegebenen Stelle x' im untersuchten Bereich[1] von x

$$\hat{y}(x') - t_{f; 1-\alpha/2} s \sqrt{A} \leq \mu_Y(x') \leq \hat{y}(x') + t_{f; 1-\alpha/2} s \sqrt{A} \qquad (9.2.51)$$

mit $\hat{y}(x')$ aus (9.2.14), $f = N - 2$ und

$$A = A(x') = \frac{1}{N} + \frac{(x' - \bar{x})^2}{Q_{xx}}. \qquad (9.2.52)$$

Zahlenwerte für $t_{f; 1-\alpha/2}$ s. Tab. C 4.
An der Stelle $x' = \bar{x}$ ist der Vertrauensbereich (9.2.51) mit $\hat{y}(\bar{x}) = \bar{y}$ am schmalsten:

$$\bar{y} - t_{f; 1-\alpha/2} \frac{s}{\sqrt{N}} \leq \mu_Y(\bar{x}) \leq \bar{y} + t_{f; 1-\alpha/2} \frac{s}{\sqrt{N}}. \qquad (9.2.53)$$

9.2.6 Vorhersagebereich für Y (zweiseitig, Vertrauensniveau $1 - \alpha$)

Beim Vertrauensniveau $1 - \alpha$ tritt *ein* zukünftiger Wert der Zielgröße Y zu einem vorgegebenen Wert $x = x'$ im untersuchten Bereich[1] der Einflußgröße im Vorhersagebereich

$$\hat{y}(x') - t_{f; 1-\alpha/2} s \sqrt{B} \leq Y \leq \hat{y}(x') + t_{f; 1-\alpha/2} s \sqrt{B} \qquad (9.2.54)$$

mit $\hat{y}(x')$ aus (9.2.14), $f = N - 2$ und

$$B = B(x') = 1 + \frac{1}{N} + \frac{(x' - \bar{x})^2}{Q_{xx}} = 1 + A \qquad (9.2.55)$$

auf.
Zahlenwerte für $t_{f; 1-\alpha/2}$ s. Tab. C 4.

---

[1] Vgl. Fußnote S. 283.

9.2.7 Statistische Anteilsbereiche

Zu einem vorgegebenen Wert $x = x'$ aus dem untersuchten Bereich[1)] der Einflußgröße liegt beim Vertrauensniveau $1 - \alpha$ mindestens der Anteil $(1 - \gamma)$ der Verteilung von Y

unterhalb der einseitigen oberen Anteilsgrenze

$$y_{1O} = \hat{y}(x') + k_{1u}s, \qquad (9.2.56)$$

oberhalb der einseitigen unteren Anteilsgrenze

$$y_{1U} = \hat{y}(x') - k_{1u}s, \qquad (9.2.57)$$

zwischen den zweiseitigen Anteilsgrenzen

$$y_{2U} = \hat{y}(x') - k_{2u}s, \quad y_{2O} = \hat{y}(x') + k_{2u}s \qquad (9.2.58)$$

mit $\hat{y}(x')$ aus (9.2.14).

Für $n \gtrsim 20$ gilt

$$k_{1u} = \sqrt{2(N-2)} \; \frac{u_{1-\gamma}\sqrt{2N-5} + u_{1-\alpha}\sqrt{u_{1-\gamma}^2 + \dfrac{2N-5-u_{1-\alpha}^2}{N}\left[1 + \dfrac{N(x'-\bar{x})^2}{Q_{xx}}\right]}}{2N-5-u_{1-\alpha}^2}.$$
$$(9.2.59)$$

Zahlenwerte für u_p s. Tab. C 3.

$$k_{2u} = r(n; 1 - \gamma) \cdot v(f; 1 - \alpha) \qquad (9.2.60)$$

mit $f = N - 2$ und

$$n = \frac{1}{\dfrac{1}{N} + \dfrac{(x'-\bar{x})^2}{Q_{xx}}}. \qquad (9.2.61)$$

Zahlenwerte für $r(n; 1 - \gamma)$ und $v(f; 1 - \alpha)$ s. Tab. C 23.

9.2.8 Einfache lineare Regressionsanalyse bei Varianzungleichheit

Anstelle der Modellvoraussetzung $V(Y) = \sigma_\varepsilon^2$ für alle x, die nicht erfüllt ist, gilt

$$V(Y) = u^2(x)\sigma_0^2 \qquad (9.2.62)$$

mit bekannter Funktion $u(x)$ und unbekannter Konstanten σ_0. Für den Fall $N > k$ ist die Regressionsanalyse nicht mit den Werten x_i und y_i nach (9.2.6), sondern mit den Werten x_i und

$$y'_{iv} = \bar{y}_i + (y_{iv} - \bar{y}_i)/u(x_i); \quad i = 1, \ldots, k; \nu = 1, \ldots, n_i \qquad (9.2.63)$$

mit $\bar{y}_i$ nach (9.2.25) durchzuführen.

Im Spezialfall $E(Y) = \mu_Y(x) = \beta_1 x$ und $u(x) = x^2$, d.h. wenn Nullpunktregression vorliegt und die Standardabweichung von Y proportional zu x ist, also der Variations-

---
[1)] Vgl. Fußnote S. 283.

koeffizient γ_Y von Y konstant ist, sind die Zufallsvariablen $Y'_{i\nu} = Y_{i\nu}/x_i$ unabhängig normalverteilt mit $E(Y'_{i\nu}) = \beta_1$ und $V(Y'_{i\nu}) = \sigma_0^2 = \gamma_Y^2$. Dann berechnet man Mittelwert $\bar{y}'$ und Varianz $s_{Y'}^2$ nach (5.1.18) aller N ($N > k$ oder $N = k$) Werte $y'_{i\nu} = y_{i\nu}/x_i$; $\bar{y}'$ ist ein Schätzwert für β_1 und $s_{Y'}^2$ ein Schätzwert für $\sigma_0^2 = \gamma_Y^2$.

Falls die Abhängigkeit der Varianz $V(Y)$ von x unbekannt und $N > k$ ist, bestehen zwei approximative Möglichkeiten:

a) Für jedes $i = 1, \ldots, k$ wird

$$s_i^2 = \frac{1}{n_i - 1} \sum_{\nu=1}^{n_i} (y_{i\nu} - \bar{y}_i)^2 \qquad (9.2.64)$$

mit $\bar{y}_i$ nach (9.2.25) berechnet. Die s_i^2 sind Schätzwerte für $V(Y)$ nach (9.2.62), so daß die Regressionsanalyse mit den Werten x_i und

$$y'_{i\nu} = \bar{y}_i + (y_{i\nu} - \bar{y}_i)/s_i \qquad (9.2.65)$$

durchgeführt werden kann.

b) Ist bekannt oder wird vermutet, daß die Varianz $V(Y) = \sigma_Y^2$ (oder die Standardabweichung σ_Y) linear von x oder einer bekannten Funktion $g(x)$ abhängt,

$$\sigma_Y^2 = \beta_0^* + \beta_1^* x \quad \text{oder} \quad \sigma_Y^2 = \beta_0^* + \beta_1^* g(x)$$
oder
$$\sigma_Y = \beta_0^* + \beta_1^* x \quad \text{oder} \quad \sigma_Y = \beta_0^* + \beta_1^* g(x), \qquad (9.2.66)$$

dann wird die lineare Regressionsanalyse mit den s_i^2 oder s_i nach (9.2.64) als Werten der Zielgröße und den x_i oder $g(x_i)$ durchgeführt. Daraus ergibt sich eine Schätzfunktion $\hat{s}(x)$ für $\sigma_Y(x)$, so daß anschließend die Regressionsanalyse mit

$$y'_{i\nu} = \bar{y}_i + (y_{i\nu} - \bar{y}_i)/\hat{s}(x_i) \qquad (9.2.67)$$

durchgeführt werden kann.

9.3 Mehrfache lineare Regression

9.3.1 Modelle

Modell I

Die Zielgröße

$$Y = \beta_0 + \beta_1 x_1 + \ldots + \beta_p x_p + \varepsilon \qquad (9.3.1)$$

setzt sich additiv aus dem nichtzufälligen, von p ($p = 2, 3, \ldots$) nichtzufälligen Variablen $x_1, x_2, \ldots, x_p$ linear abhängigen Anteil $\beta_0 + \beta_1 x_1 + \ldots + \beta_p x_p$ und dem Zufallsanteil ε zusammen.

Mit der Pseudoeinflußgröße $x_0 \equiv 1$ läßt sich der Modellansatz vereinfacht schreiben:

$$Y = \beta_0 x_0 + \beta_1 x_1 + \ldots + \beta_p x_p + \varepsilon = \sum_{i=0}^{p} \beta_i x_i + \varepsilon. \qquad (9.3.2)$$

Haben die p Variablen $x_1, x_2, \ldots, x_p$ die Werte $x_{\varkappa 1}, x_{\varkappa 2}, \ldots, x_{\varkappa p}$ ($\varkappa = 1, 2, \ldots$), dann gilt

$$Y_{\varkappa v} = \beta_0 + \beta_1 x_{\varkappa 1} + \beta_2 x_{\varkappa 2} + \ldots + \beta_p x_{\varkappa p} + \varepsilon_{\varkappa v},$$

wobei $v = 1, 2, \ldots$ die laufende Nummer der Beobachtung beim eingestellten Wertetupel $(x_{\varkappa 1}, \ldots, x_{\varkappa p})$ bezeichnet.

Der Zufallsanteil $\varepsilon_{\varkappa v}$ ist normalverteilt mit

$$E(\varepsilon_{\varkappa v}) = 0, \quad V(\varepsilon_{\varkappa v}) = \sigma_\varepsilon^2 \quad \text{für alle } \varkappa, v = 1, 2, \ldots. \tag{9.3.3}$$

Außerdem sind die $\varepsilon_{\varkappa v}$ unkorreliert:

$$E(\varepsilon_{\varkappa v} \varepsilon_{\varkappa' v'}) = 0 \quad \text{für alle } \varkappa, \varkappa', v, v' = 1, 2, \ldots \tag{9.3.4}$$
$$\text{mit } \varkappa \neq \varkappa' \text{ oder } v \neq v'.$$

Die Zielgröße Y ist daher bei konstantem $(x_1, x_2, \ldots, x_p) = (x_{\varkappa 1}, x_{\varkappa 2}, \ldots, x_{\varkappa p})$ normalverteilt mit

$$E(Y_{\varkappa v}) = \mu_Y(x_{\varkappa 1}, x_{\varkappa 2}, \ldots, x_{\varkappa p}) = \sum_{i=0}^{p} \beta_i x_{\varkappa i}, \quad V(Y_{\varkappa v}) = \sigma_\varepsilon^2, \tag{9.3.5}$$

d. h. $E(Y_{\varkappa v})$ hängt linear von den $x_1, x_2, \ldots, x_p$ ab, während $V(Y_{\varkappa v})$ einen von $x_{\varkappa 1}, \ldots, x_{\varkappa p}$ unabhängigen konstanten Wert hat (Homoskedastizität).

Modell II

Die Zielgröße Y sei Zufallsvariable in einer $(p+1)$-dimensionalen Normalverteilung des Zufallsvektors $(X_1, X_2, \ldots, X_p, Y)$; vgl. Unterabschnitt 4.5.2. Dann gelten für den Erwartungswert und die Varianz in der bedingten Verteilung von Y bei jedem gegebenen Wertetupel $X_1 = x_{\varkappa 1}, X_2 = x_{\varkappa 2}, \ldots, X_p = x_{\varkappa p}$ die gleichen Beziehungen wie bei Modell I.

Parameter

Beide Modelle haben $p+2$ (unbekannte) Parameter: $\beta_0, \ldots, \beta_p$, die Regressionskoeffizienten (der Grundgesamtheit) und σ_ε^2, die Residualvarianz; die durch $\mu_Y(x_1, \ldots, x_p)$ beschriebene Hyperebene heißt Regressions-(hyper-)ebene (der Grundgesamtheit).

Transformierte Einflußgrößen

Die Variablen $x_1, x_2, \ldots, x_p$ können entweder die Einflußgrößen $z_1, z_2, \ldots, z_p$ selbst sein oder über p bekannte nichtlineare Funktionen von q Einflußgrößen $z_1, \ldots, z_q$ abhängen:

$$\begin{aligned} x_1 &= g_1(z_1, \ldots, z_q) \\ x_2 &= g_2(z_1, \ldots, z_q) \\ &\vdots \\ x_p &= g_p(z_1, \ldots, z_q); \end{aligned} \tag{9.3.6}$$

dabei kann durchaus $q \neq p$ sein.

Mit dem Modell sind also auch nichtlineare Abhängigkeiten der Zielgröße Y von Einflußgrößen $z_1, \ldots, z_q$ behandelbar, falls sich diese mit *bekannten* Funktionen $g_1, \ldots, g_p$ in Variablen $x_1, \ldots, x_p$ transformieren lassen, von denen Y linear abhängt.

Beispiele für Transformationen:

$$Y = \beta_0 + \beta_1 z + \beta_2 z^2 + \ldots + \beta_p z^p + \varepsilon = \sum_{i=0}^{p} \beta_i z^i + \varepsilon \qquad (9.3.7)$$

ist ein Polynomansatz (mit einem Polynom p-ten Grades) der einfachen Regressionsanalyse.

Mit den Transformationen

$$x_1 = z_1, \quad x_2 = z^2, \ldots, x_p = z^p$$

geht er in den Modellansatz (9.3.1) der mehrfachen linearen Regressionsanalyse über.

$$Y = \beta_0 + \beta_1 z_1 + \beta_2 z_2 + \beta_3 z_1^2 + \beta_4 z_2^2 + \beta_5 z_1 z_2 + \varepsilon \qquad (9.3.8)$$

ist ein vollständiger Ansatz zweiter Ordnung bei zwei Einflußgrößen z_1 und z_2; abgesehen vom linearen und vom quadratischen Einfluß der beiden Einflußgrößen erfaßt er — als speziellen Wechselwirkungseinfluß — den Einfluß ihres Produkts auf die Zielgröße.

Mit den Transformationen

$$x_1 = z_1, \quad x_2 = z_2, \quad x_3 = z_1^2, \quad x_4 = z_2^2, \quad x_5 = z_1 z_2$$

geht er in den Modellansatz (9.3.1) der mehrfachen linearen Regressionsanalyse über.

9.3.2 Auswertung der Stichprobe

Zu den k ($k > p + 1$) verschiedenen Wertetupeln

$$(x_{\varkappa 1}, \ldots, x_{\varkappa i}, \ldots, x_{\varkappa p}), \quad \varkappa = 1, 2, \ldots, k$$

der Variablen $x_1, \ldots, x_i, \ldots, x_p$ liegen Beobachtungswerte $y_{\varkappa \nu}$ ($\nu = 1, 2, \ldots, n_\varkappa$) der Zielgröße Y vor, d.h. die Anzahl der Beobachtungswerte von Y an der Stelle $(x_{\varkappa 1}, \ldots, x_{\varkappa i}, \ldots, x_{\varkappa p})$ ist $n_\varkappa$; vgl. (9.3.9).

Die Darstellung (9.3.9) schließt den Sonderfall ein, daß $n_\varkappa = 1$ für alle $\varkappa = 1, \ldots, k$ ist, d.h. daß zu jedem Wertetupel $(x_{\varkappa 1}, \ldots, x_{\varkappa p})$ der Variablen $x_1, \ldots, x_p$ *ein* Beobachtungswert $y_{\varkappa \nu} = y_\varkappa$ der Zielgröße vorliegt. Dieser Fall liegt bei Modell II immer vor (es sei denn, daß wegen der beschränkten Beobachtungsgenauigkeit bestimmte Wertetupel $(x_{\varkappa 1}, \ldots, x_{\varkappa p})$ der Zufallsvariablen $X_1, \ldots, X_p$ mehrfach beobachtet werden); bei Modell I ergibt er sich, wenn bei jedem eingestellten Wertetupel $(x_{\varkappa 1}, \ldots, x_{\varkappa p})$ der Variablen $x_1, \ldots, x_p$ die Zielgröße Y einmal beobachtet wird.

9.3 Mehrfache lineare Regression

laufende Nr. $\varkappa$ des Wertetupels	Wert der Variablen Nr.					Beobachtungswerte von Y					Anzahl der Beobachtungs-werte von Y
	0	1	2	...	p						
1	$x_{10} \equiv 1$,	x_{11},	x_{12},	...,	x_{1p}	Y_{11},	Y_{12},	...,	$Y_{1\nu}$,	..., Y_{1n_1}	n_1
2	$x_{20} \equiv 1$,	x_{21},	x_{22},	...,	x_{2p}	Y_{21},	Y_{22},	...,	$Y_{2\nu}$,	..., Y_{2n_2}	n_2
⋮	⋮					⋮					⋮
$\varkappa$	$x_{\varkappa 0} \equiv 1$,	$x_{\varkappa 1}$,	$x_{\varkappa 2}$,	...,	$x_{\varkappa p}$	$Y_{\varkappa 1}$,	$Y_{\varkappa 2}$,	...,	$Y_{\varkappa \nu}$,	..., $Y_{\varkappa n_\varkappa}$	$n_\varkappa$
⋮	⋮					⋮					⋮
k	$x_{k0} \equiv 1$,	x_{k1},	x_{k2},	...,	x_{kp}	Y_{k1},	Y_{k2},	...,	$Y_{k\nu}$,	..., Y_{kn_k}	n_k

(9.3.9)

Stichprobenumfang

$$N = \sum_{\varkappa=1}^{k} n_\varkappa. \tag{9.3.10}$$

Voraussetzungen

Die Wertetupel ('Meßstellen') $(x_{\varkappa 1}, ..., x_{\varkappa i}, ..., x_{\varkappa p})$; $\varkappa = 1, ..., k$ müssen folgende Bedingung erfüllen:
Das Gleichungssystem

$$\sum_{i=0}^{p} c_i x_{\varkappa i} = 0; \quad \varkappa = 1, ..., k \tag{9.3.11}$$

hat nur die triviale Lösung $c_i = 0$ $(i = 0, ..., p)$. Das bedeutet anschaulich für

$p = 2$: es gibt keine Gerade

$c_0 + c_1 x_1 + c_2 x_2 = 0$,

auf der alle Meßstellen liegen;

$p = 3$: es gibt keine Ebene

$c_0 + c_1 x_1 + c_2 x_2 + c_3 x_3 = 0$,

auf der alle Meßstellen liegen;

$p > 3$: es gibt keine Hyperebene, auf der alle Meßstellen liegen.

Das bedeutet insbesondere, daß $k > p + 1$ ist und mindestens zwei $x_{\varkappa i}$ für jedes $i = 1, ..., p$ verschieden sein müssen.

Das Gleichungssystem (9.3.11) stellt keine wesentliche Einschränkung dar, denn es besagt nur, daß es nicht möglich sein soll, durch eine geeignete Transformation des Ansatzes mit weniger als $p + 1$ Parametern $\beta_0, ..., \beta_p$ auszukommen.

Für die Auswertung gibt es die drei folgenden Möglichkeiten α), β) und γ) [siehe Übersicht (9.3.12)]; sie liefern die Regressionskoeffizienten der Stichprobe, die in δ) für die weitere Auswertung benötigt werden.

α) **Rechnen mit Quadrat- und Produktsummen**	β) **Rechnen mit S.d.q.A. und Summen von Abweichungsprodukten**	γ) **Rechnen mit Korrelationskoeffizienten**
$$S_{ij} = \sum_{\varkappa=1}^{k} n_\varkappa x_{\varkappa i} x_{\varkappa j} = S_{ji},$$ $i, j = 0, \ldots, p$	$$Q_{ij} = S_{ij} - \frac{S_i S_j}{N} = Q_{ji},$$ $i, j = 0, \ldots, p$	$$r_{ij} = \frac{Q_{ij}}{\sqrt{Q_{ii}} \sqrt{Q_{jj}}} = r_{ji},$$ $i, j = 1, \ldots, p$

Sonderfälle:

$j = 0$:

$$S_{i0} = \sum_{\varkappa=1}^{k} n_\varkappa x_{\varkappa i} = S_{0i} = S_i = N\bar{x}_i; \qquad Q_{i0} = Q_{0i} = 0 \qquad —$$

$i = j$:

$$S_{ii} = \sum_{\varkappa=1}^{k} n_\varkappa x_{\varkappa i}^2; \qquad Q_{ii} = S_{ii} - \frac{S_i^2}{N} \qquad r_{ii} = 1$$

$i = j = 0$:

$$S_{00} = \sum_{\varkappa=1}^{k} n_\varkappa = S_0 = N \qquad Q_{00} = 0 \qquad —$$

| $$S_{iy} = \sum_{\varkappa=1}^{k} \sum_{\nu=1}^{n_\varkappa} x_{\varkappa i} y_{\varkappa \nu} = S_{yi},$$ $i = 0, \ldots, p$ | $$Q_{iy} = S_{iy} - \frac{S_i S_y}{N} = Q_{yi},$$ $i = 0, \ldots, p$ | $$r_{iy} = \frac{Q_{iy}}{\sqrt{Q_{ii}} \sqrt{Q_{yy}}} = r_{yi},$$ $i = 1, \ldots, p$ |

Sonderfall $i = 0$:

$$S_{0y} = \sum_{\varkappa=1}^{k} \sum_{\nu=1}^{n_\varkappa} y_{\varkappa \nu} = S_{y0} = S_y \qquad Q_{0y} = Q_{y0} = 0 \qquad —$$

| $$S_{yy} = \sum_{\varkappa=1}^{k} \sum_{\nu=1}^{n_\varkappa} y_{\varkappa \nu}^2$$ | $$Q_{yy} = S_{yy} - \frac{S_y^2}{N}$$ | $r_{yy} = 1$ |

(9.3.12)

α) Rechnen mit Quadrat- und Produktsummen

Normalgleichungssystem

$$\sum_{j=0}^{p} b_j S_{ij} = S_{iy}; \qquad i = 0, \ldots, p \tag{9.3.13}$$

oder ausführlich geschrieben

$$\begin{aligned} b_0 S_{00} + b_1 S_{01} + b_2 S_{02} + \ldots + b_p S_{0p} &= S_{0y} \\ b_0 S_{10} + b_1 S_{11} + b_2 S_{12} + \ldots + b_p S_{1p} &= S_{1y} \\ b_0 S_{20} + b_1 S_{21} + b_2 S_{22} + \ldots + b_p S_{2p} &= S_{2y} \\ \vdots \quad \vdots \quad \vdots \qquad \vdots \qquad \vdots \\ b_0 S_{p0} + b_1 S_{p1} + b_2 S_{p2} + \ldots + b_p S_{pp} &= S_{py}. \end{aligned} \tag{9.3.14}$$

9.3 Mehrfache lineare Regression

Die Lösungen dieses Normalgleichungssystems ($p + 1$ Gleichungen mit $p + 1$ Unbekannten) sind die gesuchten b_i ($i = 0, \ldots, p$).

Matrixschreibweise

$$\mathbf{Sb} = \mathbf{s}, \tag{9.3.15}$$

wobei

$$\begin{pmatrix} S_{00} & S_{01} & S_{02} & \ldots & S_{0p} \\ S_{10} & S_{11} & S_{12} & \ldots & S_{1p} \\ S_{20} & S_{21} & S_{22} & \ldots & S_{2p} \\ \vdots & \vdots & \vdots & & \vdots \\ S_{p0} & S_{p1} & S_{p2} & \ldots & S_{pp} \end{pmatrix} \cdot \begin{pmatrix} b_0 \\ b_1 \\ b_2 \\ \vdots \\ b_p \end{pmatrix} = \begin{pmatrix} S_{0y} \\ S_{1y} \\ S_{2y} \\ \vdots \\ S_{py} \end{pmatrix}. \tag{9.3.16}$$

$\underbrace{\mathbf{S} = (S_{ij})}_{(p+1) \times (p+1)\text{-Matrix}}$ $\underbrace{\mathbf{b} = (b_i)}_{\substack{(p+1) \times 1\text{-Matrix:} \\ \text{Spaltenvektor} \\ \text{mit } p+1 \text{ Komponenten}}}$ $\underbrace{\mathbf{s} = (S_{iy})}_{\substack{(p+1) \times 1\text{-Matrix:} \\ \text{Spaltenvektor} \\ \text{mit } p+1 \text{ Komponenten}}}$

Lösung

$$\mathbf{b} = \mathbf{Cs} \tag{9.3.17}$$

oder ausführlich geschrieben

$$b_i = \sum_{j=0}^{p} c_{ij} S_{jy}; \quad i = 0, \ldots, p, \tag{9.3.18}$$

wobei

$$\mathbf{C} = (c_{ij}) = \mathbf{S}^{-1} = (S_{ij})^{-1} \tag{9.3.19}$$

die inverse Matrix zu $\mathbf{S}$ ist.

β) Rechnen mit S.d.q.A. und Summen von Abweichungsprodukten

Normalgleichungssystem

$$\sum_{i=1}^{p} b_j Q_{ij} = Q_{iy}; \quad i = 1, \ldots, p \tag{9.3.20}$$

oder ausführlich geschrieben

$$\begin{aligned} b_1 Q_{11} + b_2 Q_{12} + \ldots + b_p Q_{1p} &= Q_{1y} \\ b_1 Q_{21} + b_2 Q_{22} + \ldots + b_p Q_{2p} &= Q_{2y} \\ \vdots \quad \vdots \quad \vdots \quad \vdots \quad & \\ b_1 Q_{p1} + b_2 Q_{p2} + \ldots + b_p Q_{pp} &= Q_{py}. \end{aligned} \tag{9.3.21}$$

Es liefert die Lösungen b_i ($i = 1, \ldots, p$). b_0 ergibt sich aus der ersten Zeile von (9.3.14), der Schwerpunktgleichung, zu

$$b_0 = \frac{S_{0y} - \sum_{i=1}^{p} b_i S_{0i}}{S_{00}} = \frac{1}{N} \left(S_y - \sum_{i=1}^{p} b_i S_i \right) = \bar{y} - \sum_{i=1}^{p} b_i \bar{x}_i. \tag{9.3.22}$$

Matrixschreibweise

$$\mathbf{Qb} = \mathbf{q},\quad (9.3.23)$$

wobei

$$\underbrace{\begin{pmatrix} Q_{11} & Q_{12} & \cdots & Q_{1p} \\ Q_{21} & Q_{22} & \cdots & Q_{2p} \\ \vdots & \vdots & & \vdots \\ Q_{p1} & Q_{p2} & \cdots & Q_{pp} \end{pmatrix}}_{\substack{\mathbf{Q}=(Q_{ij}) \\ (p\times p)\text{-Matrix}}} \cdot \underbrace{\begin{pmatrix} b_1 \\ b_2 \\ \vdots \\ b_p \end{pmatrix}}_{\substack{\mathbf{b}=(b_i) \\ (p\times 1)\text{-Matrix:} \\ \text{Spaltenvektor} \\ \text{mit } p \text{ Komponenten}}} = \underbrace{\begin{pmatrix} Q_{1y} \\ Q_{2y} \\ \vdots \\ Q_{py} \end{pmatrix}}_{\substack{\mathbf{q}=(Q_{iy}) \\ (p\times 1)\text{-Matrix:} \\ \text{Spaltenvektor} \\ \text{mit } p \text{ Komponenten}}} \quad (9.3.24)$$

Anmerkung 1: In den Auswertungen α) und β) sind die Vektoren $\mathbf{b} = (b_i)$ zu unterscheiden; im Fall β) fehlt die Komponente b_0.

Anmerkung 2: Teilt man in der Matrix $\mathbf{Q}$ alle Elemente durch $(n-1)$, dann erhält man die Kovarianzmatrix (s_{ij}).

Lösung

$$\mathbf{b} = \mathbf{C}^+ \mathbf{q} \quad (9.3.25)$$

oder ausführlich geschrieben

$$b_i = \sum_{j=1}^{p} c_{ij}^* Q_{jy}; \quad i = 1, \ldots, p, \quad (9.3.26)$$

wobei

$$\mathbf{C}^+ = (c_{ij}^*) = \mathbf{Q}^{-1} = (Q_{ij})^{-1} \quad (9.3.27)$$

die inverse Matrix zu $\mathbf{Q}$ ist; b_0 ergibt sich aus (9.3.22).

Zur Abgrenzung von Vertrauens-, Vorhersage- und Anteilsbereichen benötigt man die $(p+1) \times (p+1)$-Matrix $\mathbf{C} = (c_{ij})$.

Sie ergibt sich aus der $(p \times p)$-Matrix $\mathbf{C}^+ = (c_{ij}^*)$ über die folgenden Beziehungen:

$$c_{ij} = c_{ij}^*; \quad i, j = 1, \ldots, p, \quad (9.3.28)$$

$$c_{i0} = c_{0i} = -\frac{1}{N}\sum_{j=1}^{p} c_{ij} S_{0j} = -\sum_{j=1}^{p} c_{ij} \bar{x}_j; \quad i = 1, \ldots, p, \quad (9.3.29)$$

$$c_{00} = \frac{1}{N} - \frac{1}{N}\sum_{j=1}^{p} c_{0j} S_{0j} = \frac{1}{N} - \sum_{j=1}^{p} c_{0j} \bar{x}_j. \quad (9.3.30)$$

γ) Rechnen mit Korrelationskoeffizienten

'Normierte' Regressionskoeffizienten

$$b_i^* = \frac{\sqrt{Q_{ii}}}{\sqrt{Q_{yy}}} b_i; \quad i = 1, \ldots, p. \quad (9.3.31)$$

9.3 Mehrfache lineare Regression

Normalgleichungssystem

$$\sum_{j=1}^{p} b_j^* r_{ij} = r_{iy}; \quad i = 1, \ldots, p \tag{9.3.32}$$

oder ausführlich geschrieben

$$\begin{aligned} b_1^* \phantom{r_{11}} + b_2^* r_{12} + \ldots + b_p^* r_{1p} &= r_{1y} \\ b_1^* r_{21} + b_2^* \phantom{r_{22}} + \ldots + b_p^* r_{2p} &= r_{2y} \\ \vdots \quad\quad \vdots \quad\quad\quad \vdots \quad\quad\quad \vdots \\ b_1^* r_{p1} + b_2^* r_{p2} + \ldots + b_p^* \phantom{r_{pp}} &= r_{py} \, . \end{aligned} \tag{9.3.33}$$

Es liefert als Lösungen die b_i^* ($i = 1, \ldots, p$), aus denen sich die b_i zu

$$b_i = b_i^* \frac{\sqrt{Q_{yy}}}{\sqrt{Q_{ii}}} \tag{9.3.34}$$

ergeben; b_0 erhält man aus (9.3.22).

Matrixschreibweise

$$\mathbf{R}\mathbf{b}^* = \mathbf{r}, \tag{9.3.35}$$

wobei

$$\begin{pmatrix} 1 & r_{12} & \ldots & r_{1p} \\ r_{21} & 1 & \ldots & r_{2p} \\ \vdots & \vdots & & \vdots \\ r_{p1} & r_{p2} & \ldots & 1 \end{pmatrix} \cdot \begin{pmatrix} b_1^* \\ b_2^* \\ \vdots \\ b_p^* \end{pmatrix} = \begin{pmatrix} r_{1y} \\ r_{2y} \\ \vdots \\ r_{py} \end{pmatrix}. \tag{9.3.36}$$

$\underbrace{\mathbf{R} = (r_{ij})}_{(p \times p)\text{-Matrix}}$ $\underbrace{\mathbf{b}^* = (b_i^*)}_{\substack{(p \times 1)\text{-Matrix:} \\ \text{Spaltenvektor} \\ \text{mit } p \text{ Komponenten}}}$ $\underbrace{\mathbf{r} = (r_{iy})}_{\substack{(p \times 1)\text{-Matrix:} \\ \text{Spaltenvektor} \\ \text{mit } p \text{ Komponenten}}}$

Lösung

$$\mathbf{b}^* = \mathbf{C}^* \mathbf{r} \tag{9.3.37}$$

oder ausführlich geschrieben

$$b_i^* = \sum_{j=1}^{p} c_{ij}^* r_{jy}; \quad i = 1, \ldots, p, \tag{9.3.38}$$

wobei

$$\mathbf{C}^* = (c_{ij}^*) = \mathbf{R}^{-1} = (r_{ij})^{-1} \tag{9.3.39}$$

die inverse Matrix zu $\mathbf{R}$ ist;

$$b_i = \sum_{j=1}^{p} \frac{c_{ij}^*}{\sqrt{Q_{ii}} \sqrt{Q_{jj}}} Q_{jy}; \quad i = 1, \ldots, p. \tag{9.3.40}$$

Aus der Matrix $\mathbf{C}^* = (c_{ij}^*)$ erhält man also die Matrix $\mathbf{C} = (c_{ij})$ über

$$c'_{ij} = \frac{c^*_{ij}}{\sqrt{Q_{ii}}\sqrt{Q_{jj}}}; \quad i, j = 1, \ldots, p \tag{9.3.41}$$

sowie (9.3.29) und (9.3.30).

δ) Fortsetzung der Auswertung von α), β) oder γ)

Regressionsebene der Stichprobe

$$\hat{y}(x_1, \ldots, x_p) = b_0 + b_1 x_1 + \ldots + b_p x_p; \tag{9.3.42}$$

$\hat{y}(x_1, \ldots, x_p)$ schätzt[1] $\mu_Y(x_1, \ldots, x_p)$.

Restsumme der quadrierten Abweichungen

$$Q_{\text{Res}} = \sum_{\varkappa=1}^{k} \sum_{\nu=1}^{n_\varkappa} (y_{\varkappa\nu} - \hat{y}(x_{\varkappa 1}, \ldots, x_{\varkappa p}))^2 \tag{9.3.43}$$

mit $\hat{y}(x_{\varkappa 1}, \ldots, x_{\varkappa p})$ aus (9.3.42).

Restvarianz

$$s^2 = Q_{\text{Res}}/(N - p - 1). \tag{9.3.44}$$

s^2 ist bei Gültigkeit der Modellvoraussetzungen ein Schätzwert für die Residualvarianz σ_ε^2 nach (9.3.3).

(Totales) Bestimmtheitsmaß

$$\hat{B} = 1 - \frac{Q_{\text{Res}}}{Q_{yy}}; \tag{9.3.45}$$

stets gilt

$$0 \leq \hat{B} \leq 1, \tag{9.3.46}$$

wobei $\hat{B} = 0$ fehlenden linearen Zusammenhang, $\hat{B} = 1$ vollständigen linearen Zusammenhang zwischen Y und den x, d.h. $y_{\varkappa 1} = y_{\varkappa 2} = \ldots = y_{\varkappa n_\varkappa} = y_\varkappa$ und $y_\varkappa = \sum_{i=0}^{p} b_i x_{\varkappa i}$ für alle $\varkappa = 1, \ldots, k$ bedeutet.

Daneben wird manchmal mit der Varianz $s_y^2 = Q_{yy}/(N-1)$ das korrigierte totale Bestimmtheitsmaß

$$B^* = 1 - \frac{s^2}{s_y^2} \tag{9.3.47}$$

benutzt. Es gilt

$$\frac{1 - \hat{B}}{1 - B^*} = \frac{N - p - 1}{N - 1}, \quad \text{d. h.} \quad \hat{B} \geq B^*. \tag{9.3.48}$$

---

[1] Voraussetzung dafür ist die Gültigkeit der Modellvoraussetzungen (9.3.1) bis (9.3.5). Grobe Abweichungen von diesen Modellvoraussetzungen lassen sich anhand der Beobachtungsdaten nur im untersuchten Bereich $x_{i,\min} \leq x_i \leq x_{i,\max}$ von x_i ($i = 1, \ldots, p$) feststellen, wobei $x_{i,\min}$ der kleinste und $x_{i,\max}$ der größte eingestellte bzw. beobachtete Wert von x_i ist. Deshalb sollten Aussagen über die Abhängigkeit der Zielgröße von den x_i auf den untersuchten Bereich beschränkt bleiben, es sei denn, die Modellvoraussetzungen können aus anderen Gründen auch außerhalb des untersuchten Bereichs als gültig angesehen werden.

9.3 Mehrfache lineare Regression

Reststandardabweichung

$$s = \sqrt{\frac{N-1}{N-p-1}}\, s_y \sqrt{1-\hat{B}}, \qquad (9.3.49)$$

d. h. die Reststandardabweichung s ist – von $\sqrt{(N-1)/(N-p-1)} \approx 1$ abgesehen – das $\sqrt{1-\hat{B}}$-fache der Standardabweichung s_y; z.B. ist s für $\hat{B} = 0{,}5$ ungefähr 30 % kleiner als s_y.

Verteilung von $b_0, b_1, \ldots, b_p, s^2$

Die b_i $(i = 0, \ldots, p)$ sind normalverteilt mit

$$E(b_i) = \beta_i, \quad V(b_i) = c_{ii}\sigma_\varepsilon^2; \quad i = 0, \ldots, p \qquad (9.3.50)$$

und

$$\mathrm{Cov}(b_i, b_j) = c_{ij}\sigma_\varepsilon^2; \quad i, j = 0, \ldots, p;\ i \neq j \qquad (9.3.51)$$

mit c_{ij} nach (9.3.17).

s^2 ist unabhängig von b_0 und … und b_p und

$$\chi^2 = \frac{(N-p-1)s^2}{\sigma_\varepsilon^2} \qquad (9.3.52)$$

ist χ^2-verteilt mit $f = N - p - 1$ Freiheitsgraden; vgl. Abschn. 3.4.

9.3.3 Testverfahren

Linearitätstest (Test der Nullhypothese eines linearen Zusammenhanges zwischen Y und den $x_i = g_i(z_1, \ldots, z_q)$)

Nullhypothese H_0: $E(Y) = \mu_Y(x_1, \ldots, x_p) = \sum_{i=0}^{p} \beta_i x_i;\ x_0 \equiv 1$.

Der Test ist nur möglich, falls $N > k$ ist.

$$Q_1 = \sum_{\varkappa=1}^{k} n_\varkappa \left(\bar{y}_\varkappa - \sum_{i=0}^{p} b_i x_{\varkappa i} \right)^2 \qquad (9.3.53)$$

mit

$$\bar{y}_\varkappa = \frac{1}{n_\varkappa} \sum_{\nu=1}^{n_\varkappa} y_{\varkappa\nu} \qquad (9.3.54)$$

ist die Summe der quadrierten Abweichungen der Mittelwerte $\bar{y}_\varkappa$ von der Regressionsebene $\hat{y}(x_1, \ldots, x_p)$,

$$Q_2 = \sum_{\varkappa=1}^{k} \sum_{\nu=1}^{n_\varkappa} (y_{\varkappa\nu} - \bar{y}_\varkappa)^2 \qquad (9.3.55)$$

ist die Summe der quadrierten Abweichungen der Beobachtungswerte $y_{\varkappa\nu}$ von den zugeordneten Mittelwerten $\bar{y}_\varkappa$.

$$Q_1 + Q_2 = Q_{\mathrm{Res}} \qquad (9.3.56)$$

mit Q_{Res} nach (9.3.43).

Alternativ-hypothese H_1	Die Nullhypothese H_0: $\mu_Y(x_1, ..., x_p) = \sum_{i=1}^{p} \beta_i x_i$ wird verworfen für	
	Prüfwert	kritischer Wert zum Signifikanzniveau α
$\mu_y(x_1, ..., x_p) \neq \sum_{i=1}^{p} \beta_i x_i$	$\dfrac{Q_1/(k-p-1)}{Q_2/(N-k)}$	$> F_{f_1, f_2; 1-\alpha}$ mit $f_1 = k-p-1$, $f_2 = N-k$

(9.3.57)

Zahlenwerte für $F_{f_1, f_2; 1-\alpha}$ s. Tab. C 6 bis C 9.

Wird die Nullhypothese H_0 verworfen, dann wird – beim Signifikanzniveau α – der lineare Regressionsansatz als falsch angesehen, und an seiner Stelle ist ein anderer Ansatz zu versuchen. Beispielsweise kann man

1. die gewählten Transformationen $x_i = g_i(z_1, ..., z_q)$; $i = 1, ..., p$ durch andere ersetzen,
2. den linearen Ansatz mit $x_i = g_i(z_1, ..., z_q)$; $i = 1, ..., p$ durch Glieder $x_i = g_i(z_1, ..., z_q)$; $i = p+1, p+2, ...$ erweitern, beispielsweise $x_1 = z_1$ durch $x_{p+1} = z_1^2$, $x_{p+2} = z_1^3$, ... und eventuell entsprechend für $z_2, ..., z_q$ (Polynomregression),
3. zu $z_1, ..., z_q$ weitere Einflußgrößen $z_{q+1}, z_{q+2}, ...$ hinzunehmen.

Vergleich von β_i mit einem vorgegebenen Wert β_i^* für ein bestimmtes i

Null-hypothese H_0	Alternativ-hypothese H_1	Die Nullhypothese H_0 wird verworfen für	
		Prüfwert	kritischer Wert zum Signifikanzniveau α
$\beta_i \leq \beta_i^*$	$\beta_i > \beta_i^*$ (einseitig)	$\dfrac{b_i - \beta_i^*}{\sqrt{c_{ii}}\, s}$	$> t_{f; 1-\alpha}$ mit $f = N-p-1$
$\beta_i \geq \beta_i^*$	$\beta_i < \beta_i^*$ (einseitig)	$\dfrac{b_i - \beta_i^*}{\sqrt{c_{ii}}\, s}$	$< -t_{f; 1-\alpha}$ mit $f = N-p-1$
$\beta_i = \beta_i^*$	$\beta_i \neq \beta_i^*$ (zweiseitig)	$\dfrac{|b_i - \beta_i^*|}{\sqrt{c_{ii}}\, s}$	$> t_{f; 1-\alpha/2}$ mit $f = N-p-1$

(9.3.58)

Zahlenwerte für $t_{f; p}$ s. Tab. C 4.

Test der Unabhängigkeit von der Einflußgröße x_i

Dieser Test ist der Sonderfall von (9.3.58) mit der Nullhypothese H_0: $\beta_i = \beta_i^* = 0$, d. h. Y ist von x_i nicht abhängig.

9.3 Mehrfache lineare Regression

Test der Unabhängigkeit der Zielgröße von einer bestimmten Menge von $p - q$ Einflußgrößen

Die $p - q$ zu testenden Einflußgrößen werden mit $x_{q+1}, x_{q+2}, \ldots, x_p$ bezeichnet.

Nullhypothese H_0: $\beta_{q+1} = \beta_{q+2} = \ldots = \beta_p = 0$.

Der Test setzt voraus, daß eine lineare Abhängigkeit der Zielgröße Y von den x_i besteht; er sollte deshalb nur durchgeführt werden, wenn die Nullhypothese der Linearität im Test (9.3.57) nicht verworfen wird.

Zur Durchführung des Tests wird die Regressionsanalyse mit den Einflußgrößen $x_1, x_2, \ldots, x_q$ wiederholt, wobei die Einflußgrößen $x_{q+1}, \ldots, x_p$ außer Betracht bleiben: die zur Matrix $\mathbf{S}' = (S'_{ij})$ mit

$$S'_{ij} = \sum_{\varkappa=1}^{k} n_\varkappa x_{\varkappa i} x_{\varkappa j}; \quad i, j = 0, \ldots, q \tag{9.3.59}$$

inverse Matrix $\mathbf{C}' = (c'_{ij})$ ergibt mit S_{jy} nach (9.3.12) die Regressionskoeffizienten

$$b'_i = \sum_{j=0}^{q} c'_{ij} S_{jy}; \quad i = 0, \ldots, q \tag{9.3.60}$$

und die Restvarianz

$$(s')^2 = \frac{1}{N-q-1} \sum_{\varkappa=1}^{k} \sum_{\nu=1}^{n_\varkappa} \left(y_{\varkappa\nu} - \sum_{i=0}^{q} b'_i x_{\varkappa i} \right)^2. \tag{9.3.61}$$

Alternativhypothese H_1	Die Nullhypothese H_0: $\beta_{q+1} = \ldots = \beta_p = 0$ wird verworfen für	
	Prüfwert	kritischer Wert zum Signifikanzniveau α
$\beta_l \neq 0$ für mindestens ein $l = q+1, \ldots, p$	$\dfrac{(N-q-1)(s')^2 - (N-p-1)s^2}{(p-q)s^2}$	$> F_{f_1, f_2; 1-\alpha}$ mit $f_1 = p-q$, $f_2 = N-p-1$

(9.3.62)

Zahlenwerte für $F_{f_1, f_2; 1-\alpha}$ s. Tab. C 6 bis C 9.

Test der Unabhängigkeit von allen Einflußgrößen $x_1, \ldots, x_p$

Nullhypothese H_0: $\beta_1 = \beta_2 = \ldots = \beta_p = 0$.

Dieser Test ist der Sonderfall von (9.3.62) mit $q = 0$.

Alternativhypothese H_1	Die Nullhypothese H_0: $\beta_1 = \ldots = \beta_p = 0$ wird verworfen für	
	Prüfwert	kritischer Wert zum Signifikanzniveau α
$\beta_l \neq 0$ für mindestens ein $l = 1, \ldots, p$	$\dfrac{\hat{B}}{1-\hat{B}} \dfrac{(N-p-1)}{p}$	$> F_{f_1, f_2; 1-\alpha}$ mit $f_1 = p$, $f_2 = N-p-1$

(9.3.63)

Zahlenwerte für $F_{f_1, f_2; 1-\alpha}$ s. Tab. C 6 bis C 9.

9.3.4 Vergleich zweier Residualvarianzen und zweier Regressionskoeffizienten

Aus der Grundgesamtheit 1 mit der Regressionsebene $\mu_Y^{(1)}(x_1, \ldots, x_{p_1}) = \sum_{i=0}^{p_1} \beta_i^{(1)} x_i$ und der Residualvarianz $\sigma_{(1)}^2$ liegen eine Stichprobe vom Umfang N_1 sowie die daraus berechneten Werte $s_{(1)}^2$, $c_{ii}^{(1)}$ und $b_i^{(1)}$, aus der Grundgesamtheit 2 mit der Regressionsebene $\mu_Y^{(2)}(x_1, \ldots, x_{p_2}) = \sum_{i=0}^{p_2} \beta_i^{(2)} x_i$ und der Residualvarianz $\sigma_{(2)}^2$ eine Stichprobe vom Umfang N_2 sowie die daraus berechneten Werte $s_{(2)}^2$, $c_{jj}^{(2)}$ und $b_j^{(2)}$ vor. Zunächst werden die Residualvarianzen und danach unter der Voraussetzung, daß die Residualvarianzen gleich sind, die Regressionskoeffizienten verglichen.

Vergleich der Residualvarianzen $\sigma_{(1)}^2$ und $\sigma_{(2)}^2$

$$H_0: \sigma_{(1)}^2 = \sigma_{(2)}^2.$$

Der Test erfolgt als F-Test nach (6.8.2) mit $s_1^2 = s_{(1)}^2$, $s_2^2 = s_{(2)}^2$, $f_1 = N_1 - p_1 - 1$, $f_2 = N_2 - p_2 - 1$.

Vergleich der Regressionskoeffizienten $\beta_i^{(1)}$ und $\beta_j^{(2)}$ für ein bestimmtes Paar (i, j)

Unabhängig von der Numerierung ist den Regressionskoeffizienten $\beta_i^{(1)}$ und $\beta_j^{(2)}$ dieselbe Einflußgröße zugeordnet.

Das Testverfahren setzt $\sigma_{(1)}^2 = \sigma_{(2)}^2$ voraus; es sollte deshalb nur dann durchgeführt werden, wenn beim F-Test die Nullhypothese H_0: $\sigma_{(1)}^2 = \sigma_{(2)}^2$ *nicht verworfen wurde*.

Nullhypothese H_0	Alternativhypothese H_1	Die Nullhypothese H_0 wird verworfen für	
		Prüfwert	kritischer Wert zum Signifikanzniveau α
$\beta_j^{(2)} \leq \beta_i^{(1)}$ (einseitig)	$\beta_j^{(2)} > \beta_i^{(1)}$	$\dfrac{b_j^{(2)} - b_i^{(1)}}{\sqrt{\dfrac{f_1 s_{(1)}^2 + f_2 s_{(2)}^2}{f_1 + f_2}(c_{ii}^{(1)} + c_{jj}^{(2)})}}$	$> t_{f;\,1-\alpha}$
$\beta_j^{(2)} \geq \beta_i^{(1)}$ (einseitig)	$\beta_j^{(2)} < \beta_i^{(1)}$	$\dfrac{b_j^{(2)} - b_i^{(1)}}{\sqrt{\dfrac{f_1 s_{(1)}^2 + f_2 s_{(2)}^2}{f_1 + f_2}(c_{ii}^{(1)} + c_{jj}^{(2)})}}$	$< -t_{f;\,1-\alpha}$
$\beta_j^{(2)} = \beta_i^{(1)}$ (zweiseitig)	$\beta_j^{(2)} \neq \beta_i^{(1)}$	$\dfrac{|b_j^{(2)} - b_i^{(1)}|}{\sqrt{\dfrac{f_1 s_{(1)}^2 + f_2 s_{(2)}^2}{f_1 + f_2}(c_{ii}^{(1)} + c_{jj}^{(2)})}}$	$> t_{f;\,1-\alpha/2}$

mit $f_1 = N_1 - p_1 - 1$, $f_2 = N_2 - p_2 - 1$, $f = f_1 + f_2$

(9.3.64)

Zahlenwerte für $t_{f;\,p}$ s. Tab. C 4.

9.3.5 Vertrauensbereiche (zweiseitig, Vertrauensniveau $1 - \alpha$)

Vertrauensbereich für β_i; $i = 1, \ldots, p$

$$b_i - t_{f;\, 1-\alpha/2}\, s\sqrt{c_{ii}} \leqq \beta_i \leqq b_i + t_{f;\, 1-\alpha/2}\, s\sqrt{c_{ii}} \qquad (9.3.65)$$

mit $f = N - p - 1$. Zahlenwerte für $t_{f;\, 1-\alpha/2}$ s. Tab. C 4.

Vertrauensbereich für σ_ε^2

$$\frac{(N - p - 1)s^2}{\chi^2_{f;\, 1-\alpha/2}} \leqq \sigma_\varepsilon^2 \leqq \frac{(N - p - 1)s^2}{\chi^2_{f;\, \alpha/2}} \qquad (9.3.66)$$

mit $f = N - p - 1$.
Zahlenwerte für $\chi^2_{f;\, p}$ s. Tab. C 4.

Vertrauensbereich für $\mu_Y(x'_1, \ldots, x'_p)$ an einer vorgegebenen Stelle $(x'_1, \ldots, x'_p)$
im untersuchten Bereich[1] *von $(x_1, \ldots, x_p)$*

$$\hat{y}(x'_1, \ldots, x'_p) - t_{f;\, 1-\alpha/2}\, s\sqrt{A} \leqq \mu_Y(x'_1, \ldots, x'_p) \leqq \hat{y}(x'_1, \ldots, x'_p) + t_{f;\, 1-\alpha/2}\, s\sqrt{A} \quad (9.3.67)$$

mit

$$A = A(x'_1, \ldots, x'_p) = \sum_{i=0}^{p} \sum_{j=0}^{p} c_{ij} x'_i x'_j = \frac{1}{n} + \sum_{i=1}^{p} \sum_{j=1}^{p} c_{ij} (x'_i - \bar{x}_i)(x'_j - \bar{x}_j), \qquad (9.3.68)$$

$x'_0 = 1$, $\hat{y}(x'_1, \ldots, x'_p)$ aus (9.3.42) und $f = N - p - 1$.
Zahlenwerte für $t_{f;\, 1-\alpha/2}$ s. Tab. C 4.

An der Stelle $(x'_1, \ldots, x'_p) = (\bar{x}_1, \ldots, \bar{x}_p)$ ist der Vertrauensbereich (9.3.67) mit $\hat{y}(\bar{x}_1, \ldots, \bar{x}_p) = \bar{y}$ am schmalsten:

$$\bar{y} - t_{f;\, 1-\alpha/2}\, \frac{s}{\sqrt{n}} \leqq \mu_Y(\bar{x}_1, \ldots, \bar{x}_p) \leqq \bar{y} + t_{f;\, 1-\alpha/2}\, \frac{s}{\sqrt{n}}. \qquad (9.3.69)$$

9.3.6 Vorhersagebereich für Y (zweiseitig, Vertrauensniveau $1 - \alpha$)

Beim Vertrauensniveau $1 - \alpha$ tritt *ein* zukünftiger Wert der Zielgröße Y an einer vorgegebenen Stelle $(x'_1, \ldots, x'_p)$ im untersuchten Bereich[1] von $(x_1, \ldots, x_p)$ im Vorhersagebereich

$$\hat{y}(x'_1, \ldots, x'_p) - t_{f;\, 1-\alpha/2}\, s\sqrt{B} \leqq Y \leqq \hat{y}(x'_1, \ldots, x'_p) + t_{f;\, 1-\alpha/2}\, s\sqrt{B} \qquad (9.3.70)$$

mit

$$B = B(x'_1, \ldots, x'_p) = 1 + A, \qquad (9.3.71)$$

A aus (9.3.68), $\hat{y}(x'_1, \ldots, x'_p)$ aus (9.3.42) und $f = N - p - 1$, auf.
Zahlenwerte für $t_{f;\, 1-\alpha/2}$ s. Tab. C 4.

---

[1] Vgl. Fußnote S. 300.

9.3.7 Statistische Anteilsbereiche

An einer vorgegebenen Stelle $(x'_1, \ldots, x'_p)$ aus dem untersuchten Bereich[1] der Einflußgrößen $(x_1, \ldots, x_p)$ liegt beim Vertrauensniveau $1 - \alpha$ mindestens der Anteil $(1 - \gamma)$ der Verteilung von Y

unterhalb der einseitigen oberen Anteilsgrenze

$$y_{1O} = \hat{y}(x'_1, \ldots, x'_p) + k_{1u} s, \qquad (9.3.72)$$

oberhalb der einseitigen unteren Anteilsgrenze

$$y_{1U} = \hat{y}(x'_1, \ldots, x'_p) - k_{1u} s, \qquad (9.3.73)$$

zwischen den zweiseitigen Anteilsgrenzen

$$y_{2U} = \hat{y}(x'_1, \ldots, x'_p) - k_{2u} s, \quad y_{2O} = \hat{y}(x'_1, \ldots, x'_p) + k_{2u} s \qquad (9.3.74)$$

mit $\hat{y}(x'_1, \ldots, x'_p)$ aus (9.3.42),

$$k_{1u} = \sqrt{2(N-p-1)} \, \frac{u_{1-\gamma}\sqrt{2(N-p)-3} + u_{1-\alpha}\sqrt{u_{1-\gamma}^2 + A[2(N-p)-3-u_{1-\alpha}^2]}}{2(N-p)-3-u_{1-\alpha}^2}, \qquad (9.3.75)$$

$$k_{2u} = r(n; 1-\gamma) \cdot v(f; 1-\alpha) \qquad (9.3.76)$$

mit $f = N - p - 1$ und $n = 1/A$, wobei A nach (9.3.68) zu bilden ist.

Zahlenwerte für $r(n; 1-\gamma)$ und $v(f; 1-\alpha)$ s. Tab. C 23, für u_p s. Tab. C 3.

9.4 Die Behandlung qualitativer Einflußgrößen bei der Regressionsanalyse

Der Definition von Abschn. 9.1 entsprechend kann mit der Regressionsanalyse nur die Abhängigkeit einer quantitativen Zielgröße Y von *quantitativen* Einflußgrößen (quantitativen Faktoren) untersucht werden.

Häufig tritt jedoch der Fall auf, daß die Zielgröße Y sowohl von qualitativen als auch von quantitativen Einflußgrößen abhängt. Um diesen Fall mit der Regressionsanalyse behandeln zu können, müssen die qualitativen Einflußgrößen quantifiziert werden.

Die Anzahl der quantitativen Einflußgrößen sei — wie in Abschn. 9.3 — p. Außerdem gibt es nun die qualitativen Einflußgrößen $A, B, C, \ldots$. Die qualitative Einflußgröße A habe die a Ausprägungen $A_1, A_2, \ldots, A_a$, B habe die b Ausprägungen $B_1, B_2, \ldots, B_b$, C habe die c Ausprägungen $C_1, C_2, \ldots, C_c$, usw. Insgesamt gibt es $abc\ldots$ Faktorstufenkombinationen der qualitativen Faktoren; vgl. Abschn. 7.1.

Wenn zwischen den quantitativen Einflußgrößen einerseits und den qualitativen Einflußgrößen andererseits *keine* Wechselwirkung besteht, dann ergibt sich als lineare

---
[1] Vgl. Fußnote S. 300.

9.4 Die Behandlung qualitativer Einflußgrößen bei der Regressionsanalyse

Regressionsfunktion $\mu_Y(x_1, \ldots, x_p)$ in Abhängigkeit von den quantitativen Einflußgrößen für jede Faktorstufenkombination der qualitativen Einflußgrößen die gleiche Regressions(hyper)ebene, jedoch jeweils mit einem von der Faktorstufenkombination der qualitativen Einflußgrößen abhängigen Achsenabschnitt β_0, d. h. es gilt

$$\mu_Y(x_1, x_2, \ldots, x_p, A, B, C, \ldots) = \beta_0(A_i B_j C_k \ldots) + \beta_1 x_1 + \beta_2 x_2 + \ldots + \beta_p x_p. \tag{9.4.1}$$

Modellparameter sind die p Regressionskoeffizienten $\beta_1, \ldots, \beta_p$, die $abc\ldots$ Achsabschnitte $\beta_0(A_i B_j C_k \ldots)$ und σ_ε^2.

Zur Durchführung der Regressionsanalyse wird eine der Faktorstufenkombinationen der qualitativen Faktoren zur Grundstufe erklärt, auf die die Effekte der anderen Faktorstufenkombinationen bezogen werden. Der Einfachheit halber sei dies die Faktorstufenkombination $A_1 B_1 C_1 \ldots$. Jeder der anderen $abc\ldots - 1$ Faktorstufenkombinationen der qualitativen Einflußgrößen wird eine Indikatorvariable x_q ($q = p + 1, p + 2, \ldots$) zugeordnet, wodurch sich die Zahl der Einflußgrößen von p auf ($p + abc\ldots - 1$) vergrößert. Der Datensatz gemäß (9.3.9) verlängert sich damit um die ($abc\ldots - 1$) Spalten, die den Indikatorvariablen $p + 1, p + 2, \ldots$ zugeordnet sind. In jede Zeile des Datensatzes wird für jede Indikatorvariable entweder eine 0 oder eine 1 eingetragen: die Indikatorvariable erhält den Wert 1, wenn die Faktorstufenkombination bei der Gewinnung der Beobachtungswerte y vorliegt, sonst eine 0.

Das Modell hat nunmehr die Form

$$\mu_Y(x_1, \ldots, x_p, x_{p+1}, \ldots, x_{p+abc\ldots-1})$$
$$= \beta_0 + \beta_1 x_1 + \ldots + \beta_p x_p + \beta_{p+1} x_{p+1} + \ldots + \beta_{p+abc\ldots-1} x_{p+abc\ldots-1}. \tag{9.4.2}$$

Dabei ist jeder Indikatorvariablen x_q mit $q = p + 1, \ldots, p + abc\ldots - 1$ eine bestimmte Faktorstufenkombination $A_i B_j C_k$ (abgesehen von der Grundstufe $A_1 B_1 C_1 \ldots$) zugeordnet.

Zur Auswertung wird mit den ($p + abc\ldots - 1$) Einflußgrößen die mehrfache lineare Regressionsanalyse nach Abschn. 9.3 durchgeführt. Sie ergibt als Schätzwerte für die Regressionskoeffizienten $\beta_0, \beta_1, \ldots, \beta_{p+abc\ldots-1}$ der Grundgesamtheit die Regressionskoeffizienten $\hat{\beta}_0, \hat{\beta}_1, \ldots, \hat{\beta}_{p+abc\ldots-1}$ der Stichprobe. Dabei ist $\hat{\beta}_0$ der Achsabschnitt, welcher der Faktorstufenkombination $A_1 B_1 C_1 \ldots$, also der Grundstufe zugeordnet ist:

$$\hat{\beta}_0(A_1 B_1 C_1 \ldots) = \hat{\beta}_0. \tag{9.4.3}$$

Um den Achsabschnitt zu ermitteln, welcher der Faktorstufenkombination $A_i B_j C_k \ldots$ zugeordnet ist, wird zu dem ihr zugeordneten Regressionskoeffizienten $\hat{\beta}_q$ der Achsabschnitt $\hat{\beta}_0$ der Grundstufe addiert:

$$\hat{\beta}_0(A_i B_j C_k \ldots) = \hat{\beta}_0 + \hat{\beta}_q. \tag{9.4.4}$$

Vergleiche dazu auch *Beispiel 22*.

10 Qualitätsregelkarten

10.1 Allgemeines

Qualitätsregelkarten (control charts; frühere Übersetzung: Kontrollkarten) dienen zur Überwachung (Regelung) von Prozessen (Produktionsprozesse, Prozesse der regelmäßigen Anwendung von bestimmten Meßverfahren, ...) bezüglich des Verhaltens von Merkmalen der Prozeßergebnisse (Erzeugnisse, Meßergebnisse ...). Sie sollen vermeidbare Veränderungen (Störungen) im Verhalten dieser Merkmale (z. B. veränderte mittlere Merkmalswerte oder größere Streuungen) gegenüber denen sichtbar machen, die unter bestimmten Bedingungen als unvermeidbar (dem Prozeß innewohnend) angesehen werden müssen.

Dazu werden dem Prozeß an festgelegten (in der Regel gleichabständigen) Zeitpunkten Stichproben vom festgelegten Stichprobenumfang n entnommen und aus den angefallenen Beobachtungswerten $x_1, ..., x_n$ des zu überwachenden Merkmals X Kennwerte (siehe Kap. 5) berechnet, z. B. $\bar{x}, \tilde{x}, s, R$.

Die Zeitabstände zwischen aufeinanderfolgenden Stichproben und der Stichprobenumfang n sollten unter Berücksichtigung der Prüfkosten einerseits und der Kosten durch unbemerkt bleibende Störungen (abhängig von Erfahrungswerten über Wahrscheinlichkeit und Auswirkungen einer Störung zwischen zwei aufeinanderfolgenden Stichproben) andererseits festgelegt werden.

Die *Qualitätsregelkarte* ist eine graphische Darstellung, bei der auf der Abszisse die Zeit (genauer: die festgelegten Entnahmezeitpunkte der Stichproben) und auf der Ordinate der Kennwert (die Kennwerte) abgetragen werden, mit denen die Prozeßüberwachung erfolgen soll.

In diesem Abschnitt werden Qualitätsregelkarten behandelt, bei denen die Prozeßüberwachung nur mit dem Kennwert (den Kennwerten) der gerade gezogenen Stichprobe, jedoch nicht mit denen früherer Stichproben, erfolgt.

Zur Entscheidung, ob eine Störung vorliegt oder nicht, enthält die Qualitätsregelkarte eine untere und eine obere *Eingriffsgrenze* (UEG und OEG) und eventuell eine untere und eine obere *Warngrenze* (UWG und OWG), wobei folgende Entscheidungsregeln gelten:

a) Fällt ein Kennwert z innerhalb der Warngrenzen an (UWG $< z <$ OWG), dann ist keine Störung zu vermuten; vgl. Stichproben Nr. 1 und 2 in Abb. 10.1.

b) Fällt ein Kennwert z zwischen Warn- und Eingriffsgrenzen an (UEG $\leq z \leq$ UWG oder OWG $\leq z <$ OEG), dann ist der Verdacht auf Vorliegen einer Störung gegeben. Man entnimmt deshalb möglichst sofort eine weitere Stichprobe. Liegt der daraus berechnete Kennwert innerhalb der Warngrenzen, dann verfährt man wie

10.2 Qualitätsregelkarten für ein quantitatives Merkmal

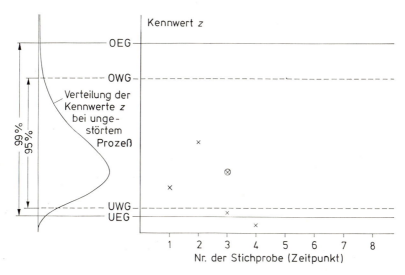

Abb. 10.1. Verteilung der Kennwerte, und die dafür entwickelte Qualitätsregelkarte mit Eingriffsgrenzen UEG und OEG und Warngrenzen UWG und OWG

bei a), liegt er außerhalb der Warngrenzen, dann verfährt man wie bei c); vgl. Stichprobe Nr. 3 in Abb. 10.1, wobei der Wert der zweiten Stichprobe eingekreist ist.

c) Fällt ein Kennwert außerhalb der Eingriffsgrenzen an ($z \leq$ UEG oder $z \geq$ OEG), dann wird eine Störung vermutet und eingegriffen, vgl. Stichprobe Nr. 4 in Abb. 10.1. 'Eingriff' ist die kurze Bezeichnung dafür, daß die Qualitätsregelkarte das Auftreten einer Störung anzeigt und darauf reagiert wird. Welche Maßnahmen getroffen werden müssen, hängt davon ab, welche Kenntnisse über den zu regelnden Prozeß selbst und die Art der angezeigten Störung vorhanden sind.

Darüber hinaus enthält die Qualitätsregelkarte meist eine *Mittellinie*, die dem Erwartungswert $E(Z)$ oder dem Erfahrungs- oder Sollwert der Kenngröße bei ungestörtem Prozeß entspricht.

10.2 Qualitätsregelkarten für ein quantitatives Merkmal

10.2.1 Voraussetzungen

Das zu überwachende Merkmal X ist, wenn man einen festen Zeitpunkt t betrachtet, normalverteilt mit dem Erwartungswert μ_t und der Standardabweichung σ_t. Bei ungestörtem Prozeß sind μ_t und σ_t zeitlich stabil[1]: $\mu_t = \mu$, $\sigma_t = \sigma$ für alle t. Eine Störung führt zu einer Verschiebung des Erwartungswertes oder/und einer Vergrößerung der Standardabweichung.

---

[1] Vgl. dazu auch Unterabschn. 10.2.4 und 10.2.5

10.2.2 Sollwerte, Erfahrungswerte und Vorlaufwerte für Erwartungswert μ und Standardabweichung σ bei ungestörtem Prozeß

a) μ oder/und σ sind als *Sollwerte* μ_S oder/und σ_S vorgegeben, beispielsweise aufgrund von gesetzlichen Auflagen oder Herstellungsvorschriften.
b) μ oder/und σ sind als *Erfahrungswerte* μ_E oder/und σ_E aus früheren umfangreichen Untersuchungen bekannt.
c) μ und σ werden durch *Vorlaufwerte* geschätzt. Vorlaufwerte sind hinreichend verläßliche Schätzwerte für μ und σ, die man sich aus einem Vorlauf bei ungestörtem Prozeß beschafft. Dazu werden k Stichproben (k mindestens 20) vom Stichprobenumfang n ($n > 1$) untersucht. Dabei kann der zeitliche Abstand zwischen aufeinanderfolgenden Stichproben gegebenenfalls kleiner sein als beim Führen der Qualitätsregelkarte selbst; der Stichprobenumfang muß jedoch genau so groß sein wie später. Die Stichprobe i ($i = 1, \ldots, k$) liefert die Beobachtungswerte $x_{i\nu}$ ($\nu = 1, \ldots, n$) des Merkmals X.

Schätzwerte für μ

1. Man bildet für jede Stichprobe i den Median $\tilde{x}_i$ nach (5.1.19) und daraus den Median $\tilde{\tilde{x}}$ der k Mediane $\tilde{x}_i$, wiederum nach (5.1.19) oder den Mittelwert der Mediane

$$\bar{\tilde{x}} = \frac{1}{k} \sum_{i=1}^{k} \tilde{x}_i. \tag{10.2.1}$$

2. Man bildet für jede Stichprobe i den Mittelwert

$$\bar{x}_i = \frac{1}{n} \sum_{\nu=1}^{n} x_{i\nu} \tag{10.2.2}$$

und daraus den Gesamtmittelwert

$$\bar{\bar{x}} = \frac{1}{k} \sum_{i=1}^{k} \bar{x}_i. \tag{10.2.3}$$

$\tilde{\tilde{x}}$, $\bar{\tilde{x}}$ und $\bar{\bar{x}}$ sind Schätzwerte für μ.

Schätzwerte für σ

1. Man bildet für jede Stichprobe i die Spannweite nach (5.1.23)

$$R_i = x_{i,\max} - x_{i,\min}, \tag{10.2.4}$$

und daraus den Median $\tilde{R}$ der Spannweiten nach (5.1.19) oder die mittlere Spannweite

$$\bar{R} = \frac{1}{k} \sum_{i=1}^{k} R_i. \tag{10.2.5}$$

2. Man bildet für jede Stichprobe i die Varianz

$$s_i^2 = \frac{1}{n-1} \sum_{\nu=1}^{n} (x_{i\nu} - \bar{x}_i)^2 \tag{10.2.6}$$

10.2 Qualitätsregelkarten für ein quantitatives Merkmal

mit $\bar{x}_i$ aus (10.2.2), und daraus die mittlere Varianz

$$\overline{s^2} = \frac{1}{k} \sum_{i=1}^{k} s_i^2 \qquad (10.2.7)$$

oder mit den Standardabweichungen $s_i = \sqrt{s_i^2}$ die mittlere Standardabweichung

$$\bar{s} = \frac{1}{k} \sum_{i=1}^{k} s_i. \qquad (10.2.8)$$

$\bar{R}/\bar{d}_n$, $\bar{R}/d_n$, $\bar{s}/a_n$ und $\sqrt{\overline{s^2}}$ sind Schätzwerte für σ.
Zahlenwerte für $\bar{d}_n$, d_n und a_n s. Tab. C 24.

10.2.3 Qualitätsregelkarten ohne Berücksichtigung von vorgegebenen Grenzwerten

Unter Verwendung der Informationen über μ und σ aus Unterabschn. 10.2.2 werden Eingriffs- und Warngrenzen als Grenzen von Zufallsstreubereichen (vgl. Abschn. 5.3) so berechnet, daß bei ungestörtem Prozeß der Kennwert Z mit der Wahrscheinlichkeit $P = 95\%$ zwischen den Warngrenzen,[1]

$$P(\text{UWG} < Z < \text{OWG}) = 95\%, \qquad (10.2.9)$$

und mit der Wahrscheinlichkeit $P = 99\%$ zwischen den Eingriffsgrenzen[1] liegt,

$$P(\text{UEG} < Z < \text{OEG}) = 99\%. \qquad (10.2.10)$$

$$\text{UWG} = z_{2,5\%}, \quad \text{OWG} = z_{97,5\%}, \quad \text{UEG} = z_{0,5\%}, \quad \text{OEG} = z_{99,5\%}, \qquad (10.2.11)$$

wobei z_p das p-Quantil von Z ist; vgl. (3.1.8) und Abb. 10.1.

Läuft der Prozeß ungestört, dann liegen auf lange Sicht die Kennwerte in 95% aller Fälle innerhalb der Warngrenzen, in 4% aller Fälle zwischen Warn- und Eingriffsgrenzen und in 1% aller Fälle außerhalb der Eingriffsgrenzen. In 4% aller Fälle vermutet man also irrtümlich eine Störung und entnimmt eine zweite Stichprobe, während man in 1% aller Fälle irrtümlich eine Störung vermutet und eingreift. Die Wahrscheinlichkeit, mit der die Grenzen berechnet wurden, sagt somit nur etwas über den Prozentsatz falscher Entscheidungen bei ungestörtem Prozeß aus, d.h. über den Fehler erster Art (Eingriff in den ungestörten Prozeß), aber nichts über den Prozentsatz falscher Entscheidungen bei gestörtem Prozeß, d.h. den Fehler zweiter Art (Nichteingriff in den gestörten Prozeß). Dieser ergibt sich aus der Operations-Charakteristik der Qualitätsregelkarte.

Qualitätsregelkarten zur Überwachung der Lage, d. h. des Erwartungswertes μ_t, führt man mit $\bar{x}$ oder $\tilde{x}$; man spricht dann von der $\bar{x}$-Karte oder $\tilde{x}$-Karte.

---

[1] Insbesondere in den USA werden oft statt der 99%-Eingriffsgrenzen 3σ-Eingriffsgrenzen und statt der 95%-Warngrenzen 2σ-Warngrenzen verwendet, d. h. UEG = $\mu_z - 3\sigma_z$, OEG = $\mu_z + 3\sigma_z$, UWG = $\mu_z - 2\sigma_z$, OWG = $\mu_z + 2\sigma_z$, wobei μ_z der Erwartungswert und σ_z die Standardabweichung der Kenngröße Z bei ungestörtem Prozeß sind. Dabei hängen die Wahrscheinlichkeiten, mit denen die Kenngröße innerhalb der Grenzen auftritt, vom Stichprobenumfang n ab und sind in der Regel unbekannt. Diese Grenzen sind daher nicht zu empfehlen.

Qualitätsregelkarten zur Überwachung der Streuung, d. h. der Standardabweichung σ_t, führt man mit s oder R; man spricht dann von der s-Karte oder R-Karte. Bei diesen Karten verzichtet man oft auf die untere Eingriffs- und Warngrenze, weil ihr Unterschreiten eine Verkleinerung von σ_t anzeigen würde, was nicht als Störung zu betrachten ist. Wenn diese Verkleinerung jedoch an einer fehlerhaften Datenbeschaffung liegen oder auf ein zu 'gutes' und damit zu teures Arbeiten hinweisen könnte, dürfen die unteren Grenzen nicht weggelassen werden.

Um μ_t und σ_t zu überwachen, führt man eine kombinierte (zweispurige) Qualitätsregelkarte: die $\bar{x}$-s-Karte, $\bar{x}$-R-Karte oder $\tilde{x}$-R-Karte. Will man jede Rechenarbeit vermeiden, dann kann man eine Qualitätsregelkarte direkt mit den beobachteten Werten $x_1, \ldots, x_n$ als Urwertkarte führen; mit dieser werden Lage und Streuung gleichzeitig überwacht. Die Empfindlichkeit der Karten, d. h. ihre Fähigkeit, vorhandene Störungen zu erkennen, nimmt in folgender Reihenfolge ab: $\bar{x}$-s-Karte, $\bar{x}$-R-Karte, $\tilde{x}$-R-Karte, Urwertkarte.

Werden die Grenzen der Karte mit Hilfe von Vorlaufergebnissen berechnet, dann sollte vor Einsatz der Karte geprüft werden, ob alle k Vorlaufwerte innerhalb der Eingriffsgrenzen liegen. Liegen Vorlaufwerte einzelner Zeitpunkte außerhalb der Eingriffsgrenzen, dann sind Störungen im Vorlauf zu vermuten. Die Grenzen der Karte sind dann erneut — ohne Verwendung dieser Werte, jedoch eventuell nach Ergänzung des Vorlaufs durch zusätzliche Stichproben — zu berechnen.

Urwertkarte (Extremwertkarte)

In die Urwertkarte werden alle n zum Zeitpunkt i gemessenen Einzelwerte $x_{i1}, x_{i2}, \ldots, x_{in}$ eingetragen. Die Entscheidungsregel von S. 308 ist insoweit abgewandelt, als nur der kleinste Wert $x_{i,\min} = x_{i(1)}$ mit UWG und UEG und der größte Wert $x_{i,\max} = x_{i(n)}$ mit OWG und OEG verglichen wird. Nur $x_{i(1)}$ und $x_{i(n)}$ sind also entscheidungsrelevant; deshalb wird die Karte auch Extremwertkarte genannt.

Berechnung der Warn- und Eingriffsgrenzen

Information über		Rechenformel für die Abgrenzung von			
μ (Mittellinie)	σ	UEG	UWG	OWG	OEG
$\left.\begin{array}{l}\mu_S\\ \mu_E\\ \bar{\bar{x}}\\ \bar{\bar{x}}\\ \tilde{x}\end{array}\right\}\mu$	$\left.\begin{array}{l}\sigma_S\\ \sigma_E\\ \sqrt{\overline{s^2}}\\ \bar{s}/a_n\end{array}\right\}\sigma$	$\mu - E'_E\,\sigma$	$\mu - E'_W\,\sigma$	$\mu + E'_W\,\sigma$	$\mu + E'_E\,\sigma$
	$\bar{R}$	$\mu - E_E\bar{R}$	$\mu - E_W\bar{R}$	$\mu + E_W\bar{R}$	$\mu + E_E\bar{R}$
	$\tilde{R}$	$\mu - \tilde{E}_E\tilde{R}$	$\mu - \tilde{E}_W\tilde{R}$	$\mu + \tilde{E}_W\tilde{R}$	$\mu + \tilde{E}_E\tilde{R}$

(10.2.12)

Die geschweiften Klammern bei μ bzw. σ bedeuten, daß jede der vor der Klammer stehenden Größen für μ bzw. σ eingesetzt werden darf. Die Formeln gelten unter der Voraussetzung, daß der Stichprobenumfang im Vorlauf mit dem beim Führen der Karte übereinstimmt.

Zahlenwerte für E'_E, E'_W, E_E, E_W, $\tilde{E}_E$, $\tilde{E}_W$, a_n s. Tab. C 24.

Die Abgrenzungsfaktoren ergeben sich aus

$$E'_E = u_{\frac{1+\sqrt[n]{0{,}99}}{2}}, \qquad E'_W = u_{\frac{1+\sqrt[n]{0{,}95}}{2}},$$

$$E_E = \frac{1}{d_n} u_{\frac{1+\sqrt[n]{0{,}99}}{2}}, \qquad E_W = \frac{1}{d_n} u_{\frac{1+\sqrt[n]{0{,}95}}{2}}, \qquad (10.2.13)$$

$$\tilde{E}_E = \frac{1}{\tilde{d}_n} u_{\frac{1+\sqrt[n]{0{,}99}}{2}}, \qquad \tilde{E}_W = \frac{1}{\tilde{d}_n} u_{\frac{1+\sqrt[n]{0{,}95}}{2}}.$$

Zahlenwerte für u_p s. Tab. C 3 und für d_n, $\tilde{d}_n$ s. Tab. C 24.

Operations-Charakteristik (Nichteingriffswahrscheinlichkeit L in Abhängigkeit von μ_t bei konstantem $\sigma_t = \sigma$)

$$L(\lambda) = [\Phi(E'_E - \lambda) - \Phi(-E'_E - \lambda)]^n, \qquad (10.2.14)$$

$$\lambda = (\mu_t - \mu)/\sigma, \qquad (10.2.15)$$

Operations-Charakteristik (Nichteingriffswahrscheinlichkeit L in Abhängigkeit von σ_t bei konstantem $\mu_t = \mu$)

$$L(\sigma_t) = \left[2\Phi\left(\frac{\sigma E'_E}{\sigma_t}\right) - 1\right]^n, \qquad (10.2.16)$$

wobei für (μ, σ) die gemäß Unterabschn. 10.2.2 benutzten Werte einzusetzen sind. Zahlenwerte für E'_E s. Tab. C 24 und für $\Phi(\cdot)$ s. Tab. C 2.

Für $n = 5$ und $n = 11$ ist die Eingriffswahrscheinlichkeit $1 - L(\lambda)$ in Abb. 10.2, für $n = 5$ und $n = 10$ ist die Eingriffswahrscheinlichkeit $1 - L(\sigma_t)$ in Abb. 10.3 dargestellt.

Mediankarte ($\tilde{x}$-Karte)

Berechnung der Warn- und Eingriffsgrenzen

Information über		Rechenformel für die Abgrenzung von			
μ (Mittellinie)	σ	UEG	UWG	OWG	OEG
$\left.\begin{array}{l}\mu_S\\ \mu_E\\ \bar{x}\\ \bar{\bar{x}}\\ \tilde{x}\end{array}\right\} \mu$	$\left.\begin{array}{l}\sigma_S\\ \sigma_E\\ \sqrt{\overline{s^2}}\\ \bar{s}/a_n\end{array}\right\} \sigma$	$\mu - C'_E \sigma$	$\mu - C'_W \sigma$	$\mu + C'_W \sigma$	$\mu + C'_E \sigma$
	$\bar{R}$	$\mu - C_E \bar{R}$	$\mu - C_W \bar{R}$	$\mu + C_W \bar{R}$	$\mu + C_E \bar{R}$
	$\bar{R}$	$\mu - \tilde{C}_E \bar{R}$	$\mu - \tilde{C}_W \bar{R}$	$\mu + \tilde{C}_W \bar{R}$	$\mu + \tilde{C}_E \bar{R}$

$$(10.2.17)$$

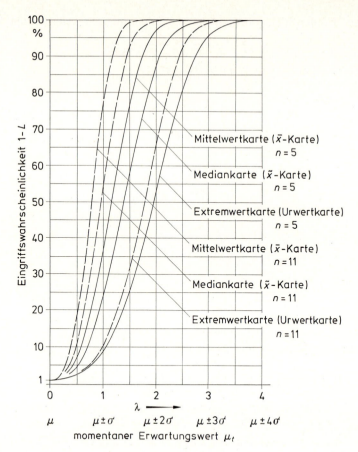

Abb. 10.2. Die Eingriffswahrscheinlichkeit $1 - L$ in Abhängigkeit vom momentanen Erwartungswert μ_t bzw. $\lambda = (\mu_t - \mu)/\sigma$ bei verschiedenen Lagekarten

Die geschweiften Klammer$n$ in (10.2.17) bei μ bzw. σ bedeuten, daß jede der vor der Klammer stehenden Größen für μ bzw. σ eingesetzt werden darf. Die Formeln gelten unter der Voraussetzung, daß der Stichprobenumfang im Vorlauf mit dem beim Führen der Karte übereinstimmt.

Zahlenwerte für C'_E, C'_W, C_E, C_W, $\tilde{C}_E$, $\tilde{C}_W$, a_n s. Tab. C 24.

Die Abgrenzungsfaktoren ergeben sich aus

$$C'_E = \frac{c_n u_{99,5\%}}{\sqrt{n}} = \frac{c_n \cdot 2{,}576}{\sqrt{n}}, \quad C'_W = \frac{c_n u_{97,5\%}}{\sqrt{n}} = \frac{c_n \cdot 1{,}960}{\sqrt{n}},$$

$$C_E = \frac{c_n u_{99,5\%}}{d_n \sqrt{n}} = \frac{c_n \cdot 2{,}576}{d_n \sqrt{n}}, \quad C_W = \frac{c_n u_{97,5\%}}{d_n \sqrt{n}} = \frac{c_n \cdot 1{,}960}{d_n \sqrt{n}}, \quad (10.2.18)$$

$$\tilde{C}_E = \frac{c_n u_{99,5\%}}{\tilde{d}_n \sqrt{n}} = \frac{c_n \cdot 2{,}576}{\tilde{d}_n \sqrt{n}}, \quad \tilde{C}_W = \frac{c_n u_{97,5\%}}{\tilde{d}_n \sqrt{n}} = \frac{c_n \cdot 1{,}960}{\tilde{d}_n \sqrt{n}}.$$

Zahlenwerte für c_n, d_n, $\tilde{d}_n$ s. Tab. C 24.

10.2 Qualitätsregelkarten für ein quantitatives Merkmal

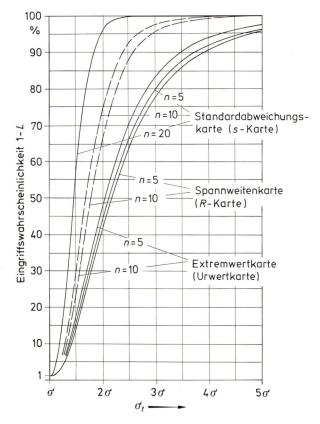

Abb. 10.3. Die Eingriffswahrscheinlichkeit $1 - L$ in Abhängigkeit von der momentanen Standardabweichung σ_t bei verschiedenen Streuungskarten

Operations-Charakteristik (Nichteingriffswahrscheinlichkeit L in Abhängigkeit von μ_t bei konstantem $\sigma_t = \sigma$)

$$L(\lambda) = \Phi\left[\frac{\sqrt{n}}{c_n}(C'_E - \lambda)\right] - \Phi\left[-\frac{\sqrt{n}}{c_n}(C'_E + \lambda)\right], \quad (10.2.19)$$

$$\lambda = (\mu_t - \mu)/\sigma, \quad (10.2.20)$$

wobei für (μ, σ) die gemäß Unterabschn. 10.2.2 benutzten Werte einzusetzen sind. Zahlenwerte für C'_E, c_n s. Tab. C 24 und für $\Phi(\cdot)$ s. Tab. C 2.

Für $n = 5$ und $n = 11$ ist die Eingriffswahrscheinlichkeit $1 - L(\lambda)$ in Abb. 10.2 dargestellt.

Mittelwertkarte ($\bar{x}$-Karte)

Berechnung der Warn- und Eingriffsgrenzen

Information über		Rechenformel für die Abgrenzung von			
μ (Mittellinie)	σ	UEG	UWG	OWG	OEG
$\left.\begin{array}{l}\mu_S\\ \mu_E\\ \bar{\bar{x}}\\ \bar{\bar{x}}\\ \tilde{\bar{x}}\end{array}\right\}\mu$	$\left.\begin{array}{l}\sigma_S\\ \sigma_E\\ \sqrt{\overline{s^2}}\end{array}\right\}\sigma$	$\mu - A'_E\sigma$	$\mu - A'_W\sigma$	$\mu + A'_W\sigma$	$\mu + A'_E\sigma$
	$\bar{s}$	$\mu - A^*_E\bar{s}$	$\mu - A^*_W\bar{s}$	$\mu + A^*_W\bar{s}$	$\mu + A^*_E\bar{s}$
	$\bar{R}$	$\mu - A_E\bar{R}$	$\mu - A_W\bar{R}$	$\mu + A_W\bar{R}$	$\mu + A_E\bar{R}$

(10.2.21)

Die geschweiften Klammern bei μ bzw. σ bedeuten, daß jede der vor der Klammer stehenden Größen für μ bzw. σ eingesetzt werden darf. Die Formeln gelten unter der Voraussetzung, daß der Stichprobenumfang im Vorlauf mit dem beim Führen der Karte übereinstimmt.

Zahlenwerte für A'_E, A'_W, A^*_E, A^*_W, A_E, A_W s. Tab. C 24.

Die Abgrenzungsfaktoren ergeben sich aus

$$A'_E = \frac{u_{99,5\%}}{\sqrt{n}} = \frac{2{,}576}{\sqrt{n}}, \qquad A'_W = \frac{u_{97,5\%}}{\sqrt{n}} = \frac{1{,}960}{\sqrt{n}},$$

$$A^*_E = \frac{u_{99,5\%}}{a_n\sqrt{n}} = \frac{2{,}576}{a_n\sqrt{n}}, \qquad A^*_W = \frac{u_{97,5\%}}{a_n\sqrt{n}} = \frac{1{,}960}{a_n\sqrt{n}}, \qquad (10.2.22)$$

$$A_E = \frac{u_{99,5\%}}{d_n\sqrt{n}} = \frac{2{,}576}{d_n\sqrt{n}}, \qquad A_W = \frac{u_{97,5\%}}{d_n\sqrt{n}} = \frac{1{,}960}{d_n\sqrt{n}}.$$

Zahlenwerte für a_n, d_n s. Tab. C 24.

Operations-Charakteristik (Nichteingriffswahrscheinlichkeit L in Abhängigkeit von μ_t bei konstantem $\sigma_t = \sigma$)

$$L(\lambda) = \Phi\left[\sqrt{n}\,(A'_E - \lambda)\right] - \Phi\left[-\sqrt{n}\,(A'_E + \lambda)\right], \qquad (10.2.23)$$

$$\lambda = (\mu_t - \mu)/\sigma, \qquad (10.2.24)$$

wobei für (μ, σ) die gemäß Unterabschn. 10.2.2 benutzten Werte einzusetzen sind. Zahlenwerte für A'_E s. Tab. C 24 und für $\Phi(\cdot)$ s. Tab. C 2.

Für $n = 5$ und $n = 11$ ist die Eingriffswahrscheinlichkeit $1 - L(\lambda)$ in Abb. 10.2 dargestellt.

Einzelwertkarte

In die Einzelwertkarte wird zu jedem Zeitpunkt i *ein* Einzelwert x_i eingetragen; sie ist der Sonderfall der Urwert-, $\bar{x}$- und $\tilde{\bar{x}}$-Karte für $n = 1$.

10.2 Qualitätsregelkarten für ein quantitatives Merkmal

Die Einzelwertkarte sollte nur geführt werden, wenn ein Sollwert μ_S oder ein Erfahrungswert μ_E vorgegeben ist und nur Abweichungen des Erwartungswertes μ_t vom vorgegebenen Wert erkannt werden sollen, die im Vergleich zur Standardabweichung groß sind ($|\mu_t - \mu| \geq 3\,\sigma$).

Ist weder ein Sollwert σ_S noch ein Erfahrungswert σ_E für σ vorgegeben, dann muß σ aus dem Vorlauf geschätzt werden. Für $n = 1$ versagen die Möglichkeiten (10.2.4) bis (10.2.8). Stattdessen wird aus den k Einzelwerten $x_1, x_2, \ldots, x_k$ des Vorlaufs

$$\overline{\Delta} = \frac{1}{k-1} \sum_{i=1}^{k-1} |x_i - x_{i+1}| \qquad (10.2.25)$$

oder

$$\overline{\Delta^2} = \frac{1}{k-1} \sum_{i=1}^{k-1} (x_i - x_{i+1})^2 \qquad (10.2.26)$$

gebildet.

$\overline{\Delta}/1{,}128$ ist Schätzwert für σ.

$\sqrt{\overline{\Delta^2}/2}$ ist Schätzwert für σ.

Der zweite Schätzwert ist gegenüber dem ersten zu bevorzugen.

Eingriffs- und Warngrenzen der Einzelwertkarte ergeben sich mit den Abgrenzungsfaktoren aus Tab. C 24 für $n = 1$.

Spannweitenkarte (R-Karte)

Berechnung der Warn- und Eingriffsgrenzen

Information über σ	Mittellinie	Rechenformel für die Abgrenzung von			
		UEG	UWG	OWG	OEG
$\left.\begin{array}{l}\sigma_S \\ \sigma_E \\ \sqrt{\overline{s^2}} \\ \bar{s}/a_n\end{array}\right\}\sigma$	$d_n\sigma$	$D'_{EU}\sigma$	$D'_{WU}\sigma$	$D'_{WO}\sigma$	$D'_{EO}\sigma$
$\bar{R}$	$\bar{R}$	$D_{EU}\bar{R}$	$D_{WU}\bar{R}$	$D_{WO}\bar{R}$	$D_{EO}\bar{R}$
$\tilde{R}$	$\tilde{R}$	$\tilde{D}_{EU}\tilde{R}$	$\tilde{D}_{WU}\tilde{R}$	$\tilde{D}_{WO}\tilde{R}$	$\tilde{D}_{EO}\tilde{R}$

(10.2.27)

Die geschweifte Klammer bei σ bedeutet, daß jede der vor der Klammer stehende Größen für σ eingesetzt werden darf. Die Formeln gelten unter der Voraussetzung, daß der Stichprobenumfang im Vorlauf mit dem beim Führen der Karte übereinstimmt. Zahlenwerte für D'_{EU}, D'_{EO}, D'_{WU}, D'_{WO}, D_{EU}, D_{EO}, D_{WU}, D_{WO}, $\tilde{D}_{EU}$, $\tilde{D}_{EO}$, $\tilde{D}_{WU}$, $\tilde{D}_{WO}$ s. Tab. C 25.

Die Abgrenzungsfaktoren ergeben sich aus

$$D'_{EU} = w_{n;0,5\%}, \qquad D'_{WU} = w_{n;2,5\%},$$

$$D'_{EO} = w_{n;99,5\%}, \qquad D'_{WO} = w_{n;97,5\%},$$

$$D_{EU} = \frac{1}{d_n} w_{n;0,5\%}, \qquad D_{WU} = \frac{1}{d_n} w_{n;2,5\%},$$

$$D_{EO} = \frac{1}{d_n} w_{n;99,5\%}, \qquad D_{WO} = \frac{1}{d_n} w_{n;97,5\%}, \qquad (10.2.28)$$

$$\tilde{D}_{EU} = \frac{1}{\tilde{d}_n} w_{n;0,5\%}, \qquad \tilde{D}_{WU} = \frac{1}{\tilde{d}_n} w_{n;2,5\%},$$

$$\tilde{D}_{EO} = \frac{1}{\tilde{d}_n} w_{n;99,5\%}, \qquad \tilde{D}_{WO} = \frac{1}{\tilde{d}_n} w_{n;97,5\%}.$$

Zahlenwerte für d_n, $\tilde{d}_n$ s. Tab. C 24 und für $w_{n;p}$ s. Tab. C 12.

Operations-Charakteristik (Nichteingriffswahrscheinlichkeit L in Abhängigkeit von σ_t)

$$L(\sigma_t) = G_W\left(\frac{\sigma D'_{EO}}{\sigma_t}\right) - G_W\left(\frac{\sigma D'_{EU}}{\sigma_t}\right), \qquad (10.2.29)$$

wobei für σ der gemäß Unterabschn. 10.2.2 benutzte Wert einzusetzen ist.
Zahlenwerte für D'_{EU}, D'_{EO} s. Tab. C 25.

$G_W(\cdot)$ ist die Verteilungsfunktion der standardisierten Spannweite $W = R/\sigma$; vgl. (5.3.19).

Für $n = 5$ und $n = 10$ ist die Eingriffswahrscheinlichkeit $1 - L(\sigma_t)$ in Abb. 10.3 dargestellt.

Standardabweichungskarte (s-Karte)

Berechnung der Warn- und Eingriffsgrenzen

Information über σ (Mittellinie)	Rechenformel für die Abgrenzung von			
	UEG	UWG	OWG	OEG
$\left.\begin{array}{l}\sigma_S \\ \sigma_E \\ \sqrt{\overline{s^2}}\end{array}\right\} \sigma$	$B'_{EU}\sigma$	$B'_{WU}\sigma$	$B'_{WO}\sigma$	$B'_{EO}\sigma$
$\bar{s}$	$B^*_{EU}\bar{s}$	$B^*_{WU}\bar{s}$	$B^*_{WO}\bar{s}$	$B^*_{EO}\bar{s}$

(10.2.30)

Die geschweifte Klammer bei σ bedeutet, daß jede der vor der Klammer stehenden Größen für σ eingesetzt werden darf. Die Formeln gelten unter der Voraussetzung, daß der Stichprobenumfang im Vorlauf mit dem beim Führen der Karte übereinstimmt.
Zahlenwerte für B'_{EU}, B'_{EO}, B'_{WU}, B'_{WO}, B^*_{EU}, B^*_{EO}, B^*_{WU}, B^*_{WO} s. Tab. C 25.

10.2 Qualitätsregelkarten für ein quantitatives Merkmal

Die Abgrenzungsfaktoren ergeben sich mit $f = n - 1$ aus

$$B'_{EU} = \sqrt{\frac{\chi^2_{f;\,0,5\%}}{n-1}}, \qquad B'_{WU} = \sqrt{\frac{\chi^2_{f;\,2,5\%}}{n-1}},$$

$$B'_{EO} = \sqrt{\frac{\chi^2_{f;\,99,5\%}}{n-1}}, \qquad B'_{WO} = \sqrt{\frac{\chi^2_{f;\,97,5\%}}{n-1}},$$

$$B^*_{EU} = \frac{1}{a_n}\sqrt{\frac{\chi^2_{f;\,0,5\%}}{n-1}}, \qquad B^*_{WU} = \frac{1}{a_n}\sqrt{\frac{\chi^2_{f;\,2,5\%}}{n-1}}, \qquad (10.2.31)$$

$$B^*_{EO} = \frac{1}{a_n}\sqrt{\frac{\chi^2_{f;\,99,5\%}}{n-1}}, \qquad B^*_{WO} = \frac{1}{a_n}\sqrt{\frac{\chi^2_{f;\,97,5\%}}{n-1}}.$$

Zahlenwerte für a_n s. Tab. C 24 und für $\chi^2_{f;\,p}$ s. Tab. C 5.

Operations-Charakteristik (Nichteingriffswahrscheinlichkeit L in Abhängigkeit von σ_t)

$$L(\sigma_t) = G_{\chi^2_f}\left((n-1)\left(\frac{B'_{EO}\,\sigma}{\sigma_t}\right)^2\right) - G_{\chi^2_f}\left((n-1)\left(\frac{B'_{EU}\,\sigma}{\sigma_t}\right)^2\right), \qquad (10.2.32)$$

wobei für σ der gemäß Unterabschn. 10.2.2 benutzte Wert einzusetzen ist. Zahlenwerte für B'_{EU}, B'_{EO} s. Tab. C 25.

$G_{\chi^2_f}(\cdot)$ ist die Verteilungsfunktion der χ^2_f-Verteilung; vgl. Abschn. 3.4. Für $n = 5$, $n = 10$ und $n = 20$ ist die Eingriffswahrscheinlichkeit $1 - L(\sigma_t)$ in Abb. 10.3 dargestellt.

Variationskoeffizientenkarte (v-Karte)

Hat das (positive) Merkmal X im ungestörten Prozeß zeitlich schwankende Werte μ_t und σ_t so, daß der Variationskoeffizient $\gamma_t = \sigma_t/\mu_t$ zeitlich konstant ist ($\gamma_t = \gamma$ für alle t beim ungestörten Prozeß), dann empfiehlt sich dessen Überwachung mit dem Variationskoeffizienten $v = s/\bar{x}$ der Stichprobe. Dieser Fall kann beispielsweise bei chemischen Meßverfahren vorliegen, wenn die Schwankung von μ_t durch die unterschiedlichen Proben bedingt ist, während der konstante Variationskoeffizient die Präzision des Meßverfahrens kennzeichnet. Unter der Voraussetzung $\gamma < 40\%$ und $n > 10$ werden die Grenzen der v-Karte als Grenzen des Zufallsstreubereiches

$$v_U = q_U \gamma \leq v \leq v_O = q_O \gamma \qquad (10.2.33)$$

für v berechnet. Dabei werden für γ der Sollwert γ_S, der Erfahrungswert γ_E oder einer der Vorlaufwerte $\sqrt{\overline{s^2}}/\bar{\bar{x}}$, $\bar{s}/(a_n\bar{\bar{x}})$ oder der mittlere Variationskoeffizient des Vorlaufs,

$$\bar{v} = \frac{1}{k}\sum_{i=1}^{k} v_i, \qquad (10.2.34)$$

eingesetzt, wobei $v_i = s_i/\bar{x}_i$ der Variationskoeffizient der Stichprobe i des Vorlaufs ist [gebildet aus $\bar{x}_i$ nach (10.2.2) und s_i nach (10.2.6)]; q_U und q_O werden nach (5.3.46) mit $u_{1-\alpha/2} = u_{99,5\%} = 2{,}576$ für die Eingriffsgrenzen und $u_{1-\alpha/2} = u_{97,5\%} = 1{,}960$ für die Warngrenzen berechnet.

Zahlenwerte für a_n s. Tab. C 24.

10.2.4 Qualitätsregelkarten mit erweiterten Grenzen zur Überwachung der Lage

Manche Qualitätsmerkmale weisen auch bei ungestörtem Prozeß unvermeidbare zeitliche Schwankungen des Erwartungswertes μ_t auf. Wird in diesen Fällen die Qualitätsregelkarte zur Überwachung der Lage gemäß Unterabschnitt 10.2.3 mit einem Sollwert, Erfahrungswert oder Vorlaufwert für den durchschnittlichen Erwartungswert μ abgegrenzt, dann ergeben sich mehr oder weniger oft falsche Anzeigen einer Störung.

Ist der unvermeidbare Schwankungsbereich $\mu' < \mu_t < \mu''$ des Erwartungswertes μ_t *bekannt*, dann müssen die obere Grenze der Qualitätsregelkarte zur Überwachung der Lage mit μ'', die untere mit μ' anstelle von μ abgegrenzt werden.

Ist der unvermeidbare Schwankungsbereich von μ_t unbekannt, dann kann er durch eine varianzanalytische Auswertung des Vorlaufs geschätzt werden [vgl. Abschn. 7.2, Modell II: als Schätzwert für μ'' sollte $x_{..} + 2s_A$, für μ' sollte $x_{..} - 2s_A$ mit $x_{..}$ nach (7.2.16) und s_A nach (7.2.23) gewählt werden].

Operations-Charakteristik (Nichteingriffswahrscheinlichkeit L in Abhängigkeit von μ_t bei konstantem $\sigma_t = \sigma$)

Mitte des unvermeidbaren Schwankungsbereiches

$$\mu = (\mu' + \mu'')/2. \tag{10.2.35}$$

Dimensionslose Erwartungswertverschiebung

$$\lambda = (\mu_t - \mu)/\sigma. \tag{10.2.36}$$

Dimensionsloser Abstand der Grenzen des unvermeidbaren Schwankungsbereiches von der Mitte

$$\lambda' = (\mu' - \mu)/\sigma; \quad \lambda'' = (\mu'' - \mu)/\sigma. \tag{10.2.37}$$

Für σ ist in (10.2.36) und (10.2.37) der gemäß Unterabschn. 10.2.2 benutzte Wert einzusetzen.

Urwertkarte (Extremwertkarte)

$$L(\lambda) = \Phi[(E'_E - \lambda + \lambda'') - \Phi(-E'_E - \lambda + \lambda')]^n. \tag{10.2.38}$$

Mediankarte ($\tilde{x}$-Karte)

$$L(\lambda) = \Phi\left[\frac{\sqrt{n}}{c_n}(C'_E - \lambda + \lambda'')\right] - \Phi\left[-\frac{\sqrt{n}}{c_n}(C'_E + \lambda - \lambda')\right]. \tag{10.2.39}$$

Mittelwertkarte ($\bar{x}$-Karte)

$$L(\lambda) = \Phi\left[\sqrt{n}\,(A'_E - \lambda + \lambda'')\right] - \Phi\left[-\sqrt{n}\,(A'_E + \lambda - \lambda')\right]. \tag{10.2.40}$$

Zahlenwerte für E'_E, C'_E, A'_E s. Tab. C 24 und für $\Phi(\cdot)$ s. Tab. C 2.

10.2.5 Qualitätsregelkarten zur Überwachung der Lage mit Berücksichtigung von vorgegebenen Grenzwerten

Grenzwerte sind zwei Werte eines Merkmals X (Höchstwert T_O und Mindestwert T_U), zwischen denen Istwerte x des Merkmals zulässig sind. Das Intervall $[T_U, T_O]$ ist der *Toleranzbereich*. Die *Toleranz* ist die Differenz

$$T = T_O - T_U. \qquad (10.2.41)$$

Unter der zusätzlichen Voraussetzung, daß nur der Erwartungswert μ_t, jedoch nicht die Standardabweichung $\sigma_t = \sigma$ des normalverteilten Merkmals X zeitlich veränderlich ist, ist der momentane Anteil der Normalverteilung außerhalb des Toleranzbereiches, d. h. der *momentane Schlechtanteil*

$$p_t = P(X > T_O) + P(X < T_U) = 1 - \Phi\left(\frac{T_O - \mu_t}{\sigma}\right) + \Phi\left(\frac{T_U - \mu_t}{\sigma}\right) \qquad (10.2.42)$$

mit $\Phi(\cdot)$ nach (3.2.8).

p_t soll durch die Qualitätsregelkarte überwacht werden. Damit im günstigsten Fall [μ_t auf der Toleranzmitte $(T_U + T_O)/2$] praktisch kein momentaner Schlechtanteil p_t entsteht, wird vorausgesetzt

$$T \gtrsim 10\sigma. \qquad (10.2.43)$$

Dadurch ergibt sich ein Spielraum für die zeitliche Schwankung von μ_t, z. B. für einen Gang in der Fertigung.

Da p_t nur von μ_t abhängt, wird p_t indirekt durch Überwachung von μ_t mit einer $\bar{x}$-Karte, $\tilde{x}$-Karte oder Urwertkarte mit Berücksichtigung vorgegebener Grenzwerte überwacht.

n, p^* und $(1 - L^*)$ werden vorgegeben mit folgender Forderung: beim momentanen Schlechtanteil $p_t = p^*$ soll die Wahrscheinlichkeit, daß der Kennwert z der Karte zum Stichprobenumfang n die untere Eingriffsgrenze UEG unterschreitet oder die obere Eingriffsgrenze OEG überschreitet (Eingriffswahrscheinlichkeit), $1 - L = 1 - L^*$ sein; vgl. Abb. 10.4.

Urwertkarte (Extremwertkarte) bei vorgegebenen Grenzwerten

Berechnung der Eingriffsgrenzen

$$\text{UEG} = T_U + k_E \sigma, \quad \text{OEG} = T_O - k_E \sigma \qquad (10.2.44)$$

mit

$$k_E = u_{1-p^*} - u_{\sqrt[n]{L^*}}. \qquad (10.2.45)$$

Zahlenwerte für u_{1-p^*} s. Tab. C 3 und für $u_{\sqrt[n]{L^*}}$ s. Tab. 10.1.

Für σ kann in (10.2.44) σ_S, σ_E, $\sqrt{\overline{s^2}}$, $\bar{s}/a_n$, $\bar{R}/d_n$ eingesetzt werden; vgl. Unterabschn. 10.2.2.

Operations-Charakteristik (Nichteingriffswahrscheinlichkeit L in Abhängigkeit von p_t)

$$L(p_t) = [\Phi(u_{1-p_t} - k_E)]^n. \qquad (10.2.46)$$

Zahlenwerte für u_{1-p_t} s. Tab. C 3 und für $\Phi(\cdot)$ s. Tab. C 2.

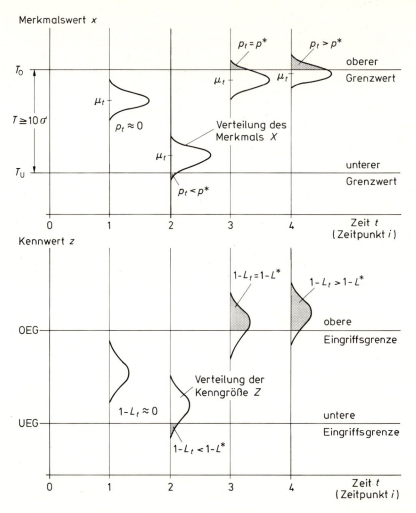

Abb. 10.4. Verschiedene Lagen der Normalverteilung des Merkmals X (mit zeitlich veränderlichem μ_t und zeitlich konstantem σ) und die jeweils zugehörige Verteilung der Kenngröße Z der Qualitätsregelkarte

Mediankarte ($\tilde{x}$-Karte) bei vorgegebenen Grenzwerten

Berechnung der Eingriffsgrenzen

$$\text{UEG} = T_U + k_C \sigma, \quad \text{OEG} = T_O - k_C \sigma \qquad (10.2.47)$$

mit

$$k_C = u_{1-p^*} + \frac{c_n}{\sqrt{n}} u_{1-L^*}. \qquad (10.2.48)$$

Zahlenwerte für c_n s. Tab. C 24, für u_{1-p^*} und u_{1-L^*} s. Tab. C 3.

10.2 Qualitätsregelkarten für ein quantitatives Merkmal

Tab. 10.1. Quantile $u_{\sqrt[n]{L^*}}$ der standardisierten Normalverteilung für verschiedene Stichprobenumfänge n und Eingriffswahrscheinlichkeiten $1 - L^*$ bzw. Nichteingriffswahrscheinlichkeiten L^* zur Abgrenzung von Urwertkarten bei vorgegebenen Grenzwerten

Eingriffswahrscheinlichkeit $1 - L^*$		99 %	95 %	90 %	50 %	10 %	5 %	1 %
Nichteingriffswahrscheinlichkeit L^*		1 %	5 %	10 %	50 %	90 %	95 %	99 %
Stichprobenumfang	1	−2,326	−1,645	−1,282	0,000	1,282	1,645	2,326
	2	−1,282	−0,760	−0,478	0,545	1,633	1,955	2,575
	3	−0,787	−0,336	−0,090	0,819	1,819	2,122	2,712
	4	−0,478	−0,068	0,157	0,998	1,944	2,234	2,806
	5	−0,258	0,124	0,334	1,129	2,037	2,319	2,877
	6	−0,090	0,271	0,471	1,231	2,111	2,387	2,934
	7	0,045	0,390	0,582	1,315	2,172	2,443	2,982
	8	0,157	0,489	0,674	1,385	2,224	2,490	3,022
	9	0,252	0,573	0,753	1,446	2,269	2,532	3,058
	10	0,334	0,647	0,821	1,499	2,309	2,568	3,089

Für σ kann in (10.2.47) σ_S, σ_E, $\sqrt{s^2}$, $\bar{s}/a_n$, $\bar{R}/d_n$ eingesetzt werden; vgl. Unterabschn. 10.2.2.

Operations-Charakteristik (Nichteingriffswahrscheinlichkeit L in Abhängigkeit von p_t)

$$L(p_t) = \Phi\left(\frac{\sqrt{n}}{c_n}(u_{1-p_t} - k_C)\right). \tag{10.2.49}$$

Zahlenwerte für u_{1-p_t} s. Tab. C 3, für $\Phi(\cdot)$ s. Tab. C 2 und für c_n s. Tab. C 24.

Mittelwertkarte ($\bar{x}$-Karte) bei vorgegebenen Grenzwerten

Berechnung der Eingriffsgrenzen

$$\text{UEG} = T_U + k_A \sigma, \quad \text{OEG} = T_O - k_A \sigma \tag{10.2.50}$$

mit

$$k_A = u_{1-p^*} + \frac{u_{1-L^*}}{\sqrt{n}}. \tag{10.2.51}$$

Zahlenwerte für u_{1-p^*} und u_{1-L^*} s. Tab. C 3.

Für σ kann in (10.2.50) σ_S, σ_E, $\sqrt{s^2}$, $\bar{s}/a_n$, $\bar{R}/d_n$ eingesetzt werden; vgl. Unterabschn. 10.2.2.

Operations-Charakteristik (Nichteingriffswahrscheinlichkeit L in Abhängigkeit von p_t)

$$L(p_t) = \Phi\left(\sqrt{n}(u_{1-p_t} - k_A)\right). \tag{10.2.52}$$

Zahlenwerte für u_{1-p_t} s. Tab. C 3 und für $\Phi(\cdot)$ s. Tab. C 2.

10.3 Qualitätsregelkarten für die Anzahl oder den Anteil fehlerhafter Einheiten

Voraussetzungen

Jede Einheit (Bauelement, Baugruppe, Fertigteil, ...) kann nach festgelegten Regeln als fehlerhaft oder fehlerfrei eingestuft werden. Der zu überwachende Prozeß ist gekennzeichnet durch den Anteil p_t fehlerhafter Einheiten. Beim ungestörten Prozeß ist p_t zeitlich konstant: $p_t = p$. Beim Eintreten einer Störung wird $p_t \neq p$. Zur Überwachung von p_t wird je Zeitpunkt i eine Stichprobe vom Stichprobenumfang n (n Einheiten) entnommen und die Anzahl X der fehlerhaften Einheiten bestimmt. X ist binomialverteilt; vgl. Abschn. 2.3.

Information über p bei ungestörtem Prozeß

Information über p ist entweder der vorgegebene Höchstwert p_S oder der Erfahrungswert p_E oder der mittlere Schlechtanteil

$$\bar{p} = \frac{1}{k} \sum_{i=1}^{k} \hat{p}_i = \frac{1}{kn} \sum_{i=1}^{k} x_i \tag{10.3.1}$$

des Vorlaufes, wobei k die Anzahl der Stichproben gleichen Umfangs n im Vorlauf, x_i die in Stichprobe i ($i = 1, 2, ..., k$) gefundene Anzahl und $\hat{p}_i = x_i/n$ der gefundene Anteil fehlerhafter Einheiten ist.

Werden die Grenzen der Karte mit Hilfe von $\bar{p}$ berechnet, dann sollte vor Einsatz der Karte geprüft werden, ob alle k Vorlaufwerte $\hat{p}_i$ bzw. x_i innerhalb der Eingriffsgrenzen liegen. Liegen Vorlaufwerte einzelner Zeitpunkte außerhalb der Eingriffsgrenzen, dann sind Störungen im Vorlauf zu vermuten. Die Grenzen der Karte sind dann erneut – mit $\bar{p}$ ohne Verwendung dieser Werte, jedoch eventuell nach Ergänzung des Vorlaufs durch zusätzliche Stichproben – zu berechnen.

Stichprobenumfang n

Der Stichprobenumfang sollte so gewählt werden, daß

$$np \geq 1 \tag{10.3.2}$$

ist, d. h. z. B. für $p = 1\% = 0{,}01$ mindestens $n = 100$.

x-Karte (für die Anzahl fehlerhafter Einheiten)

Die x-Karte wird mit der Anzahl x fehlerhafter Einheiten in der Stichprobe (vom Umfang n) geführt.

Die Grenzen der x-Karte werden als Grenzen x_U und x_O des Zufallsstreubereiches für X zur Wahrscheinlichkeit $P = 1 - \alpha$ (Warngrenzen: $P = 1 - \alpha = 95\%$, Eingriffsgrenzen: $P = 1 - \alpha = 99\%$) nach (5.3.61) und (5.3.62) berechnet oder im Nomogramm D 1 abgelesen. Näherungsweise können sie nach (5.3.64) oder (5.3.66) und (5.3.67) zu $x_U = n\hat{p}_U$ und $x_O = n\hat{p}_O$ berechnet werden.

Die Mittellinie der x-Karte ist np_S oder np_E oder $n\bar{p}$.

$\hat{p}$-Karte

Die $\hat{p}$-Karte wird mit dem Anteil $\hat{p} = x/n$ fehlerhafter Einheiten in der Stichprobe (vom Umfang n) geführt. Die Grenzen ergeben sich aus den Grenzen x_U und x_O der x-Karte zu $\hat{p}_U = x_U/n$ und $\hat{p}_O = x_O/n$. Die Mittellinie der $\hat{p}$-Karte ist p_S oder p_E oder $\bar{p}$.

Operations-Charakteristik (Nichteingriffswahrscheinlichkeit L in Abhängigkeit von p_t)

$$L(p_t) = \sum_{x=x_U}^{x_O} \binom{n}{x} p_t^x (1-p_t)^{n-x} = G(x_O; n, p_t) - G(x_U - 1; n, p_t), \qquad (10.3.3)$$

wobei $G(\cdot)$ die Verteilungsfunktion der Binomialverteilung (vgl. Abschn. 2.3) ist. $L(p_t)$ kann graphisch im Nomogramm D 1 bestimmt werden, indem durch p_t auf der linken Skala und den Punkt (n, x_O) im mittleren Netz eine erste und durch p_t auf der linken Skala und den Punkt $(n, x_U - 1)$ im mittleren Netz eine zweite Ablesegerade gelegt werden; an den beiden Geraden können auf der rechten Skala $G(x_O; n, p_t)$ und $G(x_U - 1; n, p_t)$ abgelesen werden.

10.4 Qualitätsregelkarten für die Fehlerzahl

Voraussetzungen

An jeder Prüfeinheit (eine bestimmte Materiallänge oder -fläche oder ein bestimmtes Materialvolumen oder -gewicht, ..., oder aber auch ein oder mehrere Bauelemente, Baugruppen, Fertigteile, ...) als Zählabschnitt kann nach festgelegten Regeln die Anzahl X der Fehler bestimmt werden. Der zu überwachende Prozeß ist gekennzeichnet durch die mittlere Anzahl μ_t von Fehlern je Prüfeinheit. Beim ungestörten Prozeß ist μ_t zeitlich konstant: $\mu_t = \mu$. Beim Eintreten einer Störung wird $\mu_t \neq \mu$. Zur Überwachung von μ_t wird je Zeitpunkt i an einer Prüfeinheit (als Stichprobe) die Anzahl X der Fehler bestimmt; es wird angenommen, daß X Poisson-verteilt ist, vgl. Abschn. 2.4.

Informationen über μ bei ungestörtem Prozeß

Information über μ ist entweder der vorgegebene Höchstwert μ_S oder der Erfahrungswert μ_E oder die mittlere Fehlerzahl

$$\bar{x} = \frac{1}{k} \sum_{i=1}^{k} x_i \qquad (10.4.1)$$

je Prüfeinheit des Vorlaufes, wobei k die Anzahl der Prüfeinheiten (Stichproben) im Vorlauf und x_i die an Prüfeinheit i ($i = 1, 2, ..., k$) gefundene Fehlerzahl ist.

Werden die Grenzen der Karte mit Hilfe von $\bar{x}$ berechnet, dann sollte vor Einsatz der Karte geprüft werden, ob alle k Vorlaufwerte x_i bzw. die daraus nach (10.4.3) abgeleiteten Vorlaufwerte u_i innerhalb der Eingriffsgrenzen liegen. Liegen Vorlaufwerte einzelner Zeitpunkte außerhalb der Eingriffsgrenzen, dann sind Störungen im Vorlauf zu vermuten. Die Grenzen der Karte sind dann erneut – mit $\bar{x}$ ohne Verwendung dieser Werte, jedoch eventuell nach Ergänzung des Vorlaufes durch zusätzliche Stichproben – zu berechnen.

Stichprobenumfang

Die Größe der Prüfeinheiten (Stichprobenumfang) sollte so gewählt werden, daß gilt:

$$\mu \geqq 1. \qquad (10.4.2)$$

x-**Karte** (für die Fehlerzahl; veraltete Bezeichnung: *c*-Karte)

Die *x*-Karte wird mit der Fehlerzahl der Prüfeinheit geführt.

Die Grenzen der *x*-Karte werden als Grenzen x_U und x_O des Zufallsstreubereiches für X zur Wahrscheinlichkeit $P = 1 - \alpha$ (Warngrenzen: $P = 1 - \alpha = 95\%$, Eingriffsgrenzen: $P = 1 - \alpha = 99\%$) nach (5.3.72) und (5.3.73) berechnet oder im Nomogramm D 2 abgelesen. Näherungsweise können sie nach (5.3.75) oder (5.3.77) und (5.3.78) berechnet werden.

Die Mittellinie der *x*-Karte ist μ_S oder μ_E oder $\bar{x}$.

u-**Karte** (für die bezogene Fehlerzahl)

Die *u*-Karte wird mit der auf eine gebräuchliche (glatte) Bezugseinheit bezogenen Fehlerzahl *u* geführt.

Ist die Prüfeinheit das *b*-fache der Bezugseinheit, dann ist die bezogene Fehlerzahl

$$u = x/b, \qquad (10.4.3)$$

wobei *x* die Fehlerzahl der Prüfeinheit ist.

Die Grenzen der *u*-Karte ergeben sich aus den Grenzen x_U und x_O der *x*-Karte zu $u_U = x_U/b$ und $u_O = x_O/b$.

Die Mittellinie der *u*-Karte ist μ_S/b oder μ_E/b oder $\bar{u} = \bar{x}/b$.

Operations-Charakteristik (Nichteingriffswahrscheinlichkeit L in Abhängigkeit von μ_t)

$$L(\mu_t) = \sum_{x=x_U}^{x_O} \frac{\mu_t^x}{x!} e^{-\mu_t} = G(x_O; \mu_t) - G(x_U - 1; \mu_t), \qquad (10.4.4)$$

wobei $G(\cdot)$ die Verteilungsfunktion der Poisson-Verteilung (vgl. Abschn. 2.4) ist. $L(\mu_t)$ kann graphisch im Nomogramm D 2 bestimmt werden, indem durch μ_t auf der Abszisse eine Senkrechte gelegt wird, zu deren Schnittpunkten mit den Kurven für x_O und $x_U - 1$ auf der Ordinate die Werte $G(x_O; \mu_t)$ und $G(x_U - 1; \mu_t)$ abgelesen werden können.

11 Stichprobenpläne

11.1 Annahmestichprobenprüfung

Qualität ist die Beschaffenheit einer Einheit (materielles oder immaterielles Produkt oder eine Kombination daraus, Tätigkeit, Prozeß) bezüglich ihrer Eignung, festgelegte und vorausgesetzte Erfordernisse zu erfüllen (DIN 55350 Teil 11).

Qualitätsprüfung ist das Feststellen, in wieweit Einheiten die an sie gestellten Qualitätsforderungen erfüllen; sie erfolgt anhand von *Prüfmerkmalen*, indem deren Werte mit vorgegebenen Werten verglichen werden.

Annahmestichprobenprüfung ist eine Qualitätsprüfung, bei der ein Prüflos als Einheit nicht voll, sondern anhand von Stichproben nach einer *Stichprobenanweisung* geprüft wird. Sie führt zur Entscheidung 'Annahme des Prüfloses' oder 'Ablehnung des Prüfloses' und wird in der Eingangsprüfung, bei Zwischenprüfungen und in der Endprüfung angewendet. Dabei wird unter Prüflos die Menge eines Produktes verstanden, die als zu beurteilende Gesamtheit einer Qualitätsprüfung unterzogen wird, und von der vorausgesetzt wird, daß sie unter Bedingungen entstanden ist, die als einheitlich angesehen werden.

Bei der *Annahmestichprobenprüfung im engeren Sinne* wird auf die Einhaltung von Forderungen bezüglich des Schlechtanteils (Anteils von fehlerhaften Einheiten) oder des Anteils von Fehlern im Prüflos geprüft. Dazu muß folgendes vorausgesetzt werden:

1. Das Prüflos besteht aus natürlichen Einheiten, d.h. Stücken, die als solche verwendet werden können (wie z.B. Schrauben, elektronische Bauelemente, Tabletten), gefüllten oder ungefüllten Packmitteln, Endlosgütern in kleineren Aufmachungseinheiten (wie z.B. Garn auf Garnkörpern, Draht in kleinen Längen), jedoch nicht aus unaufgemachten Endlosgütern (wie z.B. Draht, Papier oder Folie auf großen Rollen), Schüttgütern (wie z.B. Erz, Kohle, Zement, Granulat), Flüssigkeiten oder Gasen in größeren Packungseinheiten.
2. Für die Prüfmerkmale sind Forderungen vorgegeben. Als Fehler wird die Nichtübereinstimmung eines Merkmalswertes mit den vorgegebenen Forderungen bezeichnet. Die bei einer Einheit möglichen Fehler können erforderlichenfalls aufgrund einer auf die Fehlerfolgen ausgerichteten Fehlerbewertung in Fehlerklassen eingeteilt werden; üblicherweise sind dies die drei Fehlerklassen 'kritische Fehler', 'Hauptfehler' und 'Nebenfehler'. Die Fehlerliste enthält für ein bestimmtes Produkt Prüfmerkmale, Prüfverfahren sowie die Fehler und gegebenenfalls die Einstufung in Klassen.
3. In einer Prüfanweisung ist vorgeschrieben, ob die Fehler getrennt oder nach Feh-

lerklassen getrennt geprüft werden sollen oder ob nur auf fehlerhafte Einheiten, d. h. Einheiten mit einem oder mehreren Fehlern geprüft werden soll.

Bei der *Annahmestichprobenprüfung im weiteren Sinne* wird auf die Einhaltung von Forderungen bezüglich von Parametern der Verteilung des Prüfmerkmals (der Prüfmerkmale) geprüft, z. B. auf Einhaltung von Forderungen bezüglich des Erwartungswertes oder/und der Standardabweichung des Prüfmerkmals. Dabei können Testverfahren des Kap. 6 angewendet werden.

Die *Stichprobenanweisung*, oft auch Stichprobenplan genannt, besteht aus Angaben über den Umfang der dem Prüflos zu entnehmenden Stichprobe(n), die Stichprobenentnahme und die Kriterien für die Feststellung der Annehmbarkeit des Prüfloses. Bei der *Attributprüfung* oder *Gut-Schlecht-Prüfung* (Abschn. 11.2, 11.3, 11.5, 11.7, 11.8) besteht das Prüfkriterium in einem Vergleich der in der Stichprobe bzw. den Stichproben gefundenen Anzahl von Fehlern bzw. fehlerhaften Einheiten mit Werten, die durch die Stichprobenanweisung gegeben sind. Bei der *Variablenprüfung* oder *messenden Prüfung* (Abschn. 11.4, 11.6) besteht das Prüfkriterium in einem Vergleich von Prüfwerten, die aus dem Kennwert $\bar{x}$ oder aus den Kennwerten $\bar{x}$ und s des Prüfmerkmals berechnet werden, mit Werten, die durch die Stichprobenanweisung gegeben sind.

Bei *Einfach-Stichprobenanweisungen* (Abschn. 11.2, 11.4) erfolgt die Entscheidung über Annahme oder Ablehnung des Prüfloses anhand einer einzigen Stichprobe, während bei *Doppelstichprobenanweisungen* (Abschn. 11.3), *Mehrfachstichprobenanweisungen* oder *sequentiellen Stichprobenanweisungen* (Abschn. 11.5, 11.6, 11.8) die Entscheidung gegebenenfalls erst nach mehreren Stichproben fällt.

11.2 Einfach-Stichprobenanweisungen für Attributprüfung

11.2.1 Ablaufschema

Die Einfach-Stichprobenanweisung ist gekennzeichnet durch das Wertepaar (n, c): n = Stichprobenumfang, c = Annahmezahl; $c = 0, 1, \ldots, n-1$. Das Ablaufschema ist in Abb. 11.1 dargestellt.

11.2.2 Prüfung auf fehlerhafte Einheiten

N Losumfang (Anzahl der Einheiten im Prüflos),
N_1 Anzahl der fehlerhaften Einheiten im Prüflos,
N_2 Anzahl der fehlerfreien Einheiten im Prüflos,
$p = N_1/N$ Schlechtanteil (Anteil der fehlerhaften Einheiten) im Prüflos,
$q = N_2/N$ Gutanteil (Anteil der fehlerfreien Einheiten) im Prüflos:

$$N_1 + N_2 = N; \quad p + q = 1. \tag{11.2.1}$$

n Stichprobenumfang (Anzahl der Einheiten) der Zufallsstichprobe,
x Anzahl der fehlerhaften Einheiten in der Stichprobe,

11.2 Einfach-Stichprobenanweisungen für Attributprüfung

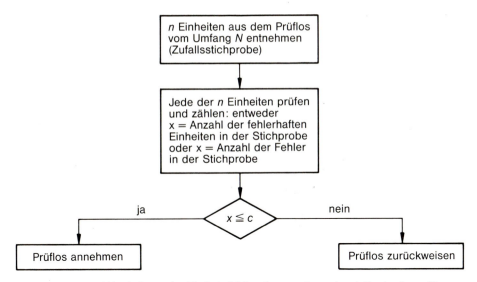

Abb. 11.1. Das Ablaufschema der Einfach-Stichprobenanweisung (n, c) für Attributprüfung

y Anzahl der fehlerfreien Einheiten in der Stichprobe,
$\hat{p} = x/n$ Schlechtanteil (Anteil der fehlerhaften Einheiten) in der Stichprobe,
$\hat{q} = y/n$ Gutanteil (Anteil der fehlerfreien Einheiten) in der Stichprobe:

$$x + y = n; \quad \hat{p} + \hat{q} = 1. \tag{11.2.2}$$

In der Praxis wird die Zufallsstichprobe so gezogen, daß dem Prüflos alle n Einheiten nach dem Zufall vor der Prüfung oder nacheinander mit jeweiliger Prüfung und ohne Zurücklegen entnommen werden. Die Wahrscheinlichkeit für x fehlerhafte Einheiten ist durch die hypergeometrische Verteilung (Abschn. 2.2) gegeben:

$$g(x; N, n, p) = \frac{\binom{N_1}{x}\binom{N-N_1}{n-x}}{\binom{N}{n}} = \frac{\binom{Np}{x}\binom{N-Np}{n-x}}{\binom{N}{n}}; \quad x = 0, 1, \ldots, n. \tag{11.2.3}$$

Falls der Auswahlsatz $n/N \leqq 0{,}1$ ist, läßt sich die hypergeometrische Verteilung gut durch die Binomialverteilung (Abschn. 2.3) annähern; dann gilt

$$g(x; n, p) = \binom{n}{x} p^x (1-p)^{n-x}; \quad x = 0, 1, \ldots, n. \tag{11.2.4}$$

Für kleines p und großes n (s. Nomogramm D 7) läßt sich die Binomialverteilung (11.2.4) durch die Poisson-Verteilung (Abschn. 2.4) mit dem Parameter $\mu = np$ annähern; vgl. (11.2.5).

11.2.3 Prüfung auf Fehler

Die n Einheiten der Zufallsstichprobe bilden einen Prüfabschnitt, an dem die Gesamtanzahl x der Fehler bestimmt wird.

N Losumfang (Anzahl der Einheiten im Prüflos).
N_1 Gesamtanzahl der Fehler aller Einheiten des Prüfloses.
$p = N_1/N$ mittlere Fehlerzahl je Einheit im Prüflos; Erwartungswert der Anzahl von Fehlern je Einheit im Prüflos.

$N_1 > N$ bedeutet, daß die Gesamtanzahl der Fehler größer als die Anzahl der Einheiten im Prüflos und daher der Fehleranteil $p > 1$ ist, d. h. daß mehr als ein Fehler je Einheit im Prüflos erwartet wird.

n Stichprobenumfang (Anzahl der Einheiten) der Zufallsstichprobe.
$\mu = np$ Erwartungswert der Anzahl von Fehlern in der Stichprobe.
x Anzahl der Fehler in der Stichprobe, d. h. die Gesamtanzahl aller an den n Einheiten (als Prüfabschnitt) gefundenen Fehler.

Es wird angenommen, daß die Anzahl X der Fehler in der Stichprobe Poisson-verteilt ist; dann ist die Wahrscheinlichkeit für x Fehler

$$g(x; \mu) = \frac{\mu^x}{x!} e^{-\mu} \; ; \quad x = 0, 1, 2, \ldots. \tag{11.2.5}$$

11.2.4 Operations-Charakteristik, Durchschlupf und mittlerer Prüfaufwand

Die *Operations-Charakteristik (OC)* gibt bei Prüfung auf fehlerhafte Einheiten die Annahmewahrscheinlichkeit L in Abhängigkeit vom Schlechtanteil p im Prüflos

$$L(p) = G(c; N, n, p) = \sum_{x=0}^{c} g(x; N, n, p), \tag{11.2.6}$$

mit $g(\cdot)$ nach (11.2.3), (11.2.4) oder (11.2.5) mit $\mu = np$ an; bei Prüfung auf Fehler gibt sie die Annahmewahrscheinlichkeit L in Abhängigkeit von der mittleren Fehlerzahl p je Einheit im Prüflos

$$L(p) = G(c; \mu = np) = \sum_{x=0}^{c} g(x; \mu = np) \tag{11.2.7}$$

mit $g(\cdot)$ nach (11.2.5) an.

Operations-Charakteristiken $L(p; N, n, c)$, basierend auf der hypergeometrischen Verteilung

Graphische Darstellung in Clark, C.R.; Koopmans, L.H.: Graphs of the hypergeometric O.C. and A.O.Q. functions for lot sizes 10 to 225. Washington 25/DC: Office of Technical Services, Department of Commerce, 1959.

Operations-Charakteristiken, basierend auf der Binomialverteilung

$$L(p; n, c) = \sum_{x=0}^{c} \binom{n}{x} p^x (1-p)^{n-x} = 1 - \binom{n}{c}(n-c) \int_{0}^{p} y^c (1-y)^{n-c-1} \, dy$$

$$= 1 - \frac{B_p(c+1; n-c)}{B(c+1; n-c)}, \tag{11.2.8}$$

11.2 Einfach-Stichprobenanweisungen für Attributprüfung

wobei B die in (3.8.14) definierte vollständige und B_p die in (3.8.15) definierte unvollständige Betafunktion sind.

$L(p; n, c)$ kann im Nomogramm D 1 graphisch bestimmt werden, indem durch den Punkt p auf der linken Skala und den Punkt $(n, x = c)$ im mittleren Netz eine Ablesegerade gelegt und an dieser auf der rechten Skala L abgelesen wird.

Operations-Charakteristiken, basierend auf der Poisson-Verteilung

$$L(\mu; c) = \sum_{x=0}^{c} \frac{\mu^x}{x!} e^{-x} = 1 - \frac{1}{c!} \int_0^\mu y^c e^{-y} dy = 1 - \frac{\Gamma_\mu(c+1)}{\Gamma(c+1)}, \qquad (11.2.9)$$

wobei Γ die in (2.1.21) definierte vollständige und Γ_μ die in (3.7.4) definierte unvollständige Gammafunktion sind, und $\mu = np$ zu setzen ist.

$L(\mu; c)$ kann im Nomogramm D 2 graphisch bestimmt werden, indem durch den Punkt μ auf der Abszisse eine Senkrechte gelegt und an deren Schnittpunkt mit der Kurve $x = c$ als Ordinatenwert L abgelesen wird.

Unter der Zusatzvereinbarung Z, daß jedes abgelehnte Prüflos in Vollprüfung ausgelesen wird, wobei jede fehlerhafte Einheit durch eine fehlerfreie ersetzt wird, ist in einer Folge von Prüflosen der Schlechtanteil bzw. die mittlere Fehlerzahl je Einheit p_{nach} nach der Prüfung entweder $p_{nach} = p_{vor} = p$ (bei Annahme des Prüfloses) oder $p_{nach} = 0$ (bei Ablehnung des Prüfloses). Der mittlere Schlechtanteil bzw. die mittlere Fehlerzahl je Einheit nach der Prüfung in den Losen ist der *Durchschlupf* (average outgoing quality: AOQ)

$$D = pL(p). \qquad (11.2.10)$$

Für $p = 0$ und $p = 1$ (bei Prüfung auf fehlerhafte Einheiten) bzw. $p \to \infty$ (bei Prüfung auf Fehler) ist $D = 0$; D hat ein Maximum über p, den *maximalen Durchschlupf* D_{max} (average outgoing quality limit: AOQL).

Unter derselben Zusatzvoraussetzung Z ist der *mittlere Prüfaufwand* je Prüflos einschließlich Auslesen (average total inspected: ATI)

$$ATI = N[1 - L(p)] + nL(p) = N - (N - n)L(p) \qquad (11.2.11)$$

und der *mittlere* je Prüflos *zu prüfende Anteil von Einheiten* einschließlich Auslesen (average fraction inspected: AFI)

$$AFI = \frac{ATI}{N} = 1 - \left(1 - \frac{n}{N}\right)L(p). \qquad (11.2.12)$$

Für $p = 0$ ist ATI $= n$ und AFI $= n/N$; für $p = 1$ (bei Prüfung auf fehlerhafte Einheiten) bzw. $p \to \infty$ (bei Prüfung auf Fehler) ist ATI $= N$ und AFI $= 1$.

11.2.5 Bestimmung von (n, c) zu zwei vorgegebenen Punkten der Operations-Charakteristik

Gegeben seien die beiden Punkte $P_1(p_1; 1 - \alpha)$ und $P_2(p_2; \beta)$, $0 < p_1 < p_2 < 1$, $0 < \beta < 1 - \alpha < 1$, mit der Forderung, (n, c) mit minimalem n so zu bestimmen, daß $L(p_1; n, c) \geqq 1 - \alpha$ und $L(p_2; n, c) \leqq \beta$ ist; vgl. Abb. 11.2.

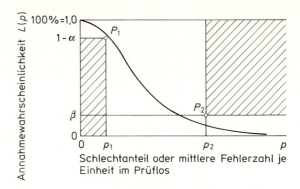

Abb. 11.2. Die beiden vorgegebenen Punkte $P_1(p_1; 1-\alpha)$ und $P_2(p_2; \beta)$ und eine Operations-Charakteristik $L(p)$, welche die Forderung $L(p_1) \geq 1 - \alpha$ und $L(p_2) \leq \beta$ erfüllt

Rechnerische Bestimmung von (n, c)

(n, c) ist die ganzzahlige Lösung von

$$L(p_1) = G(c; n, p_1) = \sum_{x=0}^{c} g(x; n, p_1) \geq 1 - \alpha,$$

$$L(p_2) = G(c; n, p_2) = \sum_{x=0}^{c} g(x; n, p_2) \leq \beta \qquad (11.2.13)$$

mit kleinstem n, wobei für $g(\cdot)$ je nach dem vorliegenden Fall (11.2.3) mit zusätzlich gegebenem Losumfang N, (11.2.4) oder (11.2.5) mit $\mu = np$ einzusetzen ist.

Graphische Bestimmung von (n, c) basierend auf der Binomialverteilung

Im Nomogramm D 1 werden durch $p = p_1$ auf der linken Skala und $G = 1 - \alpha$ auf der rechten Skala eine erste und durch $p = p_2$ auf der linken Skala und $G = \beta$ auf der rechten Skala eine zweite Ablesegerade gelegt. Am Schnittpunkt der beiden Ablesegeraden werden im mittleren Netz n und $x = c$ abgelesen.

Näherungsweise Bestimmung von (n, c), basierend auf der Binomialverteilung

$$\varphi_1 = \arcsin \sqrt{p_1}, \qquad \varphi_2 = \arcsin \sqrt{p_2}, \qquad (11.2.14)$$

$$n \approx \frac{1}{4} \left(\frac{u_{1-\alpha} + u_{1-\beta}}{\varphi_2 - \varphi_1} \right)^2 - \frac{1}{4\varphi_1 \varphi_2}, \qquad (11.2.15)$$

$$\varphi^* = \tfrac{1}{2}(\varphi_1 + \varphi_2)\left(1 - \frac{1}{8n\varphi_1\varphi_2}\right) + \frac{u_{1-\alpha} - u_{1-\beta}}{4\sqrt{n}}, \qquad (11.2.16)$$

$$p^* = \sin^2 \varphi^*, \qquad (11.2.17)$$

$$c = np^* - \tfrac{1}{2}. \qquad (11.2.18)$$

Zahlenwerte für u_p s. Tab. C 3, für $\arcsin \sqrt{p}$ s. Tab. C 16 und für $\sin^2 z$ s. Tab. C 17.

11.3 Doppel- und Mehrfachstichprobenanweisungen für Attributprüfung

11.3.1 Ablaufschema

Die Doppel-Stichprobenanweisung ist gekennzeichnet durch das Wertetupel (n_1, c_1, r_1, n_2, c_2); n_1 Stichprobenumfang, c_1 Annahmezahl, r_1 Rückweisezahl der ersten Stichprobe, c_1, r_1 ganzzahlig mit $0 \leq c_1 < n_1$ und $c_1 + 1 < r_1 \leq n_1$; n_2 Stichprobenumfang der zweiten Stichprobe, c_2 Annahmezahl ($r_2 = c_2 + 1$ Rückweisezahl) der Gesamtstichprobe vom Umfang $n_1 + n_2$. Das Ablaufschema ist in Abb. 11.3 dargestellt. Abb. 11.4 enthält eine Darstellung der Wirkungsweise in der (n, x)-Ebene.

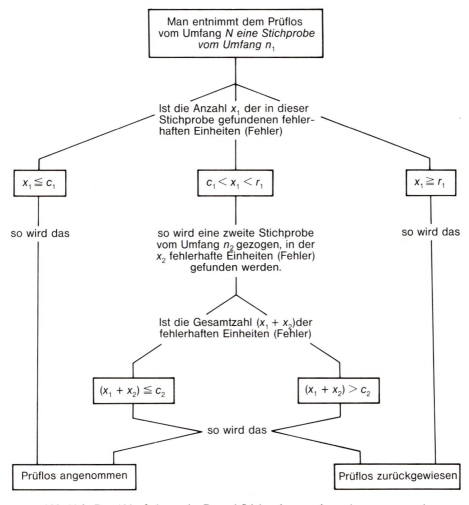

Abb. 11.3. Das Ablaufschema der Doppel-Stichprobenanweisung (n_1, c_1, r_1, n_2, c_2)

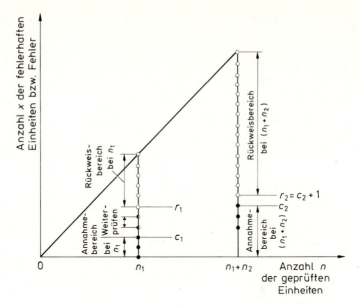

Abb. 11.4. Die Stichprobenebene zur Veranschaulichung einer Doppel-Stichprobenanweisung $(n_1, c_1, r_1, n_2, c_2)$

Um die Anzahl der frei wählbaren Parameter einzuschränken, wählt man meist $r_1 = r_2 = c_2 + 1$ und $n_2 = n_1$ oder $n_2 = 2n_1$, so daß das Wertetupel (n_1, c_1, c_2) verbleibt.

Eine Mehrfach-Stichprobenanweisung mit k Stufen $(k > 2)$ ist gekennzeichnet durch das Wertetupel der ganzen Zahlen $(n_1, c_1, r_1, n_2, c_2, r_2, \ldots, n_k, c_k, r_k)$ mit $0 \leq c_i < r_i - 1 < n_i - 1$ für $i = 1, \ldots, k-1$; $c_1 \leq c_2 \leq \ldots \leq c_k$, $r_1 \leq r_2 \leq \ldots \leq r_k$; $r_k = c_k + 1$. Meist wird $n_i = n$ für $i = 1, \ldots, k$ gewählt.

11.3.2 Operations-Charakteristik, Durchschlupf und mittlerer Prüfaufwand von Doppel-Stichprobenanweisungen

Bei Prüfung auf fehlerhafte Einheiten gibt die *Operations-Charakteristik (OC)* die Annahmewahrscheinlichkeit L in Abhängigkeit vom Schlechtanteil $p = N_1/N$ (N_1 = Anzahl der fehlerhaften Einheiten im Prüflos) im Prüflos

$$L(p) = \sum_{x_1=0}^{c_1} g(x_1; N, n_1, p) + \sum_{x_1=c_1+1}^{r_1-1} \left[g(x_1; N, n_1, p) \sum_{x_2=0}^{c_2-x_1} g\left(x_2; N-n_1, n_2, p - \frac{x_1}{N}\right) \right]$$
(11.3.1)

mit $g(\cdot)$ nach (11.2.3) an. Ist $n_1 \lessapprox 0{,}1 \cdot N$ und $n_2 \lessapprox 0{,}1 \cdot N$, dann gilt näherungsweise

$$L(p) = \sum_{x_1=0}^{c_1} g(x_1; n_1, p) + \sum_{x_1=c_1+1}^{r_1-1} \left[g(x_1; n_1, p) \sum_{x_2=0}^{c_2-x_1} g(x_2; n_2, p) \right]$$
(11.3.2)

mit $g(\cdot)$ nach (11.2.4). Ist außerdem noch p klein und sind n_1 und n_2 groß (s. Nomogramm D 7), dann gilt näherungsweise (11.3.3) mit $g(\cdot)$ nach (11.2.5) und $\mu_1 = n_1 p$, $\mu_2 = n_2 p$.

Bei Prüfung auf Fehler gibt die *OC* die Annahmewahrscheinlichkeit in Abhängigkeit von der mittleren Fehlerzahl p je Einheit im Prüflos, basierend auf der Poisson-Verteilung,

$$L(p) = \sum_{x_1=0}^{c_1} g(x_1; \mu_1) + \sum_{x_1=c_1+1}^{r_1-1} \left[g(x_1; \mu_1) \sum_{x_2=0}^{c_2-x_1} g(x_2; \mu_2) \right] \qquad (11.3.3)$$

mit $g(\cdot)$ nach (11.2.5) und $\mu_1 = n_1 p$, $\mu_2 = n_2 p$ an.

Der *mittlere Stichprobenumfang* je Prüflos (average sample number: ASN) ist von p abhängig:

$$\text{ASN} = n_1 + n_2 \sum_{x_1=c_1+1}^{r_1-1} g(x_1; N, n_1, p)$$

oder

$$\text{ASN} = n_1 + n_2 \sum_{x_1=c_1+1}^{r_1-1} g(x_1; \mu_1) \qquad (11.3.4)$$

mit $\mu_1 = n_1 p$.

Unter der Zusatzvoraussetzung Z (Auslesen abgelehnter Prüflose, wobei die fehlerhaften Einheiten durch fehlerfreie ersetzt werden) ergibt sich der *Durchschlupf* aus (11.2.10), der *mittlere Prüfaufwand* je Prüflos einschließlich Auslesen zu

$$\text{ATI} = n_1 L(p) + N[1 - L(p)] + n_2 \left[L(p) - \sum_{x_1=0}^{c_1} g(x_1; N, n_1, p) \right]$$

oder

$$\text{ATI} = n_1 L(p) + N[1 - L(p)] + n_2 \left[L(p) - \sum_{x_1=0}^{c_1} g(x_1; \mu_1) \right] \qquad (11.3.5)$$

mit $\mu_1 = n_1 p$ und der *mittlere je Prüflos zu prüfende Anteil von Einheiten* einschließlich Auslesen zu

$$\text{AFI} = \text{ATI}/N. \qquad (11.3.6)$$

11.4 Einfach-Stichprobenanweisungen für Variablenprüfung

11.4.1 Voraussetzungen

Die Qualitätsprüfung erfolgt anhand *eines quantitativen* Prüfmerkmals X, das im Prüflos mit dem Erwartungswert μ und der Standardabweichung σ normalverteilt ist, wobei μ unbekannt und σ bekannt oder unbekannt ist. Für X ist entweder *ein* Grenzwert (und zwar ein Höchstwert T_O oder ein Mindestwert T_U) oder es sind *zwei* Grenzwerte (Höchstwert T_O und Mindestwert T_U) vorgeschrieben: eine Einheit ist fehlerhaft, wenn $X > T_O$ oder $X < T_U$ ist. Der Schlechtanteil p (Anteil der fehlerhaften Einheiten) im Prüflos ist

$$p = 1 - \Phi\left(\frac{T_O - \mu}{\sigma}\right), \quad \text{falls nur } T_O \text{ vorgeschrieben ist,}$$

$$p = \Phi\left(\frac{T_U - \mu}{\sigma}\right), \quad \text{falls nur } T_U \text{ vorgeschrieben ist,} \qquad (11.4.1)$$

$$p = 1 - \Phi\left(\frac{T_O - \mu}{\sigma}\right) + \Phi\left(\frac{T_U - \mu}{\sigma}\right), \quad \text{falls } (T_U, T_O) \text{ vorgeschrieben ist;}$$

p ist unbekannt, weil μ und möglicherweise auch σ unbekannt ist.
Zahlenwerte für $\Phi(\cdot)$ s. Tab. C 2.

11.4.2 Ablaufschema bei *einem* vorgegebenen Grenzwert

Die Einfach-Stichprobenanweisung ist gekennzeichnet durch das Wertepaar (n, k); n = Stichprobenumfang, k = Annahmefaktor. Das Ablaufschema ist in Abb. 11.5 dargestellt.

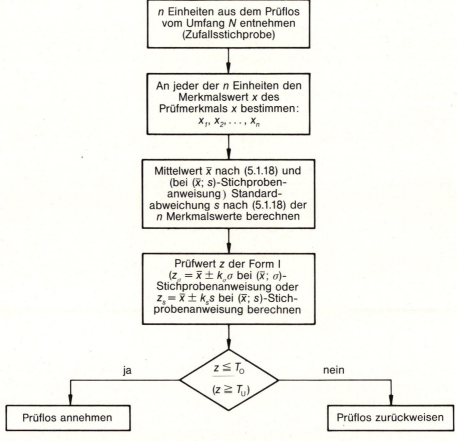

Abb. 11.5. Das Ablaufschema der Einfach-Stichprobenanweisung für Variablenprüfung bei *einem* vorgegebenen Grenzwert T_O (oder T_U) mit dem Prüfwert der Form I

11.4 Einfach-Stichprobenanweisungen für Variablenprüfung

Ist σ bekannt, dann heißt die Stichprobenanweisung $(\bar{x}; \sigma)$-*Stichprobenanweisung* mit den Parametern (n_σ, k_σ); ist σ unbekannt, dann heißt sie $(\bar{x}; s)$-*Stichprobenanweisung* mit den Parametern (n_s, k_s). Wegen der Ermittlung der Parameter siehe Unterabschn. 11.4.4 und 11.4.5.

Die Einfach-Stichprobenanweisung kann mit einem der drei äquivalenten Verfahren der Tab. 11.1 (Prüfwerte der Form I, II oder III) durchgeführt werden. Das Verfahren mit den Prüfwerten der Form II hat den Vorteil, daß man mit der Qualitätszahl $\hat{Q}$ einen dimensionslosen, die Qualität des Prüfloses charakterisierenden Schätzwert erhält. Das Verfahren mit den Prüfwerten der Form III hat den Vorteil, daß man mit p^* einen unverzerrten (erwartungstreuen) Schätzwert p^* für den Schlechtanteil p (Anteil der fehlerhaften Einheiten) im Prüflos erhält.

Die unverzerrten Schätzwerte p_σ^* (exakt) und p_s^* (näherungsweise) ergeben sich zu den Qualitätszahlen $\hat{Q}_\sigma$ und $\hat{Q}_s$ gemäß den Formeln der Tab. 11.1.

Bei graphischer Auswertung der Stichprobe im Wahrscheinlichkeitsnetz (vgl. Beispiel 3) kann man an der ausgleichenden Geraden zum Abszissenwert T_O oder T_U an der Ordinate den verzerrten Schätzwert $\hat{p}_\sigma$ oder $\hat{p}_s$ für den Schlechtanteil p ablesen; es gilt

$$\hat{p}_\sigma = 1 - \Phi(\hat{Q}_\sigma), \quad \hat{p}_s = 1 - \Phi(\hat{Q}_s). \qquad (11.4.2)$$

Zahlenwerte für $\Phi(\cdot)$ s. Tab. C 2.

Tab. 11.1. Prüfwerte der Form I, II und III und Entscheidungsregeln der $(\bar{x}; \sigma)$ – und $(\bar{x}; s)$ – Stichprobenanweisungen bei *einem* vorgegebenen Grenzwert T_O oder T_U

Einfach-stichproben-anweisung	vor-geschriebener Grenzwert	Prüfwert der Form I	II (Qualitätszahl)	III (unverzerrter Schätzwert für den Schlechtanteil)
$(\bar{x}; \sigma)$	T_O	$z_\sigma = \bar{x} + k_\sigma \sigma$	$\hat{Q}_\sigma = \dfrac{T_O - \bar{x}}{\sigma}$	$p_\sigma^* = 1 - \Phi(\lambda_\sigma \hat{Q}_\sigma)$
	T_U	$z_\sigma = \bar{x} - k_\sigma \sigma$	$\hat{Q}_\sigma = \dfrac{\bar{x} - T_U}{\sigma}$	mit $\lambda_\sigma = \sqrt{\dfrac{n_\sigma}{n_\sigma - 1}}$
$(\bar{x}; s)$	T_O	$z_s = \bar{x} + k_s s$	$\hat{Q}_s = \dfrac{T_O - \bar{x}}{s}$	$p_s^* = 1 - \Phi(\hat{\lambda}_s \hat{Q}_s)$
	T_U	$z_s = \bar{x} - k_s s$	$\hat{Q}_s = \dfrac{\bar{x} - T_U}{s}$	mit $\hat{\lambda}_s = \sqrt{\dfrac{2n_s - 1}{2n_s - \hat{Q}_s^2}}$
	Annahme des Prüfloses für	$z_\sigma \leq T_O, \ z_\sigma \geq T_U$ $z_s \leq T_O, \ z_s \geq T_U$	$\hat{Q}_\sigma \geq k_\sigma$ $\hat{Q}_s \geq k_s$	$p_\sigma^* \leq M_\sigma = 1 - \Phi(\lambda_\sigma k_\sigma)$ $p_s^* \leq M_s = 1 - \Phi(\lambda_s k_s)$ mit $\lambda_s = \sqrt{\dfrac{2n_s - 1}{2n_s - Q_s^2}}$ [1]
	Ablehnung des Prüfloses für	$z_\sigma > T_O, \ z_\sigma < T_U$ $z_s > T_O, \ z_s < T_U$	$\hat{Q}_\sigma < k_\sigma$ $\hat{Q}_s < k_s$	$p_\sigma^* > M_\sigma$ $p_s^* > M_s$

[1] $Q_s = u_{1-\alpha}$; $u_{1-\alpha}$ s. Tab. C 3; $1 - \alpha$ ist die im Punkt P_1 der Operationscharakteristik vorgegebene Annahmewahrscheinlichkeit

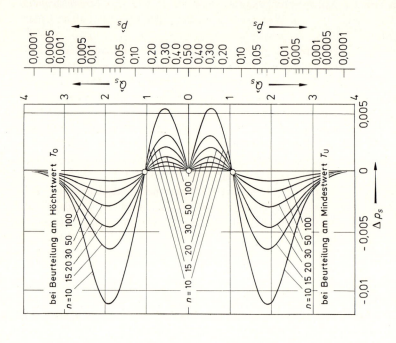

Abb. 11.7. Das Korrekturglied Δp_s zur Gewinnung des unverzerrten Schätzwertes $p_s^* = \hat{p}_s + \Delta p_s$ aus dem verzerrten Schätzwert $\hat{p}_s$ für den Schlechtanteil p im Prüflos

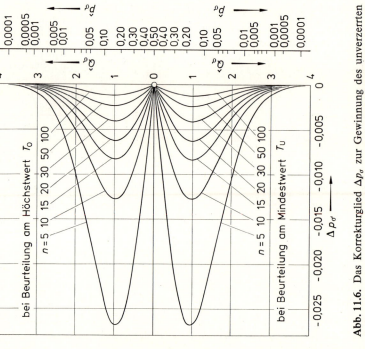

Abb. 11.6. Das Korrekturglied Δp_σ zur Gewinnung des unverzerrten Schätzwertes $p_\sigma^* = \hat{p}_\sigma + \Delta p_\sigma$ aus dem verzerrten Schätzwert $\hat{p}_\sigma$ für den Schlechtanteil p im Prüflos

11.4 Einfach-Stichprobenanweisungen für Variablenprüfung

Mit den aus den Abb. 11.6 und 11.7 zu entnehmenden Korrekturen Δp_σ und Δp_s ergeben sich daraus die unverzerrten Schätzwerte

$$p_\sigma^* = \hat{p}_\sigma + \Delta p_\sigma, \qquad p_s^* = \hat{p}_s + \Delta p_s. \tag{11.4.3}$$

11.4.3 Operations-Charakteristik, Durchschlupf und mittlerer Prüfaufwand bei *einem* vorgegebenen Grenzwert

Die *Operations-Charakteristik (OC)* gibt die Annahmewahrscheinlichkeit L in Abhängigkeit vom Schlechtanteil p im Prüflos an.

$(\bar{x}; \sigma)$-*Stichprobenanweisung*

$$L(p) = \Phi\left(\sqrt{n_\sigma}\,(u_{1-p} - k_\sigma)\right). \tag{11.4.4}$$

$(\bar{x}, s)$-*Stichprobenanweisung:* näherungsweise gilt für $n_s \geq 10$

$$L(p) \approx \Phi(A\,(u_{1-p} - k_s)) \tag{11.4.5}$$

mit

$$A = \frac{1}{\sqrt{\dfrac{1}{n_s} + \dfrac{k_s^2}{2(n_s - 1)}}}. \tag{11.4.6}$$

Zahlenwerte für u_{1-p} s. Tab. C 3 und für $\Phi(\cdot)$ s. Tab. C 2.

$L(p)$ kann für $(\bar{x}; \sigma)$-Stichprobenanweisungen in Abb. 11.8 und für $(\bar{x}; s)$-Stichprobenanweisungen in Abb. 11.9 graphisch bestimmt werden. Dazu wird durch p auf der linken Skala und den Punkt (n, k) im mittleren Netz eine Ablesegerade gelegt, an der auf der rechten Skala $L(p)$ abgelesen werden kann.

Unter der Zusatzvoraussetzung Z (Auslesen abgelehnter Prüflose mit Ersatz der fehlerhaften Einheiten durch fehlerfreie) ergeben sich Durchschlupf, mittlerer Prüfaufwand und mittlerer je Prüflos zu prüfender Anteil von Einheiten aus (11.2.10) bis (11.2.12).

11.4.4 Bestimmung von (n, k) zu zwei vorgegebenen Punkten der Operations-Charakteristik bei *einem* vorgegebenen Grenzwert

Gegeben seien die beiden Punkte $P_1(p_1;\ 1 - \alpha)$ und $P_2(p_2;\ \beta)$, $0 < p_1 < p_2 < 1$, $0 < \beta < 1 - \alpha < 1$, mit der Forderung, (n, k) mit minimalem n so zu bestimmen, daß $L(p_1; n, k) \geq 1 - \alpha$ und $L(p_2; n, k) \leq \beta$ ist; vgl. Abb. 11.2.

$(\bar{x}; \sigma)$-*Stichprobenanweisung*

$$n_\sigma = \left(\frac{u_{1-\alpha} + u_{1-\beta}}{u_{1-p_1} - u_{1-p_2}}\right)^2, \tag{11.4.7}$$

$$k_\sigma = \frac{u_{1-\beta}\,u_{1-p_1} + u_{1-\alpha}\,u_{1-p_2}}{u_{1-\alpha} + u_{1-\beta}}, \tag{11.4.8}$$

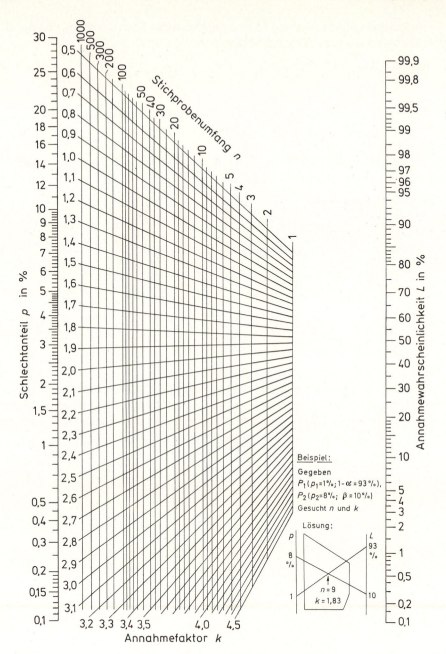

Abb. 11.8. Nomogramm zur Ermittlung von $(\bar{x}; \sigma)$-Stichprobenanweisungen für Variablenprüfung[1]

---

[1] Wilrich, P.-Th.: Nomogramme zur Ermittlung von Stichprobenplänen für messende Prüfung bei einer einseitig vorgeschriebenen Toleranzgrenze. Teil 1: Pläne bei bekannter Varianz der Fertigung. Qualität und Zuverlässigkeit 15 (1970) 61–65.

11.4 Einfach-Stichprobenanweisungen für Variablenprüfung

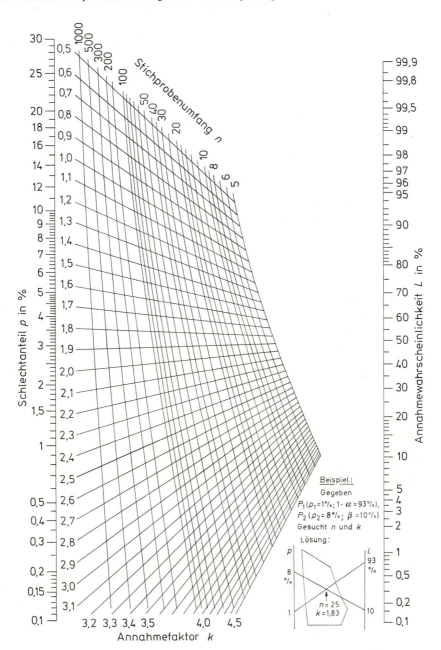

Abb. 11.9. Nomogramm zur Ermittlung von ($\bar{x}$; s)-Stichprobenanweisungen für Variablenprüfung[1]

---

[1] Wilrich, P.-Th.: Nomogramme zur Ermittlung von Stichprobenplänen für messende Prüfung bei einer einseitig vorgeschriebenen Toleranzgrenze. Teil 2: Pläne bei unbekannter Varianz der Fertigung. Qualität und Zuverlässigkeit 15 (1970) 181–187.

($\bar{x}$; s)-*Stichprobenanweisung*: näherungsweise gilt, falls sich $n_s \geq 10$ ergibt,

$$n_s \approx n_\sigma \left(1 + \frac{k_\sigma^2}{2}\right) \tag{11.4.9}$$

mit n_σ, k_σ aus (11.4.7), (11.4.8),

$$k_s \approx k_\sigma. \tag{11.4.10}$$

Zahlenwerte für u_p s. Tab. C 3.

(n_σ, k_σ) kann in Abb. 11.8, (n_s, k_s) kann in Abb. 11.9 graphisch bestimmt werden. Dazu werden durch $p = p_1$ auf der linken Skala und $L = 1 - \alpha$ auf der rechten Skala eine erste und durch $p = p_2$ auf der linken Skala und $L = \beta$ auf der rechten Skala eine zweite Ablesegerade gelegt. Am Schnittpunkt der beiden Ablesegeraden werden im mittleren Netz n und k abgelesen. Eine graphische Bestimmung von (n, k) sowie von $L(p)$ ist auch im doppelten Wahrscheinlichkeitsnetz[1] möglich.

11.4.5 Einfach-Stichprobenanweisungen für Variablenprüfung bei *zwei* vorgegebenen Grenzwerten

Ist die Toleranz $T = T_O - T_U$ mindestens so groß wie das Sechsfache der Standardabweichung σ, $T \geq 6\sigma$, dann können der Schlechtanteil $p = p_O$ oberhalb des Höchstwertes T_O mit einer Einfach-Stichprobenanweisung nach Tab. 11.1 für T_O und der Schlechtanteil $p = p_U$ unterhalb des Mindestwertes T_U mit der entsprechenden Einfach-Stichprobenanweisung nach Tab. 11.1 für T_U geprüft werden. Rückweisung des Loses erfolgt, wenn eine der beiden Stichprobenanweisungen zur Entscheidung 'Rückweisung' führt. Die statistischen Eigenschaften der einzelnen Stichprobenanweisungen sind gleichzeitig die statistischen Eigenschaften des kombinierten Verfahrens.

Ist die Toleranz $T = T_O - T_U$ kleiner als das Sechsfache der Standardabweichung σ, $T < 6\sigma$, dann wird mit Prüfwerten der Form III nach Tab. 11.1 gearbeitet: es werden unverzerrte Schätzwerte p_O^* für den Schlechtanteil p_O oberhalb von T_O und p_U^* für den Schlechtanteil p_U unterhalb von T_U gebildet und zum unverzerrten Schätzwert $p^* = p_O^* + p_U^*$ für den Schlechtanteil $p = p_O + p_U$ addiert; p^* ist Prüfwert der Einfach-Stichprobenanweisung, der mit dem kritischen Wert M verglichen wird. Zur Bestimmung der Operations-Charakteristik sowie der Parameter (n, M) vgl.

Stange, K.: Pläne für messende Prüfung bei bekannter Varianz der Fertigung und einem nach oben und unten abgegrenzten Toleranzbereich für die Merkmalswerte. Metrika 12 (1968) 213-233.
Military Standard 414 und ISO 3951; vgl. Unterabschn. 11.8.6.

---

[1] Stange, K.: Stichproben-Pläne für messende Prüfung. ASQ/AWF 5. Berlin: Beuth-Verlag 1962.

11.5 Sequentielle Stichprobenanweisungen für Attributprüfung

11.5.1 Prüfung auf fehlerhafte Einheiten (basierend auf der Binomialverteilung)

Das Prüflos ist gekennzeichnet durch N, N_1, N_2, p, q gemäß (11.2.1). Aus dem Prüflos werden nacheinander nach dem Zufall Einheit für Einheit gezogen und geprüft; $k = 1, 2, \ldots$ sei die Anzahl der geprüften Einheiten und x_k die darunter gefundene Anzahl fehlerhafter Einheiten. Nach jeder Prüfung einer Einheit wird festgestellt, welche der drei Ungleichungen (11.5.4) bis (11.5.6) der Entscheidungsregel erfüllt ist. Die Prüfung endet, wenn erstmalig die Bedingung für Annahme (11.5.4) oder Ablehnung (11.5.6) des Prüfloses erfüllt ist. Die Anzahl der bis dahin geprüften Einheiten sei $k = n$; n ist eine Zufallsvariable. Vorausgesetzt wird, daß $E_p(n)$ nach (11.5.12) für alle p die Bedingung $E_p(n)/N \leq 0{,}1$ erfüllt.

Gegeben seien die beiden Punkte $P_1(p_1; 1 - \alpha)$ und $P_2(p_2; \beta)$; $0 < p_1 < p_2 < 1$, $0 < \beta < 1 - \alpha < 1$ der Operations-Charakteristik mit der Forderung, die Parameter (11.5.3) der Stichprobenanweisung so zu bestimmen, daß die Annahmewahrscheinlichkeiten $L(p_1) \approx 1 - \alpha$ und $L(p_2) \approx \beta$ sind; vgl. Abb. 11.2

Hilfsgrößen

$$A = \ln\frac{1-\alpha}{\beta}, \qquad B = \ln\frac{1-\beta}{\alpha}, \tag{11.5.1}$$

$$P = \ln\frac{p_2}{p_1}, \qquad Q = \ln\frac{1-p_1}{1-p_2}, \tag{11.5.2}$$

$$a = \frac{A}{P+Q}, \qquad b = \frac{B}{P+Q}, \qquad \psi = \frac{Q}{P+Q}. \tag{11.5.3}$$

Entscheidungsregel bei rechnerischer Auswertung

Gilt für das Wertepaar $(k; x_k)$ die Ungleichung

$x_k \leq \psi k - a$,	dann wird das Prüflos angenommen,	(11.5.4)
$\psi k - a < x_k < \psi k + b$,	dann wird die Prüfung fortgesetzt,	(11.5.5)
$x_k \geq \psi k + b$,	dann wird das Prüflos abgelehnt.	(11.5.6)

Entscheidungsregel bei zeichnerischer Auswertung

In der Stichprobenebene $(k; x_k)$ der Abb. 11.10 zeichnet man die (parallelen) Geraden

Annahmegerade G_A:	$x_A = \psi k - a$,	(11.5.7)
Rückweisegerade G_R:	$x_R = \psi k + b$	(11.5.8)

mit den Achsabschnitten $-a$ und b und dem Anstieg ψ.

Die Prüfung endet mit der Annahme des Prüfloses, wenn der vom Nullpunkt aus wandernde Stichprobenpunkt $(k; x_k)$ die Annahmegerade G_A erreicht oder unterschreitet; sie endet mit Ablehnung des Prüfloses, wenn $(k; x_k)$ die Rückweisegerade G_R er-

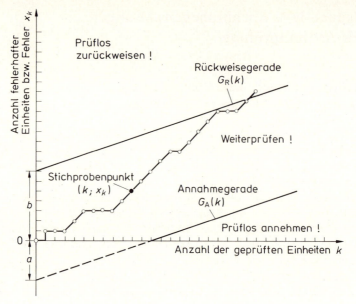

Abb. 11.10. Die zeichnerische Auswertung einer sequentiellen Stichprobenanweisung für Attributprüfung

reicht oder überschreitet. Liegt der Stichprobenpunkt $(k; x_k)$ im Indifferenzbereich zwischen G_A und G_R, dann wird die Prüfung fortgesetzt.

Operations-Charakteristik und mittlerer Stichprobenumfang

Die Operations-Charakteristik (OC) gibt die Annahmewahrscheinlichkeit L in Abhängigkeit vom Schlechtanteil p im Prüflos an. In Parameterform (mit Parameter τ oder $t = e^\tau$) gilt

$$p = p(\tau) = \frac{e^{\psi\tau} - 1}{e^\tau - 1}, \quad L = L(\tau) = \frac{1 - e^{b\tau}}{(1/e^{a\tau}) - e^{b\tau}}, \tag{11.5.9}$$

oder

$$p = p(t) = \frac{t^\psi - 1}{t - 1}, \quad L = L(t) = \frac{1 - t^b}{(1/t^a) - t^b}. \tag{11.5.10}$$

Für $\tau \to 0$ oder $t \to 1$ ist $p = \psi$ und

$$L(\psi) = \frac{b}{a + b}. \tag{11.5.11}$$

Der Erwartungswert $E_p(n)$ der Anzahl n zu prüfender Einheiten (mittlerer Stichprobenumfang ASN) ist

$$E_p(n) = \mathrm{ASN}(p) = \frac{b - (a + b)L(p)}{p - \psi} = \frac{B - (A + B)L(p)}{pP - (1 - p)Q}. \tag{11.5.12}$$

Für $\tau \to 0$ oder $t \to 1$ ist $p = \psi$ und

$$\mathrm{ASN}(\psi) = \frac{ab}{\psi(1 - \Psi)} = \frac{AB}{PQ}. \tag{11.5.13}$$

11.5 Sequentielle Stichprobenanweisungen für Attributprüfung

Sonderfall

Für $\alpha = \beta$ ist $A = B$, $a = b$ und $L(\psi) = 0{,}5$.

11.5.2 Prüfung auf Fehler (basierend auf der Poisson-Verteilung)

Das Prüflos ist gekennzeichnet durch den Losumfang N (Anzahl der Einheiten im Prüflos), die Gesamtanzahl N_1 der Fehler aller Einheiten des Prüfloses und die mittlere Fehlerzahl $p = N_1/N$ je Einheit im Prüflos. Aus dem Prüflos werden nacheinander nach dem Zufall Einheit für Einheit gezogen und geprüft; $k = 1, 2, \ldots$ sei die Anzahl der geprüften Einheiten und x_k die darunter gefundene Anzahl Fehler. Nach jeder Prüfung einer Einheit wird festgestellt, welche der drei Ungleichungen (11.5.4) bis (11.5.6) der Entscheidungsregel erfüllt ist, wobei a, b und ψ nach (11.5.14) bis (11.5.16) festgelegt werden müssen. Die Prüfung endet, wenn erstmalig die Bedingung für Annahme (11.5.4) oder Ablehnung (11.5.6) des Prüfloses erfüllt ist. Die Anzahl der bis dahin geprüften Einheiten sei $k = n$; n ist eine Zufallsvariable.

Gegeben seien die beiden Punkte $P_1(p_1; 1-\alpha)$ und $P_2(p_2; \beta)$; $0 < p_1 < p_2$, $0 < \beta < 1 - \alpha < 1$ der Operations-Charakteristik mit der Forderung, die Parameter (11.5.16) der Stichprobenanweisung so zu bestimmen, daß die Annahmewahrscheinlichkeiten $L(p_1) \approx 1 - \alpha$ und $L(p_2) \approx \beta$ sind; vgl. Abb. 11.2.

Hilfsgrößen

$$A = \ln \frac{1-\alpha}{\beta}, \qquad B = \ln \frac{1-\beta}{\alpha}, \tag{11.5.14}$$

$$P = \ln \frac{p_2}{p_1}, \tag{11.5.15}$$

$$a = \frac{A}{P}, \qquad b = \frac{B}{P}, \qquad \psi = \frac{p_2 - p_1}{P}. \tag{11.5.16}$$

Entscheidungsregel

Rechnerische und zeichnerische Auswertung erfolgen wie in Unterabschn. 11.5.1, wobei a, b und ψ nach (11.5.14) bis (11.5.16) festgelegt werden müssen.

Operations-Charakteristik und mittlerer Stichprobenumfang

Die Operations-Charakteristik (OC) gibt die Annahmewahrscheinlichkeit L in Abhängigkeit von der mittleren Fehleranzahl p je Einheit im Prüflos an. In Parameterform (mit Parameter τ oder $t = e^\tau$) gilt

$$p = p(\tau) = \frac{\psi \tau}{e^\tau - 1}, \qquad L = L(\tau) = \frac{1 - e^{b\tau}}{(1/e^{a\tau}) - e^{b\tau}}, \tag{11.5.17}$$

oder

$$p = p(t) = \frac{\psi \ln t}{t - 1}, \qquad L = L(t) = \frac{1 - t^b}{(1/t^a) - t^b}. \tag{11.5.18}$$

Für $\tau \to 0$ oder $t \to 1$ ist $p = \psi$ und

$$L(\psi) = \frac{b}{a+b}. \tag{11.5.19}$$

Der Erwartungswert $E_p(n)$ der Anzahl n zu prüfender Einheiten (mittlerer Stichprobenumfang ASN) ist

$$E_p(n) = \text{ASN}(p) = \frac{b - (a+b)L(p)}{p - \psi} = \frac{B - (A+B)L(p)}{pP - (p_2 - p_1)}. \tag{11.5.20}$$

Für $\tau \to 0$ oder $t \to 1$ ist $p = \psi$ und

$$\text{ASN}(\psi) = \frac{ab}{\psi} = \frac{AB}{p^2\psi}. \tag{11.5.21}$$

Sonderfall

Für $\alpha = \beta$ ist $A = B$, $a = b$ und $L(\psi) = 0{,}5$.

11.6 Sequentielle Stichprobenanweisungen für Variablenprüfung

Die Qualitätsprüfung erfolgt anhand *eines quantitativen* Prüfmerkmals X, das im Prüflos normalverteilt ist mit dem Erwartungswert μ und der Standardabweichung σ, wobei mindestens einer der beiden Parameter unbekannt ist. Gegebenenfalls ist für X *ein* Grenzwert (entweder ein Höchstwert T_O oder ein Mindestwert T_U) vorgeschrieben: eine Einheit ist fehlerhaft, wenn $X > T_O$ oder $X < T_U$ ist. Der Schlechtanteil p (Anteil fehlerhafter Einheiten) im Prüflos ist dann

$$p = 1 - \Phi\left(\frac{T_O - \mu}{\sigma}\right), \quad \text{falls } T_O \text{ vorgeschrieben,} \tag{11.6.1}$$

$$p = \Phi\left(\frac{T_U - \mu}{\sigma}\right), \quad \text{falls } T_U \text{ vorgeschrieben ist;} \tag{11.6.2}$$

Zahlenwerte für $\Phi(\cdot)$ s. Tab. C 2.

p ist unbekannt, weil nicht beide Parameter μ und σ bekannt sind.

Folgende Fälle werden behandelt:

Unterabschn.	Information über den Parameter		Prüfung auf Einhaltung von Forderungen bezüglich
	μ	σ	
11.6.1	unbekannt	bekannt	μ
11.6.2	unbekannt	bekannt	p
11.6.3	unbekannt	unbekannt konstant[1]	μ
11.6.4	bekannt	unbekannt	σ
11.6.5	bekannt	unbekannt	p
11.6.6	unbekannt konstant[1]	unbekannt	σ
11.6.7	unbekannt	unbekannt	p

[1] von Prüflos zu Prüflos.

11.6 Sequentielle Stichprobenanweisungen für Variablenprüfung

Aus dem Prüflos werden nacheinander nach dem Zufall Einheit für Einheit gezogen und geprüft; $k = 1, 2, \ldots$ sei die Anzahl der geprüften Einheiten und $x_1, x_2, \ldots, x_k$ die an den k geprüften Einheiten gefundenen Merkmalswerte. Aus diesen Merkmalswerten wird ein Prüfwert $z_k = f(x_1, \ldots, x_k)$ gebildet. Nach jeder Prüfung einer Einheit wird festgestellt, welche der drei Ungleichungen (11.6.3) bis (11.6.5) der Entscheidungsregel erfüllt ist. Die Prüfung endet, wenn erstmalig die Bedingung (11.6.3) für Annahme oder (11.6.5) für Zurückweisung des Prüfloses erfüllt ist. Die Anzahl der bis dahin geprüften Einheiten sei $k = n$; n ist eine Zufallsvariable.

Entscheidungsregel bei rechnerischer Auswertung

Gilt für das Wertepaar $(k; z_k)$ die Ungleichung

$z_k \leq G_A(k)$,	dann wird das Prüflos angenommen,	(11.6.3)
$G_A(k) < z_k < G_R(k)$,	dann wird eine weitere Einheit geprüft,	(11.6.4)
$z_k \geq G_R(k)$,	dann wird das Prüflos zurückgewiesen.	(11.6.5)

Entscheidungsregel bei zeichnerischer Auswertung

In der Stichprobenebene $(k; z_k)$ der Abb. 11.11 zeichnet man die Grenzkurven $G_A(k)$ und $G_R(k)$. Die Prüfung endet mit der Annahme des Prüfloses, wenn der vom Nullpunkt aus wandernde Stichprobenpunkt $(k; z_k)$ die Grenzkurve $G_A(k)$ erreicht oder unterschreitet; sie endet mit der Zurückweisung des Prüfloses, wenn $(k; z_k)$ die Grenzkurve $G_R(k)$ erreicht oder überschreitet. Liegt der Stichprobenpunkt $(k; z_k)$ im Indifferenzbereich zwischen $G_A(k)$ und $G_R(k)$, dann wird eine weitere Einheit geprüft.

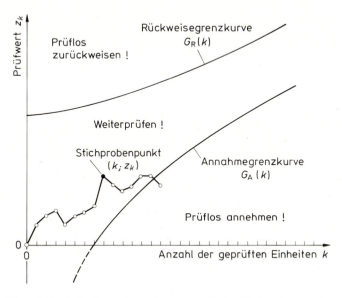

Abb. 11.11. Die zeichnerische Auswertung einer sequentiellen Stichprobenanweisung für Variablenprüfung

Operations-Charakteristik und ASN-Funktion

Die Operations-Charakteristik (OC) gibt die Annahmewahrscheinlichkeit L und die ASN-Funktion (ASN = average sample number, mittlerer Stichprobenumfang) den Erwartungswert $E(n)$ der Anzahl n zu prüfender Einheiten in Abhängigkeit von dem Parameter an, der auf Einhaltung von Forderungen geprüft wird.

11.6.1 Prüfung des Erwartungswertes μ auf Überschreitung[1] von μ_1 bei bekannter Varianz σ^2

Gegeben seien die beiden Punkte $P_1(\mu_1; 1 - \alpha)$ und $P_2(\mu_2; \beta)$; $\mu_1 < \mu_2$, $0 < \beta < 1 - \alpha < 1$ der Operations-Charakteristik $L(\mu)$ mit der Forderung, die Parameter (11.6.8) der Stichprobenanweisung so zu bestimmen, daß die Annahmewahrscheinlichkeiten $L(\mu_1) \approx 1 - \alpha$ und $L(\mu_2) \approx \beta$ sind; vgl. Abb. 11.2.

Hilfsgrößen

$$A = \ln \frac{1 - \alpha}{\beta}, \quad B = \ln \frac{1 - \beta}{\alpha}, \tag{11.6.6}$$

$$C = \frac{\mu_2 - \mu_1}{\sigma^2}, \tag{11.6.7}$$

$$a = \frac{A}{C}, \quad b = \frac{B}{C}, \quad \psi = \tfrac{1}{2}(\mu_1 + \mu_2). \tag{11.6.8}$$

Prüfwert und Grenzkurven

oder

$$z_k = \sum_{i=1}^{k} x_i, \qquad z_k = \bar{x}_k = \frac{1}{k}\sum_{i=1}^{k} x_i, \tag{11.6.9}$$

$$G_A(k) = \psi k - a, \qquad G_A(k) = \psi - \frac{a}{k}, \tag{11.6.10}$$

$$G_R(k) = \psi k + b; \qquad G_R(k) = \psi + \frac{b}{k}; \tag{11.6.11}$$

$G_A(k)$ und $G_R(k)$ sind parallele Geraden.

$G_A(k)$ und $G_R(k)$ sind Hyperbeln, die einen 'Trichter' bilden, der sich mit wachsendem k verengt. Die Mittellinie des Trichters ist $z_k = \psi$, die jeweilige Weite $(a + b)/k$.

Operations-Charakteristik und ASN-Funktion

In Parameterform (mit Parameter τ oder $t = e^\tau$) gilt

$$\mu = \mu(\tau) = \psi - \left(\frac{\sigma^2}{2}\right)\tau, \quad L = L(\tau) = \frac{1 - e^{b\tau}}{(1/e^{a\tau}) - e^{b\tau}}, \tag{11.6.12}$$

---

[1] Vgl. den Hinweis nach (11.6.16).

oder

$$\mu = \mu(t) = \psi - \left(\frac{\sigma^2}{2}\right)\ln t, \qquad L = L(t) = \frac{1-t^b}{(1/t^a)-t^b}. \tag{11.6.13}$$

$$\mathrm{ASN}(\mu) = \frac{b-(a+b)L(\mu)}{\mu-\psi}. \tag{11.6.14}$$

Für $\tau \to 0$ oder $t \to 1$ ist $\mu = \psi$ und

$$L(\psi) = \frac{B}{A+B} = \frac{b}{a+b}, \tag{11.6.15}$$

$$\mathrm{ASN}(\psi) = \frac{AB\sigma^2}{(\mu_2-\mu_1)^2} = \frac{AB}{C^2\sigma^2} = \frac{ab}{\sigma^2}. \tag{11.6.16}$$

Die Formeln gelten unverändert, falls $\mu_1 > \mu_2$ vorgeschrieben ist, d.h. bei Prüfung auf Unterschreitung von μ_1; jedoch ist dann $G_A(k) > G_R(k)$, d.h. die Prüfung endet mit Annahme des Prüfloses bei $z_k \geq G_A(k)$ und mit Zurückweisung des Prüfloses bei $z_k \leq G_R(k)$.

11.6.2 Prüfung des Schlechtanteils p oberhalb T_O (unterhalb T_U) auf Überschreitung von p_1 bei bekannter Varianz σ^2

Gegeben seien ein Grenzwert T_O oder T_U und die beiden Punkte $P_1(p_1; 1-\alpha)$ und $P_2(p_2; \beta)$; $0 < p_1 < p_2 < 1$, $0 < \beta < 1-\alpha < 1$ der Operations-Charakteristik $L(p)$ mit der Forderung, die Parameter (11.6.8) der Stichprobenanweisung so zu bestimmen, daß die Annahmewahrscheinlichkeiten $L(p_1) \approx 1-\alpha$ und $L(p_2) \approx \beta$ sind; vgl. Abb. 11.2.

Zwischen p und μ besteht der Zusammenhang

$$p = 1 - \Phi\left(\frac{T_O-\mu}{\sigma}\right) \quad \text{bzw.} \quad \mu = T_O - u_{1-p}\sigma \tag{11.6.17}$$

bei vorgegebenem T_O und

$$p = \Phi\left(\frac{T_U-\mu}{\sigma}\right) \quad \text{bzw.} \quad \mu = T_U + u_{1-p}\sigma \tag{11.6.18}$$

bei vorgegebenem T_U.
Zahlenwerte für $\Phi(\cdot)$ s. Tab. C 2.

Man berechne daher bei vorgegebenem T_O

$$\mu_1 = T_O - u_{1-p_1}\sigma, \qquad \mu_2 = T_O - u_{1-p_2}\sigma, \tag{11.6.19}$$

bei vorgegebenem T_U

$$\mu_1 = T_U + u_{1-p_1}\sigma, \qquad \mu_2 = T_U + u_{1-p_2}\sigma \tag{11.6.20}$$

und verfahre mit $P_1(\mu_1; 1-\alpha)$ und $P_2(\mu_2; \beta)$ gemäß Unterabschn. 11.6.1.

Operations-Charakteristik und ASN-Funktion erhält man über (11.6.17) oder (11.6.18) aus Unterabschn. 11.6.1.

11.6.3 Prüfung des Erwartungswertes μ auf Überschreitung von μ_1 bei unbekannter, jedoch von Prüflos zu Prüflos konstanter Varianz σ^2 (Barnard-Test)

$$\lambda = \frac{\mu - \mu_1}{\sigma} \tag{11.6.21}$$

ist die auf σ bezogene Abweichung des Erwartungswertes μ von μ_1.

Gegeben seien μ_1 und die beiden Punkte $P_1(\lambda = 0; 1 - \alpha)$ und $P_2(\lambda = D; \beta)$ der Operations-Charakteristik $L(\lambda)$ mit der Forderung, die Stichprobenanweisung so festzulegen, daß die Annahmewahrscheinlichkeiten $L(\lambda = 0) \approx 1 - \alpha$ und $L(\lambda = D) \approx \beta$ sind; vgl. Abb. 11.2.

Prüfwert und Grenzkurven

$$z_k = \frac{\sum_{i=1}^{k}(x_i - \mu_1)}{\sqrt{\sum_{i=1}^{k}(x_i - \mu_1)^2}}; \quad k = 2, 3, \ldots . \tag{11.6.22}$$

$G_A(k)$ und $G_R(k)$ für $\alpha = \beta = 5\%$ und verschiedene D s. Tab. 11.2.

11.6.4 Prüfung der Varianz σ^2 auf Überschreitung von σ_1^2 bei bekanntem Erwartungswert μ

Gegeben seien die beiden Punkte $P_1(\sigma_1^2; 1 - \alpha)$ und $P_2(\sigma_2^2; \beta)$; $0 < \sigma_1^2 < \sigma_2^2, 0 < \beta < 1 - \alpha < 1$) der Operations-Charakteristik $L(\sigma^2)$ mit der Forderung, die Parameter (11.6.25) der Stichprobenanweisung so zu bestimmen, daß die Annahmewahrscheinlichkeiten $L(\sigma_1^2) \approx 1 - \alpha$ und $L(\sigma_2^2) \approx \beta$ sind; vgl. Abb. 11.2.

Hilfsgrößen

$$A = \ln \frac{1 - \alpha}{\beta}, \quad B = \ln \frac{1 - \beta}{\alpha}, \tag{11.6.23}$$

$$C = \frac{1}{\sigma_1^2} - \frac{1}{\sigma_2^2} = \frac{\sigma_2^2 - \sigma_1^2}{(\sigma_1 \sigma_2)^2}, \tag{11.6.24}$$

$$a = \frac{2A}{C}, \quad b = \frac{2B}{C}, \quad \psi = \frac{\ln(\sigma_2^2/\sigma_1^2)}{C}. \tag{11.6.25}$$

11.6 Sequentielle Stichprobenanweisungen für Variablenprüfung

Tab. 11.2. $G_A(k)$ und $G_R(k)$ für verschiedene Werte von D und $\alpha = \beta = 5\%$ [1])

k	$D = 0{,}10$		$D = 0{,}25$		$D = 0{,}50$		$D = 0{,}75$		$D = 1{,}00$		$D = 1{,}50$		$D = 2{,}00$		$D = 3{,}00$		k
	$G_A(k)$	$G_R(k)$	$G_A(k)$	$G_R(k)$	$G_A(k)$	$G_R(k)$	$G_A(k)$	$G_R(k)$	$G_A(k)$	$G_R(k)$	$G_A(k)$	$G_R(k)$	$G_A(k)$	$G_R(k)$	$G_A(k)$	$G_R(k)$	
2					[−6,96]	[3,01]	[−3,90]	[2,60]	[−2,14]	[2,13]	−0,47	[1,69]	0,37	[1,56]	0,95	[1,46]	2
4					[−3,13]	[2,73]	−1,49	[2,30]	−0,53	[2,03]	0,51	1,84	1,03	1,82	1,50	1,85	4
6					−2,07	2,56	−0,76	2,20	0,03	2,04	0,91	2,01	1,43	2,06	1,90	2,19	6
8			[−4,32]	[4,24]	−1,51	2,46	−0,35	2,16	0,37	2,09	1,23	2,18	1,74	2,29	2,22	2,47	8
10			[−3,67]	[3,91]	−1,15		−0,07	2,16	0,63	2,16	1,49	2,34	2,00	2,49	2,50	2,73	10
15			−2,72	3,39	−0,57	2,34	0,44	2,23	1,11	2,34	2,01	2,70	2,54	2,94	3,10	3,29	15
20	[−6,68]		−2,17	3,10	−0,21	2,31	0,78	2,33	1,47	2,52	2,42	3,02	2,97	3,32			20
25	[−5,87]	[6,00]	−1,77	2,90	0,07	2,30	1,05	2,44	1,76	2,70	2,78	3,32	3,36	3,67			25
30	−5,27	[5,55]	−1,50	2,77	0,29	2,32	1,28	2,55	2,02	2,88	3,09	3,59	3,71	3,99			30
35	−4,81	5,19	−1,28	2,67	0,48	2,36	1,49	2,66	2,24	3,05	3,38	3,84	4,03	4,29			35
40	−4,44	4,91	−1,09	2,60	0,65	2,40	1,67	2,76	2,45	3,21	3,64	4,07	4,32	4,57			40
45	−4,14	4,67	−0,93	2,55	0,79	2,44	1,84	2,87	2,64	3,36	3,89	4,29	4,60	4,83			45
50	−3,88	4,47	−0,79	2,51	0,92	2,49	1,99	2,97	2,82	3,50	4,12	4,50	4,86	5,08			50
60	−3,47	4,15	−0,56	2,44	1,16	2,58	2,27	3,17	3,16	3,77							60
70	−3,16	3,90	−0,37	2,41	1,36	2,68	2,52	3,35	3,45	4,03							70
80	−2,88	3,70	−0,20	2,39	1,54	2,78	2,76	3,53	3,73	4,27							80
90	−2,66	3,55	−0,06	2,39	1,71	2,88	2,97	3,71	3,99	4,49							90
100	−2,47	3,41	0,07	2,39	1,87	2,97	3,17	3,87	4,24	4,70							100
150	−1,80	2,99	0,57	2,46	2,51	3,42	4,00	4,59	5,27	5,65							150
200	−1,38	2,77	0,93	2,57	3,03	3,83	4,75	5,23	6,15	6,48							200
	n_1	n_2	n_1	n_2	n_1	n_2	n_1	n_2	n_1	n_2	n_1	n_2	n_1	n_2	n_1	n_2	
	29	31	12	13	6	7	4	5	3	5	2	4	2	3	2	3	
	$\bar{n}_1$	$\bar{n}_2$	$\bar{n}_1$	$\bar{n}_2$	$\bar{n}_1$	$\bar{n}_2$	$\bar{n}_1$	$\bar{n}_2$	$\bar{n}_1$	$\bar{n}_2$	$\bar{n}_1$	$\bar{n}_2$	$\bar{n}_1$	$\bar{n}_2$	$\bar{n}_1$	$\bar{n}_2$	
	600	600	100	100	30	30	20	20	10	10	<10	<10	<10	<10	<5	<5	

n_1 und n_2 sind die kleinsten Werte des Stichprobenumfangs, ab denen eine Entscheidung möglich ist, wenn $\lambda = 0$ ($\mu = \mu_1$) bzw. $\lambda = D$ gilt. $\bar{n}_1$ und $\bar{n}_2$ sind angenähert die Erwartungswerte von n bei Gültigkeit von $\lambda = 0$ ($\mu = \mu_1$) bzw. $\lambda = D$ (wegen $\alpha = \beta$ ist $\bar{n}_1 = \bar{n}_2$). Die in eckige Klammern gesetzten Werte sollen nur für die Ermittlung von Zwischenwerten und das Zeichnen der Grenzkurven erleichtern.

[1]) Davies, O.L.: The design and analysis of industrial experiments. London and Edinburgh: Oliver and Boyd 1960. p. 617–624. Dort können weitere kritische Werte entnommen werden, wobei [$G_A(k)$; $z(k)$; $G_R(k)$] durch [U_0; U; U_1] ersetzt werden muß.

Prüfwert und Grenzkurven

$$z_k = \sum_{i=1}^{k} (x_i - \mu)^2,$$

$$G_A(k) = \psi k - a,$$

$$G_R(k) = \psi k + b;$$

$G_A(k)$ und $G_R(k)$ sind parallele Geraden.

oder

$$z_k = \frac{1}{k} \sum_{i=1}^{k} (x_i - \mu)^2, \quad (11.6.26)$$

$$G_A(k) = \psi - \frac{a}{k}, \quad (11.6.27)$$

$$G_R(k) = \psi + \frac{b}{k}; \quad (11.6.28)$$

$G_A(k)$ und $G_R(k)$ sind Hyperbeln, die einen 'Trichter' bilden, der sich mit wachsendem k verengt. Die Mittellinie des Trichters ist $z_k = \psi$, die jeweilige Weite $(a + b)/k$.

Operations-Charakteristik und ASN-Funktion

In Parameterform (mit Parameter τ oder $t = e^\tau$) gilt

$$\sigma^2 = \sigma^2(\tau) = \frac{1 - (1/e^{2\psi\tau})}{2\tau}, \quad L = L(\tau) = \frac{1 - e^{b\tau}}{(1/e^{a\tau}) - e^{b\tau}}, \quad (11.6.29)$$

oder

$$\sigma^2 = \sigma^2(t) = \frac{1 - (1/t^{2\psi})}{2 \ln t}, \quad L = L(t) = \frac{1 - t^b}{(1/t^a) - t^b}. \quad (11.6.30)$$

$$\text{ASN}(\sigma^2) = \frac{b - (a + b) L(\sigma^2)}{\sigma^2 - \psi}. \quad (11.6.31)$$

Für $\tau \to 0$ oder $t \to 1$ gilt $\sigma^2 \to \psi$ und

$$L(\psi) = \frac{b}{a + b} = \frac{B}{A + B}. \quad (11.6.32)$$

$$\text{ASN}(\psi) = \frac{ab}{2\psi^2}. \quad (11.6.33)$$

11.6.5 Prüfung des Schlechtanteils p oberhalb T_O (unterhalb T_U) auf Überschreitung von p_1 bei bekanntem Erwartungswert μ

Gegeben seien *ein* Grenzwert T_O oder T_U und die beiden Punkte $P_1(p_1; 1 - \alpha)$ und $P_2(p_2; \beta)$; $0 < p_1 < p_2 < 1$, $0 < \beta < 1 - \alpha < 1$ der Operations-Charakteristik $L(p)$ mit der Forderung, die Parameter (11.6.25) der Stichprobenanweisung so zu bestimmen, daß die Annahmewahrscheinlichkeiten $L(p_1) \approx 1 - \alpha$ und $L(p_2) \approx \beta$ sind; vgl. Abb. 11.2.

Zwischen p und σ besteht der Zusammenhang

$$p = 1 - \Phi\left(\frac{T_O - \mu}{\sigma}\right) \quad \text{bzw.} \quad \sigma = \frac{T_O - \mu}{u_{1-p}} \quad (11.6.34)$$

11.6 Sequentielle Stichprobenanweisungen für Variablenprüfung

bei vorgegebenem T_O und

$$p = \Phi\left(\frac{T_U - \mu}{\sigma}\right) \quad \text{bzw.} \quad \sigma = \frac{\mu - T_U}{u_{1-p}} \tag{11.6.35}$$

bei vorgegebenem T_U.
Zahlenwerte für $\Phi(\cdot)$ s. Tab. C 2.
Man berechne daher bei vorgegebenem T_O

$$\sigma_1 = \frac{T_O - \mu}{u_{1-p_1}}, \quad \sigma_2 = \frac{T_O - \mu}{u_{1-p_2}}, \tag{11.6.36}$$

bei vorgegebenem T_U

$$\sigma_1 = \frac{\mu - T_U}{u_{1-p_1}}, \quad \sigma_2 = \frac{\mu - T_U}{u_{1-p_2}} \tag{11.6.37}$$

und verfahre mit $P_1(\sigma_1^2; 1 - \alpha)$ und $P_2(\sigma_2^2; \beta)$ gemäß Unterabschn. 11.6.4.
Operations-Charakteristik und ASN-Funktion erhält man über (11.6.34) oder (11.6.35) aus Unterabschn. 11.6.4.

11.6.6 Prüfung der Varianz σ^2 auf Überschreitung von σ_1^2 bei unbekanntem Erwartungswert μ

Mit den Vorgaben gemäß Unterabschn. 11.6.4 werden die Hilfsgrößen (11.6.23) bis (11.6.25) berechnet.

Prüfwert und Grenzkurven

oder

$$z_k = \sum_{i=1}^{k} (x_i - \bar{x}_k)^2 \quad \bigg| \quad z_k = s_k^2 = \frac{1}{k-1} \sum_{i=1}^{k} (x_i - \bar{x}_k)^2 \tag{11.6.38}$$

$$= \sum_{i=1}^{k} x_i^2 - \frac{1}{k}\left(\sum_{i=1}^{k} x_i\right)^2 \quad \bigg| \quad = \frac{1}{k-1}\left[\sum_{i=1}^{k} x_i^2 - \frac{1}{k}\left(\sum_{i=1}^{k} x_i\right)^2\right]$$

$$\text{mit} \quad \bar{x}_k = \frac{1}{k} \sum_{i=1}^{k} x_i. \tag{11.6.39}$$

$$G_A(k) = \psi(k-1) - a, \quad \bigg| \quad G_A(k) = \psi - \frac{a}{k-1}, \tag{11.6.40}$$

$$G_R(k) = \psi(k-1) + b; \quad \bigg| \quad G_R(k) = \psi + \frac{b}{k-1}; \tag{11.6.41}$$

$G_A(k)$ und $G_R(k)$ sind parallele Geraden.	$G_A(k)$ und $G_R(k)$ sind Hyperbeln, die einen 'Trichter' bilden, der sich mit wachsendem k verengt. Die Mittellinie des Trichters ist $z_k = \psi$, die jeweilige Weite $(a + b)/(k - 1)$.

Operations-Charakteristik und ASN-Funktion

$L(\sigma^2)$ nach (11.6.29), (11.6.30) und (11.6.32).

$$\text{ASN}(\sigma^2) = \text{ASN}_\mu(\sigma^2) + 1, \tag{11.6.42}$$

wobei $\text{ASN}_\mu(\sigma^2)$ die für den Fall des bekannten Erwartungswertes aus (11.6.31) und (11.6.33) bestimmbare ASN-Funktion ist.

11.6.7 Prüfung des Schlechtanteils p oberhalb T_O (unterhalb T_U) auf Überschreitung von p_1 bei unbekannten μ und σ^2 (WAGR-Test[1])

Gegeben seien ein Grenzwert T_O oder T_U und die beiden Punkte $P_1(p_1; 1-\alpha)$ und $P_2(p_2; \beta)$; $0 < p_1 < p_2 < 1, 0 < \beta < 1 - \alpha < 1$ der Operations-Charakteristik $L(p)$ mit der Forderung, die Stichprobenanweisung so festzulegen, daß die Annahmewahrscheinlichkeiten $L(p_1) \approx 1 - \alpha$ und $L(p_2) \approx \beta$ sind; vgl. Abb. 11.2.

Prüfwert

Prüfwert ist die Qualitätszahl

$$z_k = Q_k = \frac{T_O - \bar{x}_k}{s_k} \quad \text{bzw.} \quad z_k = Q_k = \frac{\bar{x}_k - T_U}{s_k} \tag{11.6.43}$$

mit

$$\bar{x}_k = \frac{1}{k} \sum_{i=1}^{k} x_i, \tag{11.6.44}$$

$$s_k^2 = \frac{1}{k-1} \sum_{i=1}^{k} (x_i - \bar{x}_k)^2 = \frac{1}{k-1} \left[\sum_{i=1}^{k} x_i^2 - \frac{1}{k} \left(\sum_{i=1}^{k} x_i \right)^2 \right]. \tag{11.6.45}$$

Entscheidungsregel

Gilt für das Wertepaar $(k; Q_k)$ die Ungleichung

$$Q_k \geq G_A(k), \quad \text{so wird das Prüflos angenommen}, \tag{11.6.46}$$

$$G_R(k) < Q_k < G_A(k), \quad \text{so wird eine weitere Einheit geprüft}, \tag{11.6.47}$$

$$Q_k \leq G_R(k), \quad \text{so wird das Prüflos zurückgewiesen}. \tag{11.6.48}$$

Grenzkurven

$$G_A(k) = \frac{A_k}{\sqrt{k}}, \quad G_R(k) = \frac{B_k}{\sqrt{k}}, \tag{11.6.49}$$

wobei A_k und B_k für $k = 1, 2, \ldots$ aus

$$\frac{g(k-1; p_2; A_k/\sqrt{k-1})}{g(k-1; p_1; A_k/\sqrt{k-1})} = \frac{\beta}{1-\alpha}, \tag{11.6.50}$$

---

[1] Dieser Test wird nach Wald, Arnold, Goldberg und Rushton benannt.

$$\frac{g\left(k-1; p_2; B_k/\sqrt{k-1}\right)}{g\left(k-1; p_1; B_k/\sqrt{k-1}\right)} = \frac{1-\beta}{\alpha} \tag{11.6.51}$$

berechnet werden müssen.

$g(f; \delta; t)$ ist die Dichte der nichtzentralen t-Verteilung mit $f = k - 1$ Freiheitsgraden und dem Parameter δ (für die nichtzentrale Lage der Verteilung). Für $i = 1, 2$ gilt $\delta_i = \sqrt{k}\, u_i$ und $\Phi(u_i) = 1 - p_i$. Zur Lösung der Gleichungen (11.6.50) und (11.6.51) braucht man jedoch die Werte p_1 und p_2 nicht erst auf δ_1 und δ_2 umzurechnen, da die Dichte g nicht über $(f; \delta; t)$, sondern in Abhängigkeit von $(f; p; t/\sqrt{f})$ vertafelt ist. Infolgedessen geht man mit $f = k - 1$, $p = p_i$ und $t/\sqrt{f}$ in das Tafelwerk ein[1]. Zweckmäßigerweise zeichnet man für einige fest gewählte Werte von k das Wahrscheinlichkeitsverhältnis

$$\lambda_k = \frac{g\left(k-1; p_2; t/\sqrt{k-1}\right)}{g\left(k-1; p_1; t/\sqrt{k-1}\right)} = \lambda_k(t) \tag{11.6.52}$$

über t und schneidet die Kurve $\lambda_k = \lambda_k(t)$ mit den beiden Waagerechten bei $\lambda'_k = \beta/(1-\alpha)$ und $\lambda''_k = (1-\beta)/\alpha$. Die Schnittpunkte liefern auf der waagerechten t-Achse die gesuchten Hilfsgrößen A_k und B_k.

11.7 Kontinuierliche Stichprobenprüfung

Voraussetzungen

1. Ein Produktionsvorgang erzeugt natürliche Einheiten (vgl. Abschnitt 11.1, Voraussetzung 1), die in der erzeugten Reihenfolge geprüft werden können.
2. Geprüft wird auf fehlerhafte Einheiten (Einheiten mit einem oder mehreren Fehlern).
3. Das Prüfergebnis für eine Einheit liegt vor, bevor die darauffolgende zu prüfende Einheit zur Prüfung ansteht.

Im Gegensatz zur Annahmestichprobenprüfung werden keine Prüflose gebildet.

Ziel

Ist die Wahrscheinlichkeit für die Erzeugung einer fehlerhaften Einheit $p (0 \leq p < 1)$ und ist die Fehlerhaftigkeit aufeinanderfolgend erzeugter Einheiten unabhängig, dann ist der Anteil fehlerhafter Einheiten in einer (genügend großen) Menge von aufeinanderfolgend erzeugten Einheiten p. In diesen Mengen kann durch einen mehr oder weniger intensiven Ausleseprozeß der Durchschlupf $D(p)$ (Anteil fehlerhafter Einheiten nach der Prüfung) verringert werden (von $D(p) = p$ ohne Prüfung bis zu $D(p) = 0$ bei 100%-Prüfung). Ziel der kontinuierlichen Stichprobenprüfung ist es, die Intensität

---

[1] Die hier verwendeten Bezeichnungen entsprechen denen des Tafelwerks Resnikoff, G.J.; Lieberman, G.J.: Tables of the non-central t-distribution. Stanford/CA: Stanford University Press 1959.

dieses Ausleseprozesses so zu regeln, daß das Maximum von $D(p)$ bezüglich p, der maximale Durchschlupf D_{max} (AOQL) einen vorgegebenen Wert nicht überschreitet.

Die angegebenen Gleichungen und Abbildungen gelten unter der Voraussetzung, daß die bei der Prüfung gefundenen fehlerhaften Einheiten durch fehlerfreie ersetzt werden; näherungsweise können sie auch für den Fall verwendet werden, daß kein Ersatz erfolgt.

11.7.1 Einstufiger Dodge-Plan CSP-1

Das Ablaufschema des einstufigen Dodge-Plans CSP-1 (*c*ontinuous *s*ampling *p*lan-1) mit den Parametern i (Relaxationszahl) und f (Stichprobenanteil) ist in Abb. 11.12 dargestellt.

D_{max} wird bei vorgegebenem $i = 1, 2, \ldots$ eingehalten, wenn

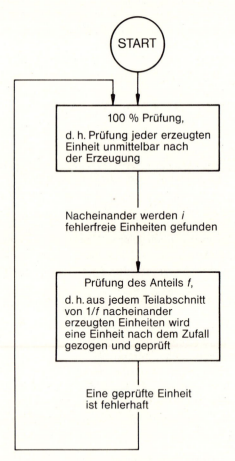

Abb. 11.12. Das Ablaufschema des einstufigen Dodge-Plans CSP-1 (*c*ontinuous *s*ampling *p*lan-1) mit den Parametern i und f

11.7 Kontinuierliche Stichprobenprüfung

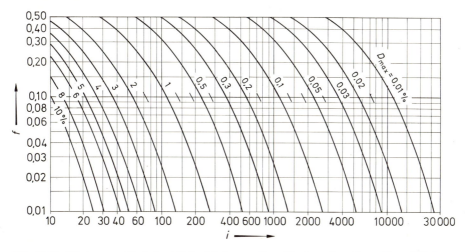

Abb. 11.13. Wertepaare (f, i) in Abhängigkeit von D_{max} für den einstufigen Plan CSP-1 von Dodge[1]

$$f = \frac{(1 - D_{max})^{i+1}}{(1 - D_{max})^{i+1} + \left(1 + \frac{1}{i}\right)^i (1 + i) D_{max}} \tag{11.7.1}$$

ist; für $i \geq 10$ und $D_{max} \leq 0{,}1$ ergibt sich näherungsweise

$$f = \frac{1}{1 + (i + 1) D_{max} \, e^{1 + (i+1) D_{max}}}. \tag{11.7.2}$$

Wertepaare (f, i) in Abhängigkeit von D_{max} können Abb. 11.13 entnommen werden.

11.7.2 Plan CSP-2 von Dodge und Torrey

CSP-2 ist eine Modifikation von CSP-1, bei der nicht sofort beim Auffinden einer fehlerhaften Einheit zur 100%-Prüfung übergegangen wird. Das Ablaufschema von CSP-2 mit den Parametern i (Relaxationszahl), f (Stichprobenanteil) und m ist in Abb. 11.14 dargestellt.

Wertepaare (f, i) für $m = i$ in Abhängigkeit von D_{max} können aus Abb. 11.15 entnommen werden.

11.7.3 Mehrstufige Pläne CSP-k

Das Ablaufschema von CSP-k mit k Stufen und den Parametern i (Relaxationszahl) und f (Stichprobenanteil) ist in Abb. 11.16 dargestellt.

Wertepaare (f, i) für $k = 2, 3, 4$ in Abhängigkeit von D_{max} können aus Abb. 11.17, 11.18, 11.19 entnommen werden.

---

[1] Dodge, H. F.: A sampling inspection plan for continuous production. Ann. Math. Stat. 14 (1943) 264.

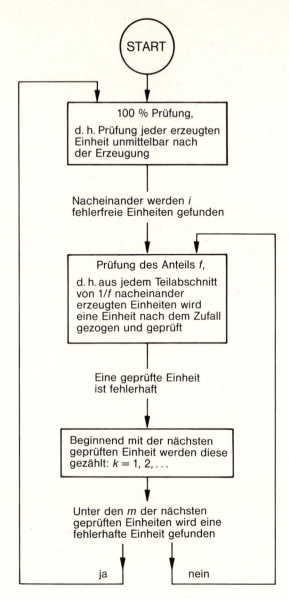

Abb. 11.14. Das Ablaufschema des Plans CSP-2 (*c*ontinuous *s*ampling *p*lan-2) von Dodge und Torrey mit den Parametern i, f und m

11.7 Kontinuierliche Stichprobenprüfung

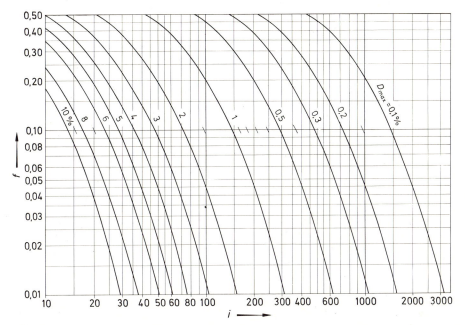

Abb. 11.15. Wertepaare (f, i) mit $m = i$ in Abhängigkeit von D_{max} für den einstufigen Plan CSP-2 von Dodge und Torrey[1]

---

[1] Dodge, H.F.; Torrey, M.N.: Additional continuous sampling inspection plans. Industrial Quality Control VII, No. 5 (1951) 7.

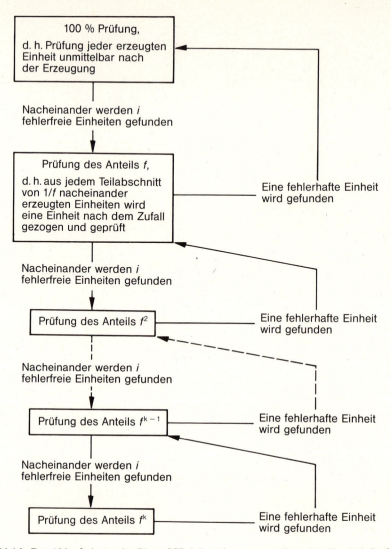

Abb. 11.16. Das Ablaufschema des Plans CSP-k (continuous sampling plan-k) mit k Stufen und den Parametern i und f

Abb. 11.17. Wertepaare (f, i) in Abhängigkeit von D_{max} für den Plan CSP-k mit $k = 2$[1]
Abb. 11.18. Wertepaare (f, i) in Abhängigkeit von D_{max} für den Plan CSP-k mit $k = 3$[1]
Abb. 11.19. Wertepaare (f, i) in Abhängigkeit von D_{max} für den Plan CSP-k mit $k = 4$[1]

---

[1] Bowker, A. H.; Lieberman, G. J.: Engineering Statistics. Englewood Cliffs/NJ: Prentice-Hall 1960, p. 538/539.

11.7 Kontinuierliche Stichprobenprüfung

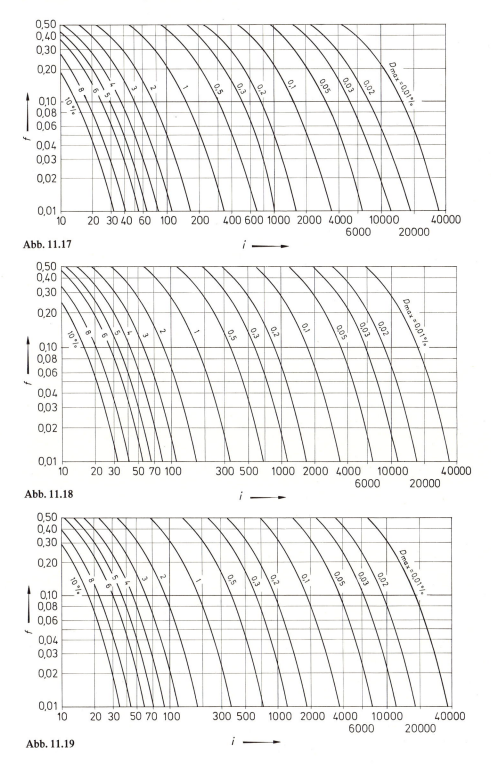

Abb. 11.17

Abb. 11.18

Abb. 11.19

11.8 Stichprobensysteme

In einem *Stichprobensystem* sind Stichprobenanweisungen bzw. Stichprobenpläne so zusammengestellt, daß — ausgehend von bestimmten Voraussetzungen und Vorgaben als Eingangsparameter — Stichprobenanweisungen mit Regeln für ihre Anwendung zur Verfügung gestellt werden. Mit einem Stichprobensystem wird aus der Menge der Stichprobenanweisungen eine Auswahl getroffen, die den in der Praxis vorkommenden Fällen gerecht wird und es überflüssig macht, die Stichprobenanweisung und ihre Operations-Charakteristik jeweils zu berechnen. Verbunden ist damit eine Vereinheitlichung der zur Anwendung kommenden Stichprobenanweisungen.

Mögliche Vorgaben sind kennzeichnende Punkte der Operations-Charakteristik (1., 2., 3.), der AOQL-Wert (4.), Vorinformationen über die Anteile von fehlerhaften Einheiten oder Fehlern in der zu prüfenden Serie von Prüflosen (5., 6.) und Kostenvorgaben (7.):

1. Die *annehmbare Qualitätsgrenzlage* AQL (*a*cceptable *q*uality *l*evel) ist ein vorgegebener Wert des Schlechtanteils p (Anteils von fehlerhaften Einheiten) oder der mittleren Fehlerzahl p je Einheit im Prüflos, dem eine hohe Annahmewahrscheinlichkeit $1 - \alpha$ (in der Regel $(1 - \alpha) \geq 0{,}8$) zugeordnet ist; vgl. Abb. 11.20. Prüflose, deren Schlechtanteil p oder mittlere Fehlerzahl p je Einheit nicht größer ist als der AQL-Wert, werden also mindestens mit der Wahrscheinlichkeit $1 - \alpha$ angenommen. Die Wahrscheinlichkeit α, ein Prüflos zurückzuweisen, obwohl p gerade gleich dem AQL-Wert ist, heißt *Lieferantenrisiko*.

2. Die *rückzuweisende Qualitätsgrenzlage* LQL (*l*imiting *q*uality *l*evel) ist ein vorgegebener Wert des Schlechtanteils p (Anteils von fehlerhaften Einheiten) oder der mittleren Fehlerzahl p je Einheit im Prüflos, dem eine niedrige Annahmewahrscheinlichkeit β (in der Regel $\beta \leq 0{,}1$) zugeordnet ist; vgl. Abb. 11.20. Prüflose, deren Schlechtanteil p oder mittlere Fehlerzahl p je Einheit gleich dem LQL-Wert oder größer ist, werden also höchstens mit der Wahrscheinlichkeit β angenommen. Die Wahrscheinlichkeit β, ein Prüflos anzunehmen, obwohl p gerade gleich dem LQL-Wert ist, heißt *Bestellerrisiko*.

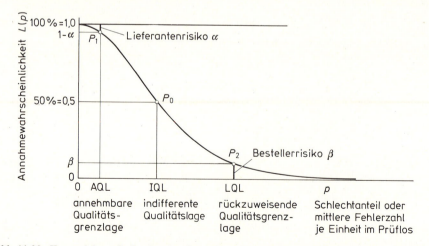

Abb. 11.20. Kennzeichnende Punkte der Operations-Charakteristik einer Stichprobenanweisung

3. Die *indifferente Qualitätslage* IQL (*i*ndifferent *q*uality *l*evel) ist der Schlechtanteil p oder die mittlere Fehlerzahl p je Einheit im Prüflos, bei dem die Annahmewahrscheinlichkeit 0,5 ist; vgl. Abb. 11.20.
4. Der *maximale Durchschlupf* (*a*verage *o*utgoing *q*uality *l*imit) D_{max} = AOQL ist das Maximum des Durchschlupfes (*a*verage *o*utgoing *q*uality) $D(p)$ = AOQ (p) über p. Dabei ist der Durchschlupf $D(p)$ der durchschnittliche Schlechtanteil oder die durchschnittliche mittlere Fehlerzahl je Einheit in einer Serie von Prüflosen nach der Prüfung unter der Voraussetzung, daß zurückgewiesene Prüflose ausgelesen werden, in Abhängigkeit vom Schlechtanteil p oder der mittleren Fehlerzahl p je Einheit in den Prüflosen vor der Prüfung.
5. Die *mittlere Qualitätslage* (process average) $\bar{p}$ ist der durchschnittliche Schlechtanteil oder die durchschnittliche mittlere Fehlerzahl je Einheit in einer Serie von Prüflosen.
6. Die *Prozeßkurve* (process curve) ist die Dichtefunktion $f(p)$ (vgl. (3.1.1)) oder die Verteilungsfunktion $F(p)$ (vgl. (3.1.4)) der Verteilung der Schlechtanteile p oder mittleren Fehlerzahlen p je Einheit in einer Serie von Prüflosen; $\bar{p}$ ist also der durch $f(p)$ bzw. $F(p)$ definierte Erwartungswert.
7. Kostenvorgaben sind in der Regel losbezogene oder/und einheitenbezogene Kosten für die Prüfung sowie durch fehlerhafte Einheiten, die bei der Prüfung gefunden werden, und durch fehlerhafte Einheiten, die bei der Prüfung nicht gefunden werden.

11.8.1 Military Standard 105 D

Military Standard 105 D (1963): Sampling procedures and tables for inspection by attributes. Washington/DC: Superintendent of Documents, U.S. Government Printing Office.

Textgleich bzw. übersetzt sind

International Standard ISO 2859 (1974): Sampling procedures and tables for inspection by attributes.

DIN 40080 (1979): Verfahren und Tabellen für Stichprobenprüfung anhand qualitativer Merkmale (Attributprüfung).

Eine Neubearbeitung von ISO 2859 ist

Draft International Standard ISO/DIS 2859/1 (1985): Sampling procedures for inspection by attributes, Part 1: Sampling plans indexed by acceptable quality level (AQL) for lot-by-lot inspection.

Einen Auszug aus DIN 40080 mit ausführlicher Darstellung der Handhabung bildet

DGQ 16-01 (1986): Stichprobenprüfung anhand qualitativer Merkmale, Verfahren und Tabellen nach DIN 40 080. Berlin: Beuth Verlag.

Der Military Standard 105 D ist ein Stichprobensystem für die Attributprüfung (Prüfung auf fehlerhafte Einheiten oder Prüfung auf Fehler) von Serien von Prüflosen, aus denen alternativ Einfach-, Doppel- oder Mehrfachstichprobenanweisungen (mit 7 Stufen) entnommen werden können. Eingangsparameter sind der Losumfang N und der AQL-Wert. Außerdem besteht die Möglichkeit, über die Wahl eines von sieben Prüfniveaus den Stichprobenumfang der Stichprobenanweisungen und damit deren Prüfschärfe zu beeinflussen. Wird von dieser Möglichkeit nicht Gebrauch gemacht,

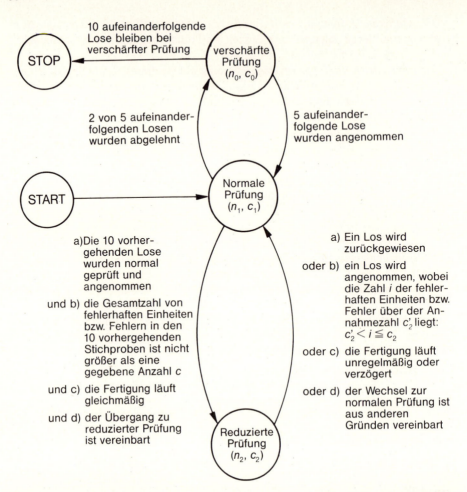

Abb. 11.21. Der Einfach-Stichprobenplan ($n_0, c_0, n_1, c_1, n_2, c_2, c_2', c$) des Military Standard 105 D mit den Übergangsregeln für den Übergang zwischen verschärfter, normaler und reduzierter Prüfung

---

Benutzungshinweise: In der zum festgelegten Prüfniveau gehörenden Spalte wird die Klasse für den Losumfang bestimmt und dem Pfeil nach rechts gefolgt, der den Kennbuchstaben des Prüfplanes ergibt. Ist der Losumfang N gleich einer Klassengrenze, dann gilt der darüber befindliche Pfeil. In der zum Kennbuchstaben gehörenden Zeile findet man $n_0 = n_1$ und n_2 sowie vom Schnittpunkt mit der zum AQL-Wert gehörenden Spalte ausgehend, eventuell dem Pfeil und dann der Diagonalen nach rechts unten folgend, die Annahmezahlen c_0, c_1, c_2', c_2. Findet man dabei eine Annahmezahl nicht direkt, sondern muß dem Pfeil folgen, dann muß von der Annahmezahl ausgehend die Diagonale bis zur Spalte des AQL-Wertes zurückverfolgt werden und dann nach links gehend der zugehörige Stichprobenumfang abgelesen werden.

Außerdem kann man zwei Punkte der Operations-Charakteristik bei normaler Prüfung finden: links unten mit c_1 die zum AQL-Wert gehörende Annahmewahrscheinlichkeit $L(AQL) = 1 - \alpha$; im rechten Teil der Tabelle mit n_1 und AQL den zu $L(LQL) = \beta = 10\%$ gehörenden LQL-Wert.

Tab. 11.3. Die Einfach-Stichprobenpläne $(n_0, c_0, n_1, c_1, n_2, c_2, c'_2, c)$ des MIL STD 105D in Abhängigkeit von den Eingangsparametern Prüfniveau, Losumfang N und AQL-Wert (Auszug für AQL-Werte 0,10 % bis 10,0 %); c ergibt sich aus Tab. 11.4

Prüfniveau							Kenn-buch-stabe	Stichprobenumfang		Annehmbare Qualitätsgrenzlage AQL in %											Annahmezahl
S_1	S_2	S_3	S_4	I	II	III		$n_0 = n_1$	n_2	10,0	6,5	4,0	2,5	1,5	1,0	0,65	0,40	0,25	0,15	0,10	
							A	2	2						Rückzuweisende Qualitätsgrenz-lage LQL in % zur Annahmewahr-scheinlichkeit L (LQL) = β = 0,1						
50	25	15	15	15	8	8	B	3	2	68											
500	150	50	25	25	15	15	C	5	2	58	54		37							1,8	
35000	1200	150	90	90	25	25	D	8	3	54	41			25					2,8		
	35000	500	150	150	50	25	E	13	5	44	36	27			16			4,5			c_0 c_1 c'_2/c_2 0/0
		3200	500	280	90	50	F	20	8	42	30	25	18		11	6,9					0 0 0/0
		35000	1200	500	150	90	G	32	13	34	27	20	16	12		7,6	4,5				0 0 0/1
		500000	10000	1200	280	150	H	50	20	29	22	18	13	10	8,2	6,5	4,8	3,1	1,8		0 0 0/1
			35000	3200	500	280	J	80	32	24	19	14	11	9,4	7,4	5,4	4,3	3,1	2,0	1,2	0 1 1/2
			500000	10000	1200	500	K	125	50	23	16	12	9,4	8,2	6,5	4,8	3,3	2,7	2,0		1 1 1/2
				35000	3200	1200	L	200	80		14	10	7,7	5,9	4,6	3,3	2,9	2,1	1,7	1,2	2 2 0/1
				150000	10000	3200	M	315	125			9,0	6,4	4,9	3,7	3,1	2,4	1,9	1,3	1,1 0,78	3 3 1/2
				500000	35000	10000	N	500	200				5,6	4,0	3,1	2,5	1,9	1,5	1,2	0,84 0,67	5 5 1/3
					150000	35000	P	800	315					3,5	2,5	1,9	1,5	1,2	0,94	0,74 0,53	7 7 2/4
					500000	150000	Q	1250	500						2,3	1,6	1,2	0,94	0,77	0,59 0,46	10/12 7/9 3/5
						500000	R	2000	800							1,4	1,0	0,77	0,59		10/12 7/9 5/7 2/4

Losumfang N von über (steht über der Waagerechten) bis einschließlich (steht unter der Waagerechten)

Annahmezahl c_0 c_1 c'_2/c_2

Die Annahmewahrscheinlichkeit bei normaler Prüfung beim AQL-Wert hängt – von geringen Abweichungen abgesehen – nur von der Annahmezahl c_1 ab.

c_1	0	1	2	3	5	7	10	14	21
L (AQL) = $1-\alpha$	0,88	0,92	0,95	0,96	0,98	0,98	0,98	0,98	0,99

dann ist Prüfniveau II zu benutzen. Parameter eines Einfach-Stichprobenplans sind die acht nichtnegativen ganzzahligen Werte $(n_0, c_0, n_1, c_1, n_2, c_2, c_2', c)$, deren Bedeutung aus Abb. 11.21 hervorgeht. Die Übergangsregeln der Abb. 11.21 sollen den Übergang zwischen verschärfter, normaler und reduzierter Prüfung in Abhängigkeit von der Qualitätsgeschichte bei der Prüfung einer Serie von Prüflosen so regeln, daß die Prüfschärfe dem Qualitätsniveau angepaßt ist.

Tab. 11.3 enthält eine Darstellung[1] der Einfach-Stichprobenpläne des Military Standard 105 D für AQL-Werte von 0,10 % bis 10,0 % sowie die Annahmewahrscheinlichkeit $L(AQL) = 1 - \alpha$ und die rückzuweisende Qualitätsgrenzlage LQL zum Bestellerrisiko $\beta = 10\%$, d. h. $L(LQL) = \beta = 0,1$.

Tab. 11.4 gibt die in Tab. 11.3 nicht enthaltene Grenzzahl c an.

Tab. 11.4. Die Grenzzahl c des Einfach-Stichprobenplanes $(n_0, c_0, n_1, c_1, n_2, c_2, c_2', c)$ des MIL STD 105 D in Abhängigkeit vom AQL-Wert und der Anzahl der geprüften Einheiten aus den letzten 10 Prüflosen

Anzahl der geprüften Einheiten aus den letzten 10 Prüflosen	AQL in %									
	0,10	0,15	0,25	0,40	0,65	1,0	1,5	2,5	4,0	6,5	10
20–29	*	*	*	*	*	*	*	*	*	*	0
30–49	*	*	*	*	*	*	*	*	*	0	0
50–79	*	*	*	*	*	*	*	*	0	0	2
80–129	*	*	*	*	*	*	*	0	0	2	4
130–199	*	*	*	*	*	*	0	0	2	4	7
200–319	*	*	*	*	*	0	0	2	4	8	14
320–499	*	*	*	*	0	0	1	4	8	14	24
500–799	*	*	*	0	0	2	3	7	14	25	40
800–1 249	*	*	0	0	2	4	7	14	24	42	68
1 250–1 999	*	0	0	2	4	7	13	24	40	69	110
2 000–3 149	0	0	2	4	8	14	22	40	68	115	181
3 150–4 999	0	1	4	8	14	24	38	67	111	186	
5 000–7 999	2	3	7	14	25	40	63	110	181		
8 000–12 499	4	7	14	24	42	68	105	181			
12 500–19 999	7	13	24	40	69	110	169				
20 000–31 499	14	22	40	68	115	181					
31 500–49 999	24	38	67	111	186						
≥ 50 000	40	63	110	181	301						

* bedeutet, daß die Anzahl der geprüften Einheiten aus den letzten 10 Prüflosen bei diesem AQL-Wert für einen Übergang auf reduzierte Prüfung unzureichend ist. In diesem Fall können mehr als 10 Prüflose zugrunde gelegt werden, vorausgesetzt, daß sie die letzten geprüften sind, bei normaler Prüfung geprüft wurden und keines davon zurückgewiesen wurde.

---

[1] Modifizierte Form eines Vorschlags von Hamaker, H.C.: Contributions to a discussion organized by the Royal Statistical Society in London, 11. Januar 1979.

11.8.2 Stichprobensystem von ISO für sequentielle Attributprüfung

Draft International Standard ISO/DIS 8422 (1985): Sequential sampling plans for inspection by attributes (proportion of nonconforming items and mean number of nonconformities per unit) using the Wald method.

Hierin werden sequentielle Stichprobenanweisungen, sowohl für die Prüfung auf fehlerhafte Einheiten als auch für die Prüfung auf Fehler, angegeben, deren Operations-Charakteristik jeweils mit der entsprechenden von ISO 2859 (vgl. Unterabschn. 11.8.1) in den beiden Punkten für $L(p) = 0{,}9$ und $L(p) = 0{,}1$ übereinstimmt.

11.8.3 LQL-Stichprobensystem von ISO

International Standard ISO 2859/2 (1985): Sampling procedures for inspection by attributes, Part 2: Sampling plans indexed by limiting quality (LQ) for isolated lot inspection.

Während ISO 2859 (vgl. Unterabschn. 11.8.1) für die Attributprüfung von Serien von Prüflosen verwendbar ist, ist ISO 2859/2 anwendbar bei Prüflosen, die sowohl vom Lieferanten als auch vom Besteller als isolierte Prüflose angesehen werden müssen (Prozedur A) oder die zwar vom Lieferanten als zu einer Serie gehörend, vom Besteller aber als isolierte Prüflose anzusehen sind (Prozedur B). Eingangsparameter für Prozedur A sind der Losumfang N und der LQL-Wert für $\beta \approx 10\,\%$ (jedoch immer $\leq 13\,\%$). Eingangsparameter für Prozedur B sind der Losumfang N, der LQL-Wert für $\beta \approx 10\,\%$ (jedoch immer $\leq 13\,\%$) und das Prüfniveau (mit den 7 Stufen des Military Standard 105 D; in der Regel Stufe II). Die Stichprobenanweisungen für Prozedur B bilden eine Auswahl aus ISO 2859.

11.8.4 Dodge-Romig-Stichprobensystem

Dodge, H.F.; Romig, H.G.: Sampling inspection tables: single and double sampling. New York: Wiley 1959.

Es handelt sich um zwei Stichprobensysteme für Attributprüfung (Prüfung auf fehlerhafte Einheiten) mit Einfach- und Doppelstichprobenanweisungen. Beim System 1 (lot quality protection) sind die Eingangsparameter der Losumfang N, der LQL-Wert (zum Bestellerrisiko $\beta = 10\,\%$) und die mittlere Qualtätslage $\bar{p}$, beim System 2 (average quality protection) sind die Eingangsparameter der Losumfang N, der AOQL-Wert und die mittlere Qualtätslage $\bar{p}$. In beiden Fällen wird die Stichprobenanweisung angegeben, bei welcher der mittlere Prüfaufwand $ATI(\bar{p})$ je Prüflos einschließlich Auslesen zurückgewiesener Prüflose nach (11.3.5) für solche Prüflose am kleinsten ist, deren Schlechtanteil p gleich der mittleren Qualtätslage $\bar{p}$ ist.

11.8.5 Philips-Standard-Stichprobensystem

Willemze, F.G.: Richtlinien für die Anwendung des Philips' Standard Stichproben Systems. Eindhoven: N.V. Philips' Gloeilampenfabrieken 1961.
Schaafsma, A.H.; Willemze, F.G.: Moderne Qualitätskontrolle. Einhoven: Philips Technische Bibliothek 1961, Anhang IV.

Es handelt sich um ein Stichprobensystem für Attributprüfung mit Einfach-Stichprobenanweisungen (für Losumfänge bis $N = 1000$) und Doppel-Stichprobenanweisungen (für Losumfänge ab $N = 1001$). Sie basieren auf Vorgaben der indifferenten Qualitätslage IQL (Kontrollpunkt) sowie der Steigung der Operations-Charakteristik im Punkt der indifferenten Qualitätslage. Eingangsparameter sind der Losumfang N und der IQL-Wert.

11.8.6 Military Standard 414

Military Standard 414 (1957): Sampling procedures and tables for inspection by variables for percent defective. Washington/DC: Superintendent of Documents, U.S. Government Printing Office.

Eine Neubearbeitung ist

International Standard ISO 3951 (1981): Sampling procedures and charts for inspection by variables for percent defective.

Daran angelehnt ist

DGQ 16-43 (SAQ 217) (1980): Stichprobenpläne für quantitative Merkmale (Variablenstichprobenpläne), nach ISO/DIS 3951. Berlin: Beuth Verlag.

Der Military Standard 414 ist ein Stichprobensystem für die Variablenprüfung von Serien von Prüflosen mit Einfach-Stichprobenanweisungen bei Normalverteilung; vgl. Abschn. 11.4. Eingangsparameter sind der Losumfang N, der AQL-Wert und eins von sieben Prüfniveaus (in der Regel Prüfniveau II). Ähnlich wie beim Military Standard 105 D erfolgt in Abhängigkeit von der Qualitätsgeschichte eine Anpassung der Prüfschärfe durch Übergang zwischen verschärfter, normaler und reduzierter Prüfung; vgl. Abb. 11.21.

11.8.7 Stichprobensystem von ISO für sequentielle Variablenprüfung

Draft International Standard ISO/DIS 8423 (1985): Sequential sampling plans for inspection by variables for percent nonconforming (known standard deviation).

Hierin werden für den Fall bekannter Standardabweichung sequentielle Stichprobenanweisungen so angegeben, daß die Operations-Charakteristik jeweils mit der entsprechenden von ISO 3951 (vgl. Unterabschn. 11.8.6) in den beiden Punkten für $L(p) = 0{,}9$ und $L(p) = 0{,}1$ übereinstimmt.

11.8.8 Stichprobensysteme für Lebensdauerprüfungen

1. Quality Control and Reliability Handbook (Interim) H 108: Sampling procedures and tables for life and reliability testing (based on exponential distribution). Washington/DC: US Department of Defense 1960.
2. Military Standard MIL-STD-690 B: Failure rate sampling plans and procedures. Washington/DC: US Department of Defense 1968.
3. Military Standard MIL-STD-781 B: Reliability tests-exponential distribution. Washington/DC: US Department of Defense 1967.

11.8 Stichprobensysteme

4. Quality Control and Reliability Technical Report TR 3: Sampling procedures and tables for life and reliability testing based on the Weibull distribution (mean life criterion). Washington/DC: US Department of Defense 1961.
5. Quality Control and Reliability Technical Report TR 4: Sampling procedures and tables for life and reliability testing based on the Weibull distribution (hazard rate criterion). Washington/DC: US Department of Defense 1962.
6. Quality Control and Reliability Technical Report TR 6: Sampling procedures and tables for life and reliability testing based on the Weibull distribution (reliable life criterion). Washington/DC: US Department of Defense 1963.
7. Quality Control and Reliability Technical Report TR 7: Factors and procedures for applying MIL-STD-105 D sampling plans to life and reliability testing. Washington/DC: US Department of Defense 1965.

Die Stichprobensysteme 1. bis 3. enthalten teilweise Einfach-, teilweise sequentielle Stichprobenanweisungen für Attribut- und Variablenprüfung bei Exponentialverteilung der Lebensdauer mit unbekanntem Parameter α und bekanntem Parameter x_A; vgl. (3.9.3).

Die Stichprobensysteme 4. bis 7. enthalten Einfach-Stichprobenanweisungen für Attributprüfung bei Weibull-Verteilung der Lebensdauer mit unbekanntem Parameter α und bekannten Parametern β und x_A; vgl. (3.9.1) und (3.9.2).

11.8.9 Stichprobensysteme für kontinuierliche Stichprobenprüfung

1. Inspection and Quality Control Handbook (Interim) H 107: Single level continuous sampling procedures and tables for inspection by attributes. Washington 25/DC: Superintendent of Documents, U.S. Government Printing Office 1959.
2. Inspection and Quality Control Handbook (Interim) H 106: Multilevel continuous sampling procedures and tables for inspection by attributes. Washington 25/DC: Superintendent of Documents, U.S. Government Printing Office 1958.
3. Military Standard 1235 A: Single- and multi-level continuous sampling procedures and tables for inspection by attributes. Washington 25/DC: Superintendent of Documents, U.S. Government Printing Office 1974.

Das Stichprobensystem 1. enthält Pläne CSP-1 und CSP-2 sowie eine Modifikation von CSP-2. Das Stichprobensystem 2. enthält modifizierte Pläne CSP-k, bei denen nach Finden einer fehlerhaften Einheit nicht sofort zur nächstschärferen Prüfstufe zurückgekehrt, sondern diese Entscheidung von der Prüfung weiterer vier Einheiten abhängig gemacht wird.

Das Stichprobensystem 3. enthält CSP-1, CSP-2, Modifikationen von CSP-2 und Modifikationen von CSP-k.

12 Funktionen von Zufallsvariablen

12.1 Transformation einer Zufallsvariablen; Merkmalstransformation

Die stetige Zufallsvariable X habe die Wahrscheinlichkeitsdichtefunktion $g_X(x)$, den Erwartungswert $E(X) = \mu_x$, die Varianz $V(X) = \sigma_x^2$ und den Variationskoeffizienten $\gamma_x = \sigma_x/|\mu_x|$; vgl. Abschn. 3.1.

$$y = h(x) \tag{12.1.1}$$

sei eine zweimal differenzierbare, im Streubereich von X eindeutig umkehrbare Funktion; $h'(x) = dy/dx$ sei die erste, $h''(x) = d^2y/dx^2$ die zweite Ableitung von $h(x)$ nach x.

Wahrscheinlichkeitsdichte der transformierten Zufallsvariablen

Die transformierte Zufallsvariable $Y = h(X)$ hat die Wahrscheinlichkeitsdichtefunktion

$$g_Y(y) = g_X(x(y)) \left| \frac{dx}{dy} \right|, \tag{12.1.2}$$

wobei $x(y)$ der zum Funktionswert $y = h(x)$ gehörende Argumentwert $x = h^{-1}(y)$ ist.

Näherungsgleichungen für Erwartungswert und Varianz

Für die transformierte Zufallsvariable Y ergeben sich Erwartungswert $E(Y) = \mu_y$, Varianz $V(Y) = \sigma_y^2$ und Standardabweichung σ_y bzw. Variationskoeffizient $\gamma_y = \sigma_y/|\mu_y|$ aus (12.1.3). Die Näherungsgleichungen gelten für $\gamma_x \ll 1$. Die Transformationen 3a, 3b, 3c sind spezielle Fälle von 3; 3, 4, 5 sind spezielle Fälle von 2.

12.1 Transformation einer Zufallsvariablen; Merkmalstransformation

Nr.	Transformation $Y = h(X)$	Erwartungswert μ_y	Standardabweichung σ_y bzw. Variationskoeffizient γ_y	Die Transformation führt zur Varianzstabilisierung gemäß (12.1.7), falls σ_x proportional ist zu
1	lineare Funktion $Y = a \pm bX$ a beliebig reell, $b > 0$	$\mu_y = a \pm b\mu_x$	$\sigma_y = b\sigma_x$	
2	$Y = h(X)$ monoton im Streubereich von X	$\mu_y \approx h(\mu_x) + \frac{1}{2} h''(\mu_x) \sigma_x^2$	$\sigma_y \approx |h''(\mu_x)| \sigma_x$	
3	Potenzfunktion $Y = aX^k$ a, k beliebig reell, $x > 0$	$\mu_y \approx a\mu_x^k \left[1 + \frac{k(k-1)}{2} \gamma_x^2 \right]$	$\gamma_y \approx |k| \gamma_x$	$\mu_x^{1-k}; k \neq 0$
3a	$Y = aX^2$ $x > 0$	$\mu_y = a\mu_x^2 [1 + \gamma_x^2]$	$\gamma_y \approx 2\gamma_x$	$\dfrac{1}{\mu_x}$
3b	$Y = a\sqrt{X}$ $x > 0$	$\mu_y \approx a\sqrt{\mu_x} \left[1 - \frac{1}{8} \gamma_x^2 \right]$	$\gamma_y \approx \frac{1}{2}\gamma_x$	$\sqrt{\mu_x}$
3c	$Y = a/X$ $x > 0$	$\mu_y \approx \dfrac{a}{\mu_x} [1 + \gamma_x^2]$	$\gamma_y \approx \gamma_x$	μ_x^2
4	$Y = \ln(X/a)$ $a, x > 0$	$\mu_y \approx \ln(\mu_x/a) - \frac{1}{2}\gamma_x^2$	$\sigma_y \approx \gamma_x$	μ_x
5	$Y = e^{X/a}$ a beliebig reell	$\mu_y \approx e^{\mu_x/a} \left[1 + \frac{1}{2} \left(\dfrac{\sigma_x}{a} \right)^2 \right]$	$\gamma_y \approx \sigma_x/|a|$	$e^{-\mu_x}$

(12.1.3)

Entsprechende Gleichungen gelten auch für die aus einer Stichprobe vom Umfang n berechneten Schätzwerte $\bar{x}$, s_x^2, $\bar{y}$, s_y^2; z. B.

$$\bar{y} \approx h(\bar{x}) + \frac{1}{2} \frac{n-1}{n} h''(\bar{x}) s_x^2, \quad \text{falls } s_x/|\bar{x}| \ll 1, \tag{12.1.4}$$

$$s_y^2 \approx [h'(\bar{x}) s_x]^2. \tag{12.1.5}$$

Tranformationen bei speziellen Verteilungen siehe Abschn. 12.2 und 12.3.

Varianzstabilisierende Transformationen

X_i; $i = 1, 2, \ldots$ seien Zufallsvariable mit den Erwartungswerten $E(X_i) = \mu_{xi}$ und den Varianzen $V(X_i) = \sigma_{xi}^2$, wobei die Abhängigkeit der Standardabweichung σ_{xi} vom Erwartungswert μ_{xi} für alle i gleich

$$\sigma_x = u(\mu_x) \tag{12.1.6}$$

und bekannt ist. Die Zufallsvariablen $Y_i = h(X_i)$; $i = 1, 2, \ldots$ haben näherungsweise gleiche Varianz, wenn die Transformationsfunktion

$$y = h(x) = \int \frac{dx}{u(x)} \tag{12.1.7}$$

gewählt wird. Die letzte Spalte von (12.1.3) gibt die Proportionalitätsbeziehung zwischen σ_x und μ_x an, bei der die Transformation der ersten Spalte von (12.1.3) varianzstabilisierend wirkt.

Geometrischer, harmonischer, quadratischer Mittelwert

Transformiert man ein Ausgangsmerkmal x zu $y = h(x)$, so wird dem Mittelwert $\bar{y}$ (einer Stichprobe vom Umfang n) durch die Transformation

$$\bar{y} = \frac{1}{n} \sum_{\nu=1}^{n} h(x_\nu) = h(M) \tag{12.1.8}$$

ein 'mittlerer' Wert M der n Ausgangswerte x_ν zugeordnet.

$h(x) = x$	$h(x) = \lg x$	$h(x) = 1/x$	$h(x) = x^2$
liefert für M den			
arithmetischen Mittelwert $\bar{x}$	geometrischen Mittelwert	harmonischen Mittelwert	quadratischen Mittelwert
$\bar{x} = \frac{1}{n}\sum_{\nu=1}^{n} x_\nu$	$G = \sqrt[n]{\prod_{\nu=1}^{n} x_\nu}$ $(x_\nu > 0)$	$H = \dfrac{n}{\sum_{\nu=1}^{n}\left(\dfrac{1}{x_\nu}\right)}$ $(x_\nu > 0)$	$Q = \sqrt{\frac{1}{n}\sum_{\nu=1}^{n} x_\nu^2}$
(12.1.9)	(12.1.10)	(12.1.11)	(12.1.12)

(12.1.9–12)

Box-Cox-Transformation

Eine nichtsymmetrische Häufigkeitsverteilung der n positiven Einzelwerte x_1, $x_2, \ldots, x_n$ kann durch die Box-Cox-Transformation

$$y_i = \begin{cases} \dfrac{x_i^\lambda - 1}{\lambda} & \text{für } \lambda \neq 0 \\ \ln x_i & \text{für } \lambda = 0 \end{cases} \tag{12.1.13}$$

bei geeigneter Wahl von λ in eine angenähert symmetrische Verteilung überführt werden. Die Wahl von λ ist nicht einfach: beispielsweise können nacheinander verschiedene λ ($\lambda = \ldots, 2, 1, \tfrac{1}{2}, \tfrac{1}{3}, 0, -\tfrac{1}{3}, -\tfrac{1}{2}, -1, -2, \ldots$) gewählt und jeweils die Schiefe g_1 von y nach (5.1.30) oder einfacher

$$A(\lambda) = \ln \left| \frac{\tilde{y} - \tfrac{1}{2}(y_{(i)} + y_{(n-i+1)})}{y_{(n-i+1)} - y_{(i)}} \right| \tag{12.1.14}$$

bestimmt werden, wobei $y_{(i)}$ der zu $x_{(i)}$ nach (5.1.1) gehörende transformierte Rangwert, $\tilde{y}$ der Median von y nach (5.1.19) ist und $i = [n/2] + 1$ (d. h. als größte ganze Zahl k, die kleiner oder gleich $n/2$ ist, erhöht um 1) festgelegt wird. Trägt man $g_1(\lambda)$ bzw. $A(\lambda)$ über λ auf, dann liefert das Minimum den Wert λ, der die Häufigkeitsverteilung am besten symmetrisiert.

12.2 Transformation mehrerer Zufallsvariablen; Streuungsfortpflanzung

Die k stetigen Zufallsvariablen X_i; $i = 1, \ldots, k$ haben die Wahrscheinlichkeitsdichtefunktionen $g_{X_i}(x)$, die Erwartungswerte $E(X_i) = \mu_i$, die Varianzen $V(X_i) = \sigma_i^2$ und die Kovarianzen $\text{Cov}(X_i, X_j) = \varrho_{ij}\sigma_i\sigma_j$; $i, j = 1, \ldots, k$, wobei $\varrho_{ij} = \varrho_{ji}$ der Korrelationskoeffizient von X_i und X_j ist; $\varrho_{ii} = 1$ für $i = 1, \ldots, k$; vgl. Kap. 3 und 4.

$$z = h(x_1, x_2, \ldots, x_k) \tag{12.2.1}$$

sei eine zweimal differenzierbare, im Streubereich der $X_1, \ldots, X_k$ eindeutig umkehrbare Funktion; $\partial h/\partial x_i$ sei die erste partielle Ableitung von h nach x_i und $\partial^2 h/(\partial x_i \partial x_j)$ die zweite partielle Ableitung von h nach x_i und x_j.

Die transformierte Zufallsvariable $Z = h(X_1, X_2, \ldots, X_k)$ hat den Erwartungswert $E(Z) = \mu_z$ und die Varianz $V(Z) = \sigma_z^2$.

Näherungswerte für Erwartungswert und Varianz

Diese ergeben sich aus (12.2.2). Die Näherungsgleichungen sind umso genauer, je kleiner die Variationskoeffizienten $\sigma_i/|\mu_i|$; $i = 1, \ldots, k$ sind. Die Transformationen 3a, 3b, 3c sind spezielle Fälle von 3; 2a und 3 sind spezielle Fälle von 2, und 1a ist ein spezieller Fall von 1.

Entsprechende Gleichungen gelten auch für die aus einer Stichprobe vom Umfang n berechneten Schätzwerte $\bar{x}_i$, s_i^2, $\bar{z}$, s_z^2.

Transformationen bei speziellen Verteilungen siehe Kap. 2, 3 und 4.

Nr.	Funktion	Erwartungswert $E(Z) = \mu_z$	Varianz $V(Z) = \sigma_z^2$
1	lineare Funktion $Z = \sum_{i=0}^{k} a_i X_i; \quad X_0 \equiv 1$	$\mu_z = \sum_{i=0}^{k} a_i \mu_i; \quad \mu_0 = 1$	$\sigma_z^2 = \sum_{i=1}^{k}\sum_{j=1}^{k} a_i a_j \varrho_{ij} \sigma_i \sigma_j$
1a	Sonderfall: die X_i sind paarweise unkorreliert; s. 2a		$\sigma_z^2 = \sum_{i=1}^{k} a_i^2 \sigma_i^2$
2	$Z = h(X_1, \ldots, X_k)$	$\mu_z \approx h(\mu_1, \mu_2, \ldots, \mu_k)$ $+ \dfrac{1}{2} \sum_{i=1}^{k}\sum_{j=1}^{k} \dfrac{\partial^2 h}{\partial x_i \cdot \partial x_j} \varrho_{ij} \sigma_i \sigma_j$	$\sigma_z^2 \approx \sum_{i=1}^{k}\sum_{j=1}^{k} \dfrac{\partial h}{\partial x_i} \cdot \dfrac{\partial h}{\partial x_j} \varrho_{ij} \sigma_i \sigma_j$
2a	Sonderfall: die X_i sind paarweise unkorreliert: $\varrho_{ij} = 0$ für $i \neq j$; $i,j = 1, \ldots, k$	$\mu_z \approx h(\mu_1, \mu_2, \ldots, \mu_k)$ $+ \dfrac{1}{2} \sum_{i=1}^{k} \dfrac{\partial^2 h}{\partial x_i^2} \sigma_i^2$	$\sigma_z^2 \approx \sum_{i=1}^{k} \left(\dfrac{\partial h}{\partial x_i}\right)^2 \sigma_i^2$
3	Sonderfall: $k = 2$ $X_1 = X, X_2 = Y$ $Z = h(X, Y)$	$\mu_z \approx h(\mu_x, \mu_y) + \dfrac{1}{2} \dfrac{\partial^2 h}{\partial x^2} \sigma_x^2 + \dfrac{1}{2} \dfrac{\partial^2 h}{\partial y^2} \sigma_y^2$ $+ \dfrac{\partial^2 h}{\partial x \partial y} \varrho_{xy} \sigma_x \sigma_y$	$\sigma_z^2 \approx \left(\dfrac{\partial h}{\partial x}\right)^2 \sigma_x^2 + \left(\dfrac{\partial h}{\partial y}\right)^2 \sigma_y^2 + 2 \left(\dfrac{\partial h}{\partial x}\right) \left(\dfrac{\partial h}{\partial y}\right) \varrho_{xy} \sigma_x \sigma_y$
3a	$Z = X \pm Y$	$\mu_z = \mu_x \pm \mu_y$	$\sigma_z^2 = \sigma_x^2 + \sigma_y^2 \pm 2 \varrho_{xy} \sigma_x \sigma_y$
3b	$Z = XY$	$\mu_z = \mu_x \mu_y + \varrho_{xy} \sigma_x \sigma_y$ $= \mu_x \mu_y \left[1 + \varrho_{xy} \left(\dfrac{\sigma_x}{\mu_x}\right) \left(\dfrac{\sigma_y}{\mu_y}\right) \right]$	$\sigma_z^2 \approx \mu_x^2 \sigma_y^2 + \mu_y^2 \sigma_x^2 + 2 \mu_x \mu_y \varrho_{xy} \sigma_x \sigma_y$ $= (\mu_x \mu_y)^2 \left[\left(\dfrac{\sigma_x}{\mu_x}\right)^2 + \left(\dfrac{\sigma_y}{\mu_y}\right)^2 + 2 \varrho_{xy} \left(\dfrac{\sigma_x}{\mu_x}\right) \left(\dfrac{\sigma_y}{\mu_y}\right) \right]$
3c	$Z = X/Y$	$\mu_z \approx \dfrac{\mu_x}{\mu_y} \left[1 + \left(\dfrac{\sigma_y}{\mu_y}\right)^2 - \varrho_{xy} \left(\dfrac{\sigma_x}{\mu_x}\right) \left(\dfrac{\sigma_y}{\mu_y}\right) \right]$	$\sigma_z^2 \approx \left(\dfrac{\mu_x}{\mu_y}\right)^2 \left[\left(\dfrac{\sigma_x}{\mu_x}\right)^2 + \left(\dfrac{\sigma_y}{\mu_y}\right)^2 - 2 \varrho_{xy} \left(\dfrac{\sigma_x}{\mu_x}\right) \left(\dfrac{\sigma_y}{\mu_y}\right) \right]$

(12.2.2)

Alle Ableitungen $\partial h/\partial x_i$, $\partial^2 h/(\partial x_i \cdot \partial x_j)$ sind an der Stelle $(\mu_1, \mu_2, \ldots, \mu_k)$ zu nehmen.

Wahrscheinlichkeitsdichte der transformierten Zufallsvariablen $Z = h(X, Y)$

X und Y seien stetige Zufallsvariablen mit den Wahrscheinlichkeitsdichten $g_X(x)$ und $g_Y(y)$ und der gemeinsamen Wahrscheinlichkeitsdichte $g_{X,Y}(x, y)$; $g_Z(z)$ sei die Wahrscheinlichkeitsdichte der transformierten Zufallsvariablen Z.

Transformation $Z = h(X, Y)$	Wahrscheinlichkeitsdichte		
	$g_Z(z)$	$g_Z(z)$ bei Unabhängigkeit	
$Z = X + Y$	$\int_{-\infty}^{\infty} g_{X,Y}(x, z - x)\,dx$	$\int_{-\infty}^{\infty} g_X(x)\,g_Y(z - x)\,dx$	(12.2.3)
$Z = X - Y$	$\int_{-\infty}^{\infty} g_{X,Y}(x, x - z)\,dx$	$\int_{-\infty}^{\infty} g_X(x)\,g_Y(x - z)\,dx$	(12.2.4)
$Z = XY$	$\int_{-\infty}^{\infty} \frac{1}{|x|} g_{X,Y}\left(x, \frac{z}{x}\right) dx$	$\int_{-\infty}^{\infty} \frac{1}{|x|} g_X(x)\,g_Y\left(\frac{z}{x}\right) dx$	(12.2.5)
$Z = X/Y$	$\int_{-\infty}^{\infty} |x|\,g_{X,Y}(xz, x)\,dx$	$\int_{-\infty}^{\infty} |x|\,g_X(xz)\,g_Y(x)\,dx$	(12.2.6)

Wahrscheinlichkeitsdichte der transformierten Zufallsvariablen (Z_1, Z_2)

Die Zufallsvariablen (X_1, X_2) werden zu (Z_1, Z_2) mit $Z_1 = h_1(X_1, X_2)$ und $Z_2 = h_2(X_1, X_2)$ transformiert; h_1 und h_2 erfüllen die an (12.2.1) gestellten Bedingungen.

Wahrscheinlichkeitsdichte von (Z_1, Z_2):

$$g_{Z_1, Z_2}(z_1, z_2) = g_{X_1, X_2}(x_1(z_1, z_2), x_2(z_1, z_2))\,|J|, \tag{12.2.7}$$

wobei $x_1(z_1, z_2)$ und $x_2(z_1, z_2)$ die zu den Funktionswerten (z_1, z_2) gehörenden Argumentwerte (x_1, x_2) sind, und

$$J = \frac{\partial(x_1, x_2)}{\partial(z_1, z_2)} = \begin{vmatrix} \dfrac{\partial x_1}{\partial z_1} & \dfrac{\partial x_2}{\partial z_1} \\ \dfrac{\partial x_1}{\partial z_2} & \dfrac{\partial x_2}{\partial z_2} \end{vmatrix} \tag{12.2.8}$$

die Jacobische Determinante der Transformation darstellt.

B Beispiele

Beispiele

1 Berechnung von Mittelwert, Median, Varianz, Standardabweichung und Variationskoeffizient bei kleinem Stichprobenumfang

In Spalte 2 der nachstehenden Tabelle sind zehn Einzelwerte x_i (z.B. Abmessungen, Gewichte, Aschegehalte usw.) zur laufenden Nummer i (Spalte 1) aufgeführt; der Stichprobenumfang ist somit $n = 10$. Spalte 3 enthält die Quadrate der Einzelwerte, deren Summe $\sum_2$ zusammen mit der Summe $\sum_1$ der Einzelwerte von Spalte 2 zur Berechnung von Mittelwert und Varianz bei Benutzung einer Rechenmaschine nach (5.1.18) gebraucht wird. Zur Berechnung von Mittelwert und Varianz ohne Rechenmaschine bringt Spalte 4 die transformierten Einzelwerte $y_i = c(x_i - a)$ mit $a = 1{,}50$ und $c = 100$ und Spalte 5 die Quadrate y_i^2.

1	2	3	4	5
i	x_i	x_i^2	$y_i = c(x_i - a)$	y_i^2
1	1,62	2,6244	+12	144
2	1,42	2,0164	− 8	64
3	1,58	2,4964	+ 8	64
4	1,39	1,9321	−11	121
5	1,54	2,3716	+ 4	16
6	1,35	1,8225	−15	225
7	1,50	2,2500	0	0
8	1,48	2,1904	− 2	4
9	1,58	2,4964	+ 8	64
10	1,60	2,5600	+10	100
Summe	15,06	22,7602	+ 6	802

Bei Berechnung mit Rechenmaschine erhält man nach (5.1.18, oben links)

$\bar{x} = 15{,}06/10 = 1{,}506$

und

$s^2 = \frac{1}{9}[22{,}7602 - 15{,}06^2/10] = 0{,}00887$.

Bei Berechnung ohne Rechenmaschine erhält man nach (5.1.18, unten links)

$\bar{x} = 1{,}50 + \dfrac{6}{100 \cdot 10} = 1{,}506$

und

$s^2 = \dfrac{1}{100^2 \cdot 9}[802 - 6^2/10] = 0{,}00887$.

Das Ergebnis ist: Mittelwert $\bar{x} = 1{,}506$; Varianz $s^2 = 0{,}00887$; Standardabweichung $s = 0{,}0942$ und nach (5.1.22) Variationskoeffizient $v = 0{,}0942/1{,}506 = 0{,}0625 = 6{,}25\%$.

Zur Ermittlung des Medians $\tilde{x}$ werden die 10 Werte nach der Größe geordnet:

$x_{(1)}$	$x_{(2)}$	$x_{(3)}$	$x_{(4)}$	$x_{(5)}$	$x_{(6)}$	$x_{(7)}$	$x_{(8)}$	$x_{(9)}$	$x_{(10)}$
1,35	1,39	1,42	1,48	1,50	1,54	1,58	1,58	1,60	1,62

Der Median wird nach (5.1.19): $\tilde{x} = \frac{1}{2}(1,50 + 1,54) = 1,52$, die Spannweite nach (5.1.23): $R = 1,62 - 1,35 = 0,27$.

Das empirische 0,25-Quantil $x_{0,25}$ (unteres Quartil) ergibt sich nach (5.1.3) mit $p = 0,25$ und $k = -[-10 \cdot 0,25] = 3$ zu $x_{0,25} = x_{(3)} = 1,42$, nach (5.1.4) wegen $i/11 < 0,25 \leq (i+1)/11$ für $i = 2$ zu

$$x_{0,25} = x_{(2)} + (0,25 \cdot 11 - 2)(x_{(3)} - x_{(2)}) = 1,39 + 0,75(1,42 - 1,39) = 1,41.$$

Das Punktdiagramm der Häufigkeitsverteilung ist in Abb. 5.1 unten, die Summentreppe in Abb. 5.1 oben dargestellt.

2 Berechnung von Mittelwert, Median, Varianz, Standardabweichung und Schiefe bei großem Stichprobenumfang (gleichabständige Klasseneinteilung)

Bei großem Stichprobenumfang kann man zur Verringerung der Rechenarbeit ohne merkliche Einbuße an Genauigkeit die Einzelwerte klassenweise zusammenfassen oder notiert sie, wenn es auf ihre Reihenfolge nicht ankommt, von vornherein in Form einer Strichliste. Die Abgrenzung der Klassen muß so vorgenommen werden, daß die Einzelwerte eindeutig in die Klassen eingeordnet werden können. Zum Beispiel gehört bei der in der Tabelle des Beispiels gewählten Abgrenzung (links offene Klassen) der Einzelwert $x = 260$ in die Klasse 5. Besteht die Stichprobe aus stark gerundeten Werten, dann müssen die Klassengrenzen mit Grenzen der Rundungsbereiche zusammenfallen.

Die nachstehende Tabelle enthält in Spalte 1 die Nummern j ($j = 1$ bis $k = 17$) der Klassen, in Spalte 2 die oberen Klassengrenzen x'_j der Klassen mit der Klassenbreite $w = 10$ und in Spalte 3 die Klassenmitten x_j für die $n = 400$ Einzelwerte (wie im ersten Beispiel etwa Abmessungen, Gewichte usw.). Die Anzahl $k = 17$ der Klassen bei $n = 400$ Einzelwerten übertrifft die in DIN 55 302, Blatt 1, geforderte Mindestanzahl (vgl. S. 74), so daß durch die Klassierung kein unzulässig großer Genauigkeitsverlust bewirkt wird. Spalte 4 enthält die Besetzungszahlen n_j. Es folgen in den Spalten 5 bis 8 die relativen Häufigkeiten h_j nach (5.1.9), die relativen Häufigkeitsdichten $\hat{f}_j$ nach (5.1.11), die absoluten Häufigkeitssummen G_j nach (5.1.12) und die relativen Häufigkeitssummen $\hat{F}_j$ nach (5.1.13). In den Spalten 9 bis 12 fügen sich an: die transformierten Klassenmitten z_j nach (5.1.18) sowie $z_j n_j$, $z_j^2 n_j$ und $z_j^3 n_j$, wobei die (etwa in der Mitte gelegene) Klasse 8 als Bezugsklasse gewählt wurde ($a = 285$). Nach (5.1.18) wird

Beispiele

$$\bar{x} = 285 + \frac{10}{400} \cdot 382 = 295;$$

$$s^2 = \frac{100}{399} \left[4372 - \frac{382^2}{400} \right] = 1004,3; \quad s = 31,7.$$

Für die Schiefe ergibt sich nach (5.1.30) in Verbindung mit (5.1.34) mit $S_3 = 12\,112$, $S_2 = \sum_2 = 4372$, $S_1 = \sum_1 = 382$ aus der Tabelle

$$g_1 = \sqrt{400} \; \frac{12\,112 - 3 \cdot 4372 \cdot 382/400 + 2 \cdot 382^3/400^2}{[4372 - 382^2/400]^{3/2}} = 0,0223.$$

Der Median ergibt sich aus (5.1.16) mit $p = 0,5$ und $v = 9$ (wegen $\hat{F}_8 < 0,5 < \hat{F}_9$) zu

$$\tilde{x} = x'_8 + \frac{0,5 - \hat{F}_8}{h_9} w = 290 + \frac{0,5 - 0,4625}{0,115} \cdot 10 = 293,3.$$

1	2	3	4	5	6	7	8	9	10	11	12
j	x'_j	x_j	n_j	h_j in %	$\hat{f}_j$	G_j	$\hat{F}_j$ in %	z_j	$z_j n_j$	$z_j^2 n_j$	$z_j^3 n_j$
1	220	215	3	0,75	0,00075	3	0,75	−7	−21	147	−1029
2	230	225	5	1,25	0,00125	8	2,00	−6	−30	180	−1080
3	240	235	8	2,00	0,00200	16	4,00	−5	−40	200	−1000
4	250	245	15	3,75	0,00375	31	7,75	−4	−60	240	− 960
5	260	255	25	6,25	0,00625	56	14,00	−3	−75	225	− 675
6	270	265	29	7,25	0,00725	85	21,25	−2	−58	116	− 232
7	280	275	52	13,00	0,01300	137	34,25	−1	−52	52	− 52
8	290	285	48	12,00	0,01200	185	46,25	0	0	0	0
9	300	295	46	11,50	0,01150	231	57,75	1	46	46	46
10	310	305	40	10,00	0,01000	271	67,75	2	80	160	320
11	320	315	39	9,75	0,00975	310	77,50	3	117	351	1053
12	330	325	33	8,25	0,00825	343	85,75	4	132	528	2112
13	340	335	23	5,75	0,00575	366	91,50	5	115	575	2875
14	350	345	17	4,25	0,00425	383	95,75	6	102	612	3672
15	360	355	11	2,75	0,00275	394	98,50	7	77	539	3773
16	370	365	5	1,25	0,00125	399	99,75	8	40	320	2560
17	380	375	1	0,25	0,00025	400	100,00	9	9	81	729
Summe			400 n						382 $\sum_1$	4372 $\sum_2$	12112 S_3

Das Histogramm (Säulendiagramm) der Häufigkeitsverteilung ist in Abb. 5.3 unten, die Summenlinie (Häufigkeitssummenpolygon) in Abb. 5.3 oben dargestellt.

3 Graphische Ermittlung von Mittelwert und Standardabweichung im Wahrscheinlichkeitsnetz[1)]

Zumindest angenähert muß gelten, daß die Stichprobe aus einer Normalverteilung stammt; nur dann weisen die in das Wahrscheinlichkeitsnetz eingetragenen Punkte einen geradlinigen Verlauf auf. Andernfalls kann versucht werden, einen solchen Verlauf durch eine geeignete Merkmalstransformation (vgl. Kap. 12) zu erreichen.

Kleiner Stichprobenumfang

Die Einzelwerte – hier die zehn Werte des Beispiels 1 – werden auf der Merkmalsachse aufgezeichnet (vgl. Abb. B 3.1) und damit zugleich der Größe nach geordnet. Zum Rangwert $x_{(i)}$ gehört als Ordinate die Häufigkeitssummen $F_{(i)}(10)$ aus Tab. C 10. Die Punkte $[x_{(i)}; F_{(i)}(10)]$ werden im Wahrscheinlichkeitsnetz angekreuzt. Durch die erhaltenen Punkte wird nach Augenmaß eine ausgleichende Gerade gelegt; Abb. B 3.1. Zu den relativen Summenhäufigkeiten 50%, 84,1% und 15,9% liest man $\bar{x}_g = 1,507$; $x'' = 1,618$ und $x' = 1,396$ ab. Mit (5.4.11) erhält man $s_g = 0,111$.

Großer Stichprobenumfang

Bei Stichproben großen Umfangs können die Einzelwerte klassenweise zusammengefaßt und die relativen Häufigkeitssummen $\hat{F}_j$ zu den oberen Klassengrenzen x'_j be-

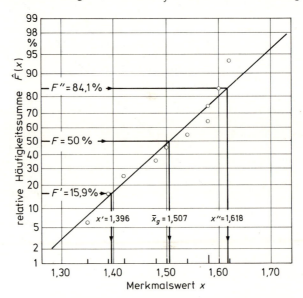

Abb. B 3.1. Die Auswertung einer Stichprobe ohne Klasseneinteilung im Wahrscheinlichkeitsnetz

---

[1)] Das Wahrscheinlichkeitsnetz wird z.B. von der Firma Schleicher und Schüll, D-3352 Einbeck, sowie vom Beuth Verlag, Postfach 1145, D-1000 Berlin 30 (erarbeitet von der Deutschen Gesellschaft für Qualität e.V. (DGQ)) geliefert.

Beispiele

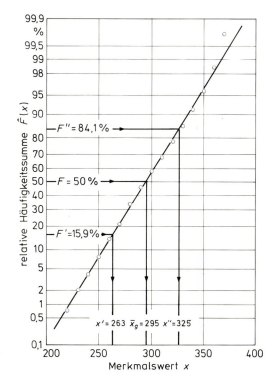

Abb. B 3.2. Die Auswertung einer Stichprobe mit Klasseneinteilung im Wahrscheinlichkeitsnetz

rechnet werden. Das ist in Beispiel 2 in Spalte 8 der Tabelle bereits geschehen. Die dort ermittelten Häufigkeitssummen $\hat{F}_j$ wurden in Abb. B 3.2 über der jeweils zugehörigen oberen Klassengrenze x'_j abgetragen. Mittelwert $\bar{x}_g$ und Standardabweichung s_g ergeben sich in derselben Weise wie bei kleinem Stichprobenumfang. Man findet $\bar{x}_g = 295$ und $s_g = \frac{1}{2}(325 - 263) = 31$.

Um eine ungefähre Vorstellung vom möglichen Ausmaß der Zufallsschwankung von $\hat{F}(x)$ an einer interessierenden Stelle x zu bekommen, könnte man den im Wahrscheinlichkeitsnetz abgelesenen Wert $\hat{F}(x)$ als Wert $F(x)$ der Verteilungsfunktion der Zufallsvariablen auffassen und zu diesem Wert $F(x)$ sowie zum Stichprobenumfang n den Zufallsstreubereich für die relative Häufigkeitssumme $\hat{F}(x)$ nach S. 87 abgrenzen; vgl. Beispiel 4, zweiter Absatz.

4 Zufallsstreubereiche

Normalverteilung

Für eine Grundgesamtheit sei aus Erfahrung bekannt, daß sie einer Normalverteilung $N(100; 10^2)$ gehorcht, deren Erwartungswert also $\mu = 100$, deren Standardabweichung $\sigma = 10$ und deren Variationskoeffizient somit $\gamma = 0,1 = 10\%$ ist. Werden Stichproben vom Umfang $n = 8$ bzw. $n = 100$ gezogen, dann ist mit der Wahrscheinlichkeit $P = 1 - \alpha = 95\%$ damit zu rechnen, daß die in der folgenden Tabelle aufgeführten Kennwerte unterhalb der zugehörigen oberen Zufallsgrenze des einseitig nach oben abgegrenzten Zufallsstreubereiches liegen.

Kennwert	obere Zufallsgrenze bei einem Stichprobenumfang von		ermittelt nach
	$n = 8$	$n = 100$	
Größter Wert $x_{(n)}$	$x_{(n)\text{O}} = 100 + 2{,}490 \cdot 10 = 124{,}9$	$x_{(n)\text{O}} = 100 + 3{,}283 \cdot 10 = 132{,}8$	(5.3.24) und Tab. C 11
Mittelwert $\bar{x}$	$\bar{x}_\text{O} = 100 + 1{,}645 \dfrac{10}{\sqrt{8}} = 105{,}8$	$\bar{x}_\text{O} = 100 + 1{,}645 \dfrac{10}{\sqrt{100}} = 101{,}6$	(5.3.28) und Tab. C 3
Median $\tilde{x}$	$\tilde{x}_\text{O} = 100 + 1{,}645 \dfrac{1{,}160 \cdot 10}{\sqrt{8}}$ $= 106{,}7$	$\tilde{x}_\text{O} = 100 + 1{,}645 \dfrac{1{,}253 \cdot 10}{\sqrt{100}}$ $= 102{,}1$	(5.3.30) und Tab. C 3 sowie Tab. C 24 bzw. (5.3.32)
Standardabweichung s	$s_\text{O} = \dfrac{10}{0{,}705} = 14{,}2$	$s_\text{O} = \dfrac{10}{0{,}896} = 11{,}2$	(5.3.40) und Tab. C 15
Spannweite R	$R_\text{O} = 4{,}29 \cdot 10 = 42{,}9$	—	(5.3.43) und Tab. C 12
Variationskoeffizient v	$V_\text{O} = 14{,}2\%$ ($V_\text{O} = 14{,}5\%$, wobei $a = 0{,}4396$; $b = 11{,}294$)	$V_\text{O} = \dfrac{1}{0{,}896} \cdot \dfrac{10}{100} = 11{,}2\%$	für $n = 8$ nach Johnson und Welch und (in Klammern) nach (5.3.45) und (5.3.46) sowie Tab. C 3; für $n = 100$ mit (5.3.45) und (5.3.49) sowie Tab. C 15

Für die Auswertung der Stichprobe vom Umfang $n = 100$ könnte eine Klasseneinteilung, etwa mit den oberen Klassengrenzen $x'_0 = 50$; $x'_1 = 55$; ...; $x'_{20} = 150$ vorgenommen werden. Es könnte dann beispielsweise nach dem Zufallsstreubereich für die relative Häufigkeitssumme $\hat{F}(x'_j)$ an der oberen Klassengrenze $x'_j = 110$ gefragt werden. Er ergibt sich nach S. 87: Mit $p = F(110) = F(110; 100, 10^2) = \Phi((110 - 100)/10) = \Phi(1) = 0{,}841$ aus (3.2.24) und Tab. C 2 und $n = 100$ findet man die Grenzen des Zufallsstreubereichs aus (5.3.60) bis (5.3.62) in Verbindung mit Nomogramm D 1 zu $\hat{F}_\text{U}(110) = 0{,}76$ und $\hat{F}_\text{O}(110) = 0{,}91$. Mit der Wahrscheinlichkeit $P = 1 - \alpha = 0{,}95$ wird der Anteil der Einzelwerte in der Stichprobe vom Umfang $n = 100$ aus dieser Normalverteilung, die kleiner oder gleich 110 sind, zwischen 76 % und 91 % liegen.

Binomialverteilung (siehe auch Beispiel 7)

Für eine Fertigung sei der durchschnittliche Schlechtanteil $E(\hat{p}) = p = 7{,}0\,\%$ bekannt. Um die einseitige obere Zufallsgrenze $\hat{p}_O$ des Schlechtanteils in Stichproben des Umfangs $n = 100$ zur Wahrscheinlichkeit $P = 1 - \alpha = 95\,\%$ zu finden, legt man in Nomogramm D 1 durch $p = 0{,}07$ auf der linken Skala und $G = 1 - \alpha = 0{,}95$ auf der rechten Skala eine Ablesegerade, an deren Schnittpunkt mit der Kurve für $n = 100$ der Wert $x_O = 11$ abgelesen wird; vgl. Abb. B 4.1. Aus (5.3.57) ergibt sich $\hat{p}_O = 11/100 = 0{,}11 = 11\,\%$. Da die Voraussetzung für die Anwendbarkeit wegen $n = 100$ gerade erfüllt ist, wird noch mit der Näherung durch die arcsin-Transformation gerechnet. Aus (5.3.65) findet man mit Tab. C 16

$$z_O = \arcsin\sqrt{0{,}07} + \frac{1{,}645}{2\sqrt{100}} = 0{,}267\,76 + 0{,}082\,25 = 0{,}35$$

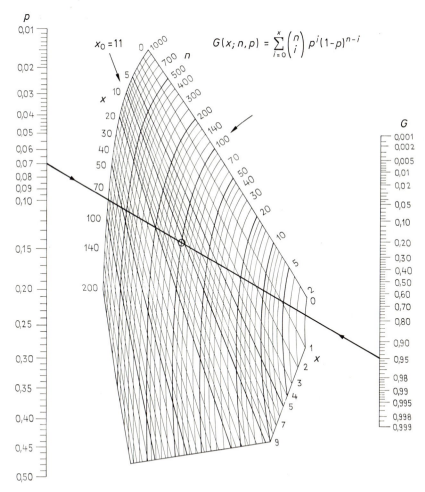

Abb. B 4.1. Die Bestimmung einer oberen Zufallsgrenze x_O im Nomogramm D 1

und erhält mit (5.3.67) und Tab. C 17

$\hat{p}_O = 11{,}8\,\%$

in brauchbarer Übereinstimmung mit dem im Nomogramm D 1 abgelesenen Wert.

Poisson-Verteilung

Bei der Endprüfung eines Produktes treten auf Grund vorliegender Erfahrung durchschnittlich 1,7 Fehler je Stück auf. Für eine tägliche Fertigung von 150 Stück ist demnach der Erwartungswert der Gesamtfehlerzahl $\mu = 150 \cdot 1{,}7 = 255$. Die obere Zufallsgrenze x_O der gesamten Fehlerzahl zur Wahrscheinlichkeit $P = 1 - \alpha = 99\,\%$ wird nach (5.3.74) und Tab. C 3

$$x_O = 255 + 0{,}5 + 2{,}326\sqrt{255} = 293 \text{ Fehler}.$$

Die obere Zufallsgrenze y_O für die Zahl der Fehler je Einzelstück läßt sich im Nomogramm D 2 bestimmen. Dazu legt man durch $\mu = 1{,}7$ auf der Abszisse eine Senkrechte und durch $G = 1 - \alpha = 0{,}99$ auf der Ordinate eine Waagerechte. Unterhalb des Schnittpunktes verläuft die Kurve für $x = 4$, oberhalb die für $x = 5$. Nach den Rundungsregeln von S. 92 ist daher $y_O = 5$.

5 Vertrauensbereiche

Normalverteilung

Die Werte von Beispiel 1 sind annähernd normal verteilt, da sich die zugehörige Summenlinie im Wahrscheinlichkeitsnetz recht gut durch eine Gerade annähern läßt (vgl. Beispiel 3). Die zweiseitigen Vertrauensbereiche können daher mit den für die Normalverteilung gültigen Formeln berechnet werden. Man findet zu

$\bar{x} = 1{,}506; \quad \tilde{x} = 1{,}52; \quad s = 0{,}0942; \quad R = 0{,}27$

mit $n = 10$, $f = 9$ zum Vertrauensniveau $1 - \alpha = 99\,\%$ ($\alpha/2 = 0{,}5\,\%$) die folgenden zweiseitigen Vertrauensbereiche:

Erwartungswert μ [berechnet mit $\bar{x}$ und s nach (5.5.10) und Tab. C 4]

$$1{,}506 - 3{,}25\,\frac{0{,}0942}{\sqrt{10}} = 1{,}409 \leq \mu \leq 1{,}603 = 1{,}506 + 3{,}25\,\frac{0{,}0942}{\sqrt{10}}.$$

Erwartungswert μ [berechnet mit $\bar{x}$ und R nach (5.5.14) und Tab. 5.1]

$$1{,}506 - 0{,}333 \cdot 0{,}27 = 1{,}416 \leq \mu \leq 1{,}596 = 1{,}506 + 0{,}333 \cdot 0{,}27.$$

Standardabweichung σ [berechnet mit s nach (5.5.19) und Tab. C 5]

$$\sqrt{\frac{9}{23{,}6}} \cdot 0{,}0942 = 0{,}058 \leq \sigma \leq 0{,}214 = \sqrt{\frac{9}{1{,}74}} \cdot 0{,}0942.$$

Dasselbe Resultat findet man nach (5.5.19) mit $\varkappa_U = 0{,}618$ und $\varkappa_O = 2{,}278$ aus Tab. C 15.

Beispiele

Standardabweichung σ [berechnet mit R nach (5.5.23) und Tab. C 12]

$$\frac{0,27}{5,42} = 0,050 \leq \sigma \leq 0,203 = \frac{0,27}{1,33}.$$

Binomialverteilung (s. auch Beispiel 7)

Bei der Prüfung von Drehteilen auf Maßhaltigkeit mittels Lehren hat eine Stichprobe des Umfangs $n = 60$ aus einer Grundgesamtheit großen Umfangs $x = 5$ fehlerhafte Stücke, d. h. einen Schlechtanteil von $\hat{p} = 8,33\,\%$ ergeben. Die zugehörige einseitige obere Vertrauensgrenze p_O des Schlechtanteils p in der Grundgesamtheit errechnet sich nach (5.5.30) zum Vertrauensniveau $1 - \alpha = 95\,\%$ zu

$$p_O = \frac{(5+1)F_{f_1, f_2; 0,95}}{60 - 5 + (5+1)F_{f_1; f_2; 0,95}}$$

mit $f_1 = 2(5+1) = 12$ und $f_2 = 2(60-5) = 110$.

Aus Tab. C 6 gewinnt man durch Interpolation den Wert $F_{f_1, f_2; 0,95} = 1,84$ und damit

$$p_O = 0,167 = 16,7\,\%.$$

Poisson-Verteilung

Aus Erfahrung ist bekannt, daß die Anzahl X der Noppen (Faserverknotungen) in Kammzugstücken (Stücken eines Bandes aus parallelisierter Wolle) bestimmten Gewichts Poisson-verteilt ist.

An einem Stück vom Gewicht $G = 10$ g werden $x = 22$ Noppen gezählt. Nach (5.5.51) und Tab. C 5 (interpoliert) liegt der Erwartungswert μ der Noppenzahl bezogen auf Stücke vom Gewicht $G = 10$ g beim Vertrauensniveau $1 - \alpha = 95\,\%$ im Vertrauensbereich

$$\tfrac{1}{2} \cdot 27,6 = 13,8 \leq \mu \leq 33,3 = \tfrac{1}{2} \cdot 66,56.$$

In Tab. C 18 liest man unmittelbar $13,79 \leq \mu \leq 33,31$ ab. Wegen $x \geq -4 \ln(\alpha/2) = 14,8$ läßt sich auch die Näherung (5.5.55) bis (5.5.57) anwenden. Mit $d_{\alpha/2} = d_{0,025} = (1,960^2 - 15)/54 = -0,207$ ergibt sich

$$\left(22 - \frac{1}{3}\right)\left(1 - \frac{1,960}{3\sqrt{22 - 0,207}}\right)^3 \leq \mu \leq \left(22 + \frac{2}{3}\right)\left(1 + \frac{1,960}{3\sqrt{22 + 1 - 0,207}}\right)^3,$$

$$13,78 \leq \mu \leq 33,30.$$

Den Vertrauensbereich für die mittlere Noppenzahl λ bezogen auf Stücke vom Gewicht $G' = 1$ g erhält man aus dem Bereich für μ, indem man gemäß der Fußnote auf S. 110 mit $a/b = G'/G = 1/10 = 0,1$ multipliziert:

$$13,8 \cdot 0,1 = 1,38 \leq \lambda \leq 3,33 = 33,3 \cdot 0,1.$$

Werden an einem Stück vom Gewicht $G'' = 20$ g (also am doppelt großen Zählabschnitt) $y = 37$ Noppen gezählt, dann erhält man den Vertrauensbereich für μ (bezogen auf Stücke vom Gewicht $G = 10$ g), indem man den Vertrauensbereich mit y (anstelle von x) berechnet und mit $a/b = G/G'' = 10/20 = 0,5$ multipliziert. Aus Tab. C 18 ergibt sich durch Interpolation $26,06 \leq \mu_y \leq 51,00$ und daraus $13,0 \leq \mu \leq 25,5$.

Beliebige stetige Verteilung

Bei der Prüfung eines Materials auf Dauerbeanspruchung wurden die in Spalte 1 der nachstehenden Tabelle aufgeführten 12 Meßwerte (Anzahl der Beanspruchungszyklen bis zum Bruch) gefunden.

1	2	3	4	5	6	7
x_i	$x_i - 100$		$x_i - 92$		$x_i - 91$	
52	− 48	3	− 40	2	− 39	2
133	33	2	41	3	42	3,5
27	− 73	6	− 65	5	− 64	5
49	− 51	4	− 43	4	− 42	3,5
904	804	12	812	12	813	12
268	168	8	176	8	177	8
91	− 9	1	− 1	1	0	1
496	396	9	404	9	405	9
603	503	10	511	10	512	10
22	− 78	7	− 70	6,5	− 69	6
658	558	11	566	11	567	11
162	62	5	70	6,5	71	7

Die einseitige untere Vertrauensgrenze μ_U für den Erwartungswert μ der Anzahl der Beanspruchungszyklen bis zum Bruch findet man, indem man nach Abschn. 5.5, S. 114 zu einem angenommenen Wert a die Abweichungen $(x_i - a)$ bildet. In Spalte 2 ist diese Rechnung mit $a = 100$ durchgeführt. Spalte 3 enthält die Rangzahlen der Beträge der Abweichungen. Die Summe R' der zu negativen Abweichungen gehörenden Rangzahlen ist $R' = 3 + 6 + 4 + 1 + 7 = 21$. Mit (5.5.73) ergibt sich zum Vertrauensniveau $1 - \alpha = 95\%$ mit $T_{n;\alpha} = T_{12;0,05} = 17$ aus Tab. 6.20

$$L' = 21 - 17 = 4.$$

Die Spalten 4 bis 7 enthalten die entsprechende Rechnung mit $a_1 = 92$ und $a_2 = 91$, für die $L'_1 = 18{,}5 - 17 = 1{,}5$ und $L'_2 = 16{,}5 - 17 = -0{,}5$ ist. Für die einseitige Vertrauensgrenze μ_U, bei der $L' = 0$ sein muß, gilt somit

$$91 < \mu_U < 92.$$

Die einseitige untere Vertrauensgrenze ζ_U für den Median ζ der Zahl der Beanspruchungszyklen bis zum Bruch findet man mit (5.5.66), indem man in Tab. C 19 zu $\alpha = 0{,}05$ und $n = 12$ den Wert $k'_{2;0,05} = 2$ abliest. Dann wird

$$\zeta_U = x_{(k)} = x_{(2)} = 27.$$

6 Statistische Anteilsbereiche

Normalverteilung mit bekannter Varianz

Die Standardabweichung für den Durchmesser eines bestimmten Teiles ist aus früheren Überprüfungen der Fertigung bekannt und beträgt $\sigma = 0{,}084$ mm. Gleichzeitig wurde festgestellt, daß der Durchmesser in guter Näherung normal verteilt ist.

Bei einer weiteren Fertigung wird einem Los des Umfangs $N = 10\,000$ eine Stichprobe von $n = 20$ Teilen entnommen, wobei sich der Mittelwert $\bar{x} = 4{,}13$ mm ergibt. Es interessiert der statistische Anteilsbereich, in dem beim Vertrauensniveau $1 - \alpha = 99\,\%$ mindestens der Anteil $1 - \gamma = 90\,\%$ der Durchmesser liegt. Nach (5.6.9) und Tab. C 21 hat der gesuchte Bereich die Grenzen

$$a_U = 4{,}13 - 1{,}897 \cdot 0{,}084 = 3{,}971$$

und

$$a_O = 4{,}13 + 1{,}897 \cdot 0{,}084 = 4{,}289 \, .$$

Beim Vertrauensniveau $1 - \alpha = 99\,\%$ liegt somit (mindestens) der Anteil $1 - \gamma = 90\,\%$ der Durchmesser der Teile des Loses zwischen 3,97 mm und 4,29 mm.

Normalverteilung mit unbekannter Varianz

Aus Erfahrung ist bekannt, daß die Festigkeit eines Materials normalverteilt ist. Eine Stichprobe vom Umfang $n = 75$ aus einem Los ergab bei Überprüfung der Festigkeit folgende Werte: Mittelwert $\bar{x} = 120\,N$; Standardabweichung $s = 14{,}5\,N$. Gesucht wird die untere Anteilsgrenze a_U der Festigkeit, oberhalb welcher mindestens der Anteil $1 - \gamma = 99\,\%$ des Loses liegt; Vertrauensniveau $1 - \alpha = 99\,\%$. Mit (5.6.11) und Tab. C 22 ergibt sich

$$a_U = 120 - 2{,}949 \cdot 14{,}5 = 77\,N \, .$$

Unbekannte stetige Verteilung

Die Prüfung eines neuen Produktes lieferte in einer Stichprobe vom Umfang $n = 50$ für die untersuchte Eigenschaft den kleinsten Wert $x_{(1)} = 23{,}1$ und den größten Wert $x_{(50)} = 29{,}7$. Ein Test ergab, daß die der Stichprobe zugrunde liegende Verteilung nicht als normal angesehen werden kann. Aus (5.6.19) und Tab. 5.4 ist zu entnehmen, daß im Bereich von 23,1 bis 29,7 beim Vertrauensniveau $1 - \alpha = 95\,\%$ mindestens der Anteil $1 - \gamma = 90\,\%$ der Verteilung liegt.

7 Anwendung des Binomialpapiers

Mit dem Binomialpapier[1] von Mosteller-Tukey lassen sich eine Reihe von Aufgaben, die im Zusammenhang mit der Binomialverteilung auftreten, mit einer für die Praxis

---

[1] Zu beziehen vom Verlag Schäfers Feinpapier, Plauen (Vogtl.), oder von der Codex Book Company, Inc., Norwood, Mass., USA.

ausreichenden Genauigkeit bequem lösen. Für die Anwendbarkeit des Papiers gilt die Faustregel $np(1-p) > 4$.

a) Testen einer Hypothese; Zufallsstreifen

Aus einem Gemisch aus Wolle und Zellwolle wurden zufallsmäßig $n = 150$ Fasern entnommen. Unter ihnen fanden sich $x = 112$ Wollfasern und $n - x = 38$ Zellwollfasern. Es ist die Nullhypothese $p = 70\%$ (p = Wollanteil nach der Faserzahl) gegen die Alternativhypothese $p \neq 70\%$ auf dem Signifikanzniveau $\alpha = 1\%$ zu testen.

Dazu zeichnet man (gemäß S. 181) den Strahl s für $p = 70\%$ (entweder mit Hilfe der p-Teilung am oberen Rand oder mit Hilfe des Punktes $x = 70$ auf dem eingezeichneten Hilfskreis; vgl. Abb. B 7.1). Zur Abgrenzung des Zufallsstreifens zieht man Parallelen zu s im Abstand $u_{1-\alpha/2}\sigma = 2{,}576\sigma$, den man an der entsprechenden Hilfsteilung mit der Einheit σ abgreift. Der Punkt $P(n - x = 38, x = 112)$ liegt im Innern des Zufallsstreifens; daher wird die Nullhypothese $p = 70\%$ nicht verworfen.

Anmerkung: Das Binomialpapier, dessen Achsen Wurzelteilungen bis 600 bzw. 300 tragen, ist für Werte $n - x$ bis 6000 und x bis 3000 brauchbar, wenn man die angeschriebenen Abszissen- und Ordinatenwerte mit 10 multipliziert und $u\sigma$ auf der zugehörigen Hilfsteilung mit der Einheit $\sigma/\sqrt{10}$ abgreift.

b) Vertrauensbereich

Bei der mikroskopischen Bestimmung des Reifegrades von Baumwolle wurden von $n = 400$ Fasern $x = 83$ als unreif und $n - x = 317$ als reif eingeordnet. Gesucht wird der Vertrauensbereich $p_U \leq p \leq p_O$ für den Anteil p der unreifen Fasern ($1 - \alpha = 95\%$).

Man zeichnet gemäß S. 115 zur betrachteten relativen Häufigkeit $\hat{p} = 83/400 = 20{,}75\%$ den Strahl s und zu s im Abstand $u_{1-\alpha/2}\sigma = 1{,}96\sigma$ die Parallelen s'_U und s'_O.

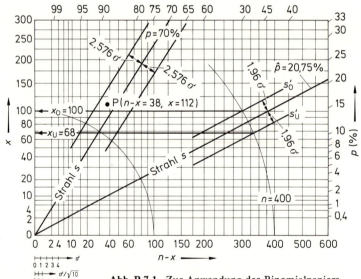

Abb. B 7.1. Zur Anwendung des Binomialpapiers

Beispiele

Die Schnittpunkte dieser Parallelen mit dem Kreis für $n = 400$ haben die Ordinaten $x_U = 68$ und $x_O = 100$, so daß sich $p_U = 17\%$ und $p_O = 25\%$ ergeben; p_U und p_O lassen sich direkt an der rechten Hilfsteilung für p ablesen, indem durch die beiden Schnittpunkte und den Ursprung Strahlen eingezeichnet werden.

8 Tests auf Zufälligkeit, Ausreißer und Normalverteilung

An $n = 12$ Stücken, die einem Produktionsprozeß in gleichen Zeitabständen entnommen wurden, wurde ein bestimmtes Merkmal gemessen. In der Tabelle sind die Meßwerte x_i in der zeitlichen Reihenfolge wiedergegeben.

lfd. Nr. i	1	2	3	4	5	6	7	8	9	10	11	12
x_i	470	490	478	527	484	484	464	448	473	453	453	461
$x_i > \bar{x}$		+	+	+	+	+			+			
$x_i \leq \bar{x}$	−						−	−		−	−	−
Vorzeichen von d_i		+	−	+	−	0	−	−	+	−	0	+

Die graphische Darstellung über der Zeit in Abb. B 8.1 erweckt wegen der Häufung der hohen Meßwerte unter den ersten sechs und der der niedrigen unter den zweiten sechs Meßwerten Zweifel an der Zufälligkeit der Meßwerte. Diese soll daher mit dem Iterationstest (Run-Test) und dem Test von Wallis und Moore geprüft werden; Signifikanzniveau $\alpha = 5\%$.

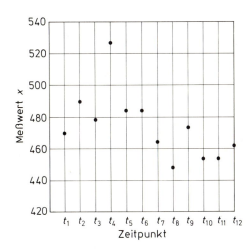

Abb. B 8.1. Die Meßwerte x_i des Merkmals in Abhängigkeit vom Zeitpunkt t_i der Messung

Iterationstest (Run-Test)

Nullhypothese ist H_0: Die zeitliche Reihenfolge der Meßwerte ist zufällig. Alternativhypothese ist H_1: Die zeitliche Reihenfolge der Meßwerte ist nicht zufällig.

Der Median nach (5.1.19) ist $\tilde{x} = (470 + 473)/2 = 471{,}5$. Für $x_i > \tilde{x}$ wurde in der Tabelle ein +, für $x_i \leq \tilde{x}$ ein − gesetzt. Die Anzahl der positiven Vorzeichen ist $n_1 = 6$, die der negativen $n_2 = 6$. Die Anzahl der (durch Klammern unter dem Vorzeichen gekennzeichneten) Iterationen ist $r = 5$. Nach (6.2.1) und mit Tab. 6.2 erhält man die kritischen Werte $r_{6,6;\,2,5\%} = 4$ und $r_{6,6;\,97,5\%} = 10$. Wegen $4 < r < 10$ wird die Nullhypothese der Zufälligkeit nicht verworfen.

Test von Wallis und Moore

Nullhypothese H_0 und Alternativhypothese H_1 lauten wie beim Iterationstest. Die letzte Zeile der Tabelle enthält die Vorzeichen der Differenzen d_i nach (6.2.3). Die Null zwischen den Meßwerten Nr. 10 und 11 steht zwischen verschiedenen Vorzeichen und wird daher gemäß Seite 124, a) fortgelassen. Die Null zwischen den Meßwerten Nr. 5 und 6 steht zwischen gleichen Vorzeichen. Ersetzt man sie gemäß Seite 124, b) durch das angrenzende Vorzeichen −, dann ergeben sich $z_1 = 7$ Iterationen, ersetzt man sie durch das nicht angrenzende Vorzeichen +, dann ergeben sich $z_2 = 9$ Iterationen. Mit Tab. 6.5 erhält man $F(z_1) = 0{,}4453$ und $F(z_2) = 0{,}9179$. Beide Werte liegen zwischen $\alpha/2 = 0{,}025$ und $1 - \alpha/2 = 0{,}975$, so daß die Nullhypothese der Zufälligkeit nicht verworfen wird.

Der größte Wert $x_{(12)} = 527$ weicht von den anderen Werten verhältnismäßig stark ab. Deshalb soll ein Ausreißertest durchgeführt werden; Signifikanzniveau $\alpha = 5\%$.

Dixon-Test

Nullhypothese ist H_0: $x_{(12)}$ ist kein Ausreißer, Alternativhypothese ist H_1: $x_{(12)}$ ist ein Ausreißer.

Die nach aufsteigender Größe geordneten Meßwerte $x_{(i)}$ sind wie folgt angegeben.

$x_{(1)}$	$x_{(2)}$	$x_{(3)}$	$x_{(4)}$	$x_{(5)}$	$x_{(6)}$	$x_{(7)}$	$x_{(8)}$	$x_{(9)}$	$x_{(10)}$	$x_{(11)}$	$x_{(12)}$
448	453	453	461	464	470	473	478	484	484	490	527

Nach S. 147 und Tab. 6.14 ist der Prüfwert

$$r_{21} = \frac{x_{(12)} - x_{(10)}}{x_{(12)} - x_{(2)}} = \frac{527 - 484}{527 - 453} = 0{,}581.$$

Kritischer Wert für $\alpha = 5\%$ ist 0,546. Wegen $0{,}581 > 0{,}546$ wird die Nullhypothese, daß $x_{(12)} = 527$ kein Ausreißer ist, verworfen.

Grubbs-Test

Null- und Alternativhypothese lauten wie beim Dixon-Test. Nach (5.1.18) wird $\bar{x} = 473{,}75$ und $s = 21{,}58$. Nach (6.4.5) ist der Prüfwert $(x_{(12)} - \bar{x})/s = 2{,}47$. Kritischer

Beispiele 393

Wert aus Tab. 6.13 für $\alpha = 5\%$ ist 2,285. Wegen $2,47 > 2,285$ wird die Nullhypothese, daß $x_{(12)} = 527$ kein Ausreißer ist, verworfen.

Für die weitere Auswertung wird der Wert $x_{(12)} = 527$ fortgelassen. Die $n = 11$ verbleibenden Werte haben den Mittelwert $\bar{x} = 468{,}91$ und die Varianz $s^2 = 203{,}09$.

Abschließend soll mit dem Kolmogoroff-Smirnoff-Lilliefors-Test und mit dem Shapiro-Wilk-Test geprüft werden, ob die Stichprobe der verbleibenden $n = 11$ Einzelwerte aus einer Normalverteilung stammt; Signifikanzniveau $\alpha = 5\%$.

Kolmogoroff-Smirnoff-Lilliefors-Test

Nullhypothese ist H_0: Die Stichprobe stammt aus einer Normalverteilung. Alternativhypothese ist H_1: Die Stichprobe stammt nicht aus einer Normalverteilung. Zur Berechnung des Prüfwertes nach (6.3.9) werden in der folgenden Tabelle zu den nach der Größe geordneten Meßwerten $x_{(i)}$ in den Spalten 3 und 4 die unteren Werte $(i-1)/n$ und die oberen Werte i/n der Summentreppe, in Spalte 5 die standardisierten Werte $u_{(i)} = (x_{(i)} - \bar{x})/s$ mit $\bar{x} = 468{,}91$ und $s = 14{,}25$ gebildet, denen in Spalte 6 die Wahrscheinlichkeitssummen $\Phi(u_{(i)})$ aus Tab. C 2 zugeordnet werden. Die Spalten 7 und 8 enthalten die nach (6.3.9) zu bildenden Differenzen, deren betragsmäßig größte der Prüfwert $\Delta^* = 0{,}1413$ ist. Kritischer Wert aus Tab. 6.7 ist $\Delta^*_{11;0,95} = 0{,}249$. Wegen $0{,}1413 < 0{,}249$ wird die Nullhypothese, daß die Stichprobe aus einer Normalverteilung stammt, nicht verworfen; vgl. (6.3.7).

(1)	(2)	(3)	(4)	(5)	(6)	(7)	(8)
i	$x_{(i)}$	$\dfrac{i-1}{n}$	$\dfrac{i}{n}$	$u_{(i)} = (x_{(i)} - \bar{x})/s$	$\Phi(u_{(i)})$	$\dfrac{i-1}{n} - \Phi(u_{(i)})$	$\dfrac{i}{n} - \Phi(u_{(i)})$
1	448	0	0,0909	−1,467	0,0708	−0,0708	0,0201
2	453	0,0909	0,1818	−1,116	0,1314	−0,0405	0,0504
3	453	0,1818	0,2727	−1,116	0,1314	0,0504	0,1413
4	461	0,2727	0,3636	−0,555	0,2876	−0,0149	0,0760
5	464	0,3636	0,4545	−0,344	0,3631	0,0005	0,0914
6	470	0,4545	0,5455	0,077	0,5319	−0,0774	0,0136
7	473	0,5455	0,6364	0,287	0,6141	−0,0686	0,0223
8	478	0,6364	0,7273	0,638	0,7390	−0,1026	−0,0117
9	484	0,7273	0,8182	1,059	0,8554	−0,1281	−0,0372
10	484	0,8182	0,9091	1,059	0,8554	−0,0372	0,0537
11	490	0,9091	1	1,480	0,9306	−0,0215	0,0694

Shapiro-Wilk-Test

Nullhypothese und Alternativhypothese lauten wie beim Kolmogoroff-Smirnoff-Lilliefors-Test. Nach (6.3.10) ergibt sich aus $s = 14{,}25$ der Wert $Q = 2030{,}91$. Der Wert b nach (6.3.11) wird in der folgenden Tabelle berechnet, wobei die Koeffizienten a_i der Spalte 4 aus Tab. 6.8 entnommen wurden. Prüfwert nach (6.3.16) ist $W = 0{,}947$. Kritischer Wert aus Tab. 6.9 für $\alpha = 5\%$ ist $W_{11;0,05} = 0{,}850$. Wegen $0{,}947 > 0{,}850$ wird die Nullhypothese, daß die Stichprobe aus einer Normalverteilung stammt, nicht verworfen; vgl. (6.3.17).

(1)	(2)	(3)	(4)	(5)
i	$x_{(n-i+1)}$	$x_{(i)}$	a_i	$a_i(x_{(n-i+1)} - x_{(i)})$
1	490	448	0,5601	23,5242
2	484	453	0,3315	10,2765
3	484	453	0,2260	7,0060
4	478	461	0,1429	2,4293
5	473	464	0,0695	0,6255
6		470	0,0000	0,0000
Summe				$b = 43,8615$

Bei Verwendung der Näherungsformeln für die Koeffizienten a_i erhält man mit $k = 5$ die $\hat{a}_i$ für $i = 2, 3, 4, 5$ nach (6.3.12) in der folgenden Tabelle:

i	$p = \dfrac{n - i + 5/8}{n + 1/4}$	u_p aus Tab. C 3	$\hat{a}_i = 2 u_p$
2	0,8556	1,061	2,122
3	0,7667	0,728	1,456
4	0,6778	0,461	0,922
5	0,5889	0,225	0,450

Aus (6.3.14) ergibt sich

$$g = g(n-1) = g(10) = \frac{67}{73}\sqrt{\frac{e}{12}\left(\frac{11}{12}\right)^8} = 0,308\,428\,4$$

und mit $\sum_{i=2}^{5} \hat{a}_i^2 = 7,675\,404$ aus (6.3.13)

$$\hat{a}_1 = \sqrt{\frac{2 \cdot 0,308\,428\,4}{1 - 2 \cdot 0,308\,428\,4} \cdot 7,675\,404} = 3,515\,298\,7.$$

Schließlich erhält man mit $\sqrt{2\hat{a}_1^2 + 2\sum_{i=2}^{k}\hat{a}_i^2} = 6,329\,728\,2$ aus (6.3.15) näherungsweise

i	1	2	3	4	5
a_i	0,5554	0,3352	0,2300	0,1457	0,0711

und daraus $b = \sum_{i=1}^{k} a_i(x_{(n-i+1)} - x_{(i)}) = 43,9648$

und $W = b^2/Q = 0,952$ in guter Übereinstimmung mit dem exakten Wert.

Näherungsweise gilt mit $\ln n - 3 = \ln 11 - 3 = -0,602\,104\,7$ nach (6.3.19) bis (6.3.21):

$$\lambda = 0,157\,445; \quad b = -0,443\,171\,3; \quad c = -2,843\,160\,2$$

und daraus nach (6.3.18)

$$z = [(1 - 0,952)^{0,157\,445} - e^{-0,443\,171\,3}]/e^{-2,843\,160\,2} = -0,38.$$

Für $\alpha = 5\%$ ist $u_{1-\alpha} = u_{0,95} = 1,645$. Entsprechend (6.3.22) wird wegen $-0,38 < 1,645$ die Nullhypothese, daß die Stichprobe aus einer Normalverteilung stammt, nicht verworfen.

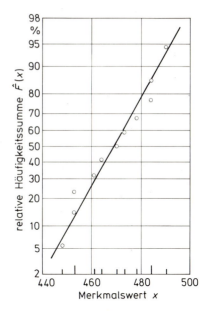

Abb. B 8.2. Die Punkte $[x_{(i)}; F_{(i)}(n)]$ im Wahrscheinlichkeitsnetz lassen sich zwanglos durch eine Gerade ausgleichen

Die Auswertung im Wahrscheinlichkeitsnetz wurde gemäß S. 97 in Abb. B 8.2 vorgenommen. Dazu wurden die Häufigkeitssummen $F_{(i)}(11)$ aus Tab. C 10 über den Rangwerten $x_{(i)}$ als Punkte eingezeichnet. Ein Ausgleich der Punkte durch eine Gerade ist zwanglos möglich, was das Ergebnis der Tests bestätigt.

In diesem Beispiel wurden für jede der drei Fragestellungen mehrere Testverfahren durchgeführt, um die Durchführung der Tests zu zeigen. In der Praxis wird man sich jeweils für ein Testverfahren entscheiden.

9 Vergleich eines Parameters mit einem vorgegebenen Wert

Normalverteilung

Aus Erfahrung ist bekannt, daß ein Merkmal X normalverteilt ist. Es wird gefordert, daß der Erwartungswert μ dieses Merkmals dem vorgegebenen Wert $\mu_0 = 1{,}60$ gleich und die Standardabweichung σ nicht größer als $\sigma_0 = 0{,}08$ ist. Die Einhaltung dieser Vorgaben soll anhand einer Stichprobe geprüft werden, wobei als Signifikanzniveau $\alpha = 1\%$ festgelegt wird. Der Stichprobenumfang n soll so festgelegt werden, daß eine Abweichung zwischen dem Erwartungswert μ und dem vorgegebenen Wert μ_0 um $\Delta_1 = 0{,}12$ mit der Wahrscheinlichkeit 0,9 aufgedeckt wird (wobei zur Planung angenommen wird, daß $\sigma = \sigma_0$ ist).

Der Vergleich des Erwartungswerts μ mit dem vorgegebenen Wert μ_0 erfolgt mit dem zweiseitigen Einstichproben-t-Test nach (6.5.7). Nullhypothese ist $H_0: \mu = \mu_0$, Alternativhypothese ist $H_1: \mu \neq \mu_0$. Für $\alpha = 0{,}01$ sind die Operations-Charakteristiken dieses Tests in Abb. 6.10 dargestellt. Vorgeschrieben ist $L(\lambda_1) = \beta = 1 - 0{,}9 = 0{,}1$ für $\lambda_1 = (\mu_1 - \mu_0)/\sigma_0 = \Delta_1/\sigma_0 = 0{,}12/0{,}08 = 1{,}5$. In Abb. 6.10 liest man an der durch den Punkt $(\lambda_1; \beta)$ gehende Kurve $f = 9$ ab, so daß sich der Stichprobenumfang $n = 10$ ergibt. Die Kurve für $f = 9$ ist damit die Operations-Charakteristik des Tests; an ihr kann zu jeder dimensionslosen Erwartungswertabweichung λ die Wahrscheinlichkeit $L(\lambda)$, die Nullhypothese H_0 nicht zu verwerfen, abgelesen werden.

Zur Durchführung des Tests wurde die Stichprobe des Beispiels 1 mit $n = 10$ gezogen, wobei sich $\bar{x} = 1{,}506$; $s = 0{,}0942$ ergab. Prüfwert nach (6.5.7) ist $\sqrt{10}\,|1{,}506 - 1{,}60|/0{,}0942 = 3{,}16$, kritischer Wert nach Tab. C 4 ist $t_{9;\,0{,}995} = 3{,}250$. Wegen $3{,}16 < 3{,}25$ wird die Nullhypothese H_0 nicht verworfen: der vorgegebene Erwartungswert gilt als eingehalten.

Der Vergleich der Standardabweichung σ mit dem vorgegebenen Wert σ_0 erfolgt mit dem einseitigen χ^2-Test nach (6.6.1). Nullhypothese ist H_0: $\sigma \leq \sigma_0$ bzw. $\sigma^2 \leq \sigma_0^2$, Alternativhypothese ist H_1: $\sigma > \sigma_0$ bzw. $\sigma^2 > \sigma_0^2$. Für $\alpha = 0{,}01$ ist die Operations-Charakteristik des Tests in Abb. 6.12 dargestellt. Für $f = 9$ (d. h. zwischen den Kurven für $f = 8$ und $f = 10$) liest man dort beispielsweise für $\lambda^2 = 4$ den Wert $L(\lambda^2) = 0{,}2$ ab. Die Wahrscheinlichkeit, die Nullhypothese H_0 nicht zu verwerfen, beträgt also 20%, falls die Standardabweichung σ doppelt so groß ist wie der vorgegebene Wert (weil aus $\sigma = 2\sigma_0$ der Wert $\lambda^2 = \sigma^2/\sigma_0^2 = 4$ folgt).

Die Stichprobe des Beispiels 1 führt nach (6.6.1) zum Prüfwert $9 \cdot 0{,}0942^2/0{,}08^2 = 12{,}48$; kritischer Wert nach Tab. C 6 ist $\chi^2_{9;\,0{,}99} = 21{,}7$. Wegen $12{,}48 < 21{,}7$ wird die Nullhypothese H_0 nicht verworfen: der vorgegebene Wert der Standardabweichung gilt als eingehalten.

Binomialverteilung

Bei der in Beispiel 5 behandelten Prüfung möge aufgrund vorliegender Erfahrung für den Schlechtanteil in der Grundgesamtheit als gerade noch zulässig der Wert $p_0 = 7\%$ vorgeschrieben sein.

Es soll entschieden werden, ob man auf Grund des in der Stichprobe gefundenen Schlechtanteils $\hat{p} = 8{,}3\%$ 'sicher' ist ($\alpha = 5\%$), daß der Schlechtanteil p der zugehörigen Grundgesamtheit den Wert $p_0 = 7\%$ überschreitet. Nullhypothese H_0: $p \leq p_0$, Alternativhypothese H_1: $p > p_0$. Prüfwert für den exakten Test nach (6.9.1) ist $x = 5$. Kritischer Wert nach (5.3.59) ist $x_O = 8$. Diesen Wert findet man am einfachsten im Nomogramm D 1, indem man dort durch $p_0 = 0{,}07$ auf der linken Skala und $G = 1 - \alpha = 0{,}95$ auf der rechten Skala eine Ablesegerade legt, an deren Schnittpunkt mit der Kurve für $n = 60$ der Wert $x_O = 8$ abgelesen werden kann. Wegen $x < x_O$ wird die Nullhypothese H_0 nicht verworfen: eine Überschreitung des vorgegebenen Schlechtanteils $p_0 = 7\%$ wird nicht nachgewiesen.

Poisson-Verteilung

Aus Erfahrung ist bekannt, daß die Zahl der Kettbrüche beim Weben eines bestimmten Artikels auf Webstühlen eines bestimmten Typs im Durchschnitt nicht größer als 2 Kettbrüche pro 10 000 Schuß ist. Eine Zählung bei einer neuen Kette ergab $x = 26$ Brüche bei insgesamt 100 000 Schuß. Ist der gefundene Wert $x = 26$ mit dem Erwartungswert verträglich, d. h. wurde der Erfahrungswert eingehalten ($\alpha = 0{,}05$)?

Mit den Bezeichnungen in Abschn. 6.12 sind die Zählabschnittsgrößen $a = 10\,000$ und $b = 100\,000$, so daß $\mu_0 = 2 \cdot 100\,000/10\,000 = 20$ ist. Nullhypothese H_0: $\mu \leq \mu_0$, Alternativhypothese H_1: $\mu > \mu_0$. Prüfwert für den exakten Test nach (6.12.1) ist $x = 26$. Kritischer Wert nach (5.3.70) ist $x_O = 28$. Diesen Wert findet man am einfachsten im

Nomogramm D 2, indem man dort zum Punkt ($\mu = \mu_0 = 20$; $G = 1 - \alpha = 0{,}95$) an der Kurve $x = x'_0 = 27{,}1$, d. h. $x_0 = 28$ abliest. Näherungsweise mit Wurzeltransformation ergibt sich aus (6.12.1) ebenfalls $x_0 = (\sqrt{20} + 1{,}645/2)^2 = 28$. Wegen $x < x_0$ wird die Nullhypothese nicht verworfen: der Erwartungswert für die durchschnittliche Zahl von Kettbrüchen gilt als eingehalten.

10 Vergleich der Erwartungswerte bzw. der Mediane bei zwei unabhängigen Stichproben (Zweistichproben-t-Test, Spannweitenverfahren von Lord, Mann-Whitney-Wilcoxon-Test)

Normalverteilung: *Zweistichproben-t-Test, Spannweitenverfahren von Lord*

Für zwei verschiedene photoelektrische Densitometer war zu untersuchen, wie weit sie vergleichbare Werte für die optische Dichte eines Films liefern. Dazu wurden mit beiden Instrumenten je sechs Messungen am gleichen Filmstreifen ausgeführt. Die Ergebnisse sind in der folgenden Tabelle aufgeführt[1].

	Densitometer 1	Densitometer 2
Stichprobenumfang	$n_1 = 6$	$n_2 = 6$
	2,68 2,69 2,67 2,69 2,70 2,68	2,64 2,65 2,65 2,64 2,63 2,63
Mittelwert	$\bar{x}_1 = 2{,}685$	$\bar{x}_2 = 2{,}640$
Varianz	$s_1^2 = 1{,}1 \cdot 10^{-4}$	$s_2^2 = 0{,}8 \cdot 10^{-4}$
Spannweite	$R_1 = 3 \cdot 10^{-2}$	$R_2 = 2 \cdot 10^{-2}$

Der Versuch wurde so angelegt, daß bis auf den zu prüfenden Einfluß der Meßinstrumente die Wirkungen aller anderen Faktoren bei beiden Meßreihen gleich waren. Ferner spricht nichts gegen die Annahme, daß es sich um normal verteilte Meßwerte handelt. Schließlich besteht kein signifikanter Unterschied zwischen den Varianzen σ_1^2 und σ_2^2 der beiden Normalverteilungen, aus denen die Stichproben stammen (vgl. Beispiel 12). Somit kann die Nullhypothese H_0: $\mu_1 = \mu_2$ (kein Unterschied zwischen den Geräten) gegen die Alternativhypothese H_1: $\mu_1 \neq \mu_2$ (die Geräte arbeiten verschieden)

---

[1] Nach Wernimont, G.: Precision and accuracy of test methods. American Society for Testing and Materials, Special Technical Publication Nr. 103, 1950.

mit dem Zweistichproben-t-Test nach (6.7.16) getestet werden; Signifikanzniveau $\alpha = 5\%$. Aus (6.7.15) ergibt sich

$$s_d^2 = \frac{(6-1) \cdot 1{,}1 \cdot 10^{-4} + (6-1) \cdot 0{,}8 \cdot 10^{-4}}{(6+6-2)} \frac{6+6}{6 \cdot 6} = 0{,}317 \cdot 10^{-4}$$

und $s_d = 5{,}63 \cdot 10^{-3}$. Prüfwert ist $|\bar{x}_1 - \bar{x}_2|/s_d = |2{,}685 - 2{,}640|/(5{,}63 \cdot 10^{-3}) = 7{,}99$; kritischer Wert aus Tab. C 4 ist $t_{10;\,0{,}975} = 2{,}23$. Wegen $7{,}99 > 2{,}23$ wird die Nullhypothese H_0 verworfen. Die beiden Densitometer stimmen nicht überein.

Die Grenzen des Vertrauensbereichs für die mittlere Anzeigedifferenz $\mu_1 - \mu_2 = \delta$ ergeben sich aus (6.7.18) zum Vertrauensniveau $1 - \alpha = 95\%$ zu

$$(2{,}685 - 2{,}640) \pm 2{,}23 \cdot 5{,}63 \cdot 10^{-3} = \begin{cases} 5{,}76 \cdot 10^{-2} \\ 3{,}24 \cdot 10^{-2} \end{cases}$$

Damit gilt für die mittlere Anzeigedifferenz δ

$$3{,}24 \cdot 10^{-2} \leq \delta \leq 5{,}76 \cdot 10^{-2}.$$

Testet man die Nullhypothese H_0 mit dem Spannweitenverfahren von Lord nach (6.7.19) dann hat man den Prüfwert $|2{,}685 - 2{,}640|/(3 \cdot 10^{-2} + 2 \cdot 10^{-2}) = 0{,}90$ mit dem kritischen Wert $k_{6,6;\,0{,}975} = 0{,}250$ aus Tab. 6.15 zu vergleichen. Wegen $0{,}90 > 0{,}250$ ergibt sich die gleiche Entscheidung wie oben.

Nach (6.7.20) resultiert der Vertrauensbereich für die mittlere Anzeigedifferenz $\mu_1 - \mu_2 = \delta$ zu

$$3{,}25 \cdot 10^{-2} \leq \delta \leq 5{,}75 \cdot 10^{-2}$$

in (zufällig) sehr guter Übereinstimmung mit dem oben mit s abgegrenzten Vertrauensbereich.

Beliebige stetige Verteilung: *Mann-Whitney-Wilcoxon-Test*

Vor und nach einer Änderung wurden für die zum Ausführen einer bestimmten Verrichtung benötigte Arbeitszeit je 10 Einzelwerte bestimmt. Da nicht damit zu rechnen ist, daß die Einzelwerte normal verteilt sind, scheidet der Zweistichproben-t-Test für Vergleiche aus. Um festzustellen, ob die vorgenommene Änderung die Durchschnittszeit beeinflußt hat, wird die Nullhypothese H_0: $\zeta_1 = \zeta_2$ gegen die Alternativhypothese H_1: $\zeta_1 \neq \zeta_2$ mit dem Mann-Whitney-Wilcoxon-Test getestet (Signifikanzniveau $\alpha = 1\%$); vgl. Abschn. 6.16.

Dazu bringt man die Beobachtungswerte beider Stichproben in eine gemeinsame Rangfolge. Die folgende Tabelle enthält die Einzelzeiten (in 1/100 min) deshalb bereits nach aufsteigender Größe geordnet. Die Rangzahlen für die zusammenfallenden Einzelwerte (23; 23) und (29; 29) ergeben sich nach der Regel zu (5.1.1) mit $i = 6$ bzw. $i = 11$ und $c = 1$. Setzt man die Summen R_1 und R_2 der Rangzahlen in (6.16.3) ein, so findet man

$$U_1 = 10 \cdot 10 + [10(10+1)/2] - 82{,}5 = 72{,}5 \quad \text{und} \quad U_2 = 27{,}5,$$

wobei die Kontrolle (6.16.4) mit $U_1 + U_2 = 10 \cdot 10 = 100$ erfüllt ist. Nach (6.16.5) ist der Prüfwert $U_{\min} = \min[72{,}5;\,27{,}5] = 27{,}5$.

Beispiele

Kritischer Wert aus Tab. 6.21 ist $U_{10,10;\,0{,}005} = 16$. Wegen $27{,}5 > 16$ wird die Nullhypothese H_0 nicht verworfen: es gibt keinen Anhaltspunkt dafür, daß die vorgenommene Änderung die durchschnittliche Arbeitszeit (genauer: den Median der Arbeitszeit) beeinflußt hat.

Einzelzeiten		Rangzahlen in der gemeinsamen Rangfolge	Rangzahlen der	
Stichprobe 1	Stichprobe 2		Stichprobe 1	Stichprobe 2
11		1	1	
	14	2		2
15		3	3	
	19	4		4
21		5	5	
23		6,5	6,5	
23		6,5	6,5	
	25	8		8
27		9	9	
28		10	10	
29		11,5	11,5	
	29	11,5		11,5
35		13	13	
	36	14		14
	39	15		15
	45	16		16
48		17	17	
	49	18		18
	55	19		19
	60	20		20
$n_1 = 10$	$n_2 = 10$		$R_1 = 82{,}5$	$R_2 = 127{,}5$

Anmerkung: Da die Logarithmen $y = \lg t$ der Einzelzeiten t in guter Näherung normal verteilt sind, darf man mit $E(Y) = \eta$ die Hypothese $\eta_1 = \eta_2$ gegen $\eta_1 \ne \eta_2$ mit Hilfe der transformierten Merkmalswerte y mit dem Zweistichproben-t-Test testen und kommt zum gleichen Ergebnis wie oben.

11 Vergleich der Erwartungswerte bei zwei verbundenen Stichproben (paarweiser t-Test, Zweistichproben-Vorzeichen-Rangtest von Wilcoxon)

Ein bestimmtes Mittel zur Verbesserung der Scheuerbeständigkeit wurde bei $n = 10$ verschiedenen textilen Materialarten angewandt und durch Prüfen des unbehandelten sowie des behandelten Materials bewertet. Die Versuchsergebnisse[1] sind in den Spalten 1 bis 3 der folgenden Tabelle enthalten.

---

[1] Vgl. Davies, O.L.: The design and analysis of industrial experiments. London and Edinburgh: Oliver and Boyd 1954.

1	2	3	4	5
Material-Nr.	Prüfwerte für das		Differenz	Rangzahl des Betrages
	behandelte Material	unbehandelte Material		
i	x_{1i}	x_{2i}	$d_i = x_{1i} - x_{2i}$	$|d_i|$
1	14,7	12,1	+2,6	9
2	14,0	10,9	+3,1	10
3	12,9	13,1	−0,2	1,5
4	16,2	14,5	+1,7	7
5	10,2	9,6	+0,6	3,5
6	12,4	11,2	+1,2	6
7	12,0	9,8	+2,2	8
8	14,8	13,7	+1,1	5
9	11,8	12,0	−0,2	1,5
10	9,7	9,1	+0,6	3,5

Da zwischen verschiedenen Materialarten zum Teil erhebliche Unterschiede bestehen, kommt zu dem Einfluß der Behandlung noch der des Materials hinzu. Der zur Bewertung des angewandten Mittels erforderliche Erwartungswertvergleich kann daher nicht mit dem Zweistichproben-t-Test nach (6.7.16), sondern nur durch paarweisen Vergleich der Werte x_{1i} und x_{2i} je eines Materials vorgenommen werden.

Wenn man voraussetzen darf, daß alle Differenzen der Beobachtungswerte der Wertepaare aus einer Normalverteilung stammen, dann ist der Test (6.7.29) anwendbar.

Die Differenzen d_i nach (6.7.26) stehen in Spalte 4 der Tabelle. Nach (6.7.28) wird $\bar{d} = 1{,}27$ und $s_d^2 = 11{,}42/9 = 1{,}27$.

Zum Testen der Nullhypothese H_0: $\delta = 0$ (das verwendete Mittel beeinflußt die Scheuerbeständigkeit nicht) gegen die Alternativhypothese H_1: $\delta > 0$ (das Mittel verbessert die Scheuerfestigkeit) dient der Prüfwert $\sqrt{n}\,\bar{d}/s_d = \sqrt{10} \cdot 1{,}27/1{,}13 = 3{,}55$. Wählt man als Signifikanzniveau $\alpha = 1\%$, dann ist der aus Tab. C 4 zu entnehmende kritische Wert $t_{9;0{,}99} = 2{,}82$. Wegen $3{,}55 > 2{,}82$ wird die Nullhypothese H_0 verworfen: das geprüfte Mittel verbessert die Scheuerbeständigkeit 'signifikant'.

Der Vertrauensbereich für die durchschnittliche Zunahme $\delta = \mu_1 - \mu_2$ der Prüfwerte zum Vertrauensniveau $1 - \alpha = 95\%$ hat nach (6.7.30) mit $t_{9;0{,}975} = 2{,}26$ aus Tab. C 4 die Grenzen

$$1{,}27 \pm 2{,}26 \cdot 1{,}13/\sqrt{10} = \begin{cases} 2{,}08 \\ 0{,}46 \end{cases}$$

so daß der Vertrauensbereich $0{,}46 \leq \delta \leq 2{,}08$ beträgt.

Ist die Voraussetzung, daß die Differenzen d_i normalverteilt sind, nicht zulässig, kann aber eine symmetrische Verteilung der Differenzen vorausgesetzt werden, dann wird der paarweise Vergleich am besten mit dem Zweistichproben-Vorzeichen-Rangtest von Wilcoxon durchgeführt; vgl. Unterabschn. 6.16.2. Das Signifikanzniveau sei $\alpha = 1\%$. Nullhypothese H_0: $\zeta \leq 0$, Alternativhypothese H_1: $\zeta > 0$, wobei ζ der Median der Differenzen d_i ist.

Die für den Test benötigten Rangzahlen der Beträge $|d_i|$ sind in Spalte 5 der vorangegangenen Tabelle enthalten. Die Summen T_{pos} bzw. T_{neg} der zu positiven bzw. negativen Differenzen d_i gehörenden Rangzahlen sind

$$T_{\text{pos}} = 52{,}0 \quad \text{und} \quad T_{\text{neg}} = 3{,}0 \quad \text{mit} \quad T_{\text{pos}} + T_{\text{neg}} = \frac{10 \cdot 11}{2} = 55,$$

vgl. (6.14.3).

Prüfwert nach (6.14.4) ist $T_{\text{neg}} = 3$. Kritischer Wert nach (6.14.4) und Tab. 6.20 ist $T_{10;\,0{,}01} = 5$. Wegen $3 < 5$ ergibt sich wiederum, daß die Nullhypothese zu verwerfen ist, das geprüfte Mittel also die Scheuerbeständigkeit 'signifikant' verbessert.

12 Vergleich der Varianzen von Normalverteilungen (F-Test, Cochran-Test, Hartley-Test)

Zwei Normalverteilungen: *F-Test*

Die Stichproben 1 und 2 des Beispiels 10 mit $n_1 = 10$; $s_1^2 = 1{,}1 \cdot 10^{-4}$; $n_2 = 10$; $s_2^2 = 0{,}8 \cdot 10^{-4}$ stammen aus zwei Normalverteilungen mit unbekannten Varianzen σ_1^2 und σ_2^2. Die Nullhypothese $H_0: \sigma_1^2 = \sigma_2^2$ (die Varianzen der beiden Normalverteilungen sind gleich) wird gegen die Alternativhypothese $H_1: \sigma_1^2 \neq \sigma_2^2$ (die Varianzen der beiden Normalverteilungen sind verschieden) mit dem F-Test (6.8.2) getestet; Signifikanzniveau sei $\alpha = 10\%$. Prüfwert nach (6.8.2) ist $s_1^2/s_2^2 = 1{,}38$. Kritische Werte aus Tab. C 6 mit $f_1 = n_1 - 1 = 9$ und $f_2 = n_2 - 1 = 9$ sind $F_{9,9;\,0{,}95} = 3{,}18$ und $F_{9,9;\,0{,}05} = 1/F_{9,9;\,0{,}95} = 1/3{,}18 = 0{,}31$. Wegen $0{,}31 < 1{,}38 < 3{,}18$ wird die Nullhypothese H_0 nicht verworfen: es ist kein Grund ersichtlich, an der Gleichheit der beiden Varianzen σ_1^2 und σ_2^2 zu zweifeln.

Zehn Normalverteilungen: *Cochran-Test, Hartley-Test*

An $k = 10$ Garnkörpern wurde mit je $n = 15$ Werten die Garnfestigkeit und deren Varianz ermittelt. Die Ergebnisse für die Varianz sind (in cN^2):

Garnkörper Nr. i	1	2	3	4	5	6	7	8	9	10
Varianz s_i^2	12,5	11,4	4,8	22,2	22,6	16,1	10,9	9,6	60,5	10,9

Der größte Wert $s_{(10)}^2 = s_9^2 = 60{,}5$ ist als 'Ausreißer' verdächtig. Da die Festigkeit der Fäden aus dem gleichen Garnkörper (bei festem i) annähernd normal verteilt ist, kann mit Hilfe des Cochran-Tests getestet werden, ob die Varianz σ_9^2 des zu Probe 9 gehörenden Garnkörpers mit den Varianzen σ^2 der übrigen Garnkörper übereinstimmt; als Signifikanzniveau wird $\alpha = 5\%$ gewählt. Prüfwert nach (6.8.16) ist

$$\frac{s_{(10)}^2}{s_1^2 + s_2^2 + \ldots + s_{10}^2} = \frac{60{,}5}{12{,}5 + 11{,}4 + \ldots + 10{,}9} = 0{,}333.$$

Kritischer Wert aus Tab. 6.18 zu $k = 10$, $n = 15$ und $\alpha = 5\%$ ist $g_{10,14;\,0,95} = 0,214$ (interpoliert). Wegen $0,333 > 0,214$ wird die Nullhypothese H_0 verworfen: die Varianz der Festigkeit im Garnkörper 9 ist größer als in den übrigen Garnkörpern.

Bei Anwendung des Hartley-Tests erhält man nach (6.8.15) mit dem Prüfwert $s^2_{(k)}/s^2_{(1)} = 12,6$ und dem kritischen Wert $v_{10,14;\,0,95} = 3,61$ aus Tab. 6.17 dasselbe Testergebnis.

13 Vergleich der Grundwahrscheinlichkeiten von Binomialverteilungen

Eine an $n_1 = 650$ Stücken vorgenommene Fertigungsprüfung erbrachte $x_1 = 26$ fehlerhafte Stücke. Daraufhin wurde der Fertigungsvorgang geändert. Die danach durchgeführte Prüfung lieferte von $n_2 = 800$ geprüften Stücken $x_2 = 21$ fehlerhafte. Die Abnahme der relativen Häufigkeit von $\hat{p}_1 = 26/650 = 4,0\%$ in der ersten auf $\hat{p}_2 = 21/800 = 2,6\%$ in der zweiten Stichprobe läßt vermuten, daß eine Verbesserung der Fertigung bewirkt worden ist. Diese Vermutung muß durch Vergleich der unbekannten Grundwahrscheinlichkeiten p_1 und p_2 vor und nach der Änderung des Fertigungsvorgangs geprüft werden. Dazu wird die Nullhypothese H_0: $p_1 = p_2$ gegen die Alternativhypothese H_1: $p_1 > p_2$ getestet; Signifikanzniveau $\alpha = 1\%$. Wegen $n_1 + n_2 = 1450 > 40$ kann das Näherungsverfahren (6.10.6) angewendet werden. Aus (6.10.4) findet man $\bar{p} = (26 + 21)/(650 + 800) = 0,0324$ und aus (6.10.5) die Häufigkeitstafel der erwarteten Häufigkeiten:

	Stichprobe 1	Stichprobe 2	insgesamt
Stichprobenumfang	$n_1 = 650$	$n_2 = 800$	1450
Anzahl der Ergebnisse A	$n_1\bar{p} = 21,06$	$n_2\bar{p} = 25,92$	46,98
Anzahl der Ergebnisse $\bar{A}$	$n_1(1 - \bar{p}) = 628,94$	$n_2(1 - \bar{p}) = 774,08$	1403,02

Somit wird $x'_1 = 25,5$ und $x'_2 = 21,5$. Prüfwert nach (6.10.6) ist

$$\frac{25,5 \cdot 800 - 21,5 \cdot 650}{\sqrt{0,0324 \cdot 0,9676 \cdot 650 \cdot 800 \cdot 1450}} = 1,32.$$

Kritischer Wert nach (6.10.6) aus Tab. C 3 ist $u_{0,99} = 2,326$. Wegen $1,32 < 2,326$ kann die Nullhypothese H_0: $p_1 = p_2$ nicht verworfen werden, obwohl die Stichprobenergebnisse dies zunächst vermuten ließen. Nur durch weitere Beobachtungen könnte geklärt werden, ob die Fertigung nach der Änderung einen geringeren Schlechtanteil hat als vor der Änderung.

14 Test auf Normalverteilung mit dem χ^2-Anpassungstest

Es ist zu prüfen, ob die Stichprobe des Beispiels 2 (vgl. die Spalten 1, 2 und 5 der folgenden Tabelle) aus einer Normalverteilung stammt. Weil die Stichprobe nicht mit ihren Einzelwerten, sondern nur mit Klasseneinteilung vorliegt, erfolgt die Prüfung mit dem χ^2-Anpassungstest (6.3.1); als Signifikanzniveau wird $\alpha = 5\%$ gewählt. Nullhypothese H_0: Die Verteilung der Zufallsvariablen, aus der die Stichprobe stammt, ist eine Normalverteilung, deren beide Parameter μ und σ^2 unbekannt sind. Alternativhypothese H_1: Die Verteilung der Zufallsvariablen, aus der die Stichprobe stammt, ist keine Normalverteilung.

Es handelt sich also um Testproblem 2 (zusammengesetzte Nullhypothese) von Abschn. 6.3. Die unbekannten Parameter μ und σ^2 der Normalverteilung werden durch die in Beispiel 2 berechneten Werte $\bar{x} = 295$ und $s^2 = 1004{,}3$ geschätzt.

Zur Berechnung des Prüfwertes berechnet man die bei Gültigkeit der Nullhypothese H_0 zu erwartenden absoluten Häufigkeiten $v_1, v_2, \ldots, v_k$. Dazu werden in Spalte 3 der folgenden Tabelle die standardisierten Abweichungen $u'_j = (x'_j - \bar{x})/s$ und daraus in Spalte 4 mit Tab. C 2

$$v_j = n[\Phi(u'_j) - \Phi(u'_{j-1})]$$

gebildet; z.B. ergibt sich für $j = 6$

$$v_6 = 400[\Phi(-0{,}789) - \Phi(-1{,}104)]$$
$$= 400[0{,}2152 - 0{,}1348] = 32{,}16.$$

1	2	3	4	5	6	7
j	x'_j	u'_j	v_j	n_j	$n_j - v_j$	$\dfrac{(n_j - v_j)^2}{v_j}$
1	<210 220	−2,366	1,5 ⎫ 3,6 2,1 ⎭	0 ⎫ 3 3 ⎭	− 0,6	0,10
2	230	−2,050	4,5	5	0,5	0,06
3	240	−1,735	8,5	8	− 0,5	0,03
4	250	−1,420	14,6	15	0,4	0,01
5	260	−1,104	22,8	25	2,2	0,21
6	270	−0,789	32,2	29	− 3,2	0,32
7	280	−0,473	41,1	52	10,9	2,89
8	290	−0,158	47,7	48	0,3	0,00
9	300	0,158	50,1	46	− 4,1	0,34
10	310	0,473	47,7	40	− 7,7	1,24
11	320	0,789	41,1	39	− 2,1	0,11
12	330	1,104	32,2	33	0,8	0,02
13	340	1,420	22,8	23	0,2	0,00
14	350	1,735	14,6	17	2,4	0,39
15	360	2,050	8,5	11	2,5	0,74
16	370	2,366	4,5	5	0,5	0,06
17	380 >380	2,681	2,1 ⎫ 3,6 1,5 ⎭	1 ⎫ 1 0 ⎭	− 2,6	1,88
Summe			400,1	400	− 0,1	8,40

Die Werte v_j lassen sich auch graphisch mit dem Wahrscheinlichkeitsnetz gewinnen. Die Normalverteilung $N(295; 31{,}7^2)$ wird darin durch die Gerade dargestellt, welche durch die Punkte $(295 - 31{,}7;\ 15{,}9\,\%)$ und $(295 + 31{,}7;\ 84{,}1\,\%)$ geht. An dieser sind die den Klassengrenzen x'_j zugeordneten Wahrscheinlichkeitssummen $\Phi(x'_j)$ unmittelbar abzulesen.

Unterhalb der kleinsten unteren Klassengrenze $x''_1 = x'_0 = 210$ sind mit $u'_0 = (x'_0 - \bar{x})/s = -2{,}681$ bei Gültigkeit der Nullhypothese $v_0 = n\Phi(u'_0) = 400 \times \Phi(-2{,}681) = 1{,}5$, oberhalb der größten oberen Klassengrenze $x'_{17} = 380$ [mit $u'_{17} = 2{,}681$] sind $n(1 - \Phi(u'_{17})) = 400(1 - \Phi(2{,}681)) = 1{,}5$ Werte zu erwarten; diese Werte, denen die beobachteten Häufigkeiten 0 gegenüber stehen, wurden in die erste und letzte Zeile der Tabelle eingetragen, wodurch sich die Zahl der Klassen um 2 erhöht. Die Bedingung von S. 131 für die Anwendbarkeit des χ^2-Anpassungstests läßt sich dadurch erfüllen, daß die beiden ersten und die beiden letzten Klassen zu je einer Klasse zusammengefaßt werden, wodurch $k = 17$ Klassen verbleiben. Aus den Spalten 6 und 7 der Tabelle ergibt sich der Prüfwert

$$\sum_{j=1}^{k} (n_j - v_j)^2 / v_j = 8{,}40.$$

Mit $f = k - a - 1 = 17 - 2 - 1 = 14$ bei $a = 2$ geschätzten Parametern (Erwartungswert und Varianz) und mit $\alpha = 5\,\%$ findet man aus Tab. C 5 den kritischen Wert $\chi^2_{14;\,0{,}95} = 23{,}7$. Wegen $8{,}40 < 23{,}7$ wird die Nullhypothese H_0 nicht verworfen: es spricht nichts gegen die Annahme, daß die Stichprobe des Beispiels 2 aus einer Normalverteilung stammt.

15 Einfache Varianzanalyse

An mehreren Stellen, z. B. auf mehreren gleichartigen Maschinen oder auf einer mehrköpfigen Maschine (mit vielen Köpfen), wird das gleiche Erzeugnis hergestellt, an dem das Merkmal Y interessiert.

An der Stelle i kann das Merkmal Y_i als normalverteilt mit dem Erwartungswert μ_i und der Standardabweichung σ_ε (mit dem gleichen σ_ε für alle Stellen) angesehen werden.

Werden die Erzeugnisse aller Stellen zu einer Gesamtfertigung vereinigt, dann hat das Merkmal Y eine Verteilung (oft keine Normalverteilung) mit dem Erwartungswert μ und der Standardabweichung σ. Die Erwartungswerte μ_i der einzelnen Stellen weichen um $\alpha_i = \mu_i - \mu$ vom Gesamterwartungswert μ ab; ihre Streuung wird durch die Standardabweichung σ_A erfaßt (vgl. Abb. 7.2.2). σ_A^2 ist die Varianz 'zwischen den Arbeitsstellen'; σ_ε^2 ist die Varianz 'innerhalb der Arbeitsstellen', d. h. die Varianz, mit der jeder Maschinenkopf arbeitet. Die Gesamtstandardabweichung σ setzt sich aus σ_A^2 und σ_ε^2 zusammen: $\sigma = \sqrt{\sigma_A^2 + \sigma_\varepsilon^2}$.

Durch eine Versuchsreihe soll geklärt werden, ob die Streuung der Merkmalswerte in der Gesamtfertigung mehr von σ_ε oder mehr von σ_A herrührt. Dazu werden aus allen vorhandenen Stellen $a = 8$ zufällig ausgewählt und mit je $n = 5$ Meßwerten überprüft.

Beispiele

Man fand die folgenden Ergebnisse (die Einzelwerte wurden weggelassen):

		Nr. i der Arbeitsstelle								
		1	2	3	4	5	6	7	8	
Nr. ν der Beobachtung	1 ⋮ 5									
Mittelwert nach (7.2.7)	$y_{i\bullet}$	1,22	1,28	1,17	1,09	1,40	1,12	1,19	1,05	1,19 $= y_{\bullet\bullet}$
Varianz nach (7.2.8)	$10^4 s_i^2$	85	53	115	92	148	77	41	69	$0{,}0680 = \sum_{i=1}^{a} s_i^2$

Der Gesamtmittelwert nach (7.2.9) ist $y_{\bullet\bullet} = 1{,}19$.

Die Auswertung erfolgt auf der Grundlage des Modells II (Modell mit Zufallskomponenten) der balancierten einfachen Varianzanalyse gemäß Abschn. 7.2. Man findet aus (7.2.12) und (7.2.10)

$$Q_A = n \sum_{i=1}^{a} (y_{i\bullet} - y_{\bullet\bullet})^2 = 0{,}440;$$

$$Q_{\text{Res}} = \sum_{i=1}^{a} \sum_{\nu=1}^{n} (y_i - y_{i\bullet})^2 = (n-1) \sum_{i=1}^{a} s_i^2 = 0{,}272$$

und mit (7.2.11) sowie (7.2.17) und (7.2.23) die Zerlegungstafel

Ursache	S.d.q.A.	Zahl der Freiheitsgrade	Varianz	Die Varianz schätzt
zwischen den Stellen	$Q_A = 0{,}440$	$a - 1 = 7$	$s_{\text{II}}^2 = 0{,}0629$	$\sigma_\varepsilon^2 + n\sigma_A^2$
innerhalb der Stellen	$Q_{\text{Res}} = 0{,}272$	$a(n-1) = 32$	$s_{\text{I}}^2 = 0{,}0085$	σ_ε^2
insgesamt	$Q_{\text{total}} = 0{,}712$	$an - 1 = 39$		

Zum Test der Nullhypothese H_0: $\alpha_i \equiv 0$ für alle i oder $\sigma_A^2 = 0$, d. h. alle Maschinenköpfe arbeiten mit dem gleichen Erwartungswert, beim Signifikanzniveau $\alpha = 5\%$, wird nach (7.2.23) der Prüfwert $s_{\text{II}}^2/s_{\text{I}}^2 = 7{,}40$ mit dem kritischen Wert $F_{7,32;0,95} = 2{,}31$ aus Tab. C 6 verglichen. Wegen $7{,}40 > 2{,}31$ wird die Nullhypothese H_0 verworfen: die Maschinenköpfe arbeiten mit unterschiedlichen Erwartungswerten μ_i.

Die unbekannten Varianzen werden nach (7.2.23) geschätzt:

σ_ε^2 durch $s_\varepsilon^2 = s_{\text{I}}^2 \quad = 0{,}0085$, d. h. σ_ε durch $s_\varepsilon = 0{,}092$;
σ_A^2 durch $s_A^2 = (s_{\text{II}}^2 - s_{\text{I}}^2)/n = 0{,}0109$, d. h. σ_A durch $s_A = 0{,}104$.

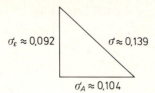

Abb. B 15.1. Überlagerung der beiden Standardabweichungen σ_A und σ_ε

Abbildung B 15.1 zeigt die Überlagerung von σ_A und σ_ε zur Gesamtstandardabweichung $\sigma = \sqrt{\sigma_A^2 + \sigma_\varepsilon^2}$, wobei $\sigma_A^2 \approx s_A^2$ und $\sigma_\varepsilon^2 \approx s_\varepsilon^2$ gesetzt wurde. Die Untersuchung der Gesamtfertigung hätte nur Schätzwerte für σ ergeben. Die einfache Varianzanalyse liefert zusätzlich Schätzwerte für die beiden Komponenten σ_A und σ_ε, aus denen sich σ zusammensetzt.

Sind für das Merkmal Y Grenzwerte (Mindestwert T_U und Höchstwert T_O) vorgegeben, etwa in Lieferbedingungen oder Normen, und ist σ zu groß, dann liegt ein Teil der Fertigung außerhalb des Toleranzbereichs, d. h. $Y > T_O$ oder $Y < T_U$.

Dieser unerwünschte Zustand kann auf verschiedene Weise beseitigt werden:

a) Man erweitert den Toleranzbereich auf eine Weite von mindestens $T = T_O - T_U = 6\sigma$, wobei natürlich vorher untersucht werden muß, ob die Verwendungsfähigkeit der Teile noch gewährleistet ist.
b) Man fertigt weiter wie bisher und liest die unbrauchbaren Teile mit Merkmalswerten außerhalb des Toleranzbereichs aus. Das ist meist eine teure Maßnahme, da man die gesamte Fertigung voll prüfen muß und einen Teil nicht verwenden kann.
c) Man verkleinert die Gesamtvarianz σ^2 des Herstellungsvorgangs, indem man 'genauer fertigt'. Dazu muß man
   1. entweder die Genauigkeit aller Fertigungsstellen steigern, d. h. die Varianz σ_ε^2 'innerhalb der Arbeitsstellen' verkleinern, oder
   2. die Erwartungswerte μ_i der einzelnen Fertigungsstellen aneinander angleichen, d. h. die Varianz σ_A^2 'zwischen den Arbeitsstellen' verkleinern, oder
   3. beides zugleich tun.

Da im vorliegenden Falle σ_A und σ_ε von gleicher Größenordnung sind, so sollte man sowohl σ_A als auch σ_ε gleichzeitig herabsetzen, wenn man σ verkleinern will.

Im allgemeinen ist die Verkleinerung der innewohnenden Schwankung σ_ε^2 sehr aufwendig, so daß man sich häufig darauf beschränken muß, σ_A^2 zu beeinflussen. Dabei ist der Einsatz von Qualitätsregelkarten eine wertvolle Hilfe; vgl. Abschn. 10. Ist eine der Varianzen σ_ε^2 oder σ_A^2 groß gegen die andere, dann ist es nur sinnvoll, zunächst die größere der beiden herabzusetzen.

16 Balancierte zweifache Varianzanalyse mit dreifacher Versuchsdurchführung; Kreuzklassifikation

An einem Gewebeabschnitt wurden mit drei verschiedenen Photometern Remissionsmessungen bei einer bestimmten Wellenlänge durchgeführt. Zweck des Versuchs waren ein Vergleich der Photometer und die Klärung der Frage, ob die Remissionswerte

Beispiele

über die Gewebebreite hinweg einheitlich sind. Für den zweiten Punkt wurde es als ausreichend angesehen, die Remission des linken, des mittleren und des rechten Drittels des Gewebeabschnitts gegenüberzustellen. Dazu wurden die Drittel des Gewebeabschnitts eindeutig gekennzeichnet. Mit jedem Photometer wurden in jedem Gewebedrittel an einer zufällig ausgewählten Stelle — wobei jedem Photometer aus organisatorischen Gründen eine andere Meßstelle zugeordnet wurde — drei Wiederholungsmessungen ausgeführt. Die Ergebnisse (Remission y in Prozent) sind in der folgenden Tabelle wiedergegeben[1]:

Gewebedrittel j Photometer i	1 (links)	2 (Mitte)	3 (rechts)
1	23,6 23,5 24,1	24,1 23,9 23,8	23,6 23,2 23,4
2	22,8 22,7 23,0	23,4 23,5 23,4	22,9 23,4 22,8
3	27,1 26,8 26,9	26,3 26,8 26,4	27,1 27,3 26,7

Die beiden Faktoren 'Photometer' und 'Gewebedrittel in Schußrichtung' sind gekreuzt (vgl. Abschn. 7.1), so daß die Auswertung mit der Kreuzklassifikation der zweifachen Varianzanalyse mit dreifacher Versuchsdurchführung erfolgen muß; vgl. Abschn. 7.4. Da nur die drei vorhandenen Photometer verglichen werden sollen, ist der Photometer-Einfluß systematischer Art. Weil mit den drei Dritteln die ganze Gewebebreite erfaßt wird, und weil die mittlere Remission jedes einzelnen Drittels interessiert, ist auch der Einfluß des Gewebedrittels systematischer Art. Somit ist das Modell I (Modell mit systematischen Komponenten) anzuwenden. Die Modellvoraussetzungen werden, ohne daß auf die Nachprüfung eingegangen wird, als erfüllt angesehen.

Die Auswertung nach (7.4.15) erfolgt in der folgenden Tabelle. Mit $a = 3$, $b = 3$, $n = 3$ ergeben sich die S.d.q.A. aus (7.4.16). Sie sind bereits in die folgende Zerlegungstafel nach (7.4.17) eingetragen worden, in der auch die Tests auf Wechselwirkung sowie auf Wirkung der Faktoren A (Photometer) und B (Gewebedrittel) durchgeführt sowie Schätzwerte für die Modellparameter gebildet werden.

Während Photometereinfluß und Wechselwirkungseinfluß signifikant sind, läßt sich ein Einfluß des Gewebedrittels nicht nachweisen. Dieses Ergebnis kann man folgendermaßen deuten: Zwischen den Photometern bestehen systematische Abweichungen. Dagegen bestehen zwischen den Meßergebnissen aus dem linken, mittleren und rechten Gewebedrittel keine systematischen Unterschiede. Ein Ortseinfluß zeigt sich jedoch über die signifikante Wechselwirkung: die Remission schwankt von Meßstelle

---

[1] Graf, U.; Henning, H.-J.; Wilrich, P.-Th: Statistische Methoden bei textilen Untersuchungen. Berlin, Heidelberg, New York: Springer 1974, S. 442–446.

Tabelle zur Auswertung der Meßergebnisse

Gewebe-drittel j / Photo-meter i	1 (links)	2 (Mitte)	3 (rechts)	$\sum_j A_{ij}$	$\sum_j B_{ij}$	$\left(\sum_j A_{ij}\right)^2$	$\sum_j A_{ij}^2$
1	71,2 1690,02	71,8 1718,46	70,2 1642,76	213,2	5051,24	45454,24	15152,72
2	68,5 1564,13	70,3 1647,37	69,1 1591,81	207,9	4803,31	43222,41	14409,15
3	80,8 2176,26	79,5 2106,89	81,1 2192,59	241,4	6475,74	58273,96	19426,10
$\sum_i A_{ij}$	220,5	221,6	220,4	662,5 A	—	146950,61 C	
$\sum_i B_{ij}$	5430,41	5472,72	5427,16	—	16330,29 B		
$\left(\sum_i A_{ij}\right)^2$	48620,25	49106,56	48576,16	146302,97 D			
$\sum_i A_{ij}^2$	16290,33	16417,58	16280,06				48987,97 E

Beispiele

Zerlegungstafel

Ursache	S.d.q.A.	Zahl der Freiheitsgrade	Varianz = S.d.q.A./ Zahl der Freiheitsgrade	Die Varianz schätzt	Nullhypothese H_0	Prüfwert	Kritischer Wert zum Signifikanzniveau $\alpha = 1\%$	Schätzwert
								$y_{\cdots} = 24{,}54 \sim \mu$
Photometer (A)	$Q_A = 72{,}06$	$f_{IV} = 2$	$s^2_{IV} = 36{,}03$	$\sigma_e^2 + \dfrac{3 \cdot 3}{2} \sum_{i=1}^{3} \alpha_i^2$	$\alpha_i = 0$ für alle i oder äquivalent $\sum_{i=1}^{3} \alpha_i^2 = 0$	670,9 [1)]	6,01	$-0{,}85 \sim \alpha_1$ $-1{,}44 \sim \alpha_2$ $2{,}28 \sim \alpha_3$
Gewebedrittel (B)	$Q_B = 0{,}0985$	$f_{III} = 2$	$s^2_{III} = 0{,}0493$	$\sigma_e^2 + \dfrac{3 \cdot 3}{2} \sum_{j=1}^{3} \beta_j^2$	$\beta_j = 0$ für alle j oder äquivalent $\sum_{j=1}^{3} \beta_j^2 = 0$	0,92	6,01	
Wechselwirkung AB	$Q_{AB} = 1{,}379$	$f_{II} = 4$	$s^2_{II} = 0{,}345$	$\sigma_e^2 + \dfrac{3}{2 \cdot 2} \sum_{i=1}^{3} \sum_{j=1}^{3} (\alpha\beta)_{ij}^2$	$(\alpha\beta)_{ij} = 0$ für alle i, j oder äquivalent $\sum_{i=1}^{3} \sum_{j=1}^{3} (\alpha\beta)_{ij}^2$	6,42 [1)]	4,58	
Rest	$Q_{Res} = 0{,}967$	$f_I = 18$	$s^2_I = 0{,}0537$	σ_e^2	—	—	—	$0{,}0537 \sim \sigma_e^2$
total	$Q_{total} = 74{,}503$	$f_0 = 26$	—	—	—	—	—	—

[1)] bedeutet: Die Nullhypothese wird verworfen

zu Meßstelle innerhalb eines jeden Drittels. Die Unterschiede bei Wiederholungen der Messungen mit demselben Photometer am selben Ort sind, wie der Wert $s_\varepsilon^2 = 0,0537$ im Vergleich zu den anderen Varianzen zeigt, gering.

Für weitere Messungen müssen die Abweichungen der Photometer entweder beseitigt oder durch Korrekturen berücksichtigt werden.

Dem vorliegenden Ergebnis der Varianzanalyse kann man noch einen weiteren Hinweis für zukünftige Remissionsmessungen entnehmen. Da einerseits die Remission von Meßstelle zu Meßstelle innerhalb jedes Drittels deutlich verschieden ist, andererseits die Wiederholungsmeßwerte nur wenig schwanken, sollte man höchstens Doppelmessungen an den Meßstellen vornehmen und zugleich eine größere Zahl von zufällig ausgewählten Meßstellen berücksichtigen. Da keine Unterschiede zwischen den Dritteln nachweisbar waren, braucht auf die Unterteilung in Drittel keine Rücksicht genommen zu werden.

17 Zweifache Varianzanalyse; eine Beobachtung je Zelle

Die nachstehende Tabelle gibt Meßergebnisse wieder, die man bei der Untersuchung des spezifischen Gewichts von Ziegeln erhielt. Zur Vereinfachung der Zahlenrechnung sind nicht die Meßwerte selbst, sondern ihre mit dem Faktor 200 multiplizierten Differenzen gegen den Hilfswert 2,30 aufgeführt. Die geprüften Ziegel stammten aus verschiedenen Brennöfen und aus verschiedenen Zonen, die man bei allen Öfen in gleicher Weise festgelegt hatte.

Untersucht werden $a = 8$ Öfen mit je $b = 15$ Zonen, so daß insgesamt $N = ab = 120$ Meßergebnisse vorliegen.

Beschränkt man die Untersuchung (und alle daraus gezogenen Schlüsse) auf die ausgewählten 8 Öfen und 15 Brennzonen, so ist das Modell I (Modell mit systematischen Komponenten) der zweifachen Varianzanalyse; Kreuzklassifikation; Sonderfall $n = 1$ anzuwenden; vgl. Abschn. 7.5 und 7.4.1. Faßt man jedoch die $a = 8$ Öfen als Stichprobe aus einer Gesamtheit von $N_1 \gg a$ Öfen auf, von denen jeder $N_2 \gg b$ Brennzonen besitzt, dann ist der Auswertung das Modell II (Modell mit Zufallskomponenten) der zweifachen Varianzanalyse; Kreuzklassifikation; Sonderfall $n = 1$ zugrunde zu legen; Abschnitte 7.5 und 7.4.2.

Die Auswertung der Stichprobenergebnisse ist von der Wahl des Modells nicht abhängig. Sie erfolgt entsprechend den Angaben am Beginn von Abschn. 7.5. Wegen nur einer Beobachtung je Zelle ist $A_{ij} = y_{ij1}$, so daß die Tabelle der Meßergebnisse gleichzeitig die Tabelle (7.4.15) der Zellensummen darstellt, deren Auswertung gemäß (7.4.15) die Hilfssummen

$$A = 658, \quad C = 54432, \quad D = 31694$$

ergibt. Den Quadraten B_{ij} der Zellensummen nach (7.4.15) entsprechen hier die Quadrate y_{ij}^2 der Einzelwerte. Diese wurden nicht in die Tabelle eingetragen, weil sich ihre Summe $B = E = 4662$ direkt errechnen läßt.

Mit den Hilfssummen A, B, C, D ergeben sich die S.d.q.A. aus (7.4.16). Sie werden direkt in die Spalte 2 der Zerlegungstafel nach (7.4.17) eingetragen.

Beispiele

Tabelle zur Auswertung der Meßergebnisse[1]

i \ j	1	2	3	4	5	6	7	8	9	10	11	12	13	14	15	$\sum_{j=1}^{15} A_{ij}$	$\left(\sum_{j=1}^{15} A_{ij}\right)^2$
1	4	6	8	2	4	6	4	12	4	4	4	5	16	6	0	85	7225
2	2	18	14	4	10	2	4	8	3	4	5	4	4	7	4	93	8649
3	5	3	10	4	3	5	4	8	4	2	4	8	10	6	4	80	6400
4	2	4	12	2	4	6	4	4	4	4	7	8	8	8	6	83	6889
5	8	3	6	3	4	3	4	6	3	4	7	9	8	12	6	86	7396
6	13	4	10	2	6	6	2	4	2	6	7	5	6	6	5	84	7056
7	4	4	7	4	10	6	6	4	3	4	4	2	8	6	4	76	5776
8	4	6	7	2	6	2	4	9	3	4	6	4	5	4	5	71	5041
$\sum_{i=1}^{8} A_{ij}$	42	48	74	23	47	36	32	55	26	32	44	45	65	55	34	658 ← A	54432
$\left(\sum_{i=1}^{8} A_{ij}\right)^2$	1764	2304	5476	529	2209	1296	1024	3025	676	1024	1936	2025	4225	3025	1156	31694 ← D	C

[1] Nach Tippett, L.H.C.: Technological applications of statistics. New York: Wiley 1950.

Zerlegungstafel

1	2	3	4	5	6	7	8
Ursache	S.d.q.A.	Zahl der Freiheitsgrade	Varianz	Die Varianz schätzt	Nullhypothese H_0	Prüfwert	Kritischer Wert zum Signifikanzniveau $\alpha = 5\%$
zwischen den Öfen (Faktor A)	$Q_A = 20{,}77$	$f_{IV} = 7$	$s_{IV}^2 = 2{,}97$	$\sigma_\varepsilon^2 + \dfrac{15}{7}\sum_{i=1}^{8}\alpha_i^2$	$\alpha_i \equiv 0$ für alle i bzw. $\sum_{i=1}^{8}\alpha_i^2 = 0$	$s_{IV}^2/s_{II}^2 = 0{,}43$	$F_{7,98;\,0{,}95} = 2{,}10$
zwischen den Brennzonen (Faktor B)	$Q_B = 353{,}72$	$f_{III} = 14$	$s_{III}^2 = 25{,}27$	$\sigma_\varepsilon^2 + \dfrac{8}{14}\sum_{j=1}^{15}\beta_j^2$	$\beta_j \equiv 0$ für alle j bzw. $\sum_{j=1}^{15}\beta_j^2 = 0$	$s_{III}^2/s_{II}^2 = 3{,}65$	$F_{14,98;\,0{,}95} = 1{,}79$
Rest	$Q_{\text{Res}} = 679{,}48$	$f_{II} = 98$	$s_{II}^2 = 6{,}93$	σ_ε^2	—	—	—
total	$Q_{\text{total}} = 1053{,}97$	$f_0 = 119$	—	—	—	—	—

Der weiteren Auswertung wird das Modell I (Modell mit systematischen Komponenten) zugrunde gelegt. Dabei kann davon ausgegangen werden, daß keine Wechselwirkung zwischen Ofen und Brennzone besteht und daß das spezifische Gewicht der Ziegel innerhalb der Brennzonen der Öfen normalverteilt ist. Demzufolge ergibt sich aus (7.4.17) die Spalte 5 der Zerlegungstafel.

Der Test der Nullhypothese, daß kein Einfluß der Öfen auf das spezifische Gewicht der Ziegel besteht (Faktor A hat keine Wirkung), wird in den Spalten 6 bis 8 der oberen Zeile der Zerlegungstafel durchgeführt. Wegen 0,43 < 2,10 wird die Nullhypothese nicht verworfen.

Der Test der Nullhypothese, daß kein Einfluß der Brennzonen auf das spezifische Gewicht der Ziegel besteht (Faktor B hat keine Wirkung), wird in den Spalten 6 bis 8 der unteren Zeile der Zerlegungstafel durchgeführt. Wegen 3,65 > 1,79 wird die Nullhypothese verworfen.

Ein Einfluß der Öfen auf das spezifische Gewicht der Ziegel läßt sich nicht nachweisen; jedoch liefern die Brennzonen Ziegel, die in ihrem spezifischen Gewicht systematisch voneinander abweichen. Zur weiteren Auswertung, die hier nicht erfolgt, müßten Schätzwerte und Vertrauensbereiche für die Erwartungswerte des spezifischen Gewichts der Ziegel in den einzelnen Zonen ermittelt werden; vgl. dazu die Hinweise in Abschn. 7.5 und die letzte Spalte von (7.4.17) sowie (7.4.21) und (7.4.22).

18 Balanciertes zweistufiges Schachtelmodell (balanciertes zweistufiges hierarchisches Modell) der Varianzanalyse

Von zwei Binnenschiffen mit 390 t und 1090 t Chromerz mit Ladungen aus einem Seeschiff von 1480 t wurden bei der Entladung die Gesamtinhalte von 16 Greifern (durchschnittlich jeder 45. Greifer) abgezweigt[1]. Getrennt für jeden der 16 Greifer wurde das grobkörnige Material mit einem Backenbrecher vorzerkleinert und auf ein Förderband gegeben. Ein am Förderband angeschlossenes automatisches Probenahmegerät zog je Greifer eine Einzelprobe von ca. 30 kg (sowie eine etwa gleich große Reserveprobe). Jede der 16 Einzelproben wurde getrennt zu zwei Laborproben von je ca. 1,87 kg Gewicht aufbereitet, aus denen je zwei Analysenproben gezogen und getrennt analysiert wurden; vgl. Abb. B 18.1.

Einheiten erster Stufe sind die Greifer bzw. Einzelproben, von denen $n_1 = 16$ in die Probenahme einbezogen wurden; Einheiten zweiter Stufe sind die Laborproben, von denen $n_2 = 2$ weiter untersucht wurden. An jeder der $n_1 n_2 = 16 \cdot 2 = 32$ Laborproben wurde u. a. der Chromgehalt (Cr_2O_3-Gewichtsanteil in Prozent) $n_3 = 2$ mal gemessen. Insgesamt lagen also $N = n_1 n_2 n_3 = 16 \cdot 2 \cdot 2 = 64$ Einzelwerte vor, die in der folgenden Tabelle wiedergegeben sind. In der Tabelle erfolgt bereits die Auswertung mit dem balancierten zweistufigen Schachtelmodell [balanciertes zweistufiges hierarchisches Modell der Varianzanalyse nach (7.8.9)], die die Hilfssummen A, B, C, D ergibt. Mit den Hilfssummen erhält man aus (7.8.13) bis (7.8.16) die S.d.q.A. in der zweiten Spalte der folgenden Zerlegungstafel nach (7.8.17). Dort werden auch die Nullhypothesen H_0: $\sigma_1^2 = 0$ (die Varianzkomponente zwischen den Einzelproben bzw. Greifern

---

[1] Wilrich, P.-Th.; Majdič, A.; Lepère, K.E.: Studie zur Probenahme von Rohstoffen für die Herstellung feuerfester Baustoffe. Forschungsbericht des Landes Nordrhein-Westfalen Nr. 2454. Opladen: Westdeutscher Verlag 1975.

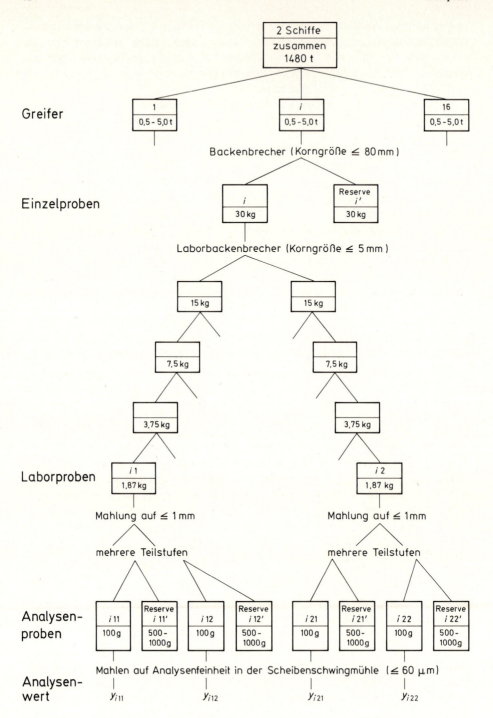

Abb. B 18.1. Ein Probenahmeschema für die Probenahme von Chromerz

Beispiele

Tabelle zur Auswertung der Meßergebnisse

i	j	y_{ijk}		y_{ijk}^2		A_{ij}	A_{ij}^2	A_i	A_i^2
		$k=1$	$k=2$	$k=1$	$k=2$				
1	1	48,00	48,40	2304,00	2342,56	96,40	9292,96	193,40	37403,56
	2	48,40	48,60	2342,56	2361,96	97,00	9409,00		
2	1	47,80	48,00	2284,84	2304,00	95,80	9177,64	192,80	37171,84
	2	48,60	48,40	2361,96	2342,56	97,00	9409,00		
3	1	47,10	46,70	2218,41	2180,89	93,80	8798,44	188,20	35419,24
	2	47,30	47,10	2237,29	2218,41	94,40	8911,36		
4	1	46,10	46,50	2125,21	2162,25	92,60	8574,76	184,90	34188,01
	2	46,40	45,90	2152,96	2106,81	92,30	8519,29		
5	1	47,90	47,40	2294,41	2246,76	95,30	9082,09	191,40	36633,96
	2	48,10	48,00	2313,61	2304,00	96,10	9235,21		
6	1	47,50	47,50	2256,25	2256,25	95,00	9025,00	189,60	35948,16
	2	47,20	47,40	2227,84	2246,76	94,60	8949,16		
7	1	47,50	47,60	2256,25	2265,76	95,10	9044,01	191,10	36519,21
	2	48,10	47,90	2313,61	2294,41	96,00	9216,00		
8	1	46,30	47,10	2143,69	2218,41	93,40	8723,56	186,30	34707,69
	2	46,50	46,40	2162,25	2152,96	92,90	8630,41		
9	1	47,50	47,70	2256,25	2275,29	95,20	9063,04	189,30	35834,49
	2	47,10	47,00	2218,41	2209,00	94,10	8854,81		
10	1	47,20	47,10	2227,84	2218,41	94,30	8892,49	189,60	35948,16
	2	47,50	47,80	2256,25	2284,84	95,30	9082,09		
11	1	47,10	47,40	2218,41	2246,76	94,50	8930,25	188,50	35532,25
	2	47,00	47,00	2209,00	2209,00	94,00	8836,00		
12	1	47,10	47,50	2218,41	2256,25	94,60	8949,16	189,50	35910,25
	2	47,30	47,60	2237,29	2265,76	94,90	9006,01		
13	1	47,70	47,50	2275,29	2256,25	95,20	9063,04	189,70	35986,09
	2	47,30	47,20	2237,29	2227,84	94,50	8930,25		
14	1	47,40	47,20	2246,76	2227,84	94,60	8949,16	189,10	35758,81
	2	47,50	47,00	2256,25	2209,00	94,50	8930,25		
15	1	47,50	47,20	2256,25	2227,84	94,70	8968,09	188,90	35683,21
	2	46,80	47,40	2190,24	2246,76	94,20	8873,64		
16	1	46,30	46,10	2143,69	2125,21	92,40	8537,76	185,00	34225,00
	2	46,60	46,00	2171,56	2116,00	92,60	8574,76		
Summe		3027,30 = A		143221,13 = D		3027,30 = A	286438,69 = C	3027,30 = A	572869,93 = B

verschwindet) und H_0: $\sigma_2^2 = 0$ (die Varianzkomponente zwischen den Laborproben aus derselben Einzelprobe verschwindet) getestet. Beide Tests führen (auf dem Signifikanzniveau $\alpha = 5\%$) zum Verwerfen der Nullhypothese. Die Standardabweichung σ_1, die ein Maß für die Schwankung des Chromgehalts des Erzes darstellt, wird durch $s_1 = 0{,}573$ Gew.-% geschätzt. Die Standardabweichung σ_2, die ein Maß für die Streuung durch die Aufbereitung der Einzelproben zu den Laborproben darstellt, wird durch $s_2 = 0{,}174$ Gew.-% geschätzt. Die Standardabweichung σ_3, die ein Maß für die Unterschiede zwischen den Analysenproben aus derselben Laborprobe sowie die Präzision der Analyse darstellt, wird durch $s_3 = 0{,}236$ Gew.-% geschätzt.

Zerlegungstafel

Ursache	S.d.q.A.	Zahl der Freiheitsgrade	Varianz = S.d.q.A./f	Die Varianz schätzt	Nullhypothese H_0	Prüfwert	Kritischer Wert zum Signifikanzniveau $\alpha = 5\%$	Schätzwert
Stufe 1 (Einzelproben)	$Q_1 = 21{,}4623$	$f_{III} = n_1 - 1 = 15$	$s_{III}^2 = 1{,}4308$	$\sigma_3^2 + n_3\sigma_2^2 + n_3 n_2 \sigma_1^2$	$\sigma_1^2 = 0$	$s_{III}^2/s_{II}^2 = 12{,}29$	$F_{15,\,16;\,0{,}95} = 2{,}35$	$s_1^2 = 0{,}329 \sim \sigma_1^2$
Stufe 2 (Laborproben)	$Q_2 = 1{,}8625$	$f_{II} = n_1(n_2-1) = 16$	$s_{II}^2 = 0{,}1164$	$\sigma_3^2 + n_3\sigma_2^2$	$\sigma_2^2 = 0$	$s_{II}^2/s_I^2 = 2{,}09$	$F_{16,\,32;\,0{,}95} = 1{,}97$	$s_2^2 = 0{,}030 \sim \sigma_2^2$
Rest	$Q_3 = 1{,}7850$	$f_I = n_1 n_2(n_3-1) = 32$	$s_I^2 = 0{,}0558$	σ_3^2	—	—	—	$s_3^2 = 0{,}056 \sim \sigma_3^2$
total	$Q_\text{total} = 25{,}1098$	$f_0 = n_1 n_2 n_3 - 1 = 63$	—	—	—	—	—	—

Beispiele

19 Korrelationsanalyse bei zweidimensionaler Normalverteilung

Zur Untersuchung der Korrelation zwischen Drehung und Einzwirnung wurden an $n = 50$ Abschnitten eines hochgedrehten Viskose-Endlosgarnes (Kreppgarnes) auf einem Drehungszähler mit 25 cm Einspannlänge nach dem Spannungsfühlerverfahren jeweils die Werte x_i der Drehung pro 50 cm und die Werte y_i der Einzwirnung in mm pro 25 cm Einspannlänge ermittelt. Die Tabelle zeigt die angefallenen Ergebnisse:[1)]

x	y	x	y	x	y	x	y	x	y
1094	30,5	1153	33,8	1103	30,2	1155	33,4	1140	33,0
1118	32,2	1137	33,0	1153	33,2	1113	32,8	1136	33,8
1129	32,5	1123	32,2	1129	34,0	1118	31,3	1138	31,7
1144	32,6	1123	31,0	1137	31,7	1140	32,5	1092	32,1
1130	32,7	1149	33,9	1137	31,8	1125	31,0	1120	33,2
1095	31,8	1134	33,1	1141	31,3	1138	31,2	1155	32,1
1144	33,7	1117	30,8	1144	33,2	1116	31,5	1147	33,3
1156	33,2	1157	33,3	1150	33,5	1147	33,3	1119	31,0
1146	34,0	1128	30,8	1097	32,1	1121	32,3	1146	32,8
1111	32,2	1139	31,9	1133	33,2	1117	31,7	1110	30,0

Die Berechnung des Korrelationskoeffizienten soll wegen des Stichprobenumfangs $n = 50$ mit Klasseneinteilung vorgenommen werden.

Wählt man für das Merkmal x, für das als kleinster Wert 1092 angefallen ist, die kleinste Klassenmitte zu $x_1 = 1090$ und die Klassenbreite zu $\Delta x = 5$, dann erhält man eine Klasseneinteilung mit $k = 14$ Klassen. Wählt man für y (kleinster Wert 30,0) die kleinste Klassenmitte zu $y_1 = 30,0$ und die Klassenbreite zu $\Delta y = 0,5$, dann erhält man eine Klasseneinteilung mit $m = 9$ Klassen.

Mit den festgelegten Klasseneinteilungen ergibt sich das folgende Zellenschema nach (8.2.12), in das die Besetzungszahlen n_{jl} bereits eingetragen worden sind. Außerdem wurden die Randhäufigkeiten $n_{j\bullet}$ und $n_{\bullet l}$ nach (8.2.13) und die transformierten Klassenmitten nach (8.2.19) mit $a = x_{12} = 1145$; $c = \Delta x = 5$; $b = y_7 = 33,0$; $d = \Delta y = 0,5$ gebildet. Die Hilfssummen nach (8.2.20) ergeben sich daraus zu
$S_x = -140$; $S_y = -66$; $S_{xx} = 992$; $S_{yy} = 314$; $S_{xy} = 404$.

Aus (8.2.11) findet man damit $r = 0,59$. Der Wert für r, den man nach (8.2.7) und (8.2.11) direkt aus den Einzelwerten erhält, beträgt $r = 0,60$.

Das Korrelationsbild der Stichprobe, in dem die n Punkte $(x_i; y_i)$ graphisch dargestellt sind, läßt die Annahme einer zweidimensionalen Normalverteilung von Drehung X und Einzwirnung Y gerechtfertigt erscheinen. Unter dieser Annahme kann die Nullhypothese $H_0: \varrho = 0$ (keine Korrelation von X und Y) gegen die Alternativhypothese $H_1: \varrho \neq 0$ getestet werden; Signifikanzniveau $\alpha = 1\%$. Prüfwert nach (8.3.5) ist

$$\frac{|r|}{\sqrt{1-r^2}} \sqrt{n-2} = 5,12.$$

[1)] Graf, U.; Henning, H.-J.; Wilrich, P.-Th.: Statistische Methoden bei textilen Untersuchungen. Berlin, Heidelberg, New York: Springer 1974, S. 509–512.

j \ x_j	l → y_l	1 30,0	2 30,5	3 31,0	4 31,5	5 32,0	6 32,5	7 33,0	8 33,5	9 34,0	Summe über l: $n_{j\bullet}$	v_j
1	1090					1					1	−11
2	1095		1			2					3	−10
3	1100										0	− 9
4	1105	1									1	− 8
5	1110	1				1					2	− 7
6	1115			1	2			1			4	− 6
7	1120			1	1	1	1	1			5	− 5
8	1125			2		1					3	− 4
9	1130			1			2			1	4	− 3
10	1135				1	1		3		1	6	− 2
11	1140			1	2	1	1	1			6	− 1
12	1145						1	2	3	1	7	0
13	1150							1	1		2	1
14	1155					1		2	2	1	6	2
Summe über j: $n_{\bullet l}$		2	1	6	6	9	5	10	6	5	50	
w_l		−6	−5	−4	−3	−2	−1	0	1	2		

Leere Felder bezeichnen $n_{jl} = 0$

Kritischer Wert nach (8.3.5) ist $t_{48;\,0{,}995} = 2{,}68$.

Wegen $5{,}12 > 2{,}68$ wird die Nullhypothese verworfen: Zwischen Drehung und Einzwirnung besteht eine Abhängigkeit.

Der zweiseitige Vertrauensbereich für ϱ $(1 - \alpha = 99\%)$ ergibt sich mit $z(0{,}59) = 0{,}678$ nach (8.3.2) und $\zeta_U = 0{,}678 - 2{,}576/\sqrt{47} = 0{,}302$ sowie $\zeta_O = 0{,}678 + 2{,}576/\sqrt{47} = 1{,}054$ nach (8.3.13) und $\varrho_U = \tanh 0{,}302 = 0{,}293$ und $\varrho_O = \tanh 1{,}054 = 0{,}783$ nach (8.3.12) und (8.3.14) zu $0{,}29 \leq \varrho \leq 0{,}78$. Im Nomogramm D 9 hätte man direkt $0{,}28 \leq \varrho \leq 0{,}78$ abgelesen.

20 Zweidimensionale Rangkorrelationsanalyse

Acht Lehrlinge waren bei ihrer Einstellung einer psychotechnischen Eignungsprüfung und nach Beendigung der Lehre einer Abschlußprüfung unterzogen worden. Bei der Eignungsprüfung wurde mit 5 Noten (I bis V), bei der Abschlußprüfung mit 6 Bewertungsstufen (I bis VI) gearbeitet. Es liegt also der Fall β) des Abschnitts 8.5 vor, wobei $s_1 = 5$ und $s_2 = 6$ ist. Die erteilten Noten u_i und v_i sind in den Spalten 2 und 3 der folgenden Tabelle wiedergegeben.[1]

---

[1] Nach Graf, U.; Henning, H.-J.; Wilrich, P.-Th.: Statistische Methoden bei textilen Untersuchungen. Berlin, Heidelberg, New York: Springer 1974.

Beispiele

1	2	3	4	5	6	7
Lehrling	Note Eignungs- prüfung u_i	Note Abschluß- prüfung v_i	Rangzahl Eignungs- prüfung k_i	Rangzahl Abschluß- prüfung l_i	$k_i - l_i$	$(k_i - l_i)^2$
A	II	I	2,5	1	1,5	2,25
B	I	III	1	4	−3	9,00
C	IV	V	6,5	7,5	−1	1,00
D	III	III	4,5	4	0,5	0,25
E	III	II	4,5	2	2,5	6,25
F	II	III	2,5	4	−1,5	2,25
G	IV	IV	6,5	6	0,5	0,25
H	V	V	8	7,5	0,5	0,25
Summe			36,0	36,0	0	21,50

Die Zuordnung der Rangzahlen zu den Noten erfolgt nach den Anweisungen von S. 271. Beispielsweise erhält der Lehrling mit der kleinsten Note der Eignungsprüfung ($u_B = u_2 = $ I) die Rangzahl $k_2 = 1$; jeder der drei Lehrlinge B, D und F, die bei der Abschlußprüfung alle die Note III erhielten ($v_B = v_2 = v_D = v_4 = v_F = v_6 = $ III), erhält die Rangzahl 4, d. h. $l_2 = l_4 = l_6 = 4$, weil für diese Bindung $v = 3$ und $c = 2$ und damit $v + c/2 = 4$ gilt. Die Rangzahlen (k_i, l_i) stehen in den Spalten 4 und 5 der Tabelle.

Die Spalten 6 und 7 der Tabelle ergeben die Summe $\sum_{i=1}^{n} (k_i - l_i)^2 = 21{,}50$, die man zur Berechnung des Spearmanschen Rangkorrelationskoeffizienten benötigt. Berücksichtigt man bei der weiteren Rechnung die Bindungen nicht, dann erhält man den Spearmanschen Rangkorrelationskoeffizienten nach (8.5.1) zu

$$r_s = 1 - \frac{6 \cdot 21{,}50}{8\,(8^2 - 1)} = 0{,}74\,.$$

Da im Vergleich zur Zahl $n = 8$ von Wertepaaren in beiden Rangfolgen viele Bindungen vorkommen, sollten sie bei der Berechnung des Spearmanschen Rangkorrelationskoeffizienten entsprechend (8.5.3) und (8.5.4) berücksichtigt werden.

Die Rangfolge der k_i enthält $a = 3$ Bindungen vom Ausmaß $t = 2$, so daß nach (8.5.4) $T_s = [2\,(2^2 - 1) + 2\,(2^2 - 1) + 2\,(2^2 - 1)]/2 = 9$ wird. Die Rangfolge der l_i enthält $b = 2$ Bindungen, und zwar eine vom Ausmaß $w_1 = 3$ und eine vom Ausmaß $w_2 = 2$, so daß nach (8.5.4) $W_s = [3\,(3^2 - 1) + 2\,(2^2 - 1)]/2 = 15$ wird. Schließlich ergibt sich der Spearmansche Rangkorrelationskoeffizient nach (8.5.3) zu

$$r'_s = 1 - \frac{6 \cdot 21{,}50}{8\,(8^2 - 1) - (9 + 15)} = 1 - \frac{129}{504 - 24} = 0{,}73\,.$$

Wie man sieht, verändert sich der Wert des Spearmanschen Rangkorrelationskoeffizienten auch bei Berücksichtigung der im Vergleich zum Stichprobenumfang ziemlich hohen Zahl von Bindungen kaum.

Will man an Stelle des Spearmanschen Rangkorrelationskoeffizienten den Kendallschen zur Bewertung des Zusammenhangs der beiden Merkmale in der Stichprobe heranziehen, dann berechnet man die Summe der Bewertungen nach S. 273 auf folgende Weise (wobei jeweils in Klammern die Nummer des gerade ausgeführten Verfahrensschrittes angegeben ist):

(1) Man ordnet die Rangzahlen k_i nach der Größe (Spalte 1 der Tabelle) und schreibt die zugehörigen l_i daneben (Spalte 2). (2) Oberste Rangzahl der k_i ist 1; sie gehört nicht zu einer Bindung. (4) Also wird die zugehörige Rangzahl l_i — das ist die 4 — mit allen unter ihr stehenden verglichen. Davon sind $r_1 = 3$ größer (diesen Wert schreibt man in Spalte 3) und $s_1 = 2$ kleiner (diesen Wert schreibt man in Spalte 4) als die 4. (2) Nun geht man zur nächsten Rangzahl k_i — das ist die 2,5 — über. Sie gehört zu einer Bindung vom Ausmaß 2. Also wird das folgende Rangzahlpaar (2,5; 4) markiert. (4) Neben Rangzahl 2,5 steht als l_i die Rangzahl 1. Darunter stehen $r_2 = 5$ größere und $s_2 = 0$ kleinere Rangzahlen l_i (wobei das markierte Rangzahlpaar nicht berücksichtigt wird). (5) Für den nächsten Schritt wird die Markierung rückgängig gemacht und die dritte Rangzahl k_i — das ist die 2,5 — betrachtet. (3) Sie gehört zwar zu einer Bindung, jedoch steht unter ihr keine Rangzahl mehr, die zu dieser Bindung gehört, so daß keine Markierung vorzunehmen ist. Die zugehörige Rangzahl l_i ist 4; unter ihr stehen $r_3 = 3$ größere und $s_3 = 1$ kleinere Rangzahlen. So verfährt man weiter, bis alle Rangzahlen r_i und s_i in den Spalten 3 und 4 vorliegen.

1	2	3	4
k_i geordnet	l_i	r_i	s_i
1	4	3	2
2,5	1	5	0
2,5	4	3	1
4,5	4	3	0
4,5	2	3	0
6,5	7,5	0	0
6,5	6	1	0
8	7,5	0	0
Summe		18	3

Nach (8.5.12) wird die Summe der Bewertungen $18 - 3 = 15$ und der Kendallsche Rangkorrelationskoeffizient — zunächst ohne weitere Berücksichtigung der Bindungen — nach (8.5.8)

$$\tau = \frac{2 \cdot 15}{8(8-1)} = 0{,}54.$$

Die im Vergleich zum Stichprobenumfang hohe Anzahl von Bindungen in beiden Rangfolgen legt nahe, die Berechnung auch unter Berücksichtigung der Bindungen nach (8.5.10) und (8.5.11) vorzunehmen. In ähnlicher Weise wie zuvor beim Spearmanschen Rangkorrelationskoeffizienten ergeben sich nach (8.5.11)

$$T_K = 2(2-1) + 2(2-1) + 2(2-1) = 6 \quad \text{und} \quad W_K = 3(3-1) + 2(2-1) = 8$$

und schließlich nach (8.5.10)

Beispiele

$$\tau' = \frac{2\cdot 15}{\sqrt{8(8-1)-6}\sqrt{8(8-1)-8}} = \frac{30}{\sqrt{50\cdot 48}} = 0{,}61.$$

Damit hat man folgende Ergebnisse:

	Spearmanscher	Kendallscher
	Rangkorrelationskoeffizient	
ohne Berücksichtigung der Bindungen	$r_s = 0{,}74$	$\tau = 0{,}54$
mit Berücksichtigung der Bindungen	$r'_s = 0{,}73$	$\tau' = 0{,}61$

In der Übersicht erkannt man zwei Tendenzen, die sich in der Regel immer wieder zeigen, wenn man diese Gegenüberstellung macht: Beim Spearmanschen Rangkorrelationskoeffizienten wirkt sich die Nichtberücksichtigung der Bindungen wesentlich weniger aus als beim Kendallschen. Der Kendallsche Rangkorrelationskoeffizient ist allgemein dem Betrage nach kleiner als der Spearmansche.

Die Unabhängigkeitsteste nach (8.5.5) und (8.5.13) dürfen wegen der im Vergleich zum kleinen Stichprobenumfang großen Anzahl von Bindungen eigentlich nicht durchgeführt werden. Beachtet man unkorrekterweise einmal nicht, daß Bindungen vorhanden sind, dann läßt sich auf dem Signifikanzniveau $\alpha = 5\,\%$ mit dem Spearmanschen Rangkorrelationskoeffizienten ein Zusammenhang nachweisen, (weil $|r_s| = 0{,}74 \geqq r_s(8;0{,}05) = 0{,}74$ ist), während mit dem Kendallschen Rangkorrelationskoeffizienten kein Zusammenhang nachweisbar ist (weil $|\tau| = 0{,}54 < \tau(8;0{,}05) = 0{,}64$ ist).

Ohne zusätzliche Vergleichsdaten, d. h. ohne Vergrößerung des Stichprobenumfangs, läßt sich über den Zusammenhang zwischen Eignungsprüfung und praktischer Bewährung kein Urteil abgeben. Dabei könnte versucht werden, innerhalb der Aufnahmeprüfung die Noten in den einzelnen Fächern gesondert zu untersuchen und diejenigen Disziplinen herauszufinden, die besonders hohe Rangkorrelationskoeffizienten mit der Abschlußprüfung ergeben. Durch eine derartige Auswahl wäre man in der Lage, die geeignetsten Aufnahmebedingungen in Übereinstimmung mit der praktischen Bewährung festzustellen.

21 Einfache Regressionsanalyse

Es soll in Annäherung die Gesetzmäßigkeit gefunden werden, nach der die Zugfestigkeit Z von Beton bestimmter Zusammensetzung mit der Trockenzeit t ansteigt. Eine Stichprobe vom Umfang $N = 21$ ergab die folgenden Werte[1]:

---

[1] Nach Hald, A.: Statistical theory with engineering applications. New York: Wiley 1960.

Zugfestigkeit z [dN/cm²] nach der Trockenzeit t [Tage]

t	z				
1	13,0	13,3	11,8		
2	21,9	24,5	24,7		
3	29,8	28,0	24,1	24,2	26,2
7	32,4	30,4	34,5	33,1	35,7
28	41,8	42,6	40,3	35,7	37,3

Da die mittlere Zugfestigkeit $\mu_Z(t) = \zeta$ für $t = 0$ den Wert 0 besitzt und mit wachsender Zeit einem Grenzwert zustrebt, wird der linearisierbare Exponentialansatz

$$\mu_Z(t) = \zeta = \gamma e^{-\delta/t}$$

gewählt. Setzt man

$$1/t = x, \quad \lg \zeta = \eta, \quad \lg \gamma = \beta_0, \quad -\delta \lg e = \beta_1,$$

so geht die vorstehende Beziehung in

$$\eta = \beta_0 + \beta_1 x$$

über.

Die Transformation $\lg \zeta = \eta$ legt nahe zu untersuchen, ob die Transformation $\lg Z = Y$ zu einer Zielgröße führt, die um den Erwartungswert $\eta = \beta_0 + \beta_1 x$ mit der (unbekannten) Varianz σ^2 (annähernd) normal verteilt ist. Eine Überprüfung ergab, daß dies angenommen werden kann. Damit sind für die Größen $Y = \lg Z$ und $x = 1/t$ die Voraussetzungen für die Anwendbarkeit des Modells I von Abschn. 9.2 erfüllt.

Die transformierten Stichprobenwerte $x_i = 1/t_i$ und $y_{i\nu} = \lg z_{i\nu}$ stehen in den Spalten 2 und 3 der folgenden Tabelle.

In den Spalten 4 bis 9 werden die Hilfssummen nach (9.2.8) gebildet. Mit diesen erhält man nach (9.2.9) bis (9.2.13)

$$\bar{x} = 0{,}3361, \quad \bar{y} = 1{,}4344,$$
$$Q_{xx} = 2{,}0402, \quad Q_{yy} = 0{,}5256, \quad Q_{xy} = -1{,}0159,$$
$$s_x^2 = 0{,}1020, \quad s_y^2 = 0{,}0263, \quad s_{xy} = -0{,}0508,$$
$$b_1 = -0{,}498, \quad b_0 = 1{,}602.$$

Die Regressionsgerade der Stichprobe nach (9.2.14) lautet

$$\hat{y}(x) = 1{,}602 - 0{,}498\,x.$$

Die Restvarianz nach (9.2.16) ist

$$s^2 = 0{,}00104.$$

Das Bestimmtheitsmaß der Regression nach (9.2.17) ist

$$\hat{B} = 96{,}2\,\%.$$

Die Schätzwerte für die Varianzen $V(b_0)$ und $V(b_1)$, die man durch Einsetzen von s^2 für σ_ε^2 in (9.2.20) und (9.2.21) erhält, sind klein im Vergleich zu den Schätzwerten b_0 und b_1 für β_0 und β_1. Deshalb stellen die aus $\lg \hat{\gamma} = b_0$ und $-\hat{\delta} \lg e = b_1$ sich ergebenden

Beispiele

1	2	3					4	5	6	7	8
i	x_i	$y_{i\nu}$					n_i	$n_i x_i$	$n_i x_i^2$	$\sum_{\nu=1}^{n_i} y_{i\nu}$	$\sum_{\nu=1}^{n_i} y_{i\nu}^2$
1	1,000	1,114	1,124	1,072			3	3,000	3,0000	3,310	3,6536
2	0,500	1,340	1,389	1,393			3	1,500	0,7500	4,122	5,6654
3	0,333	1,474	1,447	1,382	1,384	1,418	5	1,665	0,5544	7,105	10,1026
4	0,143	1,511	1,483	1,538	1,520	1,553	5	0,715	0,1022	7,605	11,5701
5	0,0357	1,621	1,629	1,605	1,553	1,572	5	0,179	0,0064	7,980	12,7403
$\sum$	–	–	–	–	–	–	$N=21$	$S_x=7,059$	$S_{xx}=4,4130$	$S_y=30,122$	$S_{yy}=43,7320$

9	10	11	12	13	14	15
i	$x_i \sum_{\nu=1}^{n_i} y_{i\nu}$	$\dfrac{\sum_{\nu=1}^{n_i} y_{i\nu}}{n_i} = \bar{y}_i$	$b_0 + b_1 x_i = \hat{y}_i$	$\bar{y}_i - \hat{y}_i$	$n_i(\bar{y}_i - \hat{y}_i)$	$n_i(\bar{y}_i - \hat{y}_i)^2$	$n_i \bar{y}_i^2$
1	3,310	1,103	1,104	−0,001	−0,003	0,000 003	3,6520
2	2,061	1,374	1,353	0,021	0,063	0,001 323	5,6636
3	2,366	1,421	1,436	−0,015	−0,075	0,001 125	10,0962
4	1,0875	1,521	1,531	−0,010	−0,050	0,000 500	11,5672
5	0,2849	1,596	1,584	0,012	0,060	0,000 720	12,7361
$\sum$	$S_{xy}=9,1094$	–	–	–	$-0,005 \approx 0$ [Kontrolle]	$Q_1 = 0,003\,671$	$Q^* = 43,7151$

Werte $\hat{\gamma} = 40{,}0$ und $\hat{\delta} = 1{,}15$ gut brauchbare Schätzwerte für die Parameter des Exponentialansatzes dar, d. h. es gilt

$$\hat{z}(t) = 40{,}0 \, e^{-1{,}15/t}.$$

Linearitätstest

Ob der Exponentialansatz $\mu_z(t)$ angemessen ist, kann geprüft werden, indem der lineare Ansatz $\eta = b_0 + b_1 x$ in den transformierten Variablen auf Brauchbarkeit geprüft wird. Dazu wird der Linearitätstest nach (9.2.28) durchgeführt; Signifikanzniveau sei $\alpha = 5\%$. Die Zahl der verschiedenen Werte für x ist $k = 5$. Daraus ergibt sich mit $f_1 = k - 2 = 3$ und $f_2 = N - k = 16$ aus Tab. C 6 der kritische Wert $F_{3,16;\,0,95} = 3{,}24$. Zur Berechnung des Prüfwertes dienen die Spalten 10 bis 15 der Tabelle. Dort ergibt sich mit (9.2.24) $Q_1 = 0{,}003\,671$ und $Q^* = \sum n_i \bar{y}_i^2 = 43{,}7151$, woraus nach (9.2.26) $Q_2 = 0{,}0169$ folgt. Der Prüfwert nach (9.2.28) wird

$$\frac{Q_1/(k-2)}{Q_2/(N-k)} = 1{,}16.$$

Er ist kleiner als der kritische Wert, so daß die Nullhypothese der Linearität (in den transformierten Variablen) nicht verworfen wird. Der Exponentialansatz für den Zusammenhang zwischen Zugfestigkeit und Trockenzeit ist hiernach statthaft.

Vertrauensbereiche für β_0 und β_1 bzw. γ und δ; Vertrauensniveau $1 - \alpha = 95\,\%$

Mit $f = N - 2 = 19$ ergibt sich aus Tab. C 4 der Wert $t_{19;0{,}975} = 2{,}09$ und damit nach (9.2.42) der Vertrauensbereich $1{,}580 \leq \beta_0 \leq 1{,}624$ sowie nach (9.2.43) der Vertrauensbereich $-0{,}547 \leq \beta_1 \leq -0{,}449$. Wegen $\lg \gamma = \beta_0$ und $-\delta \lg e = \beta_1$ folgen daraus durch einfache Umrechnung die Vertrauensbereiche

$$38{,}0 \leq \gamma \leq 42{,}1 \quad \text{und} \quad 1{,}03 \leq \delta \leq 1{,}26$$

für die Parameter des Exponentialansatzes.

Vertrauensbereiche für β_0 und β_1 bzw. γ und δ; Vertrauensniveau $1 - \alpha = 95\,\%$

Interessiert man sich beispielsweise für Vertrauensbereiche für die mittlere Zugfestigkeit μ_z nach der Trockenzeit von $t' = 1$ Tag und $t'' = 28$ Tagen, dann hat man zunächst Vertrauensbereiche für μ_y für $x' = 1/t' = 1{,}0$ und $x'' = 1/t'' = 1/28 = 0{,}0357$ nach (9.2.51) und (9.2.52) abzugrenzen. Aus (9.2.52) ergibt sich $A' = A(x') = 0{,}263\,66$ und $A'' = A(x'') = 0{,}091\,85$, woraus mit $t_{19;0{,}975} = 2{,}09$ die Vertrauensbereiche

$$1{,}068 \leq \mu_y(x') \leq 1{,}140 \quad \text{bzw.} \quad 11{,}7 \leq \mu_z(1) \leq 13{,}8;$$
$$1{,}563 \leq \mu_y(x'') \leq 1{,}605 \quad \text{bzw.} \quad 36{,}6 \leq \mu_z(28) \leq 40{,}3$$

folgen. Also liegt beispielsweise die mittlere Zugfestigkeit nach einer Trockenzeit von $t = 28$ Tagen zwischen $36{,}6\,\text{dN/cm}^2$ und $40{,}3\,\text{dN/cm}^2$.

Zweiseitiger statistischer Anteilsbereich; Vertrauensniveau $1 - \alpha = 95\,\%$

Es soll der statistische Anteilsbereich ermittelt werden, in dem beim Vertrauensniveau $1 - \alpha = 95\,\%$ nach einer Trockenzeit von $t = 28$ Tagen mindestens $1 - \gamma = 90\,\%$ aller Zugfestigkeitswerte liegen. Mit $n = 10{,}9 \approx 11$ aus (9.2.61) findet man aus Tab. C 23

$$r(11; 0{,}90) = 1{,}7182 \quad \text{und} \quad v(19; 0{,}95) = 1{,}3704$$

und daraus nach (9.2.60) $k_{2u} = 2{,}355$.

Hieraus ergibt sich aus (9.2.58) zunächst, daß mindestens $90\,\%$ der Verteilung von Y zwischen $1{,}506$ und $1{,}662$ liegt. Wegen $Y = \lg Z$ hat der entsprechende statistische Anteilsbereich für den Anteil $90\,\%$ der Zugfestigkeit die Grenzen $32{,}1$ und $45{,}9$: Beim Vertrauensniveau $1 - \alpha = 95\,\%$ ergibt sich somit, daß mindestens $90\,\%$ aller Zugfestigkeitswerte nach $t = 28$ Tagen zwischen $32{,}1\,\text{dN/cm}^2$ und $45{,}9\,\text{dN/cm}^2$ liegen. In entsprechender Weise findet man, daß nach der gleichen Trockenzeit mindestens $99\,\%$ aller Zugfestigkeitswerte zwischen $29{,}0\,\text{dN/cm}^2$ und $50{,}8\,\text{dN/cm}^2$ liegen.

22 Mehrfache Regressionsanalyse[1]

Die (auf eine Tonne Walzgut) bezogene Walzzeit Y [min/t] auf einer Walzstraße ist im wesentlichen von drei Einflußgrößen abhängig: der Festigkeit des Walzgutes, dem Blockgewicht und der Kantenlänge des Endquerschnitts, auf den man auswalzt. Da man das eingesetzte Walzgut im praktischen Betrieb in drei Walzschwierigkeitsgruppen I, II und III aufteilt, wird diese Unterteilung übernommen.

Zur Quantifizierung der qualitativen Einflußgröße 'Walzschwierigkeit' werden den drei Gruppen I, II und III die Werte $x_1 = z_1 = 0$, 1 und 2 zugeordnet, weil bekannt ist, daß die Walzschwierigkeit in dieser Reihenfolge linear wächst.

Wenn diese Information nicht vorhanden wäre, müßte die Walzschwierigkeit gemäß Abschn. 9.4 quantifiziert werden: Wählt man die Walzschwierigkeitsgruppe I zur Grundstufe, dann müssen der Gruppe II die Indikatorvariable z_1 und der Gruppe III die Indikatorvariable z_2 zugeordnet werden. Gehört ein Datensatz zur Gruppe I, dann ist $z_1 = 0$ und $z_2 = 0$ zu setzen; entsprechend bei Gruppe II: $z_1 = 1$, $z_2 = 0$, bei Gruppe III: $z_1 = 0$, $z_2 = 1$; vgl. Abschn. 9.4.

Da bei kleinerem Blockgewicht in der gleichen Zeitspanne geringere Mengen des Walzgutes durchgesetzt werden, gehören zu kleinen Bockgewichten große bezogene Walzzeiten und umgekehrt. Infolgedessen setzt man die bezogene Walzzeit proportional zum Kehrwert ($1/z_2$) des Blockgewichts. Die Gewichte z_2 sind in den Betriebsaufschreibungen in vier Gruppen festgehalten, die durch die 'mittleren Werte' $z_2 = 4,6$; 3,7; 1,8 und 1,3 gekennzeichnet werden.

Die wichtigste Einflußgröße ist der zu walzende Endquerschnitt. Je kleiner der Endquerschnitt, um so größer ist die erforderliche bezogene Walzzeit. Sie wird deshalb proportional zum Kehrwert ($1/z_3$) der 'Endkantenlänge' angesetzt. [Ein ebenfalls möglicher Ansatz wäre $1/z_3^2$.]

Nach einer Neugestaltung der Walzstraße wird vermutet, daß die bezogenen Walzzeiten für kleine Endquerschnitte kürzer als vorher sind, so daß es notwendig ist, die Vorgabezeiten für diese Endquerschnitte neu festzusetzen.

Das Ziel der vorliegenden Untersuchung ist, aus den Betriebsaufschreibungen (nach der Umstellung der Walzstraße) eine Regressionsformel zur Berechnung der neuen Walzzeiten aufzustellen.

Nach den gewählten Ansätzen ist die mittlere Walzzeit durch die Gleichung

$$\mu_Y(z_1, z_2, z_3) = \beta_0 + \beta_1 z_1 + \beta_2 (1/z_2) + \beta_3 (1/z_3)$$

mit den drei Einflußgrößen z_1, z_2 und z_3 verknüpft.

Mit

$$z_1 \equiv x_1; \quad \frac{1}{z_2} \equiv x_2; \quad \frac{1}{z_3} \equiv x_3$$

wird der Ansatz linearisiert zu

$$\mu_Y(x_1, x_2, x_3) = \beta_0 + \beta_1 x_1 + \beta_2 x_2 + \beta_3 x_3.$$

---

[1] Das Beispiel ist in Anlehnung an die Arbeit von Wellnitz, H.; Wege, H.: Der Einsatz der technischen Statistik bei Zeitvorgaben. Arch. Eisenhüttenwes. 25 (1954) 499 entstanden.

Die weiteren, im Ansatz nicht erfaßten Einflußgrößen bewirken nach aller Erfahrung, daß auch die übrigen Voraussetzungen des Modells I im Unterabschn. 9.3.1 erfüllt sind.

Betriebsaufschreibungen nach der Umstellung geben die folgenden $N = k = 3 \cdot 4 \cdot 6 = 72$ bezogenen Walzzeiten $y_\varkappa$ [min/t]:

Walz-schwierig-keit	x_1		Kantenlänge [10^2 mm]	1,15	1,30	1,40	1,60	1,65	1,70
		Block-gewicht [t]	x_3 x_2	0,8696	0,7692	0,7143	0,6250	0,6061	0,5882
I	0	4,6	0,217	1,09	1,04	0,90	0,86	0,79	0,67
		3,7	0,270	1,17	1,11	0,96	0,92	0,83	0,72
		1,8	0,556	1,62	1,54	1,32	1,27	1,16	0,99
		1,3	0,769	2,03	1,93	1,65	1,58	1,45	1,24
II	1	4,6	0,217	1,29	1,23	1,06	1,02	0,93	0,80
		3,7	0,270	1,37	1,31	1,13	1,08	0,99	0,85
		1,8	0,556	1,84	1,77	1,51	1,45	1,32	1,15
		1,3	0,769	2,21	2,12	1,82	1,75	1,58	1,37
III	2	4,6	0,217	1,54	1,47	1,27	1,21	1,10	0,96
		3,7	0,270	1,62	1,55	1,34	1,27	1,17	1,01
		1,8	0,556	2,12	2,03	1,75	1,65	1,52	1,31
		1,3	0,769	2,43	2,33	2,00	1,90	1,75	1,50

Beim Rechnen mit den Quadrat- und Produktsummen (Fall α) erhält man mit $x_0 \equiv 1$ und $n_\varkappa = 1$ für $\varkappa = 1, 2, \ldots, k$ aus (9.3.12) die Hilfsgrößen $S_{0y} = 99{,}59$; $S_{1y} = 108{,}55$; $S_{2y} = 49{,}971$; $S_{3y} = 70{,}772$ und die Matrix[1] der S_{ij} $(i, j = 0, 1, 2, 3)$

$$\mathbf{S} = (S_{ij}) = \begin{bmatrix} 72{,}0000 & 72{,}0000 & 32{,}6160 & 50{,}0688 \\ 72{,}0000 & 120{,}0000 & 32{,}6160 & 50{,}0688 \\ 32{,}6160 & 32{,}6160 & 18{,}3687 & 22{,}6812 \\ 50{,}0688 & 50{,}0688 & 22{,}6812 & 35{,}5447 \end{bmatrix}.$$

Die hierzu inverse Matrix nach (9.3.19) ist

$$\mathbf{C} = (c_{ij}) = \begin{bmatrix} 0{,}7544 & -0{,}0208 & -0{,}1260 & -0{,}9528 \\ -0{,}0208 & 0{,}0208 & 0{,}0000 & 0{,}0000 \\ -0{,}1260 & 0{,}0000 & 0{,}2783 & 0{,}0000 \\ -0{,}9528 & 0{,}0000 & 0{,}0000 & 1{,}3701 \end{bmatrix}.$$

Nach (9.3.18) folgen hiermit die Schätzwerte b_i für die Regressionskoeffizienten β_i:

$b_0 = -0{,}868, \quad b_1 = 0{,}187, \quad b_2 = 1{,}352, \quad b_3 = 2{,}088.$

---

[1] Die Elemente der hier angegebenen Matrix **S** wurden auf vier Stellen nach dem Komma gerundet. Mit ihnen errechnet sich die aufgeführte inverse Matrix **C**. Alle folgenden Ergebnisse basieren dagegen auf der Rechnung mit den ungerundeten Werten und weichen (z.B. bei den Regressionskoeffizienten der Stichprobe bereits in der dritten Stelle nach dem Komma) von denen ab, die man mit den aufgeschriebenen, auf vier Stellen gerundeten Daten erhalten würde.

Beispiele

Somit ergibt sich nach (9.3.42) als Regressionsebene der Stichprobe

$$\hat{y}(x_1, x_2, x_3) = -0{,}868 + 0{,}187\,x_1 + 1{,}352\,x_2 + 2{,}088\,x_3,$$

d. h. als Regressionsfunktion der Stichprobe

$$\hat{y}(z_1, z_2, z_3) = -0{,}868 + 0{,}187\,z_1 + 1{,}352\,\frac{1}{z_2} + 2{,}088\,\frac{1}{z_3};$$

vgl. Abb. B 22.1.

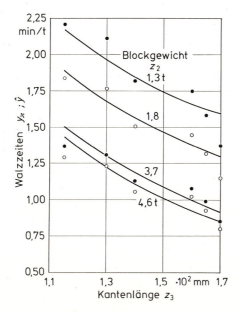

Abb. B 22.1. Beobachtete Walzzeiten y_x und Regressionsfunktion $\hat{y}(z_1, z_2, z_3)$ in Abhängigkeit von der Kantenlänge z_3 und dem Blockgewicht z_2 für die Walzschwierigkeitsgruppe $z_1 = \mathrm{II}$

Die Restsumme der quadrierten Abweichungen nach (9.3.43) ist $Q_\mathrm{Res} = 62{,}884$ und damit die Restvarianz nach (9.3.44) $s^2 = 0{,}913 \cdot 10^{-2}$. Das Bestimmtheitsmaß nach (9.3.45) ist $\hat{B} = 94{,}8\,\%$.

Die Hypothese, daß die Zielgröße Y linear von den (transformierten) Einflußgrößen x_i abhängt, kann wegen $n = k$ nicht getestet werden.

Vertrauensbereiche für die Regressionskoeffizienten β_i findet man aus (9.3.65). Zum Vertrauensniveau $1 - \alpha = 95\,\%$ und zu $f = 72 - 3 - 1 = 68$ erhält man bei zweiseitiger Abgrenzung mit $t_{68;\,0{,}975} = 2{,}00$ aus Tab. C 4

$$-1{,}027 \leq \beta_0 \leq -0{,}697, \quad 0{,}158 \leq \beta_1 \leq 0{,}214,$$
$$1{,}248 \leq \beta_2 \leq 1{,}450, \quad 1{,}866 \leq \beta_3 \leq 2{,}316.$$

In der folgenden Tabelle ist für sechs verschiedene Wertetupel (x'_1, x'_2, x'_3), die in den Spalten (1) bis (3) genannt sind, der Vertrauensbereich für den Erwartungswert $\mu_Y(x'_1, x'_2, x'_3)$ errechnet worden.

(1)	(2)	(3)	(4)	(5)	(6)
x'_1	x'_2	x'_3	A nach (9.3.68)	$\hat{y}(x'_1, x'_2, x'_3)$ nach (9.3.42)	Vertrauensbereich für $\mu_Y(x'_1, x'_2, x'_3)$ nach (9.3.67) $1 - \alpha = 95\%$
0	0,217	0,8696	0,0920	1,249	1,19…1,31
0	0,217	0,7143	0,0507	0,924	0,88…0,97
0	0,217	0,5882	0,0660	0,661	0,61…0,71
2	0,769	0,8696	0,1042	2,366	2,30…2,43
2	0,769	0,7143	0,0630	2,041	1,99…2,09
2	0,769	0,5882	0,0783	1,777	1,72…1,83

Zur Bestimmung des zweiseitigen statistischen Anteilsbereiches nach (9.3.74) bis (9.3.76), beispielsweise an der Stelle $x'_1 = 0$, $x'_2 = 0{,}217$, $x'_3 = 0{,}8696$, der mindestens den Anteil $(1 - \gamma)$ der Verteilung von Y enthält, findet man aus Tab. C 23 für $1 - \gamma = 95\%$, $1 - \alpha = 95\%$, $A = 0{,}0920$ (siehe obenstehende Tabelle), $n = 1/A = 10{,}9 \approx 11$ und $f = N - p - 1 = 68$ die Werte

$$r(11; 0{,}95) = 2{,}0459; \quad v(68; 0{,}95) = 1{,}166; \quad k_{2U} = rv = 2{,}386.$$

Mit $s = 0{,}096$ und $\hat{y} = 1{,}249$ (siehe obenstehende Tabelle) lautet der statistische Anteilsbereich demnach

$$1{,}02 \leq Y \leq 1{,}48.$$

Dieser Bereich enthält an der betrachteten Stelle (x'_1, x'_2, x'_3) auf dem Vertrauensniveau $1 - \alpha = 95\%$ mindestens den Anteil $1 - \gamma = 95\%$ der Einzelwerte Y der bezogenen) Walzzeiten. Der entsprechende statistische Anteilsbereich an der Stelle $x'_1 = 2$, $x'_2 = 0{,}769$, $x'_3 = 0{,}5882$ wird mit $A = 0{,}0783$, $n = 1/A = 12{,}8 \approx 13$ und $k_{2U} = 2{,}371$ schließlich $1{,}55 \leq Y \leq 2{,}00$.

23 Qualitätsregelkarten für ein quantitatives Merkmal ohne Berücksichtigung von vorgegebenen Grenzwerten

Beim Schmieden von Duraluminiumklemmen ist unter anderem die Spaltbreite der Teile für die weitere Verarbeitung von wesentlicher Bedeutung; hierfür sollen eine $\bar{x}$- und eine R-Karte entworfen werden. Im ungestörten Vorlauf wurde das Abmaß x [10^{-3} mm], d.h. die Differenz zwischen der Spaltbreite und dem Wert 8 mm, in $k = 16$ Stichproben zu je $n = 5$ Teilen gemessen und anschließend der arithmetische Mittelwert $\bar{x}_i$ und die Spannweite R_i für jede Stichprobe berechnet. Diese Werte sind in der folgenden Zahlentafel enthalten[1].

---

[1] Nach Grant, E.L.: Statistical quality control. New York: McGraw-Hill 1952, p. 149.

Beispiele

Stichprobe Nr. i	Mittelwert $\bar{x}_i$	Spannweite R_i	Stichprobe Nr. i	Mittelwert $\bar{x}_i$	Spannweite R_i
1	761	47	10	766	17
2	766	31	11	769	38
3	760	30	12	766	35
4	775	22	13	766	17
5	788	10	14	769	26
6	775	32	15	774	14
7	760	21	$16 = k$	758	24
8	763	18			
9	768	27	Summe	12 284	409

Beispielsweise wurden $\bar{x}_{11} = 769$ und $R_{11} = 38$ aus den Abmaßen 749, 762, 778, 787 und 771 [10^{-3} mm] der 11. Stichprobe berechnet.

Nach (10.2.3) wird der Gesamtmittelwert des Vorlaufs zu

$$\bar{\bar{x}} = \tfrac{1}{16} \cdot 12\,284 = 767{,}8 \ [10^{-3} \text{ mm}]$$

bestimmt. Die mittlere Spannweite des Vorlaufs ist nach (10.2.5)

$$\bar{R} = \tfrac{1}{16} \cdot 409 = 25{,}6 \ [10^{-3} \text{ mm}].$$

Die Grenzen der $\bar{x}$-Karte werden mit $\bar{\bar{x}}$ und $\bar{R}$ nach (10.2.21) und $A_W = 0{,}377$; $A_E = 0{,}495$ aus Tab. C 24 ermittelt:

Warngrenzen
UWG = $767{,}8 - 0{,}377 \cdot 25{,}6 = 758{,}1$ [10^{-3} mm]
OWG = $767{,}8 + 0{,}377 \cdot 25{,}6 = 777{,}5$ [10^{-3} mm]

Eingriffsgrenzen
UEG = $767{,}8 - 0{,}495 \cdot 25{,}6 = 755{,}1$ [10^{-3} mm]
OEG = $767{,}8 + 0{,}495 \cdot 25{,}6 = 780{,}5$ [10^{-3} mm].

Die Grenzen der R-Karte werden mit $\bar{R}$ nach (10.2.27) und $D_{WU} = 0{,}365$; $D_{WO} = 1{,}804$; $D_{EU} = 0{,}239$; $D_{EO} = 2{,}100$ aus Tab. C 25 bestimmt:

Warngrenzen
UWG = $0{,}365 \cdot 25{,}6 = 9{,}3$ [10^{-3} mm]
OWG = $1{,}804 \cdot 25{,}6 = 46{,}2$ [10^{-3} mm]

Eingriffsgrenzen
UEG = $0{,}239 \cdot 25{,}6 = 6{,}1$ [10^{-3} mm]
OEG = $2{,}100 \cdot 25{,}6 = 53{,}8$ [10^{-3} mm].

In vielen Fällen sind nur die oberen Grenzen OEG und OWG der R-Karte von praktischer Bedeutung.

$\bar{x}$- und R-Karte sind in Abb. B 23.1 und Abb. B 23.2 dargestellt worden[1]. Die $\bar{x}_i$- und R_i-Werte des Vorlaufs wurden eingetragen.

---

[1] Bei dieser und den folgenden Qualitätsregelkarten sind die eingetragenen Punkte durch Geraden verbunden worden, damit die Schwankung der Prüfgröße mit dem Auge deutlich verfolgt werden kann. In der Praxis wird man die Punkte im allgemeinen nicht verbinden, da dann nur ihre Lage bezüglich der Eingriffs- bzw. Warngrenzen von Interesse ist.

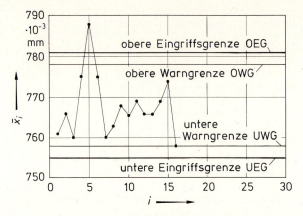

Abb. B 23.1.: Beispiel für eine $\bar{x}$-Karte[1]

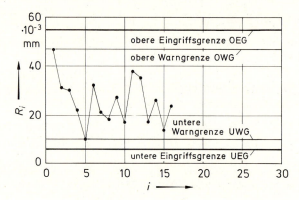

Abb. B 23.2. Beispiel für eine R-Karte[1]

Die $\bar{x}$-Karte zeigt im Vorlauf nur einen einzigen die obere Eingriffsgrenze überschreitenden $\bar{x}$-Wert, so daß mit den berechneten Eingriffs- und Warngrenzen weitergearbeitet werden darf.

24 Qualitätsregelkarte für ein quantitatives Merkmal mit Berücksichtigung von Grenzwerten[2]

Ein wesentliches Qualitätsmerkmal einer Tablette ist die darin enthaltene Menge an Wirkstoff. Wegen des hohen apparativen und insbesondere auch zeitlichen Aufwands bei der Messung eignet sich dieses Merkmal nicht zur laufenden Überwachung und Regelung des Herstellungsprozesses.

---

[1] Siehe Fußnote S. 429.
[2] Vgl. Wilrich, P.-Th.; Rupp, R.; Schmidt, G.: Analyse des Tablettierprozesses und Steuerung über eine Qualitätsregelkarte. Pharm. Ind. 47 (1985) 881–889.

Beispiele

Das Gewicht der Tabletten, also die Summe der Komponentengewichte, ist im Vergleich zum Wirkstoffgehalt einfach bestimmbar und wird daher zur Überwachung und Regelung des Tablettierprozesses herangezogen.

Die Prüfvorschrift für die Gewichtseinheitlichkeit im Europäischen Arzneibuch kann im Sinne eines vorgegebenen Toleranzbereichs für das Gewicht interpretiert werden. Das Europäische Arzneibuch besagt im wesentlichen, daß die Abweichung der Einzelgewichte x_i vom Mittelwert $\bar{x}$ dieser Einzelgewichte bei Sollgewichten von 250 mg und mehr betragsmäßig 5 % nicht übersteigen darf. Diese Arzneibuchforderung für die Gewichtseinheitlichkeit (bzw. die Gewichtsstreuung) wird bei der Herstellung üblicherweise als Toleranzvorgabe aufgefaßt, wonach die Abweichungen der Einzelgewichte x_i vom Sollwert μ_0 5 % nicht überschreiten dürfen.

Im vorliegenden Falle war aus Erfahrung bekannt, daß der Variationskoeffizient $\gamma = \sigma/\mu$ des Tablettengewichts zeitlich stabil und nicht größer als 1 % war. Bei einem Sollgewicht von $\mu_0 = 625$ mg entspricht das einer Standardabweichung σ, die nicht größer als $625 \cdot 0{,}01 = 6{,}25$ mg ist.

Unter Verwendung des Wertes $\sigma = 6{,}25$ mg soll eine Qualitätsregelkarte so entworfen werden, daß beim momentanen Schlechtanteil (d.h. Anteil von Tabletten mit Gewicht außerhalb des Toleranzbereichs 95 % ... 105 % Sollgewicht) $p^* = 2$ % mit der Wahrscheinlichkeit $1 - L^* = 95$ % in den Tablettierprozeß eingegriffen wird. Die Karte soll als $\bar{x}$-Karte bei einem Stichprobenumfang $n = 10$ entworfen werden.

Die Bedingung (10.2.43) ist gerade erfüllt: $T = 10 \% \cdot \mu_0$ ist gleich $10\sigma = 10 \cdot 1 \% \cdot \mu_0 = 10 \% \cdot \mu_0$. Der Abgrenzungsfaktor ergibt sich nach (10.2.51) mit $u_{1-p^*} = u_{0{,}98} = 2{,}054$ und $u_{1-L^*} = u_{0{,}95} = 1{,}645$ aus Tab. C 3 zu

$$k_A = 2{,}054 + \frac{1{,}645}{\sqrt{10}} = 2{,}574.$$

Die Eingriffsgrenzen sind nach (10.2.50)

$$\text{UEG} = T_U + k_A \sigma = 95 \% \cdot \mu_0 + 2{,}574 \cdot 1 \% \cdot \mu_0$$
$$= 97{,}57 \% \cdot 625 = 609{,}81 \text{ mg};$$

$$\text{OEG} = T_O - k_A \sigma = 105 \% \cdot \mu_0 - 2{,}574 \cdot 1 \% \cdot \mu_0$$
$$= 102{,}43 \% \cdot 625 = 640{,}19 \text{ mg}.$$

Die Operations-Charakteristik (Nichteingriffswahrscheinlichkeit L in Abhängigkeit von p_t) kann aus (10.2.52) punktweise berechnet werden. Beispielsweise ergibt sich für $p_t = 1 \%$ mit $u_{1-p_t} = u_{0{,}99} = 2{,}326$ aus Tab. C 3

$$L(1\%) = \Phi\left(\sqrt{10}\,(2{,}326 - 2{,}574)\right) = \Phi(-0{,}78)$$
$$= 1 - \Phi(0{,}78) = 1 - 0{,}782 = 0{,}218 = 21{,}8 \%.$$

Wenn die Verteilung des Tablettengewichts so liegt, daß der momentane Schlechtanteil $p_t = 1 \%$ beträgt, daß also entweder 1 % der Tablettengewichte größer als der Höchstwert T_O oder 1 % kleiner als der Mindestwert T_U sind, dann besteht eine Nichteingriffswahrscheinlichkeit von $L = 21{,}8 \%$, d.h. es wird mit der Wahrscheinlichkeit $1 - L = 78{,}2 \%$ eingegriffen. In Abb. B 24.1 ist die Operations-Charakteristik als mittlere Kurve zusammen mit den Operations-Charakteristiken für zwei andere Vorgaben p^* dargestellt.

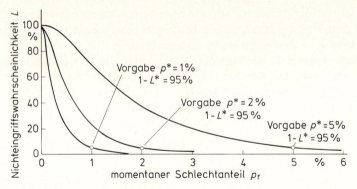

Abb. B 24.1. Die Operations-Charakteristiken von drei $\bar{x}$-Karten unter Berücksichtigung von Grenzwerten; Stichprobenumfang $n = 10$

25 Qualitätsregelkarte für die Anzahl fehlerhafter Einheiten (Stücke)

Im Anschluß an die Galvanisierung von Radschutzkappen soll eine Prüfung der Teile auf Oberflächenfehler durchgeführt werden. Es wird festgelegt, je Los 400 Prüflinge zu entnehmen und unter diesen die Zahl der fehlerhaften Kappen zu bestimmen. In der folgenden Tabelle[1] sind die Untersuchungsergebnisse von 25 Losen aus einer ungestörten Fertigung wiedergegeben (Vorlauf). An Hand dieser Werte soll eine $\hat{p}$-Karte entworfen werden.

Los Nr. i	Anzahl der fehlerhaften Stücke x_i	Los Nr. i	Anzahl der fehlerhaften Stücke x_i	Los Nr. i	Anzahl der fehlerhaften Stücke x_i	Los Nr. i	Anzahl der fehlerhaften Stücke x_i	Los Nr. i	Anzahl der fehlerhaften Stücke x_i
1	1	6	9	11	4	16	2	21	1
2	3	7	4	12	8	17	0	22	5
3	8	8	8	13	1	18	5	23	2
4	7	9	3	14	6	19	9	24	3
5	2	10	6	15	5	20	4	25	3
								Summe	109

Mit $n = 400$, $k = 25$ und $\sum x_i = 109$ wird nach (10.3.1) der mittlere Schlechtanteil $\bar{p} = 0{,}0109 = 1{,}09\,\%$ gefunden.

Da $n > 100$ und $\bar{p} > 1\,\%$ ist, werden die Eingriffsgrenzen näherungsweise nach (5.3.66) und (5.3.67) bestimmt. Es ergeben sich mit $u_{99,5\%} = 2{,}576$ aus Tab. C 3 sowie mit Tab. C 16

---

[1] Nach ASTM/STP 25-C: Manual on quality control of materials. Philadelphia 1951, p. 84.

Beispiele

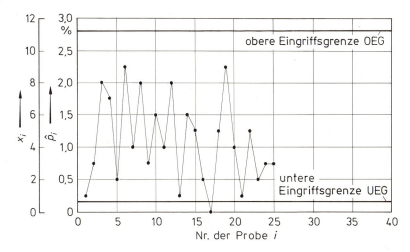

Abb. B 25.1. Beispiel für eine $\hat{p}$-Karte (x-Karte für die Anzahl fehlerhafter Einheiten)[1]

$$z_U = \arcsin\sqrt{0{,}0109} - \frac{2{,}576}{2\sqrt{400}} = 0{,}040; \quad z_O = \arcsin\sqrt{0{,}0109} + \frac{2{,}576}{2\sqrt{400}} = 0{,}169$$

und dazu aus Tab. C 17 die Eingriffsgrenzen

$$\hat{p}_U = \sin^2 0{,}040 = 0{,}16\% \quad \text{und} \quad \hat{p}_O = \sin^2 0{,}169 = 2{,}83\%.$$

In Abb. B 25.1 ist die $\hat{p}$-Karte dargestellt. Die Ordinate enthält neben der Teilung für $\hat{p}$ zusätzlich eine Teilung für die Anzahl x fehlerhafter Stücke, so daß ein Umrechnen von x in $\hat{p}$ nicht erforderlich ist. Außerdem sind in diese Karte die x-Werte des Vorlaufs eingetragen worden. In vielen Fällen sind nur die oberen Grenzen $\hat{p}_O$ bzw. x_O von praktischer Bedeutung.

26 Qualitätsregelkarte für die Fehlerzahl

Ein Schweißer ist damit beauftragt, Leichtmetallteile miteinander zu verschweißen. Die Güte der Schweißung wird durch die Anzahl der Schweißfehler je Naht beurteilt. Drei Tage lang wurden der Fertigung zu verschiedenen Zeitpunkten einzelne geschweißte Teile entnommen und auf Schweißfehler untersucht. Man fand die folgenden Ergebnisse[2]:

---

[1] Siehe Fußnote S. 429.
[2] Nach Grant, E.L.: Statistical quality control. New York: McGraw-Hill 1946.

Tag	1								2								3							
Naht Nr. i	1	2	3	4	5	6	7	8	9	10	11	12	13	14	15	16	17	18	19	20	21	22	23	24
Fehlerzahl c_i	2	4	7	3	1	4	8	9	5	3	7	11	6	4	9	9	6	4	3	9	7	4	7	12

An Hand dieser Beobachtungen soll eine x-Karte für die Fehlerzahl zur laufenden Fertigungsüberwachung entworfen werden.

Nach (10.4.1) erhält man als mittlere Fehlerzahl je Schweißnaht mit $k = 24$ und $\sum x_i = 144$

$$\bar{x} = \tfrac{1}{24} \cdot 144 = 6{,}0 \text{ Fehler/Naht}.$$

Da $\bar{x} = 6{,}0 > 2$ ist, werden die Eingriffsgrenzen näherungsweise nach (5.3.77) und (5.3.78) bestimmt. Es ergeben sich mit $u_{99{,}5\%} = 2{,}576$ aus Tab. C 3

$$z_U = \sqrt{6} - 2{,}576/2 = 1{,}16; \quad z_O = \sqrt{6} + 2{,}576/2 = 3{,}74$$

und daraus die Eingriffsgrenzen

$$x_U = 1{,}16^2 = 1{,}3 \quad \text{und} \quad x_O = 3{,}74^2 = 13{,}9.$$

In Abb. B 26.1 ist die x-Karte für dieses Beispiel dargestellt worden. In vielen Fällen ist nur die obere Grenze x_O von praktischer Bedeutung.

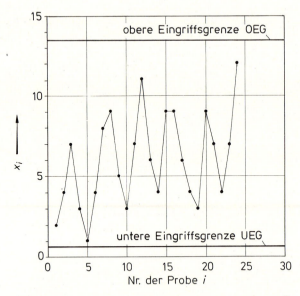

Abb. B 26.1. Beispiel für eine x-Karte für die Fehlerzahl[1)]

[1)] Siehe Fußnote S. 429.

Beispiele 435

27 Einfach-Stichprobenanweisung für Attributprüfung

Ein bestimmtes Produkt wird in Losen vom Umfang $N = 500$ angeliefert. Mit einer Einfach-Stichprobenanweisung für Attributprüfung (vgl. Abschn. 11.2) soll geprüft werden, ob die Qualitätsforderung eingehalten ist, daß der Anteil von fehlerhaften Einheiten im Los nicht größer als 1% ist. Die Einfach-Stichprobenanweisung soll so bestimmt werden, daß beim Anteil $p_1 = 1\%$ von fehlerhaften Einheiten im Los eine Annahmewahrscheinlichkeit von $1 - \alpha = 93\%$ und beim Anteil $p_2 = 8\%$ eine Annahmewahrscheinlichkeit von $\beta = 10\%$ besteht, d. h. es sind die Punkte $P_1(1\%; 93\%)$ und $P_2(8\%; 10\%)$ der Operations-Charakteristik vorgegeben; vgl. Unterabschnitt 11.2.5.

Stichprobenumfang n und Annahmezahl c ergeben sich näherungsweise aus (11.2.14) bis (11.2.18). Unter Verwendung von Tab. C 3 und Tab. C 16 findet man

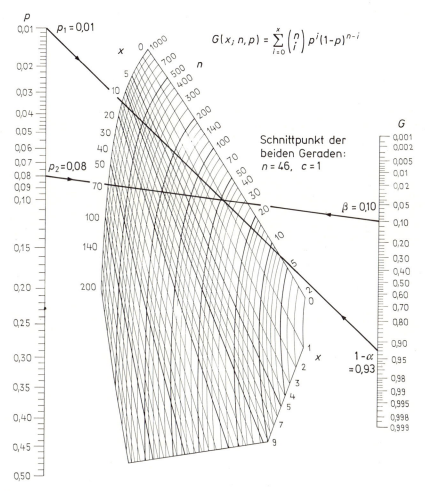

Abb. B 27.1. Die Bestimmung einer Einfach-Stichprobenanweisung für Attributprüfung im Nomogramm D 1.

$$u_{1-\alpha} = u_{0,93} = 1{,}476; \qquad u_{1-\beta} = u_{0,9} = 1{,}282;$$

$$\varphi_1 = \arcsin\sqrt{0{,}01} = 0{,}1002; \qquad \varphi_2 = \arcsin\sqrt{0{,}08} = 0{,}2868;$$

$$n \approx \frac{1}{4}\left(\frac{1{,}476 + 1{,}282}{0{,}2868 - 0{,}1002}\right)^2 - \frac{1}{4 \cdot 0{,}1002 \cdot 0{,}2868} = 54{,}6 - 8{,}7 \approx 46.$$

Mit $n = 46$ ergibt sich aus (11.2.16)

$$\varphi^* = \tfrac{1}{2}(0{,}1002 + 0{,}2868)\left(1 - \frac{1}{8 \cdot 46 \cdot 0{,}1002 \cdot 0{,}2868}\right) + \frac{1{,}476 - 1{,}282}{4\sqrt{46}}$$

$$= 0{,}1752 + 0{,}0072 = 0{,}1824$$

und daraus nach (11.2.17) und (11.2.18) mit Tab. C 17

$$p^* = \sin^2 0{,}1824 = 0{,}033 \quad \text{und} \quad c = 46 \cdot 0{,}033 - \tfrac{1}{2} = 1{,}01;$$

also gerundet $c = 1$.

Die Einfach-Stichprobenanweisung läßt sich auch graphisch im Nomogramm D 1 bestimmen. Dazu werden eine erste Ablesegerade durch $p = p_1 = 0{,}01$ und $G = 1 - \alpha = 0{,}93$ und eine zweite Ablesegerade durch $p = p_2 = 0{,}08$ und $G = \beta = 0{,}10$ gelegt, an deren Schnittpunkt im Netz die Werte $n = 46$ und $c = 1$ (in Übereinstimmung mit der Näherungslösung) abgelesen werden; vgl. Abb. B 27.1.

Die Operations-Charakteristik $L(p)$ dieser Einfach-Stichprobenanweisung ergibt sich aus (11.2.8). Sie ist für $p = 0$ bis $p = 0{,}15$ in Spalte 2 der folgenden Tabelle und

(1)	(2)	(3)	(4)	(5)	(6)	(7)	(8)
Schlechtanteil	\multicolumn{7}{l}{Annahmewahrscheinlichkeit $L(p)$ der Einfach-Stichprobenanweisung}						
p	$n = 46$ $c = 1$	$n = 63$ $c = 2$	$n = 65$ $c = 2$	$n = 67$ $c = 2$	$n = 65$ $c = 2$	$n = 65$ $c = 2$	$n = 50$ $c = 1$
0,00	1,0000	1,0000	1,0000	1,0000	1,0000	1,0000	1,0000
0,01	0,9225	0,9841	0,9724	0,9694	0,9827	0,9717	0,9106
0,02	0,7655	0,8802	0,8588	0,8478	0,8712	0,8571	0,7358
0,03	0,5968	0,7100	0,6904	0,6740	0,6924	0,6902	0,5553
0,04	0,4460	0,5276	0,5154	0,4985	0,5054	0,5184	0,4005
0,05	0,3232	0,3680	0,3630	0,3495	0,3454	0,3696	0,2794
0,06	0,2285	0,2441	0,2441	0,2352	0,2243	0,2531	0,1900
0,07	0,1584	0,1554	0,1580	0,1533	0,1396	0,1680	0,1265
0,08	0,1079	0,0956	0,0991	0,0974	0,0839	0,1088	0,0827
0,09	0,0725	0,0571	0,0604	0,0606	0,0489	0,0690	0,0532
0,10	0,0480	0,0332	0,0360	0,0371	0,0278	0,0430	0,0338
0,11	0,0314	0,0189	0,0209	0,0224	0,0154	0,0265	0,0212
0,12	0,0203	0,0105	0,0120	0,0133	0,0083	0,0161	0,0131
0,13	0,0130	0,0057	0,0067	0,0079	0,0044	0,0097	0,0080
0,14	0,0082	0,0031	0,0037	0,0046	0,0023	0,0058	0,0049
0,15	0,0052	0,0016	0,0020	0,0027	0,0012	0,0034	0,0029
berechnet mit	BV	HV ($N = 500$)	BV	PV	HV ($N = 500$)	PV	BV

HV = Hypergeometrische Verteilung, BV = Binomialverteilung, PV = Poisson-Verteilung

Beispiele 437

in Abb. B 28.2 dargestellt. Wegen der Ganzzahligkeit von n und c läßt sich die Vorgabe, daß die Operations-Charakteristik (OC) durch die beiden Punkte P_1 und P_2 verläuft, nicht genau einhalten. Bei $p_1 = 1\%$ ist die Annahmewahrscheinlichkeit mit $L(p_1) = 92,25\%$ kleiner als die geforderten $1 - \alpha = 93\%$, bei $p_2 = 8\%$ ist sie mit $L(p_2) = 10,79\%$ größer als die geforderten $\beta = 10\%$, d. h. die Stichprobenanweisung ist weniger scharf als gefordert.

Gibt man vor, daß $L(1\%) \geq 93\%$ und $L(p_2) \leq 10\%$ sein soll, daß also die Stichprobenanweisung mindestens so scharf ist wie gefordert, dann müssen n und c aus (11.2.13) iterativ bestimmt werden. Man findet basierend auf der hypergeometrischen Verteilung (HV) mit $N = 500$ unter Verwendung von (11.2.3) die Einfach-Stichprobenanweisung $n = 63$ und $c = 2$ mit der in Spalte 3 der Tabelle angegebenen OC, basierend auf der Binomialverteilung (BV) unter Verwendung von (11.2.4) $n = 65$ und $c = 2$ mit der in Spalte 4 der Tabelle angegebenen OC (in guter Übereinstimmung mit Spalte 3) und basierend auf der Poisson-Verteilung (PV) unter Verwendung von (11.2.5) $n = 67$ und $c = 2$ mit der in Spalte 5 der Tabelle angegebenen OC (in brauchbarer Übereinstimmung mit Spalte 4).

Um zu vergleichen, wie gut die näherungsweise (mit Hilfe der Binomialverteilung oder der Poisson-Verteilung) berechnete OC mit der exakten OC (basierend auf der hypergeometrischen Verteilung) übereinstimmt, wurden für die Stichprobenanweisung $n = 65$, $c = 2$, die in Spalte 4 der Tabelle bereits basierend auf der Binomialverteilung berechnet wurde, noch die OC's basierend auf der hypergeometrischen Verteilung (Spalte 6) und auf der Poisson-Verteilung (Spalte 7) berechnet. Die Übereinstimmung ist gut — abgesehen von den Ergebnissen für größere p, basierend auf der Poisson-Verteilung.

Sieht man die Qualitätsforderung $p \leq 1\%$ als Vereinbarung einer annehmbaren Qualitätsgrenzlage AQL = 1% an (vgl. Abschn. 11.8), dann kann für AQL = 1% und $N = 500$ eine Einfach-Stichprobenanweisung für Attributprüfung aus dem Stichprobensystem Military Standard 105 D bzw. DIN 40 080 bestimmt werden. In Tab. 11.3 findet man zum Prüfniveau II den Kennbuchstaben H und $n_0 = n_1 = 50$, $n_2 = 20$, $c_0 = 0$, $c_1 = 1$, $c_2' = 0$, $c_2 = 1$. Bei normaler Prüfung ist die Einfach-Stichprobenanweisung also durch $n_1 = 50$, $c_1 = 1$, bei verschärfter Prüfung durch $n_0 = 50$, $c_0 = 0$, bei reduzierter Prüfung durch $n_2 = 20$, $c_2 = 1$ gekennzeichnet, wobei wegen $c_2' = 0$ bereits bei einer fehlerhaften Einheit in der Stichprobe ein Übergang von der reduzierten zur normalen Prüfung erfolgt (vgl. Abb. 11.21). Aus Tab. 11.4 entnimmt man zu $10 n_1 = 500$ und AQL = 1% den Wert $c = 2$, d. h. für einen Übergang von normaler auf reduzierte Prüfung ist u. a. erforderlich, daß die Gesamtanzahl der fehlerhaften Einheiten in den letzten 10 geprüften Stichproben nicht größer als 2 ist; vgl. Abb. 11.21. Unmittelbar mit den OC's der Tabelle läßt sich nur die der Einfach-Stichprobenanweisung $n = 50$, $c = 1$ für normale Prüfung vergleichen. Sie ist in Spalte 8 der Tabelle wiedergegeben und entspricht ungefähr der OC von Spalte 2.

28 Einfach-Stichprobenanweisung für Variablenprüfung

Für ein quantitatives Qualitätsmerkmal X von bestimmten Einheiten sei der Höchstwert $T_O = 173$ vorgeschrieben. Die Einheiten werden in Losen angeliefert, Vereinbarungsgemäß darf deren Anteil p von fehlerhaften Einheiten (d. h. in diesem Fall: Einheiten, deren Merkmalswert $x > 173$ ist) nicht größer als 1 % sein.

Die Wareneingangsprüfung soll mit einer Einfach-Stichprobenanweisung für Variablenprüfung erfolgen, wobei davon ausgegangen wird, daß das Qualitätsmerkmal X normalverteilt ist. Die Einfach-Stichprobenanweisung soll (wie in Beispiel 27) so bestimmt werden, daß beim Anteil $p_1 = 1\%$ von fehlerhaften Einheiten im Los eine Annahmewahrscheinlichkeit von $1 - \alpha = 93\%$ und beim Anteil $p_2 = 8\%$ eine Annahmewahrscheinlichkeit von $\beta = 10\%$ besteht, d. h. es sind die Punkte $P_1(1\%; 93\%)$ und $P_2(8\%; 10\%)$ der Operations-Charakteristik vorgegeben; vgl. Unterabschnitt 11.4.4.

Stichprobenumfang n und Annahmefaktor k ergeben sich – unter der Voraussetzung, daß σ bekannt ist — nach (11.4.7) und (11.4.8) mit $u_{1-p_1} = u_{0,99} = 2,326$; $u_{1-p_2} = u_{0,92} = 1,405$; $u_{1-\alpha} = u_{0,93} = 1,476$; $u_{1-\beta} = u_{0,9} = 1,282$ aus Tab. C 3 zu

$$n_\sigma = \left(\frac{1,476 + 1,282}{2,326 - 1,405}\right)^2 = 8,97;$$

also gerundet $n_\sigma = 9$, und

$$k_\sigma = \frac{1,282 \cdot 2,326 + 1,476 \cdot 1,405}{1,476 + 1,282} = 1,83.$$

Bei unbekanntem σ ergeben sich näherungsweise nach (11.4.9) und (11.4.10)

$$n_s = 8,97\left(1 + \frac{1,83^2}{2}\right) = 23,99;$$

also gerundet $n_s = 24$ und $k_s = k_\sigma = 1,83$.

Die Einfach-Stichprobenanweisungen lassen sich auch graphisch in Abb. 11.8 (bei bekanntem σ) und Abb. 11.9 (bei unbekanntem σ) bestimmen, wie in Abb. B 28.1 (für den Fall σ unbekannt) gezeigt ist. Die dort abgelesenen Werte $n_s = 25$, $k = 1,83$ entsprechen den exakten Werten (die mit Hilfe der nichtzentralen t-Verteilung berechnet werden müßten). Die Operations-Charakteristik der Stichprobenanweisung läßt sich nach (11.4.5) und (11.4.6) oder ebenfalls in Abb. B 28.1 bestimmen: Dazu werden durch Drehung um den Ablesepunkt ($n_s = 25$, $k = 1,83$) im Netz Ablesegeraden erzeugt, deren Schnittpunkte mit der linken und rechten Skala jeweils einen Punkt $(p; L)$ der OC festlegen. Beispielsweise liest man zu $p = 2\%$ den Wert $L = 74\%$ ab.

Die OC bei bekanntem σ läßt sich mit (11.4.4) exakt berechnen oder in gleicher Weise graphisch in Abb. 11.8 bestimmen wie bei unbekanntem σ in Abb. 11.9. Sie ist in Abb. B 28.2 zusammen mit der für die Einfach-Stichprobenanweisung $n = 46$, $c = 1$ für Attributprüfung aus Beispiel 27 wiedergegeben. Die OC's dieser beiden Stichprobenanweisungen und die — nicht in die Abb. eingezeichnete — OC der Stichprobenanweisung bei unbekanntem σ stimmen praktisch überein.

Beispiele

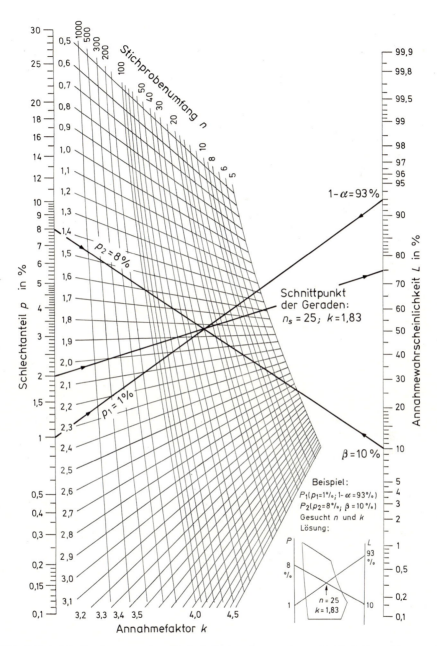

Abb. B 28.1. Die Bestimmung einer Einfach-Stichprobenanweisung für Variablenprüfung sowie eines Punktes der OC im Nomogramm der Abb. 11.9

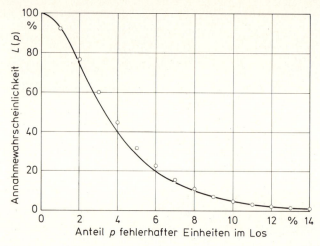

Abb. B 28.2. Die Operations-Charakteristiken $L(p)$ der $(\bar{x}; \sigma)$-Einfach-Stichprobenanweisung ($n_\sigma = 9$; $k = 1{,}83$) für Variablenprüfung und der Einfach-Stichprobenanweisung ($n = 46$; $c = 1$) für Attributprüfung sind nahezu gleich

Anwendung der $(\bar{x}; \sigma)$-Einfach-Stichprobenanweisung

Es sei $\sigma = 10$ bekannt. Aus dem Los wird eine Zufallsstichprobe vom Umfang $n_\sigma = 9$ entnommen und an jeder der 9 Einheiten das Merkmal X gemessen. Der Mittelwert der Meßwerte $x_1, \ldots, x_9$ sei $\bar{x} = 152{,}1$. Gemäß Tab. 11.1 kann die Prüfung mit Prüfwerten der Form I, II oder III erfolgen, wie es in der folgenden Tabelle geschehen ist.

Form	Prüfwert	Annahmekriterium	Entscheidung
I	$z_\sigma = 152{,}1 + 1{,}83 \cdot 10$ $= 170{,}4$	$z_\sigma < T_O$ mit $T_O = 173$	Annahme des Loses
II	$\hat{Q}_\sigma = (173 - 152{,}1)/10$ $= 2{,}09$	$\hat{Q}_\sigma > k$ mit $k = 1{,}83$	Annahme des Loses
III	$p_\sigma^* = 1 - \Phi(1{,}06 \cdot 2{,}09)$ $= 1 - \Phi(2{,}22)$ $= 1 - 0{,}9868$ $= 0{,}0132$, wobei $\lambda_\sigma = \sqrt{9/8} = 1{,}06$	$p_\sigma^* \leq M_\sigma$ mit $M_\sigma = 1 - \Phi(1{,}06 \cdot 1{,}83)$ $= 1 - \Phi(1{,}94)$ $= 1 - 0{,}9738$ $= 0{,}0262$	Annahme des Loses

Natürlich ergibt sich in allen drei Fällen dieselbe Entscheidung; $p_\sigma^* = 1{,}32\%$ ist der unverzerrte Schätzwert für den Schlechtanteil p des Loses.

Anwendung der $(\bar{x}; s)$-Einfach-Stichprobenanweisung

Aus dem Los wird eine Zufallsstichprobe vom Umfang $n_s = 24$ entnommen und an je-

Beispiele 441

der der 24 Einheiten das Merkmal X gemessen. Mittelwert und Standardabweichung der Meßwerte $x_1, \ldots, x_{24}$ seien $\bar{x} = 155{,}6$ und $s = 12{,}3$. Gemäß Tab. 11.1 kann die Prüfung mit Prüfwerten der Form I, II oder III erfolgen, wie es in der folgenden Tabelle geschehen ist.

Form	Prüfwert	Annahmekriterium	Entscheidung
I	$z_s = 155{,}6 + 1{,}83 \cdot 12{,}3$ $\quad = 178{,}1$	$z_s < T_O$ mit $T_O = 173$	Ablehnung des Loses
II	$\hat{Q}_s = (173 - 155{,}6)/12{,}3$ $\quad = 1{,}41$	$\hat{Q}_s > k$ mit $k = 1{,}83$	Ablehnung des Loses
III	$p_s^* = 1 - \Phi(1{,}01 \cdot 1{,}41)$ $\quad = 1 - \Phi(1{,}42)$ $\quad = 1 - 0{,}9222 = 0{,}0778$, wobei $\hat{\lambda}_s = \sqrt{\dfrac{2 \cdot 24 - 1}{2 \cdot 24 - 1{,}41^2}} = 1{,}01$	$p_s^* \leqq M_s$ mit $M_s = 1 - \Phi(1{,}01 \cdot 1{,}83)$ $\quad = 1 - \Phi(1{,}85)$ $\quad = 1 - 0{,}9678 = 0{,}0322$, wobei $\lambda_s = \sqrt{\dfrac{2 \cdot 24 - 1}{2 \cdot 24 - 1{,}476^2}}$ $\quad = 1{,}01$ mit $Q_s = u_{1-\alpha} = 1{,}476$	Ablehnung des Loses

Natürlich ergibt sich in allen drei Fällen dieselbe Entscheidung; $p_s^* = 7{,}78\,\%$ ist der unverzerrte Schätzwert für den Schlechtanteil p des Loses.

Graphische Bestimmung des verzerrten Schätzwertes für den Schlechtanteil p im Los mit Hilfe des Wahrscheinlichkeitsnetzes

Der verzerrte Schätzwert für den Schlechtanteil im Los nach (11.4.2) ist in den beiden Anwendungsbeispielen $\hat{p}_\sigma = 1 - \Phi(\hat{Q}_\sigma) = 1 - \Phi(2{,}09) = 1 - 0{,}9817 = 0{,}0183 = 1{,}83\,\%$ und $\hat{p}_s = 1 - \Phi(\hat{Q}_s) = 1 - \Phi(1{,}41) = 1 - 0{,}9207 = 0{,}0793 = 7{,}93\,\%$.

Dieser Schätzwert läßt sich graphisch im Wahrscheinlichkeitsnetz bestimmen. Dazu wird gemäß Abb. B 28.3 die Summengerade der Stichprobe ins Wahrscheinlichkeitsnetz eingezeichnet — entweder mit den Einzelwerten $x_1, \ldots, x_n$ gemäß Beispiel 3 oder durch die Punkte $(\bar{x} - \sigma; 15{,}9\,\%)$ und $(\bar{x} + \sigma; 84{,}1\,\%)$ bzw. $(\bar{x} - s; 15{,}9\,\%)$ und $(\bar{x} + s; 84{,}1\,\%)$. Zum Schnittpunkt der Summengeraden mit der Senkrechten durch T_O kann als Ordinatenwert direkt $1 - (\hat{p}_\sigma)_O$ bzw. $1 - (\hat{p}_s)_O$ abgelesen werden, aus dem sich der verzerrte Schätzwert $(\hat{p}_\sigma)_O$ bzw. $(\hat{p}_s)_O$ für den Schlechtanteil oberhalb T_O im Los ergibt. Die abgelesenen Werte stimmen mit den nach (11.4.2) berechneten überein.

Wäre stattdessen oder außerdem ein Mindestwert T_U gegeben, dann könnte zum Schnittpunkt der Summengeraden mit der Senkrechten durch T_O unmittelbar der Ordinatenwert $(\hat{p}_\sigma)_U$ bzw. $(\hat{p}_s)_U$ als verzerrter Schätzwert für den Schlechtanteil unterhalb T_U im Los abgelesen werden.

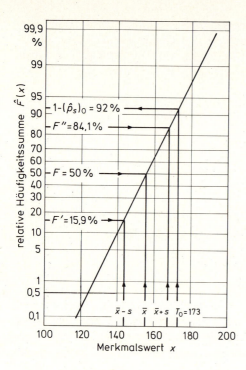

Abb. B 28.3. Die graphische Bestimmung des verzerrten Schätzwertes $(\hat{p}_s)_O$ für den Schlechtanteil im Los oberhalb des Höchstwertes T_O im Wahrscheinlichkeitsnetz

Graphische Bestimmung des unverzerrten Schätzwertes für den Schlechtanteil p im Los mit Hilfe von Abb. 11.6 und Abb. 11.7

Mit $\hat{p}_\sigma$ und n_σ findet man in Abb. 11.6 die Korrektur $\Delta p_\sigma = -0{,}005$, so daß sich nach (11.4.3) $p_\sigma^* = 0{,}0133 = 1{,}33\%$ ergibt (während bei direkter Rechnung $p_\sigma^* = 1{,}32\%$ gefunden wurde). Mit $\hat{p}_s$ und n_s findet man in Abb. 11.7 die Korrektur $\Delta p_s = -0{,}002$, so daß sich nach (11.4.3) $p_s^* = 0{,}0773 = 7{,}73\%$ ergibt (während bei direkter Rechnung $p_s^* = 7{,}78\%$ gefunden wird).

29 Sequentielle Stichprobenanweisung für Attributprüfung

Lieferant und Besteller eines Erzeugnisses haben sich darauf verständigt, daß Lose mit einem Schlechtanteil $p \leq p_1 = 2\%$ als 'annehmbar', solche mit $p \geq p_2 = 6\%$ als 'nicht annehmbar' gelten. Die den Werten p_1 und p_2 zugeordneten Wahrscheinlichkeiten für Fehlentscheidungen seien $\alpha = 5\%$ für (nicht erwünschte) Ablehnung eines (guten) Loses mit $p = p_1$ und $\beta = 5\%$ für (nicht erwünschte) Annahme eines (schlechten) Loses mit $p = p_2$.

Die Einhaltung dieser Vereinbarung soll mit einer sequentiellen Stichprobenanweisung für Attributprüfung durch Prüfung auf fehlerhafte Einheiten erfolgen; vgl. Unterabschnitt 11.5.2.

Beispiele

Mit den Hilfsgrößen nach (11.5.1) bis (11.5.3),

$$A = B = 2{,}944; \quad P = 1{,}0986; \quad Q = 0{,}04167; \quad a = b = 2{,}58; \quad \psi = 0{,}0366$$

ergibt sich bei rechnerischer Auswertung entsprechend (11.5.4) bis (11.5.6) die folgende Entscheidungsregel:

Ist k die gerade erreichte Anzahl von Einheiten, die dem Los nach dem Zufall entnommen wurden, und x_k die Anzahl der darunter gefundenen fehlerhaften Einheiten und gilt

$x_k \leq 0{,}0366k - 2{,}58;$ dann wird das Prüflos angenommen,

$0{,}0366k - 2{,}58 < x_k < 0{,}0366k + 2{,}58;$ dann wird die Prüfung fortgesetzt,

$x_k \geq 0{,}0366k + 2{,}58;$ dann wird das Prüflos abgelehnt.

Zur graphischen Auswertung zeichnet man nach (11.5.7) und (11.5.8) in die Stichprobenebene mit der Abszisse k und der Ordinate x_k die beiden (parallelen) Geraden

Annahmegerade G_A: $x_A = 0{,}0366k - 2{,}58;$

Rückweisegerade G_R: $x_R = 0{,}0366k + 2{,}58;$

die in Abb. B 29.1 dargestellt sind. Dort ist auch ein Linienzug für ein spezielles Prüfergebnis eingezeichnet worden, bei dem die Einheiten Nr. 13, 72 und 101 als fehlerhaft gefunden wurden. Solange der Linienzug zwischen G_A und G_R läuft, wird weiter geprüft. Bei Punkt A schneidet der Linienzug die Annahmegerade G_A. Nach der Entnahme und Prüfung von $n = 152$ Einheiten endet die Prüfung mit der Annahme des Loses.

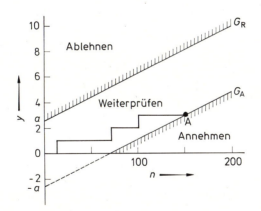

Abb. B 29.1. Zeichnerische Durchführung einer sequentiellen Stichprobenanweisung für Attributprüfung

In Abb. B 29.2 ist die Operations-Charakteristik $L(\tau)$ nach (11.5.9), die wegen $\alpha = \beta$ und damit $a = b$ die Form $L(\tau) = e^{a\tau}/(1 + e^{a\tau}) = 1 - 1/(1 + e^{a\tau})$ annimmt, über $a\tau$ bzw. τ dargestellt; $p(\tau)$ nach (11.5.9) ist über τ eingezeichnet worden. Die p-Teilung in % unterhalb der τ-Achse wird nach dem durch die eingetragenen Pfeile gekennzeichneten Verfahren aus $p(\tau)$ gefunden, so daß zugehörige τ- und p-Werte übereinander angeordnet sind. Auf diese Weise ist die Operations-Charakteristik ebenfalls in Abhängigkeit von p gegeben.

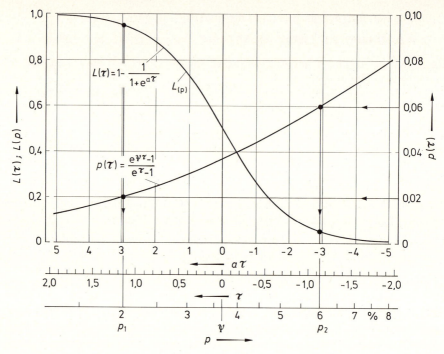

Abb. B 29.2. Zur Ermittlung der Operations-Charakteristik $L(p)$ einer sequentiellen Stichprobenanweisung für Attributprüfung

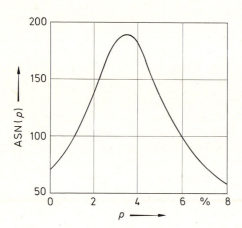

Abb. B 29.3. Der mittlere Stichprobenumfang (Erwartungswert der Anzahl n zu prüfender Einheiten) $\mathrm{ASN}(p) = E_p(n)$ einer sequentiellen Stichprobenanweisung für Attributprüfung in Abhängigkeit vom Schlechtanteil p

Der aus (11.5.12) und (11.5.13) berechnete Erwartungswert $E_p(n)$ der Anzahl n zu prüfender Einheiten, die ASN, ist über p in Abb. B 29.3 dargestellt. Der größte Wert 190 liegt an der Stelle $p = \psi$, d. h. bei der 'indifferenten Qualität', für welche die Wahrscheinlichkeiten für Annahme und Ablehnung des Loses übereinstimmen. 'Sehr gute' Lose mit $p \leq 1\%$ und 'sehr schlechte' Lose mit $p \geq 7\%$ erfordern zur Beurteilung erheblich kleinere ASN-Werte.

Beispiele

30 Auswertung einer Stichprobe im logarithmischen Wahrscheinlichkeitsnetz

Die folgende Tabelle[1] zeigt 200 Höchstzugkraftwerte für ein Viskose-Endlosgarn in einer Klasseneinteilung mit 13 Klassen. Um ein eindeutiges Einordnen der Einzelwerte in die Klassen zu gewährleisten, wurde mit den Klassengrenzen 65,05; 75,05 usw. gearbeitet. Zur Vereinfachung wird mit den Klassengrenzen 65; 75 weitergerechnet.

1	2	3	4	5	6	7	8	9
j	x'_j [cN]	x_j [cN]	n_j	z_j	$n_j z_j$	$n_j z_j^2$	h_j	$\hat{F}_j$
1	75	70	2	-10	-20	200	1 %	1 %
2	85	80	2	-9	-18	162	1	2
3	95	90	4	-8	-32	256	2	4
4	105	100	0	-7	0	0	0	4
5	115	110	4	-6	-24	144	2	6
6	125	120	8	-5	-40	200	4	10
7	135	130	8	-4	-32	128	4	14
8	145	140	18	-3	-54	162	9	23
9	155	150	30	-2	-60	120	15	38
10	165	160	34	-1	-34	34	17	55
11	175	170	40	0	0	0	20	75
12	185	180	36	1	36	36	18	93
13	195	190	14	2	28	56	7 %	100 %
Summe			200	—	-250	1498	100 %	—

Die Auswertung der Spalten 5 bis 7 der Tabelle nach (5.1.18), (5.1.20), (5.1.21) und (5.1.22) ergibt die Kennwerte $\bar{x} = 157{,}5$ cN; $s_x^2 = 595{,}7$ (cN)^2; $s_x = 24{,}4$ cN; $v_x = 15{,}5\,\%$.

Mit den relativen Häufigkeiten h_j der Spalte 8 wurde das Häufigkeitsdiagramm der Abb. B 30.1 gezeichnet. Seine starke Asymmetrie macht ohne weitere Nachprüfung deutlich, daß keine Normalverteilung vorliegt. Das langsame Auslaufen der Häufigkeitsverteilung nach niedrigen Höchstzugkraftwerten hin und der steile Abfall bei Höchstzugkraftwerten über 185 cN läßt vermuten, daß eine obere Schranke a für die Höchstzugkraft bei etwa 200 cN existiert und daß die Abweichungen $(a - x)$ der Höchstzugkraftwerte x von der oberen Schranke a logarithmisch normal verteilt sind. Diese Vermutung wird dadurch erhärtet, daß sich die Punkte $[x'_j; \hat{F}_j]$ im logarithmischen Wahrscheinlichkeitsnetz[2] nicht durch eine Gerade, aber gut durch eine konvexe Kurve ausgleichen lassen; vgl. Abb. B 30.2.

---

[1] Nach Graf, U.; Henning, H.-J.; Wilrich, P.-Th.: Statistische Methoden bei textilen Untersuchungen. Berlin, Heidelberg, New York: Springer 1974.
[2] Das logarithmische Wahrscheinlichkeitsnetz wird z. B. von der Firma Schleicher und Schüll, D-3352 Einbeck, sowie vom Beuth Verlag, Postfach 1145, D-1000 Berlin 30 (erarbeitet von der Deutschen Gesellschaft für Qualität e. V. (DGQ)) geliefert.

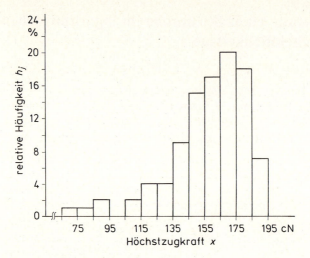

Abb. B 30.1. Die Häufigkeitsverteilung für die $n = 200$ Werte der Höchstzugkraft ist stark asymmetrisch

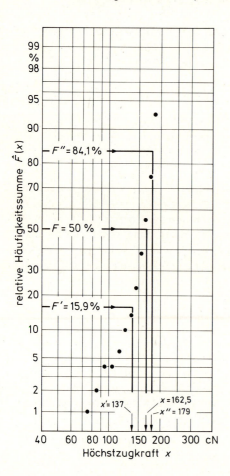

Abb. B 30.2. Die Summenlinie für die $n = 200$ Werte der Höchstzugkraft im logarithmischen Wahrscheinlichkeitsnetz ist konvex

Beispiele

Zur Bestimmung eines Schätzwertes $\hat{a}$ für a nach (5.4.12) werden in Abb. B 30.2 die Werte $x = 162{,}5$; $x' = 137$ und $x'' = 179$ abgelesen. Daraus ergibt sich

$$a = \left| \frac{162{,}5^2 - 137 \cdot 179}{137 + 179 - 2 \cdot 162{,}5} \right| = \frac{1883}{9} = 209{,}2 \approx 210.$$

Für die Abweichungen $x' = \hat{a} - x = 210 - x$ ergibt sich die folgende Häufigkeitstabelle:

1	2	3	4	1	2	3	4
j'	x'_j	n'_j	$\hat{F}'_j$	j'	x'_j	n'_j	$\hat{F}'_j$
1	25	14	7 %	8	95	8	94 %
2	35	36	25 %	9	105	4	96 %
3	45	40	45 %	10	115	0	96 %
4	55	34	62 %	11	125	4	98 %
5	65	30	77 %	12	135	2	99 %
6	75	18	86 %	13	145	2	100 %
7	85	8	90 %				

Die Punkte $[x'_j; \hat{F}'_j]$ im logarithmischen Wahrscheinlichkeitsnetz lassen sich gut durch eine Gerade ausgleichen; vgl. Abb. B 30.3.

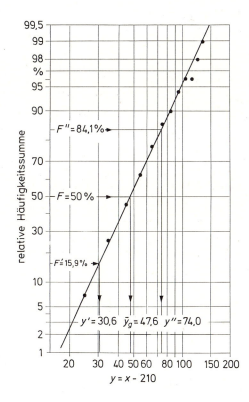

Abb. B 30.3. Die Summengerade der Abweichungen $y = 200 - x$ der Höchstzugkraft x vom oberen Grenzwert $\hat{a} = 210$ im logarithmischen Wahrscheinlichkeitsnetz sowie die graphische Bestimmung von $\bar{x}_g$ und s_g

Die Abweichungen $X' = 210 - X$ der Höchstzugkraftwerte X von der oberen Schranke $\hat{a} = 210$ können also als logarithmisch normal verteilt, d. h. $Y = \ln(210 - X)$ als normal verteilt angesehen werden.

Zur graphischen Bestimmung von $\bar{x}_g$ und s_g werden in Abb. B 30.3 zu den relativen Häufigkeitssummen $F = 50\%$, $F' = 15{,}9\%$ und $F'' = 84{,}1\%$ die Abszissenwerte $\tilde{y}_g = 47{,}6$; $y' = 30{,}6$ und $y'' = 74{,}0$ abgelesen. Diese ergeben nach (5.4.13) und (5.4.14)

$$\bar{z}_g = \ln 47{,}6 = 3{,}864;$$
$$s_{zg} = \tfrac{1}{2}[\ln 74{,}0 - \ln 30{,}6] = 0{,}441$$

als Schätzwerte für μ und σ der Normalverteilung von $Y = \ln(210 - X)$. Setzt man sie anstelle von μ und σ sowie $\hat{a} = 210$ anstelle von a in (3.3.3) und (3.3.4) ein, dann erhält man Schätzwerte

$$\bar{x}_g \approx 210 - e^{3{,}864 + 0{,}441^2/2} = 210 - 52{,}5 = 157{,}5;$$

$$s_{xg}^2 \approx e^{2 \cdot 3{,}864 + 0{,}441^2}(e^{0{,}441^2} - 1) = 590{,}3;$$

$$s_{xg} \approx \sqrt{590{,}3} = 24{,}3$$

für Erwartungswert, Varianz und Standardabweichung der Höchstzugkraft X, die unter der Annahme gelten, daß $X' = 210 - X$ logarithmisch normalverteilt ist.

31 Auswertung einer Stichprobe im Weibull-Netz

Bei der Prüfung der Scheuertüchtigkeit eines Garnes wurden die folgenden $n = 19$ (gerundeten und bereits nach der Größe geordneten) Werte $x_{(i)}$ für die Anzahl X der Scheuerzyklen bis zum Bruch gefunden[1]:

550	760	830	890	1100	1150	1200	1350	1400	1600
1700	1750	1800	1850	1850	2200	2400	2850	3200	

In das Weibull-Netz[2] der Abb. B 31.1 wurden über den Rangwerten $x_{(i)}$ die relativen Häufigkeitssummen $F_{(i)}(n)$ nach (5.4.22) als Ordinatenwerte eingetragen, also über $x_{(1)} = 550$ der Wert $F_{(1)} = 1/(19 + 1) = 0{,}05$, über $x_{(2)} = 760$ der Wert $F_{(2)}(19) = 0{,}10$ usw. Sie lassen sich gut durch eine Gerade ausgleichen, so daß das Vorliegen einer Weibull-Verteilung mit $x_A = 0$ angenommen werden kann.

An der Geraden liest man zur Häufigkeitssumme $F = 63{,}2\%$ als Ordinatenwert den Abszissenwert $\hat{\alpha} = 1750$ ab. Die Parallele zur Summengeraden durch den Fixpunkt

---

[1] Nach Graf, U.; Henning, H.-J.; Wilrich, P.-Th.: Statistische Methoden bei textilen Untersuchungen. Berlin, Heidelberg, New York: Springer 1974.
[2] Das Weibull-Netz wird z. B. von der Firma Schleicher und Schüll, D-3352 Einbeck, als 'Körnungsnetz', sowie vom Beuth-Verlag, Postfach 1145, D-1000 Berlin 30 als 'Wahrscheinlichkeitsnetz für nach Weibull-verteilte Werte' (erarbeitet von der Deutschen Gesellschaft für Qualität e. V. (DGQ)) geliefert.

Beispiele

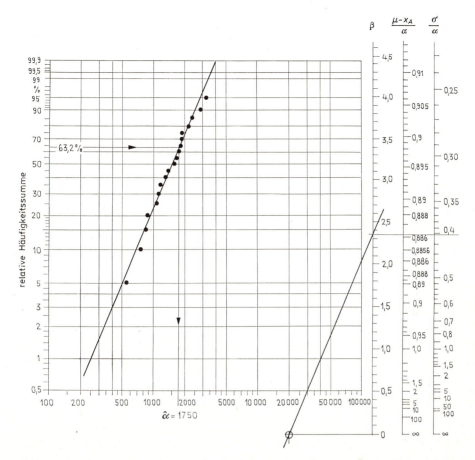

Abb. B 31.1. Die Auswertung der Anzahl x der Scheuerzyklen bis zum Bruch im Weibull-Netz.

schneidet die β-Teilung im Punkt $\hat{\beta} = 2{,}35$. Damit hat man Schätzwerte für die Parameter der Weibull-Verteilung. An den Hilfsteilungen liest man $A = 0{,}886$ und $B = 0{,}40$ ab. Mit (5.4.23) und (5.4.24) ergeben sich daraus $\bar{x}_g = 1550$ und $s_g = 700$ als Schätzwerte für Erwartungswert μ und Standardabweichung σ des Weibull-verteilten Merkmals 'Anzahl der Scheuerzyklen bis zum Bruch'.

Die rechnerische Bestimmung von Mittelwert und Standardabweichung nach (5.1.18) hätte $\bar{x} = 1602$ und $s = 705$ in guter Übereinstimmung mit den graphisch gewonnenen Werten ergeben.

C Tabellen

Häufig gebrauchte Konstanten

Zahl	Reziproker Wert	Logarithmus
$\pi = 3{,}14159$	$1/\pi = 0{,}31831$	$\lg \pi = 0{,}49715$
$2\pi = 6{,}28319$	$1/2\pi = 0{,}15915$	$\lg 2\pi = 0{,}79818$
$\pi/2 = 1{,}57080$	$2/\pi = 0{,}63662$	$\lg \pi/2 = 0{,}19612$
$\pi/4 = 0{,}78540$	$4/\pi = 1{,}27324$	$\lg \pi/4 = 0{,}89509 - 1$
$\pi^2 = 9{,}86960$	$1/\pi^2 = 0{,}10132$	$\lg \pi^2 = 0{,}99430$
$\sqrt{\pi} = 1{,}77245$	$1/\sqrt{\pi} = 0{,}56419$	$\lg \sqrt{\pi} = 0{,}24857$
$\sqrt{2\pi} = 2{,}50663$	$1/\sqrt{2\pi} = 0{,}39894$	$\lg \sqrt{2\pi} = 0{,}39909$
$\sqrt{\pi/2} = 1{,}25331$	$\sqrt{2/\pi} = 0{,}79788$	$\lg \sqrt{\pi/2} = 0{,}09806$
$\sqrt{\pi/4} = 0{,}88623$	$\sqrt{4/\pi} = 1{,}12838$	$\lg \sqrt{\pi/4} = 0{,}94754 - 1$
$e = 2{,}71828$	$1/e = 0{,}36788$	$\lg e = 0{,}43429$
$e^2 = 7{,}38906$	$1/e^2 = 0{,}13534$	$\lg e^2 = 0{,}86859$
$\sqrt{e} = 1{,}64872$	$1/\sqrt{e} = 0{,}60653$	$\lg \sqrt{e} = 0{,}21715$
$\lg e = 0{,}43429$	$\ln 10 = 2{,}30259$	$\lg \lg e = 0{,}63778 - 1$
$1 \text{ rad} = 57{,}2958°$	$1° = 0{,}01745$	$\lg 57{,}2958 = 1{,}75812$

Griechisches Alphabet

$A\,B\,\Gamma\,\Delta\,E\,Z\,H\,\Theta\,I\,K\,\Lambda\,M\,N\,\Xi\,O\,\Pi\,P\,\Sigma\,T\,Y\,\Phi\,X\,\Psi\,\Omega$

$\alpha\,\beta\,\gamma\,\delta\,\varepsilon\,\zeta\,\eta\,\vartheta\,\iota\,\varkappa\,\lambda\,\mu\,\nu\,\xi\,o\,\pi\,\varrho\,\sigma\,\tau\,\upsilon\,\varphi\,\chi\,\psi\,\omega$

Alpha, Beta, Gamma, Delta, Epsilon, Zeta, Eta, Theta, Jota, Kappa, Lambda, My, Ny, Xi, Omikron, Pi, Rho, Sigma, Tau, Ypsilon, Phi, Chi, Psi, Omega

Tab. C 1. Wahrscheinlichkeitsdichtefunktion $\varphi(u)$ der standardisierten Normalverteilung

$$\varphi(u) = \frac{1}{\sqrt{2\pi}} e^{-u^2/2}; \quad \varphi(u) = \varphi(-u)$$

Ablesebeispiel: $\varphi(0{,}39) = 0{,}3697$

u	0,00	0,01	0,02	0,03	0,04
0,0	0,3989	0,3989	0,3989	0,3988	0,3986
0,1	,3970	,3965	,3961	,3956	,3951
0,2	,3910	,3902	,3894	,3885	,3876
0,3	,3814	,3802	,3790	,3778	,3765
0,4	,3683	,3668	,3653	,3637	,3621
0,5	,3521	,3503	,3485	,3467	,3448
0,6	,3332	,3312	,3292	,3271	,3251
0,7	,3123	,3101	,3079	,3056	,3034
0,8	,2897	,2874	,2850	,2827	,2803
0,9	,2661	,2637	,2613	,2589	,2565
1,0	,2420	,2396	,2371	,2347	,2323
1,1	,2179	,2155	,2131	,2107	,2083
1,2	,1942	,1919	,1895	,1872	,1849
1,3	,1714	,1691	,1669	,1647	,1626
1,4	,1497	,1476	,1456	,1435	,1415
1,5	,1295	,1276	,1257	,1238	,1219
1,6	,1109	,1092	,1074	,1057	,1040
1,7	,09405	,09246	,09089	,08933	,08780
1,8	,07895	,07754	,07614	,07477	,07341
1,9	,06562	,06438	,06316	,06195	,06077
2,0	,05399	,05292	,05186	,05082	,04980
2,1	,04398	,04307	,04217	,04128	,04041
2,2	,03547	,03470	,03394	,03319	,03246
2,3	,02833	,02768	,02705	,02643	,02582
2,4	,02239	,02186	,02134	,02083	,02033
2,5	,01753	,01709	,01667	,01625	,01585
2,6	,01358	,01323	,01289	,01256	,01223
2,7	,01042	,01014	,009871	,009606	,009347
2,8	,007915	,007697	,007483	,007274	,007071
2,9	0,005953	0,005782	0,005616	0,005454	0,005296

u	3,0	3,5	4,0	4,5	5,0	u
$\varphi(u)$	$4{,}432 \cdot 10^{-3}$	$8{,}727 \cdot 10^{-4}$	$1{,}338 \cdot 10^{-4}$	$1{,}598 \cdot 10^{-5}$	$1{,}487 \cdot 10^{-6}$	$\varphi(u)$

u	6,0	7,0	8,0	9,0	10,0	u
$\varphi(u)$	$6{,}076 \cdot 10^{-9}$	$9{,}135 \cdot 10^{-12}$	$5{,}052 \cdot 10^{-15}$	$1{,}028 \cdot 10^{-18}$	$7{,}695 \cdot 10^{-23}$	$\varphi(u)$

Tabellen

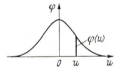

0,05	0,06	0,07	0,08	0,09	u
0,3984	0,3982	0,3980	0,3977	0,3973	0,0
,3945	,3939	,3932	,3925	,3918	0,1
,3867	,3857	,3847	,3836	,3825	0,2
,3752	,3739	,3725	,3712	,3697	0,3
,3605	,3589	,3572	,3555	,3538	0,4
,3429	,3410	,3391	,3372	,3352	0,5
,3230	,3209	,3187	,3166	,3144	0,6
,3011	,2989	,2966	,2943	,2920	0,7
,2780	,2756	,2732	,2709	,2685	0,8
,2541	,2516	,2492	,2468	,2444	0,9
,2299	,2275	,2251	,2227	,2203	1,0
,2059	,2036	,2012	,1989	,1965	1,1
,1826	,1804	,1781	,1758	,1736	1,2
,1604	,1582	,1561	,1539	,1518	1,3
,1394	,1374	,1354	,1334	,1315	1,4
,1200	,1182	,1163	,1145	,1127	1,5
,1023	,1006	,09728	,09728	,09566	1,6
,08628	,08478	,08329	,08183	,08038	1,7
,07206	,07074	,06943	,06814	,06687	1,8
,05959	,05844	,05730	,05618	,05508	1,9
,04879	,04780	,04682	,04586	,04491	2,0
,03955	,03871	,03788	,03706	,03626	2,1
,03174	,03103	,03034	,02965	,02898	2,2
,02522	,02463	,02406	,02349	,02294	2,3
,01984	,01936	,01888	,01842	,01797	2,4
,01545	,01506	,01468	,01431	,01394	2,5
,01191	,01160	,01130	,01100	,01071	2,6
,009094	,008846	,008605	,008370	,008140	2,7
,006873	,006679	,006491	,006307	,006127	2,8
0,005143	0,004993	0,004847	0,004705	0,004567	2,9

Näherungswerte zum Zeichnen der Glockenkurve der $N(\mu; \sigma^2)$

$x =$	μ	$\mu \pm \frac{1}{2}\sigma$	$\mu \pm \sigma$	$\mu \pm \frac{3}{2}\sigma$	$\mu \pm 2\sigma$	$\mu \pm 3\sigma$
$y =$	y_{max}	$\frac{7}{8} y_{max}$	$\frac{5}{8} y_{max}$	$\frac{2,5}{8} y_{max}$	$\frac{1}{8} y_{max}$	$\frac{1}{80} y_{max}$

Die Glockenkurve $N(\mu; \sigma^2)$ kann mit verschiedenen Abszissen- und Ordinatenmaßstäben unter Benutzung eines geeigneten Nomogramms (vgl. TAYLOR, E.F.: Chart aid for drawing normal curves. Industrial Quality Control XIX, No. 9, (1963) 33) einfach gezeichnet werden.

Tab. C 2. Verteilungsfunktion $\Phi(u)$ der standardisierten Normalverteilung

$$\Phi(u) = \frac{1}{\sqrt{2\pi}} \int_{-\infty}^{u} e^{-t^2/2} dt; \quad \Phi(u) = 1 - \Phi(-u)$$

Ablesebeispiel: $\Phi(0{,}76) = 0{,}776\,373$

u	0,00	0,01	0,02	0,03	0,04
0,0	0,500000	0,503989	0,507978	0,511966	0,515953
0,1	,539828	,543795	,547758	,551717	,555670
0,2	,579260	,583166	,587064	,590954	,594835
0,3	,617911	,621720	,625516	,629300	,633072
0,4	,655422	,659097	,662757	,666402	,670031
0,5	,691462	,694974	,698468	,701944	,705401
0,6	,725747	,729069	,732371	,735653	,738914
0,7	,758036	,761148	,764238	,767305	,770350
0,8	,788145	,791030	,793892	,796731	,799546
0,9	,815940	,818589	,821214	,823814	,826391
1,0	,841345	,843752	,846136	,848495	,850830
1,1	,864334	,866500	,868643	,870762	,872857
1,2	,884930	,886861	,888768	,890651	,892512
1,3	,903200	,904902	,906582	,908241	,909877
1,4	,919243	,920730	,922196	,923641	,925066
1,5	,933193	,934478	,935745	,936992	,938220
1,6	,945201	,946301	,947384	,948449	,949497
1,7	,955435	,956367	,957284	,958185	,959070
1,8	,964070	,964852	,965620	,966375	,967116
1,9	,971283	,971933	,972571	,973197	,973810
2,0	,977250	,977784	,978308	,978822	,979325
2,1	,982136	,982571	,982997	,983414	,983823
2,2	,986097	,986447	,986791	,987126	,987455
2,3	,989276	,989556	,989830	,990097	,990358
2,4	,991802	,992024	,992240	,992451	,992656
2,5	,993790	,993963	,994132	,994297	,994457
2,6	,995339	,995473	,995604	,995731	,995855
2,7	,996533	,996636	,996736	,996833	,996928
2,8	,997445	,997523	,997599	,997673	,997744
2,9	0,998134	0,998193	0,998250	0,998305	0,998359

u	3,0	3,5	4,0	4,5	5,0
$\Phi(u)$	$1 - 1{,}350 \cdot 10^{-3}$	$1 - 2{,}326 \cdot 10^{-4}$	$1 - 3{,}167 \cdot 10^{-5}$	$1 - 3{,}398 \cdot 10^{-6}$	$1 - 2{,}867 \cdot 10^{-7}$

Tabellen

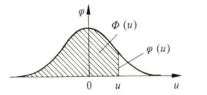
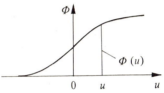

0,05	0,06	0,07	0,08	0,09	u
0,519939	0,523922	0,527903	0,531881	0,535856	0,0
,559618	,563559	,567495	,571424	,575345	0,1
,598706	,602568	,606420	,610261	,614092	0,2
,636831	,640576	,644309	,648027	,651732	0,3
,673645	,677242	,680822	,684386	,687933	0,4
,708840	,712260	,715661	,719043	,722405	0,5
,742154	,745373	,748571	,751748	,754903	0,6
,773373	,776373	,779350	,782305	,785236	0,7
,802337	,805105	,807850	,810570	,813267	0,8
,828944	,831472	,833977	,836457	,838913	0,9
,853141	,855428	,857690	,859929	,862143	1,0
,874928	,876976	,879000	,881000	,882977	1,1
,894350	,896165	,897958	,899727	,901475	1,2
,911492	,913085	,914657	,916207	,917736	1,3
,926471	,927855	,929219	,930563	,931888	1,4
,939429	,940620	,941792	,942947	,944083	1,5
,950529	,951543	,952540	,953521	,954486	1,6
,959941	,960796	,961636	,962462	,963273	1,7
,967843	,968557	,969258	,969946	,970621	1,8
,974412	,975002	,975581	,976148	,976705	1,9
,979818	,980301	,980774	,981237	,981691	2,0
,984222	,984614	,984997	,985371	,985738	2,1
,987776	,988089	,988396	,988696	,988989	2,2
,990613	,990863	,991106	,991344	,991576	2,3
,992857	,993053	,993244	,993431	,993613	2,4
,994614	,994766	,994915	,995060	,995201	2,5
,995975	,996093	,996207	,996319	,996427	2,6
,997020	,997110	,997197	,997282	,997365	2,7
,997814	,997882	,997948	,998012	,998074	2,8
0,998411	0,998462	0,998511	0,998559	0,998605	2,9

6,0	7,0	8,0	9,0	10,0	u
$1 - 9{,}866 \cdot 10^{-10}$	$1 - 1{,}280 \cdot 10^{-12}$	$1 - 6{,}221 \cdot 10^{-16}$	$1 - 1{,}129 \cdot 10^{-19}$	$1 - 7{,}620 \cdot 10^{-24}$	$\Phi(u)$

Tab. C 3. Quantile u_p der standardisierten Normalverteilung

$P(U \leq u_p) = \Phi(u_p) = p$
$u_{1-p} = -u_p$; Beispiel: $u_{30,5\%} = -u_{69,5\%} = -0{,}510$

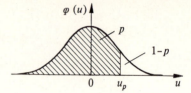

p in %	,0	,1	,2	,3	,4	,5	,6	,7	,8	,9
50	0,000	0,003	0,005	0,008	0,010	0,013	0,015	0,018	0,020	0,023
51	0,025	0,028	0,030	0,033	0,035	0,038	0,040	0,043	0,045	0,048
52	0,050	0,053	0,055	0,058	0,060	0,063	0,065	0,068	0,070	0,073
53	0,075	0,078	0,080	0,083	0,085	0,088	0,090	0,093	0,095	0,098
54	0,100	0,103	0,105	0,108	0,111	0,113	0,116	0,118	0,121	0,123
55	0,126	0,128	0,131	0,133	0,136	0,138	0,141	0,143	0,146	0,148
56	0,151	0,154	0,156	0,159	0,161	0,164	0,166	0,169	0,171	0,174
57	0,176	0,179	0,181	0,184	0,187	0,189	0,192	0,194	0,197	0,199
58	0,202	0,204	0,207	0,210	0,212	0,215	0,217	0,220	0,222	0,225
59	0,228	0,230	0,233	0,235	0,238	0,240	0,243	0,246	0,248	0,251
60	0,253	0,256	0,259	0,261	0,264	0,266	0,269	0,272	0,274	0,277
61	0,279	0,282	0,285	0,287	0,290	0,292	0,295	0,298	0,300	0,303
62	0,305	0,308	0,311	0,313	0,316	0,319	0,321	0,324	0,327	0,329
63	0,332	0,335	0,337	0,340	0,342	0,345	0,348	0,350	0,353	0,356
64	0,358	0,361	0,364	0,366	0,369	0,372	0,375	0,377	0,380	0,383
65	0,385	0,388	0,391	0,393	0,396	0,399	0,402	0,404	0,407	0,410
66	0,412	0,415	0,418	0,421	0,423	0,426	0,429	0,432	0,434	0,437
67	0,440	0,443	0,445	0,448	0,451	0,454	0,457	0,459	0,462	0,465
68	0,468	0,470	0,473	0,476	0,479	0,482	0,485	0,487	0,490	0,493
69	0,496	0,499	0,502	0,504	0,507	0,510	0,513	0,516	0,519	0,522
70	0,524	0,527	0,530	0,533	0,536	0,539	0,542	0,545	0,548	0,550
71	0,553	0,556	0,559	0,562	0,565	0,568	0,571	0,574	0,577	0,580
72	0,583	0,586	0,589	0,592	0,595	0,598	0,601	0,604	0,607	0,610
73	0,613	0,616	0,619	0,622	0,625	0,628	0,631	0,634	0,637	0,640
74	0,643	0,646	0,650	0,653	0,656	0,659	0,662	0,665	0,668	0,671
75	0,674	0,678	0,681	0,684	0,687	0,690	0,693	0,697	0,700	0,703
76	0,706	0,710	0,713	0,716	0,719	0,722	0,726	0,729	0,732	0,736
77	0,739	0,742	0,745	0,749	0,752	0,755	0,759	0,762	0,765	0,769
78	0,772	0,776	0,779	0,782	0,786	0,789	0,793	0,796	0,800	0,803
79	0,806	0,810	0,813	0,817	0,820	0,824	0,827	0,831	0,834	0,838
80	0,842	0,845	0,849	0,852	0,856	0,860	0,863	0,867	0,871	0,874
81	0,878	0,882	0,885	0,889	0,893	0,896	0,900	0,904	0,908	0,912
82	0,915	0,919	0,923	0,927	0,931	0,935	0,938	0,942	0,946	0,950
83	0,954	0,958	0,962	0,966	0,970	0,974	0,978	0,982	0,986	0,990
84	0,994	0,999	1,003	1,007	1,011	1,015	1,019	1,024	1,028	1,032
85	1,036	1,041	1,045	1,049	1,054	1,058	1,063	1,067	1,071	1,076
86	1,080	1,085	1,089	1,094	1,098	1,103	1,108	1,112	1,117	1,122
87	1,126	1,131	1,136	1,141	1,146	1,150	1,155	1,160	1,165	1,170
88	1,175	1,180	1,185	1,190	1,195	1,200	1,206	1,211	1,216	1,221
89	1,227	1,232	1,237	1,243	1,248	1,254	1,259	1,265	1,270	1,276
90	1,282	1,287	1,293	1,299	1,305	1,311	1,317	1,323	1,329	1,335
91	1,341	1,347	1,353	1,359	1,366	1,372	1,379	1,385	1,392	1,398
92	1,405	1,412	1,419	1,426	1,433	1,440	1,447	1,454	1,461	1,468
93	1,476	1,483	1,491	1,499	1,506	1,514	1,522	1,530	1,538	1,546
94	1,555	1,563	1,572	1,580	1,589	1,598	1,607	1,616	1,626	1,635
95	1,645	1,655	1,665	1,675	1,685	1,695	1,706	1,717	1,728	1,739
96	1,751	1,762	1,774	1,787	1,799	1,812	1,825	1,838	1,852	1,866
97	1,881	1,896	1,911	1,927	1,943	1,960	1,977	1,995	2,014	2,034
98	2,054	2,075	2,097	2,120	2,144	2,170	2,197	2,226	2,257	2,290
99	2,326	2,366	2,409	2,457	2,512	2,576	2,652	2,748	2,878	3,090

Tab. C 4. Quantile $t_{f;p}$ der t-Verteilung[1)]

$t_{f;1-p} = -t_{f;p}$

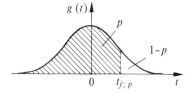

Freiheits-grad f	p							Freiheits-grad f
	90%	95%	97,5%	99%	99,5%	99,9%	99,95%	
1	3,078	6,314	12,71	31,82	63,66	318,3	636,6	1
2	1,886	2,920	4,303	6,965	9,925	22,33	31,60	2
3	1,638	2,353	3,182	4,541	5,841	10,21	12,92	3
4	1,533	2,132	2,776	3,747	4,604	7,173	8,610	4
5	1,476	2,015	2,571	3,365	4,032	5,893	6,869	5
6	1,440	1,943	2,447	3,143	3,707	5,208	5,959	6
7	1,415	1,895	2,365	2,998	3,499	4,785	5,408	7
8	1,397	1,860	2,306	2,896	3,355	4,501	5,041	8
9	1,383	1,833	2,262	2,821	3,250	4,297	4,781	9
10	1,372	1,812	2,228	2,764	3,169	4,144	4,587	10
11	1,363	1,796	2,201	2,718	3,106	4,025	4,437	11
12	1,356	1,782	2,179	2,681	3,055	3,930	4,318	12
13	1,350	1,771	2,160	2,650	3,012	3,852	4,221	13
14	1,345	1,761	2,145	2,624	2,977	3,787	4,140	14
15	1,341	1,753	2,131	2,602	2,947	3,733	4,073	15
16	1,337	1,746	2,120	2,583	2,921	3,686	4,015	16
17	1,333	1,740	2,110	2,567	2,898	3,646	3,965	17
18	1,330	1,734	2,101	2,552	2,878	3,610	3,922	18
19	1,328	1,729	2,093	2,539	2,861	3,579	3,883	19
20	1,325	1,725	2,086	2,528	2,845	3,552	3,850	20
21	1,323	1,721	2,080	2,518	2,831	3,527	3,819	21
22	1,321	1,717	2,074	2,508	2,819	3,505	3,792	22
23	1,319	1,714	2,069	2,500	2,807	3,485	3,768	23
24	1,318	1,711	2,064	2,492	2,797	3,467	3,745	24
25	1,316	1,708	2,060	2,485	2,787	3,450	3,725	25
26	1,315	1,706	2,056	2,479	2,779	3,435	3,707	26
27	1,314	1,703	2,052	2,473	2,771	3,421	3,690	27
28	1,313	1,701	2,048	2,467	2,763	3,408	3,674	28
29	1,311	1,699	2,045	2,462	2,756	3,396	3,659	29
30	1,310	1,697	2,042	2,457	2,750	3,385	3,646	30
40	1,303	1,684	2,021	2,423	2,704	3,307	3,551	40
50	1,299	1,676	2,009	2,403	2,678	3,261	3,496	50
60	1,296	1,671	2,000	2,390	2,660	3,232	3,460	60
80	1,292	1,664	1,990	2,374	2,639	3,195	3,416	80
100	1,290	1,660	1,984	2,364	2,626	3,174	3,390	100
200	1,286	1,652	1,972	2,345	2,601	3,131	3,340	200
500	1,283	1,648	1,965	2,334	2,586	3,107	3,310	500
∞	1,282	1,645	1,960	2,326	2,576	3,090	3,291	∞

[1)] Federighi, E. T.: Extended tables of the percentage points of Student's t-distribution. J. Am. Stat. Ass. 54 (1959) 683.

Tab. C 5. Quantile $\chi^2_{f;p}$ der χ^2-Verteilung[1]

Für $f > 100$ gilt in guter Näherung $\chi^2_{f;p} \approx \frac{1}{2}\left(\sqrt{2f-1} + u_p\right)^2$;
Zahlenwerte für u_p s. Tab. C 3

Freiheits-grad f	p						
	0,1 %	0,5 %	1 %	2,5 %	5 %	10 %	30 %
1	0,0^{5}157	0,0^{4}393	0,0^{3}157	0,0^{3}982	0,0^{2}393	0,0158	0,148
2	0,0^{2}200	0,0100	0,0201	0,0506	0,103	0,211	0,713
3	0,0243	0,0717	0,115	0,216	0,352	0,584	1,42
4	0,0908	0,207	0,297	0,484	0,711	1,06	2,20
5	0,210	0,412	0,554	0,831	1,15	1,61	3,00
6	0,381	0,676	0,872	1,24	1,64	2,20	3,83
7	0,598	0,989	1,24	1,69	2,17	2,83	4,67
8	0,857	1,34	1,65	2,18	2,73	3,49	5,53
9	1,15	1,74	2,09	2,70	3,33	4,17	6,39
10	1,48	2,16	2,56	3,25	3,94	4,87	7,27
11	1,83	2,60	3,05	3,82	4,58	5,58	8,15
12	2,21	3,07	3,57	4,40	5,23	6,30	9,03
13	2,62	3,57	4,11	5,01	5,89	7,04	9,93
14	3,04	4,08	4,66	5,63	6,57	7,79	10,8
15	3,48	4,60	5,23	6,26	7,26	8,55	11,7
16	3,94	5,14	5,81	6,91	7,96	9,31	12,6
17	4,42	5,70	6,41	7,56	8,67	10,1	13,5
18	4,91	6,27	7,02	8,23	9,39	10,9	14,4
19	5,41	6,84	7,63	8,91	10,1	11,7	15,4
20	5,92	7,43	8,26	9,59	10,9	12,4	16,3
21	6,45	8,03	8,90	10,3	11,6	13,2	17,2
22	6,98	8,64	9,54	11,0	12,3	14,0	18,1
23	7,53	9,26	10,2	11,7	13,1	14,8	19,0
24	8,09	9,89	10,9	12,4	13,8	15,7	19,9
25	8,65	10,5	11,5	13,1	14,6	16,5	20,9
26	9,22	11,2	12,2	13,8	15,4	17,3	21,8
27	9,80	11,8	12,9	14,6	16,2	18,1	22,7
28	10,4	12,5	13,6	15,3	16,9	18,9	23,6
29	11,0	13,1	14,3	16,0	17,7	19,8	24,6
30	11,6	13,8	15,0	16,8	18,5	20,6	25,5
40	17,9	20,7	22,2	24,4	26,5	29,1	34,9
50	24,7	28,0	29,7	32,4	34,8	37,7	44,3
60	31,7	35,5	37,5	40,5	43,2	46,5	53,8
70	39,0	43,3	45,4	48,8	51,7	55,3	63,3
80	46,5	51,2	53,5	57,2	60,4	64,3	72,9
90	54,2	59,2	61,8	65,6	69,1	73,3	82,5
100	61,9	67,3	70,1	74,2	77,9	82,4	92,1

[1] Hald, A.; Sindbaek, S.A.: A table of percentage points of the χ^2-distribution. Skandinavisk Aktuarietidskrift 33 (1950) 168.

Tabellen

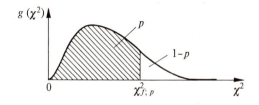

p								Freiheits-grad f
50%	70%	90%	95%	97,5%	99%	99,5%	99,9%	
0,455	1,07	2,71	3,84	5,02	6,64	7,88	10,8	1
1,39	2,41	4,61	5,99	7,38	9,21	10,6	13,8	2
2,37	3,67	6,25	7,82	9,35	11,3	12,8	16,3	3
3,36	4,88	7,78	9,49	11,1	13,3	14,9	18,5	4
4,35	6,06	9,24	11,1	12,8	15,1	16,8	20,5	5
5,35	7,23	10,6	12,6	14,4	16,8	18,5	22,5	6
6,35	8,38	12,0	14,1	16,0	18,5	20,3	24,3	7
7,34	9,52	13,4	15,5	17,5	20,1	22,0	26,1	8
8,34	10,7	14,7	16,9	19,0	21,7	23,6	27,9	9
9,34	11,8	16,0	18,3	20,5	23,2	25,2	29,6	10
10,3	12,9	17,3	19,7	21,9	24,7	26,8	31,3	11
11,3	14,0	18,5	21,0	23,3	26,2	28,3	32,9	12
12,3	15,1	19,8	22,4	24,7	27,7	29,8	34,5	13
13,3	16,2	21,1	23,7	26,1	29,1	31,3	36,1	14
14,3	17,3	22,3	25,0	27,5	30,6	32,8	37,7	15
15,3	18,4	23,5	26,3	28,8	32,0	34,3	39,3	16
16,3	19,5	24,8	27,6	30,2	33,4	35,7	40,8	17
17,3	20,6	26,0	28,9	31,5	34,8	37,2	42,3	18
18,3	21,7	27,2	30,1	32,9	36,2	38,6	43,8	19
19,3	22,8	28,4	31,4	34,2	37,6	40,0	45,3	20
20,3	23,9	29,6	32,7	35,5	38,9	41,4	46,8	21
21,3	24,9	30,8	33,9	36,8	40,3	42,8	48,3	22
22,3	26,0	32,0	35,2	38,1	41,6	44,2	49,7	23
23,3	27,1	33,2	36,4	39,4	43,0	45,6	51,2	24
24,3	28,2	34,4	37,7	40,6	44,3	46,9	52,6	25
25,3	29,2	35,6	38,9	41,9	45,6	48,3	54,1	26
26,3	30,3	36,7	40,1	43,2	47,0	49,6	55,5	27
27,3	31,4	37,9	41,3	44,5	48,3	51,0	56,9	28
28,3	32,5	39,1	42,6	45,7	49,6	52,3	58,3	29
29,3	33,5	40,3	43,8	47,0	50,9	53,7	59,7	30
39,3	44,2	51,8	55,8	59,3	63,7	66,8	73,4	40
49,3	54,7	63,2	67,5	71,4	76,2	79,5	86,7	50
59,3	65,2	74,4	79,1	83,3	88,4	92,0	99,6	60
69,3	75,7	85,5	90,5	95,0	100,4	104,2	112,3	70
79,3	86,1	96,6	101,9	106,6	112,3	116,3	124,8	80
89,3	96,5	107,6	113,1	118,1	124,1	128,3	137,2	90
99,3	106,9	118,5	124,3	129,6	135,8	140,2	149,4	100

Tab. C 6. 95%-Quantile $F_{f_1,f_2;95\%}$ der F-Verteilung[1]

$$F_{f_2,f_1;5\%} = \frac{1}{F_{f_1,f_2;95\%}}$$

f_2 \ f_1	1	2	3	4	5	6	7	8	9	10	11	12	13	14	15
1	161	200	216	225	230	234	237	239	241	242	243	244	245	245	246
2	18,5	19,0	19,2	19,2	19,3	19,3	19,4	19,4	19,4	19,4	19,4	19,4	19,4	19,4	19,4
3	10,1	9,55	9,28	9,12	9,01	8,94	8,89	8,85	8,81	8,79	8,76	8,74	8,73	8,71	8,70
4	7,71	6,94	6,59	6,39	6,26	6,16	6,09	6,04	6,00	5,96	5,94	5,91	5,89	5,87	5,86
5	6,61	5,79	5,41	5,19	5,05	4,95	4,88	4,82	4,77	4,74	4,70	4,68	4,66	4,64	4,62
6	5,99	5,14	4,76	4,53	4,39	4,28	4,21	4,15	4,10	4,06	4,03	4,00	3,98	3,96	3,94
7	5,59	4,74	4,35	4,12	3,97	3,87	3,79	3,73	3.68	3,64	3,60	3,57	3,55	3,53	3,51
8	5,32	4,46	4,07	3,84	3.69	3,58	3,50	3,44	3,39	3,35	3,31	3,28	3,26	3,24	3,22
9	5,12	4,26	3,86	3,63	3,48	3,37	3,29	3,23	3,18	3,14	3,10	3,07	3,05	3,03	3,01
10	4,96	4,10	3,71	3,48	3,33	3,22	3,14	3,07	3,02	2,98	2,94	2,91	2,89	2,86	2,85
11	4,84	3,98	3,59	3,36	3,20	3,09	3,01	2,95	2,90	2,85	2,82	2,79	2,76	2,74	2,72
12	4,75	3,89	3,49	3,26	3,11	3,00	2,91	2,85	2,80	2,75	2,72	2,69	2,66	2,64	2,62
13	4,67	3,81	3,41	3,18	3,03	2,92	2,83	2,77	2,71	2,67	2,63	2,60	2,58	2,55	2,53
14	4,60	3,74	3,34	3,11	2,96	2,85	2,76	2,70	2,65	2,60	2,57	2,53	2,51	2,48	2,46
15	4,54	3,68	3,29	3,06	2,90	2,79	2,71	2,64	2,59	2,54	2,51	2,48	2,45	2,42	2,40
16	4,49	3,63	3,24	3,01	2,85	2,74	2,66	2,59	2,54	2,49	2,46	2,42	2,40	2,37	2,35
17	4,45	3,59	3,20	2,96	2,81	2,70	2,61	2,55	2,49	2,45	2,41	2,38	2,35	2,33	2,31
18	4,41	3,55	3,16	2,93	2,77	2,66	2,58	2,51	2,46	2,41	2,37	2,34	2,31	2,29	2,27
19	4,38	3,52	3,13	2,90	2,74	2,63	2,54	2,48	2,42	2,38	2,34	2,31	2,28	2,26	2,23
20	4,35	3,49	3,10	2,87	2,71	2,60	2,51	2,45	2,39	2,35	2,31	2,28	2,25	2,22	2,20
22	4,30	3,44	3,05	2,82	2,66	2,55	2,46	2,40	2,34	2,30	2,26	2,23	2,20	2,17	2,15
24	4,26	3,40	3,01	2,78	2,62	2,51	2,42	2,36	2,30	2,25	2,21	2,18	2,15	2,13	2,11
26	4,23	3,37	2,98	2,74	2,59	2,47	2,39	2,32	2,27	2,22	2,18	2,15	2,12	2,09	2,07
28	4,20	3,34	2,95	2,71	2,56	2,45	2,36	2,29	2,24	2,19	2,15	2,12	2,09	2,06	2,04
30	4,17	3,32	2,92	2,69	2,53	2,42	2,33	2,27	2,21	2,16	2,13	2,09	2,06	2,04	2,01
32	4,15	3,29	2,90	2,67	2,51	2,40	2,31	2,24	2,19	2,14	2,10	2,07	2,04	2,01	1,99
34	4,13	3,28	2,88	2,65	2,49	2,38	2,29	2,23	2,17	2,12	2,08	2,05	2,02	1,99	1,97
36	4,11	3,26	2,87	2,63	2,48	2,36	2,28	2,21	2,15	2,11	2,07	2,03	2,00	1,98	1,95
38	4,10	3,24	2,85	2,62	2,46	2,35	2,26	2,19	2,14	2,09	2,05	2,02	1,99	1,96	1,94
40	4,08	3,23	2,84	2,61	2,45	2,34	2,25	2,18	2,12	2,08	2,04	2,00	1,97	1,95	1,92
50	4,03	3,18	2,79	2.56	2,40	2,29	2,20	2,13	2,07	2,03	1,99	1,95	1,92	1,89	1,87
60	4,00	3,15	2,76	2,53	2,37	2,25	2,17	2,10	2,04	1,99	1,95	1,92	1,89	1,86	1,84
70	3,98	3,13	2,74	2,50	2,35	2,23	2,14	2,07	2,02	1,97	1,93	1,89	1,86	1,84	1,81
80	3,96	3,11	2,72	2,49	2,33	2,21	2,13	2,06	2,00	1,95	1,91	1,88	1,84	1,82	1,79
100	3,94	3,09	2,70	2,46	2,31	2,19	2,10	2,03	1,97	1,93	1,89	1,85	1,82	1,79	1,77
200	3,89	3,04	2,65	2,42	2,26	2,14	2,06	1,98	1,93	1,88	1,84	1,80	1,77	1,74	1,72
300	3,87	3,03	2,63	2,40	2,24	2,13	2,04	1,97	1,91	1,86	1,82	1,78	1,75	1,72	1,70
500	3,86	3,01	2,62	2,39	2,23	2,12	2,03	1,96	1,90	1,85	1,81	1,77	1,74	1,71	1.69
1000	3,85	3,00	2,61	2,38	2,22	2,11	2,02	1,95	1,89	1,84	1,80	1,76	1,73	1,70	1,68
∞	3,84	3,00	2,60	2,37	2,21	2,10	2,01	1,94	1,88	1,83	1,79	1,75	1,72	1,69	1,67

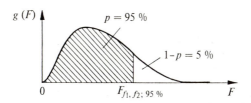

16	17	18	19	20	24	30	40	50	60	80	100	200	500	∞	f_1 / f_2
246	247	247	248	248	249	250	251	252	252	252	253	254	254	254	1
19,4	19,4	19,4	19,4	19,4	19,5	19,5	19,5	19,5	19,5	19,5	19,5	19,5	19,5	19,5	2
8,69	8,68	8,67	8,67	8,66	8.64	8,62	8,59	8,58	8,57	8,56	8,55	8,54	8,53	8,53	3
5,84	5,83	5,82	5,81	5,80	5,77	5,75	5,72	5,70	5,69	5,67	5,66	5,65	5,64	5,63	4
4,60	4,59	4,58	4,57	4,56	4,53	4,50	4,46	4,44	4.43	4,41	4,41	4,39	4,37	4,37	5
3,92	3,91	3,90	3,88	3,87	3,84	3,81	3,77	3,75	3,74	3,72	3,71	3,69	3,68	3,67	6
3,49	3,48	3,47	3,46	3,44	3,41	3,38	3,34	3,32	3,30	3,29	3,27	3,25	3,24	3,23	7
3,20	3,19	3,17	3,16	3,15	3,12	3,08	3,04	3,02	3,01	2,99	2,97	2,95	2.94	2,93	8
2,99	2,97	2,96	2,95	2,94	2,90	2,86	2,83	2,80	2.79	2,77	2,76	2,73	2,72	2,71	9
2,83	2,81	2,80	2,78	2,77	2,74	2,70	2,66	2,64	2,62	2,60	2,59	2,56	2,55	2,54	10
2,70	2,69	2,67	2,66	2,65	2,61	2,57	2,53	2,51	2,49	2,47	2,46	2,43	2,42	2,40	11
2,60	2,58	2,57	2,56	2,54	2,51	2,47	2,43	2,40	2,38	2,36	2,35	2,32	2,31	2,30	12
2,51	2,50	2,48	2,47	2,46	2,42	2,38	2,34	2,31	2,30	2,27	2,26	2,23	2,22	2,21	13
2,44	2,43	2,41	2,40	2,39	2,35	2,31	2,27	2,24	2,22	2,20	2,19	2,16	2,14	2,13	14
2,38	2,37	2,35	2,34	2,33	2,29	2,25	2,20	2,18	2,16	2,14	2,12	2,10	2,08	2,07	15
2,33	2,32	2,30	2,29	2,28	2,24	2,19	2,15	2,12	2,11	2,08	2,07	2,04	2,02	2,01	16
2,29	2,27	2,26	2,24	2,23	2,19	2,15	2,10	2,08	2,06	2,03	2,02	1,99	1,97	1,96	17
2,25	2,23	2 22	2,20	2,19	2,15	2,11	2,06	2,04	2,02	1,99	1.98	1.95	1,93	1,92	18
2,21	2,20	2,18	2,17	2,16	2,11	2,07	2,03	2,00	1,98	1,96	1,94	1,91	1,89	1,88	19
2,18	2,17	2,15	2,14	2,12	2,08	2,04	1,99	1,97	1,95	1,92	1,91	1,88	1,86	1,84	20
2,13	2,11	2,10	2,08	2,07	2,03	1,98	1,94	1,91	1,89	1,86	1,85	1,82	1,80	1,78	22
2,09	2,07	2,05	2,04	2,03	1,98	1,94	1,89	1,86	1,84	1,82	1,80	1,77	1,75	1,73	24
2,05	2,03	2,02	2,00	1,99	1,95	1,90	1,85	1,82	1,80	1,78	1,76	1,73	1,71	1,69	26
2,02	2,00	1,99	1,97	1,96	1,91	1,87	1,82	1,79	1,77	1,74	1,73	1,69	1,67	1,65	28
1,99	1,98	1,96	1,95	1,93	1,89	1,84	1,79	1,76	1,74	1,71	1,70	1,66	1,64	1,62	30
1,97	1,95	1,94	1,92	1,91	1,86	1,82	1,77	1,74	1,71	1,69	1,67	1,63	1,61	1,59	32
1,95	1,93	1,92	1,90	1,89	1,84	1,80	1,75	1,71	1,69	1,66	1,65	1,61	1,59	1,57	34
1,93	1,92	1,90	1,88	1,87	1,82	1,78	1,73	1,69	1,67	1,64	1,62	1,59	1,56	1,55	36
1,92	1,90	1,88	1,87	1,85	1,81	1,76	1,71	1,68	1,65	1,62	1,61	1,57	1,54	1,53	38
1,90	1,89	1,87	1,85	1,84	1,79	1,74	1,69	1,66	1,64	1,61	1,59	1,55	1,53	1,51	40
1,85	1,83	1,81	1,80	1,78	1,74	1,69	1,63	1,60	1,58	1,54	1,52	1,48	1,46	1,44	50
1,82	1,80	1,78	1,76	1,75	1,70	1,65	1,59	1,56	1,53	1,50	1,48	1,44	1,41	1,39	60
1,79	1,77	1,75	1,74	1,72	1,67	1,62	1,57	1,53	1,50	1,47	1,45	1,40	1,37	1,35	70
1,77	1,75	1,73	1,72	1,70	1,65	1,60	1,54	1,51	1,48	1,45	1,43	1,38	1,35	1,32	80
1,75	1,73	1,71	1,69	1,68	1,63	1,57	1,52	1,48	1,45	1,41	1,39	1,34	1,31	1,28	100
1,69	1,67	1,66	1,64	1,62	1,57	1,52	1,46	1,41	1,39	1,35	1,32	1,26	1,22	1,19	200
1,68	1,66	1,64	1,62	1,61	1,55	1,50	1,43	1,39	1,36	1,32	1,30	1,23	1,19	1,15	300
1,66	1,64	1,62	1,61	1,59	1,54	1,48	1,42	1,38	1,34	1,30	1,28	1,21	1,16	1,11	500
1,65	1,63	1,61	1,60	1,58	1,53	1,47	1,41	1,36	1,33	1,29	1,26	1,19	1,13	1,08	1000
1,64	1,62	1,60	1,59	1,57	1,52	1,46	1,39	1,35	1,32	1,27	1,24	1,17	1,11	1,00	∞

[1] Tab. C 6 bis C 9 nach Hald, A.: Statistical tables and formulas. New York: Wiley 1960, p. 50.

Tab. C 7. 97,5 %-Quantile $F_{f_1,f_2;97,5\%}$ der F-Verteilung

$$F_{f_2,f_1;2,5\%} = \frac{1}{F_{f_1,f_2;97,5\%}}$$

f_2 \ f_1	1	2	3	4	5	6	7	8	9	10	11	12	13	14	15
1	648	800	864	900	922	937	948	957	963	969	973	977	980	983	985
2	38,5	39,0	39,2	39,2	39,3	39,3	39,4	39,4	39,4	39,4	39,4	39,4	39,4	39,4	39,4
3	17,4	16,0	15,4	15,1	14,9	14,7	14,6	14,5	14,5	14,4	14,4	14,3	14,3	14,3	14,3
4	12,2	10,6	9,98	9,60	9,36	9,20	9,07	8,98	8,90	8,84	8,79	8,75	8,72	8,69	8,66
5	10,0	8,43	7,76	7,39	7,15	6,98	6,85	6,76	6,68	6,62	6,57	6,52	6,49	6,46	6,43
6	8,81	7,26	6,60	6,23	5,99	5,82	5,70	5,60	5,52	5,46	5,41	5,37	5,33	5,30	5,27
7	8,07	6,54	5,89	5,52	5,29	5,12	4,99	4,90	4,82	4,76	4,71	4,67	4,63	4,60	4,57
8	7,57	6,06	5,42	5,05	4,82	4,65	4,53	4,43	4,36	4,30	4,24	4,20	4,16	4,13	4,10
9	7,21	5,71	5,08	4,72	4,48	4,32	4,20	4,10	4,03	3,96	3,91	3,87	3,83	3,80	3,77
10	6,94	5,46	4,83	4,47	4,24	4,07	3,95	3,85	3,78	3,72	3,66	3,62	3,58	3,55	3,52
11	6,72	5,26	4,63	4,28	4,04	3,88	3,76	3,66	3,59	3,53	3,47	3,43	3,39	3,36	3,33
12	6,55	5,10	4,47	4,12	3,89	3,73	3,61	3,51	3,44	3,37	3,32	3,28	3,24	3,21	3,18
13	6,41	4,97	4,35	4,00	3,77	3,60	3,48	3,39	3,31	3,25	3,20	3,15	3,12	3,08	3,05
14	6,30	4,86	4,24	3,89	3,66	3,50	3,38	3,29	3,21	3,15	3,09	3,05	3,01	2,98	2,95
15	6,20	4,76	4,15	3,80	3,58	3,41	3,29	3,20	3,12	3,06	3,01	2,96	2,92	2,89	2,86
16	6,12	4,69	4,08	3,73	3,50	3,34	3,22	3,12	3,05	2,99	2,93	2,89	2,85	2,82	2,79
17	6,04	4,62	4,01	3,66	3,44	3,28	3,16	3,06	2,98	2,92	2,87	2,82	2,79	2,75	2,72
18	5,98	4,56	3,95	3,61	3,38	3,22	3,10	3,01	2,93	2,87	2,81	2,77	2,73	2,70	2,67
19	5,92	4,51	3,90	3,56	3,33	3,17	3,05	2,96	2,88	2,82	2,76	2,72	2,68	2,65	2,62
20	5,87	4,46	3,86	3,51	3,29	3,13	3,01	2,91	2,84	2,77	2,72	2,68	2,64	2,60	2,57
22	5,79	4,38	3,78	3,44	3,22	3,05	2,93	2,84	2,76	2,70	2,65	2,60	2,56	2,53	2,50
24	5,72	4,32	3,72	3,38	3,15	2,99	2,87	2,78	2,70	2,64	2,59	2,54	2,50	2,47	2,44
26	5,66	4,27	3,67	3,33	3,10	2,94	2,82	2,73	2,65	2,59	2,54	2 49	2,45	2,42	2,39
28	5,61	4,22	3,63	3,29	3,06	2,90	2,78	2,69	2,61	2,55	2,49	2,45	2,41	2,37	2,34
30	5,57	4,18	3,59	3,25	3,03	2,87	2,75	2,65	2,57	2,51	2,46	2,41	2,37	2,34	2,31
32	5,53	4,15	3,56	3,22	3,00	2,84	2,72	2,62	2,54	2,48	2,43	2,38	2,34	2,31	2,28
34	5,50	4,12	3,53	3,19	2,97	2,81	2,69	2,59	2,52	2,45	2,40	2,35	2,31	2,28	2,25
36	5,47	4,09	3,51	3,17	2,94	2,79	2,66	2,57	2,49	2,43	2,37	2,33	2,29	2,25	2,22
38	5,45	4,07	3,48	3,15	2,92	2,76	2,64	2,55	2,47	2,41	2,35	2,31	2,27	2,23	2,20
40	5,42	4,05	3,46	3,13	2,90	2,74	2,62	2,53	2,45	2,39	2,33	2,29	2,25	2,21	2,18
50	5,34	3,98	3,39	3,06	2,83	2,67	2,55	2,46	2,38	2,32	2,26	2,22	2,18	2,14	2,11
60	5,29	3,93	3,34	3,01	2,79	2,63	2,51	2,41	2,33	2,27	2,22	2,17	2,13	2,09	2,06
70	5,25	3,89	3,31	2,98	2,75	2,60	2,48	2,38	2,30	2,24	2,18	2,14	2,10	2,06	2,03
80	5,22	3,86	3,28	2,95	2,73	2,57	2,45	2,36	2,28	2,21	2,16	2,11	2,07	2,03	2,00
100	5,18	3,83	3,25	2,92	2,70	2,54	2,42	2,32	2,24	2,18	2,12	2,08	2,04	2,00	1,97
200	5,10	3,76	3,18	2,85	2,63	2,47	2,35	2,26	2,18	2,11	2,06	2,01	1,97	1,93	1,90
300	5,08	3,74	3,16	2,83	2,61	2,45	2,33	2,23	2,16	2,09	2,04	1,99	1,95	1,91	1,88
500	5,05	3,72	3,14	2,81	2,59	2,43	2,31	2,22	2,14	2,07	2,02	1,97	1,93	1,89	1,86
1000	5,04	3,70	3,13	2,80	2,58	2,42	2,30	2,20	2,13	2,06	2,01	1,96	1,92	1,88	1,85
∞	5,02	3,69	3,12	2,79	2,57	2,41	2,29	2,19	2,11	2,05	1,99	1,94	1,90	1,87	1,83

Tabelle

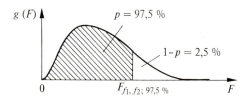

16	17	18	19	20	24	30	40	50	60	80	100	200	500	∞	f_1 / f_2
987	989	990	992	993	997	1001	1006	1008	1010	1012	1013	1016	1017	1018	1
39,4	39,4	39,4	39,4	39,4	39,5	39,5	39,5	39,5	39,5	39,5	39,5	39,5	39,5	39,5	2
14,2	14,2	14,2	14,2	14,2	14,1	14,1	14,0	14,0	14,0	14,0	14,0	13,9	13,9	13,9	3
8,64	8,62	8,60	8,58	8,56	8,51	8,46	8,41	8,38	8,36	8,33	8,32	8,29	8,27	8,26	4
6,41	6,39	6,37	6,35	6,33	6,28	6,23	6,18	6,14	6,12	6,10	6,08	6,05	6,03	6,02	5
5,25	5,23	5,21	5,19	5,17	5,12	5,07	5,01	4,98	4,96	4,93	4,92	4,88	4,86	4,85	6
4,54	4,52	4,50	4,48	4,47	4,42	4,36	4,31	4,28	4,25	4,23	4,21	4,18	4,16	4,14	7
4,08	4,05	4,03	4,02	4,00	3,95	3,89	3,84	3,81	3,78	3,76	3,74	3,70	3,68	3,67	8
3,74	3,72	3,70	3,68	3,67	3,61	3,56	3,51	3,47	3,45	3,42	3,40	3,37	3,35	3,33	9
3,50	3,47	3,45	3,44	3,42	3,37	3,31	3,26	3,22	3,20	3,17	3,15	3,12	3,09	3,08	10
3,30	3,28	3,26	3,24	3,23	3,17	3,12	3,06	3,03	3,00	2,97	2,96	2,92	2,90	2,88	11
3,15	3,13	3,11	3,09	3,07	3,02	2,96	2,91	2,87	2,85	2,82	2,80	2,76	2,74	2,72	12
3,03	3,00	2,98	2,96	2,95	2,89	2,84	2,78	2,74	2,72	2,69	2,67	2,63	2,61	2,60	13
2,92	2,90	2,88	2,86	2,84	2,79	2,73	2,67	2,64	2,61	2,58	2,56	2,53	2,50	2,49	14
2,84	2,81	2,79	2,77	2,76	2,70	2,64	2,58	2,55	2,52	2,49	2,47	2,44	2,41	2,40	15
2,76	2,74	2,72	2,70	2,68	2,63	2,57	2,51	2,47	2,45	2,42	2,40	2,36	2,33	2,32	16
2,70	2,67	2,65	2,63	2,62	2,56	2,50	2,44	2,41	2,38	2,35	2,33	2,29	2,26	2,25	17
2,64	2,62	2,60	2,58	2,56	2,50	2,44	2,38	2,35	2,32	2,29	2,27	2,23	2,20	2,19	18
2,59	2,57	2,55	2,53	2,51	2,45	2,39	2,33	2,30	2,27	2,24	2,22	2,18	2,15	2,13	19
2,55	2,52	2,50	2,48	2,46	2,41	2,35	2,29	2,25	2,22	2,19	2,17	2,13	2,10	2,09	20
2,47	2,45	2,43	2,41	2,39	2,33	2,27	2,21	2,17	2,14	2,11	2,09	2,05	2,02	2,00	22
2,41	2,39	2,36	2,35	2,33	2,27	2,21	2,15	2,11	2,08	2,05	2,02	1,98	1,95	1,94	24
2,36	2,34	2,31	2,29	2,28	2,22	2,16	2,09	2,05	2,03	1,99	1,97	1,92	1,90	1,88	26
2,32	2,29	2,27	2,25	2,23	2,17	2,11	2,05	2,01	1,98	1,94	1,92	1,88	1,85	1,83	28
2,28	2,26	2,23	2,21	2,20	2,14	2,07	2,01	1,97	1,94	1,90	1,88	1,84	1,81	1,79	30
2,25	2,22	2,20	2,18	2,16	2,10	2,04	1,98	1,93	1,91	1,87	1,85	1,80	1,77	1,75	32
2,22	2,19	2,17	2,15	2,13	2,07	2,01	1,95	1,90	1,88	1,84	1,82	1,77	1,74	1,72	34
2,20	2,17	2,15	2,13	2,11	2,05	1,99	1,92	1,88	1,85	1,81	1,79	1,74	1,71	1,69	36
2,17	2,15	2,13	2,11	2,09	2,03	1,96	1,90	1,85	1,82	1,79	1,76	1,71	1,68	1,66	38
2,15	2,13	2,11	2,09	2,07	2,01	1,94	1,88	1,83	1,80	1,76	1,74	1,69	1,66	1,64	40
2,08	2,06	2,03	2,01	1,99	1,93	1,87	1,80	1,75	1,72	1,68	1,66	1,60	1,57	1,55	50
2,03	2,01	1,98	1,96	1,94	1,88	1,82	1,74	1,70	1,67	1,62	1,60	1,54	1,51	1,48	60
2,00	1,97	1,95	1,93	1,91	1,85	1,78	1,71	1,66	1,63	1,58	1,56	1,50	1,46	1,44	70
1,97	1,95	1,93	1,90	1,88	1,82	1,75	1,68	1,63	1,60	1,55	1,53	1,47	1,43	1,40	80
1,94	1,91	1,89	1,87	1,85	1,78	1,71	1,64	1,59	1,56	1,51	1,48	1,42	1,38	1,35	100
1,87	1,84	1,82	1,80	1,78	1,71	1,64	1,56	1,51	1,47	1,42	1,39	1,32	1,27	1,23	200
1,85	1,82	1,80	1,77	1,75	1,69	1,62	1,54	1,48	1,45	1,39	1,36	1,28	1,23	1,18	300
1,83	1,80	1,78	1,76	1,74	1,67	1,60	1,51	1,46	1,42	1,37	1,34	1,25	1,19	1,14	500
1,82	1,79	1,77	1,74	1,72	1,65	1,58	1,50	1,44	1,41	1,35	1,32	1,23	1,16	1,09	1000
1,80	1,78	1,75	1,73	1,71	1,64	1,57	1,48	1,43	1,39	1,33	1,30	1,21	1,13	1,00	∞

Tab. C 8. 99%-Quantile $F_{f_1, f_2; 99\%}$ der F-Verteilung

$$F_{f_2, f_1; 1\%} = \frac{1}{F_{f_1, f_2; 99\%}}$$

$f_2 \backslash f_1$	1	2	3	4	5	6	7	8	9	10	11	12	13	14	15
	Man multipliziere die Zahlen der ersten Zeile ($f_2 = 1$) mit 10														
1	405	500	540	563	576	586	593	598	602	606	608	611	613	614	616
2	98,5	99,0	99,2	99,2	99,3	99,3	99,4	99,4	99,4	99,4	99,4	99,4	99,4	99,4	99,4
3	34,1	30,8	29,5	28,7	28,2	27,9	27,7	27,5	27,3	27,2	27,1	27,1	27,0	26,9	26,9
4	21,2	18,0	16,7	16,0	15,5	15,2	15,0	14,8	14,7	14,5	14,4	14,4	14,3	14,2	14,2
5	16,3	13,3	12,1	11,4	11,0	10,7	10,5	10,3	10,2	10,1	9,96	9,89	9,82	9,77	9,72
6	13,7	10,9	9,78	9,15	8,75	8,47	8,26	8,10	7,98	7,87	7,79	7,72	7,66	7,60	7,56
7	12,2	9,55	8,45	7,85	7,46	7,19	6,99	6,84	6,72	6,62	6,54	6,47	6,41	6,36	6,31
8	11,3	8,65	7,59	7,01	6,63	6,37	6,18	6,03	5,91	5,81	5,73	5,67	5,61	5,56	5,52
9	10,6	8,02	6,99	6,42	6,06	5,80	5,61	5,47	5,35	5,26	5,18	5,11	5,05	5,00	4,96
10	10,0	7,56	6,55	5,99	5,64	5,39	5,20	5,06	4,94	4,85	4,77	4,71	4,65	4,60	4,56
11	9,65	7,21	6,22	5,67	5,32	5,07	4,89	4,74	4,63	4,54	4,46	4,40	4,34	4,29	4,25
12	9,33	6,93	5,95	5,41	5,06	4,82	4,64	4,50	4,39	4,30	4,22	4,16	4,10	4,05	4,01
13	9,07	6,70	5,74	5,21	4,86	4,62	4,44	4,30	4,19	4,10	4,02	3,96	3,91	3,86	3,82
14	8,86	6,51	5,56	5,04	4,70	4,46	4,28	4,14	4,03	3,94	3,86	3,80	3,75	3,70	3,66
15	8,68	6,36	5,42	4,89	4,56	4,32	4,14	4,00	3,89	3,80	3,73	3,67	3,61	3,56	3,52
16	8,53	6,23	5,29	4,77	4,44	4,20	4,03	3,89	3,78	3,69	3,62	3,55	3,50	3,45	3,41
17	8,40	6,11	5,18	4,67	4,34	4,10	3,93	3,79	3,68	3,59	3,52	3,46	3,40	3,35	3,31
18	8,29	6,01	5,09	4,58	4,25	4,01	3,84	3,71	3,60	3,51	3,43	3,37	3,32	3,27	3,23
19	8,18	5,93	5,01	4,50	4,17	3,94	3,77	3,63	3,52	3,43	3,36	3,30	3,24	3,19	3,15
20	8,10	5,85	4,94	4,43	4,10	3,87	3,70	3,56	3,46	3,37	3,29	3,23	3,18	3,13	3,09
22	7,95	5,72	4,82	4,31	3,99	3,76	3,59	3,45	3,35	3,26	3,18	3,12	3,07	3,02	2,98
24	7,82	5,61	4,72	4,22	3,90	3,67	3,50	3,36	3,26	3,17	3,09	3,03	2,98	2,93	2,89
26	7,72	5,53	4,64	4,14	3,82	3,59	3,42	3,29	3,18	3,09	3,02	2,96	2,90	2,86	2,82
28	7,64	5,45	4,57	4,07	3,75	3,53	3,36	3,23	3,12	3,03	2,96	2,90	2,84	2,79	2,75
30	7,56	5,39	4,51	4,02	3,70	3,47	3,30	3,17	3,07	2,98	2,91	2,84	2,79	2,74	2,70
32	7,50	5,34	4,46	3,97	3,65	3,43	3,26	3,13	3,02	2,93	2,86	2,80	2,74	2,70	2,66
34	7,44	5,29	4,42	3,93	3,61	3,39	3,22	3,09	2,98	2,89	2,82	2,76	2,70	2,66	2,62
36	7,40	5,25	4,38	3,89	3,57	3,35	3,18	3,05	2,95	2,86	2,79	2,72	2,67	2,62	2,58
38	7,35	5,21	4,34	3,86	3,54	3,32	3,15	3,02	2,92	2,83	2,75	2,69	2,64	2,59	2,55
40	7,31	5,18	4,31	3,83	3,51	3,29	3,12	2,99	2,89	2,80	2,73	2,66	2,61	2,56	2,52
50	7,17	5,06	4,20	3,72	3,41	3,19	3,02	2,89	2,79	2,70	2,63	2,56	2,51	2,46	2,42
60	7,08	4,98	4,13	3,65	3,34	3,12	2,95	2,82	2,72	2,63	2,56	2,50	2,44	2,39	2,35
70	7,01	4,92	4,08	3,60	3,29	3,07	2,91	2,78	2,67	2,59	2,51	2,45	2,40	2,35	2,31
80	6,96	4,88	4,04	3,56	3,26	3,04	2,87	2,74	2,64	2,55	2,48	2,42	2,36	2,31	2,27
100	6,90	4,82	3,98	3,51	3,21	2,99	2,82	2,69	2,59	2,50	2,43	2,37	2,31	2,26	2,22
200	6,76	4,71	3,88	3,41	3,11	2,89	2,73	2,60	2,50	2,41	2,34	2,27	2,22	2,17	2,13
300	6,72	4,68	3,85	3,38	3,08	2,86	2,70	2,57	2,47	2,38	2,31	2,24	2,19	2,14	2,10
500	6,69	4,65	3,82	3,36	3,05	2,84	2,68	2,55	2,44	2,36	2,28	2,22	2,17	2,12	2,07
1000	6,66	4,63	3,80	3,34	3,04	2,82	2,66	2,53	2,43	2,34	2,27	2,20	2,15	2,10	2,06
∞	6,63	4,61	3,78	3,32	3,02	2,80	2,64	2,51	2,41	2,32	2,25	2,18	2,13	2,08	2,04

Tabellen

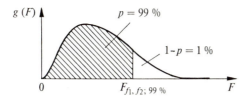

16	17	18	19	20	24	30	40	50	60	80	100	200	500	∞	f_1 / f_2
	Man multipliziere die Zahlen der ersten Zeile ($f_2 = 1$) mit 10	
617	618	619	620	621	623	626	629	630	631	633	633	635	636	637	1
99,4	99,4	99,4	99,4	99,4	99,5	99,5	99,5	99,5	99,5	99,5	99,5	99,5	99,5	99,5	2
26,8	26,8	26,8	26,7	26,7	26,6	26,5	26,4	26,4	26,3	26,3	26,2	26,2	26,1	26,1	3
14,2	14,1	14,1	14,0	14,0	13,9	13,8	13,7	13,7	13,7	13,6	13,6	13,5	13,5	13,5	4
9,68	9,64	9,61	9,58	9,55	9,47	9,38	9,29	9,24	9,20	9,16	9,13	9,08	9,04	9,02	5
7,52	7,48	7,45	7,42	7,40	7,31	7,23	7,14	7,09	7,06	7,01	6,99	6,93	6,90	6,88	6
6,27	6,24	6,21	6,18	6,16	6,07	5,99	5,91	5,86	5,82	5,78	5,75	5,70	5,67	5,65	7
5,48	5,44	5,41	5,38	5,36	5,28	5,20	5,12	5,07	5,03	4,99	4,96	4,91	4,88	4,86	8
4,92	4,89	4,86	4,83	4,81	4,73	4,65	4,57	4,52	4,48	4,44	4,42	4,36	4,33	4,31	9
4,52	4,49	4,46	4,43	4,41	4,33	4,25	4,17	4,12	4,08	4,04	4,01	3,96	3,93	3,91	10
4,21	4,18	4,15	4,12	4,10	4,02	3,94	3,86	3,81	3,78	3,73	3,71	3,66	3,62	3,60	11
3,97	3,94	3,91	3,88	3,86	3,78	3,70	3,62	3,57	3,54	3,49	3,47	3,41	3,38	3,36	12
3,78	3,75	3,72	3,69	3,66	3,59	3,51	3,43	3,38	3,34	3,30	3,27	3,22	3,19	3,17	13
3,62	3,59	3,56	3,53	3,51	3,43	3,35	3,27	3,22	3,18	3,14	3,11	3,06	3,03	3,00	14
3,49	3,45	3,42	3,40	3,37	3,29	3,21	3,13	3,08	3,05	3,00	2,98	2,92	2,89	2,87	15
3,37	3,34	3,31	3,28	3,26	3,18	3,10	3,02	2 97	2,93	2,89	2,86	2,81	2,78	2,75	16
3,27	3,24	3,21	3,18	3,16	3,08	3,00	2,92	2,87	2,83	2,79	2,76	2,71	2,68	2,65	17
3,19	3,16	3,13	3,10	3,08	3,00	2,92	2,84	2,78	2,75	2,70	2,68	2,62	2,59	2,57	18
3,12	3,08	3,05	3,03	3,00	2,92	2,84	2,76	2,71	2,67	2,63	2,60	2,55	2,51	2,49	19
3,05	3,02	2,99	2,96	2,94	2,86	2,78	2,69	2,64	2,61	2,56	2,54	2,48	2,44	2,42	20
2,94	2,91	2,88	2,85	2,83	2,75	2,67	2,58	2,53	2,50	2,45	2,42	2,36	2,33	2,31	22
2,85	2,82	2,79	2,76	2,74	2,66	2,58	2,49	2,44	2,40	2,36	2,33	2,27	2,24	2,21	24
2,78	2,74	2,72	2,69	2,66	2,58	2,50	2,42	2,36	2,33	2,28	2,25	2,19	2,16	2,13	26
2,72	2,68	2,65	2,63	2,60	2,52	2,44	2,35	2,30	2,26	2,22	2,19	2,13	2,09	2,06	28
2,66	2,63	2,60	2,57	2,55	2,47	2,39	2,30	2,25	2,21	2,16	2,13	2,07	2,03	2,01	30
2,62	2,58	2,55	2,53	2,50	2,42	2,34	2,25	2,20	2,16	2,11	2,08	2,02	1,98	1,96	32
2,58	2,55	2,51	2,49	2,46	2,38	2,30	2,21	2,16	2,12	2,07	2,04	1,98	1,94	1,91	34
2,54	2,51	2,48	2,45	2,43	2,35	2,26	2,17	2,12	2,08	2,03	2,00	1,94	1,90	1,87	36
2,51	2,48	2,45	2,42	2,40	2,32	2,23	2,14	2,09	2,05	2,00	1,97	1,90	1,86	1,84	38
2,48	2,45	2,42	2,39	2,37	2,29	2,20	2,11	2,06	2,02	1,97	1,94	1,87	1,83	1,80	40
2,38	2,35	2,32	2,29	2,27	2,18	2,10	2,01	1,95	1,91	1,86	1,82	1,76	1,71	1,68	50
2,31	2,28	2,25	2,22	2,20	2,12	2,03	1,94	1,88	1,84	1,78	1,75	1,68	1,63	1,60	60
2,27	2,23	2,20	2,18	2,15	2,07	1,98	1,89	1,83	1,78	1,73	1,70	1,62	1,57	1,54	70
2,23	2,20	2,17	2,14	2,12	2,03	1,94	1,85	1,79	1,75	1,69	1,66	1,58	1,53	1,49	80
2,19	2,15	2,12	2,09	2,07	1,98	1,89	1,80	1,73	1,69	1,63	1,60	1,52	1,47	1,43	100
2,09	2,06	2,02	2,00	1,97	1,89	1,79	1,69	1,63	1,58	1,52	1,48	1,39	1,33	1,28	200
2,06	2,03	1,99	1,97	1,94	1,85	1,76	1,66	1,59	1,55	1,48	1,44	1,35	1,28	1,22	300
2,04	2,00	1,97	1,94	1,92	1,83	1,74	1,63	1,56	1,52	1,45	1,41	1,31	1,23	1,16	500
2,02	1,98	1,95	1,92	1,90	1,81	1,72	1,61	1,54	1,50	1,43	1,38	1,28	1,19	1,11	1000
2,00	1,97	1,93	1,90	1,88	1,79	1,70	1,59	1,52	1,47	1,40	1,36	1,25	1,15	1,00	∞

Tab. C 9. 99,5 %-Quantile $F_{f_1,f_2;99,5\%}$ der F-Verteilung

$$F_{f_2,f_1;0,5\%} = \frac{1}{F_{f_1,f_2;99,5\%}}$$

f_2 \ f_1	1	2	3	4	5	6	7	8	9	10	11	12	13	14	15
	Man multipliziere die Zahlen der ersten Zeile ($f_2 = 1$) mit 100														
1	162	200	216	225	231	234	237	239	241	242	243	244	245	246	246
2	198	199	199	199	199	199	199	199	199	199	199	199	199	199	199
3	55,6	49,8	47,5	46,2	45,4	44,8	44,4	44,1	43,9	43,7	43,5	43,4	43,3	43,2	43,1
4	31,3	26,3	24,3	23,2	22,5	22,0	21,6	21,4	21,1	21,0	20,8	20,7	20,6	20,5	20,4
5	22,8	18,3	16,5	15,6	14,9	14,5	14,2	14,0	13,8	13,6	13,5	13,4	13,3	13,2	13,1
6	18,6	14,5	12,9	12,0	11,5	11,1	10,8	10,6	10,4	10,2	10,1	10,0	9,95	9,88	9,81
7	16,2	12,4	10,9	10,0	9,52	9,16	8,89	8,68	8,51	8,38	8,27	8,18	8,10	8,03	7,97
8	14,7	11,0	9,60	8,81	8,30	7,95	7,69	7,50	7,34	7,21	7,10	7,01	6,94	6,87	6,81
9	13,6	10,1	8,72	7,96	7,47	7,13	6,88	6,69	6,54	6,42	6,31	6,23	6,15	6,09	6,03
10	12,8	9,43	8,08	7,34	6,87	6,54	6,30	6,12	5,97	5,85	5,75	5,66	5,59	5,53	5,47
11	12,2	8,91	7,60	6,88	6,42	6,10	5,86	5,68	5,54	5,42	5,32	5,24	5,16	5,10	5,05
12	11,8	8,51	7,23	6,52	6,07	5,76	5,52	5,35	5,20	5,09	4,99	4,91	4,84	4,77	4,72
13	11,4	8,19	6,93	6,23	5,79	5,48	5,25	5,08	4,94	4,82	4,72	4,64	4,57	4,51	4,46
14	11,1	7,92	6,68	6,00	5,56	5,26	5,03	4,86	4,72	4,60	4,51	4,43	4,36	4,30	4,25
15	10,8	7,70	6,48	5,80	5,37	5,07	4,85	4,67	4,54	4,42	4,33	4,25	4,18	4,12	4,07
16	10,6	7,51	6,30	5,64	5,21	4,91	4,69	4,52	4,38	4,27	4,18	4,10	4,03	3,97	3,92
17	10,4	7,35	6,16	5,50	5,07	4,78	4,56	4,39	4,25	4,14	4,05	3,97	3,90	3,84	3,79
18	10,2	7,21	6,03	5,37	4,96	4,66	4,44	4,28	4,14	4,03	3,94	3,86	3,79	3,73	3,68
19	10,1	7,09	5,92	5,27	4,85	4,56	4,34	4,18	4,04	3,93	3,84	3,76	3,70	3,64	3,59
20	9,94	6,99	5,82	5,17	4,76	4,47	4,26	4,09	3,96	3,85	3,76	3,68	3,61	3,55	3,50
22	9,73	6,81	5,65	5,02	4,61	4,32	4,11	3,94	3,81	3,70	3,61	3,54	3,47	3,41	3,36
24	9,55	6,66	5,52	4,89	4,49	4,20	3,99	3,83	3,69	3,59	3,50	3,42	3,35	3,30	3,25
26	9,41	6,54	5,41	4,79	4,38	4,10	3,89	3,73	3,60	3,49	3,40	3,33	3,26	3,20	3,15
28	9,28	6,44	5,32	4,70	4,30	4,02	3,81	3,65	3,52	3,41	3,32	3,25	3,18	3,12	3,07
30	9,18	6,35	5,24	4,62	4,23	3,95	3,74	3,58	3,45	3,34	3,25	3,18	3,11	3,06	3,01
32	9,09	6,28	5,17	4,56	4,17	3,89	3,68	3,52	3,39	3,29	3,20	3,12	3,06	3,00	2,95
34	9,01	6,22	5,11	4,50	4,11	3,84	3,63	3,47	3,34	3,24	3,15	3,07	3,01	2,95	2,90
36	8,94	6,16	5,06	4,46	4,06	3,79	3,58	3,42	3,30	3,19	3,10	3,03	2,96	2,90	2,85
38	8,88	6,11	5,02	4,41	4,02	3,75	3,54	3,39	3,25	3,15	3,06	2,99	2,92	2,87	2,82
40	8,83	6,07	4,98	4,37	3,99	3,71	3,51	3,35	3,22	3,12	3,03	2,95	2,89	2,83	2,78
50	8,63	5,90	4,83	4,23	3,85	3,58	3,38	3,22	3,09	2,99	2,90	2,82	2,76	2,70	2,65
60	8,49	5,80	4,73	4,14	3,76	3,49	3,29	3,13	3,01	2,90	2,82	2,74	2,68	2,62	2,57
70	8,40	5,72	4,65	4,08	3,70	3,43	3,23	3,08	2,95	2,85	2,76	2,68	2,62	2,56	2,51
80	8,33	5,67	4,61	4,03	3,65	3,39	3,19	3,03	2,91	2,80	2,72	2,64	2,58	2,52	2,47
100	8,24	5,59	4,54	3,96	3,59	3,33	3,13	2,97	2,85	2,74	2,66	2,58	2,52	2,46	2,41
200	8,06	5,44	4,41	3,84	3,47	3,21	3,01	2,85	2,73	2,63	2,54	2,47	2,40	2,35	2,30
300	8,00	5,39	4,37	3,80	3,43	3,17	2,97	2,81	2,69	2,59	2,51	2,43	2,37	2,31	2,26
500	7,95	5,36	4,33	3,76	3,40	3,14	2,94	2,79	2,66	2,56	2,48	2,40	2,34	2,28	2,23
1000	7,92	5,33	4,31	3,74	3,37	3,11	2,92	2,77	2,64	2,54	2,45	2,38	2,32	2,26	2,21
∞	7,88	5,30	4,28	3,72	3,35	3,09	2,90	2,74	2,62	2,52	2,43	2,36	2,29	2,24	2,19

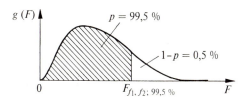

16	17	18	19	20	24	30	40	50	60	80	100	200	500	∞	f_1 / f_2
\multicolumn{15}{c	}{Man multipliziere die Zahlen der ersten Zeile ($f_2 = 1$) mit 100}	
247	247	248	248	248	249	250	251	252	253	253	253	254	254	255	1
199	199	199	199	199	199	199	199	199	199	199	199	199	200	200	2
43,0	42,9	42,9	42,8	42,8	42,6	42,5	42,3	42,2	42,1	42,1	42,0	41,9	41,9	41,8	3
20,4	20,3	20,3	20,2	20,2	20,0	19,9	19,8	19,7	19,6	19,5	19,5	19,4	19,4	19,3	4
13,1	13,0	13,0	12,9	12,9	12,8	12,7	12,5	12,5	12,4	12,3	12,3	12,2	12,2	12,1	5
9,76	9,71	9,66	9,62	9,59	9,47	9,36	9,24	9,17	9,12	9,06	9,03	8,95	8,91	8,88	6
7,93	7,87	7,83	7,79	7,75	7,64	7,53	7,42	7,35	7,31	7,25	7,22	7,15	7.10	7,08	7
6,76	6,72	6,68	6,64	6,61	6,50	6,40	6,29	6,22	6,18	6,12	6,09	6,02	5,98	5,95	8
5,98	5,94	5,90	5,86	5,83	5,73	5,62	5,52	5,45	5,41	5,36	5,32	5,26	5,21	5,19	9
5,42	5,38	5,34	5,30	5,27	5,17	5,07	4,97	4,90	4,86	4,80	4,77	4,71	4,67	4,64	10
5,00	4,96	4,92	4,89	4,86	4,76	4,65	4,55	4,49	4,44	4,39	4,36	4,29	4,25	4,23	11
4,67	4,63	4,59	4,56	4,53	4,43	4,33	4,23	4,17	4,12	4,07	4,04	3.97	3,93	3,90	12
4,41	4,37	4,33	4,30	4,27	4,17	4,07	3 97	3,91	3,87	3,81	3,78	3,71	3,67	3,65	13
4,20	4,16	4,12	4,09	4,06	3,96	3,86	3,76	3,70	3,66	3,60	3,57	3,50	3,46	3,44	14
4,02	3,98	3,95	3,91	3,88	3,79	3,69	3,58	3,52	3,48	3,43	3,39	3,33	3,29	3,26	15
3,87	3,83	3,80	3,76	3,73	3,64	3.54	3,44	3,37	3,33	3,28	3,25	3,18	3,14	3,11	16
3,75	3,71	3,67	3,64	3,61	3,51	3,41	3,31	3,25	3,21	3,15	3,12	3,05	3,01	2,98	17
3,64	3,60	3,56	3,53	3,50	3,40	3,30	3,20	3,14	3,10	3,04	3,01	2,94	2,90	2,87	18
3,54	3,50	3,46	3,43	3,40	3,31	3,21	3,11	3,04	3,00	2,95	2,91	2,85	2,80	2,78	19
3,46	3,42	3,38	3,35	3,32	3,22	3,12	3,02	2,96	2,92	2,86	2,83	2,76	2,72	2,69	20
3,31	3,27	3.24	3,20	3,18	3,08	2,98	2,88	2,82	2,77	2,72	2,69	2,62	2,57	2,55	22
3,20	3,16	3,12	3,09	3,06	2,97	2,87	2,77	2,70	2,66	2,60	2,57	2,50	2,46	2,43	24
3,11	3,07	3,03	3,00	2,97	2,87	2,77	2 67	2,61	2,56	2,51	2,47	2,40	2,36	2,33	26
3,03	2,99	2.95	2,92	2,89	2,79	2,69	2,59	2,53	2,48	2,43	2,39	2,32	2.28	2,25	28
2,96	2,92	2,89	2,85	2,82	2,73	2,63	2,52	2,46	2,42	2,36	2,32	2,25	2,21	2,18	30
2,90	2,86	2,83	2,80	2,77	2,67	2,57	2,47	2,40	2,36	2,30	2,26	2,19	2,15	2,11	32
2,85	2,81	2,78	2,75	2,72	2,62	2,52	2,42	2,35	2,30	2,25	2,21	2,14	2,09	2,06	34
2,81	2,77	2,73	2,70	2,67	2,58	2,48	2,37	2,30	2,26	2,20	2,17	2,09	2,04	2,01	36
2,77	2,73	2,70	2,66	2,63	2,54	2,44	2,33	2,27	2,22	2,16	2,12	2,05	2,00	1,97	38
2,74	2,70	2,66	2,63	2,60	2,50	2,40	2,30	2,23	2,18	2,12	2,09	2,01	1,96	1,93	40
2,61	2,57	2,53	2,50	2.47	2 37	2,27	2,16	2,10	2,05	1,99	1,95	1,87	1,82	1,79	50
2,53	2,49	2,45	2,42	2,39	2,29	2,19	2,08	2,01	1,96	1,90	1,86	1,78	1,73	1,69	60
2,47	2,43	2,39	2,36	2,33	2,23	2,13	2,02	1,95	1,90	1,84	1,80	1,71	1,66	1,62	70
2,43	2,39	2,35	2,32	2,29	2,19	2,08	1,97	1,90	1,85	1,79	1,75	1,66	1,60	1,56	80
2,37	2,33	2,29	2,26	2,23	2,13	2,02	1,91	1,84	1,79	1,72	1,68	1,59	1,53	1,49	100
2,25	2,21	2,18	2,14	2,11	2,01	1,91	1.79	1,71	1,66	1,59	1,54	1,44	1,37	1,31	200
2,21	2,17	2.14	2,10	2,07	1,97	1,87	1,75	1,67	1,61	1,54	1,50	1,39	1,31	1,25	300
2,19	2,14	2,11	2,07	2,04	1,94	1,84	1,72	1,64	1,58	1,51	1,46	1,35	1,26	1,18	500
2,16	2,12	2,09	2,05	2,02	1,92	1,81	1,69	1,61	1,56	1,48	1,43	1,31	1,22	1,13	1000
2,14	2,10	2,06	2,03	2,00	1,90	1,79	1,67	1,59	1,53	1,45	1,40	1,28	1,17	1,00	∞

Tab. C 10. Häufigkeitssummen $F_{(i)}(n)$ (in Prozent) zum Eintragen der Punkte $[x_{(i)}; F_{(i)}(n)]$ von geordneten Stichproben in das Wahrscheinlichkeitsnetz[1] beim Stichprobenumfang $n = 6, 7, \ldots, 30$

i \ n	6	7	8	9	10	11	12	13	14	15	16	17	18	19	20	21	22	23	24	25	26	27	28	29	30	i
1	10,2	8,9	7,8	6,8	6,2	5,6	5,2	4,8	4,5	4,1	3,9	3,7	3,4	3,3	3,1	2,9	2,8	2,7	2,6	2,4	2,4	2,3	2,2	2,1	2,1	1
2	26,1	22,4	19,8	17,6	15,9	14,5	13,1	12,3	11,3	10,6	10,0	9,3	8,9	8,4	7,9	7,6	7,2	6,9	6,7	6,4	6,2	5,9	5,7	5,5	5,3	2
3	42,1	36,3	31,9	28,4	25,5	23,3	21,5	19,8	18,4	17,2	16,1	15,2	14,2	13,6	12,9	12,3	11,7	11,3	10,7	10,4	9,9	9,5	9,2	8,9	8,7	3
4	57,9	50,0	44,0	39,4	35,2	32,3	29,5	27,4	25,5	23,9	22,4	20,9	19,8	18,7	17,7	17,1	16,4	15,6	14,9	14,2	13,8	13,4	12,7	12,3	11,9	4
5	73,9	63,7	56,0	50,0	45,2	41,3	37,8	34,8	32,3	30,2	28,4	26,8	25,1	23,9	22,7	21,8	20,6	19,8	18,9	18,1	17,6	16,9	16,4	15,9	15,2	5
6	89,8	77,6	68,1	60,6	54,8	50,0	46,0	42,5	39,4	36,7	34,8	32,6	30,9	29,1	27,8	26,4	25,1	24,2	23,3	22,4	21,5	20,6	19,8	19,2	18,7	6
7		91,2	80,2	71,6	64,8	58,7	54,0	50,0	46,4	43,3	40,9	38,2	36,3	34,5	32,6	31,2	29,8	28,4	27,4	26,1	25,1	24,2	23,3	22,7	21,8	7
8			92,2	82,4	74,5	67,7	62,2	57,5	53,6	50,0	46,8	44,0	41,7	39,7	37,5	35,9	34,1	32,6	31,6	30,2	29,1	28,1	27,1	26,1	25,1	8
9				93,2	84,1	76,7	70,5	65,2	60,6	56,7	53,2	50,0	47,2	44,8	42,5	40,5	38,6	37,1	35,6	34,1	33,0	31,6	30,5	29,5	28,4	9
10					93,8	85,5	78,5	72,6	67,7	63,3	59,1	56,0	52,8	50,0	47,6	45,2	43,3	41,3	39,7	38,2	36,7	35,2	34,1	33,0	31,9	10
11						94,4	86,9	80,2	74,5	69,8	65,2	61,8	58,3	55,2	52,4	50,0	47,6	45,6	43,6	42,1	40,5	39,0	37,4	36,3	35,2	11
12							94,9	87,7	81,6	76,1	71,6	67,4	63,7	60,3	57,5	54,8	52,4	50,0	48,0	46,0	44,4	42,5	41,3	39,7	38,6	12
13								95,3	88,7	82,9	77,6	73,2	69,1	65,5	62,2	59,5	56,7	54,4	52,0	50,0	48,0	46,4	44,8	43,3	41,7	13
14									95,5	89,4	83,9	79,1	74,9	70,9	67,4	64,1	61,4	58,7	56,4	54,0	52,0	50,0	48,4	46,4	45,2	14
15										95,9	90,0	84,8	80,2	76,1	72,2	68,8	65,9	62,9	60,3	57,9	55,6	53,6	51,6	50,0	48,4	15
16											96,1	90,7	85,8	81,3	77,3	73,6	70,2	67,4	64,4	61,8	59,5	57,5	55,2	53,6	51,6	16
17												96,3	91,2	86,4	82,1	78,2	74,9	71,6	68,4	65,9	63,3	61,0	58,7	56,7	54,8	17
18													96,6	91,6	87,1	82,9	79,4	75,8	72,6	69,8	67,0	64,8	62,6	60,3	58,3	18
19														96,7	92,1	87,7	83,6	80,2	76,7	73,9	70,9	68,4	65,9	63,7	61,4	19
20															96,9	92,4	88,3	84,4	81,1	77,6	74,9	71,9	69,5	67,0	64,8	20
21																97,1	92,8	88,7	85,1	81,9	78,5	75,8	72,9	70,5	68,1	21
22																	97,2	93,1	89,3	85,8	82,4	79,4	76,7	73,9	71,6	22
23																		97,3	93,3	89,6	86,2	83,1	80,2	77,3	74,9	23
24																			97,4	93,6	90,2	86,6	83,6	80,8	78,2	24
25																				97,6	93,8	90,5	87,3	84,1	81,3	25
26																					97,6	94,1	90,8	87,7	84,8	26
27																						97,7	94,3	91,2	88,1	27
28																							97,8	94,5	91,3	28
29																								97,9	94,7	29
30																									97,9	30

Näherungsweise gilt für $n \geq 6$

$$F_{(i)}(n) = \frac{i - 3/8}{n + 1/4} \quad ; \quad i = 1, 2, \ldots, n$$

[1] Henning, H.-J.; Wartmann, R.: Stichproben kleinen Umfangs im Wahrscheinlichkeitsnetz. Mittbl. f. math. Statistik 9 (1957) 168. Die Tabelle wurde von K. Göldner (Zur Auswertung kleiner Stichproben im Wahrscheinlichkeitsnetz. Qualität und Zuverlässigkeit 16 (1971) 156–160) bis $n = 52$ erweitert.

Tab. C 11. Erwartungswert, Standardabweichung und Quantile der Verteilung der Extremwerte bei Normalverteilung

n	α'_n	β'_n	$u_{\sqrt[n]{1-\alpha}}$		$u_{(1+\sqrt[n]{1-\alpha})/2}$	
			$1-\alpha = 95\%$	$1-\alpha = 99\%$	$1-\alpha = 95\%$	$1-\alpha = 99\%$
1	0,000	1,000	1,645	2,326	1,960	2,576
2	0,564	0,826	1,955	2,575	2,236	2,806
3	0,846	0,748	2,121	2,712	2,388	2,934
4	1,029	0,701	2,234	2,806	2,491	3,022
5	1,163	0,669	2,319	2,877	2,569	3,089
6	1,267	0,645	2,386	2,934	2,631	3,143
7	1,352	0,626	2,442	2,981	2,683	3,188
8	1,424	0,611	2,490	3,022	2,727	3,226
9	1,485	0,598	2,531	3,057	2,766	3,260
10	1,539	0,587	2,568	3,089	2,800	3,289
11	1,586	0,577	2,601	3,117	2,830	3,316
12	1,629	0,569	2,630	3,143	2,858	3,340
13	1,668	0,561	2,657	3,166	2,883	3,362
14	1,703	0,555	2,682	3,187	2,906	3,383
15	1,736	0,549	2,705	3,207	2,928	3,402
16	1,766	0,543	2,726	3,226	2,948	3,419
17	1,794	0,538	2,746	3,243	2,966	3,436
18	1,820	0,533	2,765	3,259	2,984	3,451
19	1,844	0,529	2,783	3,275	3,000	3,466
20	1,867	0,525	2,799	3,289	3,016	3,479
21	1,889	0,521	2,815	3,303	3,031	3,493
22	1,910	0,518	2,830	3,316	3,045	3,505
23	1,929	0,514	2,844	3,328	3,058	3,517
24	1,948	0,511	2,858	3,340	3,071	3,528
25	1,965	0,508	2,870	3,351	3,083	3,539
26	1,982	0,506	2,883	3,362	3,095	3,549
27	1,998	0,503	2,895	3,373	3,106	3,559
28	2,014	0,500	2,906	3,383	3,116	3,569
29	2,029	0,498	2,917	3,392	3,127	3,578
30	2,043	0,495	2,928	3,402	3,137	3,587
35	2,107	0,486	2,975	3,444	3,182	3,627
40	2,161	0,477	3,016	3,479	3,220	3,661
45	2,208	0,470	3,051	3,511	3,254	3,691
50	2,249	0,464	3,083	3,539	3,283	3,718
55	2,286	0,459	3,111	3,564	3,310	3,742
60	2,319	0,454	3,137	3,587	3,335	3,764
65	2,350	0,450	3,160	3,607	3,357	3,784
70	2,377	0,447	3,182	3,627	3,377	3,802
75	2,403	0,443	3,201	3,644	3,396	3,819
80	2,427	0,440	3,220	3,661	3,414	3,835
85	2,449	0,437	3,237	3,676	3,430	3,850
90	2,470	0,434	3,254	3,691	3,446	3,864
95	2,489	0,432	3,269	3,705	3,460	3,877
100	2,508	0,429	3,283	3,718	3,474	3,889

Tab. C 12. Quantile $w_{n;p}$ der Verteilung der auf σ bezogenen Spannweite $W_n = R/\sigma = (X_{(n)} - X_{(1)})/\sigma = U_{(n)} - U_{(1)}$ in Stichproben vom Umfang n bei Normalverteilung[1]

1	2	3	4	5					
Stichprobenumfang n	$E(W_n)$ $a_n \equiv d_2(n)$	$\sigma(W_n)$ β_n	$\gamma_n = \beta_n/\alpha_n$	p					
				0,1 %	0,5 %	1,0 %	2,5 %	5,0 %	10,0 %
2	1,128	0,853	0,756	0,00	0,01	0,02	0,04	0,09	0,18
3	1,693	0,888	0,525	0,06	0,13	0,19	0,30	0,43	0,62
4	2,059	0,880	0,427	0,20	0,34	0,43	0,59	0,76	0,98
5	2,326	0,864	0,371	0,37	0,55	0,67	0,85	1,03	1,26
6	2,534	0,848	0,335	0,53	0,75	0,87	1,07	1,25	1,49
7	2,704	0,833	0,308	0,69	0,92	1,05	1,25	1,44	1,68
8	2,847	0,820	0,288	0,83	1,08	1,20	1,41	1,60	1,84
9	2,970	0,808	0,272	0,97	1,21	1,34	1,55	1,74	1,97
10	3,078	0,797	0,259	1,08	1,33	1,47	1,67	1,86	2,09
11	3,173	0,787	0,248	1,19	1,45	1,58	1,78	1,97	2,20
12	3,258	0,778	0,239	1,29	1,55	1,68	1,88	2,07	2,30
13	3,336	0,770	0,231	1,39	1,64	1,77	1,98	2,16	2,39
14	3,407	0,762	0,224	1,47	1,72	1,86	2,06	2,24	2,47
15	3,472	0,755	0,217	1,55	1,80	1,93	2,14	2,32	2,54
16	3,532	0,749	0,212	1,62	1,88	2,01	2,21	2,39	2,61
17	3,588	0,743	0,207	1,69	1,94	2,07	2,27	2,45	2,67
18	3,640	0,738	0,203	1,76	2,01	2,14	2,34	2,52	2,73
19	3,689	0,733	0,199	1,82	2,07	2,20	2,39	2,57	2,79
20	3,735	0,729	0,195	1,88	2,13	2,25	2,45	2,63	2,84

---

[1] Tab. C 12 bis C 14 nach HARTER, H. L.: Tables of range and studentized range. Ann. Math. Stat. 31 (1960) 1122

Tabellen

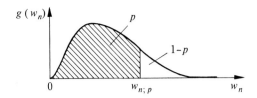

5								1
p								Stich-proben-umfang
30,0 %	50,0 %	70,0 %	90,0 %	95,0 %	97,5 %	99,0 %	99,5 %	99,9 %	n
	$\bar{d}_2(n)$							
0,54	0,95	1,47	2,33	2,77	3,17	3,64	3,97	4,65	2
1,14	1,59	2,09	2,90	3,31	3,68	4,12	4,42	5,06	3
1,53	1,98	2,47	3,24	3,63	3,98	4,40	4,69	5,31	4
1,82	2,26	2,73	3,48	3,86	4,20	4,60	4,89	5,48	5
2,04	2,47	2,94	3,66	4,03	4,36	4,76	5,03	5,62	6
2,22	2,65	3,10	3,81	4,17	4,49	4,88	5,15	5,73	7
2,38	2,79	3,24	3,93	4,29	4,60	4,99	5,25	5,82	8
2,51	2,92	3,35	4,04	4,39	4,70	5,08	5,34	5,90	9
2,62	3,02	3,46	4,13	4,47	4,78	5,16	5,42	5,97	10
2,72	3,12	3,55	4,21	4,55	4,86	5,23	5,49	6,04	11
2,82	3,21	3,63	4,28	4,62	4,92	5,29	5,55	6,09	12
2,90	3,28	3,70	4,35	4,68	4,99	5,35	5,60	6,14	13
2,97	3,36	3,77	4,41	4,74	5,04	5,40	5,65	6,19	14
3,04	3,42	3,83	4,47	4,80	5,09	5,45	5,70	6,23	15
3,11	3,48	3,89	4,52	4,85	5,14	5,49	5,74	6,27	16
3,17	3,54	3,94	4,57	4,89	5,18	5,54	5,78	6,31	17
3,22	3,59	3,99	4,61	4,93	5,22	5,57	5,82	6,35	18
3,27	3,64	4,03	4,65	4,97	5,26	5,61	5,86	6,38	19
3,32	3,69	4,08	4,69	5,01	5,30	5,65	5,89	6,41	20

Tab. C 13. 95%-Quantile $q_{m,f;\,95\%}$ der Verteilung der studentisierten Spannweite $Q_{m,f} = (X_{(m)} - X_{(1)})/S_f$.

Dabei sind $X_{(m)}$ und $X_{(1)}$ die Extremwerte einer Stichprobe vom Umfang m, und S_f ist die Standardabweichung einer davon unabhängigen Stichprobe vom Umfang $f+1$ aus der gleichen Normalverteilung.

f \ m	2	3	4	5	6	7	8	9	10
1	18,0	27,0	32,8	37,1	40,4	43,1	45,4	47,4	49,1
2	6,09	8,33	9,80	10,9	11,7	12,4	13,0	13,5	14,0
3	4,50	5,91	6,83	7,50	8,04	8,48	8,85	9,18	9,46
4	3,93	5,04	5,76	6,29	6,71	7,05	7,35	7,60	7,83
5	3,64	4,60	5,22	5,67	6,03	6,33	6,58	6,80	7,00
6	3,46	4,34	4,90	5,31	5,63	5,90	6,12	6,32	6,49
7	3,34	4,17	4,68	5,06	5,36	5,61	5,82	6,00	6,16
8	3,26	4,04	4,53	4,89	5,17	5,40	5,60	5,77	5,92
9	3,20	3,95	4,42	4,76	5,02	5,24	5,43	5,60	5,74
10	3,15	3,88	4,33	4,65	4,91	5,12	5,31	5,46	5,60
11	3,11	3,82	4,26	4,57	4,82	5,03	5,20	5,35	5,49
12	3,08	3,77	4,20	4,51	4,75	4,95	5,12	5,27	5,40
13	3,06	3,74	4,15	4,45	4,69	4,89	5,05	5,19	5,32
14	3,03	3,70	4,11	4,41	4,64	4,83	4,99	5,13	5,25
15	3,01	3,67	4,08	4,37	4,60	4,78	4,94	5,08	5,20
16	3,00	3,65	4,05	4,33	4,56	4,74	4,90	5,03	5,15
17	2,98	3,63	4,02	4,30	4,52	4,71	4,86	4,99	5,11
18	2,97	3,61	4,00	4,28	4,50	4,67	4,82	4,96	5,07
19	2,96	3,59	3,98	4,25	4,47	4,65	4,79	4,92	5,04
20	2,95	3,58	3,96	4,23	4,45	4,62	4,77	4,90	5,01
24	2,92	3,53	3,90	4,17	4,37	4,54	4,68	4,81	4,92
30	2,89	3,49	3,85	4,10	4,30	4,46	4,60	4,72	4,82
40	2,86	3,44	3,79	4,04	4,23	4,39	4,52	4,64	4,74
60	2,83	3,40	3,74	3,98	4,16	4,31	4,44	4,55	4,65
120	2,80	3,36	3,69	3,92	4,10	4,24	4,36	4,47	4,56
∞	2,77	3,31	3,63	3,86	4,03	4,17	4,29	4,39	4,47

Tabellen

11	12	13	14	15	16	17	18	19	20
50,6	52,0	53,2	54,3	55,4	56,3	57,2	58,0	58,8	59,6
14,4	14,8	15,1	15,4	15,7	15,9	16,1	16,4	16,6	16,8
9,72	9,95	10,15	10,35	10,53	10,69	10,84	10,98	11,11	11,24
8,03	8,21	8,37	8,53	8,66	8,79	8,91	9,03	9,13	9,23
7,17	7,32	7,47	7,60	7,72	7,83	7,93	8,03	8,12	8,21
6,65	6,79	6,92	7,03	7,14	7,24	7,34	7,43	7,51	7,59
6,30	6,43	6,55	6,66	6,76	6,85	6,94	7,02	7,10	7,17
6,05	6,18	6,29	6,39	6,48	6,57	6,65	6,73	6,80	6,87
5,87	5,98	6,09	6,19	6,28	6,36	6,44	6,51	6,58	6,64
5,72	5,83	5,94	6,03	6,11	6,19	6,27	6,34	6,41	6,47
5,61	5,71	5,81	5,90	5,98	6,06	6,13	6,20	6,27	6,33
5,51	5,62	5,71	5,80	5,88	5,95	6,02	6,09	6,15	6,21
5,43	5,53	5,63	5,71	5,79	5,86	5,93	6,00	6,06	6,11
5,36	5,46	5,55	5,64	5,71	5,79	5,85	5,92	5,97	6,03
5,31	5,40	5,49	5,57	5,65	5,72	5,79	5,85	5,90	5,96
5,26	5,35	5,44	5,52	5,59	5,66	5,73	5,79	5,84	5,90
5,21	5,31	5,39	5,47	5,54	5,61	5,68	5,73	5,79	5,84
5,17	5,27	5,35	5,43	5,50	5,57	5,63	5,69	5,74	5,79
5,14	5,23	5,32	5,39	5,46	5,53	5,59	5,65	5,70	5,75
5,11	5,20	5,28	5,36	5,43	5,49	5,55	5,61	5,66	5,71
5,01	5,10	5,18	5,25	5,32	5,38	5,44	5,49	5,55	5,59
4,92	5,00	5,08	5,15	5,21	5,27	5,33	5,38	5,43	5,48
4,82	4,90	4,98	5,04	5,11	5,16	5,22	5,27	5,31	5,36
4,73	4,81	4,88	4,94	5,00	5,06	5,11	5,15	5,20	5,24
4,64	4,71	4,78	4,84	4,90	4,95	5,00	5,04	5,09	5,13
4,55	4,62	4,69	4,74	4,80	4,85	4,89	4,93	4,97	5,01

Tab. C 14. 99%-Quantile $q_{m,f;99\%}$ der Verteilung der studentisierten Spannweite $Q_{m,f} = (X_{(m)} - X_{(1)})/S_f$.

Dabei sind $X_{(m)}$ und $X_{(1)}$ die Extremwerte einer Stichprobe vom Umfang m, und S_f ist die Standardabweichung einer davon unabhängigen Stichprobe vom Umfang $f+1$ aus der gleichen Normalverteilung.

f \ m	2	3	4	5	6	7	8	9	10
1	90,0	135	164	186	202	216	227	237	246
2	14,0	19,0	22,3	24,7	26,6	28,2	29,5	30,7	31,7
3	8,26	10,6	12,2	13,3	14,2	15,0	15,6	16,2	16,7
4	6,51	8,12	9,17	9,96	10,6	11,1	11,6	11,9	12,3
5	5,70	6,98	7,80	8,42	8,91	9,32	9,67	9,97	10,24
6	5,24	6,33	7,03	7,56	7,97	8,32	8,61	8,87	9,10
7	4,95	5,92	6,54	7,01	7,37	7,68	7,94	8,17	8,37
8	4,75	5,64	6,20	6,63	6,96	7,24	7,47	7,68	7,86
9	4,60	5,43	5,96	6,35	6,66	6,92	7,13	7,33	7,50
10	4,48	5,27	5,77	6,14	6,43	6,67	6,88	7,06	7,21
11	4,39	5,15	5,62	5,97	6,25	6,48	6,67	6,84	6,99
12	4,32	5,05	5,50	5,84	6,10	6,32	6,51	6,67	6,81
13	4,26	4,96	5,40	5,73	5,98	6,19	6,37	6,53	6,67
14	4,21	4,90	5,32	5,63	5,88	6,09	6,26	6,41	6,54
15	4,17	4,84	5,25	5,56	5,80	5,99	6,16	6,31	6,44
16	4,13	4,79	5,19	5,49	5,72	5,92	6,08	6,22	6,35
17	4,10	4,74	5,14	5,43	5,66	5,85	6,01	6,15	6,27
18	4,07	4,70	5,09	5,38	5,60	5,79	5,94	6,08	6,20
19	4,05	4,67	5,05	5,33	5,55	5,74	5,89	6,02	6,14
20	4,02	4,64	5,02	5,29	5,51	5,69	5,84	5,97	6,09
24	3,96	4,55	4,91	5,17	5,37	5,54	5,69	5,81	5,92
30	3,89	4,46	4,80	5,05	5,24	5,40	5,54	5,65	5,76
40	3,83	4,37	4,70	4,93	5,11	5,27	5,39	5,50	5,60
60	3,76	4,28	4,60	4,82	4,99	5,13	5,25	5,36	5,45
120	3,70	4,20	4,50	4,71	4,87	5,01	5,12	5,21	5,30
∞	3,64	4,12	4,40	4,60	4,76	4,88	4,99	5,08	5,16

11	12	13	14	15	16	17	18	19	20
253	260	266	272	277	282	286	290	294	298
32,6	33,4	34,1	34,8	35,4	36,0	36,5	37,0	37,5	38,0
17,1	17,5	17,9	18,2	18,5	18,8	19,1	19,3	19,6	19,8
12,6	12,8	13,1	13,3	13,5	13,7	13,9	14,1	14,2	14,4
10,48	10,70	10,89	11,08	11,24	11,40	11,55	11,68	11,81	11,93
9,30	9,49	9,65	9,81	9,95	10,08	10,21	10,32	10,43	10,54
8,55	8,71	8,86	9,00	9,12	9,24	9,35	9,46	9,55	9,65
8,03	8,18	8,31	8,44	8,55	8,66	8,76	8,85	8,94	9,03
7,65	7,78	7,91	8,03	8,13	8,23	8,33	8,41	8,50	8,57
7,36	7,49	7,60	7,71	7,81	7,91	7,99	8,08	8,15	8,23
7,13	7,25	7,36	7,47	7,56	7,65	7,73	7,81	7,88	7,95
6,94	7,06	7,17	7,27	7,36	7,44	7,52	7,59	7,67	7,73
6,79	6,90	7,01	7,10	7,19	7,27	7,35	7,42	7,49	7,55
6,66	6,77	6,87	6,96	7,05	7,13	7,20	7,27	7,33	7,40
6,56	6,66	6,76	6,85	6,93	7,00	7,07	7,14	7,20	7,26
6,46	6,56	6,66	6,74	6,82	6,90	6,97	7,03	7,09	7,15
6,38	6,48	6,57	6,66	6,73	6,81	6,87	6,94	7,00	7,05
6,31	6,41	6,50	6,58	6,66	6,73	6,79	6,85	6,91	6,97
6,25	6,34	6,43	6,51	6,59	6,65	6,72	6,78	6,84	6,89
6,19	6,29	6,37	6,45	6,52	6,59	6,65	6,71	6,77	6,82
6,02	6,11	6,19	6,26	6,33	6,39	6,45	6,51	6,56	6,61
5,85	5,93	6,01	6,08	6,14	6,20	6,26	6,31	6,36	6,41
5,69	5,76	5,84	5,90	5,96	6,02	6,07	6,12	6,17	6,21
5,53	5,60	5,67	5,73	5,79	5,84	5,89	5,93	5,97	6,02
5,38	5,44	5,51	5,56	5,61	5,66	5,71	5,75	5,79	5,83
5,23	5,29	5,35	5,40	5,45	5,49	5,54	5,57	5,61	5,65

Tab. C 15. Abgrenzungsfaktoren $\varkappa_U$ und $\varkappa_O$ zur Abgrenzung des Vertrauensbereichs für σ bzw. des Zufallsstreubereiches für s

Stichprobenumfang n	Abgrenzungsfaktor $\varkappa_U$ für die untere Vertrauensgrenze oder die obere Zufallsgrenze				Abgrenzungsfaktor $\varkappa_O$ für die obere Vertrauensgrenze oder die untere Zufallsgrenze			
	Vertrauensniveau $1-\alpha$ bei einseitiger Abgrenzung							
	99,5%	99%	97,5%	95%	95%	97,5%	99%	99,5%
	Vertrauensniveau $1-\alpha$ bei zweiseitiger Abgrenzung							
	99%	98%	95%	90%	90%	95%	98%	99%
2	0,356	0,388	0,446	0,510	15,947	31,910	79,786	159,576
3	0,434	0,466	0,521	0,578	4,415	6,285	9,975	14,124
4	0,483	0,514	0,566	0,620	2,920	3,729	5,111	6,467
5	0,519	0,549	0,599	0,649	2,372	2,874	3,669	4,396
6	0,546	0,576	0,624	0,672	2,089	2,453	3,003	3,485
7	0,569	0,597	0,644	0,690	1,915	2,202	2,623	2,980
8	0,588	0,616	0,661	0,705	1,797	2,035	2,377	2,660
9	0,604	0,631	0,675	0,718	1,711	1,916	2,204	2,439
10	0,618	0,645	0,688	0,729	1,645	1,826	2,076	2,278
11	0,630	0,656	0,699	0,739	1,593	1,755	1,977	2,154
12	0,641	0,667	0,708	0,748	1,551	1,698	1,898	2,056
13	0,651	0,677	0,717	0,755	1,515	1,651	1,833	1,976
14	0,660	0,685	0,725	0,762	1,485	1,611	1,779	1,910
15	0,669	0,693	0,732	0,769	1,460	1,577	1,733	1,854
16	0,676	0,700	0,739	0,775	1,437	1,548	1,694	1,806
17	0,683	0,707	0,745	0,780	1,418	1,522	1,659	1,764
18	0,690	0,713	0,750	0,785	1,400	1,499	1,629	1,727
19	0,696	0,719	0,756	0,790	1,385	1,479	1,602	1,695
20	0,702	0,725	0,760	0,794	1,370	1,461	1,578	1,666
21	0,707	0,730	0,765	0,798	1,358	1,444	1,556	1,640
22	0,712	0,734	0,769	0,802	1,346	1,429	1,536	1,617
23	0,717	0,739	0,773	0,805	1,335	1,415	1,518	1,595
24	0,722	0,743	0,777	0,809	1,326	1,403	1,502	1,576
25	0,726	0,747	0,781	0,812	1,316	1,391	1,487	1,558
26	0,730	0,751	0,784	0,815	1,308	1,380	1,473	1,542
27	0,734	0,755	0,788	0,818	1,300	1,370	1,460	1,526
28	0,737	0,758	0,791	0,820	1,293	1,361	1,448	1,512
29	0,741	0,762	0,794	0,823	1,286	1,352	1,437	1,499
30	0,744	0,765	0,796	0,825	1,280	1,344	1,426	1,487
40	0,772	0,790	0,819	0,845	1,232	1,284	1,349	1,397
50	0,791	0,809	0,835	0,859	1,202	1,246	1,301	1,341
60	0,806	0,823	0,848	0,870	1,180	1,220	1,268	1,303
70	0,818	0,834	0,857	0,879	1,165	1,200	1,243	1,274
80	0,828	0,843	0,865	0,886	1,152	1,184	1,224	1,252
90	0,837	0,851	0,872	0,891	1,142	1,172	1,209	1,235
100	0,844	0,857	0,878	0,896	1,134	1,162	1,196	1,220
120	0,856	0,868	0,887	0,904	1,120	1,145	1,176	1,197
140	0,865	0,877	0,895	0,911	1,110	1,133	1,161	1,180
160	0,873	0,884	0,901	0,916	1,102	1,123	1,149	1,167
180	0,880	0,890	0,906	0,921	1,096	1,116	1,139	1,156
200	0,885	0,895	0,911	0,924	1,090	1,109	1,131	1,147
300	0,904	0,913	0,926	0,937	1,072	1,087	1,105	1,117
400	0,916	0,924	0,935	0,945	1,062	1,075	1,089	1,100
500	0,924	0,931	0,942	0,951	1,055	1,066	1,079	1,088
1000	0,945	0,950	0,958	0,965	1,038	1,046	1,055	1,061
2000	0,961	0,964	0,970	0,975	1,027	1,032	1,038	1,042
3000	0,968	0,971	0,975	0,979	1,022	1,026	1,031	1,034
4000	0,972	0,975	0,979	0,982	1,019	1,022	1,027	1,030
5000	0,975	0,977	0,981	0,984	1,017	1,020	1,024	1,026
10000	0,982	0,984	0,986	0,989	1,012	1,014	1,017	1,018

Für große n gelten die Näherungsformeln (5.5.20) und (5.5.21).

Tab. C 16. Werte für $z = \arcsin \sqrt{p}$ (z in Radiant)

In der Tabelle stehen die Werte von z zu dem p, das durch die Summe der Werte der linken und der oberen Randspalte gebildet wird (z. B. $\arcsin \sqrt{0{,}78} = 1{,}0826$)

p	0,000	0,001	0,002	0,003	0,004	0,005	0,006	0,007	0,008	0,009
0,00	0,0000	0,0316	0,0447	0,0548	0,0633	0,0708	0,0775	0,0838	0,0896	0,0950
0,01	0,1002	0,1051	0,1098	0,1143	0,1186	0,1228	0,1268	0,1308	0,1346	0,1383
0,02	0,1419	0,1454	0,1489	0,1522	0,1555	0,1588	0,1620	0,1651	0,1681	0,1711
0,03	0,1741	0,1770	0,1799	0,1827	0,1855	0,1882	0,1909	0,1936	0,1962	0,1988
0,04	0,2014	0,2039	0,2064	0,2089	0,2113	0,2138	0,2162	0,2185	0,2209	0,2232
0,05	0,2255	0,2278	0,2301	0,2323	0,2345	0,2367	0,2389	0,2411	0,2432	0,2454
0,06	0,2475	0,2496	0,2516	0,2537	0,2558	0,2578	0,2598	0,2618	0,2638	0,2658
0,07	0,2678	0,2697	0,2717	0,2736	0,2755	0,2774	0,2793	0,2812	0,2830	0,2849
0,08	0,2868	0,2886	0,2904	0,2922	0,2940	0,2958	0,2976	0,2994	0,3012	0,3029
0,09	0,3047	0,3064	0,3082	0,3099	0,3116	0,3133	0,3150	0,3167	0,3184	0,3201

p	0,000	0,010	0,020	0,030	0,040	0,050	0,060	0,070	0,080	0,090
0,10	0,3218	0,3381	0,3537	0,3689	0,3835	0,3977	0,4115	0,4250	0,4381	0,4510
0,20	0,4636	0,4760	0,4882	0,5002	0,5120	0,5236	0,5351	0,5464	0,5576	0,5687
0,30	0,5796	0,5905	0,6013	0,6119	0,6225	0,6331	0,6435	0,6539	0,6642	0,6745
0,40	0,6847	0,6949	0,7051	0,7152	0,7253	0,7353	0,7454	0,7554	0,7654	0,7754
0,50	0,7854	0,7954	0,8054	0,8154	0,8254	0,8355	0,8455	0,8556	0,8657	0,8759
0,60	0,8861	0,8963	0,9066	0,9169	0,9273	0,9377	0,9483	0,9589	0,9695	0,9803
0,70	0,9912	1,0021	1,0132	1,0244	1,0357	1,0472	1,0588	1,0706	1,0826	1,0948
0,80	1,1071	1,1198	1,1326	1,1458	1,1593	1,1731	1,1873	1,2019	1,2171	1,2327
0,90	1,2490	1,2661	1,2840	1,3030	1,3233	1,3453	1,3694	1,3967	1,4289	1,4706

Tab. C 17. Werte für $p = \sin^2 z$ (z in Radiant)

In der Tabelle stehen die Werte von p zu dem z, das durch die Summe der Werte der linken und der oberen Randspalte gebildet wird (z. B. $\sin^2 1{,}05 = 0{,}7524$).

z	0,000	0,010	0,020	0,030	0,040	0,050	0,060	0,070	0,080	0,090
0,00	0,0000	0,0001	0,0004	0,0009	0,0016	0,0025	0,0036	0,0049	0,0064	0,0081
0,10	0,0100	0,0121	0,0143	0,0168	0,0195	0,0223	0,0254	0,0286	0,0321	0,0357
0,20	0,0395	0,0435	0,0476	0,0520	0,0565	0,0612	0,0661	0,0711	0,0764	0,0818
0,30	0,0873	0,0931	0,0990	0,1050	0,1112	0,1176	0,1241	0,1308	0,1376	0,1445
0,40	0,1516	0,1589	0,1663	0,1738	0,1814	0,1892	0,1971	0,2051	0,2132	0,2215
0,50	0,2298	0,2383	0,2469	0,2556	0,2643	0,2732	0,2822	0,2912	0,3003	0,3095
0,60	0,3188	0,3282	0,3376	0,3471	0,3566	0,3663	0,3759	0,3856	0,3954	0,4052
0,70	0,4150	0,4249	0,4348	0,4447	0,4547	0,4646	0,4746	0,4846	0,4946	0,5046
0,80	0,5146	0,5246	0,5346	0,5445	0,5545	0,5644	0,5743	0,5842	0,5940	0,6038
0,90	0,6136	0,6233	0,6330	0,6426	0,6522	0,6616	0,6711	0,6804	0,6897	0,6989
1,00	0,7081	0,7171	0,7261	0,7350	0,7437	0,7524	0,7610	0,7695	0,7778	0,7861
1,10	0,7943	0,8023	0,8102	0,8180	0,8256	0,8331	0,8405	0,8478	0,8549	0,8619
1,20	0,8687	0,8754	0,8819	0,8883	0,8945	0,9006	0,9065	0,9122	0,9178	0,9232
1,30	0,9284	0,9335	0,9384	0,9431	0,9477	0,9520	0,9562	0,9602	0,9640	0,9677
1,40	0,9711	0,9744	0,9774	0,9803	0,9830	0,9855	0,9878	0,9899	0,9918	0,9935
1,50	0,9950	0,9963	0,9974	0,9983	0,9991	0,9996	0,9999	1,0000		

Tab. C 18. Vertrauensgrenzen μ_U und μ_O für den Erwartungswert μ der Poisson-Verteilung

beobachtetes x der Probe	untere Vertrauensgrenze μ_U				obere Vertrauensgrenze μ_O			
	Vertrauensniveau $1-\alpha$ bei einseitiger Abgrenzung							
	99,5%	99%	97,5%	95%	95%	97,5%	99%	99,5%
	Vertrauensniveau $1-\alpha$ bei zweiseitiger Abgrenzung							
	←—————————————— 99% ——————————————→							
	←—————————————— 98% ——————————————→							
	←—————————————— 95% ——————————————→							
	←—————————————— 90% ——————————————→							
0	0	0	0	0	3,00	3,69	4,61	5,30
1	0,005	0,010	0,025	0,051	4,74	5,57	6,64	7,43
2	0,103	0,149	0,242	0,355	6,30	7,22	8,41	9,27
3	0,338	0,436	0,619	0,818	7,75	8,77	10,05	10,98
4	0,672	0,823	1,09	1,37	9,15	10,24	11,60	12,59
5	1,08	1,28	1,62	1,97	10,51	11,67	13,11	14,15
6	1,54	1,79	2,20	2,61	11,84	13,06	14,57	15,66
7	2,04	2,33	2,81	3,29	13,15	14,42	16,00	17,13
8	2,57	2,91	3,45	3,98	14,43	15,76	17,40	18,58
9	3,13	3,51	4,12	4,70	15,71	17,08	18,78	20,00
10	3,72	4,13	4,80	5,43	16,96	18,39	20,14	21,40
11	4,32	4,77	5,49	6,17	18,21	19,68	21,49	22,78
12	4,94	5,43	6,20	6,92	19,44	20,96	22,82	24,14
13	5,58	6,10	6,92	7,69	20,67	22,23	24,14	25,50
14	6,23	6,78	7,65	8,46	21,89	23,49	25,45	26,84
15	6,89	7,48	8,40	9,25	23,10	24,74	26,74	28,16
16	7,57	8,18	9,15	10,04	24,30	25,98	28,03	29,48
17	8,25	8,89	9,90	10,83	25,50	27,22	29,31	30,79
18	8,94	9,62	10,67	11,63	26,69	28,45	30,58	32,09
19	9,64	10,35	11,44	12,44	27,88	29,67	31,85	33,38
20	10,35	11,08	12,22	13,25	29,06	30,89	33,10	34,67
21	11,07	11,83	13,00	14,07	30,24	32,10	34,35	35,95
22	11,79	12,57	13,79	14,89	31,41	33,31	35,60	37,22
23	12,52	13,33	14,58	15,72	32,59	34,51	36,84	38,48
24	13,26	14,09	15,38	16,55	33,75	35,71	38,08	39,75
25	14,00	14,85	16,18	17,38	34,92	36,90	39,31	41,00
26	14,74	15,62	16,98	18,22	36,08	38,10	40,53	42,25
27	15,49	16,40	17,79	19,06	37,23	39,28	41,75	43,50
28	16,25	17,17	18,61	19,90	38,39	40,47	42,98	44,74
29	17,00	17,96	19,42	20,75	39,54	41,65	44,19	45,98
30	17,77	18,74	20,24	21,59	40,69	42,83	45,40	47,21
35	21,64	22,72	24,38	25,87	46,40	48,68	51,41	53,32
40	25,59	26,77	28,58	30,20	52,07	54,47	57,35	59,36
45	29,60	30,88	32,82	34,56	57,70	60,21	63,23	65,34
50	33,66	35,03	37,11	38,96	63,29	65,92	69,07	71,27
55	37,78	39,23	41,43	43,40	68,85	71,59	74,86	77,15
60	41,93	43,46	45,79	47,85	74,39	77,23	80,62	82,99
65	46,11	47,73	50,17	52,33	79,91	82,85	86,36	88,80
70	50,33	52,02	54,57	56,83	85,40	88,44	92,06	94,58
75	54,57	56,33	58,99	61,35	90,89	94,01	97,74	100,33
80	58,84	60,67	63,44	65,88	96,35	99,57	103,40	106,06
85	63,13	65,03	67,90	70,42	101,80	105,10	109,03	111,76
90	67,44	69,41	72,37	74,98	107,24	110,63	114,65	117,45
95	71,77	73,81	76,86	79,56	112,66	116,13	120,25	123,11
100	76,12	78,22	81,36	84,14	118,08	121,63	125,84	128,76

Für große x gelten die Näherungsformeln (5.5.56) bis (5.5.59).

Tab. C 19. Zahlenwerte $k_{n;\alpha}$ zur Abgrenzung des Vertrauensbereiches für den Median[1)]

n	α					n	α				
	0,1	0,05	0,025	0,01	0,005		0,1	0,05	0,025	0,01	0,005
1						41	15	14	13	12	11
2						42	16	15	14	13	12
3						43	16	15	14	13	12
4	0					44	17	16	15	13	13
5	0	0				45	17	16	15	14	13
6	0	0	0			46	18	16	15	14	13
7	1	0	0	0		47	18	17	16	15	14
8	1	1	0	0	0	48	19	17	16	15	14
9	2	1	1	0	0	49	19	18	17	15	15
10	2	1	1	0	0	50	19	18	17	16	15
11	2	2	1	1	0	51	20	19	18	16	15
12	3	2	2	1	1	52	20	19	18	17	16
13	3	3	2	1	1	53	21	20	18	17	16
14	4	3	2	2	1	54	21	20	19	18	17
15	4	3	3	2	2	55	22	20	19	18	17
16	4	4	3	2	2	56	22	21	20	18	17
17	5	4	4	3	2	57	23	21	20	19	18
18	5	5	4	3	3	58	23	22	21	19	18
19	6	5	4	4	3	59	24	22	21	20	19
20	6	5	5	4	3	60	24	23	21	20	19
21	7	6	5	4	4	61	24	23	22	20	20
22	7	6	5	5	4	62	25	24	22	21	20
23	7	7	6	5	4	63	25	24	23	21	20
24	8	7	6	5	5	64	26	24	23	22	21
25	8	7	7	6	5	65	26	25	24	22	21
26	9	8	7	6	6	66	27	25	24	23	22
27	9	8	7	7	6	67	27	26	25	23	22
28	10	9	8	7	6	68	28	26	25	23	22
29	10	9	8	7	7	69	28	27	25	24	23
30	10	10	9	8	7	70	29	27	26	24	23
31	11	10	9	8	7	71	29	28	26	25	24
32	11	10	9	8	8	72	30	28	27	25	24
33	12	11	10	9	8	73	30	28	27	26	25
34	12	11	10	9	9	74	30	29	28	26	25
35	13	12	11	10	9	75	31	29	28	26	25
36	13	12	11	10	9	76	31	30	28	27	26
37	14	13	12	10	10	77	32	30	29	27	26
38	14	13	12	11	10	78	32	31	29	28	27
39	15	13	12	11	11	79	33	31	30	28	27
40	15	14	13	12	11	80	33	32	30	29	28

Für $n > 50$ gilt die Näherungsformel (5.5.71).

[1)] Przyborowski, J.; Wilenski, H.: Homogeneity of results in testing samples from Poisson series. Biometrika 31 (1939–40) 313 und Pearson, E. S.; Hartley, H. O.: Biometrika tables for statisticians, Vol. I. Cambridge: University Press 1962, p. 185

Tab. C 20. Faktoren $k_{1b}(n; 1-\gamma; 1-\alpha)$ zur Berechnung des einseitig abgegrenzten statistischen Anteilsbereichs bei Normalverteilung (Varianz σ^2 bekannt)

n	$1-\alpha = 0{,}95$			$1-\alpha = 0{,}99$		
	$1-\gamma = 0{,}90$	$1-\gamma = 0{,}95$	$1-\gamma = 0{,}99$	$1-\gamma = 0{,}90$	$1-\gamma = 0{,}95$	$1-\gamma = 0{,}99$
1	2,926	3,290	3,971	3,608	3,971	4,653
2	2,445	2,808	3,489	2,927	3,290	3,971
3	2,231	2,595	3,276	2,625	2,988	3,669
4	2,104	2,467	3,149	2,445	2,808	3,490
5	2,017	2,380	3,062	2,322	2,685	3,367
6	1,953	2,316	2,998	2,231	2,595	3,276
7	1,903	2,267	2,948	2,161	2,524	3,206
8	1,863	2,226	2,908	2,104	2,467	3,149
9	1,830	2,193	2,875	2,057	2,420	3,102
10	1,802	2,165	2,846	2,017	2,381	3,062
11	1,777	2,141	2,822	1,983	2,346	3,028
12	1,756	2,120	2,801	1,953	2,316	2,998
13	1,738	2,101	2,783	1,927	2,290	2,972
14	1,721	2,084	2,766	1,903	2,267	2,948
15	1,706	2,070	2,751	1,882	2,246	2,927
16	1,693	2,056	2,738	1,863	2,226	2,908
17	1,680	2,044	2,725	1,846	2,209	2,891
18	1,669	2,033	2,714	1,830	2,193	2,875
19	1,659	2,022	2,704	1,815	2,179	2,860
20	1,649	2,013	2,694	1,802	2,165	2,847
21	1,640	2,004	2,685	1,789	2,153	2,834
22	1,632	1,996	2,677	1,778	2,141	2,822
23	1,625	1,988	2,669	1,767	2,130	2,811
24	1,617	1,981	2,662	1,756	2,120	2,801
25	1,611	1,974	2,655	1,747	2,110	2,792
26	1,604	1,967	2,649	1,738	2,101	2,783
27	1,598	1,961	2,643	1,729	2,093	2,774
28	1,592	1,956	2,637	1,721	2,084	2,766
29	1,587	1,950	2,632	1,714	2,077	2,758
30	1,582	1,945	2,627	1,706	2,070	2,751
40	1,542	1,905	2,586	1,649	2,013	2,694
50	1,514	1,877	2,559	1,611	1,974	2,655
60	1,494	1,857	2,539	1,582	1,945	2,627
70	1,478	1,841	2,523	1,560	1,923	2,604
80	1,465	1,829	2,510	1,542	1,905	2,586
90	1,455	1,818	2,500	1,527	1,890	2,572
100	1,446	1,809	2,491	1,514	1,877	2,559
120	1,432	1,795	2,477	1,494	1,857	2,539
140	1,421	1,784	2,465	1,478	1,841	2,523
160	1,412	1,775	2,456	1,465	1,829	2,510
180	1,404	1,767	2,449	1,455	1,818	2,500
200	1,398	1,761	2,443	1,446	1,809	2,491
300	1,377	1,740	2,421	1,416	1,779	2,461
400	1,364	1,727	2,409	1,398	1,761	2,443
500	1,355	1,718	2,400	1,386	1,749	2,430
1000	1,334	1,697	2,378	1,355	1,718	2,400
2000	1,318	1,682	2,363	1,334	1,697	2,378
3000	1,312	1,675	2,356	1,324	1,687	2,369
5000	1,305	1,668	2,350	1,314	1,678	2,359
10000	1,298	1,661	2,343	1,305	1,668	2,350
∞	1,282	1,645	2,326	1,282	1,645	2,326

Tab. C 21. Faktoren $k_{2b}(n; 1-\gamma; 1-\alpha)$ zur Berechnung des zweiseitig abgegrenzten statistischen Anteilsbereichs bei Normalverteilung (Varianz σ^2 bekannt)

n	$1-\alpha=0{,}95$			$1-\alpha=0{,}99$		
	$1-\gamma=0{,}90$	$1-\gamma=0{,}95$	$1-\gamma=0{,}99$	$1-\gamma=0{,}90$	$1-\gamma=0{,}95$	$1-\gamma=0{,}99$
1	3,242	3,605	4,286	3,857	4,221	4,902
2	2,668	3,031	3,712	3,103	3,466	4,148
3	2,414	2,777	3,458	2,769	3,132	3,814
4	2,265	2,626	3,307	2,570	2,933	3,614
5	2,165	2,525	3,204	2,434	2,797	3,478
6	2,093	2,451	3,128	2,335	2,697	3,378
7	2,038	2,394	3,070	2,259	2,620	3,300
8	1,995	2,349	3,023	2,198	2,558	3,238
9	1,961	2,313	2,985	2,148	2,507	3,186
10	1,932	2,283	2,953	2,106	2,464	3,142
11	1,909	2,257	2,926	2,071	2,428	3,105
12	1,889	2,236	2,902	2,041	2,397	3,072
13	1,871	2,217	2,882	2,014	2,369	3,044
14	1,856	2,201	2,864	1,991	2,345	3,019
15	1,843	2,186	2,848	1,971	2,324	2,996
16	1,832	2,174	2,833	1,953	2,304	2,976
17	1,821	2,162	2,821	1,937	2,287	2,958
18	1,812	2,152	2,809	1,922	2,272	2,941
19	1,804	2,143	2,798	1,909	2,257	2,926
20	1,796	2,134	2,789	1,897	2,245	2,912
21	1,789	2,126	2,780	1,886	2,233	2,899
22	1,783	2,119	2,772	1,876	2,222	2,887
23	1,777	2,113	2,764	1,866	2,212	2,876
24	1,772	2,107	2,757	1,858	2,202	2,865
25	1,767	2,102	2,751	1,850	2,194	2,856
26	1,762	2,096	2,745	1,843	2,186	2,847
27	1,758	2,092	2,739	1,836	2,178	2,838
28	1,754	2,087	2,734	1,829	2,171	2,831
29	1,751	2,083	2,729	1,823	2,164	2,823
30	1,747	2,079	2,725	1,818	2,158	2,816
40	1,722	2,051	2,690	1,776	2,112	2,763
50	1,707	2,033	2,669	1,751	2,083	2,729
60	1,697	2,021	2,654	1,734	2,064	2,706
70	1,689	2,013	2,643	1,721	2,049	2,689
80	1,684	2,006	2,635	1,712	2,039	2,676
90	1,680	2,001	2,629	1,705	2,030	2,665
100	1,676	1,997	2,624	1,699	2,023	2,657
120	1,671	1,991	2,616	1,690	2,013	2,644
140	1,667	1,987	2,610	1,683	2,006	2,634
160	1,665	1,983	2,606	1,679	2,000	2,627
180	1,662	1,981	2,603	1,675	1,996	2,622
200	1,661	1,979	2,600	1,672	1,992	2,617
300	1,655	1,972	2,592	1,663	1,981	2,604
400	1,653	1,969	2,588	1,658	1,976	2,597
500	1,651	1,967	2,586	1,656	1,973	2,593
1000	1,648	1,964	2,581	1,650	1,966	2,584
2000	1,646	1,962	2,578	1,648	1,963	2,580
3000	1,646	1,961	2,577	1,647	1,962	2,579
5000	1,645	1,961	2,577	1,646	1,961	2,578
10000	1,645	1,960	2,576	1,645	1,961	2,577
∞	1,645	1,960	2,576	1,645	1,960	2,576

Tab. C 22. Faktoren $k_{1u}(n; 1-\gamma; 1-\alpha)$ zur Berechnung des einseitig abgegrenzten statistischen Anteilsbereichs bei Normalverteilung (Varianz σ^2 unbekannt)[1]

n	$1-\alpha = 0{,}95$			$1-\alpha = 0{,}99$		
	$1-\gamma = 0{,}90$	$1-\gamma = 0{,}95$	$1-\gamma = 0{,}99$	$1-\gamma = 0{,}90$	$1-\gamma = 0{,}95$	$1-\gamma = 0{,}99$
2	20,581	26,260	37,094	103,029	131,426	185,617
3	6,155	7,656	10,553	13,995	17,370	23,896
4	4,162	5,144	7,042	7,380	9,083	12,387
5	3,407	4,203	5,741	5,362	6,578	8,939
6	3,006	3,708	5,062	4,411	5,406	7,335
7	2,755	3,399	4,642	3,859	4,728	6,412
8	2,582	3,187	4,354	3,497	4,285	5,812
9	2,454	3,031	4,143	3,240	3,972	5,389
10	2,355	2,911	3,981	3,048	3,738	5,074
11	2,275	2,815	3,852	2,898	3,556	4,829
12	2,210	2,736	3,747	2,777	3,410	4,633
13	2,155	2,671	3,659	2,677	3,290	4,472
14	2,109	2,614	3,585	2,593	3,189	4,337
15	2,068	2,566	3,520	2,521	3,102	4,222
16	2,033	2,524	3,464	2,459	3,028	4,123
17	2,002	2,486	3,414	2,405	2,963	4,037
18	1,974	2,453	3,370	2,357	2,905	3,960
19	1,949	2,423	3,331	2,314	2,854	3,892
20	1,926	2,396	3,295	2,276	2,808	3,832
21	1,905	2,371	3,263	2,241	2,766	3,777
22	1,886	2,349	3,233	2,209	2,729	3,727
23	1,869	2,328	3,206	2,180	2,694	3,681
24	1,853	2,309	3,181	2,154	2,662	3,640
25	1,838	2,292	3,158	2,129	2,633	3,601
26	1,824	2,275	3,136	2,106	2,606	3,566
27	1,811	2,260	3,116	2,085	2,581	3,533
28	1,799	2,246	3,098	2,065	2,558	3,502
29	1,788	2,232	3,080	2,047	2,536	3,473
30	1,777	2,220	3,064	2,030	2,515	3,447
40	1,697	2,125	2,941	1,902	2,364	3,249
50	1,646	2,065	2,862	1,821	2,269	3,125
60	1,609	2,022	2,807	1,764	2,202	3,038
70	1,581	1,990	2,765	1,722	2,153	2,974
80	1,559	1,964	2,733	1,688	2,114	2,924
90	1,542	1,944	2,706	1,661	2,082	2,883
100	1,527	1,927	2,684	1,639	2,056	2,850
120	1,503	1,899	2,649	1,604	2,015	2,797
140	1,485	1,879	2,622	1,577	1,984	2,757
160	1,471	1,862	2,601	1,556	1,960	2,726
180	1,459	1,849	2,584	1,538	1,940	2,700
200	1,450	1,837	2,570	1,524	1,923	2,679
300	1,417	1,800	2,522	1,476	1,868	2,608
400	1,398	1,778	2,494	1,448	1,836	2,567
500	1,385	1,763	2,475	1,430	1,814	2,540
1 000	1,354	1,727	2,430	1,385	1,762	2,475
2 000	1,332	1,703	2,399	1,354	1,727	2,430
3 000	1,323	1,692	2,385	1,340	1,712	2,410
5 000	1,313	1,681	2,372	1,327	1,696	2,391
10 000	1,304	1,670	2,358	1,313	1,681	2,372
∞	1,282	1,645	2,326	1,282	1,645	2,326

Für $n \gtrsim 10$ gilt die Näherungsformel (5.6.12).

---

[1] Owen, D.B.: Factors for one-sided tolerance limits and for variables sampling plans. Albuquerque/NM: Sandia Corporation Monograph SCR-607, 1963.
Odeh, R.E.; Owen, D.B.: Tables for normal tolerance limits, sampling plans, and screening. New York and Basel: Marcel Dekker 1980, p. 17–69.

Tab. C 23. Faktoren $r(n; 1-\gamma)$ und $v(f; 1-\alpha)$ zur Berechnung des zweiseitig abgegrenzten statistischen Anteilsbereichs bei Normalverteilung (Varianz σ^2 unbekannt) [1]

n	$r(n; 1-\gamma)$			$v(f; 1-\alpha)$		f
	$1-\gamma = 0{,}90$	$1-\gamma = 0{,}95$	$1-\gamma = 0{,}99$	$1-\alpha = 0{,}95$	$1-\alpha = 0{,}99$	
1	2,2844	2,6463	3,3266	15,9472	79,7863	1
2	2,0078	2,3624	3,0368	4,4154	9,9749	2
3	1,8979	2,2457	2,9128	2,9200	5,1113	3
4	1,8388	2,1815	2,8422	2,3724	3,6692	4
5	1,8019	2,1408	2,7963	2,0893	3,0034	5
6	1,7768	2,1127	2,7640	1,9154	2,6230	6
7	1,7587	2,0922	2,7399	1,7972	2,3769	7
8	1,7448	2,0765	2,7211	1,7110	2,2043	8
9	1,7340	2,0641	2,7066	1,6452	2,0762	9
10	1,7253	2,0541	2,6945	1,5931	1,9771	10
11	1,7182	2,0459	2,6845	1,5506	1,8980	11
12	1,7122	2,0390	2,6760	1,5153	1,8332	12
13	1,7071	2,0331	2,6688	1,4854	1,7792	13
14	1,7027	2,0280	2,6625	1,4597	1,7332	14
15	1,6990	2,0236	2,6571	1,4373	1,6936	15
16	1,6956	2,0197	2,6523	1,4176	1,6592	16
17	1,6926	2,0163	2,6480	1,4001	1,6288	17
18	1,6901	2,0132	2,6441	1,3845	1,6019	18
19	1,6877	2,0105	2,6407	1,3704	1,5778	19
20	1,6855	2,0080	2,6376	1,3576	1,5560	20
21	1,6837	2,0058	2,6348	1,3460	1,5363	21
22	1,6819	2,0037	2,6322	1,3353	1,5184	22
23	1,6803	2,0018	2,6298	1,3255	1,5020	23
24	1,6788	2,0001	2,6276	1,3165	1,4868	24
25	1,6775	1,9985	2,6256	1,3081	1,4729	25
26	1,6762	1,9971	2,6238	1,3002	1,4600	26
27	1,6750	1,9957	2,6221	1,2929	1,4479	27
28	1,6740	1,9945	2,6205	1,2861	1,4367	28
29	1,6730	1,9933	2,6190	1,2797	1,4263	29
30	1,6721	1,9922	2,6176	1,2737	1,4164	30
40	1,6653	1,9842	2,6074	1,2284	1,3434	40
50	1,6612	1,9794	2,6012	1,1993	1,2973	50
60	1,6585	1,9762	2,5970	1,1787	1,2651	60
70	1,6566	1,9739	2,5940	1,1631	1,2411	70
80	1,6551	1,9722	2,5917	1,1510	1,2224	80
90	1,6540	1,9708	2,5900	1,1410	1,2072	90
100	1,6531	1,9697	2,5886	1,1328	1,1947	100
120	1,6517	1,9681	2,5865	1,1198	1,1750	120
140	1,6507	1,9670	2,5850	1,1098	1,1601	140
160	1,6500	1,9661	2,5838	1,1020	1,1483	160
180	1,6494	1,9654	2,5829	1,0956	1,1387	180
200	1,6490	1,9649	2,5822	1,0902	1,1307	200
300	1,6476	1,9632	2,5801	1,0724	1,1044	300
400	1,6469	1,9624	2,5790	1,0620	1,0892	400
500	1,6465	1,9619	2,5784	1,0551	1,0791	500
1 000	1,6457	1,9609	2,5771	1,0383	1,0547	1 000
2 000	1,6453	1,9605	2,5765	1,0268	1,0381	2 000
3 000	1,6451	1,9603	2,5763	1,0217	1,0309	3 000
5 000	1,6450	1,9602	2,5761	1,0168	1,0238	5 000
10 000	1,6449	1,9601	2,5760	1,0118	1,0167	10 000
∞	1,6449	1,9600	2,5758	1,0000	1,0000	∞

Für $v(f; 1-\alpha)$ gilt die Gleichung (5.6.15); für $r(n; 1-\gamma)$ gilt, falls $n \gtrsim 10$ ist, die Näherungsformel (5.6.17).

---

[1] Weissberg, A.; Beatty, G.H.: Tables of tolerance limit factors for normal distributions. Technometrics 2 (1960) 483–500. Errata in Technometrics 3 (1961) 576–577.
Odeh, R.E.; Owen, D.B.: Tables for normal tolerance limits, sampling plans, and screening. New York and Basel: Marcel Dekker 1980, p. 85–147.

Tab. C 24. Abgrenzungsfaktoren zur Berechnung der Warngrenzen ($P = 95\%$ zweiseitig) und Eingriffsgrenzen ($P = 99\%$ zweiseitig) von Mittelwertkarten ($\bar{x}$-Karten), Mediankarten ($\tilde{x}$-Karten) und Urwertkarten (Extremwertkarten)

Art der Karte	Mittelwertkarte $\bar{x}$-Karte					Mediankarte $\tilde{x}$-Karte					Urwertkarte (Extremwertkarte)				Hilfsgrößen				Stichprobenumfang n
Abgegrenzt mit [1]	μ und σ	μ und $\bar{s}$	μ und $\bar{R}$			μ und σ	μ und $\bar{R}$		4) μ und $\tilde{R}$		μ und σ	μ und $\bar{R}$	μ und $\tilde{R}$						
Rechenformel für die Grenze [2]	$\mu \pm A'\sigma$	$\mu \pm A^*\bar{s}$	$\mu \pm A\bar{R}$			$\mu \pm C'\sigma$	$\mu \pm C\bar{R}$		$\mu \pm \tilde{C}\tilde{R}$		$\mu \pm E'\sigma$	$\mu \pm E\bar{R}$	$\mu \pm \tilde{E}\tilde{R}$						
Abgrenzungsfaktor [3]	A'_W	A'_E	A^*_W	A^*_E	A_W	A_E	C'_W	C'_E	C_W	C_E	$\tilde{C}_W$	$\tilde{C}_E$	E'_W	E'_E	E_W	E_E	$\tilde{E}_W$	$\tilde{E}_E$	a_n	c_n	d_n	$\tilde{d}_n$
1	1,960	2,576	—	—	—	—	1,960	2,576	—	—	—	—	1,960	2,576	—	—	—	—	—	1,000	—	—
2	1,386	1,821	2,283	—	1,228	1,614	1,386	1,821	1,228	1,614	1,453	1,909	2,237	2,807	1,982	2,487	2,345	2,942	0,798	1,000	1,128	0,954
3	1,132	1,487	1,737	2,283	0,669	0,879	1,313	1,725	0,776	1,019	1,411	1,734	1,504	1,848	1,734	2,134	1,411	1,734	0,886	1,160	1,692	1,588
4	0,980	1,288	1,064	1,398	0,476	0,626	1,070	1,406	0,520	0,683	1,086	1,411	1,259	1,528	1,504	1,848	1,411	1,734	0,921	1,092	2,059	1,978
5	0,877	1,152	0,932	1,225	0,377	0,495	1,049	1,379	0,451	0,593	0,711	0,465	1,210	1,468	1,259	1,528	1,210	1,468	0,940	1,197	2,326	2,257
6	0,800	1,052	0,841	1,105	0,316	0,415	0,908	1,194	0,406	0,541	0,611	0,471	1,105	1,328	1,210	1,468	1,138	1,369	0,952	1,135	2,534	2,472
7	0,741	0,974	0,772	1,015	0,274	0,360	0,899	1,182	0,332	0,437	0,367	0,483	1,038	1,240	1,105	1,328	1,065	1,272	0,959	1,214	2,704	2,645
8	0,693	0,911	0,718	0,944	0,243	0,320	0,804	1,056	0,282	0,371	0,340	0,447	0,992	1,179	1,038	1,240	1,014	1,205	0,965	1,160	2,847	2,791
9	0,653	0,859	0,674	0,886	0,220	0,289	0,799	1,050	0,260	0,354	0,288	0,379	0,958	1,133	0,992	1,179	0,977	1,156	0,969	1,223	2,970	2,915
10	0,620	0,815	0,637	0,837	0,201	0,265	0,729	0,958	0,237	0,311	0,274	0,360	0,931	1,098	0,958	1,133	0,949	1,118	0,973	1,176	3,078	3,024
11	0,591	0,777	0,606	0,796	0,186	0,245	0,726	0,954	0,229	0,301	0,241	0,317	0,910	1,069	0,931	1,098	0,926	1,088	0,975	1,228	3,173	3,121
12	0,566	0,744	0,579	0,761	0,174	0,228	0,672	0,883	0,206	0,271	0,233	0,306	0,892	1,045	0,910	1,069	0,907	1,063	0,978	1,187	3,258	3,207
13	0,544	0,714	0,555	0,729	0,163	0,214	0,670	0,880	0,201	0,264	0,209	0,275	0,877	1,025	0,892	1,045	0,891	1,042	0,979	1,232	3,336	3,285
14	0,524	0,688	0,534	0,702	0,154	0,202	0,626	0,823	0,184	0,242	0,204	0,268	0,864	1,008	0,877	1,025	0,878	1,024	0,981	1,196	3,407	3,356
15	0,506	0,665	0,515	0,677	0,146	0,192	0,625	0,821	0,180	0,237	0,187	0,245	0,853	0,993	0,864	1,008	0,866	1,008	0,981	1,235	3,472	3,422
16	0,490	0,644	0,498	0,655	0,139	0,182	0,589	0,774	0,167	0,219	0,183	0,240	0,843	0,980	0,853	0,993	0,856	0,994	0,982	1,202	3,532	3,482
17	0,475	0,625	0,483	0,635	0,132	0,174	0,588	0,773	0,166	0,215	0,169	0,2.22	0,835	0,968	0,843	0,980	0,847	0,982	0,984	1,203	3,588	3,538
18	0,462	0,607	0,469	0,616	0,127	0,167	0,558	0,733	0,153	0,201	0,166	0,218	0,827	0,958	0,835	0,968	0,838	0,971	0,985	1,237	3,640	3,591
19	0,450	0,591	0,456	0,599	0,122	0,160	0,557	0,732	0,151	0,198	0,155	0,204	0,820	0,948	0,827	0,958	0,831	0,961	0,985	1,207	3,689	3,640
20	0,438	0,576	0,444	0,584	0,117	0,154	0,531	0,698	0,142	0,187	0,153	0,201	0,813	0,940	0,820	0,948	0,824	0,952	0,986	1,239	3,689	3,640
> 20	$\frac{1,960}{\sqrt{n}}$	$\frac{2,576}{\sqrt{n}}$	$\frac{1,960}{\sqrt{n}}$	$\frac{2,576}{\sqrt{n}}$															0,987	1,212	3,735	3,686

[1] Für μ kann der Sollwert μ_S, der Erfahrungswert μ_E oder ein Vorlaufwert $\bar{\bar{x}}$, $\bar{\tilde{x}}$ oder $\bar{x}$ eingesetzt werden, ohne daß sich die Formeln ändern; für σ kann der Sollwert σ_S, der Erfahrungswert σ_E oder der Vorlaufwert $\sqrt{\overline{s^2}}$ eingesetzt werden, ohne daß sich die Formeln ändern
[2] Die Formeln setzen voraus, daß der Stichprobenumfang beim Vorlauf mit dem bei der laufenden Führung der Karte übereinstimmt
[3] Die Indizes bedeuten: W Warngrenze, E Eingriffsgrenze
[4] Die Mediankarte soll – wenn möglich – mit ungeraden Stichprobenumfang geführt werden, da dann keine Rechenarbeit anfällt

Tabellen

Tab. C 25. Abgrenzungsfaktoren zur Berechnung der Warngrenzen ($P = 95\%$ zweiseitig) und Eingriffsgrenzen ($P = 99\%$ zweiseitig) von Standardabweichungskarten (s-Karten) und Spannweitenkarten (R-Karten)

Art der Karte	Standardabweichungskarte s-Karte								Spannweitenkarte R-Karte								Stichprobenumfang n
Abgegrenzt mit [1)]	σ				$\bar{s}$				σ				$\bar{R}$		$\tilde{R}$		
Rechenformel für die Grenze [2)]	$B'\sigma$				$B^*\bar{s}$				$D'\sigma$				$D\bar{R}$		$\tilde{D}\tilde{R}$		
Abgrenzungsfaktor [3)]	B'_{WU}	B'_{WO}	B'_{EU}	B'_{EO}	B^*_{WU}	B^*_{WO}	B^*_{EU}	B^*_{EO}	D'_{WU}	D'_{WO}	D'_{EU}	D'_{EO}	D_{WU}	D_{WO}	D_{EU}	D_{EO}	
	0,031	2,241	0,006	2,807	0,039	2,809	0,008	3,518	0,044	3,170	0,009	3,970	0,039	2,809	0,046	3,323	0,009	4,162	2
	0,159	1,921	0,071	2,302	0,180	2,167	0,080	2,597	0,303	3,682	0,135	4,424	0,179	2,176	0,191	2,319	0,085	2,786	3
	0,268	1,765	0,155	2,069	0,291	1,916	0,168	2,245	0,595	3,984	0,289	4,694	0,280	1,935	0,301	2,014	0,173	2,373	4
	0,348	1,669	0,227	1,927	0,370	1,776	0,242	2,050	0,850	4,197	0,555	4,886	0,365	1,804	0,376	1,860	0,246	2,165	5
	0,408	1,602	0,287	1,830	0,429	1,684	0,302	1,924	1,066	4,361	0,749	5,033	0,431	1,721	0,296	1,764	0,303	2,036	6
	0,454	1,552	0,336	1,758	0,473	1,618	0,350	1,833	1,251	4,494	0,922	5,154	0,494	1,662	0,341	1,699	0,348	1,948	7
	0,491	1,512	0,376	1,702	0,509	1,567	0,390	1,764	1,410	4,605	1,075	5,255	0,545	1,617	0,378	1,650	0,385	1,883	8
	0,522	1,480	0,410	1,657	0,539	1,527	0,423	1,709	1,550	4,700	1,212	5,341	0,592	1,583	0,408	1,612	0,416	1,832	9
	0,548	1,454	0,439	1,619	0,563	1,495	0,451	1,664	1,674	4,784	1,335	5,418	0,634	1,555	0,434	1,582	0,441	1,791	10
	0,570	1,431	0,464	1,587	0,584	1,467	0,476	1,627	1,784	4,858	1,446	5,485	0,671	1,531	0,456	1,557	0,463	1,758	11
	0,589	1,412	0,486	1,560	0,602	1,444	0,498	1,595	1,884	4,925	1,547	5,546	0,703	1,511	0,475	1,536	0,482	1,730	12
	0,606	1,395	0,506	1,536	0,619	1,424	0,517	1,568	1,976	4,985	1,639	5,602	0,732	1,494	0,491	1,518	0,499	1,705	13
	0,621	1,379	0,524	1,515	0,633	1,406	0,534	1,544	2,059	5,041	1,724	5,652	0,759	1,480	0,506	1,502	0,514	1,684	14
	0,634	1,366	0,539	1,496	0,646	1,390	0,549	1,523	2,136	5,092	1,803	5,699	0,782	1,467	0,519	1,488	0,527	1,666	15
	0,646	1,354	0,554	1,479	0,657	1,376	0,563	1,504	2,207	5,139	1,876	5,742	0,804	1,455	0,531	1,476	0,539	1,649	16
	0,657	1,343	0,567	1,463	0,667	1,364	0,576	1,486	2,274	5,183	1,944	5,783	0,825	1,445	0,542	1,465	0,550	1,634	17
	0,667	1,333	0,579	1,450	0,677	1,352	0,587	1,471	2,336	5,224	2,008	5,820	0,844	1,435	0,552	1,455	0,559	1,621	18
	0,676	1,323	0,590	1,437	0,686	1,342	0,598	1,457	2,394	5,262	2,068	5,856	0,862	1,427	0,561	1,446	0,568	1,609	19
	0,685	1,315	0,600	1,425	0,694	1,332	0,608	1,444	2,449	5,299	2,125	5,889	0,879	1,419	0,569	1,438	0,577	1,598	20
> 20	$\frac{1}{x_O}$	$\frac{1}{x_U}$	$\frac{1}{x_O}$	$\frac{1}{x_U}$	$\frac{1}{x_O}$	$\frac{1}{x_U}$	$\frac{1}{x_O}$	$\frac{1}{x_U}$	x_U und x_O für Warngrenzen ($P = 95\%$ zweiseitig) und Eingriffsgrenzen ($P = 99\%$ zweiseitig) aus Tab. C 15								

[1)] Für σ kann der Sollwert σ_S, der Erfahrungswert σ_E oder der Vorlaufwert $\sqrt{\bar{s^2}}$ eingesetzt werden, ohne daß sich die Formeln ändern
[2)] Die Formeln setzen voraus, daß der Stichprobenumfang beim Vorlauf mit dem bei der laufenden Führung der Karte übereinstimmt
[3)] Die Indizes bedeuten: WU untere Warngrenze, WO obere Warngrenze, EU untere Eingriffsgrenze, EO obere Eingriffsgrenze

Tab. C 26. Gleichverteilte Zufallszahlen[1]

(Anm.: Neben der direkten Verwendung der Zufallszahlen sind abkürzende Verfahren möglich. Um beispielsweise n (von 0 bis $n-1$ numerierte) Objekte in eine zufällige Reihenfolge zu bringen, wird die erste Zufallszahl durch n geteilt und das erste Objekt mit dem gefundenen Rest ausgewählt. Für das zweite Objekt wird die nächste Zufallszahl durch $(n-1)$ geteilt und die Auswahl des zweiten Objektes mit dem dabei erhaltenen Rest unter den verbliebenen $(n-1)$ Objekten getroffen u.s.w.)

6977	6081	6733	6363	7124	2985	3434	8499	1989	3109
8377	8357	3350	4595	6235	6532	6556	8575	3370	1992
3034	9586	1765	8717	2363	4741	8509	4710	4886	2410
9903	9539	5787	8692	3367	8343	0942	5605	4772	4438
6955	8569	2111	7416	8660	9795	6551	2171	4123	5869
5483	0587	8690	2422	7334	3626	6218	3210	6876	2500
5733	4729	1443	6895	7864	3421	3390	6435	2518	5483
0126	9533	3548	2999	0951	1381	6696	6250	9404	3552
4329	9158	9291	2629	1976	5815	9556	9016	6604	5456
3776	8729	0478	4410	0551	0223	4173	8312	7975	6768
1539	0850	5347	2268	5847	3227	0650	8474	5658	7783
3390	5370	0046	5861	5215	0102	1071	6404	9787	8271
1562	6106	5840	8594	8217	5062	0410	7008	1476	0788
9408	3412	3881	4737	9370	1603	0916	6167	4329	9370
2306	4439	5476	3383	8966	8757	0861	1202	8422	4241
8196	8288	9236	8022	1886	1765	8925	6413	5370	0463
8489	5702	8822	5071	8599	2016	3681	2403	6983	0307
7652	6009	5347	2476	2345	9456	0441	4013	1246	3582
2450	3068	3892	7924	4594	5814	9135	1562	9506	7492
1464	2104	2222	4195	5376	7292	0876	3923	1368	9830
9256	5105	3984	1032	5298	4652	2534	8515	7818	1676
2337	5302	3016	7027	4269	7610	0337	7981	9892	0878
6127	2754	9052	6676	7836	5739	7486	2727	9952	7943
7703	5246	5965	7505	7656	0439	3194	3642	1598	6388
2380	8220	0781	5001	5831	0052	9742	3222	4256	5206
4934	0027	0957	8223	8835	6847	4963	4948	2015	3262
5658	7890	9610	4052	2378	7462	4422	2014	2629	2152
6628	4078	1603	1126	4666	1626	1835	0553	1377	5172
4022	8875	8190	1670	2429	6103	4391	8594	8410	2939
6969	0067	2907	9407	8325	9885	6218	2993	6816	1394
1936	8890	0633	4732	3074	0701	7147	9311	9060	5571
7533	7325	5710	6848	5280	0586	8167	3573	6810	4675
8545	7774	9637	6347	3831	7486	1553	2762	0008	7850
9191	3756	1190	2500	1048	9191	3495	2218	0800	0224
9651	2710	6095	8724	9870	3558	7113	2313	6895	1360
9210	8794	4376	0999	2186	0242	0341	8131	8013	3842
6579	6563	3003	3722	5070	8389	9928	9598	0942	5397
4706	3243	1047	7912	7290	2963	1499	6809	3941	5642
9916	7802	3249	6768	1470	5634	9691	4261	6742
1766	8626	5498	5400	6187	9337	8545	9589	3318	6202
7033	9265	0140	1512	7125	5604	4247	4757	1612	9822
7608	9274	8733	5800	6832	2033	7325	8045	1446	5874
7860	3940	5331	2152	2743	0397	0002	2234	3623	9424
2108	3520	7825	8851	8164	2000	0431	7804	6695	5481
8131	8119	6655	4141	1524	8368	7519	0684	3119	5906
1646	4333	2559	7642	3995	9567	7486	2410	1202	8424
8135	9798	7880	7593	0972	3726	9904	9474	4503	5809

[1] Owen, D.B.: Handbook of statistical tables. Reading/MA: Addison-Wesley 1962

Tabellen

4504	6317	6686	9799	8522	0263	0513	1232	3876	4689
6992	8960	1661	6955	8806	1820	1094	4449	2647	7032
7980	9474	4505	6737	8649	0260	4149	9547	5404	8054
9320	4692	0980	6212	8754	2656	2176	3618	2889	5056
4095	6550	1222	5071	8535	8915	0627	1278	9953	8740
1748	5279	5238	8754	2758	3071	4537	0408	3172	5864
9499	3649	8940	9451	6729	0584	7325	8256	3036	0813
4032	5945	8642	5506	4231	1404	5878	8886	4903	6983
0556	2822	3230	8247	7350	7186	5982	6155	3284	3129
2098	7991	3518	7761	8583	8441	8702	2517	4957	5450
7478	7461	3680	6107	6363	7017	8183	5191	1208	2977
7569	7655	5563	1499	7333	3311	3568	5062	0407	9708
0982	6840	4171	7387	7059	8947	3896	1428	4075	0262
6588	2958	6768	1709	0240	7609	9906	1174	7980	9157
3541	4892	9553	7565	5788	9109	7127	6145	7074	0802
3978	0755	1561	7850	8043	9185	9273	8103	3513	0738
6807	3074	0441	6711	9357	5627	1918	8617	6695	5377
4465	4907	5278	3479	5519	9740	4684	5860	6711	9120
6086	4619	5233	3980	6986	1871	4643	3638	1176	2387
3874	3751	2274	5384	2555	5351	8463	6268	0628	3250
0342	8660	9586	1765	8822	5069	7550	3275	7727	1272
4767	0418	6234	6324	5946	3686	9023	1787	6578	0545
8624	1120	4126	3277	8568	8975	4278	9870	3475	5242
1622	5612	0780	2711	6806	2492	5541	3906	4173	0951
8911	4110	8482	5838	7227	0222	0199	5175	8999	2583
1459	9816	7206	3453	5933	1031	4664	0494	7658	7008
1000	0465	2736	5739	7487	3146	6717	3114	0036	9442
3392	6604	5774	7099	3018	6235	6848	5173	9732	6907
0497	8904	4390	8068	7813	0390	5580	5250	7625	0327
0874	2929	2301	5618	6445	3090	1666	0457	7468	5742
2299	4202	9583	4311	5312	7982	9366	0117	1149	8733
4416	7488	3569	5167	2614	5529	2092	7068	6381	4797
4264	8400	7041	6713	3819	3073	8349	7980	9266	0563
5281	0828	5537	6161	3739	8713	0496	8653	5528	1586
7100	0641	4474	0478	6780	4497	9996	3459	8261	5321
7804	7032	6243	2113	0422	1780	4360	8180	5355	3028
5981	5104	3494	8037	7981	9896	2846	1741	2824	4696
1294	5844	1885	1451	1853	7985	2872	1388	2389	3986
4749	9640	1313	5475	2959	9821	8455	5580	5353	9208
3290	3608	6890	7752	0099	9386	0513	1807	5952	5723
2232	2816	9869	2785	3080	5250	7939	7072	9992	9660
1796	1888	2800	6833	2664	3503	4498	9353	9975	5835
1024	1013	0502	4407	0747	3017	5603	3302	8093	6712
7597	4956	9892	0983	7470	5569	8620	7828	7462	4426
1667	1399	2687	8019	6567	5020	6301	8216	1294	0082
1620	4690	0037	7308	4399	3543	6024	1015	1521	9420
2147	5719	2534	8509	4901	5936	2664	2775	6873	4189
7033	2977	3589	1894	9727	0458	5480	9265	3067	3785
7949	3159	4296	2094	5605	4561	2611	9372	0216	9201
5408	1029	3929	8691	0353	5290	9595	6774	8520	4537
7082	2284	1678	7460	3292	8516	8446	2694	6893	2257
9564	4284	9054	7319	1319	0788	5310	7058	7585	7851
7866	7259	6678	1814	6540	5222	7347	5401	6436	0971

D Nomogramme

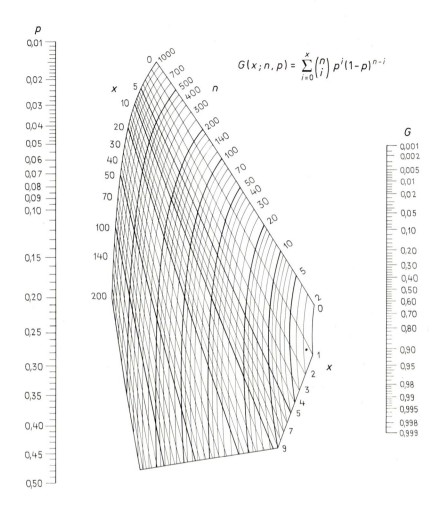

Nomogramm D 1. Verteilungsfunktion $G(x; n, p)$ der Binomialverteilung[1]

Anm.: Wenn p_1 (das kleinste p in einer Aufgabe) kleiner als 0,01 ist, arbeitet man mit kp auf der p-Skala, wobei $k = 0{,}01/p_1$ (gerundet auf die nächstgrößte ganze Zahl) ist. Ist n durch die Aufgabe gegeben, dann benutzt man im Nomogramm $n' = n/k$. Ist n in der Aufgabe gesucht, dann liest man zunächst n' im Nomogramm ab und errechnet n zu $n = n'k$

---

[1] Larson, H. R.: A nomograph of the cumulative binomial distribution. Industrial Quality Control 23 (1966/67) 270–278

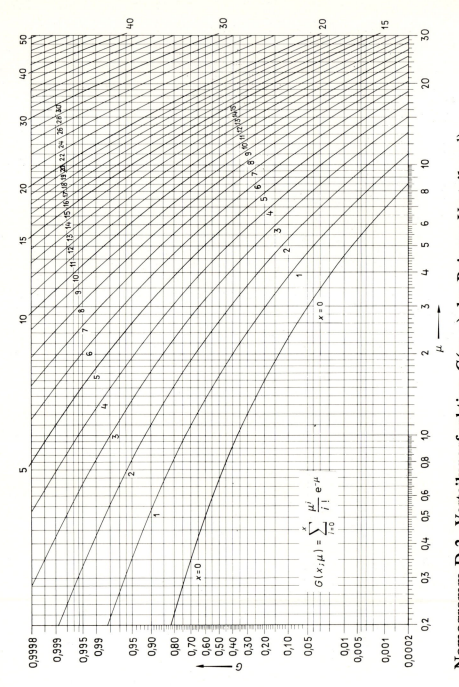

Nomogramm D 2. Verteilungsfunktion $G(x;\mu)$ der Poisson-Verteilung[1]

[1] Thorndike, F.: Application of Poisson's probability summation. Bell System Technical Journal 5 (1926) 604

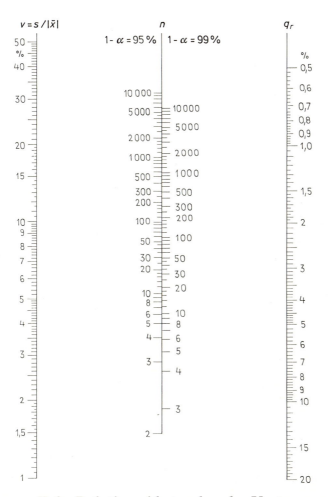

Nomogramm D 3. Relativer Abstand q_r der Vertrauensgrenzen von $\bar{x}$ bei zweiseitiger Abgrenzung des Vertrauensbereiches für den Erwartungswert μ der Normalverteilung

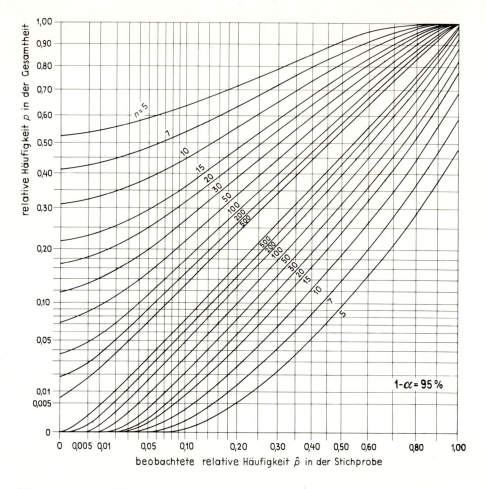

Nomogramm D 4. Zweiseitiger Vertrauensbereich für p bei Binomialverteilung zum Vertrauensniveau $1 - \alpha = 95\%$

Falls $\hat{p} > 0{,}5$ ist, liest man zweckmäßig mit Hilfe von $\hat{q} = 1 - \hat{p}$ die Vertrauensgrenzen q_U und q_O ab und errechnet daraus $p_U = 1 - q_O$ und $p_O = 1 - q_U$.

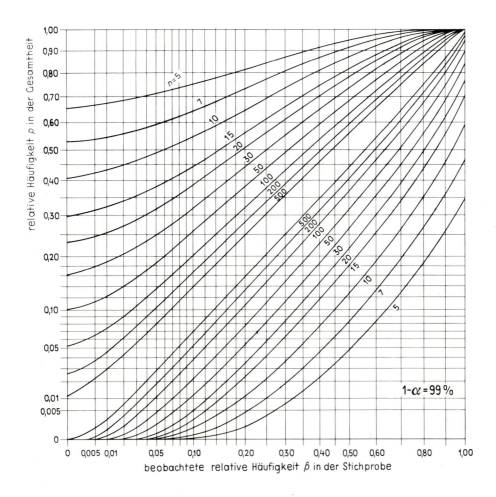

Nomogramm D 5. Zweiseitiger Vertrauensbereich für p bei Binomialverteilung zum Vertrauensniveau $1 - \alpha = 99\,\%$

Falls $\hat{p} > 0{,}5$ ist, liest man zweckmäßig mit Hilfe von $\hat{q} = 1 - \hat{p}$ die Vertrauensgrenzen q_U und q_O ab und errechnet daraus $p_U = 1 - q_O$ und $p_O = 1 - q_U$.

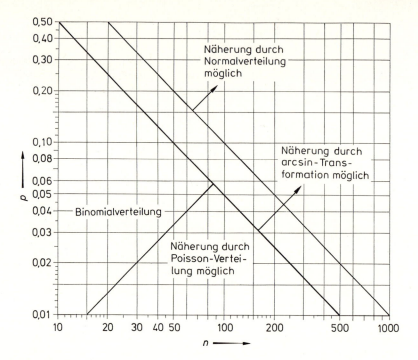

Nomogramm D 6. Kriterien für Näherungen der Binomialverteilung

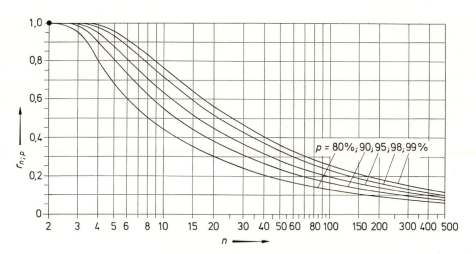

Nomogramm D 7. Kritische Werte $r_{n,p}$ zum Test der Hypothese $\varrho = 0$ bei zweidimensionaler Normalverteilung

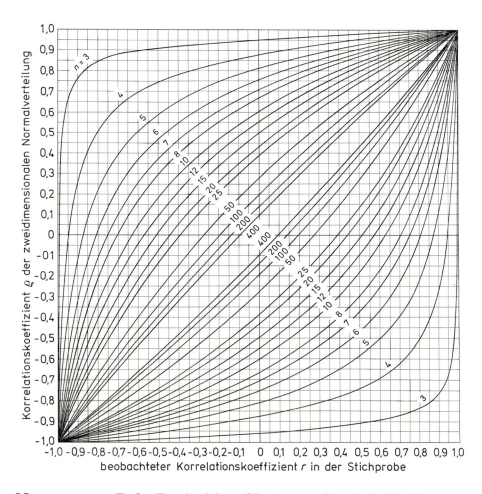

Nomogramm D 8. Zweiseitiger Vertrauensbereich für den Korrelationskoeffizienten ϱ bei zweidimensionaler Normalverteilung[1] **zum Vertrauensniveau $1 - \alpha = 95\%$**

---

[1] Nomogramme D 8 und D 9 nach David, F.N.: Tables of the correlation coefficient. Cambridge: University Press 1954

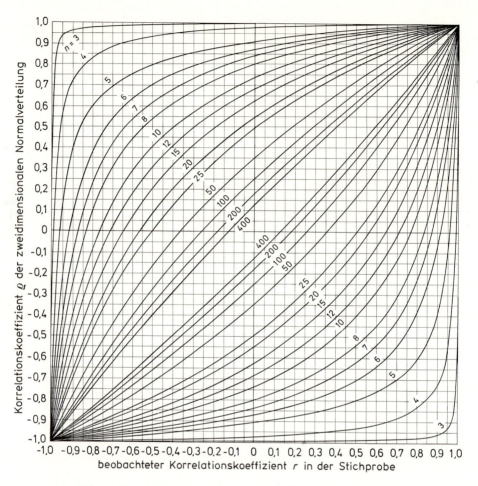

Nomogramm D 9. Zweiseitiger Vertrauensbereich für den Korrelationskoeffizienten ϱ bei zweidimensionaler Normalverteilung zum Vertrauensniveau $1 - \alpha = 99\%$

E Literatur

1. Einführende Darstellungen

[01] Anderson, O.; Popp, W.; Schaffranek, M.; Steinmetz, D.; Stenger, H.: Grundlagen der Statistik; Berlin/Heidelberg/New York: Springer 1978
[02] Anderson, O.; Popp, W.; Schaffranek, M.; Steinmetz, D.; Stenger, H.: Schätzen und Testen; Berlin/Heidelberg/New York: Springer 1976
[03] Anderson, R.L.; Bancroft, T.A.: Statistical Theory in Research; New York: McGraw-Hill 1952
[04] Bamberg, G.; Baur, F.: Statistik; München/Wien: Oldenbourg 1984
[05] Chatfield, C.: Statistics for Technology: A Course in Applied Statistics; London/New York: Chapman and Hall 1983
[06] Croxton, F.E.; Cowden, D.J.: Applied General Statistics; Englewood Cliffs, N.J.: Prentice-Hall 1960
[07] Davies, O.L.; Goldsmith, P.L.: Statistical Methods in Research and Production; New York: Longman 1976
[08] Deming, W.E.: Statistical Adjustment of Data; New York: Dover Publications 1964
[09] Deutler, T.; Schaffranek, M.; Steinmetz, D.: Statistik-Übungen; Berlin/Heidelberg/New York: Springer 1984
[10] Dixon, W.; Massey, Jr., F.J.: Introduction to Statistical Analysis; New York: McGraw-Hill 1983
[11] Dudewicz, E.J.: Introduction to Statistics and Probability; New York: Holt, Rinehart & Winston 1976
[12] Ferguson, G.A.: Statistical Analysis in Psychology and Education; New York: McGraw-Hill 1976
[13] Fisher, R.A.: Statistical Methods for Research Workers; London: Oliver and Boyd 1958
[14] Flaskämper, P.: Allgemeine Statistik; Hamburg: R. Meiner 1962
[15] Fraser, D.A.S.: Statistics: An Introduction; New York: Wiley 1960
[16] Freudenthal, H.: Wahrscheinlichkeit und Statistik; München: Oldenbourg 1963
[17] Graf, U.; Henning, H.-J.; Wilrich, P.-Th.: Statistische Methoden bei textilen Untersuchungen; Berlin/Heidelberg/New York: Springer 1974
[18] Guilford, J.P.: Fundamental Statistics in Psychology and Education; New York: McGraw-Hill 1965
[19] John, B.: Statistische Verfahren für technische Meßreihen; München/Wien: Hanser 1979
[20] Johnson, R.: Elementary Statistics; North Scituate, MA.: Duxbury 1983
[21] Keeping, E.S.: Introduction to Statistical Inference; Princeton, N.J.: Van Nostrand 1962
[22] Kellerer, H.: Statistik im modernen Wirtschafts- und Sozialleben; München: Rowohlt 1963
[23] Kreyszig, E.: Statistische Methoden und ihre Anwendungen; Göttingen: Vandenhoeck u. Ruprecht 1968
[24] Kriz, J.: Statistik in den Sozialwissenschaften; Hamburg: Rowohlt Taschenbuch Verlag 1973
[25] Leiner, B.: Einführung in die Statistik; München/Wien: Oldenbourg 1980
[26] Linder, A.: Statistische Methoden für Naturwissenschaftler, Mediziner und Ingenieure; Basel: Birkhäuser 1964
[27] Mendenhall, W.: Introduction to Probability and Statistics; North Scituate, MA.: Duxbury 1983
[28] Moroney, M.J.: Facts from Figures; Harmondsworth, Middlesex: Penguin Books 1962
[29] Moroney, M.J.: Einführung in die Statistik. 1. Grundlagen und allgemeiner Teil (1970); 2. Besondere Verfahren und Techniken (1971); München/Wien: Oldenbourg
[30] Neter, J.; Wasserman, W.; Whitmore, G.A.: Applied Statistics; Boston, MA.: Allyn and Bacon 1982
[31] Pfanzagl, J.: Allgemeine Methodenlehre der Statistik, I und II; Berlin: de Gruyter 1966
[32] Sachs, L.: Angewandte Statistik; Berlin/Heidelberg/New York: Springer 1984
[33] Schaich, E.; Köhle, D.; Schweitzer, W.; Wegner, F.: Statistik I (1974); Statistik II (1975); München: Verlag Franz Vahlen
[34] Smirnow, N.W.; Dunin-Barkowski, L.W.: Mathematische Statistik in der Technik; Berlin: Deutscher Verlag der Wissenschaften 1969

[35] Snedecor, G.W.: Statistical Methods Applied to Experiments in Agriculture and Biology; Ames, IA.: Iowa State University Press 1962
[36] Snedecor, G.W.: Cochran, W.G.: Statistical Methods; Ames, IA.: Iowa State University Press 1980
[37] Stange, K.: Angewandte Statistik. I — Eindimensionale Probleme; II — Mehrdimensionale Probleme; Berlin/Heidelberg/New York: Springer 1970
[38] Störmer, H.: Praktische Anleitung zu statistischen Prüfungen; München: Oldenbourg 1971
[39] Storm, R.: Wahrscheinlichkeitsrechnung, mathematische Statistik, statistische Qualitätskontrolle; Leipzig: Fachbuchverlag 1972
[40] Subrahmaniam, K.: A Primer in Probability; New York/Basel: Marcel Dekker 1979
[41] Tippett, L.H.C.: Technological Applications of Statistics; London: Norgate 1952
[42] Vogel, F.: Beschreibende und schließende Statistik: Formeln und Definitionen, Erläuterungen — Stichwörter und Tabellen; München/Wien: Oldenbourg 1986
[43] Wallis, W.A.; Roberts, H.V.: Methoden der Statistik; München: Rowohlt 1969
[44] Weber, E.: Grundriß der Biologischen Statistik; Stuttgart: Gustav Fischer 1967
[45] Wetherill, G.B.: Elementary Statistical Methods; London/New York: Chapman and Hall 1982
[46] Wetzel, W.: Statistische Grundausbildung für Wirtschaftswissenschaftler; I — Beschreibende Statistik (1971); II — Schließende Statistik (1973); Berlin/New York: de Gruyter
[47] Yamane, T.: Statistik. Band 1 und 2; Frankfurt a. Main: Fischer Taschenbuch Verlag 1976
[48] Youden, W.J.: Statistical Methods for Chemists; Huntington, N.Y.: Krieger 1977
[49] Yule, U.; Kendall, M.G.: An Introduction to the Theory of Statistics; London: Griffin 1965

2. Wahrscheinlichkeitsrechnung, Mathematische Statistik und Angewandte Statistik

[01] Aitchison, J.; Brown, J.A.C.: The Lognormal Distribution; London: Cambridge University Press 1957
[02] Barnett, V.; Lewis, T.: Outliers in Statistical Data; New York: Wiley 1978
[03] Bartlett, M.S.: Essays on Probability and Statistics; London: Methuen 1962
[04] Bennett, C.A.; Franklin, N.L.: Statistical Analysis in Chemistry and the Chemical Industry; New York: Wiley 1961
[05] Berger, J.O.: Statistical Decision Theory; Berlin/Heidelberg/New York: Springer 1980
[06] Bickel, P.J.; Doksum, K.A.: Mathematical Statistics; San Francisco, CA.: Holden-Day 1977
[07] Blake, L.: Statistical Procedures for Engineering, Management and Science; New York: McGraw-Hill 1980
[08] Bliss, C.I.: Statistics in Biology, Vol. I und II; New York: McGraw-Hill 1970
[09] Bowker, A.H.; Lieberman, G.J.: Engineering Statistics; Englewood Cliffs, N.J.: Prentice-Hall 1972
[10] Box, G.E.P.; Hunter, W.G.; Hunter, J.S.: Statistics for Experimenters; New York: Wiley 1978
[11] Brownlee, K.A.: Statistical Theory and Methodology in Science and Engineering; New York: Wiley 1965
[12] Bury, K.V.: Statistical Models in Applied Science; New York: Wiley 1975
[13] Chambers, J.M.: Computational Methods for Data Analysis; New York: Wiley 1977
[14] Cox, D.R.; Snell, E.J.: Applied Statistics: Principles and Examples; London/New York: Chapman and Hall 1981
[15] Cramér, H.: The Elements of Probability Theory and Some of Its Applications; New York: Wiley 1961
[16] Cramér, H.: Mathematical Methods of Statistics; Princeton, N.J.: Princeton University Press 1966

- [17] Daniel, C.: Applications of Statistics to Industrial Experimentation; New York: Wiley 1976
- [18] David, F.N.: Probability Theory for Statistical Methods; Cambridge: University Press 1951
- [19] Davies, O.L.: Statistical Methods in Research and Production; London: Oliver and Boyd 1961
- [20] Ehrenberg, A.S.: Data Reduction; New York: Wiley 1975
- [21] Feller, W.: An Introduction to Probability Theory and Its Applications. Vol. I; New York: Wiley 1968
- [22] Fisher, R.A.: Contributions to Mathematical Statistics; New York: Wiley 1950
- [23] Fisz, M.: Wahrscheinlichkeitsrechnung und mathematische Statistik; Berlin: Deutscher Verlag der Wissenschaften 1976
- [24] Fraser, D.A.S.: Probability and Statistics; North Scituate, MA.: Duxbury Press 1976
- [25] Gnedenko, B.W.: Lehrbuch der Wahrscheinlichkeitsrechnung; Berlin: Akademie-Verlag 1962
- [26] Gumbel, E.J.: Statistics of Extremes; New York: Columbia University Press 1960
- [27] Guttman, I.; Wilks, S.S.; Hunter, J.S.: Introductory Engineering Statistics; New York: Wiley 1982
- [28] Hahn, G.J.; Shapiro, S.S.: Statistical Models in Engineering; New York: Wiley 1967
- [29] Haight, F.A.: Handbook of the Poisson Distribution; New York: Wiley 1967
- [30] Hald, A.: Statistical Theory with Engineering Applications; New York: Wiley 1960
- [31] Hartung, J.; Elpelt, B.; Klösener, K.-H.: Statistik; München/Wien: Oldenbourg 1985
- [32] Hawkins, D.M.: Identification of Outliers; London/New York: Chapman and Hall 1980
- [33] Heinhold, J.; Gaede, K.W.: Ingenieur-Statistik; München/Wien: Oldenbourg 1972
- [34] Hoel, P.G.: Introduction to Mathematical Statistics; New York: Wiley 1964
- [35] Hoel, P.G.: Introduction to Probability Theory; Boston, MA.: Houghton Mifflin 1971
- [36] Hoel, P.G.; Port, S.C.; Stone, C.J.: Introduction to Statistical Theory; Boston, MA.: Houghton Mifflin 1971
- [37] Hogg, R.V.; Craig, A.T.: Introduction to Mathematical Statistics; New York: Macmillan 1978
- [38] Hogg, R.V.; Elliot, A.T.: Probability and Statistical Inference; New York: Macmillan 1977
- [39] Johnson, N.L.; Leone, F.C.: Statistics and Experimental Design in Engineering and the Physical Sciences, 2 vols.; New York: Wiley 1977
- [40] Kalbfleisch, J.G.: Probability and Statistical Inference, Vols. I, II; New York/Heidelberg/Berlin: Springer 1979
- [41] Kempthorne, O.: An Introduction to Genetic Statistics; New York: Wiley 1957
- [42] Kendall, M.G.; Stuart, A.: The Advanced Theory of Statistics; Vols. I, II, III; London: Griffin 1977, 1973, 1976
- [43] Kennedy, Jr., W.J.; Gentle, J.E.: Statistical Computing; New York/Basel: Marcel Dekker 1980
- [44] Kenney, J.F.; Keeping, E.S.: Mathematics of Statistics, Vols. 1, 2; Princeton, N.J.: van Nostrand 1961
- [45] Krickeberg, K.: Wahrscheinlichkeitstheorie; Stuttgart: Teubner 1963
- [46] Krishnaiah, P.R.: Applications of Statistics; Amsterdam: North Holland 1977
- [47] Kullback, S.: Information Theory and Statistics; New York: Wiley 1959
- [48] Larson, H.J.: Introduction to Probability Theory and Statistical Inference; New York: Wiley 1982
- [49] Leach, C.: Introduction to Statistics; New York: Wiley 1979
- [50] Lehmann, E.L.: Testing Statistical Hypotheses; New York: Wiley 1959
- [51] Li, C.C.: Introduction to Experimental Statistics; New York: McGraw-Hill 1964
- [52] Lindgren, B.W.: Statistical Theory; New York: Macmillan 1976
- [53] Linnik, J.W.: Methode der kleinsten Quadrate in moderner Darstellung; Berlin: Deutscher Verlag der Wissenschaften 1961
- [54] Loève, M.: Probability Theory; Vol. I (1977); Vol. II (1978); New York/Heidelberg/Berlin: Springer
- [55] Maibaum, G.: Wahrscheinlichkeitstheorie und mathematische Statistik; Berlin: Deutscher Verlag der Wissenschaften 1976
- [56] McNemar, Q.: Psychological Statistics; New York: Wiley 1969
- [57] Meyer, S.L.: Data Analysis for Scientists and Engineers; New York: Wiley 1975

[58] Miller, I.; Freund, J.E.: Probability and Statistics for Engineers; Englewood Cliffs, N.J.: Prentice-Hall 1977
[59] Miller, R.G.: Simultaneous Statistical Inference; New York/Heidelberg/Berlin: Springer 1981
[60] Mises, R. von: Mathematicsl Theory of Probability and Statistics; New York: Academic Press 1964
[61] Mood, A.M.; Graybill, F.A.; Boes, D.C.: Introduction to the Theory of Statistics; New York: McGraw-Hill 1974
[62] Morgan, B.W.: An Introduction to Bayesian Statistical Decision Processes; Englewood Cliffs, N.J.: Prentice-Hall 1968
[63] Morgenstern, D.: Einführung in die Wahrscheinlichkeitsrechnung und mathematische Statistik; Berlin/Göttingen/Heidelberg: Springer 1964
[64] Mosteller, F.: Fifty Challenging Problems in Probability with Solutions; Reading, MA.: Addison-Wesley 1965
[65] Mosteller, F.; Rourke, R.E.K.; Thomas, G.B.: Probability with Statistical Applications; Reading, MA.: Addison-Wesley 1961
[66] Mosteller, F.; Tukey, J.W.: Data Analysis and Regression — A Second Course in Statistics; London: Addison-Wesley 1977
[67] Natrella, M.G.: Experimental Statistics; National Bureau of Standards, Handbook 91. Washington, D.C.: US Government Printing Office 1963
[68] Nalimov, V.V.: The Application of Mathematical Statistics to Chemical Analysis; Oxford: Pergamon Press 1963
[69] Neyman, J.: First Course in Probability and Statistics; New York: Holt, Rinehart and Winston 1960
[70] Nollau, V.: Statistische Analysen; Leipzig: Fachbuchverlag 1975
[71] Ostle, B.; Mensing, R.: Statistics in Research; Ames, IA.: Iowa State University Press 1975
[72] Parzen, E.: Modern Probability Theory and Its Applications; New York: Wiley 1960
[73] Pitman, E.J.G.: Some Basic Theory for Statistical Inference; New York: Wiley 1979
[74] Raiffa, H.; Schlaifer, R.: Applied Statistical Decision Theory; Boston, MA.: Harvard University 1961
[75] Rao, C.R.: Advanced Statistical Methods in Biometric Research; New York: Wiley 1952
[76] Rasch, D.: Einführung in die mathematische Statistik. Teil 1: Wahrscheinlichkeitsrechnung und Grundlagen der mathematischen Statistik (1978); Teil 2: Varianzanalyse, Regressionsanalyse und weitere Anwendungen (1984); Berlin: Deutscher Verlag der Wissenschaften
[77] Renyi, A.: Wahrscheinlichkeitsrechnung; Berlin: Deutscher Verlag der Wissenschaften 1962
[78] Richter, H.: Wahrscheinlichkeitstheorie; Berlin/Göttingen/Heidelberg: Springer 1956
[79] Rohatgi, V.K.: An Introduction to Probability Theory and Mathematical Statistics; New York: Wiley 1976
[80] Schmetterer, L.: Einführung in die mathematische Statistik; Wien/New York: Springer 1966
[81] Schmitt, S.A.: Measuring Uncertainty; Reading, MA.: Addison-Wesley 1969
[82] Shapiro, S.S.; Gross, A.J.: Statistical Modeling Techniques; New York/Basel: Marcel Dekker 1981
[83] Stange, K.: Bayes-Verfahren; Berlin/Heidelberg/New York: Springer 1977
[84] Tucker, H.G.: An Introduction to Probability and Mathematical Statistics; New York: Academic Press 1962
[85] Tukey, J.W.: Exploratory Data Analysis; London: Addison-Wesley 1977
[86] Uspensky, J.V.: Introduction to Mathematical Probability; New York: McGraw-Hill 1937
[87] Velleman, P.F.; Hoaglin, D.C.: Applications, Basics, and Computing of Exploratory Data Analysis; North Scituate, MA.: Duxbury 1981
[88] van der Waerden, B.L.: Mathematische Statistik; Berlin/Göttingen/Heidelberg: Springer 1965
[89] Wald, A.: Statistical Decision Functions; New York: Wiley 1961
[90] Wald, A.: Selected Papers in Statistics and Probability; Stanford, CA.: University Press 1957

[91]   Walpole, R.E.; Meyers, R.H.: Probability and Statistics for Engineers and Scientists; New York: Macmillan 1978
[92]   Wetherill, G.B.: Intermediate Statistical Methods; London/New York: Chapman and Hall 1981
[93]   Wilks, S.S.: Mathematical Statistics; New York: Wiley 1962
[94]   Winkler, R.L.: Introduction to Bayesian Inference and Decision; New York: Holt, Rinehart and Winston 1972
[95]   Zar, J.H.: Biostatistical Analysis; Englewood Clifts, N.J.: Prentice-Hall 1984

1 449 Literaturhinweise mit einem Schlagwortverzeichnis findet man bei:

[96]   Sachs, L.: A Guide to Statistical Methods and to the Pertinent Literature. Literatur zur Angewandten Statistik; Berlin/Heidelberg/New York/Tokyo: Springer 1986

3. Verteilungsfreie Verfahren

[01]   Bradley, J.V.: Distribution-Free Statistical Tests; Englewood Cliffs, N.J.: Prentice-Hall 1968
[02]   Büning, H.; Trenkler, G.: Nichtparametrische statistische Methoden; Berlin/New York: De Gruyter 1978
[03]   Conover, W.J.: Practical Nonparametric Statistics; New York: Wiley 1971
[04]   Fraser, D.A.S.: Nonparametric Methods in Statistics; New York: Wiley 1959
[05]   Gibbons, J.D.: Nonparametric Statistical Inference; New York/Basel: Marcel Dekker 1985
[06]   Gibbons, J.D.: Nonparametric Methods for Quantitative Analysis; New York: Holt, Rinehart and Winston 1976
[07]   Hàjek, J.: A Course in Nonparametric Statistics; San Francisco: Holden-Day 1969
[08]   Hàjek, J.; Sidàk, Z.: Theory of Rank Tests; New York: Academic Press 1967
[09]   Hollander, M.; Wolfe, D.A.: Nonparametric Statistical Methods; New York: Wiley 1973
[10]   Kraft, C.H.; v. Eden, C.: A Nonparametric Introduction to Statistics; New York: Macmillan 1968
[11]   Lehmann, E.L.: Nonparametrics: Statistical Methods Based on Ranks; New York: McGraw-Hill 1975
[12]   Lienert, G.A.: Verteilungsfreie Verfahren in der Biostatistik; Bd. I (1962); Bd. II (1973); Meisenheim am Glan: Anton Hain
[13]   Noether, G.E.: Elements of Nonparametric Statistics; New York: Wiley 1967
[14]   Pagenkopf, J.: Güte und Effizienz einiger nichtparametrischer Tests bei kleinen Stichproben; Göttingen: Vandenhoeck & Ruprecht 1977
[15]   Puri, M.L.; Sen, P.K.: Nonparametric Models in Multivariate Analysis; New York/London: Wiley 1971
[16]   Randles, R.H.; Wolfe, D.A.: Introduction to the Theory of Nonparametric Statistics; New York: Wiley 1979
[17]   Schaich, E.; Hamerle, A.: Verteilungsfreie statistische Prüfverfahren; Berlin/Heidelberg/New York/Tokyo: Springer 1984
[18]   Siegel, S.: Nonparametric Statistics for the Behavioral Sciences; New York: McGraw-Hill 1959
[19]   Siegel, S.: Nichtparametrische statistische Methoden; Frankfurt a. Main: Fachbuchhandlung für Psychologie 1976
[20]   Walsh, J.E.: Handbook of Nonparametric Statistics; Vol. 1 (1962); Vol. 2 (1965); Princeton, N.J.: Van Nostrand

4. Varianzanalyse, Regressionsanalyse und Korrelationsanalyse

[01] Acton, F.S.: Analysis of Straight-Line Data; New York: Wiley 1959
[02] Ahrens, H.: Varianzanalyse; Berlin: Akademie-Verlag 1967
[03] Allen, D.M.; Cady, F.B.: Analyzing Experimental Data by Regression; Belmont, CA: Lifetime Learning 1982
[04] Brook, R.J.; Arnold, G.C.: Applied Regression Analysis and Experimental Design; New York: Marcel Dekker 1985
[05] Chatterjee, S.; Price, B.: Regression Analysis by Example; New York: Wiley 1977
[06] Cox, D.R.: Analysis of Binary Data; London: Chapman and Hall 1970
[07] Daniel, C.; Wood, F.S.: Fitting Equations to Data: Computer Analysis of Multifactor Data; New York: Wiley 1980
[08] Draper, N.R.; Smith, H.: Applied Regression Analysis; New York: Wiley 1981
[09] Dunn, O.J.; Clark, V.A.: Applied Statistics: Analysis of Variance and Regression; New York: Wiley 1974
[10] Edwards, A.L.: An Introduction to Linear Regression and Correlation; San Francisco, CA.: Freeman 1976
[11] Edwards, A.L.: Multiple Regression and the Analysis of Variance and Covariance; San Francisco, CA.: Freeman 1979
[12] Efroymson, M.A.: Multiple Regression Analysis. In: A. Ralston and H.S. Wilfs (Editors): Mathematical Methods for Digital Computers; New York: Wiley 1962
[13] Everitt, B.S.: The Analysis of Contingency Tables; London: Chapman and Hall 1977
[14] Ezekiel, M.; Fox, K.A.: Methods of Correlation and Regression Analysis; New York: Wiley 1959
[15] Fienberg, S.E.: The Analysis of Cross-Classified Data; Cambridge, MA.: Massachusetts Institute of Technology Press 1980
[16] Fleiss, J.L.: Statistical Methods for Rates and Proportions; New York: Wiley 1981
[17] Freund, R.J.; Minton, P.D.: Regression Methods; New York: Marcel Dekker 1979
[18] Goldberg, A.S.: Topics in Regression Analysis; New York: Macmillan 1968
[19] Graybill, F.A.: An Introduction to Linear Statistical Models, Vol. I; New York: McGraw-Hill 1961
[20] Graybill, F.A.: Theory and Application of the Linear Model; North Scituate, MA.: Duxbury Press 1976
[21] Guenther, W.C.: Analysis of Variance; Englewood Cliffs, N.J.: Prentice-Hall 1964
[22] Kendall, M.G.: Rank Correlation Methods; London: Griffin 1955
[23] Kleinbaum, D.G.; Kupper, L.L.: Applied Regression Analysis and Other Multivariate Methods; North Scituate, MA.: Duxbury Press 1978
[24] Lawson, Ch.L.; Hanson, R.J.: Solving Least Squares Problems; Englewood Cliffs, N.J.: Prentice-Hall 1974
[25] Linder, A.; Berchtold, W.: Statistische Auswertung von Prozentzahlen. Probit- und Logitanalyse mit EDV. UTB 522; Basel/Stuttgart: Birkhäuser 1976
[26] McCullagh, P.; Nelder, J.A.: Generalized Linear Models; London/New York: Chapman and Hall 1983
[27] Montgomery, D.C.; Peck, E.A.: Introduction to Linear Regression Analysis; New York: Wiley 1982
[28] Mosteller, F.; Tukey, J.W.: Data Analysis and Regression; Reading, MA.: Addison-Wesley 1977
[29] Neter, J.; Wasserman, W.; Kutner, M.H.: Applied Linear Regression Models; Homewood, IL.: Irwin 1983
[30] Plackett, R.L.: Principles of Regression Analysis; Oxford: University Press 1960
[31] Rao, C.R.: Lineare statistische Methoden und ihre Anwendungen; Berlin: Akademie-Verlag 1973
[32] Riedwyl, H.: Regressionsgerade und Verwandtes; UTB 923, Bern/Stuttgart: Paul Haupt 1980

[33] Sadler, D.R.: Numerical Methods for Nonlinear Regression; Queensland: University of Queensland 1975
[34] Schach, S.; Schäfer, Th.: Regressions- und Varianzanalyse; Berlin/Heidelberg/New York: Springer 1978
[35] Scheffé, H.: The Analysis of Variance; New York: Wiley 1961
[36] Searle, S.R.: Linear Models; New York: Wiley 1971
[37] Seber, G.A.F.: Linear Regression Analysis; New York: Wiley 1977
[38] Smillie, K.W.: An Introduction to Regression and Correlation; London: Academic Press 1966
[39] Sprent, P.: Models in Regression and Related Topics; London: Methuen 1969
[40] Upton, G.J.G.: The Analysis of Cross-tabulated Data; Chichester/New York: Wiley 1978
[41] Weisberg, S.: Applied Linear Regression; New York: Wiley 1980
[42] Williams, E.J.: Regression Analysis; New York: Wiley 1959
[43] Younger, M.S.: Handbook for Linear Regression; North Scituate, MA.: Duxbury Press 1979

5. Multivariate Analyse

[01] Anderson, T.W.: An Introduction to Multivariate Statistical Analysis; New York: Wiley 1958
[02] Arminger, G.: Faktorenanalyse; Stuttgart: Teubner 1979
[03] Backhaus, K.; Humme, U.; Lohrberg, W.; Plinke, W.; Schreiner, W.: Multivariate Analysemethoden; Berlin/Heidelberg/New York: Springer 1982
[04] Bishop, Y.M.M.; Fienberg, S.E.; Holland, P.: Discrete Multivariate Analysis — Theory and Practice; Cambridge/London: M.I.T. Press 1975
[05] Chatfield, C.; Collins, A.J.: Introduction to Multivariate Analysis; London/New York: Chapman and Hall 1980
[06] Everitt, B.: Cluster Analysis; London: Heinemann Educational Books 1974
[07] Fahrmeir, L.; Hamerle, A.: Multivariate statistische Verfahren; Berlin/New York: de Gruyter 1984
[08] Flury, B.; Riedwyl, H.: Angewandte multivariate Statistik; Stuttgart/New York: Gustav Fischer 1983
[09] Fruchter, B.: Introduction to Factor Analysis; Princeton, N.J.: van Nostrand 1954
[10] Gaensslen, H.; Schubö, W.: Einfache und komplexe statistische Analyse; München: UTB 1973
[11] van de Greer, J.P.: Introduction to Multivariate Analysis for the Social Sciences; San Francisco: Freeman 1971
[12] Hartung, J.; Elpelt, B.: Multivariate Statistik; München/Wien: Oldenbourg 1984
[13] Johnson, R.A.; Wichern, D.W.: Applied Multivariate Analysis; Englewood Cliffs, N.J.: Prentice-Hall 1982
[14] Krishnaiah, P.: Multivariate Analysis; Vol. I (1966); Vol. II (1969); Vol. III (1973); New York/London: Academic Press
[15] Kshirsagar, A.M.: Multivariate Analysis; New York: Marcel Dekker 1978
[16] Lawley, D.N.; Maxwell, A.E.: Faktor Analysis as a Statistical Method; London: Butterworths 1963
[17] Mardia, K.V.; Kent, J.T.; Bibby, J.M.: Multivariate Analysis; London/New York: Academic Press 1979
[18] Marinell, G.: Multivariate Verfahren; München/Wien: Oldenbourg 1977
[19] Morrison, D.F.: Multivariate Statistical Methods; Singapore: McGraw-Hill 1984
[20] Murtagh, F.; Herk, A.: Multivariate Data Analysis; Dordrecht/Boston/Lancaster: D. Reidel Publishing Company/Kluwer Academic Publishers Group 1987
[21] Seber, G.A.F.: Multivariate Observations; New York: Wiley 1984

[22] Srivastava, M.S.; Carter, E.M.: An Introduction to Applied Multivariate Statistics; New York/Amsterdam: Elsevier North-Holland 1983
[23] Srivastava, M.S.; Khatri, C.G.: An Introduction to Multivariate Statistics; New York/Oxford: Elsevier North-Holland 1979
[24] Steinhausen, D.; Langer, K.: Clusteranalyse; Berlin/New York: de Gruyter 1977
[25] Thurstone, L.L.: Multiple-Factor Analysis; Chicago: University Press 1951
[26] Überla, K.: Faktorenanalyse; Berlin/Heidelberg/New York: Springer 1971

6. Statistische Versuchsplanung

[01] Aigner, D.J.; Morris, C.N. (Eds.): Experimental Design in Econometrics; Journal of Econometrics 11 (1979), No. 1, 1-205
[02] Anderson, V.L.; McLean, R.A.: Design of Experiments; New York: Marcel Dekker 1974
[03] Bandemer, H.; Bellmann, A.; Jung, W.; Richter, U.: Optimale Versuchsplanung; Zürich/Frankfurt a. Main: Harri Deutsch 1976
[04] Box, G.E.P.; Draper, N.R.: Evolutionary Operation; New York: Wiley 1969
[05] Box, G.E.P.; Hunter, W.G.; Hunter, J.S.: Statistics for Experimenters; New York: Wiley 1978
[06] Brownlee, K.A.: Statistical Theory and Methodology in Science and Engineering; New York: Wiley 1960
[07] Cochran, W.G.; Cox, G.M.: Experimental Designs; New York: Wiley 1957
[08] Cox, D.R.: Planning of Experiments; New York: Wiley 1961
[09] Daniel, C.: Applications of Statistics to Industrial Experimentation; New York: Wiley 1976
[10] Davies, C.L.: Design and Analysis of Industrial Experiments; London: Oliver and Boyd 1960
[11] Dugué, D.; Girault, M.: Analyse de Variance et Plans d'Expérience; Paris: Dunod 1959
[12] Federer, W.T.: Experimental Design. Theory and Application; New York: Macmillan 1955
[13] Finney, D.J.: An Introduction to the Theory of Experimental Design; Chicago: University Press 1960
[14] Fisher, R.A.: The Design of Experiments; New York: Hafner Publishing Company 1966
[15] Hartmann, K.; Lezki, E.; Schäfer, W. (Hrsg.): Statistische Versuchsplanung und -auswertung in der Stoffwirtschaft; Leipzig: Deutscher Verlag der Grundstoffindustrie 1974
[16] Hicks, C.R.: Fundamental Concepts in the Design of Experiments; New York: Holt, Rinehart and Winston 1973
[17] John, J.A.; Quenouille, M.H.: Experiments: Design and Analysis; London/High Wycombe: Griffin 1977
[18] John, P.W.M.: Statistical Design and Analysis of Experiments; New York: Macmillan 1971
[19] Kempthorne, O.: The Design and Analysis of Experiments; New York: Wiley 1960
[20] Kirk, R.E.: Experimental Design: Procedures for the Behavioral Sciences; Belmont, CA.: Brooks/Cole Publishing Company 1968
[21] Li, C.C.: Introduction to Experimental Statistics; New York: McGraw-Hill 1964
[22] Linder, A.: Planen und Auswerten von Versuchen; Basel/Stuttgart: Birkhäuser 1969
[23] Mann, H.B.: Analysis and Design of Experiments, Analysis of Variance and Analysis of Variance Designs; New York: Dover 1949
[24] Montgomery, D.C.: Design and Analysis of Experiments; New York: Wiley 1984
[25] Montgomery, D.C.; Garner, D.G.; Storer, R.H.: Solutions Manual to Accompany Design and Analysis of Experiments; New York: Wiley 1984
[26] Myers, R.H.: Response Surface Methodology; Boston: Allyn and Bacon 1971
[27] Peng, K.C.: The Design and Analysis of Scientific Experiments; Reading, MA.: Addison-Wesley 1967
[28] Post, J.J.: Anleitung zur Planung und Auswertung von Feldversuchen mit Hilfe der Varianzanalyse; Berlin/Göttingen/Heidelberg: Springer 1952

[29] Quenouille, M.H.: The Design and Analysis of Experiment; London: Griffin 1953
[30] Rasch, D.; Herrendörfer, G.: Statistische Versuchsplanung; Berlin: Deutscher Verlag der Wissenschaften 1982
[31] Scheffler, E.: Einführung in die Praxis der statistischen Versuchsplanung; Leipzig: Deutscher Verlag der Grundstoffindustrie 1986
[32] Winer, B.J.: Statistical Principles in Experimental Design; New York: McGraw-Hill 1962
[33] Yates, F.: The Design and Analysis of Factorial Experiments; Farnham Royal, Bucks., England: Commonwealth Agricultural Bureaux 1958
[34] —: Fractional Factorial Experiment Designs for Factors at Two Levels; National Bureau of Standards. Applied Mathematics Series No. 48; Washington, D.C.: US Government Printing Office 1957
[35] —: Fractional Factorial Experiment Designs for Factors at Three Levels; National Bureau of Standards. Applied Mathematics Series No. 54; Washington, D.C.: US Government Printing Office 1959

Etwa 800 Literaturangaben findet man bei:

[36] Herzberg, A.M.; Cox, D.R.: Recent Work on Design of Experiments: A Bibliography and a Review; J Royal Stat. Soc. Series A 132 (1969) 29-67

7. Stichprobenverfahren

[01] Cassel, C.-M.; Särndal, C.-E.; Wretman, J.H.: Foundations of Inference in Survey Sampling; New York: Wiley 1977
[02] Cochran, W.G.: Stichprobenverfahren; Berlin: de Gruyter 1972
[03] Deming, W.E.: Some Theory of Sampling; New York: Wiley 1950
[04] Hansen, M.H.; Hurwitz, W.N.; Madow, W.G.: Sample Survey Methods and Theory; Vol. I: Methods and Applications; Vol. II: Theory; New York: Wiley 1953
[05] Heyn, W.: Stichprobenverfahren in der Marktforschung; Würzburg: Physica-Verlag 1960
[06] Jessen, R.J.: Statistical Survey Techniques; New York: Wiley 1978
[07] Kellerer, H.: Theorie und Technik des Stichprobenverfahrens; München: Einzelschriften der Deutschen Statistischen Gesellschaft, Nr. 5; 1963
[08] Konijn, H.S.: Statistical Theory of Sample Survey Design and Analysis; Amsterdam: North-Holland 1973
[09] Pokropp, F.: Stichproben: Theorie und Verfahren; Königstein, Taunus: Athenäum 1980
[10] Schwarz, H.: Stichprobenverfahren; München: Oldenbourg 1975
[11] Som, R.K.: A Manual of Sampling Techniques; London: Heinemann 1973
[12] Statistisches Bundesamt (Hrsg.): Stichproben in der amtlichen Statistik; Stuttgart: Kohlhammer 1960
[13] Stenger, H.: Stichproben; Würzburg: Physica-Verlag 1986
[14] Strecker, H.: Moderne Methoden der Agrarstatistik; Einzelschriften der Deutschen Statistischen Gesellschaft, Nr. 8; Würzburg: Physica 1970
[15] Williams, B.: A Sampler on Sampling; New York: Wiley 1978

8. Statistische Qualitätssicherung

[01] Besterfield, D.H.: Quality Control: A Practical Approach; Englewood Cliffs, N.J.: Prentice-Hall 1979
[02] Bowker, A.H.; Goode, H.P.: Sampling Inspection by Variables; New York: McGraw-Hill 1952

[03] Braverman, J.D.: Fundamentals of Statistical Quality Control; Reston, VA.: Reston Publishing 1981
[04] Burr, I.W.: Elementary Statistical Quality Control; New York/Basel: Marcel Dekker 1979
[05] Burr, I.W.: Engineering Statistics and Quality Control; New York: McGraw-Hill 1953
[06] Burr, I.W.: Statistical Quality Control Methods; New York/Basel: Marcel Dekker 1976
[07] Carson, G.B. (Ed.): Production Handbook; New York: Ronald Press 1959
[08] Cowden, D.J.: Statistical Methods in Quality Control; Englewood Cliffs, N.J.: Prentice-Hall 1957
[09] Deming, W.E.: Quality, Productivity, and Competitive Position; Cambridge, MA.: Massachusetts Institute of Technology, Center for Advanced Engineering Study 1983
[10] Duncan, A.J.: Quality Control and Industrial Statistics; Homewood, IL.: Irwin 1974
[11] Dutschke, W.: Qualitätsregelung in der Fertigung; Berlin/Göttingen/Heidelberg: Springer 1964
[12] Ekambaram, S.K.: The Statistical Basis of Quality Control Charts; London: Asia Publishing House 1960
[13] Ekambaram, S.K.: The Statistical Basis of Acceptance Sampling; London: Asia Publishing House 1963
[14] Enrick, N.L.: Quality Control and Reliability; New York: Industrial Press 1977
[15] Enrick, N.L.: Qualitätskontrolle im Industriebetrieb; München: Oldenbourg 1961
[16] Feigenbaum, A.V.: Total Quality Control; New York: McGraw-Hill 1983
[17] Freeman, H.A.: Industrial Statistics; New York: Wiley 1942
[18] Freeman, H.A.; Friedman, M.; Mosteller, F.; Wallis, W.A.: Sampling Inspection; New York: McGraw-Hill 1948
[19] Grant, E.L.: Statistical Quality Control; New York: McGraw-Hill 1964
[20] Grant, E.L.; Leavenworth, R.S.: Statistical Quality Control; New York: McGraw-Hill 1979
[21] Graf, U.; Henning, H.-J.; Stange, K.: Formeln und Tabellen der mathematischen Statistik; Berlin/Heidelberg/New York: Springer 1966
[22] Guenther, W.C.: Sampling Inspection in Statistical Quality Control; London: Griffin 1977
[23] Hald, A.: Statistical Theory of Sampling by Attributes; Part 1 and 2, Copenhagen: Institute of Mathematical Statistics, University of Copenhagen 1976 and 1978
[24] Hald, A.: Statistical Theory of Sampling Inspection by Attributes; London: Academic Press 1981
[25] Hald, A.; Møller, U.: Statistical Tables for Sampling Inspection by Attributes; Copenhagen: Institute of Mathematical Statistics, University of Copenhagen 1977
[26] Ishikawa, K.: Guide to Quality Control; Tokyo: Asian Productivity Organization 1976
[27] Johnson, N.L.; Leone, F.C.: Statistics and Experimental Design; Vol. 1, New York: Wiley 1964
[28] Juran, J.M.; Gryna, F.M.; Bingham, R.S.: Quality Control Handbook; New York: McGraw-Hill 1979
[29] Knowler, L.A.; Howell, J.M.; Gold, B.K.; Coleman, E.P.; Moan, O.B.: Quality Control by Statistical Methods; New York: McGraw-Hill 1969
[30] Nebel, C.: Statistische Qualitätskontrolle; Stuttgart: Berliner Union 1969
[31] Ott, E.R.: Process Quality Control: Troubleshooting and Interpretation of Data; New York: McGraw-Hill 1975
[32] Rice, W.B.: Control Charts in Factory Management; New York: Wiley 1955
[33] Sarkadi, K.; Vincze, I.: Mathematical Methods of Statistical Quality Control; Budapest: Akademiai Kiado 1974
[34] Schaafsma, A.H.; Willemze, F.G.: Moderne Qualitätskontrolle; Eindhoven: Philips Techn. Bibl. 1961
[35] Schilling, E.G.; Acceptance Sampling in Quality Control; New York: Marcel Dekker 1982
[36] Schindowski, E.; Schürz, O.: Statistische Qualitätskontrolle — Kontrollkarten und Stichprobenpläne; Berlin: Verlag Technik 1966
[37] Shewhart, W.A.: Economic Control of Quality of Manufactured Product; New York: van Nostrand 1931
[38] Stange, K.: Kontrollkarten für meßbare Merkmale; Berlin/Heidelberg/New York: Springer 1975

[39] Storm, R.: Wahrscheinlichkeitsrechnung, mathematische Statistik und Statistische Qualitätskontrolle; Leipzig: Fachbuchverlag 1972
[40] Strauch, H.: Statistische Güteüberwachung; München: Hanser 1956
[41] Uhlmann, W.: Kostenoptimale Prüfpläne; Würzburg – Wien: Physica-Verlag 1969
[42] Uhlmann, W.: Statistische Qualitätskontrolle; Stuttgart: Teubner 1982
[43] Vaughn, R.C.: Quality Control; Ames, IO.: Iowa State University Press 1974
[44] Wetherill, G.B.: Sampling Inspection and Quality Control; London: Chapman and Hall 1977

9. Lebensdauer- und Zuverlässigkeitsanalyse

[01] Alven, W.H. von (Ed.): Reliability Engineering; Englewood Cliffs, N.J.: Prentice-Hall 1964
[02] Amstadter, B.L.: Reliability Mathematics; New York: McGraw-Hill 1971
[03] Bain, L.J.: Statistical Analysis of Reliability and Life-Testing Models; New York/Basel: Marcel Dekker 1978
[04] Barlow, R.E.; Proschan, F.: Mathematical Theory of Reliability; New York: Wiley 1965
[05] Barlow, R.E.; Proschan, F.: Statistical Theory of Reliability and Life Testing; New York: Holt, Rinehart and Winston 1975
[06] Bazovsky, I.: Reliability Theory and Practice; Englewood Cliffs, N.J.: Prentice-Hall 1961
[07] Beichelt, F.: Zuverlässigkeit und Erneuerung. Reihe Automatisierungstechnik, Band 101; Berlin: Verlag Technik 1970
[08] Buckland, W.R.: Statistical Assessment of The Life Characteristic; London: Griffin 1964
[09] Calabro, S.R.: Reliability Principles and Practices; New York: McGraw-Hill 1962
[10] Chorafas, D.N.: Statistical Processes and Reliability Engineering; Princeton, N.J.: van Nostrand 1960
[11] Dombrowski, E.: Einführung in die Zuverlässigkeit elektronischer Geräte und Systeme; Berlin: AEG-Telefunken 1970
[12] Dummer, G.W.A.; Winton, R.C.: An Elementary Guide to Reliability; Oxford/New York: Pergamon Press 1974
[13] Elandt-Johnson, R.C.; Johnson, N.L.: Survival Models and Data Analysis; New York: Wiley 1980
[14] Gaede, K.-W.: Zuverlässigkeit, Mathematische Modelle; München/Wien: Hanser 1977
[15] Gertsbakh, I.B.; Kordonskiy, Kh.B.: Models of Failure; Berlin/Heidelberg/New York: Springer 1969
[16] Gnedenko, B.W.; Beljajew, J.K.; Solowjew, A.D.: Mathematische Methoden der Zuverlässigkeitstheorie, Bände I u. II; Berlin: Akademie-Verlag 1963
[17] Görke, W.: Zuverlässigkeitsprobleme elektronischer Schaltungen; Mannheim: Bibliographisches Institut 1969
[18] Green, A.E.; Bourne, A.J.: Reliability Technology; London/New York: Wiley 1972
[19] Gross, A.J.; Clark, V.A.: Survival Distributions: Reliability Applications in the Biomedical Sciences; New York: Wiley 1975
[20] Grouchko, D.: Operations Research and Reliability; New York: Gordon and Breach 1971
[21] Hummitzsch, P.: Zuverlässigkeit von Systemen. Reihe Automatisierungstechnik, Band 28; Berlin: Verlag Technik 1969
[22] Ireson, W.G. (Ed.): Reliability Handbook; New York: McGraw-Hill 1966
[23] Johnson, L.G.: The Statistical Treatment of Fatigue Experiments; Amsterdam: Elsevier 1964
[24] Jorgenson, D.W.; McCall, J.J.; Radner, R.: Optimal Replacement Policy; Amsterdam: North-Holland 1967
[25] Jowett, C.E.: Reliability of Electronic Components; London: Iliffe 1966
[26] Kapur, K.C.; Lamberson, L.R.: Reliability in Engineering Design; New York: Wiley 1977
[27] Kaufmann, A.: Zuverlässigkeit in der Technik; München: Oldenbourg 1970

[28] Köchel, P.: Zuverlässigkeit technischer Systeme; Leipzig: Fachbuchverlag 1982
[29] Kozlov, B.A.; Ushakov, I.A.: Reliability Handbook; New York: Holt, Rinehart and Winston 1970
[30] Lawless, J.F.: Statistical Models and Methods for Lifetime Data; New York: Wiley 1982
[31] Lee, L.T.: Statistical Methods for Survival Data Analysis; Belmont, CA.: Lifetime Learning Publications 1982
[32] Lloyd, D.K.; Lipow, M.: Reliability: Management, Methods, and Mathematics; Englewood Cliffs, N.J.: Prentice-Hall 1962
[33] Mann, N.R.; Schafer, R.E.; Singpurwalla, N.D.: Methods for Statistical Analysis of Reliability and Life Data; New York: Wiley 1974
[34] Messerschmitt-Bölkow-Blohm: Technische Zuverlässigkeit; Berlin/Heidelberg/New York: Springer 1971
[35] Miller, R.G.: Survival Analysis; New York: Wiley 1981
[36] Nelson, W.: Applied Life Data Analysis; New York: Wiley 1982
[37] Pieruschka, E.: Principles of Reliability; Englewood Cliffs, N.J.: Prentice-Hall 1963
[38] Polovko, A.M.: Fundamentals of Reliability Theory; New York/London: Academic Press 1968
[39] Roberts, N.H.: Mathematical Methods in Reliability Engineering; New York: McGraw-Hill 1964
[40] Sandler, G.H.: System Reliability Engineering; Englewood Cliffs, N.J.: Prentice-Hall 1963
[41] Shooman, M.L.: Probabilistic Reliability: An Engineering Approach; New York: McGraw-Hill 1968
[42] Sinha, S.K.; Kale, B.K.: Life Testing and Reliability Estimation; New Delhi: Wiley Eastern 1980
[43] Störmer, H.: Mathematische Theorie der Zuverlässigkeit; München: Oldenbourg 1970
[44] Weibull, W.: Fatigue Testing and Analysis of Results; Oxford: Pergamon Press 1961
[45] Wolff, M.: Optimale Instandhaltungspolitiken in einfachen Systemen; Berlin/Heidelberg/New York: Springer 1970
[46] Zelen, M.: Statistical Theory of Reliability; Madison, WI.: University of Wisconsin Press 1963

10. Publikationen der American Society for Quality Control (ASQC)[1)]

[01] Calvin, T.W. (1984): How and When to Perform Bayesian Acceptance Sampling
[02] Cornell, J.A. (1983): How to Run Mixture Experiments for Product Quality
[03] Cox, N.D. (1986): How to Perform Statistical Tolerance Analysis
[04] Crocker, D.C. (1985): How to Use Regression Analysis in Quality Control
[05] Dodge, H.F. (1973): Notes on the Evolution of Acceptance Sampling
[06] Meeker, W.Q.; Hahn, G.J. (1985): How to Plan an Accelerated Test — Some Practical Guidelines
[07] Nelson, W. (1979): How to Analyze Data With Simple Plots
[08] Nelson, W. (1983): How to Analyze Reliability Data
[09] Shapiro, S.S. (1980): How to Test Normality and Other Distributional Assumptions
[10] Stephens, K.S. (1979): How to Perform Continuous Sampling (CSP)
[11] Stephens, K.S. (1982): How to Perform Skip-Lot and Chain Sampling
[12] ASQC; Chemical and Process Industries Division, 1978: Interlaboratory Testing Techniques
[13] ASQC; Statistics Division, 1983: Glossary and Tables for Statistical Quality Control

---

[1)] zu beziehen bei der American Society for Quality Control, 310 West Wisconsin Avenue, Milwaukee/WI 53203, USA.

[14] ANSI/ASQC A1-1978: Definitions, Symbols, Formulas and Tables for Control Charts
[15] ANSI/ASQC A2-1978: Terms, Symbols and Definitions for Acceptance Sampling
[16] ANSI/ASQC B1.1: Guide for Quality Control Charts. B1.2: Control Chart Method of Analyzing Data. B1.3: Control Chart Method of Controlling Quality During Production
[17] ANSI/ASQC E2-1984: Guide to Inspection Planning
[18] ANSI/ASQC Z1.4-1980: Sampling Procedures and Tables for Inspection by Attributes
[19] ANSI/ASQC Z1.9-1980: Sampling Procedures and Tables for Inspection by Variables for Percent Nonconforming

11. Publikationen der Deutschen Gesellschaft für Qualität e. V. (DGQ)[1)]

[01] DGQ 11-04 (1979): Begriffe und Formelzeichen im Bereich der Qualitätssicherung
[02] DGQ 11-19 (1979): Masing, W.: Qualitätslehre
[03] DGQ 16-26 (1984): Methoden zur Ermittlung geeigneter AQL-Werte
[04] DGQ 16-29 (1977): Henning, H.-J.: Mittelwert und Streuung
[05] DGQ 16-30 (1979): Qualitätsregelkarten
[06] DGQ 16-36 (1980): Franzkowski, R.: Multivariate Fertigungsüberwachung
[07] DGQ 16-37 (1981): Stichprobenprüfung für kontinuierliche Fertigung anhand qualitativer Merkmale
[08] DGQ 17-25 (1979): Steinecke, K.: Das Lebensdauernetz, Erläuterungen und Handhabung
[09] DGQ 18-18 (1986): Bernecker, K.: Anleitung zur Qualitätsregelkarte und zur Fehlersammelkarte
[10] DGQ 18-19 (1982): Formblätter mit Wahrscheinlichkeitsnetz zum graphischen Auswerten (annähernd) normalverteilter und (annähernd) logarithmisch-normalverteilter Werte
DGQ-Schriften zu Stichprobensystemen sind in Abschnitt 11.8 angegeben.

12. DIN-Normen

DIN 1319 Teil 1 Grundbegriffe der Meßtechnik; Allgemeine Grundbegriffe
DIN 1319 Teil 2 Grundbegriffe der Meßtechnik; Begriffe für die Anwendung von Meßgeräten
DIN 1319 Teil 3 Grundbegriffe der Meßtechnik; Begriffe für die Meßunsicherheit und für die Beurteilung von Meßgeräten und Meßeinrichtungen
DIN 1319 Teil 4 Grundbegriffe der Meßtechnik; Behandlung von Unsicherheiten bei der Auswertung von Messungen
DIN 13 303 Teil 1 Stochastik; Wahrscheinlichkeitstheorie, Gemeinsame Grundbegriffe der mathematischen und der beschreibenden Statistik; Begriffe und Zeichen
DIN 13 303 Teil 2 Stochastik; Mathematische Statistik; Begriffe und Zeichen
DIN 51 061 Teil 2 Prüfung keramischer Roh- und Werkstoffe; Probenahme, Keramische Rohstoffe und feuerfeste ungeformte Erzeugnisse
DIN 51 061 Teil 3 Prüfung keramischer Roh- und Werkstoffe; Probenahme, Feuerfeste Steine
DIN 51 061 Teil 3 (z. Z. Entwurf) Prüfung keramischer Roh- und Werkstoffe; Probenahme und Annahmekontrolle; Geformte feuerfeste Erzeugnisse
DIN 51 600 Flüssige Kraftstoffe; Verbleite Ottokraftstoffe; Mindestanforderungen

---

[1)] zu beziehen beim Beuth Verlag GmbH, Postfach 1145, D - 1000 Berlin 30

DIN 51 848 Teil 1	Prüfung von Mineralölen; Präzision von Prüfverfahren; Allgemeines, Begriffe und ihre Anwendung auf Mineralölnormen, die Anforderungen enthalten
DIN 51 848 Teil 2	Prüfung von Mineralölen; Präzision von Prüfverfahren; Planung von Ringversuchen
DIN 51 848 Teil 3	Prüfung von Mineralölen; Prüffehler, Berechnung von Prüffehlern
DIN 51 848 Teil 3	(z. Z. Entwurf) Prüfung von Mineralölen; Präzision von Prüfverfahren; Berechnung von Werten für die Wiederholbarkeit und Vergleichbarkeit
DIN 53 803 Teil 1	Prüfung von Textilien; Probenahme, Statistische Grundlagen der Probenahme bei einfacher Aufteilung
DIN 53 803 Teil 2	Prüfung von Textilien; Probenahme, Praktische Durchführung
DIN 53 803 Teil 3	Probenahme; Statistische Grundlagen der Probenahme bei zweifacher Aufteilung nach zwei gleichberechtigten Gesichtspunkten
DIN 53 803 Teil 4	Probenahme; Statistische Grundlagen der Probenahme bei zweifacher Aufteilung nach zwei einander nachgeordneten Gesichtspunkten
DIN 53 804 Teil 1	Statistische Auswertungen; Meßbare (kontinuierliche) Merkmale
DIN 53 804 Teil 2	Statistische Auswertungen; Zählbare (diskrete) Merkmale
DIN 53 804 Teil 3	Statistische Auswertungen; Ordinalmerkmale
DIN 53 804 Teil 4	Statistische Auswertungen; Attributmerkmale
DIN 55 301	Gestaltung statistischer Tabellen
DIN 55 302 Teil 1	Statistische Auswertungsverfahren, Häufigkeitsverteilung, Mittelwert und Streuung, Grundbegriffe und allgemeine Rechenverfahren
DIN 55 302 Teil 2	Statistische Auswertungsverfahren, Häufigkeitsverteilung, Mittelwert und Streuung, Rechenverfahren in Sonderfällen
DIN 55 303 Teil 2	Statistische Auswertung von Daten; Testverfahren und Vertrauensbereiche für Erwartungswerte und Varianzen
DIN 55 303 Teil 5	Statistische Auswertung von Daten; Bestimmung eines statistischen Anteilsbereichs
DIN 55 350 Teil 11	Begriffe der Qualitätssicherung und Statistik; Grundbegriffe der Qualitätssicherung
DIN 55 350 Teil 12	(Vornorm) Begriffe der Qualitätssicherung und Statistik; Begriffe der Qualitätssicherung, Merkmalsbezogene Begriffe
DIN 55 350 Teil 13	Begriffe der Qualitätssicherung und Statistik; Begriffe zur Genauigkeit von Ermittlungsverfahren und Ermittlungsergebnissen
DIN 55 350 Teil 14	Begriffe der Qualitätssicherung und Statistik; Begriffe der Probenahme
DIN 55 350 Teil 15	Begriffe der Qualitätssicherung und Statistik; Begriffe der Qualitätssicherung; Begriffe zu Mustern
DIN 55 350 Teil 17	Begriffe der Qualitätssicherung und Statistik; Begriffe der Qualitätsprüfungsarten
DIN 55 350 Teil 18	Begriffe der Qualitätssicherung und Statistik; Begriffe zu Bescheinigungen über die Ergebnisse von Qualitätsprüfungen, Qualitäts-Prüfzertifikate
DIN 55 350 Teil 21	Begriffe der Qualitätssicherung und Statistik; Begriffe der Statistik; Zufallsgrößen und Wahrscheinlichkeitsverteilungen
DIN 55 350 Teil 22	Begriffe der Qualitätssicherung und Statistik; Begriffe der Statistik; Spezielle Wahrscheinlichkeitsverteilungen
DIN 55 350 Teil 23	Begriffe der Qualitätssicherung und Statistik; Begriffe der Statistik; Beschreibende Statistik
DIN 55 350 Teil 24	Begriffe der Qualitätssicherung und Statistik; Begriffe der Statistik; Schließende Statistik
DIN 55 350 Teil 31	Begriffe der Qualitätssicherung und Statistik; Begriffe der Annahmestichprobenprüfung
DIN ISO 5479	(z. Z. Entwurf) Tests auf Normalverteilung
DIN ISO 5725	Präzision von Prüfverfahren; Bestimmung von Wiederholbarkeit und Vergleichbarkeit durch Ringversuche

DIN-Normen zu Stichprobensystemen sind in Abschnitt 11.8 angegeben.

13. Tabellenwerke

[01] Abramowitz, M.; Stegun, I.A.: Handbook of Mathematical Funktions with Formulas, Graphs, and Mathematical Tables; New York, N.Y.: Dover 1968
[02] Beyer, W.H.: CRC Handbook of Tables for Probability and Statistics; Cleveland, Ohio: The Chemical Rubber Co. 1968
[03] Fisher, R.A.; Yates, F.: Statistical Tables for Biological, Agricultural and Medical Research; Edinburgh/London: Oliver and Boyd 1963
[04] Hald, A.: Statistical Tables and Formulas; New York: Wiley 1960
[05] Harter, H.L.: Order Statistics and Their Use in Testing and Estimation; Vol. 1: Tests Based on Range and Studentized Range of Samples from a Normal Population; Vol. 2: Estimates Based on Order Statistics of Samples from Various Populations; Washington, D.C.: U.S. Government Printing Office 1970
[06] Harter, H.L.; Owen, D.B.: Selected Tables in Mathematical Statistics, Vol. I; Chicago: Markham 1970
[07] Isaacs, G.L.; Christ, D.E.; Novick, M.R.; Jackson, P.H.: Tables for Bayesian Statisticians; Iowa City, IO.: University of Iowa 1974
[08] Koller, S.: Graphische Tafeln zur Beurteilung statistischer Zahlen; Darmstadt: Steinkopff 1953
[09] Kres, H.: Statistische Tafeln zur multivatiaten Analysis. Ein Handbuch mit Hinweisen zur Anwendung; Berlin/Heidelberg/New York: Springer 1975
[10] Müller, P.H.; Neumann, P.; Storm, R.: Tafeln der mathematischen Statistik; München: Hanser 1972
[11] Neave, H.R.: Elementary Statistical Tables; London: Allen Unwin 1981
[12] Odeh, R.E.; Fox, M.: Sample Size Choice: Charts for Experiments with Linear Models; New York, N.Y.: Marcel Dekker 1975
[13] Odeh, R.E.; Owen, D.B.; Birnbaum, Z.W.; Fisher, L.: Pocket Book of Statistical Tables; New York, N.Y.: Marcel Dekker 1977
[14] Odeh, R.E.; Owen, D.E.: Tables for Normal Tolerance Limits, Sampling Plans, and Screening; New York, N.Y.: Marcel Dekker 1980
[15] Odeh, R.E.; Owen, D.B.: Attribute Sampling Plans, Tables of Tests and Confidence Limits for Proportions; New York, N.Y.: Marcel Dekker 1983
[16] Owen, D.B.: Handbook of Statistical Tables; Reading, MA.: Addison-Wesley 1962
[17] Pearson, E.S.; Hartley, H.O.: Biometrika Tables for Statisticians; London: Cambridge University Press 1972
[18] Störmer, H.: Praktische Anleitung zu statistischen Prüfungen; München: Oldenbourg 1971
[19] Vianelli, S.: Prontuari per Calcoli Statistici, Tavole Numeriche e Complementi; Palermo: Abbaco 1959
[20] Vogel, F.: Beschreibende und schließende Statistik — Formeln, Definitionen, Erläuterungen, Stichwörter und Tabellen; München/Wien: Oldenbourg 1986
[21] Wetzel, W.; Jöhnk, M.-D.; Naeve, P.: Statistische Tabellen; Berlin: de Gruyter 1967
[22] Documenta Geigy; Basel: Ciba-Geigy 1975

Hinweise auf Tafelwerke zu speziellen Verteilungen stehen am Ende des jeweiligen Abschnitts. Weitere Hinweise auf Tafelwerke findet man bei
[23] Greenwood, J.A.; Hartley, H.O.: Guide to Tables in Mathematical Statistics; Princeton, N.J.: University Press 1962

Sachverzeichnis

abhängige Stichproben 168, 200
Ablehnbereich 120
absolute Häufigkeit 72, 75, 80
absolute Häufigkeitsdichte 75
absolute Häufigkeitssumme 72, 75, 81
Abweichung beim Schätzen 95
Additionssatz 6
– der Binomialverteilung 21
– der Chiquadrat-Verteilung 40
– der Gamma-Verteilung 46
– der Normalverteilung 36
– der Poisson-Verteilung 24
AFI, s. mittlerer zu prüfender Anteil von Einheiten
Alternativhypothese 120
analytische Statistik 71
Annahmebereich 120
Annahmefaktor 336
Annahmestichprobenprüfung 327
annehmbare Qualitätsgrenzlage 362
Anpassungstests 130, 393
Anteil der fehlerhaften Einheiten 335
Anteilsbereich, s. statistischer Anteilsbereich
Anteilsgrenze 115
AOQ, s. Durchschlupf
AOQL, s. Durchschlupf, maximaler
AQL, s. annehmbare Qualitätsgrenzlage
Arbeitshypothese 120
arcsin-Transformation 20, 92, 180, 186
ASN, s. mittlerer Stichprobenumfang
Assoziationsmaß 278
– von Cramér 278
– von Tschuprov 278
ATI, s. mittlerer Prüfaufwand
Attributprüfung 328
–, Doppelstichprobenanweisungen 333
–, Einfach-Stichprobenanweisungen 328, 435
–, sequentielle Stichprobenanweisungen 343, 442
Ausprägung 70
Ausreißertests 142, 392
Auswahlsatz 329

balancierte Varianzanalyse 205
–, dreifache 232

–, einfache 205, 404
–, zweifache 220, 230, 406, 410
–, zweistufiges Schachtelmodell 241, 413
Barnard-Test 350
Bartlett-Test 175
bedingte Momente 56, 58
bedingte Verteilung 56, 57, 60
bedingte Wahrscheinlichkeit 7
Bereichsschätzung 95, 101
beschreibende Statistik 71
Besetzungszahl 75
Bestellerrisiko 362
Bestimmtheitsmaß 283, 300, 422, 427
Betafunktion 331
Beta-Verteilung 46
–, Schätzwerte 99
beurteilende Statistik 71
bias 95
Bindung 73
Binomialkoeffizient 15
Binomialpapier 21, 93, 110, 181, 389
Binomialverteilung 18
– bei Attributprüfung 329, 343, 435, 442
– bei Qualitätsregelkarten 325, 433
–, Nährungen 498
–, Schätzwerte 101
–, Tests 179, 390, 396, 402
–, Verteilungsfunktion 19, 493
–, Vertrauensbereiche 107, 387, 390, 496
–, Zufallsstreubereiche 91, 385

Camp-Meidell-Ungleichung 29, 52, 84
Chiquadrat-Anpassungstest 131, 403
Chiquadrat-Nährungsverfahren beim Vergleich der Grundwahrscheinlichkeiten von Binomialverteilungen 187
Chiquadrat-Test
– auf Anpassung 131, 403
– auf Unabhängigkeit 277
– für die Varianz 154, 396
– zum Vergleich zweier Verteilungen 196
Chiquadrat-Verteilung 38
–, Quantile 460
Cochran-Test 179, 401
Cramérsches Assoziationsmaß 278

CSP, s. kontinuierliche Stichprobenprüfung

d'Agostino-Test 131, 138
David-Hartley-Pearson-Test 143
de Morgan'sche Formeln 5
deskriptive Statistik 71
Differenzereignis 3, 4
disjunkte Ereignisse 3
diskrete eindimensionale Verteilung 10
diskrete mehrdimensionale Verteilung 59
diskrete Merkmale 70
diskrete Verteilungen 54
diskrete Zufallsvariable 9, 10
Dixon-Test 143, 146, 392
Dodge-Plan 356
Dodge-Romig-Stichprobensystem 367
Dodge- und Torrey-Plan 357
Doppelstichprobenanweisungen 328
– für Attributprüfung 333
Dreieckverteilung 47
Durchschlupf 331, 335, 339, 355
–, maximaler 331, 356, 363
Durchschnitt, s. Schnittereignis

einander ausschließende Ereignisse, s. Ereignisse
eindimensionale Häufigkeitsverteilung 72
eindimensionale Verteilungen 54
eindimensionale Zufallsvariable 9
einfache Hypothese 120
einfache lineare Regression 280
– bei Varianzungleichheit 291
einfache Stichprobenanweisung 328
– für Attributprüfung 328, 435
– für Variablenprüfung 335, 438
einfache Varianzanalyse 205, 213, 404
–, erweiterter Mediantest 252
–, Kruskal-Wallis-Test 253
–, Newman-Keuls-Test 250
Einflußgrößen, s. Faktoren
Eingriffsgrenze 308
einseitiger Test 121
Einstichprobentest von Lord 154
Einstichproben-t-Test 151
Einstichproben-u-Test 148
Einstichproben-Vorzeichentest 193, 194
Einstichproben-Vorzeichen-Rangtest von Wilcoxon 193, 194
Einzelwertkarte 316
elliptischer Zufallsstreubereich 63
empirisches p-Quantil 74, 76, 380
empirische Verteilungsfunktion 73, 76, 82
Ereignisse 3
–, disjunkte 6
–, einander ausschließende 6
–, unabhängige 7
–, unvereinbare 6
–, vollständiges System von 3

Ergebnis 4
Ergebnismenge 3
–, vollständige Zerlegung 4
Erlang-Verteilung 45
erwartungstreue Schätzung 95
Erwartungswert 13, 31, 56, 58, 61
– der Extremwerte bei NV 87, 471
– der Normalverteilung, Vertrauensbereich 102, 386, 495
– der Poisson-Verteilung, Vertrauensbereich 110, 480
– der Randverteilung 58
– der Spannweite bei NV 90
– der Standardabweichung bei NV 89
– der Varianz bei NV 89
– des Stichprobenumfanges bei sequentieller Prüfung 348, 350, 444
–, Schätzung 96
–, simultaner Vergleich bei der Varianzanalyse 250
–, Tests bei NV 148, 160, 168, 170, 395, 397, 399
–, Tests bei Poisson-Verteilung 189, 396
–, Transformation 370, 373
–, Vergleich bei NV 148, 160, 168, 170, 395, 397, 399
–, Vergleich bei Poisson-Verteilung 189, 190, 396
–, Vertrauensbereich bei NV 102, 386, 495
–, Vertrauensbereich bei Poisson-Verteilung 110, 480
–, Vertrauensbereich bei symmetrischer Verteilung 114, 388
Erwartungswertdifferenz, Vertrauensbereich bei NV 161, 162, 163, 168, 169, 170
Erwartungswertvergleich bei NV 160, 168, 397, 399
Erweiterter Median-Test 252
Exponentialverteilung 45, 50
Extremwerte 73
–, Verteilung 85
–, Verteilung bei NV 87, 471
Extremwertkarte, s. Urwertkarte
Exzeß 14, 31, 80, 83
–, Schätzung 96

Faktoren 203, 280
–, qualitative bei der Regressionsanalyse 306
Faktorstufen 203
Faktorstufenkombination 203
Fakultät 14
Fehler 327
– 1. Art 121
– 2. Art 121
– beim Schätzen, s. Abweichung beim Schätzen
Fehlerbewertung 327
fehlerhafte Einheiten 328

Sachverzeichnis

Fehlerklassen 327
Fehlerliste 327
Fehlerzahl, mittlere 325
Fisher und Yates-Test 182
Fisher-Verteilung, s. F-Verteilung
Formmaße 79
Formparameter 14, 31
Fraktil, s. Quantil
Friedman-Test 256, 277
F-Test 171, 401
Funktionalparameter 13, 31, 56, 58
Funktionen von Zufallsvariablen 370
F-Verteilung 42
–, Quantile 462

Gammafunktion 14, 15
Gamma-Verteilung 44
–, Schätzwerte 99
Gauß-Verteilung, s. Normalverteilung
Gegenwahrscheinlichkeit 16, 18
gekreuzte Faktoren 204
gemeinsame Verteilung von Ranggrößen 86
gemischtes Modell, s. Modell III
geometrischer Mittelwert 372
geometrische Verteilung 25
Gesamtschätzabweichung 95
geschachtelte Faktoren 204
gewöhnliche Momente 56, 58, 61
gleichabständige Klasseneinteilung 380
Gleichverteilung 47
Glockenkurve 32
graphische Ermittlung von Mittelwert und Standardabweichung 382
graphische Schätzung
– im logarithmischen Wahrscheinlichkeitsnetz 98
– im Wahrscheinlichkeitsnetz 97
– im Weibull-Netz 99
Grenzwert 335
–, Berücksichtigung bei Qualitätsregelkarten 321, 430
größter Wert
–, Verteilung 85
–, Zufallsstreubereich 87, 384
Grubbs-Test 143, 392
Grundgesamtheit 71
Grundwahrscheinlichkeit 16, 18
–, Tests bei Binomialverteilung 179
Gütefunktion 122
Gumbel-Verteilung 50
–, Schätzwerte 100
Gut-Schlecht-Prüfung, s. Attributprüfung

Häufigkeit 72, 75, 80
Häufigkeitsdichte 75
Häufigkeitsdichtefunktion 76
Häufigkeitsfunktion 80

Häufigkeitssumme 72, 75, 81
–, Verteilung 87
–, Eintragung ins Wahrscheinlichkeitsnetz 97, 470
Häufigkeitssummenpolygon 76, 381
Häufigkeitssummentreppe 73, 82
Häufigkeitsverteilung 72
– eines diskreten Merkmals 80
– eines stetigen Merkmals 72
harmonischer Mittelwert 372
Hartley-Test 179, 402
Helmert-Pearson-Verteilung, s. Chiquadrat-Verteilung
hierarchische Klassifikation 204
hierarchisches Modell der Varianzanalyse, s. Schachtelmodell der Varianzanalyse
Histogramm 76, 381
Höchstwert, s. Grenzwert
Homoskedastizität 281, 293
hypergeometrische Verteilung 16
–, Schätzwerte 101

indifferente Qualitätslage 363
Intervallskala 70
IQL, s. indifferente Qualitätslage
Irrtumswahrscheinlichkeit 12, 29
Iteration, s. Run
Iterationstest 123, 392

Jacobische Determinante 375

Kardinalskala 70
Kendallscher Rangkorrelationskoeffizient 272, 420
Kendallscher Übereinstimmungskoeffizient 276
Kenngröße, s. Funktionalparameter
Kennwert der Stichprobe 72, 77, 82
Klassenanzahl 74
Klassenbildung 74
Klassenbreite 75
Klasseneinteilung 74, 261, 380
Klassengrenze 74
Klassenmitte 74
klassifikatorische Skala 70
Klassifizierung 74
kleinster Wert
–, Verteilung 85, 86
–, Zufallsstreubereich 87
Körnungsnetz, s. Weibull-Netz
Kolmogoroff-Smirnoff-Einstichprobentest 131, 132
Kolmogoroff-Smirnoff-Lilliefors-Test 131, 134, 393
Kolmogoroff-Smirnoff-Zweistichprobentest 196
Komplementärereignis 3, 4

Konfidenzintervall, s. Vertrauensbereich
Konfidenzniveau, s. Vertrauensniveau
Kontingenzanalyse 259
Kontingenzkoeffizient von Pearson 278
Kontingenzmaße 278
kontinuierliche Stichprobenprüfung 355
–, einstufige 356
–, mehrstufige 357
kontinuierliche Zufallsvariable 9, 27
Kontrollkarten, s. Qualitätsregelkarten
Korrelation, Test auf 264, 268
Korrelationsanalyse 259, 417
Korrelationsbild 417
Korrelationsellipse 63
Korrelationskoeffizient 59
– bei mehrfacher linearer Regression 298
– der Stichprobe 259, 261, 262, 417
–, Tests bei mehrfacher NV 266
–, Tests bei zweifacher NV 263, 417
–, Verteilung 263
–, Vertrauensbereich 263, 418, 498
Korrelationsmatrix 61
Korrelationstabelle 261, 418
kostenminimaler Stichprobenumfang
– bei einfacher Varianzanalyse 213
– beim Schachtelmodell 248
Kovarianz 59
– der Stichprobe 259, 261, 262, 283
Kovarianzmatrix 61
Kreuzklassifikation 204
– bei dreifacher Varianzanalyse 232
– bei zweifacher Varianzanalyse 220, 230, 406, 410
kritischer Bereich 120
kritischer Wert 120
Kruskal-Wallis-Test 253
Kurtosis 14, 31
– der Stichprobe 79, 83
–, Test auf NV 140

Lagemaß 77
Lageparameter 13, 31
Lagevergleich bei beliebigen stetigen Verteilungen 197
lateinisches Quadrat 237
Lebensdauernetz, s. Weibull-Netz
Lebensdauerprüfung, Stichprobensysteme 368
Lieferantenrisiko 362
Lillieforstest 134, 393
lineare Regressionsanalyse 280
Linearitätstest
– bei einfacher Regression 284, 423
– bei mehrfacher Regression 301
logarithmische Normalverteilung 37
–, Schätzwerte 98, 448
–, Zufallsstreubereich 91

logarithmisches Wahrscheinlichkeitsnetz 98, 445
Lognormalverteilung, s. logarithmische Normalverteilung
Lord, Tests von 154, 163, 170, 397
LQL, s. rückzuweisende Qualitätsgrenzlage
LQL-Stichprobensystem von ISO 367

Mann-Whitney-Wilcoxon-Test 198, 398
maximaler Durchschlupf 331, 356, 363
Median 11, 13, 29, 78
– der Stichprobe 74, 77, 78, 379, 380
–, Schätzung 96
–, Tests 193, 197, 398, 400
–, Verteilung 86, 88
–, Vertrauensbereich 113, 388, 481
–, Zufallsstreubereich 88, 384
Mediankarte 313, 486
– bei vorgegebenen Grenzwerten 322
– mit erweiterten Grenzen 320
Median-Test 198
–, erweiterter 252
mehrdimensionale Normalverteilung 64, 293
–, Schätzwerte 267, 270
–, Tests 268, 270
–, Vertrauensbereiche 269
mehrdimensionale Rangkorrelationsanalyse 274
mehrdimensionale Verteilungen 55
mehrdimensionale Zufallsvariablen 9
mehrfache lineare Regression 280, 292, 425
Mehrfachstichprobenanweisungen 328, 334
Merkmal 70
Merkmalstransformation 370
Merkmalswert 70
Messen 70
messende Prüfung, s. Variablenprüfung
Meßniveau 71
metrische Skala 70
Mindestwert, s. Grenzwert
Military Standard 105 D 363, 437
Military Standard 414 368
Mittelwert 77, 82, 379, 380
–, geometrischer 372
–, graphische Ermittlung 382
–, harmonischer 372
–, quadratischer 372
–, Verteilung bei NV 88
–, Zufallsstreubereich bei NV 88, 384
Mittelwertkarte 316, 429, 486
– bei vorgegebenen Grenzwerten 323, 431
– mit erweiterten Grenzen 320
Mittelwertsunterschied, Verteilung bei NV 90
mittlere Fehlerzahl 325, 362
mittlere quadratische Abweichung 95
mittlere Qualitätslage 363
mittlerer Prüfaufwand 331, 335, 339

Sachverzeichnis

mittlerer Schlechtanteil 324
mittlerer Stichprobenumfang
– bei Doppel-Stichprobenanweisungen 335
– bei sequentieller Prüfung 344, 348, 444
mittlerer zu prüfender Anteil von Einheiten 331, 335, 339
Modell I
– der einfachen linearen Regression 280
– der mehrfachen linearen Regression 292
– der Varianzanalyse 204
 –, dreifache 232
 –, einfache 207
 –, Newman-Keuls-Test 250
 –, zweifache 221, 406, 410
Modell II
– der einfachen linearen Regression 281
– der mehrfachen linearen Regression 293
– der Varianzanalyse 205
 –, dreifache 232
 –, einfache 207, 404
 –, Schachtelmodell 242, 413
 –, zweifache 222
Modell III
– der Varianzanalyse 205
 –, dreifache 232
 –, Schachtelmodell 249
 –, zweifache 222
Modell mit systematischen Komponenten, s. Modell I
Modell mit Zufallskomponenten, s. Modell II
Moment 13, 30
– der Stichprobe 79, 82
momentaner Schlechtanteil 321
Mosteller-Tukey-Netz, s. Binomialpapier
Multinomialverteilung 66
–, Vergleich der Parameter 188
multipler Korrelationskoeffizient 65
– der Stichprobe 269
multiples Bestimmtheitsmaß 66
Multiplikationssatz 7

Nährungen für Verteilungen, s. spezielle Verteilung
negative Binomialverteilung 24
–, Schätzwerte 101
Newman-Keuls-Test 250
nichtparametrischer Test, s. verteilungsfreier Test
nicht zufälliger Faktor, s. systematischer Faktor
Nominalmerkmal 70
Nominalskala 70
Normalgleichungssystem 296, 297, 299
Normalverteilung 32
–, Schätzwerte 96
–, statistische Anteilsbereiche 116, 389, 482

–, Tests auf 134, 403
–, Tests für den Erwartungswert 148, 160, 170, 395, 397, 399
–, Tests für die Varianz 154, 171, 396, 401
–, Variablenprüfung 328, 335, 438
–, Verteilung der Extremwerte 471
–, Vertrauensbereich
 – für das Varianzverhältnis 172
 – für den Erwartungswert 102, 386, 495
 – für die Erwartungswertdifferenz 161, 168, 398, 400
 – für die Standardabweichung 105, 386, 478
 – für die Standardabweichungsdifferenz 175
 – für die Varianz 105, 386, 478
–, Zufallsstreubereiche 87, 383, 478
Nullhypothese 120
Nullpunktregression 287

OC, s. Operations-Charakteristik
Operations-Charakteristik
– bei Attributprüfung, s. Attributprüfung
– bei Qualitätsregelkarten, s. Qualitätsregelkarten
– bei Tests, s. Test
– bei Variablenprüfung, s. Variablenprüfung
Order Statistics, s. Rangwerte
Ordinalmerkmal 70
Ordinalskala 70
orthogonale Varianzanalyse 205

paarweiser t-Test 169, 400
paarweiser Vergleich 168, 170, 400
parabolische Verteilung 47
Parameter 13, 31, 56, 58, 61
parametrischer Test 122
partieller Korrelationskoeffizient 65
– der Stichprobe 266
Pascal-Verteilungen 25
p-dimensionale Normalverteilung, s. mehrdimensionale Normalverteilung
p-dimensionale Verteilung, s. mehrdimensionale Verteilungen
Pearsonscher Kontingenzkoeffizient 278
Perzentile 11, 29, 74, 77
Philips-Standard-Stichprobensystem 367
$\hat{p}$-Karte 325, 432
Poisson-Verteilung 21
– bei Attributprüfung 329, 345, 437
– bei Qualitätsregelkarten 324, 432
–, Schätzwerte 101
–, Tests 189, 396
–, Verteilungsfunktion 22, 494
–, Vertrauensbereiche 110, 387, 480
–, Zufallsstreubereiche 93, 386
Potenzverteilung 46

Probenahme
– mit Zurücklegen 19, 67
– ohne Zurücklegen 16, 19, 67, 329
Prozeßkurve 363
Prüfaufwand, mittlerer 331, 335, 339
Prüfgröße 120
Prüflos 327
–, Schlechtanteil 346
Prüfmerkmal 327
Prüfung
– auf Fehler 330
– auf fehlerhafte Einheiten 328
Prüfwert 120
Punktdiagramm 73, 380
Punktschätzung 95, 101

quadratischer Mittelwert 372
Qualität 327
Qualitätsgrenzlage
–, annehmbare 362
–, indifferente 363
–, zurückzuweisende 362
Qualitätsprüfung 327
Qualitätsregelkarten 308
– für den Anteil fehlerhafter Einheiten 324, 432
– für die Anzahl fehlerhafter Einheiten 324, 432
– für die Fehlerzahl 325, 433
– für ein quantitatives Merkmal 309
– mit Berücksichtigung von Grenzwerten 321, 430
– mit erweiterten Grenzen 320
– ohne Berücksichtigung von Grenzwerten 311, 428
– zur Überwachung der Lage 311, 320, 321, 428, 430, 486
– zur Überwachung der Streuung 312, 317, 428, 487
Qualitätszahl 337
qualitative Faktoren 203
– bei der Regressionsanalyse 306
qualtitative Merkmale 70
Quantifizierung bei Regression 425
Quantil 10, 28
– der Chiquadrat-Verteilung 460
– der Extremwerte bei NV 471
– der F-Verteilung 462
– der Spannweite 472
– der standardisierten Normalverteilung 458
– der t-Verteilung 459
–, empirisches 380
–, Vertrauensbereich 112
quantitativer Faktor 280
quantitatives Merkmal 70
quantitatives Prüfmerkmal 335
Quartil 11, 29
–, empirisches 74, 77, 380

Randhäufigkeit 262
Randverteilung 55, 57, 60
Rangdispersionstest von Siegel und Tukey 201
Rangfolge 73
Ranggröße
–, Verteilung 84
– bei NV 88
Rangkorrelationsanalyse 270, 274, 418
Rangkorrelationskoeffizient
–, Kendallscher 272, 420
–, Spearmanscher 271, 419
Rangmerkmal, s. Ordinalmerkmal
Rangskala, s. Ordinalskala
Rangwerte 73
Rangzahl 73
Rayleigh-Verteilung 50
Rechteckverteilung 47
reduzierte Beta-Verteilung 47
reduzierte Gumbel-Verteilung 51
reduzierte Zufallsvariable 32
Regressionsanalyse
–, einfache 280, 421
–, mehrfache 280, 292, 425
Regressionsebene 293, 300, 427
Regressionsfunktion 280
Regressionsgerade 281, 283, 422
Regressionskoeffizient 280, 281, 283, 293, 297, 301, 422, 426
relative Häufigkeit 72, 75, 80
–, Zufallsstreubereich 91, 385
relative Häufigkeitsdichte 75
relative Häufigkeitssumme 72, 75, 81
–, Zufallsstreubereich 87, 384
Relaxationszahl 356
Residualvarianz 281, 293
Reststandardabweichung 284, 301, 422, 427
Restvarianz 283, 300, 422, 427
R-Karte, s. Spannweitenkarte
Rosenbaum-Test 201
Rosin-Rammler-Netz, s. Weibull-Netz
rückzuweisende Qualitätsgrenzlage 362
Run 123, 124
Run-Test 123, 392

Säulendiagramm 76, 381
Satz von Bayes 9
Satz von der totalen Wahrscheinlichkeit 9
Schachtelmodell der Varianzanalyse 241, 413
Schärfe des Tests 122
Schätzbereich 95, 101
Schätzung 95, 101
Schätzwert 95, 101
– bei balancierter einfacher Varianzanalyse 210, 212, 405
– bei balancierter mehrfacher Varianzanalyse 236
– bei balancierter zweifacher Varianzanalyse 225, 227, 229, 409, 412

Sachverzeichnis

– bei einfacher linearer Regression   283, 422
– bei Korrelation   263, 266, 417
– bei lateinischen Quadraten   240
– bei mehrfacher linearer Regression   299, 426
– bei Qualitätsregelkarten   310, 429
– bei speziellen Verteilungen, s. dort
– bei unbalancierter einfacher Varianzanalyse   217, 219
– beim Schachtelmodell   246, 416
– für den Schlechtanteil   337, 441, 442
– für spezielle Parameter, s. dort
Scharparameter   13, 31
Schiefe   14, 31, 79, 82, 380
–, Schätzung   96
–, Test auf NV   140
Schlechtanteil   346, 349, 352, 354, 362
–, mittlerer   324
–, momentaner   321
–, unverzerrter Schätzwert   337, 442
–, verzerrter Schätzwert   337, 441
Schnittereignis   3, 4
sequentielle Stichprobenanweisung   328
– für Attributprüfung   343, 442
– für Variablenprüfung   346
sequentieller Test, s. sequentielle Stichprobenanweisung
Shapiro-Wilk-Test   131, 134, 393
sicheres Ereignis   3
Siegel und Tukey-Test   201
Signifikanzniveau   121
simultaner Vergleich der Erwartungswerte bei Varianzanalysen   250
Skala   70
s-Karte, s. Standardabweichungskarte
Spannweite   79
–, Quantile   472
–, Verteilung   86
  – bei NV   89
–, Zufallsstreubereich bei NV   90, 384
Spannweitenkarte   317, 429, 487
Spannweitentest   157
Spannweitenverfahren von Lord   163, 397
Spearmanscher Rangkorrelationskoeffizient   271, 419
Stabdiagramm   10, 11, 81
Standardabweichung   14, 31, 59, 61
– der Extremwerte bei NV   87, 471
– der Normalverteilung, Vertrauensbereich   105, 114, 386
– der Randverteilung   59, 61
– der Spannweite bei NV   90
– der Stichprobe   79, 82, 379, 380
  –, Erwartungswert bei NV   89
  –, graphische Ermittlung   97, 382
  –, Standardabweichung bei NV   89
  –, Verteilung bei NV   89

–, Zufallsstreubereich bei NV   89, 384, 478
–, Schätzung   96
–, sequentielle Variablenprüfung   350, 353
–, Tests bei NV   154, 171, 396, 401
–, Vergleich bei NV   154, 171, 396, 401
–, Vertrauensbereich bei NV   105, 114, 386, 478
Standardabweichungsdifferenz, Vertrauensbereich bei NV   175
Standardabweichungskarte   318, 487
standardisierte NV   34
–, Quantile   458
–, Verteilungsfunktion   456
–, Wahrscheinlichkeitsdichte   454
standardisierte Zufallsvariable   32
Standardisierung bei Normalverteilung   35
statistischer Anteilsbereich   115
– bei beliebiger stetiger Verteilung   117, 389
– bei einfacher linearer Regression   291, 424
– bei mehrfacher linearer Regression   306, 428
– bei Normalverteilung   116, 389, 482
statistischer Toleranzbereich, s. statistischer Anteilsbereich
stetige eindimensionale Verteilung   27
stetige mehrdimensionale Verteilung   60
stetige Merkmale   71
stetige Verteilung   54
stetige Zufallsvariable   9, 27
Stichprobe   71
– bei Regression   282, 294
Stichprobenanteil   356
Stichprobenanweisung   327, 362
Stichprobenfunktion   83
– bei beliebiger Verteilung   83
– bei Binomialverteilung   91
– bei logarithmischer Normalverteilung   91
– bei Normalverteilung   87
– bei Poisson-Verteilung   93
Stichprobenplan   327, 362
Stichprobenprüfung, kontinuierliche   355
Stichprobensystem   362
– für Attributprüfung   363, 367, 437
– für kontinuierliche Prüfung   369
– für Lebensdauerprüfung   368
– für sequentielle Prüfung   367, 368
– für Variablenprüfung   368
Stichprobenumfang   71, 72
Stirlingsche Formel   15
Streuungsfortpflanzung, s. Transformation
Streuungsmaß   79
Streuungsparameter   14, 31
Streuungsvergleich bei zwei beliebigen stetigen Verteilungen   201
Student-Verteilung, s. t-Verteilung
Summe der quadrierten Abweichungen   208
Summenlinie   28, 76, 381

Summentreppe 10, 11, 73, 82, 380
Symmetrie von Verteilungen 28
systematische Abweichung beim Schätzen 95
systematischer Faktor 204

Teilereignis 4
Test 120
– auf Anpassung 130, 403
– auf Ausreißer bei NV 142, 392
– auf Linearität bei Regression 284, 301, 423
– auf Normalverteilung 134, 393, 403
– auf Regression durch einen vorgegebenen Punkt 287
– auf Unabhängigkeit bei Korrelation 264, 268, 270, 271, 274, 276, 277, 279
– auf Unabhängigkeit bei Regression 285, 302
– auf Zufälligkeit 123, 391
– bei balancierter dreifacher Varianzanalyse 237
– bei balancierter einfacher Varianzanalyse 210, 212, 405
– bei balancierter zweifacher Varianzanalyse 225, 227, 229, 409, 412
– bei beliebiger stetiger Verteilung 192, 195, 197, 398, 400
– bei Binomialverteilung 179, 182, 390, 396, 402
– bei einfacher linearer Regression 284, 423
– bei Korrelation 263, 268, 270, 271, 274, 276, 277, 279, 417, 421
– bei mehrdimensionaler NV 268, 270, 417
– bei mehrfacher linearer Regression 301
– bei Multinomialverteilung 188
– bei Normalverteilung 148, 154, 160, 171, 395, 397, 401
– bei Poisson-Verteilung 189, 190, 396
– bei unbalancierter einfacher Varianzanalyse 217, 219
– beim lateinischen Quadrat 240
– beim Schachtelmodell 246, 415
–, einseitiger 121
–, parametrischer 122
–, verteilungsfreier 122
–, von Wallis und Moore 124, 392
–, zweiseitiger 122
‚Teststatistik', s. Prüfgröße
Testverfahren, s. Test
Toleranz 321
Toleranzbereich, s. statistischer Anteilsbereich
topologische Skala 70
totales Bestimmtheitsmaß 300
Transformation
– bei Regression 422, 425
– einer Zufallsvariablen 370
–, varianzstabilisierende 372
– mehrerer Zufallsvariablen 373
transformierte Einflußgrößen 282, 293

Tschebyscheff-Ungleichung 11, 29, 52, 84
Tschuprov's sches Assoziationsmaß 278
t-Test 151, 162
t-Verteilung 40
–, Quantile 459
Typ I-Extremwertverteilung, s. Gumbel-Verteilung
Typ III-Extremwertverteilung, s. Weibull-Verteilung

Übereinstimmungskoeffizient, Kendallscher 276
u-Karte 326
Umfang der Grundgesamtheit 71
unabhängige Ereignisse 7
unabhängige Messungen 71
unabhängige Stichproben 160, 197, 397
Unabhängigkeit von Zufallsvariablen 56, 58, 60
Unabhängigkeitstest
– bei einfacher linearer Regression 285
– bei Kendallscher Rangkorrelation 274, 421
– bei mehrdimensionaler NV 268
– bei mehrdimensionaler Rangkorrelation 276
– bei mehrfacher linearer Regression 302
– bei Spearmanscher Rangkorrelation 271, 421
– bei zweidimensionaler Kontingenzanalyse 277
– bei zweidimensionaler NV 264, 417
– bei zweidimensionaler Rangkorrelation 271, 274, 421
– in Vierfeldertafeln 279
– mit dem Kendallschen Übereinstimmungskoeffizienten 276
unbalancierte einfache Varianzanalyse 213
unbalancierte zweifache Varianzanalyse 231
unmögliches Ereignis 3
unvereinbare Ereignisse, s. Ereignisse
unverzerrter Schätzwert für den Schlechtanteil 337, 442
unvollständige Varianzanalyse 205
Urliste 73
Urwertkarte 312
– bei vorgegebenen Grenzwerten 321
– mit erweiterten Grenzen 320
u-Test 148, 160

Variablenprüfung 328, 335
–, Einfach-Stichprobenanweisungen 335, 438
–, sequentielle Stichprobenanweisungen 346
Varianz 14, 31, 59, 61
– der Extremwerte bei NV 87, 471
– der Normalverteilung, Vertrauensbereich 105, 114, 386
– der Randverteilung 59, 61
– der Spannweite bei NV 90

Sachverzeichnis

– der Stichprobe 79, 82, 379, 380
–, Erwartungswert bei NV 89
–, Standardabweichung bei NV 89
–, Verteilung bei NV 89
–, Zufallsstreubereich bei NV 89, 384, 478
–, Schätzung 96
–, sequentielle Variablenprüfung 350, 353
–, Tests bei NV 154, 171, 395, 401
–, Transformation 370, 373
–, Vertrauensbereich bei NV 105, 386, 478
Varianzanalyse 203
–, balancierte einfache 205, 404
–, balancierte mehrfache 232
–, balancierte zweifache 220, 230, 406, 410
–, hierarchische 241, 413
–, orthogonale 205
–, Schachtelmodell 241, 413
–, unbalancierte einfache 213
–, unvollständige 205
–, verteilungsfreie 251
–, vollständige 205
Varianzkomponente 208
varianzminimale Stichprobenumfänge
 – bei einfacher Varianzanalyse 213
 – bei Schachtelmodellen 248
varianzstabilisierende Transformationen 372
Varianzungleichheit bei einfacher linearer Regression 291
Varianzvergleich 171, 175, 401
Varianzverhältnis
–, Verteilung bei NV 91
–, Vertrauensbereich bei NV 172
Variationskoeffizient 14, 31
– der Stichprobe 79, 82, 379
   –, Verteilung bei NV 90
   –, Zufallsstreubereich 90, 384
–, Vertrauensbereich bei NV 106
Variationskoeffizientenkarte 319
verallgemeinerte hypergeometrische Verteilung 68
verbundene Stichproben 168, 200, 399
Vereinigungsereignis 3, 4
Verfahren von Benson 97
Vergleich
– der Erwartungswerte von Normalverteilungen 148, 160, 395, 397, 399
– der Erwartungswerte von Poisson-Verteilungen 189, 190, 396
– der gesamten Regressionsgeraden 289
– der Grundwahrscheinlichkeiten von Binomialverteilungen 179, 182, 390, 396, 402
– der Korrelationskoeffizienten 264, 268
– der Lage von zwei beliebigen stetigen Verteilungen 197, 200, 398, 400
– der Mediane bei beliebiger stetiger Verteilung 193, 197, 398, 400

– der Parameter von Multinomialverteilungen 188
– der Regressionskoeffizienten 288, 304
– der Residualvarianzen 287, 304
– der Standardabweichungen von Normalverteilungen 154, 171, 396, 401
– der Streuungen von zwei beliebigen stetigen Verteilungen 201
– der Varianzen von Normalverteilungen 154, 171, 396, 401
– zweier beliebiger Verteilungen 195
– zweier Regressionsgeraden 287
Verhältnisskala 70
Verschiebungssatz für Momente zweiter Ordnung 14, 31
Verteilung
– der Differenz von Ranggrößen 86
– der Häufigkeitssumme 87
– der Ranggrößen 84
  – bei NV 88
– der Regressionskoeffizienten 284, 301
– der Restvarianz 284, 301
– der Spannweite 86
  – bei NV 89
– der Standardabweichung bei NV 89
– der Varianz bei NV 89
– des größten Wertes 85
– des kleinsten Wertes 85
– des Korrelationskoeffizienten 263
– des Medians 86
  – bei NV 88
– des Mittelwertes bei NV 88
– des Mittelwertsunterschiedes bei NV 90
– des partiellen Korrelationskoeffizienten 267
– des Variationskoeffizienten bei NV 90
–, diskrete 10, 54, 59
–, eindimensionale 10, 27, 54
–, mehrdimensionale 55, 59
– von Stichprobenfunktionen
  – bei beliebiger Verteilung 83
  – bei Normalverteilung 87
–, stetige 27, 54, 57, 60
–, zweidimensionale 57
verteilungsfreie Varianzanalyse 251
verteilungsfreier Test 122
Verteilungsfunktion 10, 28, 55, 57, 60
– der Stichprobe 76, 82
– spezieller Verteilungen, s. dort
verteilungsgebundener Test, s. parametrischer Test
Vertrauensbereich 101
– bei balancierter einfacher Varianzanalyse 211
– bei balancierter zweifacher Varianzanalyse 224, 226, 228, 230
– bei beliebiger stetiger Verteilung 112, 388
– bei Binomialverteilung 107, 387, 390, 496

Vertrauensbereich
- bei einfacher linearer Regression 289, 424
- bei Korrelation 266, 269, 418, 498
- bei mehrdimensionaler NV 269
- bei mehrfacher linearer Regression 305, 427
- bei Normalverteilung 102, 386, 398, 400, 495
- bei Poisson-Verteilung 110, 387, 480
- bei unbalancierter einfacher Varianzanalyse 216, 218
- beim Schachtelmodell 245
-, einseitiger 102
- für spezielle Parameter, s. dort
-, zweiseitiger 102
Vertrauensgrenze 102
Vertrauensniveau 102, 115
verzerrter Schätzwert für den Schlechtanteil 441
Vierfeldertafel 182, 279
v-Karte, s. Variationskoeffizientenkarte
vollständige Varianzanalyse 205
vollständige Zerlegung der Ergebnismenge 4
vollständiges System von Ereignissen 3, 4
Vorhersagebereich
- bei einfacher linearer Regression 290
- bei mehrfacher linearer Regression 305
Vorlaufwerte bei Qualitätsregelkarten 310
Vorzeichentest 193, 200

WAGR-Test 354
wahre Wahrscheinlichkeitsverteilung 120
Wahrscheinlichkeit 6
Wahrscheinlichkeitsdichte 27, 57, 60
- spezieller Verteilungen, s. dort
-, Transformation 370, 375
Wahrscheinlichkeitsdichtefunktion, s. Wahrscheinlichkeitsdichte
Wahrscheinlichkeitsfunktion 10, 55, 59
Wahrscheinlichkeitsnetz 33, 97, 131, 382, 394, 441
-, Häufigkeitssummen 470
-, logarithmisches 445
Wahrscheinlichkeitsverteilungen, s. Verteilungen
Wallis und Moore-Test 124, 392
Warngrenze 308
Wechselwirkung von Faktoren 221, 232
Weibull-Netz 49, 99, 448
Weibull-Verteilung 49
-, Schätzwerte 99, 449
Weite des Vertrauensbereichs 103
Wilcoxon-Test 193, 200, 400
Wurzeltransformation 23, 94, 112, 189, 192

x-Karte (für die Anzahl fehlerhafter Einheiten) 324
x-Karte (für die Fehlerzahl) 326, 434

$\bar{x}$-Karte, s. Mittelwertkarte
$\tilde{x}$-Karte, s. Mediankarte
$(\bar{x}; \sigma)$-Stichprobenanweisung 337, 438
$(\bar{x}; s)$-Stichprobenanweisung 337, 438

Yule's Q 279
Yule's Y 279

Zählabschnitt 80
Zählung 80
zentrales Moment 13, 30, 59, 61
- der Stichprobe 79, 82
Zentralwert, s. Median
zentrierte Zufallsvariable 32
Zerlegungstafel bei Varianzanalyse, s. Varianzanalyse
Zielgröße 280
z-Transformation 263, 268
zufällige Abweichung beim Schätzen 95
zufälliger Faktor 204
Zufälligkeit, Tests auf 123, 391
Zufallsexperiment 3
Zufallsgrenze 12, 29
Zufallsgröße 9
Zufallsstichprobe 71
Zufallsstreubereich 12, 29, 83
- bei beliebiger Verteilung 83
- bei Binomialverteilung 91, 385
- bei logarithmischer Normalverteilung 91
- bei Normalverteilung 87, 383
- bei Poisson-Verteilung 93, 386
- für das Varianzverhältnis bei NV 91
- für den Median bei NV 88
- für den Mittelwert bei NV 88
- für den Mittelwertsunterschied bei NV 91
- für den Variationskoeffizienten bei NV 90
- für die Extremwerte bei NV 87
- für die Häufigkeitssumme 87, 384
- für die Ranggröße 84, 85
- bei NV 88
- für die relative Häufigkeit 91
- für die Spannweite bei NV 90
- für die Standardabweichung bei NV 89, 478
- für die Varianz bei NV 89, 478
- für einen Einzelwert 83
- bei logarithmischer Normalverteilung 91
- bei Normalverteilung 87
Zufallsvariable 9
-, Funktion von 370
-, Transformation einer 370
-, Transformation mehrerer 373
Zufallsvektor 9
Zufallszahlen 488
zugelassene Wahrscheinlichkeitsverteilung 120
zusammengesetzte Hypothese 120
zweidimensionale diskrete Verteilungen 55

Sachverzeichnis

zweidimensionale Normalverteilung 62, 281
–, Schätzung 266, 417
–, Tests 264, 417
–, Vertrauensbereiche 266, 418, 498
zweidimensionale Rangkorrelationsanalyse 270, 418
zweidimensionale stetige Verteilungen 57
zweifache Varianzanalyse 406, 410

–, Friedman-Test 256
–, Newman-Keuls-Test 251
zweiseitiger Test 122
Zweistichproben-t-Test 162, 397
Zweistichproben-u-Test 160
Zweistichproben-Vorzeichen-Rangtest von Wilcoxon 200, 400
Zweistichproben-Vorzeichentest 200